高等学校教材

中国石油和化学工业优秀教材奖

聚合物基复合材料

陈宇飞　郭艳宏　戴亚杰　编

U0314953

化学工业出版社

·北京·

本书内容包括聚合物基复合材料的基本概述、增强材料、各种聚合物基复合材料、成型方法以及聚合物基复合材料的发展方向。本书可供从事聚合物基复合材料研究的学生和科研人员使用。具体内容包括：增强材料、材料的界面理论、不饱和聚酯树脂、环氧树脂、酚醛树脂、氰酸酯树脂、聚酰亚胺树脂、热塑性树脂、其他聚合物基体树脂、聚合物基复合材料成型、聚合物基复合材料的力学性能、聚合物基纳米复合材料的发展。

读者对象为复合材料专业的大专院校师生，也可供相关行业的科研开发、管理人员参考。

图书在版编目（CIP）数据

聚合物基复合材料/陈宇飞，郭艳宏，戴亚杰编. —北京：
化学工业出版社，2010.5（2019.4重印）
高等学校教材
中国石油和化学工业优秀教材奖
ISBN 978-7-122-08152-0

Ⅰ. 聚… Ⅱ. ①陈…②郭…③戴… Ⅲ. 高聚物-基质（生物学）-复合材料-高等学校-教材 Ⅳ. TB333

中国版本图书馆 CIP 数据核字（2010）第 058569 号

责任编辑：杨 菁 张 亮		文字编辑：颜克俭
责任校对：王素芹		装帧设计：周 遥

出版发行：化学工业出版社（北京市东城区青年湖南街 13 号　邮政编码 100011）
印　　装：北京虎彩文化传播有限公司
787mm×1092mm　1/16　印张 19¾　字数 578 千字　2019 年 4 月北京第 1 版第 4 次印刷

购书咨询：010-64518888　　　　　　售后服务：010-64518899
网　　址：http://www.cip.com.cn
凡购买本书，如有缺损质量问题，本社销售中心负责调换。

定　　价：58.00 元

前　言

材料是人类赖以生存的物质基础，是人类物质文明的标志。材料的发展会将人类的社会文明推向更高的层次。材料是现代科技的四大支柱之一，现代科技的进步对材料提出了更高的要求，从而带动了新材料向复合化、功能化、智能化、结构功能一体化和低成本化的方向发展。在这一趋势下，聚合物基复合材料的作用和地位越来越重要。由于聚合物基复合材料的可设计性，使聚合物基复合材料既可以成为具有综合性能优异的结构材料，又可以成为具有特殊功能的功能材料，还可以成为结构功能一体化的结构件。聚合物基复合材料的可设计性给其自身的发展带来了无限的生机与活力。聚合物基复合材料是复合材料中的重要组成部分。

聚合物基复合材料从碎布与酚醛替代木材料，发展到广泛地采用玻璃纤维增强塑料到碳纤维、陶瓷纤维、陶瓷晶须等复合材料，且已广泛用于航空航天、桥梁建设等高技术领域，发展十分迅速。

鉴于聚合物基复合材料在复合材料学科中的重要性、其应用的广泛性以及聚合物基复合材料的特殊性能，特将聚合物基复合材料所用的基体树脂、增强材料、聚合物复合材料界面理论、各种聚合物基复合材料、聚合物基复合材料成型方法、聚合物基复合材料的发展方向等内容编辑为本书，本书不但介绍了聚合物基复合材料基础知识，还介绍了相关的理论，可作为高分子材料相关专业的本科教科书、研究生及相关专业的科研人员参考书。

本书的第 1 章、第 2 章、第 5 章、第 8 章和第 13 章由陈宇飞（哈尔滨理工大学）编写，第 4 章、第 6 章、第 7 章和第 10 章由郭艳宏（哈尔滨工程大学）编写，第 3 章、第 9 章、第 11 章和第 12 章由戴亚杰（哈尔滨理工大学）编写。本书在编写过程中，参考并借鉴了许多相关文献及内容，谨此向作者致以深深的谢意。

由于编者水平有限，书稿不足之处在所难免，敬请广大师生和科研工作者批评指正。

编者
2010 年 2 月

目 录

第1章 概 论

1.1 复合材料的发展史

人类进步的历史与人类应用材料的发展有着密切联系，人们往往以人类应用材料的进步情况来说明人类文明发展的历史过程。纵观人类利用材料的历史，可以清楚地看到：每一种重要材料的发展和利用，都会把人类的生产和生活水平大大地推进一步，给社会生产力和人类生活带来巨大的变化。

当前是以信息、生命和材料三大学科为基础的新技术时代，它代表了人类物质文明的水平，在新型材料研究、开发和应用方面，材料特种性能的充分发挥以及传统材料的改性等诸多方面，材料科学研究者都肩负着重要的历史使命。近30多年来，科学技术迅速发展，对材料性能提出越来越高的要求。在许多方面，传统的单一材料已不能满足实际需要，这些都促进了人们对材料的研究逐步深入并摆脱过去单一的研究方法，而向着按实际工作中预定的性能设计新材料的研究方向发展。

最近几年我国连续发射了"神舟"系列飞船和"嫦娥一号"的事实足以证明我国在新材料的研制和开发上有了突飞猛进的进步，没有材料科学为基础就不会有高科技成果的产生。

1.2 复合材料的定义及分类

1.2.1 复合材料的定义

国际标准化组织将复合材料（composite material，CM）定义为：复合材料是由两种或两种以上物理和化学性质不同的物质组合而成的一种多相固体材料。复合材料的组分材料虽然保持其相对独立性，但复合材料的性能却不是各组分材料性能的简单加和，而是有着重要的改进。在复合材料中，通常有一相为连续相，称为基体；另一相为分散相，称为增强材料。分散相是以独立的形态分布在整个连续相中，两相之间存在着相界面。

复合材料的性能主要取决于：基体的性能、增强材料的性能、基体与增强材料之间的界面性能。

复合材料的特点：保持各组分的相对独立性，但性能不是简单加和，是有改进的；有协同作用。

1.2.2 复合材料与化合材料、混合材料的区别

区别主要体现在，多相体系和复合效果是复合材料区别于传统的"混合材料"和"化合材料"的两大特征。举例：砂子与石子混合，合金或高分子聚合物。

狭义定义：（通常研究的内容）用纤维增强树脂、金属、无机非金属材料所得的多相固体材料。

由此可以得出 CM＝增强材料＋基体材料

由于增强材料和基体材料的不同，因此决定了复合材料的品种和性能的千变万化。

1.2.3 基体与增强体

在复合材料中，通常有一相为连续相，称为基体；另一相为分散相，称为增强体。分散相是以独立的形态分布在整个连续相中，两相之间存在着界面。增强材料是复合材料的主要承力组

分，特别是拉伸强度、弯曲强度和冲击强度等力学性能主要由增强材料承担；基体的作用是将增强材料粘合成一个整体，起到均衡应力和传递应力的作用，使增强材料的性能得到充分发挥，从而产生一种复合效应，使复合材料的性能大大优于单一材料的性能。

复合材料可以是一个连续物理相与一个连续分散相的复合，也可以是两个或多个连续相与一个或多个分散相在连续相中的复合，复合后产物为固体时称为复合材料（复合后产物若为气体、液体，不能称为复合材料）。如：纤维、树脂、橡胶、金属等的优点，可按需要进行设计，从而复合成为综合性能优异的新型材料。

由于复合材料各组分之间"取长补短"、"协同作用"，极大地弥补了单一材料的缺点，获得了单一材料所不具有的更优异的性能。复合材料的出现和发展，是现代科学技术不断进步的结果，也是材料设计方面的一个突破。

1.2.4　复合材料的分类

复合材料的分类方法很多，常用的方法分为以下几种。

（1）按增强材料形态分类　按增强材料形态可将复合材料分为：①连续纤维复合材料，作为分散相的纤维，每根纤维的两个端点都位于复合材料的边界处；②短纤维复合材料，短纤维无规则地分散在基体材料中制成的复合材料；③粒状填料复合材料，微小颗粒状增强材料分散在基体中制成的复合材料；④编织复合材料，以平面二维或立体三维纤维编织物为增强材料与基体复合而成的复合材料。

（2）按聚合物基体材料分类　复合材料按聚合物基体材料可分为：环氧树脂基、酚醛树脂基、聚氨酯基、聚酰亚胺基、不饱和聚酯基以及其他树脂基复合材料。

（3）按增强纤维种类分类　复合材料按增强纤维种类可分为：玻璃纤维复合材料、碳纤维复合材料、玄武岩纤维、有机纤维（芳香族聚酰胺纤维、芳香族聚酯纤维、高强度聚烯烃纤维等）复合材料、金属纤维（如钨丝、不锈钢丝等）复合材料和陶瓷纤维（如氧化铝纤维、碳化硅纤维、硼纤维等）复合材料。

（4）按材料作用分类　复合材料按材料作用可分为：结构复合材料，用于制造受力构件的复合材料和功能复合材料，具有各种特殊性能（如阻尼、导电、导磁、耐摩擦、屏蔽等）的复合材料。

1.3　聚合物基复合材料的特性

复合材料是由多种组分材料组成、许多性能优于单一组分的材料。以纤维增强的树脂基复合材料为例，它具有质量轻、强度高、可设计性好、耐化学腐蚀、介电性能好、耐烧蚀及容易成型加工等优点。

1.3.1　复合材料的基本性能

① 可综合发挥各种组成材料优点，使一种材料具有多种性能，具有天然材料所没有的性能。
② 按对材料性能的需要进行材料的设计和制造。
③ 可制成所需的任意形状的产品，避免多次加工工序。

性能的可设计性是复合材料的最大特点。影响复合材料性能的因素很多，主要取决于增强材料的性能、含量及分布状况，基体材料的性能、含量以及它们之间的界面结合情况，同时还与成型工艺和结构设计有关。

影响复合材料性能的因素很多，主要取决于：增强材料性能、含量及分布状况，基体材料的性能、含量，及它们两者间的结合情况，作为产品还与成型工艺和结构设计有关。

1.3.2　聚合物基复合材料的主要性能

（1）轻质高强　普通碳钢的密度为 $7.8g/cm^3$，玻璃纤维增强树脂基复合材料的密度为 1.5

～2.0g/cm³，只有普通碳钢的 1/5～1/4，比铝合金还要轻 1/3 左右；而机械强度却能超过普通碳钢的水平。若按比强度计算（比强度是指强度与密度的比值），玻璃纤维增强的树脂基复合材料不仅大大超过碳钢，而且可超过某些特殊合金钢，碳纤维复合材料、有机纤维复合材料具有比玻璃纤维复合材料更小的密度和更高的强度，因此具有更高的比强度。几种材料的密度和拉伸强度见表 1-1。

表 1-1 几种材料的密度和拉伸强度

材料种类	密度/(g/cm³)	拉伸强度/MPa	比强度/×10³cm
高级合金钢	8.0	1280	1600
A3 钢	7.85	400	510
LY12 铝合金	2.8	420	1500
玻璃纤维增强环氧树脂	1.73	500	2890
玻璃纤维增强聚酯树脂	1.80	290	1610
玻璃纤维增强酚醛树脂	1.80	290	1610
玻璃纤维增强 DAP 树脂	1.65	360	2180
Kevlar 纤维增强环氧树脂	1.28	1420	11094
碳纤维增强环氧树脂	1.55	1550	1000

（2）可设计性好 聚合物基复合材料可以根据不同的用途要求，灵活地进行产品设计，具有很好的可设计性。对于结构件来说，可以根据受力情况合理布置增强材料，达到节约材料、减轻重量的目的。对于有耐腐蚀性能要求的产品，设计时可以选用耐腐蚀性能好的基体树脂和增强材料，对于其他一些性能要求，如介电性能、耐热性能等，都可以方便地通过选择合适的原材料来满足。复合材料良好的可设计性还可以最大限度地克服其弹性模量、层间剪切强度低等缺点。

（3）具有多种功能性 聚合物基复合材料具有多种功能性，如：耐烧蚀性好，聚合物基复合材料可制成具有较高比热容、熔融热和气化热的材料，能吸收高温烧蚀的大量热；有良好的摩擦性能；较高的电绝缘性能；优良的耐腐蚀性能；特殊的光学、电学、磁学特性。

（4）过载时安全性好 复合材料中有大量增强纤维，当材料过载时有少数纤维断裂时，载荷会重新分配到未破坏的纤维上，使整个构件在短期不至于失去承载能力。

（5）耐疲劳性能好 金属材料的疲劳破坏事先没有预兆，是突然性的，而聚合物基复合材料中纤维与基体的界面能阻止材料受力，使裂纹加深，疲劳破坏是从纤维的薄弱环节开始逐渐扩展到结合面上，有明显的预兆。

（6）减震性好 受力结构的自振频率除与结构本身形状有关外，还与结构材料比模量的平方根成正比。由于复合材料的比模量高，用这类材料制成的结构件具有高的自振频率。同时，复合材料界面具有吸振能力，使材料的振动阻尼很高。例如，汽车减震系统轻合金梁需 9s 停止振动，而碳纤维复合材料需 2.5s 停止同样大小振动。

聚合物基复合材料也存在一些缺点和问题，比如，材料工艺的稳定性差、材料性能的分散性大、长期耐高温与耐环境老化性能不好等。另外，还有抗冲击性低、横向强度和层间剪切强度不够好，这些问题有待于解决，从而推动聚合物基复合材料进一步发展。

1.4 聚合物基复合材料的结构设计

复合材料本身是非均质、各向异性材料；而且复合材料不仅是材料，更确切地说是结构。复合材料设计可分为三个层次：单层材料设计、铺层设计、结构设计。单层材料设计包括正确选择增强材料、基体材料及其配比，该层次决定单层板的性能；铺层设计包括对铺层材料的铺层方案做出合理安排，该层次决定层合板的性能；结构设计则最后确定产品结构的形状和尺寸。这三个设计层次互为前提、互相影响、互相依赖。因此，复合材料及其结构的设计打破了材料研究和结构研究的传统界限。应该强调的是：材料设计和结构设计必须同时进行，并在一个设计方案中同时考虑。

以纤维增强的层合结构来说：从固体力学角度，可将其分为三个"结构层次"，即一次结构、二次结构、三次结构。

一次结构：由基体和增强材料复合而成的单层材料，其力学性能决定于组分材料的力学性能、相几何（各相材料形状、分布、含量）和界面区的性能。

二次结构：由单层材料层合而成的层合体，其力学性能决定于单层材料的力学性能和铺层几何（各层厚度、铺层方向、铺层序列）。

三次结构：工程结构（产品结构），力学性能取决于层合体的力学性能和结构几何。

1.5　聚合物基复合材料的应用及发展

与传统材料（如金属、木材、水泥等）相比，复合材料是一种新型材料。如上所述，复合材料具有许多优良的性能，并且其成本在不断地下降，成型工艺的机械化、自动化程度不断提高，因此，复合材料的应用领域日益广泛。下面介绍在几个领域的主要应用。

（1）在航空、航天方面的应用　由于复合材料的轻质高强特性，因此它在航空航天领域得到广泛的应用。在航空方面，主要用作战斗机的机翼蒙皮、机身、垂尾（垂直尾翼）、副翼、水平尾翼、雷达罩、侧壁板、隔框、翼肋和加强筋等主承力构件。在战斗机上大量使用复合材料的结果是大幅度减轻了飞机的质量，并且改善了飞机的总体结构。特别是由于复合材料构件的整体性好，因此极大地减少了构件的数量，减少连接，有效地提高了安全可靠性。某飞机使用复合材料垂尾后减轻的结构质量见表 1-2。

表 1-2　飞机使用复合材料垂尾后减轻的结构质量

构件名称	铝合金设计质量/kg	复合材料设计质量/kg	质量变化/kg
翼梁	220	157.5	−62.5
肋	67.9	58.4	−9.5
蒙皮	87.5	61.7	−25.8
口盖	18.5	16.6	−1.9
其他	28.7	15.4	−13.3
合计	422.6	309.6	−113

复合材料在宇航方面的应用主要有火箭发动机壳体、航天飞机的构件、卫星构件等。

碳/碳复合材料是载人宇宙飞船和多次往返太空飞行器的理想材料，用于制造宇宙飞行器的鼻锥部、机翼、尾翼前缘等承受高温载荷的部件。固体火箭发动机喷管的工作温度高达 3000～3500℃，为了提高发动机效率，还要在推进剂中掺入固体粒子，因此固体火箭发动机喷管的工作环境是高温、化学腐蚀、固体粒子高速冲刷，目前只有碳/碳复合材料能承受这种工作环境。

如果人造地球卫星的质量减轻 1kg，运载它的火箭可减轻 1000kg，因此用轻质高强的复合材料来制造人造卫星有很大的优势。用复合材料制造的卫星部件有：仪器舱本体、框、梁、蒙皮、支架、太阳能电池的基板、天线反射面等。

（2）在交通运输方面的应用　复合材料在交通运输方面的应用已有几十年的历史，发达国家复合材料产量的 30% 以上用于交通工具的制造。采用复合材料制造的汽车质量减轻，在相同条件下的耗油量只有钢制汽车的 1/4；而且在受到撞击时复合材料能大幅度吸收冲击能量，保护人员的安全。

用复合材料制造的汽车部件较多,如车体、驾驶室、挡泥板、保险杠、引擎罩、仪表盘、驱动轴、板簧等。

随着列车速度的不断提高,火车部件用复合材料来制造是最好的选择。复合材料常被用于制造高速列车的车厢外壳、内装饰材料、整体卫生间、车门窗、水箱等。

(3)在化学工业方面的应用 在化学工业方面,复合材料主要用于制造防腐蚀制品。聚合物基复合材料具有优异的耐腐蚀性能。例如,在酸性介质中,聚合物基复合材料的耐腐蚀性能比不锈钢优异得多。

用复合材料制造的化工耐腐蚀设备有大型储罐、各种管道、通风管道、烟囱、风机、地坪、泵、阀和格栅等。

(4)在电气工业方面的应用 聚合物基复合材料是一种优异的电绝缘材料,广泛地用于电机、电工器材的制造。例如,绝缘板、绝缘管、印刷线路板、电机护环、槽楔、高压绝缘子、带电操作工具等。

(5)在建筑工业方面的应用 玻璃纤维增强的聚合物基复合材料(玻璃钢)具有优异的力学性能,良好的隔热、隔音性能,吸水率低,耐腐蚀性能较好以及很好的装饰性。因此,这是一种理想的建筑材料。在建筑上,玻璃钢被用作承重结构、围护结构、冷却塔、水箱、卫生洁具、门窗等。用复合材料制备的钢筋代替金属钢筋制造的混凝土建筑具有极好的耐海水性能,并能极大地减少金属钢筋对电磁波的屏蔽作用,因此这种混凝土适合于制造码头、海防构件等,也适合于制造电信大楼等建筑。

复合材料在建筑工业方面的另一个应用是建筑物的修补。当建筑物、桥梁等因损坏而需要修补时,用复合材料作为修补材料是理想的选择,因为用复合材料对建筑物进行修补后,能恢复其原有的强度,并有很长的使用寿命。常用的复合材料是碳纤维增强环氧树脂基复合材料。

(6)在机械工业方面的应用 复合材料在机械制造工业中,用于制造各种叶片、风机、齿轮、皮带轮和防护罩等部件。

用复合材料制造叶片具有制造容易、质量轻、耐腐蚀等优点,各种风力发电机叶片都是由复合材料制造的。用复合材料制造齿轮同样具有制造简单的优点,并且在使用时噪声很小,特别适用于纺织机械。

(7)在体育用品方面的应用 在体育用品方面,复合材料被用于制造赛车、赛艇、皮艇、划桨、撑杆、球拍、弓箭、雪橇等。用碳纤维、凯夫拉纤维、碳化硅纤维及合成陶瓷纤维等混杂纤维复合材料制作滑雪板。这种滑雪板具有良好的振动吸收和操作性、耐疲劳性,且滑行速度也能得到相应提高。用石墨纤维、硼纤维和凯芙拉纤维混杂复合材料制造的自行车架,除了具有充足的静动态强度和抗冲击性能外,还可以使车的外形呈水滴流线型。由风洞试验证明,这种车架的气动阻力比原来下降 19%,有骑手时还可降低 5%~7%,而且行驶平稳,震动小。

(8)在医学领域的应用 作为人体体内置换材料。混杂复合材料在外科整形医疗中有着重要作用,可以用它来制造人造骨骼、人造关节及人造韧带等。这是因为混杂复合材料在人的体温变化范围内,通过调节混杂比和混杂方式,可以使其热膨胀系数与人体的骨骼等膨胀系数相匹配,大大减轻了患者的痛苦。同时,由于碳纤维(CF)混杂增强聚甲基丙烯酸甲酯(PMMA)制造的颅骨修补材料已获国家发明专利,而以 CF 混杂增强纯刚玉复合材料制成的人工关节,在保持刚玉的强度及耐磨性条件下,克服其固有的脆性,现已进入临床试验。

作为人体外部的支撑材料。采用混杂复合材料制作的人体外部支撑系统,为残疾人和瘫痪者带来了福音。如采用碳纤维-玻璃纤维(CF-GF)混杂复合材料制成的假肢接受腔的支撑构架,再配合聚丙烯软性接受套,有效地分离了假肢接受腔的接受功能和承力功能,减轻了结构的质量并增加了使用寿命,改善了患者残肢与接受腔的配合状况,消除了患者的痛苦。

作为医疗设备材料。混杂复合材料不仅有效地应用于临床医学,而且在医疗设备方面也有应用实例,如用 CF-GF 或开芙拉纤维(KF)混杂增强的复合材料制作的用于诊断癌肿瘤位置的 X 射线发生器上的悬臂式支架,它除了满足刚度要求外,还能满足最大放射性衰减限制的要求。另外，混杂复合材料还可用于 X 射线床板样机和 X 射线底片暗匣等的生产和制作。

以上是复合材料应用的部分例子，由于复合材料的应用领域非常广泛，实际的应用远不止这些。

参 考 文 献

[1] 周祖福. 复合材料学. 武汉：武汉工业大学出版社，1995.

[2] 顾书英，任杰. 聚合物基复合材料. 北京：化学工业出版社，2007.

[3] 黄家康，岳红军，董永祺. 复合材料成型技术. 北京：化学工业出版社，2000.

[4] 黄发荣，周燕. 先进树脂基复合材料. 北京：化学工业出版社，2008.

[5] 王荣国，武卫莉，谷万里. 复合材料概论. 哈尔滨：哈尔滨工业大学出版社，2007.

[6] 霍文静，张佐光，王明超等. 复合材料用玄武纤维耐酸碱性实验研究. 复合材料学报，2007，(24)：6，77-82.

[7] 刘瑾，李真，查思怡. 聚酰亚胺/纳米 Al_2O_3-SiO_2 和聚酰亚胺/纳米 SiO_3N_4 杂化材料的结构与性能研究. 中国塑料，2007，5 (21)：11-15.

第 2 章 增强材料

2.1 概述

在复合材料中，凡是能提高基体材料力学性能的物质，均称为增强材料。增强材料是复合材料的主要组成部分，它起着提高树脂基体的强度、模量、耐热和耐磨等性能的作用，同时，增强材料能减少复合材料成型过程中的收缩率，提高制品硬度等作用。复合材料的性能在很大程度上取决于纤维的性能、含量及使用状态。

增强材料的种类很多，从物理形态来看有纤维状增强材料、片状增强材料、颗粒状增强材料等。其中纤维状增强材料是作用最明显、应用最广泛的一类增强材料。例如玻璃纤维、碳纤维、芳纶纤维等。这是因为纤维状材料的拉伸强度和拉伸弹性模量比同一块状材料要大几个数量级。用纤维材料对基体材料进行增强可得到高强度、高模量的复合材料。

表 2-1 列出了常用非金属纤维与金属纤维的性能。

表 2-1 常用金属和非金属纤维增强材料的性能

纤维/丝	密度 /(g/cm³)	熔点 /℃	抗拉强度		拉伸弹性模量	
			极限值/MPa	比强度/×10⁶cm	模量值/GPa	比模量/×10⁸cm
铝	2.68	660	620	2.4	73	27
三氧化二铝	3.99	2082	689	1.8	323	13.3
二氧化硅	3.88	1816	4130	10.8	100	2.7
石棉	2.49	1521	1380	5.6	172	7.0
铍	1.85	1284	1310	7.0	303	16.6
碳化铍	2.44	2093	1030	4.5	310	12.9
氧化铍	3.02	2566	517	1.7	352	11.8
硼	2.52	2100	3450	13.9	441	17.8
碳	1.41	3700	2760	19.9	200	14.4
E 玻璃纤维	2.54	1316	3450	13.7	72	2.9
S 玻璃纤维	2.49	1650	4820	19.7	85	3.5
石墨	1.49	3650	2760	18.8	345	23.5
钼	10.16	2610	1380	1.4	358	3.6
芳酰胺	1.13	249	827	7	2.8	0.26
聚酯	1.38	249	689	5.1	4.1	0.29
石英(高硅氧)	2.19	1927			70	3.2
钢	7.81	1621	4130	5.4	200	2.6
锂	16.55	2996	620	0.4	193	1.2
钛	4.71	1668	1930	4.2	1.5	2.5
钨	19.24	3410	4270	2.2	400	2.1

作为聚合物基复合材料的增强材料应具有以下基本特征。

① 增强材料应具有能明显提高树脂基体某种所需特性的性能，如高的比强度、比模量、高导热性、耐热性、低热膨胀性等，以便赋予树脂基体某种所需的特性和综合性能。

② 增强材料应具有良好的化学稳定性。在树脂基复合材料制备和使用过程中其组织结构和性能不发生明显的变化和退化。

③ 与树脂有良好的浸润性和适当的界面反应，使增强材料与基体树脂有良好的界面结合。

④ 价格低廉。为了合理地选用增强材料，设计制备高性能树脂基复合材料，就要求我们对各种增强材料的制造方法、结构和性能有基本的了解和认识，以下将分别介绍。

2.2　玻璃纤维及其制品

2.2.1　玻璃纤维的发展现况

玻璃纤维是目前使用量最大的一种增强纤维。随着玻璃纤维增强塑料玻璃钢工业的发展，玻璃纤维工业也得到迅速的发展。自 20 世纪 70 年代开始的国外玻璃纤维的主要特点是：普遍采用池窑拉丝新技术；大力发展多排多孔拉丝工艺；用于玻璃纤维增强塑料的纤维直径逐渐向粗的方向发展，纤维直径为 14～24μm，甚至达到 27μm；大量生产无碱纤维；大力发展无纺织玻璃纤维织物，无捻粗纱的短切纤维毡片所占比例增加；重视纤维-树脂界面的研究，新型偶联剂不断出现，玻璃纤维的前处理受到普遍重视。

目前全球玻璃纤维制造的先驱是美国的 Owens Corning 公司（简称 OC 公司），该公司年产达 65 万吨，下属 20 多家生产企业。中国最大的玻璃纤维生产厂家是中国玻纤巨石集团，该公司现生产的玻璃纤维品种和规格高达 20 多个大类，近 500 种规格，年产 10 万吨无碱池窑创造了全球单座池窑年产最高纪录。该条池窑生产线采用了当前国际最先进的工艺技术与装备，如采用超大容量、纯氧燃烧单元窑，大大提高了窑炉的热效率，降低了能源消耗；采用高精度漏板控制技术，降低漏板温差，提高单根原丝直径均匀率；采用漏板高流量拉伸工艺技术，大大地提高了单机产量；采用原丝直接短切工艺，简化了生产工序，不仅节约了能源，还显著提高了生产效率。

2.2.2　玻璃纤维的分类

玻璃纤维的分类方法很多。一般按玻璃原料成分、单丝直径、纤维外观及纤维特性等方面进行分类。

(1) 以玻璃原料成分分类　这种分类方法主要用于连续玻璃纤维的分类。一般以不同的含碱量来区分。

① 无碱玻璃纤维（通称 E 玻璃纤维）　国内目前规定碱金属氧化物含量不大于 0.5%，国外一般为 1% 左右，是以钙铝硼硅酸盐组成的玻璃纤维，此纤维强度较高、耐热性和电性能优良、能抗大气侵蚀、化学稳定性好（但不耐酸），其最大的特点是电性能好，因此有时被称为电气玻璃。

② 中碱玻璃纤维　碱金属氧化物含量为 11.5%～12.5%。此纤维主要是耐酸性好，但强度不如 E 玻璃纤维高，主要用于耐腐蚀领域，价格较便宜。

③ 特种玻璃纤维　由纯镁铝硅三元组成的高强度玻璃纤维，镁铝硅系高强、高弹玻璃纤维、硅铝钙镁系耐化学介质腐蚀玻璃纤维、含铅纤维、高硅氧纤维、石英纤维等。

(2) 以单丝直径分类　玻璃纤维单丝呈圆柱形，以其直径的不同可以分成几种：粗纤维（30μm）；初级纤维（20μm）；中级纤维（10～20μm）；高级纤维（3～10μm，亦称为纺织纤维）；超细纤维（直径小于 4μm）。

单丝直径的不同，不仅使纤维的性能有差异，而且影响到纤维的生产工艺、产量和成本。一般 5～10μm 的纤维作为纺织制品使用；10～14μm 的纤维一般做无捻粗纱、无纺布、短切纤维毡等较为适宜。

(3) 以纤维外观分类　有连续纤维，其中有无捻粗纱及有捻粗纱（用于纺织）、短切纤维、空心玻璃纤维、玻璃粉及磨细纤维等。

(4) 以纤维特性分类　根据纤维本身具有的性能可分为：高强度玻璃纤维、高模量玻璃纤维、耐高温玻璃纤维、耐碱玻璃纤维、耐酸玻璃纤维、普通玻璃纤维（指无碱纤维及中碱纤维）。

2.2.3　玻璃纤维的结构及化学组成

(1) 玻璃纤维的物态　玻璃纤维是纤维状的玻璃。玻璃是无色透明具有光泽的脆性固体，它是熔融态过冷时，因黏度增加而具有固体物理力学性能的无定形物体，属于各向同性的均质材料。

玻璃没有固定的熔点，随着温度的升高，逐渐由固体变为液体，其软化温度范围较宽。

（2）玻璃纤维的结构　玻璃纤维的外观与块状玻璃完全不同，而且玻璃纤维的拉伸强度比块状玻璃高许多倍，但许多研究表明，玻璃纤维的结构仍与玻璃相同。关于玻璃结构的假说有多种，其中"微晶结构假说"和"网络结构假说"比较符合实际情况。

微晶结构假说：微晶结构假说认为，玻璃是由硅酸盐或二氧化硅的"微晶子"所组成，这种"微晶子"在结构上是高度变形的晶体，在"微晶子"之间由无定形中间层隔离，即由硅酸盐过冷溶液所填充。

网络结构假说：网络结构假说认为，玻璃是由二氧化硅四面体、铝氧四面体或硼氧三面体相互连成不规则的三维网络，网络间的空隙由 Na^+、K^+、Ca^{2+}、Mg^{2+} 等阳离子所填充。二氧化硅四面体的三维网状结构是决定玻璃性能的基础，填充的 Na^+、K^+ 等阳离子为网络改性物。玻璃纤维结构示意如图 2-1 所示。

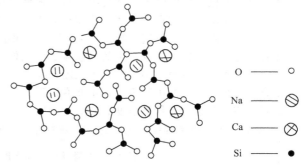

图 2-1　玻璃纤维结构示意

（3）玻璃纤维的化学组成　玻璃纤维的化学组成主要是二氧化硅、三氧化二硼、氧化钙、三氧化二铝等，它们对玻璃纤维的性质和生产工艺起决定作用。以二氧化硅为主的称为硅酸盐玻璃，以三氧化二硼为主的称为硼酸盐玻璃。氧化钠、氧化钾等碱性氧化物为助熔氧化物，可降低玻璃的熔化温度和黏度，使玻璃熔液中的气泡容易排除，它主要通过破坏玻璃骨架，使结构疏松，从而达到助熔的目的。氧化钠、三氧化二铝的含量越高，玻璃纤维的强度、电绝缘性能和化学稳定性都会相应地降低。加入氧化钙、三氧化二铝等，能在一定条件下构成玻璃网络的一部分，改善玻璃的某些性质和工艺性能；用氧化钙取代二氧化硅，可降低拉丝温度；加入三氧化二铝可提高耐水性。国内外常用的玻璃纤维成分见表 2-2。

表 2-2　国内外常用玻璃纤维的成分

玻璃纤维种类	玻璃纤维成分/%							
	SiO_2	Al_2O_3	CaO	MgO	ZrO_2	B_2O_3	Na_2O	K_2O
无碱 1#	54.1±0.7	15.0±0.5	16.5±0.5	4.5±0.5		9.0±0.5	<0.5	
无碱 2#	54.5±0.7	13.8±0.5	16.2±0.5	4.0±0.5		9.0±0.5	<2.0	
无碱 5#	67.5±0.7	6.6±0.5	9.5±0.5	4.2±0.5			11.5±0.5	<0.5
中碱 B17	66.8	4.7	8.5	4.2		3	12	
中碱 E	53.5	16.3	17.3	4.4		8	0～3	
中碱 C	65.0	4	14	3		6	8	
中碱 S	64.3	25.0	10.3				0.3	
中碱 G-20	71.0	1.0			16.0		2.49	
中碱 A	72.0	0.6	10	2.5			14.2	

2.2.4　玻璃纤维的物理性能

玻璃纤维具有一系列优异性能，如拉伸强度高，防火、防霉、防蛀、耐高温和电绝缘性能好等。它的缺点是具有脆性、不耐腐蚀、对人的皮肤有刺激性等。

（1）外观与密度　玻璃纤维表面呈光滑的圆柱，其横断面几乎是完整的圆形。玻璃纤维直径从 $1.5～30\mu m$，大多数为 $4～14\mu m$。其密度为 $2.16～4.30g/cm^3$，与铝几乎相同。

（2）玻璃纤维的力学性能　作为增强材料，其力学性能是一个最为重要的指标。块状玻璃的强度不高,很易被破坏,当将玻璃拉成玻璃纤维后,不仅变得具有柔曲性,而且强度也大大提高。

① 玻璃纤维的拉伸性能　玻璃纤维的最大特点是拉伸强度高。其拉伸强度比同成分的块状玻璃高几十倍。一般玻璃制品的拉伸强度只有 $40\sim100MPa$,而直径 $3\sim9\mu m$ 的玻璃纤维拉伸强度则高达 $1500\sim4000MPa$,较一般合成纤维高约 10 倍,比合金钢还高 2 倍。

关于玻璃纤维高强的原因,有许多不同的假说,其中比较有说服力的是微裂纹假说。微裂纹假说认为,玻璃的理论强度取决于分子或原子间的引力,其理论强度很高,可达到 $2000\sim12000MPa$。但实测强度很低,这是因为在玻璃或玻璃纤维中存在着数量不等、尺寸不同的微裂纹,因而大大降低了它的强度。微裂纹分布在玻璃或玻璃纤维的整个体积内,但以表面的微裂纹危害最大。由于微裂纹的存在,使玻璃在外力作用下受力不均,在危害最大的微裂纹处产生应力集中,从而使强度下降。玻璃纤维比玻璃的强度高得多,这是因为玻璃纤维高温成型时减少了玻璃溶液的不均匀性,使微裂纹产生的机会减少。此外,玻璃纤维的断面较小,使微裂纹存在的概率也减少,从而减少应力集中,使纤维强度增高。

影响玻璃纤维强度的因素很多,主要有以下几点。

a. 纤维直径和长度对拉伸强度的影响。一般情况,玻璃纤维的直径越细,拉伸强度越高,见表 2-3。玻璃纤维的拉伸强度和长度有关,随着纤维长度的增加,拉伸强度显著下降,见表 2-4。

表 2-3　玻璃纤维拉伸强度与直径的关系

纤维直径/μm	拉伸强度/MPa	纤维直径/μm	拉伸强度/MPa
160	175	19.1	942
106.7	297	15.2	1300
70.6	356	9.7	1670
50.8	560	6.6	2330
33.5	700	4.2	3500
24.1	821	3.3	3450

表 2-4　玻璃纤维拉伸强度与长度的关系

纤维长度/mm	纤维直径/μm	拉伸强度/MPa	纤维长度/mm	纤维直径/μm	拉伸强度/MPa
5	13.0	1500	90	12.7	860
20	12.5	1210	1560	13.0	720

直径和长度对玻璃纤维的拉伸强度影响,可以用微裂纹假说来解释。主要是因为随着纤维直径和长度的减小,纤维中的微裂纹会相应减少,从而提高了纤维强度。

b. 化学组成对强度的影响:一般来说,含碱量越高,强度越低。这是因为高强和无碱纤维由于成型温度高、硬化速度快、结构键能大。

c. 存放时间对纤维强度的影响——纤维的老化:当纤维存放一段时间后,会出现强度下降的现象。这主要取决于纤维对大气水分的化学稳定性。

d. 施加负荷时间对纤维强度的影响——纤维的疲劳:纤维强度随施加负载时间的增加而降低。其原因在于吸附作用的影响,即水分吸附并渗透到纤维裂纹中,在外力作用下,加速裂纹的扩展。

e. 玻璃纤维成型方法和成型条件对强度的影响:玻璃硬化速度越快,拉直的纤维强度也越高。

② 玻璃纤维的弹性

a. 玻璃纤维的延伸率,比其他有机纤维的延伸率低,一般为 3% 左右。

b. 玻璃纤维的弹性模量,约为 7×10^4MPa,与铝相当,只有普通钢的 1/3,致使复合材料的刚度较低。对玻璃纤维的弹性模量起主要作用的是其化学组成。实践证明,加入氧化铍、氧化镁能够提高玻璃纤维的弹性模量。含氧化铍的高弹玻璃纤维其弹性模量比无碱玻璃纤维提高 60%。它取决于玻璃纤维的结构本身,与直径大小、磨损程度等无关。几种纤维的弹性模量和延伸率见表 2-5。

表 2-5　各种纤维的弹性模量和延伸率

名　　称	弹性模量/GPa	断裂延伸率/%	延伸率/%	名　　称	弹性模量/GPa	断裂延伸率/%	延伸率/%
无碱玻璃纤维	72	3.0	0.05	普通黏胶纤维	8	20～30	1.5～1.7
有碱玻璃纤维	66	2.7	0.08	卡普龙纤维	3	20～25	8
棉纤维	10～12	7.8	1.5	钢	210	5～14	
亚麻纤维	30～50	2～3	1.5	铝合金	47	6～16	
羊毛纤维	6	25～35	4～6	钛合金	96	8～12	
天然丝	13	18～24	2～3				

（3）玻璃纤维耐磨性和耐折性　玻璃纤维抵抗摩擦的能力和抵抗折断的能力都很差。吸附水分后，这两个性能还会降低。纤维的柔性一般以断裂前的弯曲半径大小表示，弯曲半径越小，柔性越好。

（4）玻璃纤维的热性能　玻璃的热导率为 $0.69～1.16W/(m·K)$，但拉制成纤维后，其热导率只有 $0.035W/(m·K)$。其原因主要是纤维间的空隙较小，容量较小所致，因为空气热导率低。

玻璃纤维耐热性较高，软化点为 $550～580℃$，膨胀系数为 $4.8×10^{-6}℃$。玻璃纤维不会引起燃烧，将玻璃纤维加温直到某一强度界限以前，强度基本不变。玻璃纤维的耐热性是由化学成分决定的。

如果将玻璃纤维加热至 $250℃$ 以上然后再冷却，则强度明显下降。温度越高，强度下降越显著。强度降低与热作用时间有关。因此，玻璃布热处理温度虽然很高，但因受热时间短，故强度降低不大。

（5）玻璃纤维的电性能　大部分玻璃纤维同玻璃一样，在外电场作用下，由于玻璃纤维内的离子产生迁移而导电。玻璃纤维的导电主要取决于化学组成、温度和湿度。无碱纤维电绝缘性能比有碱纤维优越，主要是因为无碱纤维中金属离子少的缘故。碱金属离子越多，电绝缘性能越差。空气湿度对玻璃纤维的电阻率影响很大，湿度增加，电阻率下降。

在玻璃纤维组成中，加入大量的氧化铁、氧化铝、氧化铜、氧化钒等，会使纤维具有半导体性能。另外，在玻璃纤维上涂覆金属或石墨，能获得导电纤维。

（6）玻璃纤维及制品的光学性能　玻璃是优良的透光材料，但制成玻璃纤维后，其透光性远不如玻璃。

2.2.5　玻璃纤维的化学性能

玻璃纤维除对氢氟酸、浓碱、浓磷酸不稳定外，对所有化学药品和有机溶剂都有良好的化学稳定性。玻璃纤维的化学稳定性主要取决于其成分中的二氧化硅及碱金属氧化物的含量。二氧化硅含量多能提高玻璃纤维的化学稳定性，而碱金属氧化物则使化学稳定性降低。纤维表面情况对化学稳定性也有影响。玻璃是良好的耐腐蚀材料，但拉制成纤维后，其性能远不如玻璃。这主要是由于比表面积大造成的。随着纤维直径的减小，其化学稳定性也跟着降低。温度的升高使玻璃纤维的化学稳定性下降；侵蚀介质的体积越大，对纤维的侵蚀越严重。

（1）侵蚀介质对玻璃纤维制品的腐蚀情况　根据网络结构假说，二氧化硅四面体相互连接构成玻璃纤维的骨架，它很难与水、酸（H_3PO_3、HF 除外）起反应；在玻璃纤维结构中还有钠、钾、钙等金属离子及二氧化硅与金属离子结合的硅酸盐部分。当侵蚀介质与玻璃纤维制品作用时，多数是溶解玻璃纤维结构中的金属离子或破坏硅酸盐部分；对于浓碱溶液、氢氟酸、磷酸等，将使玻璃纤维结构全部溶解。

（2）影响玻璃纤维化学稳定性的因素

① 玻璃纤维的化学成分　中碱玻璃纤维对酸的稳定性较高，但对水的稳定性是较差的；无碱玻璃纤维耐酸性较差，但耐水性较好；中碱玻璃纤维和无碱玻璃纤维弱碱液侵蚀的性能相近。

玻璃纤维的化学稳定性主要取决于其化学成分中的二氧化硅及碱金属氧化物的含量。二氧化硅含量越多则玻璃纤维的化学稳定性越高，而碱金属氧化物则会使化学稳定性降低。增加二氧化硅或三氧化二铝含量，或加入氧化锆、氧化钛可以提高玻璃纤维的耐酸性，在玻璃纤维成分中提高二氧化硅、氧化钙、氧化锆、氧化锌含量可以提高玻璃纤维的耐碱性；在玻璃纤维中加入氧化铝、氧化锆、氧化钛等氧化物可大大提高其耐水性。

② 玻璃纤维表面情况对化学稳定性的影响　玻璃是一种非常好的耐腐蚀材料，但拉制成玻璃纤维后，其性能远不如玻璃。主要是由于玻璃纤维的比表面积大的原因。玻璃纤维直径对化学稳定性的影响大，随着纤维的直径的减小，其化学稳定性也降低。

③ 侵蚀介质温度对玻璃纤维化学稳定性的影响　温度对玻璃纤维的化学稳定性有很大影响，在 100℃ 以下时，温度每升高 10℃，纤维在介质侵蚀下的破坏速度增加 50%～100%。当温度升高到 100℃ 以上时，破坏作用将更剧烈。

（3）玻璃纤维纱的规格与性能　玻璃纤维纱可分为无捻纱和有捻纱两种。由于生产玻璃纤维纱的直径、支数及股数不同，使无捻纱和有捻纱的规格有许多种。

2.2.6　玻璃纤维及其制品

玻璃纤维织物的品种有很多，主要有玻璃纤维布、玻璃纤维毡、玻璃纤维带等。玻璃纤维布又分为平纹布、斜纹布、缎纹布、无捻粗纱布（即方格布）、单向布、无纺布等。玻璃纤维毡又分为短切纤维毡、毛面毡及连续纤维毡等。

（1）玻璃纤维的生产工艺　目前生产玻璃纤维应用最广泛的方法有坩埚法拉丝和池窑漏板法拉丝两种。

① 坩埚法拉丝工艺　坩埚法拉丝是较常用的方法，其生产工艺由制球、拉丝和纺织两部分组成。制球工艺的主要设备有玻璃熔窑、喂料机和制球。制球工艺是根据纤维质量要求将制球原料按一定比例混合后装入熔窑熔制成玻璃液，玻璃液流经制球机制成玻璃球供拉丝用。拉丝部分的主要设备是铂金坩埚、拉丝机或温度控制系统等。制好的玻璃球经热水清洗、去污和挑选后装入料斗，玻璃球进入坩埚，加热熔化。电炉式坩埚熔化原理是通过玻璃的高温导电性来实现的。玻璃球在坩埚内受电热而熔化成液态的玻璃，借助高速转动（1000～3000m/min）的拉丝机拉制成直径很细的（3～20μm）玻璃纤维，如图 2-2 所示。

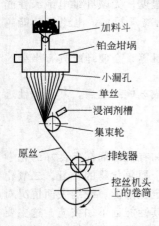

加料斗
铂金坩埚
小漏孔
单丝
浸润剂槽
集束轮
原丝
排线器
控丝机头上的卷筒

图 2-2　拉制玻璃纤维的示意

从坩埚中每一个小孔拉出的玻璃纤维叫单丝，数百根单丝经浸润剂集束而成原纱，原纱经排线有规律地绕在卷筒上。原丝直径与漏板孔数有关。

拉丝时用浸润剂有多方面的作用：原丝中的纤维不散乱而能相互黏附在一起；防止纤维间的磨损；原丝相互间不黏结在一起；便于纺织加工等。

常用的浸润剂主要有石蜡乳剂和聚醋酸乙烯酯，前者属于纺织型，后者属于增强型。石蜡乳剂中主要含有石蜡、凡士林、硬脂酸等矿物质类，这些组分有利于纺织加工，但严重地阻碍树脂对玻璃布的浸润，影响树脂与纤维的组分。因此，用含石蜡乳剂的玻璃纤维及制品，必须在浸胶前除去。聚醋酸乙烯酯对玻璃钢性能影响不大，浸胶前不必除去。这种浸润剂在纺织时易使玻璃纤维起毛，一般用于生产无捻粗纱、无捻粗纱织物及短切纤维毡。

② 池窑漏板法拉丝工艺　池窑拉丝是连续玻璃纤维生产的一种工艺方法。池窑拉丝是将玻璃配合料投入熔窑，熔化后直接拉制成各种支数的连续玻璃纤维。

池窑拉丝与坩埚拉丝法相比较，具有以下优点。

节省制球工艺，简化工艺流程，效率高；池窑拉丝一窑可安装 10 块到上百块漏板，容量大，生产能力高；由于一窑多块漏板拉丝，因此对窑温、液面、压力、流量和漏板温度可以集中自动控制玻璃温度，产品质量稳定，减少断头、飞丝，为高速拉丝生产自动化提供了有利条件；适于多孔大漏板生产玻璃钢适用的粗纤维；生产的废纱便于回炉。

（2）**玻璃纤维纱的制造**　玻璃纤维纱通常分为加捻纱和无捻纱。加捻纱是经过退绕、加捻、并股、络纱而制成的玻璃纤维纱；无捻纱则不经过退绕、加捻，直接并股、络纱而成。

国内生产的有捻纱一般是以石蜡乳剂作为浸润剂；无捻纱一般用聚醋酸乙烯酯作浸润剂。生产玻璃纤维制品的主要设备是纺织机和织布机，其工艺流程如图 2-3 所示。

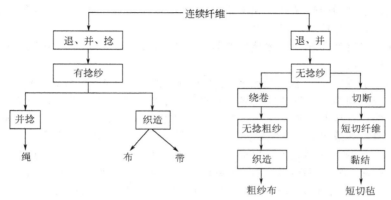

图 2-3　玻璃纤维制品生产工艺流程

（3）**玻璃纤维纱的规格及性能**　由于生产玻璃纤维纱的纤维直径、支数及股数不同，使无捻纱和有捻纱的规格有许多种。纤维支数有两种表示方法。

① 定量法　是用质量为 1g 的原纱的长度来表示，即：

$$纤维支数 = \frac{纤维长度（通常用 100m 测量）}{纤维质量（100m 原纱克质量数）}$$

如 40 支纱，即是指质量为 1g 的原纱长 40m。

② 定长法　此法是国际上统一使用的方法，通称"TEX"（公制号数）。是指 1000m 长的原纱的质量（g）。如，4"TEX"是指 1000m 原纱质量为 4g。

捻度是指单位长度内纤维与纤维之间所加的转数，以捻/米为单位。有 Z 捻和 S 捻。Z 捻为左捻，顺时针方向加捻；S 捻为右捻，是逆时针方向加捻。通过加捻可提高纤维的抱合力，有利于纺织工序，但捻度过大不易被树脂浸透。

2.2.7　玻璃纤维的表面处理

（1）**表面处理的意义**　表面处理是在玻璃纤维表面覆一种表面处理剂，使玻璃纤维与合成树脂牢固地黏结在一起，以达到提高玻璃钢性能的目的。表面处理剂处于玻璃纤维与合成树脂之间，所以也叫作"偶联剂"或"架桥剂"。这种连接作用可称为"偶联作用"或"架桥作用"。

图 2-4 所示为处理剂对聚酯玻璃钢自然暴晒强度的影响。可以看出，玻璃纤维未经处理剂处理而制作的玻璃钢，因老化而强度下降严重，而经过处理的强度下降缓慢，且有更高的强度保持性。

增强材料的表面处理改善了玻璃纤维及织物的性能，它既能与玻璃纤维相连，又能与树脂作用，既保护了玻璃纤维表面，又大大地增强了玻璃纤维与树脂界面的黏结，防止水分或其他有害介质的侵入，减少或消除界面的弱点，改善了界面状态，有效地传递了应力，使玻璃钢复合材料性能更优异，其耐候性、耐水性、耐化学腐蚀性能均有很大提高，机械强度成倍

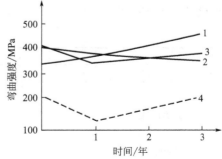

图 2-4　处理剂对聚酯玻璃钢
自然暴晒后强度的影响
1—沃兰处理；2—A-151 处理；
3—A-172 处理；4—未处理

提高，耐热性能和电性能也有很大改善。

（2）玻璃纤维表面处理剂的种类　玻璃纤维表面处理剂的种类繁多，可分为有机铬、有机硅和钛酸酯三大类。

有机铬处理剂中最有名的属"沃兰（Volan）"，其化学名称叫作甲基丙烯酸氯化铬化合物。有机硅处理剂的种类很多，其结构通式为 $R_n SiX_{4-n}$。其中 R 是有机基团，该基团中含有能与合成树脂作用形成化学键的活性基团，如不饱和双键、环氧基团、氨基、巯基等。式中 X 是易于水解的基团，水解后能与玻璃作用。式中 n 一般为 1、2、3。

（3）玻璃纤维表面处理方法　玻璃纤维及其织物的表面处理主要采用三种方法，即后处理法、前处理法和迁移法。

① 后处理法　此方法是目前国内外普遍采用的一种方法。此法分两步进行：首先除去玻璃纤维表面的纺织型浸润剂，然后经处理剂溶液浸渍、水洗、烘干等工艺，使玻璃纤维表面被覆上一层处理剂。后处理方法的主要特点是：处理的各道工序都需要专门的设备，投资较大，玻璃纤维强度损失大，但处理效果好，比较稳定，是目前国内外最常使用的处理方法。

② 前处理法　这种方法是适当改变浸润剂的配方，使之既能满足拉丝、退并、纺织各道工序的要求，又不妨碍树脂对玻璃纤维的浸润和黏结。将化学处理剂加入到浸润剂中，即为增强型浸润剂，这样，在拉丝的过程中处理剂就被覆到玻璃纤维表面上。前处理与后处理法比较，省去了复杂的处理工艺及设备，使用简便，避免了因热处理造成的玻璃纤维强度损失，是很适用的方法。

③ 迁移法　是将化学处理剂直接加入到树脂胶液中整体掺合，在浸胶同时将处理剂施于玻璃纤维上，借处理剂从树脂胶液至纤维表面的迁移作用而与表面发生作用，从而在树脂固化过程中产生偶联作用。

2.2.8　特种玻璃纤维

高强度玻璃纤维如下所述。

（1）高强度玻璃纤维　高强度玻璃纤维有镁铝硅酸盐和硼硅酸盐两个系统。

镁铝硅酸盐玻璃纤维也称 S 玻璃纤维。其化学成分主要是 SiO_2 65%、Al_2O_3 25%、MgO 10%。此成分的玻璃拉丝成型温度需要 1500℃以上，拉丝工艺特殊，成本也比较高。实际生产的高强度玻璃纤维（S 玻璃纤维），是对上述成分略加调整（引入了 6.5%～10% 的 Na_2O 和 2.5% 的 Sb_2O_3），以降低玻璃的熔制和拉丝成型温度，并加入了 3%～6% 的 CaO，以提高其弹性模量。

硼硅酸盐高强度玻璃纤维的主要成分为：SiO_2 40%～50%、Al_2O_3 19%～29%、B_2O 10%～20%、Li_2O 0.1%～1%。

（2）高模量玻璃纤维　氧化铍具有大幅度提高玻璃纤维弹性模量的效应。含铍的高弹玻璃纤维，例如美国的 YM-3A 玻璃（简称 M 玻璃），其组成见表 2-6。因氧化铍有剧毒，因此研究了不含铍高弹纤维成分。在低铝的钙镁硅酸盐系统中加入铬、钛、钽、铌等氧化物，也可以提高玻璃的弹性模量。其纤维的弹性模量高达 12×10^4 MPa，但拉丝成型较困难，成型工艺有待于进一步研究。

表 2-6　美国 YM-3A 玻璃的组成　　　　　　　　　　　　　单位：%

SiO_2	CaO	MgO	BeO	ZrO_2	TiO_2	Li_2O	CaO	Fe_2O_3
58.7	12.7	9.0	8.0	2.0	7.9	3.0	3.0	0.5

2.3　碳纤维

2.3.1　概述

碳纤维（Carbon fiber, CF）是由有机纤维在惰性气氛中经高温碳化而成的纤维状聚合物碳，是一种非金属材料。它不属于有机纤维范畴，但从制法上看，它不同于普通有机纤维。碳纤维性能优异，不仅质量轻、比强度高、模量高，而且耐热性高以及化学稳定性好（除硝酸的少数强酸外，几乎对所有药品均稳定，对碱也稳定）。其制品具有非常优良的 X 射线透过性，阻止中子透过性，还可赋予塑料以导电性和导热性。以碳纤维为增强体的复合材料具有比钢强比铝轻的特性。它在航空航天、军事、工业、体育器材等许多方面有着广泛的用途。

2.3.2   碳纤维的分类

碳纤维种类很多，一般可以根据原丝的类型、碳纤维的性能和用途分类。

（1）根据碳纤维的性能分类

① 高性能碳纤维（包括高强度碳纤维、高模量碳纤维、中模量碳纤维等）。

② 低性能碳纤维（包括耐火纤维、碳质纤维、石墨纤维等）。

（2）根据原丝类型分类

① 聚丙烯腈基纤维；

② 黏胶基碳纤维；

③ 沥青基碳纤维；

④ 木质素纤维基碳纤维；

⑤ 其他有机纤维基（各种天然纤维、再生纤维、缩合多环芳香族合成纤维）碳纤维。

（3）根据碳纤维功能分类

① 受力结构用碳纤维；

② 耐焰碳纤维；

③ 活性碳纤维（吸附活性）；

④ 导电用碳纤维；

⑤ 润滑用碳纤维；

⑥ 耐磨用碳纤维。

2.3.3   碳纤维的性能

碳纤维具有低密度、高强度、高模量、耐高温、耐化学腐蚀、低电阻、高热传导系数、低热膨胀系数、耐辐射等优异的性能。

（1）力学性能   碳纤维的结构决定于原丝结构与碳化工艺。用 X 射线、电子衍射和电子显微镜研究发现，真实的碳纤维结构并不是理想的碳纤维结构，而是乱层石墨结构。单晶石墨的理论强度和模量可达 180GPa 和 1000GPa 左右，而碳纤维的实际强度和模量远远低于其理论值。纤维中的缺陷如结构不均、直径变异、微孔、裂缝或沟槽、杂质等是影响强度的因素。

碳纤维的拉伸性能与纤维形状有很大关系。随纤维形状不同，拉伸强度与模量出现不同的变化趋势，与圆形纤维相比，狗骨形截面纤维强度升高，模量也升高。如图 2-5 所示。

（2）物理性质   碳纤维密度在 $1.5 \sim 2.0 \mathrm{g/cm^3}$ 之间，与原丝结构和碳化温度有关；膨胀系数有各向异性特点，平行于纤维方向为负值 $[(-0.72 \sim -0.90) \times 10^{-6}/℃]$，垂直方向为正值 $(22 \sim 32) \times 10^{-6}/℃$；碳纤维的比热容为 0.712kJ；碳纤维的比电阻与纤维的类型有关，在 25℃ 时，高模量纤维为 $775\mu\Omega \cdot cm$，高强度碳纤维为 $1500\mu\Omega \cdot cm$，且碳纤维电动势为正，与铝合金相反。

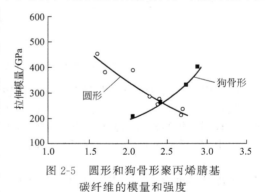

图 2-5   圆形和狗骨形聚丙烯腈基
碳纤维的模量和强度

（3）化学性质   碳纤维的化学性质与碳很相似。它除能被强氧化剂氧化以外，对一般酸碱多是惰性的。在不接触空气时，碳纤维在高于 1500℃ 时强度才下降。另外，碳纤维还有很好的耐低温性能，还能耐油、抗放射、抗辐射、吸收有毒气体和减速中子等特性。

2.3.4   碳纤维的制造方法

碳纤维的主要制造方法是热解有机纤维，表 2-7 列出了一些有机纤维及制造碳纤维的产率。

表 2-7 一些有机纤维结构和产率

原 料	结 构	产率/%（质量分数）
黏胶 Rayon	$(C_6H_{10}O_5)_n$	20～25
聚丙烯腈 PAN	$\underset{CN}{-\!\!\!\underset{\mid}{CH_2\!\!-\!\!CH}\!\!\!-\!\!}_{\overline{n}}$	45～50
中间相沥青 Mesophase pitch		78～85

依靠不同的原料和生产方法，可以产生出不同强度和模量的碳纤维，热解法制造碳纤维的工艺基本步骤如下所述。

① 纤维化 聚合物熔化或溶解后制成纤维。

② 稳定（氧化或热固化） 通常在相对低的温度（200～450℃）和空气中进行，这个过程使这些聚合物纤维在以后高温中不被熔化。

③ 碳化 碳化一般在 1000～2000℃的惰性气体保护下（通常是 N_2）进行，纤维经过碳化后，其碳含量一般已达到 85%～99%。

④ 石墨化 石墨化是在 2500℃以上的氢气保护下进行，纤维在石墨化后，碳含量达到了99%以上，同时纤维内分子排列具有很高的定向程度。

碳纤维，不同于有机纤维和无机纤维，不能用熔融法或溶液法直接纺丝，只能以有机物为原料，采用间接方法制造。制造方法分为两种类型，即气相法和有机纤维碳化法。气相法是在惰性气氛中小分子有机物（如烃或芳烃等）在高温下沉积成纤维。这种方法只能制造晶须或短纤维，不能制造连续长丝。有机纤维碳化法是先将有机纤维经过稳定化处理变成耐焰纤维，然后再在惰性气氛中，于高温下进行焙烧碳化，使有机纤维失去部分碳和其他非碳原子，形成以碳为主要成分的纤维状物。此法可制造连续长纤维。

2.3.5 聚丙烯腈基碳纤维

聚丙烯腈（PAN）基碳纤维的制造工艺流程如图 2-6 所示。

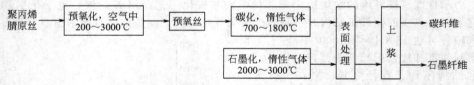

图 2-6 聚丙烯腈（PAN）基碳纤维的制造工艺流程

（1）聚丙烯腈基碳纤维的制备 聚丙烯腈基碳纤维的制造包括 PAN 纤维的制备、PAN 纤维的预氧化（温度 180～380℃）、碳化（温度为 1500℃）和石墨化过程，在高温 2500～3000℃时施加张力有利于提高纤维的性能，纤维的结构变化如图 2-7 所示。

① PAN 纤维的制备 PAN 纤维的制备分为两个步骤，一是丙烯腈的聚合；二是聚丙烯腈的纺丝。

丙烯腈的聚合方法很多，自由基聚合主要有溶液聚合、乳液聚合、悬浮聚合和本体聚合。按聚合单体的配比可分为共聚和均聚；按聚合所用的溶剂可分为有机溶剂和无机溶剂；按聚合和纺丝工艺又可分为一步法和二步法。一步法是使用的溶剂既能溶解单体又能溶解聚酯树脂。聚合后的溶液可以直接用来纺丝。常用的溶剂有二甲基甲酰胺、二甲基乙酰胺、二甲亚砜和无机溶剂硫氰酸钠、氯化锌、硝酸。二步法采用的溶剂含有水，丙烯腈在水中有一定的溶解度，但聚丙烯腈在水中不溶，随着聚合的进行，聚合物呈絮状沉淀析出，经分离、干燥制成 PAN 粉料，纺丝时，溶解在溶剂中制成纺丝液再进行纺丝，因此聚合和纺丝分开进行。

a. PAN 纤维的预氧化 预氧化的目的是使热塑性 PAN 线型大分子链转化为非塑性耐热梯形结构，使其在碳化高温下不熔不燃，保持纤维形态，热力学处于稳定状态，最后转化为具有乱层石墨结构的碳纤维。

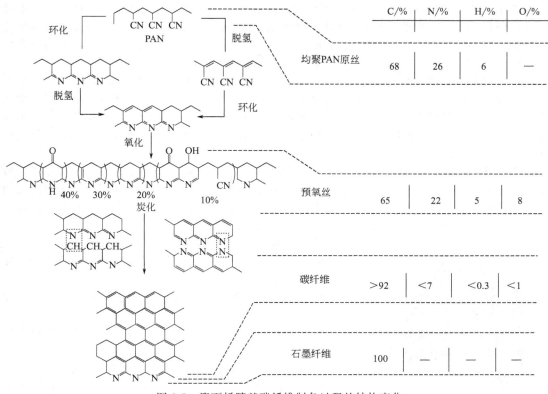

	C/%	N/%	H/%	O/%
均聚PAN原丝	68	26	6	—
预氧丝	65	22	5	8
碳纤维	>92	<7	<0.3	<1
石墨纤维	100	—	—	—

图 2-7 聚丙烯腈基碳纤维制备过程的结构变化

聚丙烯腈纤维的预氧化程度对制备高性能碳纤维有着重大的影响，因此提出了各种控制预氧化程度的指标。

ⓐ 氧含量 预氧化丝中的氧含量一般控制在 $8\%\sim10\%$，这是因为在预氧化时氧与纤维反应形成各种含氧结构，碳化时大部分氧与聚丙烯腈中的氢作用，逸出水并促使相邻链间交联，使纤维的强度和模量得到提高。但是氧过量则释放出 CO 和 CO_2 会将碳原子拉出，这既降低了碳化收率，又在纤维中留下缺陷，使碳纤维的力学性能变差。

ⓑ 残存氰基浓度 在预氧化过程中，氰基大部分转化到梯形结构中，仅有小部分以挥发产物逸出，也有极少部分残存，残存氰基量大表明预氧化不充分。根据原丝种类和一定的工艺条件可以找出残存氰基量与碳纤维性质之间的关系，并可作为控制预氧化程度的依据。

ⓒ 吸湿率 聚丙烯腈纤维的吸湿性差，随着预氧化程度的增加，纤维的吸湿性逐渐增加。纤维在标准温度和湿度环境中，达到平衡所吸附的水分的百分含量称之为纤维的吸湿率。有报道认为：预氧丝的吸湿率在 $6\%\sim9\%$ 之间较好，其吸收水分波动率在 1% 以内，最好在 0.5% 以下，因为波动率越小，原丝质量越均匀，所得到预氧丝的质量也越好，相应碳纤维质量波动率也就越小。

b. 碳化 PAN 原丝经预氧化处理后转化为耐热梯形结构，再经低温碳化和高温碳化转化为具有乱层石墨结构的碳纤维。碳化过程可分为低温碳化和高温碳化。前者温度为 $300\sim1000℃$，后者为 $1100\sim1600℃$。

c. 石墨化 石墨化是指在高的热处理温度下由无定形、乱层结构的碳材料向三维石墨结构转化。石墨化的目的是为了获得高模量的石墨纤维或者高强、高模的高性能碳纤维。石墨化时间较短，一般为几秒到几十秒，预氧化时间约近百分钟，碳化时间为几分钟。

② PAN 纤维生产中影响质量的因素 影响碳纤维质量的因素是多方面的，除了碳纤维的制造工艺是决定其质量的主要因素以外，原丝的质量对其也有重要的影响。因此，如何制得高质量的聚丙烯腈原丝，是碳纤维制造过程中的关键技术之一。

　　a. 杂质和灰尘对原丝质量的影响　丙烯腈单体中所含杂质和纺丝过程中工作环境的灰尘对原丝质量均有影响。因为这些杂质会在纤维的合成过程中存在于表面和内部形成缺陷，造成原丝强度降低。而这些缺陷又会不变地保留在碳纤维中，造成碳纤维产品的强度下降。所以纺丝液应多次脱泡过滤，除去原料中气泡、粒子等杂质；纺丝环境应干净、清洁、灰尘少。

　　b. 聚合物相对分子质量对碳纤维性能的影响　聚合物相对分子质量对 PAN 原丝以及碳化得到的碳纤维性能有很大的影响。随着相对分子质量的增大，表现为特性黏度加大，分子间范德瓦耳斯力增大，分子间不易滑移，相当于分子间形成了物理交联点，因此其力学性能提高。但相对分子质量也不应过高，否则黏度太大纺丝困难，得到的纤维易变脆。丙烯腈聚合物相对分子质量控制在 8×10^4 左右。

　　c. 聚合物结晶度、分子取向度对碳纤维性能的影响　聚合物的结晶度高，分子间排列紧密有序，孔隙率低，分子间相互作用增强，使链段不易运动，提高了聚合物的强度。分子取向度的提高也可使碳纤维的强度提高，因为通过牵伸使分子沿轴向排列，使轴向抗拉强度提高。但也应防止过度牵伸，因为过度牵伸会造成碳纤维中产生裂纹和缺陷。

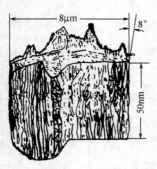

图 2-8　拉伸模量为 345GPa 的 Fortafil
5-Y PAN 基碳纤维的 3-D 结构模型

　　③ 提高原丝质量的方法

　　a. 丙烯腈单体原料纯度要高，含杂质少。聚合物相对分子质量控制在 8×10^4 左右。

　　b. 纺丝液应多次脱泡过滤，除去原料中气泡、粒子等杂质。

　　c. 纺丝环境应干净、清洁、灰尘少。空气中灰尘也会造成原丝中的缺陷。

　　d. 原丝生产中应注意提高其结晶度和取向度。

　　(2) PAN 基碳纤维的结构　前人早期研究工作表明 PAN 基碳纤维的结构类似于许多其他合成纤维先驱体纤维，是纤丝状，也有带状波形。图 2-8 是纤丝状结构的波形振幅，其振幅在中心比较大，越接近表面越小，表面最小，纤维的模量随径向在发生变化。

　　(3) PAN 基碳纤维的性能　聚丙烯腈基碳纤维的力学性能列于表 2-8。表中数据表明拉伸强度可随牌号不同而改变，一般在 2.55～7.06GPa，模量在 230～588GPa。

表 2-8　商业聚丙烯腈基碳纤维的力学性能

制　造　商	商　品　名	拉伸强度/GPa	杨氏模量/GPa	断裂应变/%
Hercules Inc.（USA）	AS-4	4.00	235	1.60
Torey Indust.（Japan）	IM-6	4.88	296	1.73
	IM-7	5.30	276	1.81
Amoco Corp.（USA）	T300	3.53	230	1.50
	T800H	5.49	294	1.90
	T1000G	6.37	294	2.10
	T1000	7.06	294	2.40
Toho Beslon（Japan）	M46J	4.21	436	1.00
	M40	2.74	392	0.60
	M55J	3.92	540	0.70
	M60J	3.92	588	0.70
	Thornol T600	4.16	241	1.72
	Thornol T700	3.72	248	1.83
Mitsubishi Rayon（Japan）	HTA-7	3.84	234	1.64
	ST111	4.40	240	1.80
	Purofil T1	3.33	245	1.40
	Purofil M1	2.55	353	0.70

2.3.6 碳纤维的应用与发展

碳纤维大多是经深加工制成中间产物或者复合材料使用。高性能碳纤维首先在宇航工业获得应用，然后推广应用到体育休闲用品。近年来在工业上得到应用。碳纤维最有前景的应用领域是在汽车、电子、土木建筑和能源等领域。

（1）在航空航天领域的应用　由于碳纤维增强复合材料的比强度高，因此是维持机翼的扰流片和方向舵气动外形的理想材料，再结合高强度，这类复合材料可用于飞机机翼、尾翼以及直升机桨叶。未来飞机的发展趋势是大型化，提高净载质量，降低自重；高速化，缩短航行时间或增加航程。复合材料的应用是大势所趋，特别是碳纤维复合材料在飞机制造中的用量与日俱增。2007 年随着新型空中客车 A380 的投产，给碳纤维在航空领域的应用带来了显著的推动作用，其中空中客车 A380 的复合材料的用量已经接近总重量的 40%，与传统铝材料相比，重量轻、强度高、抗疲劳特性好，维修性能和使用寿命也得到大大改善，不需要特别的加工工艺。飞机约 25%由高级减重材料制造，其中 22%为碳纤维增强塑料（CFRP），3%为首次用于民用飞机的 GLARE 纤维-金属板。

各种宇宙飞行器、探测器、空间站和人造卫星等在太空轨道中飞行以及航天飞机和战略武器重返大气层需经苛刻的高温环境，在这种恶劣的环境中飞行，碳纤维复合材料起了不可替代的作用。比如洲际弹道导弹再入大气层的温度高达 6600℃，任何金属材料都会化为灰烬，只有碳/碳复合材料仅烧蚀减薄，不会熔融。

（2）在汽车及交通运输中的应用　汽车工业大量采用新材料可以使其汽车轻量化，显著提高汽车的整体性能并节省燃油，使每加仑汽油行驶里程显著提高。采用碳纤维复合材料制造汽车构件不仅可使汽车轻量化，还可以使其具有多功能性，例如用碳纤维增强树脂基复合材料制造的发动机挺杆，利用其阻尼减振性能，可降低振动和噪声，行驶有舒适感。又如，碳纤维复合材料制备的传动轴，不仅具有阻尼特性，而且因其高的比模量可提高转速，提高行车速度。此外，碳纤维制造的非石棉刹车片，不仅使用寿命长，而且无污染；碳纤维增强橡胶制备的轮胎胎面胶，可延长轮胎的使用寿命；利用碳纤维的导电性能还可以制造司机的坐垫和靠垫，使冬季行车舒适。

（3）在土木建筑上的应用　随着材料科学的发展和技术的进步，许多新型建材进入市场。其中纤维增强复合材料发展较快，因为其具有高比强度、高比模量、阻燃及耐腐蚀等性能以及导电、电磁屏蔽等性能。比如短切碳纤维增强水泥可以制造各种幕墙板，实现建材的轻量化，特别是沿海建筑显示出优异的耐蚀性。利用碳纤维的导电性能可用来制造采暖地板。此外，碳纤维复合材料在维修加固土木建筑和基础设施方面的应用也已经取得了长足的发展，成为碳纤维市场的增长点。特别是大丝束碳纤维的产业化和大丝束预浸料的研制成功以及价格的下降，拓宽了在土木建设方面的应用。

（4）在医疗器械和医用器材上的应用　碳纤维复合材料和活性碳纤维制品在医疗器械、医用器材等方面已经得到广泛应用。碳纤维与生物具有良好的组织相容性和血液相容性，可作为人体植入材料。同时发现，碳纤维具有诱发组织再生功能，促进新生组织的再生并在植入碳纤维周围形成。在医用器材方面，碳纤维复合材料可应用于外伤包扎带、医疗加热毯、灭菌除臭裤等。

（5）碳纤维在体育娱乐器材上的应用　世界碳纤维总量的 1/3 是用来制造体育娱乐器材。高档的羽毛球拍、网球拍、高尔夫球棒和赛车等几乎都是用碳纤维复合材料制备的。

2.4 芳纶纤维（有机纤维）

2.4.1 概述

本节所介绍的芳纶纤维是目前已工业化并广泛应用的聚芳酰胺纤维。国外商品牌号为凯夫拉纤维（Kevlar），中国暂命名为芳纶纤维，也称为有机纤维。

芳纶纤维结构中聚合物的主链由芳香环和酰胺基构成，每个重复单元中酰胺基的氮原子和羰基均直接与芳环中的碳原子相连接的聚合物称为芳香族聚酰胺树脂，由其纺成的纤维称为芳香族聚酰胺纤维，简称芳纶纤维。

芳纶纤维有两大类：全芳族聚酰胺纤维和杂环芳族聚酰胺纤维。全芳族聚酰胺纤维主要包括聚对苯二甲酰对苯二胺和聚对苯甲酰胺纤维、聚间苯二甲酰间苯二胺和聚间苯甲酰胺纤维、共聚芳酰胺纤维等。杂环芳族聚酰胺纤维是指含有氮、氧、硫等杂原子的二胺和二酰氯缩聚而成的芳酰胺纤维。

芳纶纤维的种类繁多，但是聚对苯二甲酰对苯二胺（PPTA）纤维作为复合材料的增强材料应用最多。例如，美国杜邦公司的 Kevlar 系列、荷兰 AKZO 公司的 Twaron 系列、俄罗斯的 Terlon 纤维都是属于这个品种。

2.4.2　芳纶纤维的制备

聚对苯二甲酰对苯二胺（PPTA）是以对苯二甲酰氯或对苯二甲酸和对苯二胺为原料，在强极性溶剂（N-甲基吡咯烷酮）中，通过低温溶液缩聚或直接缩聚反应而得，其反应式如下：

$$n Cl-\overset{O}{\underset{}{C}}-\langle\bigcirc\rangle-\overset{O}{\underset{}{C}}-Cl + n H_2N-\langle\bigcirc\rangle-NH_2 \xrightarrow{催化剂} [-\overset{O}{\underset{}{C}}-\langle\bigcirc\rangle-\overset{O}{\underset{}{C}}-NH-\langle\bigcirc\rangle-NH-]_n$$

将缩聚反应制得的聚合物溶于浓硫酸中配成临界浓度以上的溶致液晶纺丝液，纺丝后经洗涤、干燥或热处理，可以制得各种规格的纤维。

2.4.3　芳纶纤维的结构与性能

（1）力学性能　芳纶纤维的特点是拉伸强度高，单丝强度可达 3773MPa，芳纶纤维的冲击性能好，大约为石墨纤维的 6 倍；其弹性模量高，可达（$1.27\sim1.577$）×10^5 MPa；其断裂伸长率可达 3% 左右；用它与碳纤维混杂能大大提高纤维增强复合材料的冲击性能；其密度小，为 $1.44\sim1.45g/cm^3$，因此有高的比强度和比模量。

（2）热稳定性　芳纶纤维有良好的热稳定性，耐火而不熔；当温度达 487℃时尚不熔化，但开始碳化；在高温作用下，它直至分解不发生变形，能在 180℃ 下长期使用。

芳纶纤维的热膨胀系数和碳纤维一样具有各向异性的特点。纵向热膨胀系数在 $0\sim100$℃达 -2×10^{-6}/℃；在 $100\sim200$℃时为 -4×10^{-6}/℃；而横向热膨胀系数达 59×10^{-6}/℃。

（3）化学性能　芳纶纤维具有良好的耐介质性能，对中性化学药品的抵抗力较强，但易受各种酸碱的侵蚀，尤其是强酸的侵蚀；由于结构中存在着极性的酰胺键使其耐水性不好。

（4）芳纶纤维的结构　芳纶纤维是对苯二甲酰对苯二胺的聚合体，经溶解转为液晶纺丝而成。

2.4.4　芳纶纤维的用途

芳纶纤维主要用作环氧、聚酯和其他树脂的增强材料，制成各种航空、宇航和其他军事用途的构件。

在航空方面，主要用作各种整流罩、机翼前缘、襟翼、方向舵、安定面翼尖、尾锥、应急出口系统构件、窗框、天花板、隔板、舱壁、地板、舱门、行李架、坐椅等。采用芳纶复合材料，可比玻璃纤维复合材料减轻质量 30%。为了达到减轻质量和提高经济效益，一般在商用飞机和直升机上，都大量采用了芳纶复合材料。例如 L-1011 三星式客机总用量已达 1135kg，使飞机减轻质量 365kg。S-76 商用直升机的外表面，使用芳纶复合材料已达 50%。在航天方面，主要用作火箭发动机壳体和压力容器、宇宙飞船的驾驶舱，氧气、氮气和氢气的容器以及通风管道等。在其他军事用途上，可以用作防护材料，如坦克、装甲车、飞机、艇的防弹板以及头盔和防弹衣等。

芳纶纤维增强复合材料可大幅度减轻制品的质量，故在民用工业方面应用也十分广泛。例如，造船工业采用芳纶复合材料后，船的轻量化效果要比玻璃钢和铝好，船体可减轻质量 28%～40%，燃料节省 35%，航程可延长 35%。用作汽车材料时，也可大幅度减轻质量。在体育用品方面，已成功地用于许多运动器材，在曲棍球棒中，以芳纶和木材混合使用，可以改进耐用性及其刚性，同时也可以与玻璃纤维合用。在高尔夫球棒、网球拍、标枪、钓鱼竿、滑雪橇和其他体育用品中，可以与碳纤维合用。在混合结构中，芳纶具有较高的拉伸强度、优良的抗冲击性能及有利的经济性。

芳纶纤维的高强度、质量轻、尺寸稳定等特性，也可作为涂覆织物使用，用作空气支撑结构建筑物以及充气胶布制品，如胶船、救生筏、充气桥、软式飞艇、气球、特种服装、飞机软油箱等。

芳纶是轮胎帘子线的好材料，具有承载高、质量轻、乘用舒适、噪声低、高速性能好、滚动阻力小、产生热量少、耐磨损等优点，特别适用于高速高压轮胎。

此外，还可以取代石棉制品。主要用作密封垫和摩擦材料，如刹车片、离合器片等。还可以增强水泥，使强度大大提高，防止产生裂纹，也是原子能发电站不可缺少的材料。

2.5　玄武岩纤维

2.5.1　玄武岩纤维的发展

玄武岩连续纤维作为一种新型绿色环保材料出现于 20 世纪 60 年代初，从 70 年代开始，美国和德国的科学家先后对玄武岩连续纤维的制备进行了大量的研究。

玄武岩纤维是以纯天然火山岩为原料，在 1450～1500℃ 熔融后，通过铂铑合金拉丝漏板高速拉制而成的连续纤维，以玄武岩纤维为增强体可制成多种复合材料。玄武岩纤维与碳纤维、芳纶纤维、超高分子量聚乙烯纤维等高技术纤维相比，除了具有纤维高强度、高模量的特点外，还具有耐温性佳（−269～650℃）、抗氧化、抗辐射、绝热隔音、过滤性好、抗压缩强度和剪切强度高、适应于各种环境下使用等优异性能，且性价比好，是一种纯天然的无机非金属材料，也是一种可以满足国民经济基础产业发展需求的新的基础材料和高技术纤维。

玄武岩纤维及其复合材料可以较好地满足国防建设、交通运输、建筑、石油化工、环保、电子、航空、航天等领域结构材料的需求，对国防建设、重大工程和产业结构升级具有重要的推动作用。它既是 21 世纪符合生态环境要求的绿色新材料，又是一个在世界高技术纤维行业中可持续发展的有竞争力的新材料产业。

2.5.2　玄武岩纤维的组成及结构

玄武岩连续纤维由玄武岩矿石经熔融、拉丝、等工艺制得，纤维密度在 2.6～3.05g/cm³ 之间，主要组分为二氧化硅、三氧化二铝、三氧化二铁、氧化亚铁、二氧化钛、氧化钠等。各组分含量见表 2-9 所列（随产地的不同含量存在差异）。

表 2-9　玄武岩连续纤维主要组分含量　　　　　　　　　　　单位：%

组分	SiO_2	Al_2O_3	CaO	FeO	MgO	Na_2O	Fe_2O_3	K_2O	TiO_2	P_2O_5
含量	51.4	14.83	10.26	8.47	5.92	2.42	1.73	1.20	0.84	0.32

玄武岩连续纤维组分中硅氧化物所占比例最大，由它形成了纤维的链状结构骨架，三氧化二铝也进入结构骨架网络中，链的侧方由阳离子铁、钛、钠等进行连接形成结构稳定的非晶态物质。各组分对玄武岩连续纤维性能产生不同的影响，其作用见表 2-10 所列。

表 2-10　玄武岩连续纤维各组分作用

组分	SiO_2、Al_2O_3	Fe_2O_3、FeO	TiO_2	CaO、MgO
作用	提高纤维的化学稳定性和熔体的黏度	提高成纤的使用温度	提高纤维的化学稳定性、熔体的表面张力和黏度	属于添加剂范畴，有利于原料的熔化和制取细纤维

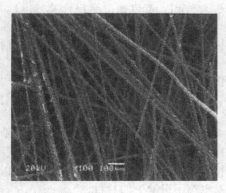

图 2-9　玄武岩纤维 SEM 照片

2.5.3　玄武岩纤维的性能

玄武岩纤维是一种新型复合材料，其内部由固体骨架和空隙组成，是一种典型的多孔介质。玄武岩纤维的结构如图 2-9 所示。

玄武岩连续纤维属于非晶态物质，化学稳定性好，使用温度范围大（工作温度约为 $-269 \sim 900 \text{℃}$），具有良好的力学性能，热导率及吸湿能力低且不随温度变化，无毒、不易燃，废弃后可天然降解，是一种"绿色环保材料"。

（1）热稳定性　玄武岩连续纤维热导率低，在 25℃下玄武岩纤维板的热导率仅为 $0.04\text{W}/(\text{m} \cdot \text{K})$。玄武岩纤维为非晶态物质，使用温度高于玻璃纤维。玄武岩纤维可以在 650℃高温下使用，而玻璃纤维在同一条件的使用温度不能超过 400℃。由玄武岩纤维制成的过滤材料可以在 $400 \sim 650$℃温度区间内对压力为 245MPa 的空气进行过滤。

（2）声绝缘性　随着频率增加，其吸音系数显著增加。玄武岩纤维隔音和吸音效果好，采用玄武岩连续纤维制作的隔音材料在航空、船舶等领域有着广阔的前景，见表 2-11 所列。

表 2-11　玄武岩超细纤维材料的隔音特性

频段/Hz	$100 \sim 200$	$300 \sim 900$	$1200 \sim 7000$
法向吸音系数	0.15	$0.86 \sim 0.99$	$0.74 \sim 0.99$

注：材料直径 $1 \sim 3\mu\text{m}$，密度 $15\text{kg}/\text{m}^3$，厚度 30mm，材料与绝缘板间距 100mm。

（3）介电性能、电绝缘性能和电磁波的透过性　玄武岩纤维具有良好的介电性能。它的体积电阻率比玻璃纤维要高一个数量级。玄武岩中含有质量分数不到 20% 的导电氧化物，经过用专门浸润剂处理的玄武岩纤维的介电损失角正切比玻璃纤维低 50%，可用于制造新型耐热介电材料。

玄武岩纤维具有比玻璃纤维高的电绝缘性和对电磁波的高透过性。由玄武岩纤维制造高压电绝缘材料、低压的电器装置、天线整流罩以及雷达无线电装置的前景十分广阔。

（4）化学稳定性　玄武岩连续纤维具有良好的耐酸、碱性，耐水性也相当强，属于一级耐水材料，有实验指出玄武岩连续纤维在 70℃水中，经过 1200h 后，才失去部分机械强度。

表 2-12 给出了玄武岩连续纤维和 E-玻璃纤维在不同介质中煮沸 3h 后的重量损失。从表中可以看出，与 E-玻璃纤维相比，玄武岩连续纤维具有更突出的化学稳定性。

表 2-12　不同介质中纤维损失重量比率

介　质	2mol/L NaOH	2mol/L HCl	H_2O
玄武岩连续纤维	2.2%	5.0%	0.2%
E-玻璃纤维	6.0%	38.9%	0.7%

玄武岩连续纤维的吸湿性极低，吸湿能力只有 $0.2\% \sim 0.3\%$，而且吸湿能力不随时间变化，这就保证了它在使用过程中的热稳定性、长寿命和环境协调性。玄武岩细纤维的耐水性远优于玻璃纤维。

（5）绿色环保性　由于玄武岩熔化过程中没有硼和其他碱金属氧化物等有害气体排出，使玄武岩连续纤维的制造过程对环境无害，克服了传统材料在生产、使用和废弃过程中需消耗大量的能源和造成环境污染等缺点，而且玄武岩纤维能自动降解成为土壤的母质，可持续和循环利用。

（6）力学性能　玄武岩连续纤维具有优良的力学性能（表 2-13），拉伸强度、弹性模量及断裂伸长率都较大，在一些应用领域内，完全可以代替玻璃纤维、碳纤维等充当复合材料的增强体，且性价比较优越。

表 2-13 玄武岩连续纤维与其他纤维力学性能比较

表 2-13　玄武岩连续纤维与其他纤维力学性能比较

性　能	密度/(g/cm³)	拉伸强度/MPa	弹性模量/GPa	断裂伸长率/%	最高使用温度/℃
玄武岩连续纤维	2.65～3.05	3000～3500	79.3～93.1	3.2	650
凯夫拉 49	1.44	2578～3034	124～131	2.3	250
碳纤维 HS	1.78	2500～3500	230～240	1.2	500

2.5.4　玄武岩连续纤维的制备

（1）原料选择　玄武岩在全球分布极其广泛，然而并不是所有的玄武岩都满足于生产玄武岩连续纤维的要求，为顺利实现熔融和拉丝，玄武岩各组分含量必须满足一定要求（见表 2-14），而且玄武岩中基本酸性氧化物与碱性氧化物比值的酸性模量要在 3～6.5 之间，即：$6.5 > (SiO_2 + Al_2O_3)/(CaO + MgO) > 3$（酸性模量在一定程度上反应了玄武岩连续纤维的化学稳定性及使用寿命的高低）。只有满足上述要求的玄武岩矿石才能够用于拉制玄武岩连续纤维。

表 2-14　拉制玄武岩连续纤维所需玄武岩矿石的各组分含量　　　　　　单位：%

化学成分	SiO_2	Al_2O_3	Fe_2O_3 FeO	CaO	MgO	TiO_2	Na_2O K_2O	其他混合物
最低	45	12	5	6	3.0	0.9	2.5	2.0
最高	60	19	15	12	7	2.0	6.0	3.5

（2）生产工艺步骤　玄武岩纤维生产技术包括以下步骤：玄武岩连续性纤维以天然玄武岩矿石为原料，粉碎后加入池窑中，在 1450～1500℃经熔融后熔化成熔体以供拉丝，熔体通过铂合金漏板成形并被拉成初始纤维，在纤维上施加浸润剂，把纤维卷绕到丝筒上，其目的是确保纤维质量好，生产稳定和生产成本低。目前玄武岩连续纤维的生产多采用池窑化生产和多孔大漏板拉丝，工艺流程主要包括原料制备工艺、熔制工艺、成型工艺和退解工艺等（图 2-10）。玄武岩纤维的生产也存在一些困难。不同类型的玄武岩矿石具有不同的特性和化学结构；玄武岩熔化和成纤阶段都需要高温，玄武岩熔体不透辐射热。

原料制备 → 池窑内高温熔融 → 拉丝 → 退解工艺 → 加工成纤 → 纤维深加工

图 2-10　玄武岩纤维加工工艺流程

2.5.5　玄武岩纤维的应用

由于玄武岩纤维具备上述优良特性，这使它具有很强的深加工潜力。综合性能优异的玄武岩纤维及其复合材料可广泛应用于航天、建筑工业、石油、化学工业、汽车制造、电器电子、冶金、环境等领域。如：阻燃材料、过滤材料、隔音材料、保温材料、隔热消防服装、工程和结构材料、耐腐蚀材料、耐老化材料、耐摩擦材料、抗干扰材料、高速公路、绝热保温材料等。在军事工程上也具有很好的开发价值，可以制造浮动码头、坑道、隧道内壁、军事工程的建筑、军用机场的建筑以及作为防弹衣的原料。如：坦克外皮、雷达天线罩、特殊绳索、防弹背心、防弹毛毯、火药库等。

（1）土工和建筑材料

① 土工织物、涂层织物　玄武岩连续纤维编织物和无捻粗纱制成的土工织物（土工格栅、土工布等）可用来加固堤坝和水电站水坝，可增强高速公路和立交桥的地基，用在经常被高湿度、酸、碱、盐类介质作用的建筑结构中，能有效地防止建筑物发生裂缝、龟裂等质量问题。

玄武岩纤维织物经涂覆 PTFE 或硅橡胶后是良好的建筑结构材料，具有轻质、高强、耐高温、透光等优点，适合于建造体育场馆、机场候机厅等大型建筑物。

② 水泥基复合材料　玄武岩纤维可用来代替钢筋增强混凝土。钢筋增强混凝土板是一种在路桥建筑中普遍使用的混凝土制品。钢筋长期在水泥中容易产生锈蚀造成建筑结构的破坏。国外于 20 世纪 90 年代开始推广使用玻璃纤维增强筋来替代钢筋。研究表明玻璃纤维的拉伸强度高于

钢筋，受水泥的侵蚀远远低于钢筋，尤其是对于直接暴露在易遭受海水、海风影响的沿海地区的建筑、桥梁、公路、停车场，更能体现出用玻璃纤维增强比钢筋优越的特性。而玄武岩纤维的抗碱性能优于玻璃纤维，拉伸强度也更高一些，更可大大提高混凝土制品的使用寿命。

玄武岩纤维对水泥或混凝土具有较好的增强效果。例如用玄武岩纤维增强铁路水泥枕木可提高其耐久性，尤其适合在青藏高原等气候多变地区使用。由于抗碱性较好，据估计玄武岩纤维混凝土可使用 70～100 年。采用玄武岩纤维增强水泥基复合材料还可降低制品的成本。由于玄武岩纤维具有较高的强度、弹性模量、耐高温和优良的耐化学腐蚀性能，其在水泥基复合材料中具有广阔的应用前景。

（2）结构复合材料增强纤维　以玄武岩连续纤维为增强纤维制造的复合材料管材可用于石油开采、炼油、天然气化工、石油化工等工业管道，可大幅度减少检修期和避免断裂，特别对于腐蚀性液体和气体的输送管道具有更好的使用效果和性价比。

此外，飞机机体部件和装饰件、船体的结构材料、汽车保险杠、车厢材料、篷盖隔热材料等也可以采用玄武岩纤维来制作，采用多轴向缝编方法制作的玄武岩纤维织物可用于风力发电机叶片的制造。

（3）过滤材料　玄武岩连续纤维可作为化学工业中的净化过滤材料。加拿大亚伯力（Albarrie）公司将玄武岩纤维用作过滤针刺毡的基布已经有很多年的历史了。俄罗斯与乌克兰采用玄武岩纤维制成的过滤布能在高温条件下工作。

采用玄武岩连续纤维与植物纤维复合开发过滤材料，其目的之一便是利用原料可天然降解性开发出性能优良的绿色复合材料，从源头控制污染，实现"零排放"。通过正交实验分析得出最佳配料比为：玄武岩连续纤维和植物纤维各占 50% 的复合材料中，添加 3% 聚乙烯醇、2% 的合成乳胶。所得滤材性能如下：透水性 10mm 水柱 650mL/min，耐折度 20 次，撕裂强度 2320mN，撕裂指数 $18.3mN \cdot m^2/g$。

（4）军工、航空航天材料　以玄武岩连续纤维为增强材料制成各种性能优异的复合材料，在宇宙飞船、火箭、导弹、战斗机、核潜艇、军舰、坦克等武器装备的国防军工领域及航空航天领域也有广泛的应用。它可以促进军队武器装备的升级换代、增强军队的战斗力，可在某些领域替代碳纤维，降低武器装备的制造成本。

（5）其他用途　除了以上的用途外，玄武岩连续纤维在其他的领域被广泛应用。比如日常用品中的快餐盒、纸杯等一次性产品，农业用品中的育苗钵，产业用品中的摩擦材料、热绝缘材料、介电材料和造船材料等。

2.6　其他纤维

2.6.1　碳化硅纤维

（1）概述　碳化硅纤维是以碳和硅为主要组分的一种陶瓷纤维。按其形态可分为连续纤维、晶须和短切纤维；按其结构可分为单晶和多晶纤维；按其集束状态可分为单丝和束丝纤维。高性能复合材料用的碳化硅纤维包括 CVD 碳化硅纤维（即用化学气相沉积法制造的有芯、连续、多晶、单丝纤维）、Nicalon 碳化硅纤维（即用先驱体转化法制造的连续、多晶、束丝纤维）和碳化硅晶须（即用气-液-固法或稻壳焦化法制造的具有一定长径比的单晶纤维）。

碳纤维具有高比强度、高比模量、抗高温氧化性、优异的耐烧蚀性、耐热冲击性和一些特殊功能，已在空间和军事工程中得到应用，碳化硅纤维增强聚合物基复合材料可以吸收或透过部分雷达波，已作为雷达天线罩及火箭、导弹和飞机等飞行器部件的隐身结构材料和航空、汽车工业的结构材料与耐热材料。碳化硅纤维与碳纤维一样，能够分别与聚合物、金属和陶瓷复合材料制成性能优良的复合材料，特别是利用先驱体转化法或化学气相沉积法能够制成使用温度极高的SiC/SiC复合材料。

（2）碳化硅纤维的制备　先进复合材料的碳化硅（SiC）增强体。

① 化学气相沉积法制备碳化硅纤维　化学气相沉积法（CVD）制备的碳化硅纤维是一种复合纤维。其制法是在管式反应器中采用水银电极直接用直流电或射频加热，将钨丝或碳丝加热到1200℃以上，并通入氯硅烷和氢气的混合气体，在灼热的芯丝表面上反应生成碳化硅并沉积在芯丝表面。发生的化学反应：

$$CH_3SiCl_3(g) \xrightarrow{H_2} SiC(s) + 3HCl$$

CVD 法制备连续碳化硅纤维是一个复杂的物理化学过程，一般有以下几个步骤：反应气体向热芯丝表面迁移扩散；反应气体被热芯丝表面吸附；反应气体在热芯丝表面上裂解；反应尾气的分解和向外扩散。

② 先驱体法制备碳化硅纤维　通过CVD 法制得的碳化硅纤维较粗，且弯曲性能较差。通过运用控制聚合物热解方法制得 SiC 纤维的方法称为先驱体法，这种纤维与 CVD 法制备的碳化硅相比较，有较好的力学性能、热稳定性和耐氧化性。

典型 Nicalon SiC 纤维的制备如下：二甲基二氯硅烷与金属钠在溶剂中进行反应制取聚硅烷，再以聚硅烷为原料合成聚碳硅烷（在 400℃以上高压釜中裂解重排制得），将聚碳硅烷在 300℃下进行熔融纺丝，并在 200℃下进行不熔化处理，最后在 1100～1300℃惰性气氛中连续烧结，得到具有金属光泽的碳化硅纤维。此连续纤维主要组成为 β-SiC 微晶，晶粒在 10nm以下。SiC 纤维制备工艺如图 2-11 所示。

通过电子显微镜和 X 射线衍射分析发现，碳化硅纤维中存在 β-SiC 微晶及少量石墨微晶和 α 石英微晶，这些微晶大小约为 5nm 左右。因此，可以认为碳化硅纤维是由 β-SiC、少量石墨和 α 石英微晶组成的均匀分散体。尽管 Nicalon SiC 纤维的最高使用温度可达 1200℃，但其耐热性仍不

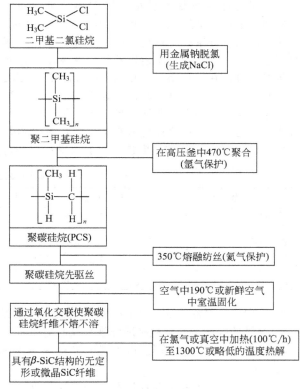

图 2-11　SiC 纤维制备工艺

能满足高温的应用需要。由于先驱体法制得的 SiC 纤维不是纯 SiC，其元素组成为 Si、C、O、H，质量分数分别为 55.5%、28.4%、14.9%和 0.13%，而氧的存在，于 1300℃以上会释放 CO气体，同时 β-SiC 微晶长大，使纤维的力学性能降低，因此需降低纤维的氧含量并使其化学组成更接近理论结构，以提高 SiC 纤维的耐热性。

低含氧量 SiC 纤维的制备：聚碳硅烷（PCS）先驱体（分子量在 1500～2000）熔融纺丝后，经电子束辐照及不熔化处理，使 PCS 分子交联，在 1000℃一次烧成后再施加张力，于 1500℃二次烧结，制得氧含量低于 0.5%（质量分数）的 Hi-Nicalon SiC 纤维。日本碳公司已于 1995 年实现了超耐热 SiC 纤维的工业化生产，同时控制条件，也已得到等化学组成的 SiC 纤维，后者暴露在 2000℃时仍能保持其纤维形状和韧性，分别命名为 Hi-Nicalon 和 Hi-Nicalon-S。图 2-12 给出了先驱体法制得 SiC 纤维的发展情况。Lipodwsitz 等将聚碳硅烷纤维处理后，在 1600℃ Ar 气氛中热解，通过控制反应条件，获得了不含氧的 SiC 纤维，其拉伸强度为 2.6GPa、杨氏模量为450GPa、密度为 3.18g/cm。在 1800℃下 Ar 气氛中 12h，纤维强度保持率仍达 66%。

制备方法主要包括 4 个步骤：①制备满足性能要求（相对分子质量、纯度）的聚合物；②聚合物纺丝成原料丝；③原料丝固化；④原料丝被控制热解成陶瓷纤维。

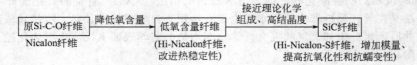

图 2-12　先驱体法制得 SiC 纤维的发展

（3）碳化硅纤维的性能

① 化学气相沉积 SiC 纤维的性能　CVD 碳化硅纤维具有很高的室温拉伸强度和拉伸模量，突出的高温性能和抗蠕变性能。其室温拉伸强度为 $3.5 \sim 4.1$ GPa，拉伸模量为 414GPa。在 1371℃ 时，强度仅下降 30%（硼纤维在 649℃ 时强度几乎完全丧失）。

钨芯碳化硅纤维的特点是：在 350℃ 以上具有优良的热稳定性，适宜于高温使用；增强钛合金可用于制作喷气发动机压缩机叶片（在高速旋转下能耐受 482℃ 以上的高温）、驱动轴和发动机主轴等构件。在沉积期间（927℃ 左右），SiC 与钨之间发生化学反应生成 W-C 和 W-Si 化合物，增加了纤维本身的界面复杂性；钨芯的密度大导致纤维密度大。

碳芯碳化硅纤维在高温下比钨芯碳化硅纤维更为稳定，其制造成本较低且密度小；气相沉积过程中，碳与 SiC 之间没有高温有害反应；用碳芯碳化硅纤维增强高温超合金和陶瓷材料，在 1093℃、100h 下，其拉伸强度仍高于 1.4GPa。CVD 连续 SiC 纤维典型性能见表 2-15 所列。

表 2-15　CVD 连续 SiC 纤维的典型性能

性　　能	SiC（W 芯）		SiC（C 芯）		中国产品
密度/（g/cm³）	3.46	3.46	3.10	3.0	3.4
纤维直径/μm	102	142	102	142	100±3
拉伸强度/GPa	3.35	$3.33 \sim 4.46$	2.41	3.40	＞3.70
拉伸模量/GPa	$434 \sim 448$	$422 \sim 448$	$351 \sim 365$	400	400
热膨胀系数/（×10⁻⁶/K）	—	4.9	—	1.5	—
表面涂层	富碳	碳和 TiB$_x$	—	SiC	富碳

② 先驱体法制备的 SiC 纤维的性能　Nicalon 碳化硅纤维的直径范围为 $10 \sim 20 \mu m$，大多数在 $15 \mu m$。纤维的强度和弹性模量随纤维直径的增加而减小。平均拉伸强度为 2.9GPa，杨氏模量为 190GPa，密度为 2.55g/cm³。由于其中存在 SiO_2 和碳，所以纤维的密度低于化学计量的 β-SiC（3.16g/cm³）。

Nicalon SiC 纤维的主要特性是：①拉伸强度和拉伸模量高，密度小；②耐热性好，在空气中可长期于 1100℃ 使用；③与金属反应性小，浸润性良好，在 1000℃ 以下几乎不与金属发生反应；④纤维具有半导体性，可以通过不同的处理温度来控制所生产纤维的导电性；⑤纤维细，柔曲性好，易编成各种织物，可制备形状复杂的复合材料制品；⑥耐腐蚀性优异。Nicalon SiC 纤维的典型品种和性能见表 2-16 所列。表 2-17 列出由聚碳硅烷制得耐热 SiC 纤维的性能。

表 2-16　Nicalon SiC 纤维的品种和主要性能

性　　能	通 用 级	HVR 级 NL-400	LVR 级 NL-500	碳涂层 NL-607
密度/（g/cm³）	2.55	2.30	2.50	2.55
长丝直径/μm	14/12	14	14	14
丝束数/（根/束）	250/500	250/500	500	500
纤度/（g/1000m）	105/210	110/220	210	210
拉伸强度/GPa	3.00	2.80	3.00	3.00
拉伸模量/GPa	220	180	220	220
伸长率/%	1.4	1.6	1.4	1.4
电阻率/Ω·cm	$10^3 \sim 10^4$	$10^6 \sim 10^7$	$0.5 \sim 5.0$	0.8
热膨胀系数/（×10⁻⁶/K）	3.1	—	—	3.1
比热容[J/（kg·K）]	1140	—	—	1140
介电常数	9	6.5	$20 \sim 3$	12

表 2-17 由聚碳硅烷制得的高耐热 SiC 纤维的性能

性　　能	Nicalon NL-200	Hi-Nicalon	Hi-Nicalon-S
密度/(g/cm³)	2.55	2.74	3.10
纤维直径/μm	14	14	12
丝束数/(根/束)	500	500	500
纤度/(g/1000m)	210	200	180
拉伸强度/GPa	3.00	2.80	2.60
拉伸模量/GPa	220	270	420
伸长率/%	1.4	1.0	0.6
电阻率/Ω·cm	$10^3 \sim 10^4$	1.4	0.1
化学组成/%(Si:C:O,质量分数)	56.6:31.7:11.7	62.4:37.1:0.5	68.9:30.9:0.2
C/Si 原子比	1.31	1.39	1.05

(4) 碳化硅纤维的应用　由于具有耐高温、耐腐蚀、耐辐射的性能，所以碳化硅纤维是一种理想的耐热材料。碳化硅纤维的双向和三向编织布、毡等织物，已经用于高温物质的传输带、金属熔体过滤材料、高温烟尘过滤器、汽车废气过滤器等方面，在冶金、化工、原子能工业以及环境保护部门，都有广阔的应用前景。碳化硅纤维增强的复合材料已应用于喷气发动机涡轮叶片、飞机螺旋桨等受力部件透平主动轴等。

在军事上，碳化硅纤维复合材料可用作大口径军用步枪枪筒套管、M-1 作战坦克履带、火箭推进剂传送系统、先进战斗机的垂直安定面、导弹尾部、火箭发动机外壳、鱼雷壳体等。

CVD 碳化硅纤维中的 SCS-2、SCS-6 和 SCS-8 分别适用于增强铝、镁及其合金、钛及钛合金。目前采用 CVD 法生产连续碳化硅纤维的英国 BP 公司和法国 SNPE 公司均在纤维表面涂覆各种涂层，如 WC、TaC、HfC、TIN、B_4C 等。CVD 碳化硅纤维适用于聚合物基、金属基和陶瓷基复合材料的制备。其中，用于增强钛基复合材料的制品已进入实用化研制阶段。

值得一提的是，由有机聚合物先驱体转化法制备耐高温陶瓷纤维的工作越来越受到世界各国的关注。除上述含硅化合物系列纤维外，目前正在开发的还有氮化硼、碳化钛等复相陶瓷纤维。由于迄今尚没有理想的工业化耐高温抗氧化陶瓷纤维，所以正在针对先驱体转化法陶瓷纤维存在的问题进行研究，采取不同的途径来改进和提高纤维的高温特性，以期在 21 世纪初能真正成为高温结构陶瓷基复合材料的增强体。主要措施有：①减少陶瓷纤维中的氧含量，采用非氧化性气氛中的电子束辐照交联；②在先驱体中引入其他元素（B、Ti、Zr、Al）形成复相陶瓷结构，抑制纤维在高温下晶粒长大；③在纤维中引入助烧结剂，促进纤维致密化。

2.6.2 硼纤维

硼纤维是一种将硼元素通过高温化学气相法沉积在钨丝的表面的高性能增强纤维，具有很高的比强度和比模量。也是制造金属复合材料最早采用的高性能纤维。硼纤维具有良好的力学性能，强度高、模量高、密度小。硼纤维的弯曲强度比拉伸强度高，其平均拉伸强度为 310MPa，拉伸模量为 420GPa。硼纤维在空气中的拉伸强度随温度的升高而降低，加热到 650℃时强度将完全丧失。在室温下，硼纤维的化学稳定性好，但表面具有活性，不需要处理就可与树脂进行复合，对于含氮化合物，亲和力大于含氧化合物。

(1) 硼纤维的制备　目前商品化的硼纤维制造技术是以 CVD 法生产，其制备方法是在连续移动的钨丝或碳丝基体上，三氯化硼与氢气的混合物加热至 1300℃，发生下列反应，反应生成的硼沉积在钨丝上，制得直径为 $100 \sim 200 \mu m$ 的连续单丝硼纤维。

$$2BCl_3 + 3H_2 \longrightarrow 2B + 6HCl$$

反应生成的硼被沉积在同样温度的钨丝上（密度 19.3kg/m³）形成硼纤维，以这种方法生产的硼纤维具有很高的纯度。研究表明，有一个使硼纤维具有最佳结构和性能的临界反应温度，低于这个临界温度得到的硼是 $2 \sim 3nm$ 的微晶态颗粒，高于这个温度就出现结晶态的硼，而结晶态的硼并不具有最好的力学性能，在热丝培养基的反应器中，这个临界温度是 1000℃。

（2）硼纤维的结构和形态　　硼纤维的结构和形态取决于气相沉积时的温度、混合气体组分、气体的动力等因素。硼有多种结晶体，当化学气相沉积温度在 1300℃ 以上时形成 β-菱形结晶。而在 1300℃ 以下，最普通的结构是 α-菱形结晶。在制造硼纤维过程中，如果硼沉淀在钨丝中形成硼纤维，则硼纤维中除了硼和核心的钨丝以外还可能有 W_2B、WB、W_2B_5 和 WB_4 等化合物存在，同时硼纤维和其他 CVD 纤维一样，都有在 CVD 生产过程中产生内部残余应力，这些应力保持在硼的瘤状体内，它是由于沉积的硼和其中的钨丝芯具有不同的热膨胀系数而引起的。

（3）硼纤维的性能　　由于硼纤维中的复合组分、复杂的残余应力以及一些空隙或结构不连续的缺陷等，因此，实际硼纤维的强度与理论值有一定的距离，通常硼纤维的平均拉伸强度是 3～4GPa，弹性模量在 380～400GPa，硼纤维的密度为 2.34kg/m³（比铝小 15%），熔点 2040℃，在 315℃ 以上热膨胀系数为 $4.86\times10^{-8}/K$。

用硼纤维增强金属时，为避免在高温下产生不良的界面反应导致纤维性能劣化，需在纤维表面涂上保护层，通常以碳化硅或碳化硼为涂层。例如，涂有碳化硼涂层的硼纤维，在 550℃ 空气中 1h，仍可维持原有强度，在 600℃ 空气中加热 1000h，仍无明显的强度下降。而没有涂层的硼纤维，在 400℃ 以上就会性能下降，且与金属发生界面反应。所以没有涂层的硼纤维不能作为金属基复合材料的增强材料使用。

2.6.3　氧化铝纤维

氧化铝纤维是多晶陶瓷纤维，以氧化铝为主要成分，含有少量的氧化硅、氧化硼或氧化锆、氧化镁。一般将含氧化铝大于 70% 的纤维称为氧化铝纤维，而将氧化铝含量小于 70%，其余为二氧化硅和少量杂质的纤维称为硅酸铝纤维。

氧化铝纤维的突出优点是有高强度、高模量、超常的耐热性和耐高温氧化性，可应用在 1400℃ 的高温场合。与碳纤维和金属纤维相比，可以在更高温度下保持很好的抗拉强度；其表面活性好，易于与金属、陶瓷基体复合；同时还具有热导率小、热膨胀系数低、抗热震性好、具有独特的电学性能和抗腐蚀等一系列特点。其原料是容易得到的金属氧化物粉末、无机盐或铝凝胶等，生产过程简单，设备要求不高，不需要惰性气体保护等，与其他高温陶瓷纤维相比，有高的性价比和很大的商业价值。

氧化铝有 γ、δ、η 和 α 等多种晶态，但其中只有 α-氧化铝是热动力学上稳定的晶态。氧化铝纤维是多晶陶瓷纤维，主要成分为氧化铝，并含有少量的 SiO_2、B_2O_3、Zr_2O_3 和 MgO 等组分。氧化铝纤维的制法有很多报道，以下两种是典型的方法。

（1）氧化铝纤维的性能　　氧化铝纤维具有优异的力学性能和耐热性能。氧化铝的熔点是 2040℃，但是由于氧化铝从中间过渡态向稳定的 α-Al_2O_3 转变温度在 1000～1100℃ 发生，因此，由中间过渡态组成的纤维在该温度下由于结构和密度的变化，强度显著下降。故在许多制备方法中将硅和硼的成分加入到纺丝液中，以控制这种转变，提高纤维的耐热性。氧化铝纤维可用作为高性能复合材料的增强材料，特别是在增强金属、陶瓷领域有着广阔的应用前景。氧化铝纤维的特点：

① 耐热性好；

② 不被熔融金属侵蚀，可与金属很好复合；

③ 表面活性好，不需要表面处理；

④ 具有极高的耐化学腐蚀和抗氧化性；

⑤ 用氧化铝增强的复合材料具有优良的抗压性能，压缩强度是 GFRP 的 3 倍，耐疲劳强度也很高；

⑥ 电气绝缘、电波透过性好，与玻璃钢相比，它的介电常数和损耗角正切小，且随频率的变小，电波透过性更好。

（2）氧化铝纤维的制备　　氧化铝纤维的制法有很多报道，以下介绍两种典型的方法。

① 熔融纺丝法　　首先将氧化铝在电弧炉或电阻炉中熔融，用压缩空气或高压水蒸气等喷吹

熔融液流，使之呈长短、粗细不均的短纤维，这种制造方法称为喷吹工艺。这种方法制备的纤维质量受压缩空气喷嘴的形状及气孔直径大小的影响。连续氧化铝纤维的制法是将熔融的氧化铝引入到一个带有毛细管或锐孔的坩埚中，由于毛细现象熔融氧化铝液体在毛细管尖端形成弯曲面，在尖端处放氧化铝的晶核并连续稳定地向上拉引，得到连续单晶纤维。当拉伸速度为 $150mm/min$ 时，得到的纤维直径为 $50\sim500\mu m$，拉伸强度达到 $2\sim4GPa$，拉伸模量为 $460GPa$。

② 淤浆纺丝法　该法是把 $0.5\mu m$ 以下的氧化铝微粒在增塑剂羟基氧化铝和少量的氯化镁组成的淤浆液中进行纺丝，然后在 $1300℃$ 的空气中烧结，就成为氧化铝多晶体纤维，再在 $1500℃$ 气体火焰中处理数秒，使结晶粒之间烧结，得到连续的氧化铝纤维。在某些情况下，纤维表面覆盖一层 $0.1\mu m$ 厚的非晶态 SiO_2 膜，可以大大改善纤维与金属的浸润性与结合力。用此法制得的氧化铝纤维，直径为 $20\mu m$，拉伸强度为 $2.0GPa$，拉伸模量为 $390GPa$。

2.6.4　晶须

晶须是指由高纯度单晶生长而成的直径几微米、长度几十微米的单晶纤维材料。由于其原子结构排列高度有序、结构完整难以容纳大晶体中常存的缺陷，故其机械强度近似等于原子间价键力的理论强度，是一类力学性能十分优异的新型复合材料补强增韧材料。

晶须是目前已知纤维中强度最高的，其机械强度等于相邻原子间的作用力。其高强的原因，主要由于它的直径非常小，容纳不下能使晶体削弱的空隙、位错和不完整等缺陷。晶须材料的内部结构完整，使它的强度不受表面完整性的严格限制。晶须材料分为陶瓷晶须和金属晶须两类，用作增强材料的主要是陶瓷晶须。陶瓷晶须直径只有几个微米，断面呈多角形，具有玻璃纤维的延伸率和硼纤维的弹性模量，氧化铝晶须在 $2070℃$ 下仍保持 $7000MPa$ 的拉伸强度。晶须没有显著的疲劳效应，切断、磨粉或其他的施工操作都不会降低其强度。在碳纤维等纤维的增强材料、模压复合材料、浇注复合材料、层压板复合材料、定向复合材料中，加入经验数量的晶须，强度就可成倍地增加。由于晶须价格昂贵，只用于空间和尖端技术。

晶须是以单晶结构生长的直径极小的短纤维。由于直径小（小于 $3\mu m$），晶体中缺陷少，其原子排列高度有序，故其强度接近于原子间价键力的理论值。晶须可用作高性能复合材料的增强材料，以增强金属、陶瓷和聚合物。常见的晶须有金属晶须，如铁晶须、铜晶须、镍晶须、铬晶须等；陶瓷晶须，如碳化硅晶须、氧化铝晶须、氮化硅晶须等。几种常见晶须的性能见表 2-18 所列。

表 2-18　几种常见晶须的性能

晶　须	熔点/℃	密度/(g/cm³)	拉伸强度/GPa	比强度/($\times10^6$cm)	弹性模量/GPa	比模量/($\times10^8$cm)
Al_2O_3	2040	3.96	21	53	4.3	11
BeO	2570	2.85	13	47	3.5	12
B_4O	2450	2.52	14	56	4.9	19
SiO	2690	3.18	21	66	4.9	19
Si_3N_4	1960	3.18	14	44	3.8	12
C(石墨)	3650	1.66	20	100	7.1	36
$K_2O(TiO_2)_n$	—	—	7	—	2.8	—
Cr	1890	7.2	9	13	2.4	3.4
Cu	1080	8.91	3.3	3.7	1.2	1.4
Fe	1540	7.83	13	17	2.0	2.6
Ni	1450	8.97	3.9	4.3	2.1	2.4

参　考　文　献

[1]　顾书英，任杰. 聚合物基复合材料. 北京：化学工业出版社，2007.
[2]　柯扬船，[美]皮特·斯壮. 聚合物-无机纳米复合材料. 北京：化学工业出版社，2003.
[3]　徐国财，张立德. 纳米复合材料. 北京：化学工业出版社，2002.
[4]　王荣国，武卫莉，谷万里. 复合材料概论. 哈尔滨：哈尔滨工业大学出版社，2007.

［5］　周祖福．复合材料学．武汉：武汉工业大学出版社，1995.

［6］　Liang Naixing. Untersuch ungen uber Mit Elastomeren modify Zierte zemente. Dissertation，TU clausthal，1991.

［7］　Ohama Y. Polymer moditied Mortars and Concretes. Concrete Adimix ures Haned book，Edited by Romacha-Chandran，V，S，Noyes Publication，pard idge.

［8］　李顺林，王兴业．复合材料结构设计基础．武汉：武汉工业大学出版社，1993.

［9］　陈华辉．现代复合材料．北京：中国物资出版社，1998.

［10］　宋焕成，张佐光．混杂纤维复合材料．北京：北京航空航天大学出版社，1989.

［11］　赵明良，唐佃花．关于玄武岩连续纤维的性能及其复合材料应用的研究．非织造布．2008，4：（16），20-22.

［12］　曹海琳，郎海军，孟松鹤．连续玄武岩纤维结构与性能试验研究．高科技纤维与应用．2007，5：（32），8-13.

［13］　崔毅华．玄武岩连续纤维的基本特性．纺织学报．2005，26（5）：57-60.

［14］　Czigany T，Poloskei K，Karger-Kocsis J. Fracture and failure behavior of basalt fiber materinforced vinylester/epoxy hybrid resins as a function of resin composition and fiber surface treatment. Journal of materials science，2005.

［15］　谢尔盖，李中郢．玄武岩纤维材料的应用前景．纤维复合材料，2003，17（3）.

［16］　Jongsung Sim，CHEOLWOO PARK，Do Young Moon. Characteristics of basalt fiber as a strengtjening material for concrete structures. Compositers：Part B，2005，36：504-512.

［17］　笪有仙，孙慕瑾．增强材料的表面处理．玻璃钢/复合材料，1999，（5）.

［18］　王广健，尚德苦，张楷亮，等．改性玄武岩纤维及纤维复合过滤材料的微孔结构表征的研究．河北工业大学学报，2003，32（2）：6-11.

［19］　JIRIMI LITKY，Vladimir Kovacic，Jitka Rubnerova. Influence of thermal treatment on tensile failure of basalt fibers. Engineering fracture mechanics，2002，69：1025-1033.

［20］　贾丽霞，蒋喜志，吕磊等．玄武岩纤维及其复合材料性能研究．纤维复合材料，2005，（4）.

［21］　许淑惠，彭国勋，党新安．玄武岩连续纤维的产业化开发．建筑材料学报，2005，8（3）.

［22］　钟翔屿，包建文，李晔等．5528 氰酸酯树脂基玻璃纤维增强复合材料性能研究．纤维复合材料，2007，3.

第3章 材料的界面理论

3.1 概述

通常，在一个多相体系中，不同相之间存在界面。界面的类型取决于物质的聚集状态，按聚集态不同一般可分为5种。即液-气界面、液-液界面、液-固界面、固-气界面和固-固界面，其中，通常将固相或液相与气相间的界面称为固体或液体表面。而此界面或表面是具有一定厚度的界面层。如水和气相间，其界面层约有几个分子层厚；对一个固-气相间而言，当固体吸附单分子层气体时，界面层较薄，但若为多层吸附时，界面层相应增厚。界面层的结构和性质与其两相的结构和性质都不一样，具有独特的特性。

聚合物基复合材料一般是由增强纤维与基体树脂两相组成的，两相之间存在着界面，通过界面使纤维与基体树脂结合为一个整体，使复合材料具备了原组成树脂所没有的性能。并且，由于界面的存在，纤维和基体树脂所发挥的作用，是各自独立又相互依存的。因而，在复合材料中，纤维与基体树脂间的界面有着重要的作用。改变聚合物基复合材料的界面结构与状态，就可以改变该复合材料的某些性能和用途。因此，人们为了改进玻璃纤维复合材料的力学性能和电学性能，研究玻璃纤维复合材料界面的性质，提出了多种理论和学说来解释和解决实践中所遇到的问题，发表了很多有关界面理论的文献，大大推动了玻璃纤维复合材料的发展。但对于界面现象人们尚未完全弄清楚。

本章介绍一些有关界面的基本概念和理论，包括：表面现象和表面张力；增强材料的表面性质与处理；聚合物基复合材料的界面。

3.2 表面现象和表面张力

3.2.1 表面现象

发生在界面上的现象习惯上称为表面现象。如水滴、汞滴会自动呈球形，固体的表面能够吸附其他的物质等，都属于表面现象。产生表面现象的原因，与物质的表面能有关。颗粒粉碎做功所消耗的部分能量将转变为储藏在物质表面中的能量，称为表面能。

（1）表面自由能 表面自由能有时也简称为自由能，反映物质表面所具有的特殊性质，是由于其表面层分子所处状态与其内部分子所处状态不同造成的。即由于表面层上的分子受到内部分子的拉力作用，欲将一个分子从内部迁移到表面层，外界就要克服拉力对该分子的拉力而做功，所消耗的功，变成了处在表面层分子的自由能。因此，处于体系表面（或界面）层上的分子，其能量要比其相内分子的能量高。增加体系的表面积，相当于把更多的分子从相内迁移到表面层上，其结果使该体系的总能量增加了，而外界因此而消耗的功叫作表面功。假设在恒温、恒压、组成的情况下，用可逆平衡的方式使体系表面积增加，则该体系自由能的增量为 ΔG；体系增加了 $A(\text{cm}^2)$ 的新表面，而外界所做的表面功为 W'，则该体系自由能的增量 ΔG 为：

$$\Delta G = -W' \tag{3-1}$$

就单位新表面而言，其自由能的增加量为：

$$\frac{\Delta G}{A} = \frac{-W'}{A} \tag{3-2}$$

对新表面的微小增量，有：

$$\partial G = \sigma \partial A \qquad\qquad (3-3)$$

$$\sigma = \frac{\partial G}{\partial A} \qquad\qquad (3-4)$$

式中，σ 称为比表面自由能，或称比表面自由焓。用它表示体系单位面积的自由能，即单位面积上表面层上的分子与相内部等量的分子所增加的能量之比。

若在一个体系中同时包含几个相时，则相与相之间可能出现几种不同的相界面（表面层）。因此，上面导出的比表面自由能计算公式，应代表该体系各相界面的总结果。比表面能的单位是牛/米（或达因/厘米，$1\mathrm{dyn/cm} = 10^{-3}\,\mathrm{N/m}$），亦可理解为沿物体表面作用的单位长度上的力，所以也称为表面张力，或称为界面张力。

表面张力是物质的一种属性，也可以说它是物质内部分子间相互吸引的一种表现。不同物质，分子间的相互作用力不同。分子间作用力越大，相应表面张力也越大。对于各种液态物质，金属键的物质表面张力最大，其次是离子键的物质，再次为极性分子的物质，表面张力最小的是非极性分子的物质。

物质的表面张力，还和同它相接触的另一相物质的性质有关，这是因为与不同性质的物质接触时，表面层分子所处的力场不同。

表面张力还随温度的变化而改变，温度越高，表面张力越小，这是因为温度升高物质受热膨胀，增大了分子间的距离，分子本身的作用力减小，而且温度升高，分子本身的热运动能增加，所以温度升高物质的表面张力逐渐减小。

（2）润湿现象　把不同的液滴放到不同的固体表面上，有时液滴会立即铺展开来遮盖固体的表面，这一现象称为"润湿现象"或"浸润"；有时液滴仍然团聚成球状，这一现象称为"润湿不好"或"不浸润"。浸润或不浸润取决于液体对固体和液体自身的吸引力的大小，当液体对固体的吸引力大于液体自身的吸引力时，就会产生浸润现象。反之，称为不浸润。液体对固体的浸润能力，可以用浸润角 θ 来表示，当 $\theta < 90°$ 时，称为被浸润；$\theta > 90°$ 时，称为不浸润。当 $\theta = 0°$ 或 $180°$ 时，则分别为完全浸润和完全不浸润。如图 3-1 所示。

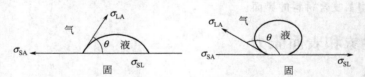

图 3-1　液体在固体表面浸润情况

液体浸润角的大小，与固体表面张力 σ_{SA}、液体表面张力 σ_{LA} 及固-液界面张力 σ_{SL} 有关。它们与浸润角之间存在下列关系：

$$\sigma_{SA} = \sigma_{SL} + \sigma_{LA}\cos\theta \qquad\qquad (3-5)$$

$$\cos\theta = \frac{\sigma_{SA} - \sigma_{SL}}{\sigma_{LA}} \qquad\qquad (3-6)$$

式中，σ_{LA} 为气-液间的界面张力；σ_{SA} 为气-固间的界面张力；σ_{SL} 为液-固间的界面张力。

由式(3-5)和式(3-6)可进行下列的讨论：

① 若 $\sigma_{SA} < \sigma_{SL}$，则 $\cos\theta < 0°$，$\theta > 90°$，液体不能润湿固体。当 $\theta = 180°$ 时，表面完全不润湿，液体呈球状；

② 若 $\sigma_{LA} > \sigma_{SA} - \sigma_{SL}$ 时，则 $1 > \cos\theta > 0°$，$\theta < 90°$，液体能润湿固体；

③ 若 $\sigma_{LA} = \sigma_{SA} - \sigma_{SL}$ 时，则 $\cos\theta = 1$，$\theta = 0°$，液体能完全浸润固体；

④ 若 $\sigma_{SA} - \sigma_{SL} > \sigma_{LA}$，则液体在固体表面完全浸润（$\theta = 0°$）时仍未到达平衡而铺展开来。

从式(3-6)可知，改变研究体系中的表面张力 σ，就能改变接触角 θ，即改变系统的湿润情况。固体表面的润湿性能与其结构有关，改变固体的表面状态，即改变其表面张力，就可以达到改变润湿情况的目的，如对增强纤维进行表面处理，就可改变纤维与基体材料间的润湿情况。

液体对固体吸引力的大小，用液体对固体的黏附功 W_a 来描述，黏附功是指将 $1cm^2$ 的固-液连接面拉开所需要的功，液体对固体的吸引力越大时，黏附功也越大。黏附功与界面张力有下列关系式：

$$W_a = \sigma_{LA} + \sigma_{SA} - \sigma_{SL} \qquad (3-7)$$

液体自身的吸引力大小，用液体的结合功 W_c 来衡量，结合功是指将 $1cm^2$ 截面的该液体柱拉开时，所需的功。液体自身的吸引力越大，结合功也越大。结合功与界面张力有下列关系式：

$$W_c = 2\sigma_{LA} \qquad (3-8)$$

如上所述，只有当黏附功 W_a 等于或大于结合功 W_c 时，才会产生浸润现象，W_a 与 W_c 之差定义为液体在固体表面的铺展系数 φ，即：

$$\varphi = W_a - W_c = (\sigma_{SA} - \sigma_{SL}) - \sigma_{LA} \qquad (3-9)$$

当 φ 为正值时，发生浸润现象，φ 为负值时发生不浸润现象。

（3）吸附作用　固体表面具有吸附气体或液体的能力。一种物质的原子或分子附着在另一物质表面层的现象称为"吸附"。吸附作用可以发生在多种不同相的界面上。固体表面具有把气体或液体的分子吸附到其表面上来的能力，是由于固体表面层的质点和液体表面上的分子一样，处于力场不平衡的状态，表面质点具有较大的表面自由能。这种不平衡的力场由于吸附物的被吸附而降低了质点表面的自由能，所以固体表面具有自动吸附那些能够降低它的表面自由能的物质。吸附过程是放热过程（释放能量的过程），相反解吸过程，即被吸附物的分子从固体表面重新回到气相或液相的过程是吸热过程。吸附按其作用力的性质可分为两类。

① 物理吸附　固体表面层中的原子，其价键已被相邻的原子所饱和，这时表面层和被吸附物之间的作用力是范德瓦耳斯力，这类吸附称为"物理吸附"。由于范德瓦耳斯力普遍存在于吸附物和被吸附物之间，故物理吸附是普遍存在的，它们由于吸附与被吸附物的种类不同，分子间力的大小各不相同，吸附量会有较大差别。在物理吸附中，被吸附在固体表面上的气体或液体可能是单分子层，也可能是多分子层。物理吸附类似于凝聚现象，因此吸附和解吸的速度均较快，容易达到吸附平衡状态，物理吸附多发生在温度较低的条件下。

② 化学吸附　当固体表面层中一个原子的价键未被相邻的原子所饱和时，还有剩余的成键能力。这时发生在吸附和被吸附物之间会产生电子转移，形成化学键，这类吸附称为"化学吸附"。由于化学吸附要形成化学键，所以化学吸附是有选择性的，一种固体表面只能对某些被吸附物产生化学吸附，且化学吸附一般只能是单分子层吸附，吸附和解吸不易进行，达到吸附平衡状态较缓慢。在某些情况下，当被吸附物和固体表面分子间形成稳定的化合物——表面化合物时，一般不再解吸附了。化学吸附通常在较高温度下进行，且吸附的速度随温度的升高而加快。

物理吸附和化学吸附不是互不相容的，随着外界条件的变化，这两种吸附可以单独或同时进行。

3.2.2　聚合物固体的表面张力

固体物质和液体物质一样，也有表面张力或界面张力。固体的表面张力是固体的黏附能力等表面现象发生的原因。复合材料的复合过程，首先要求纤维与聚合物的表面张力有一定的适应性。根据热力学分析，为使纤维和树脂之间有较好的浸润，则纤维的表面张力必须大于树脂的表面张力。因此，研究复合材料的界面必须研究聚合物的表面张力和纤维增强材料的表面张力。

固体的表面张力和液体的表面张力产生的机理是一样的，但固体表面张力的研究要比液体表面张力的研究困难得多，尚没有直接可靠的研究方法。现在使用的主要方法是间接测定的方法，或是从理论上计算固体聚合物的表面张力。这些方法主要用了聚合物固体表面张力的测试，其中一些方法也用来测定增强纤维的表面张力。下面分别介绍固体表面张力的实验测定方法与理论计算方法。

（1）实验测定固体表面张力的方法

① 临界表面张力测定方法　目前常用的一种方法，认为在被测定的固体临界表面张力 σ_{SA} 与

液体表面张力 σ_{LA} 之间有下列关系：

$$\cos\theta = 1 + b(\sigma_{SA} - \sigma_{LA}) \tag{3-10}$$

式中，θ 指液体在固体表面上的接触角；b 指物质的特性常数。

当 $\theta = 0°$ 时，即液体在固体表面完全浸润时，根据式（3-10）可得到 $\sigma_{SA} = \sigma_{LA}$，即液体的表面张力等于被测固体的临界表面张力。

使用接触角法测定树脂固化体系临界表面张力 σ_{SA} 的具体方法是：将一系列已知表面张力的液体，置于树脂固化体系（即加有固化剂、增韧剂等组分的树脂）表面上，当树脂体系达到固化临界状态（即由黏流态转变为固态）时测定这些液体的接触角 θ。这一方法假定 $\cos\theta$ 和液体表面张力 σ_{LA} 之间是线性关系，利用 $\cos\theta$ 和 σ_{LA} 值作图，并外推到 $\cos\theta = 1$（即 $\theta = 0°$）时，对应的液体表面张力 σ_{LA}，就是树脂固化体系的临界表面张力 σ_{SA}。用此数据来表示树脂固化体系的表面张力。

② 利用聚合物的液体或熔体的表面张力与温度的关系求固体的表面张力　此种方法是基于液体物质的表面张力随温度变化而改变的特性。一般的液体物质表面张力随温度升高而减小，其机理已如前述。但也有些物质如镉、铁、铜等的表面张力随温度升高而增大。这种"反常"现象尚没有一致的解释。利用此原理测定聚合物的液体或熔体的表面张力，并外推到相当于固体状态时的某一温度下的表面张力。如线型聚乙烯（L-PE）、聚二甲基硅氧烷（PDMS）、聚异丁二烯（PIB）的表面张力与温度的关系如图 3-2 所示。从图可知外推到 20℃，L-PE 的表面张力为 35.7dyn/cm，PIB 为 34.0dyn/cm，PDMS 为 19.8dyn/cm。

利用聚合物液体或熔体表面张力与温度的关系外推得到的表面张力，要考虑变化过程中相变对表面张力的影响。但是通常认为玻璃化转变对表面张力影响不大，可以忽略。

③ Legrand 和 Gaines 测定表面张力法　Legrand 和 Gaines 提出表面张力与分子量间有一定的关系，并导出下述方程式：

$$\sigma = \sigma_\infty - K_e M_n^{-2/3} \tag{3-11}$$

式中，σ、σ_∞ 分别为物质一定分子量到无穷大时的表面张力；M_n 为数均分子量；K_e 为系数。以 σ 对 $M_n^{-2/3}$ 作图，所得直线外推到 $M_n \to \infty$，可求得法聚合物固体表面张力。如图 3-3 所示。

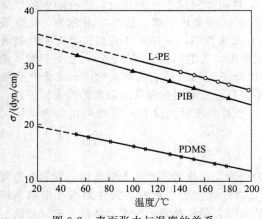

图 3-2　表面张力与温度的关系

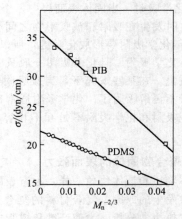

图 3-3　分子量与表面张力的关系

从图可知 PIB 的表面张力为 35.62dyn/cm，PDMS 为 21.26dyn/cm。

④ Girifalco 和 Good 研究固液间界面张力方法　Girifalco 和 Good 提出固体、液体的表面张力与固/液间的界面张力有如式（3-12）的关系：

$$\sigma_{SL} = \sigma_{SA} + \sigma_{LA} - 2\phi(\sigma_{SA}\sigma_{LA})^{1/2} \tag{3-12}$$

式中，ϕ 为摩尔体积系数，可表示为：

$$\phi = \frac{4(V_S V_L)^{1/3}}{(V_S^{1/3} + V_L^{1/3})^2} \tag{3-13}$$

式中，V_S 为固体的摩尔体积；V_L 为液体的摩尔体积。

当两相异种分子间的引力大小，介于这两相各自分子间的引力之间时，式(3-12) 适用；当两相异种分子间生成氢键时，式(3-12) 就不适用了。将式(3-5) 代入式(3-12)，得：

$$\sigma_{LA}(1+\cos\theta)=2\phi(\sigma_{SA}\sigma_{LA})^{1/2} \tag{3-14}$$

$$或\ \sigma_{SA}=\sigma_{LA}\frac{(1+\cos\theta)^2}{4\phi^2} \tag{3-15}$$

$$\cos\theta=2\phi\left(\frac{\sigma_{SA}}{\sigma_{LA}}\right)^{1/2}-1 \tag{3-16}$$

式(3-15) 可用于已知：及已测得接触角 θ 值时，计算固体的表面张力 σ_{SA}，而式(3-16) 则可用于已知 σ_{SA} 和 σ_{LA} 时，计算接触角 θ。例如，用式(3-16) 求二碘甲烷在聚甲基丙烯酸甲酯表面上的接触角。

【例】　已知：$V_S=86.5\text{cm}^3/\text{mol}$，$V_L=80.6\text{cm}^3/\text{mol}$，$\sigma_{SA}=42.5\text{dyn/cm}$，$\sigma_{LA}=50.8\text{dyn/cm}$。

解：
$$\cos\theta=2\phi\left(\frac{\sigma_{SA}}{\sigma_{LA}}\right)^{1/2}-1$$

$$\phi=\frac{4(V_SV_L)^{1/3}}{(V_S^{1/3}+V_L^{1/3})^2}=\frac{4(86.5\times80.6)^{1/3}}{(86.5^{1/3}+80.6^{1/3})^2}=1$$

所以：
$$\cos\theta=2\times\left(\frac{42.5}{50.8}\right)^{1/2}-1=0.83$$

$\theta=34°$（实测 $\theta=41°$）

⑤ 界面张力的一般公式　将式(3-12) 推广可用于任意两相界面张力的计算时得：

$$\sigma_{12}=\sigma_1+\sigma_2-2\phi(\sigma_1\sigma_2)^{1/2} \tag{3-17}$$

式中，σ_1、σ_2、σ_{12} 分别为任意两种物质及两种物质间的界面张力。

当 $\phi=1$ 时，则有：

$$\sigma_{12}=(\sigma_1^{1/2}-\sigma_2^{1/2})^2 \tag{3-18}$$

当两相界面上生成氢键时，则界面张力的计算公式应改为：

$$\sigma_{12}=\sigma_1+\sigma_2-2(\sigma_1^d\sigma_2^d)^{1/2}-2(\sigma_1^n\sigma_2^n)^{1/2} \tag{3-19}$$

式中，σ^d 为色散力形成的表面张力；σ^n 为偶极力和氢键形成的表面张力。且有：$\sigma=\sigma^d+\sigma^n$。

式(3-19) 可写为：

$$\sigma_{12}=(\sigma_1^d+\sigma_1^n)+(\sigma_2^d+\sigma_2^n)-2(\sigma_1^d\sigma_2^d)^{1/2}-2(\sigma_1^n\sigma_2^n)^{1/2}$$
$$=[(\sigma_1^d)^{1/2}-(\sigma_2^d)^{1/2}]^2+[(\sigma_1^n)^{1/2}-(\sigma_2^n)^{1/2}]^2 \tag{3-20}$$

当两相为固-液体系，且界面上有氢键生成时，则它们之间的接触角 θ 可按式(3-21) 计算：

$$\cos\theta=2\left[\frac{(\sigma_{SA}^d)^{1/2}(\sigma_{LA}^d)^{1/2}}{\sigma_{LA}}+\frac{(\sigma_{SA}^n)^{1/2}(\sigma_{LA}^n)^{1/2}}{\sigma_{LA}}\right]-1 \tag{3-21}$$

比较以上的 5 种测定固体聚合物的表面张力的方法，一般认为临界表面张力外推法所得结果偏低，界面张力法所得结果比外推法略高一些。其他 3 种方法所得结果比较一致。表3-1列出了一些聚合物的表面张力值。

表 3-1　一些固态聚合物的表面张力值　　　　　　单位：dyn/cm

聚合物名称	σ_s	σ_s^d	σ_s^n	聚合物名称	σ_s	σ_s^d	σ_s^n
低压聚乙烯	33.2	33.2	0	聚四氟乙烯	19.1	18.6	0.5
聚氯乙烯	41.5	40.0	1.5	聚对苯二甲酸乙二醇酯	47.3	43.2	4.1
聚偏氯乙烯	45.0	42.0	3.0	聚甲基丙烯酸甲酯	40.2	35.9	4.3
聚氟乙烯	36.7	31.3	5.4	尼龙-66	47.0	40.8	6.2
聚偏氟乙烯	30.3	23.2	7.1	聚苯乙烯	42.2	41.4	0.8
聚三氟乙烯	23.9	19.9	4.0				

(2) 理论计算固体表面张力的方法　固体聚合物的表面张力除用上述方法进行实测外，还可

以通过其他的物理量进行计算，目前已有以下 3 种方法。

① 等张比容方法　当非缔合液体的液相与气相成平衡时，其表面张力与两相的密度间有下列的关系：

$$\sigma = C(d_液 - d_蒸气)^4 \tag{3-22}$$

式中，C 为个别常数；$d_液$、$d_蒸气$ 分别为某物质液体与这种物质蒸气的密度；当远离临界温度时，$d_蒸气$ 远小于 $d_液$，故可略去，而得式(3-23)：

$$\sigma = Cd_液^4 \tag{3-23}$$

如将式中 C 开四次方并乘上分子量（M）时，则得到一个新的常数（P），称为等张比容。

$$P = C^{1/4}M = \frac{\sigma^{1/4}M}{d_液 - d_蒸气} \tag{3-24}$$

当离临界温度相当远时，

$$P = \frac{\sigma^{1/4}M}{d_液} = \sigma^{1/4}V \tag{3-25}$$

式中，V 为摩尔体积。

等张比容是分子组成和分子结构的加和性函数，是一个与分子内部结构的某些特性有关的常数。所以摩尔等张比容等于各原子或原子团等结构因素等张比容之和。表 3-2 列出原子和结构对等张比容的贡献值。

表 3-2　原子和结构对等张比容的贡献值

结构单元	不同作者提供的等张比容数值			结构单元	不同作者提供的等张比容数值		
	Sugden	Mumford 和 Phillips	Quayle		Sugden	Mumford 和 Phillips	Quayle
CH₃	39.0	40.0	40.0	Br	54.3	69.0	90.5
C	4.8	9.2	9.0	I	68.0	90.0	—
H	17.1	15.4	15.5	双键	91.0	19.0	16.3～19.1
O	20.0	20.0	54.8	三键	23.2	38.0	40.6
O₂(酯中)	60.0	60.0	17.5	三元环	26.4	12.5	12.5
N	12.5	17.5	49.1	四元环	16.7	6.0	6.0
S	48.2	50.0	26.1	五元环	11.6	3.0	3.0
F	25.7	25.5	55.2	六元环	8.5	0.8	0.8
Cl		55.0	68.0	七元环	6.1	-4.0	4.0

将这种由等张比容值计算表面张力的方法，用于计算聚合物的表面张力。式(3-25) 中 P 为重复单元的等张比容，分子量为重复单元的分子量。选用 Quayle 所推荐的等张比容值；C＝9.0，H＝15.5，O＝19.8，Si＝31，支化点＝-3.7，计算 4 种聚合物重复单元的等张比容值如下：

线型聚乙烯重复单元等张比容＝4×15.5＋2×9.0＝80.0，

聚氯乙烯重复单元等张比容＝4×15.5＋2×9.0＋19.8＝99.8，

无规聚丙烯重复单元等张比容＝6×15.5＋3×9.0-3.7＝116.3，

聚二甲基硅氧烷重复单元等张比容＝6×15.5＋2×9.0＋19.8＋31-2×3.7＝154.4，

将上述值和 M，P 代入等张比容与表面张力关系式，计算得到 4 种聚合物的表面张力值列于表 3-3。计算所得数据与表中实验值比较基本一致。

表 3-3　聚合物等张比容和表面张力

聚　合　物	重复单元的等张比容(P)	$\dfrac{P}{M}$	$d(20℃)/(g/cm^3)$	$\gamma(20℃)$计算	$\gamma(20℃)$熔体外推
聚氯乙烯	99.8	2.268	1.142	44.7	42.8
线型聚乙烯	80.0	2.852	0.855	35.4	35.3
无规聚丙烯	116.3	2.74	0.861	32.0	29.6
聚二甲基硅氧烷	154.4	2.082	0.975	17.0	20.6

② 内聚能密度的方法　从物理化学的基本概念可知，物体的表面张力与分子间的相互作用力有关，物质分子间作用力的大小可用其内聚能来表示。Lieng-Huang Lee 测定了一系列聚合物的表面张力和内聚能密度，并找出如图 3-4 的关系。

Hildebrand 和 Scott 提出表面张力和内聚能密度之间有下列的关系式：

$$\delta^2 = 16.8 \left(\frac{\sigma}{\gamma^{1/3}} \right)^{0.86} \qquad (3\text{-}26)$$

式(3-26)用于计算非缔合的小分子液体的表面张力，计算结果与实验测试的结果大体一致，但对聚合物体系则不适用。为此 Souheng Wu 对式(3-26)进行了修正，并提出如下关系：

$$\sigma_c = 0.327 \left[\frac{(\sum F)_s}{n_s} \right]^{1.85} \left(\frac{n_s}{V_s} \right)^{1.52} \qquad (3\text{-}27)$$

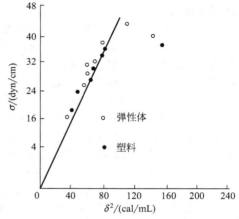

图 3-4　表面张力与内聚能关系
1cal=4.184J

式中，F 为聚合物结构单元的 Small 色散力，见表 3-4；n_s 为聚合物重复单元的原子数；V_s 为聚合物重复单元的摩尔体积；$(\sum F)_s$ 为聚合物重复单元的 Small 色散力的加和。

表 3-4　结构单元 Small 色散力

结 构 单 元	$F/(\text{cal/cm}^3)$	结 构 单 元	$F/(\text{cal/cm}^3)$
—CH₃	214	—H(可变的)	80～100
—CH₂	133	—O—(醚)	70
—CH	28	—OC—(酮)	275
—C—(单键结合)	93	—COO—(酯)	310
HC≡	190	—C≡N	410
—CH<	110	Co(平均)	260
>C<	19	O(单个)	270
—C≡C—	222	Br(单个)	340
—CF₂	150	I(单个)	425
—CF₃	274	苯基	658
—S—(硫醚)	225	五元环	105～115
—SH(硫醇)	315	六元环	95～105

式(3-27)计算聚合物的表面张力结果与实测值进行比较偏差较小。

③ 玻璃化转变温度（T_g）计算法　根据 Ling-Huang Lee 提出的内聚能密度与 T_g 的关系和 Hildebrand 和 Scott 提出的表面张力与内聚能关系，可以找到表面张力与内聚能关系。

$$\gamma_c^{0.86} = (0.03RT_g - 1.5)(h\varphi^2 / V_m^{0.71}) \qquad (3\text{-}28)$$

式中，V_m 为重复单元摩尔体积；h 为无量纲的自由度数；R 为气体常数；φ 为分子相互作用常数。

用式(3-28)计算聚合物的表面张力与实测值进行比较，其结果并不令人满意，有些偏差还较大。

3.3　增强材料的表面性质与处理

3.3.1　增强材料的表面性质

增强材料的表面性质包括表面的物理特性、化学特性和表面自由能 3 个方面。表面性质与材料的组成和结构有关。

(1) 增强材料表面的物理特性 增强材料表面的物理特性主要是指材料的表面形态和比表面积。研究材料的表面形态，可借助于光学显微镜和电子显微镜。如 S 玻璃纤维表面平滑，横截面呈圆形。硼纤维表面类似玉米棒的表面形态，但较平滑，比表面积较小。硼纤维的横截面亦呈圆形，但为复合结构，其内芯是硼化钨（WB_5 和 WB_4），外围是纯硼（B）。碳化硅纤维表面呈现凹谷状沟纹，仅仍较平滑，比表面积小。碳化硅纤维直径较大，横截面呈圆形，也是复合结构，内芯是钨丝，外围是碳化硅。高强度型和高模量型碳纤维的表面基本相同，黏胶丝基碳纤维的表面有沟槽，也较平滑，横截面是不规则的几何形状；而聚丙烯腈碳纤维，其表面的沟槽没有黏胶丝基碳纤维那样明显，表面较前者平滑，横截面亦较规整。而比表面而言，一般硼纤维、碳化硅纤维的比表面积较小，而碳纤维的比表面积较大。在增强纤维体积含量为 60％ 的条件下，每 $100cm^3$ 复合材料中，碳纤维的界面面积最大，硼纤维和碳化硅纤维的界面较小，而玻璃纤维界面介于两者之间。

(2) 增强材料表面的化学特性 增强材料表面的化学特性，主要指材料表面的化学组成和表面的反应活性。增强材料表面的化学组成及其结构，决定了增强材料表面自由能的大小、润湿性及化学反应活性。关系到增强材料是否需进行表面处理，其表面是否容易与环境接触物反应（如与氧、水、有机物等反应），表面与基体材料间是否能形成化学键。增强纤维内部的化学组成与其表面层的化学组成不完全相同。如 E 玻璃纤维，对其内部进行分析可知，组成含有 Si、Al、Mg、B、O、Ca、K、Na 等元素：而它的表面层化学组成仅有 Si、Al、O 三种元素。石墨纤维的内部化学组成含有 C、O、N、H 及微量的金属杂质，而其表面层化学组成为 C、H、O。此外，E 玻璃纤维、碳纤维、硼纤维及碳化硅纤维的表面层化学组成都含有氧的成分。玻璃纤维表面含有羟基（—OH）、硼纤维表面含有氧化硼（B_2O_3），碳化硅表面含有氧化硅（SiO_2）。

各种纤维表面存在不同的元素和官能团，决定了它们表面反应活性不同。纤维表面的反应活性可用多种方法来进行研究。其中之一是采用放射性同位素来研究，如玻璃纤维的表面化学反应，可用示踪原子来研究。含有 ^{14}C 示踪原子的 γ-甲基丙烯酰基三甲氧基硅烷在 E 玻璃纤维上的吸附和解吸研究表明，经甲苯和乙酸乙酯冲洗后，硅烷也不解吸。采用示踪原子就可证明玻璃纤维表面能与氯化亚硫酰、环氧氯丙烷、醇类反应，使复合材料界面的胶接强度得到提高，从而改善复合材料的性能。

玻璃纤维表面经有机硅烷偶联剂处理后改善了它与基体间的粘接。硼纤维表面能吸附 O_2、CO_2、CO、NH_3 及 N_2 等。在多数情况下这种吸附是很微弱的，对硼复合材料的性能影响不大。用三氯化硼、氯、三苯基胂、氮、氨处理硼纤维，可提高硼纤维环氧复合材料的剪切和弯曲强度。碳纤维和石墨纤维表面含氧官能团是复杂的。采用气相色谱技术可研究它们的表面活性，以碳纤维做气相色谱柱的载体，通过对各种有机气体的吸附，可量度碳纤维表面的活性。石墨纤维经硝酸氧化处理后，对正癸烷、正辛胺的吸附量可增加 50％，对异丁酸的吸附量增加 2 倍。

(3) 增强材料的表面自由能 增强材料与基体能够粘接在一起的必要条件，第一是基体与增强材料能紧密接触，第二是它们之间能润湿，后者取决于它们的表面自由能，即表面张力。一般来说，若一种液体能浸润一种固体（即在固体表面完全铺开），则固体的表面张力要大于液体的表面张力。常用的极性基体材料的表面张力在 35～45dyn/cm 之间（如聚酯树脂的表面张力为 35dyn/cm，双酚 A 型环氧树脂的表面张力为 43dyn/cm），若要求这些基体材料能润湿增强纤维，则要求增强纤维的表面张力大于 45dyn/cm。

硼纤维、碳化硅纤维、碳纤维等都有明显的氧化表面，这有利于形成具有高表面自由能（表面张力）的表面。但是若它们的表面被污染，一般会降低其表面能，影响极性基体对它的湿润。

(4) 增强材料的表面性质与表面结构的关系 增强材料的上述 3 种表面性质除了与材料表面层化学组成有关外，还同增强材料的表面结构有关。

玻璃纤维与块状玻璃有相似的结构。关于玻璃的结构，有多种学说。其中较为流行的是微晶结构学说和网络结构学说。按照网络结构学说的观点，硅酸盐玻璃是由一个三维空间的不规律的连续网络构成的。连续网络又由许多多面体（如四面体）构成。多面体的中心为电荷较多而半径较小的阳离子所包围。在玻璃内部这些阳离子与周围的阴离子间的相互作用力，是平衡的。但在玻璃的表面层，阳离子不能获得所需数量的阴离子，因此相互作用力不能达到平衡，于是形成一种表面力。此表面力与玻璃的表面张力及表面吸湿性有关，这种表面力使表面易于吸附外界物质，从而使表面层的作用力达到平衡。然而在大气中通常含有水分，所以玻璃表面经常牢固地吸附着一层水分子。网络中的阳离子为各种金属的阳离子，阳离子的种类不同，玻璃表面的吸湿性也不相同。当玻璃中含有碱金属或碱土金属时，玻璃表面吸附水后会形成羟基，其反应如下（D 代表碱金属）：

$$—Si—O—D + H_2O \longrightarrow —Si—OH + D^+ + OH^-$$

这时，玻璃表面所吸附的水，具有明显的碱性。碱性水将进一步与二氧化硅网络反应，破坏了玻璃中的二氧化硅骨架，致使玻璃纤维的强度急剧下降，反应如下：

$$—Si—O—Si— + OH^- \longrightarrow —Si—OH + —Si—O^-$$

反应中生成的 $—Si—O^-$ 将继续与水反应，可生成新的 OH^- 反应下：

$$—Si—O^- + H_2O \longrightarrow —Si—OH + OH^-$$

生成的 OH^- 会继续破坏二氧化硅的骨架，所以玻璃组成中含碱量越高，吸附水对二氧化硅骨架的破坏作用越强，因此玻璃纤维的强度下降也越大。

碳纤维及其表面层的结构，取决于原丝的组成结构及碳化工艺。碳纤维及其表面的结构是由许多微晶体组成的多晶体结构。各微晶体相的平行层是不规律排列的，相邻平行层中的碳原子在空间位置上没确定的关系，因此碳纤维的晶体结构称为"乱层结构"。这些微晶体在纤维中有的平行于纤维的纵轴，有的与纵轴成某一夹角。处于纤维表面的碳原子（称边缘碳原子）易被氧化，处于基础面的碳原子由于存在"缺陷"而被氧化，这些都会使纤维表面成活性点（或称官能团），从而提高了碳纤维表面对基体材料的粘接性。

3.3.2　增强材料的表面处理

（1）碳纤维的表面处理　碳纤维与聚合物基体进行复合，所得复合材料的性能与它们之间形成的界面作用有密切的关系。长期以来人们为提高碳纤维与基体的粘合力，或保护碳纤维在复合过程中不受损伤，为了防止碳纤维复合材料破坏时，飘散到环境中的碳纤维碎片对电器设备和电子系统的危害，为制得具有优良综合性能的复合材料，对碳纤维的表面处理进行了大量的研究工作。这些方法使复合材料不仅具有良好的界面粘接力、层间剪切强度，而且其界面的抗水性、断裂韧性及尺寸稳定性均有明显的改进。此外，通过碳纤维表面改性处理，还可制得具有某种特殊功能的复合材料。

综合已有的碳纤维表面处理方法大体可分以下几种类型，简述如下。

① 氧化法　气相法（或干法），以空气、氧气、臭氧等氧化剂，采用等离子表面氧化或催化氧化法；液相法（或湿法），有硝酸、次氯酸钠加硫酸、重铬酸钾加硫酸、高锰酸钾加硝酸钠加硫酸氧化剂及电解氧化法等。

② 涂层法　有机聚合物涂层：树脂涂层、接枝涂层、电沉积与电聚合等；无机聚合物涂层：经有机聚合物涂层后碳化、碳氢化合物化学气相沉积、碳化硅或氧化铁涂层、生长晶须涂层等。

③ 净化法与溶液还原法、真空解吸法、在惰性气体中热处理法、氯化铁等溶液还原法。

根据纤维和树脂的结构及复合材料性能的不同，使用上述处理方法各有优缺点。近年来由于对复合材料综合性能的要求，也有几种处理方法结合使用的。

（2）玻璃纤维的表面处理　为了在玻璃纤维抽丝和纺织工序中达到集束、润滑和消除静电吸附等目的，抽丝时，在单丝上涂了一层纺织型浸润剂。该浸润剂是一种石蜡乳剂，它残留在纤维表面上，妨碍了纤维与基体材料的粘接，从而降低了复合材料的性能。因此在制造复合材料之前，必须将玻璃纤维表面上的浸润剂清除掉。为了进一步提高纤维与基体界面的粘接性能，在消除浸润剂后，还可采用偶联剂对纤维表面进行处理。偶联剂的分子结构中，一般都带有两种性质不同的极性基团，一种基团与玻璃纤维结合，另一种基团能与基体树脂结合，从而使纤维和基体这两类性质差异很大的材料牢固地连接起来。

玻璃纤维用的偶联剂已有 150 多种。种类繁多的偶联剂按其化学成分主要可分为有机硅烷和有机络合物两大类。下面分别介绍它们的反应机理。

① 表面偶联剂的偶联机理

a. 有机硅烷类偶联剂的反应机理

ⓐ 有机硅烷水解，生成硅醇。

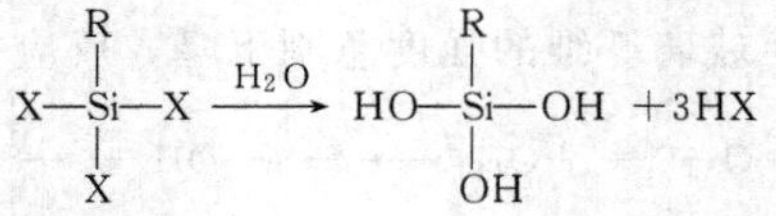

$$X\text{—}\underset{\underset{X}{|}}{\overset{\overset{R}{|}}{Si}}\text{—}X \xrightarrow{H_2O} HO\text{—}\underset{\underset{OH}{|}}{\overset{\overset{R}{|}}{Si}}\text{—}OH \ +3HX$$

ⓑ 玻璃纤维表面吸水，生成羟基。

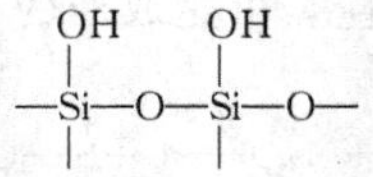

$$\text{—}\underset{|}{\overset{\overset{OH}{|}}{Si}}\text{—O—}\underset{|}{\overset{\overset{OH}{|}}{Si}}\text{—}$$

ⓒ 硅醇与吸水的玻璃纤维表面反应，又分三步。

第一步，硅醇与吸水的玻璃纤维表面生成氢键

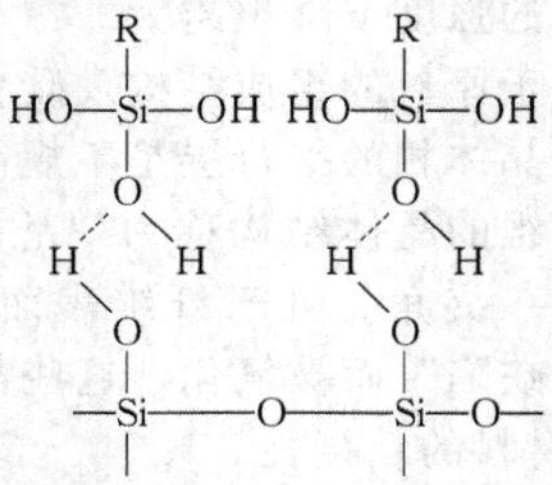

第二步，低温干燥（水分蒸发），硅醇进行醚化反应

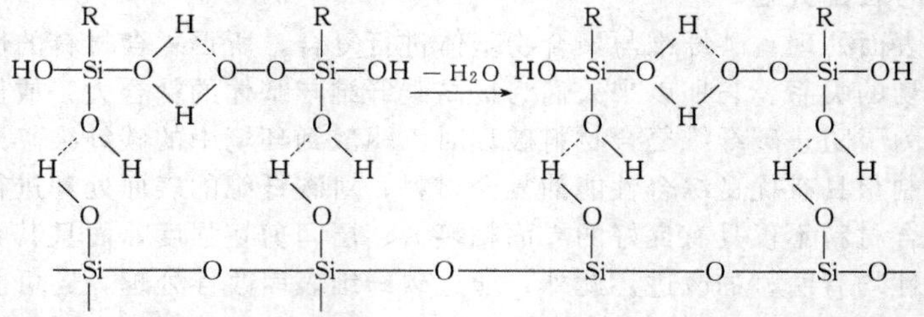

第三步，高温干燥（水分蒸发），硅醇与吸水玻璃纤维间进行醚化反应

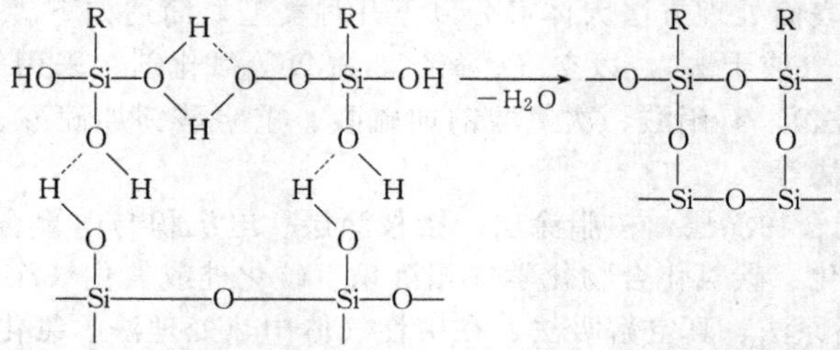

至此，有机硅烷偶联剂与玻璃纤维的表面结合起来了。有机硅烷中的 R 基团将与基体树脂反应，因此改变了玻璃纤维表面原来的性质，使之具有憎水而亲基体树脂的性质。由上述反应机理可知，硅烷以单分子层键合于玻璃纤维表面上，且相互间脱水，生成醚键，聚合成一个大分子。但在实际处理过程中，往往会形成多分子层，且伴随有物理吸附和沉积现象。

有机硅烷中的 X 基团不同，将影响到偶联剂水解和相互间聚合的速度，以及与玻璃纤维间

的偶联效果。如 X 基团为氯离子时，在过量水的存在下，三氯硅烷能很快水解生成硅醇，而 HCl 又是硅醇缩合的催化剂，使硅醇快速自行缩合成高分子物，不能再同玻璃纤维表面牢固地结合。其反应如下；

$$n\text{R—Si(OH)}_3 \xrightarrow{\text{HCl}} \text{HO} \left[\begin{array}{c} \text{R} \\ | \\ \text{Si} \\ | \\ \text{OH} \end{array} \text{—O} \right]_n \text{H}$$

当 X 基团为乙酸基时，与上述情况相同。因此，三氯硅烷和三乙酸基硅烷必须在有机溶剂中使用，才有处理效果，但是它们水解析出低分子物，酸性很强，腐蚀性较大，故这样的偶联剂目前已很少采用。

目前采用较多的是 X 基团为甲氧基或乙氧基的有机硅烷偶联剂。其水解速率比较缓慢，水解析出的甲醇和乙醇无腐蚀性，所生成的硅醇比较稳定，可在水介质条件下同玻璃纤维表面进行反应。有时为了提高偶联剂在水中的溶解度，X 基团为亲水的甲氧乙氧基团，使用比较方便。

有机硅烷所带的另一个基团 R 将与基体树脂反应，不同的 R 基团适用于不同类型的树脂。含有乙烯基或甲基丙烯酰基的硅烷偶联剂，适用于不饱和聚酯树脂和丙烯酸树脂，因为偶联剂中的不饱和双键能与树脂中的不饱和双键反应，形成化学键。若 R 基团中含有环氧基，则适用于环氧树脂，又因为环氧基可与不饱和聚酯中的羟基反应，且能与其不饱和双键起加成反应，所以含有环氧基的偶联剂也适用于不饱和聚酯树脂。环氧基还能与酚羟基反应，故含有环氧基的偶联剂也适用于酚醛树脂。含有胺基的硅烷偶联剂，能与环氧树脂和聚氨酯树脂发生化学反应，而且对酚醛、三聚氰胺树脂的固化也有催化作用，故含有氨基的硅烷偶联剂，适用于环氧、酚醛、聚氨酯及三聚氰胺树脂；但因它对不饱和聚酯树脂的固化有阻聚作用，故含有氨基的硅烷偶联剂不适用于不饱和聚酯树脂。

b. 有机络合物类偶联剂的偶联机理　另一大类偶联剂是有机络合物。它们是有机酸与氯化铬的络合物。该类偶联剂在无水条件下结构式为：

$$\begin{array}{c} | \\ \text{C} \\ \text{O} \overset{\displaystyle}{\diagdown} \overset{\displaystyle}{\diagup} \text{O} \\ \text{Cl} \quad \quad \quad \quad \text{Cl} \\ \text{Cr} \quad \quad \text{Cr} \\ \text{Cl} \quad \quad \text{Cl} \\ \text{O} \\ | \\ \text{H} \end{array}$$

有机络合物的品种较多，也应用最早，至今仍应用较多的是甲基丙烯酸氯化铬盐；即"沃兰"（Volan），其结构式为：

$$\begin{array}{c} \text{H}_3\text{C—C=CH}_2 \\ | \\ \text{C} \\ \text{O} \overset{}{\diagdown} \overset{}{\diagup} \text{O} \\ \text{Cl} \quad \quad \quad \text{Cl} \\ \text{Cr} \quad \quad \text{Cr} \\ \text{Cl} \quad \quad \text{Cl} \\ \text{O} \\ | \\ \text{H} \end{array}$$

沃兰对玻璃纤维表面的处理机理如下：

ⓐ 沃兰水解

$$\begin{array}{ccc} \text{H}_3\text{C—C=CH}_2 & & \text{H}_3\text{C—C=CH}_2 \\ | & & | \\ \text{C} & \xrightarrow[+\text{H}_2\text{O}]{\text{水解}} & \text{C} \\ \text{O} \diagdown \diagup \text{O} & & \text{HO} \diagdown \diagup \text{OH} \\ \text{Cl} \quad \quad \text{Cl} & & \text{HO} \quad \quad \text{OH} \quad +\text{HCl} \\ \text{Cr} \quad \text{Cr} & & \text{Cr} \quad \text{Cr} \\ \text{Cl} \quad \text{Cl} & & \text{HO} \quad \text{OH} \\ \text{O} & & \text{O} \\ | & & | \\ \text{H} & & \text{H} \end{array}$$

ⓑ 玻璃纤维表面吸水，生成羟基。

ⓒ 沃兰与吸水的玻璃纤维表面反应可分两步。

第一步：沃兰之间及沃兰与玻璃纤维表面间形成氢键；

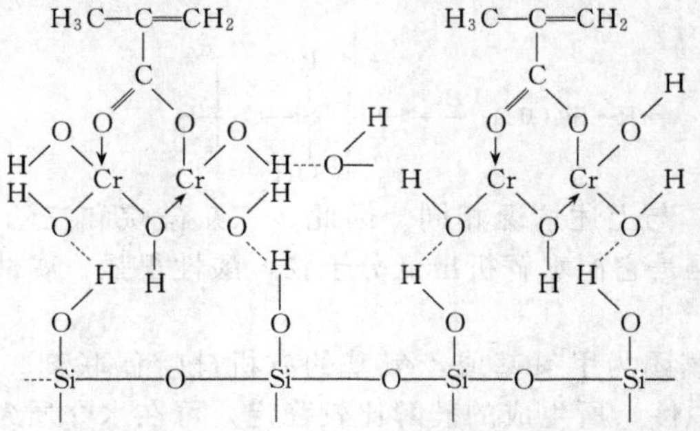

第二步：干燥（脱水），沃兰之间及沃兰与玻璃纤维表面间缩合-醚化反应；

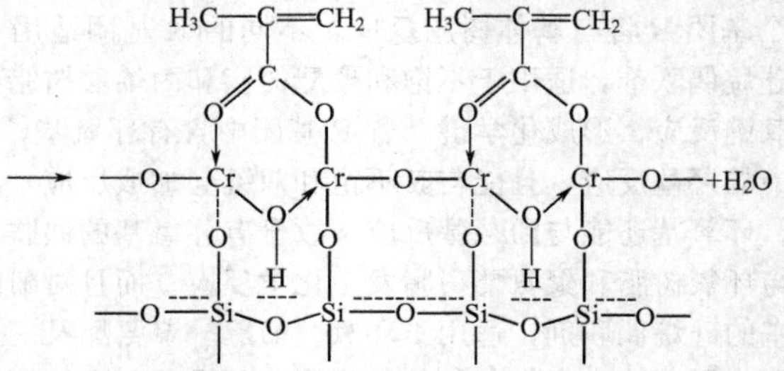

沃兰的 R 基团（CH₃—C ═CH₂）及 Cr—OH（Cr—Cl）将与基体树脂反应。实验证明，纤维与树脂的黏附强度随玻璃纤维表面上铬含量的增加而提高。开始铬只与玻璃纤维表面的负电位置接触，随着时间延长，铬的聚积量逐渐增多。在聚集的铬的总量中，与玻璃纤维表面产生化学键合的，不超过 35%，但它所起的作用超过其余的铬，因为化学键合的铬比物理吸附的铬效果约高 10 倍。此外，络合物自身之间脱水程度越高，聚合度越大，处理效果越好。

② 表面偶联剂的处理效果　玻璃纤维及其织物经过表面处理后，改进了纤维及其复合材料耐水、电绝缘及老化等性能，显著地提高了玻璃纤维湿态性能。

偶联剂处理后，玻璃纤维复合材料的各项性能均有改进，这表明偶联剂既保护了玻璃纤维的表面，又增强了纤维与树脂界面的黏结，防止了水分和其他有害介质的浸蚀。

③ 常用的偶联剂　常用的偶联剂有沃兰（Volan），硅烷系列偶联剂，除此之外，还有几种新型偶联剂。简介如下。

a. 耐高温型偶联剂　随着耐高温树脂的出现需要耐高温的偶联剂。如适用于聚苯并咪唑（PBI）和聚酰亚胺（PI）玻璃纤维复合材料的偶联剂，是一类带有苯环芳香族硅烷，这类偶联剂都含有稳定的苯环和能与树脂反应的官能团。

b. 过氧化物型偶联剂　这类既是偶联剂又是引发剂、增黏剂。加热时，由于热裂解而产生自由基，通过自由基反应可以和有机物或无机物起化学键合作用。它既能与热固性或热塑性树脂键合，又能与玻璃、金属等键合。所以它不仅适用于复合材料的偶联，而且适用于许多相似或不相似物质的偶联。其偶联的特点是经过热裂解，而不是通过水解进行的。这类偶联剂的典型代表是乙烯基三叔丁基过氧化硅烷，牌号为 Y-5620，其结构式为：

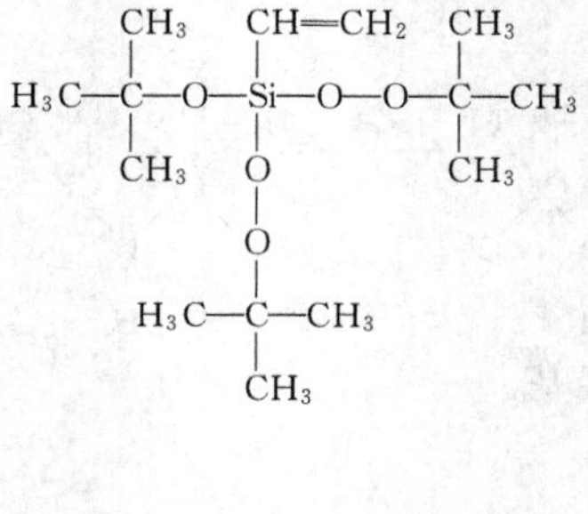

除上述偶联剂外，新型偶联剂还有阳离子型、钛酸酯型、铝酸酯型和稀土类等。

3.4　聚合物基复合材料的界面

聚合物基复合材料不同于其他结构材料，其特征是界面使两类性质不同、不能单独作为结构材料使用的材料形成一个整体，从而显示出优越的综合性能。而界面的形成、界面的结构和界面的作用等对这种复合材料性能有重要的影响，以下分别进行介绍。界面的形成大体分为两个阶段。第一阶段是基体与增强材料的接触与润湿过程。由于增强材料对基体分子的各种基团或基体中各种组分的吸附能力不同，它总是要吸附那些能降低其表面能的物质，并优先吸附那些能够较多地降低它的表面自由能的物质。因此界面聚合物层在结构上与聚合物本体结构有所不同。第二阶段是聚合物的固化过程。在这个过程中聚合物通过物理的或化学的变化使其分子处在能量降低、结构最稳定的状态，形成固定的界面。上述两个过程是连续进行的。

3.4.1　复合材料复合结构的类型

由于各种组分的性质、状态和形态的不同，可以制造出不同复合结构的复合材料。正是由于存在着复合结构，使所得到的复合材料不仅保持了原有组分的性能，而且具有原组分所没有的特殊性。复合结构按其织态结构一般可分以下 5 个类型（如图 3-5）。

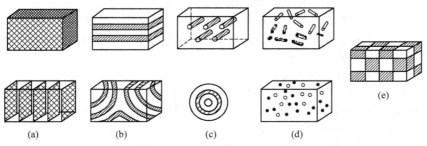

图 3-5　复合材料的复合结构类型

（1）网状结构　网状结构是指在复合材料组分中，一相是三维连续，另一相为二维连续的或者两相都是三维连续的，如图 3-5(a)。这种复合结构在共混的聚合物基复合材料中很常见。如丁腈橡胶和聚氯乙烯共混，它们彼此虽是相容体系，但实际仍是机械混合，用电子显微镜可清楚地观察到两相形成连续网络的情况。甚至将其他种类的单体浸透在有架桥的聚合物分子中，然后进行聚合反应也可得到这种网状复合结构的复合材料。从这里得到启示，人们已能通过人工培制或编织三维网络的增强材料与聚合物复合的网络结构。如在碳纤维上进行培制分枝技术、碳纤维及玻璃纤维的三维编织技术等。

（2）层状结构　层状复合结构是两组分均为二维连续相。所形成的材料在垂直于增强相和平行于增强相的方向上，其力学等性质是不同的，特别是层间剪切强度低。此种结构的复合材料是用各种片状增强材料制造的复合材料，如图 3-5(b) 所示。

（3）单向结构　这种结构如图 3-5(c) 是指纤维单向增强及筒状结构的复合材料。这种结构在工业用复合材料中是常见的，如各种纤维增强的单向复合材料。

（4）分散状结构　分散状结构是指以不连续相的粒状或短纤维为填料（增强材料）的复合材料如图 3-5(d) 所示。在这种结构的复合材料中，聚合物为三维连续相，增强材料为不连续相。这种结构的复合材料是比较常见的。

（5）镶嵌结构　这是一种分段镶嵌的结构，作为结构材料使用是很少见的。它是由各种粉状物质通过高温烧结而形成不同相而结合形成的，对制备各种功能材料有着重要价值。如图 3-5(e) 所示。

3.4.2 复合材料的复合效果

由单一材料转化为复合材料，目的在于取得单一材料所没有的性能和经济效果。因此，不仅注重原材料、复合过程和复合结构，更重要的是要看最后的复合效果。基于此，把复合效果分为以下几类。

(1) 组分效果 组分效果是在已知组分的物理、力学性能的情况下，不考虑组分的形状、取向、尺寸等状态复杂的变量影响，而只把组成（体积分数、重量分数等）作为变量来考虑所产生的效果。组分效果又分为两种情况，即加和效果和相补效果。

加和效果是复合效果中最简单的情况，但也不是任意的。如成分 A、B 的体积分数为 ϕ_A、ϕ_B，材料的强度为 σ_b 和密度为 ρ，当加和性假设成立时，复合体系的比强度 σ_b/ρ 的加和性是不成立的。

$$\frac{\sigma_b}{\rho} = \frac{\phi_A \sigma_{bA} + \phi_B \sigma_{bB}}{\phi_A \rho_A + \phi_B \rho_B} \neq \phi_A \left(\frac{\sigma_{bA}}{\rho_A}\right) + \phi_B \left(\frac{\sigma_{bB}}{\rho_B}\right) \tag{3-29}$$

但是，复合体系的比强度，可以根据复合效果方便地得到，一般说来，对于所求的物性 Y，当这个 Y 是加和性的变量 X_1，X_2 … 的函数 $Y = f(X_1, X_2 \cdots)$ 时，若 Y 与 X_1，X_2 … 只要不是线性关系（如 $Y = KX^2$，$Y = X_1/X_2$）则像 $Y = \phi_A Y_A + \phi_B Y_B$ 这样的加和性关系就不成立。不过，在这种情况下，也不应该把那种复合材料的性质说成是特殊的复合效果，或者非线性效果。只要 X_1，X_2 等所有的变量加和性都成立，Y 也应该是遵循复合效果的。因此，对于从事这方面研究工作的人们来说，必须了解所求物性 Y 与可加和性变量有怎样的函数关系。

相补效果是加和效果的特殊情况。相补效果适用于具有不同的物理性质和使用功能的组分材料。复合之后组分材料的性质相互弥补而起到扬长避短的效果。如增强塑料的优点就是塑料的特性和增强材料的特殊相补效果的反映。此外，对于一些只有某种用途的材料，也可以通过与其他材料的功能相补而开创材料的新用途。

(2) 结构效果 结构效果是指复合物性能仅用组分性质及组成作为 Y 的函数描述时，必须考虑连续相和分散相的结构形状、取向（定向）、尺寸等因素。当结构确定的情况下，把这些因素之间的函数关系用数学式表示是不那么困难的。但是在结构没有确定时，要引入结构参数也是不可能的。结构效果又可分为形状效果、取向效果和尺寸效果 3 类。

① 形状效果 该效果也可称为相的连续和不连续效果。对于结构效果其决定的因素是组成的两相（基体与填料）那一相是连续相。如果分散相是大小相同的球状粒子，其最紧密的六方填充体积分数为 0.74。若分散相接触变成连续相，其断面为圆形的棒状粒子且平行排列的话，其最紧密填充的体积分数可达 0.9。因此，复合物的性质在不考虑界面效果的情况下，主要取决于连续相的性质。如以分散粒子填充的复合物，它的性能，特别是力学性能起支配作用的是基体，而以连续纤维填充的复合物则其性能，特别是力学性能主要决定于连续纤维。

② 取向效果 取向效果的典型例子是层压板。层压板在平行于层压平面或垂直于层压平面而施加外力时，杨氏模量如下。

并联结合时：
$$E = \phi_A E_A + \phi_B E_B \tag{3-30}$$

串联结合时：
$$1/E = \phi_A/E_A + \phi_B/E_B \tag{3-31}$$

这两式写成综合式：

$$E^n = \phi_A E_A^n + \phi_B E_B^n \tag{3-32}$$

这里，$(1 \geqslant n \geqslant -1)$ n 近似于 1 是并联占优势，近似于 -1 时是串联占优势，这个 n 也可以说是一种结构参数。

一般说来，在加和性 $X = \phi_A X_A + \phi_B X_B$ 的偏差情况中，像上式那样，除了表示强度因子（X_A、X_B）中引入结构参数的做法外，也有表示组分量因子（ϕ_A、ϕ_B）中引入结构参数的方法。如把分散相的体积分数 ϕ_B，作为纵横的分率 λ 与 ϕ 的积 $\phi_B = \lambda\phi$，且设 λ（或 ϕ）为变量，也可以说是表示串联或并联的结构参数。在处理这些问题时，重要的一点是两相间的粘接要完全。

分散相的形状和取向效果是非常复杂的。纤维状和棒状的分散相，甚至只有很小的组分相互接触，也可具有一定的结构。即使是球形粒子，一旦凝结便可以得到棒状、纤维状、网状结构。

③ 尺寸效果 尺寸这一简单的量，如果改变的话，也将引起几个方面的变化，从而影响材料某些性能。如尺寸变化引起表面积的改变，表面能的改变，以及表面应力的重新分布等。

（3）界面效果 复合效果主要是界面效果，由于界面的存在显示出复合材料的各种性能。并由于界面结构的变化而引起复合材料性能的变化。

3.4.3 聚合物基复合材料的界面结构

复合材料不是把基体和增强材料两种组分简单地混合在一起，而是最少有一种组分是溶液或熔融状态，能使两组分接触、润湿，最后通过物理的或化学的变化形成复合材料。一定意义上来说，又形成了一个新的组分——界面。界面的结构不同于原来两个组分的结构。界面的结构同界面的形成一样，比较复杂，从以下几个方面进行简要介绍。

（1）树脂抑制层与界面区的概念

① 树脂抑制层 热固性树脂的固化反应大致可分为借助于固化剂进行固化和靠树脂本身官能团进行反应两类。在借助固化剂固化的过程中，树脂中固化剂所在的位置就成为固化反应的中心，固化反应从中心以辐射状向四周延伸，结果形成了中心密度大、边缘密度小的非均匀固化结构，密度大的叫"胶束"或"胶粒"，密度小的叫"胶絮"，固化反应后，在胶束周围留下了部分反应的或完全没有反应的树脂。在依靠树脂本身官能团反应的固化过程中，开始固化时，同时在多个反应点进行固化反应，在这些反应点附近反应较快，固化交联的密度较大，随着固化反应的进行，固化反应速度逐渐减慢，因而后交联的部位（区域）交联密度较小，这样也形成了高密度区与低密度区相间的同化结构。高密度区类似胶束，低密度区类似胶絮。这两类固化反应过程均形成了一系列微胶束。

在复合材料中，越接近增强材料的表面，微胶束排列得越有序；反之，则越无序。在增强材料表面形成的树脂微胶束有序层称为"树脂抑制层"。在载荷作用下，抑制层内树脂的模量、变形等将随微胶束的密度及有序性的变化而变化。树脂抑制层受力时的示意如图 3-6 所示。

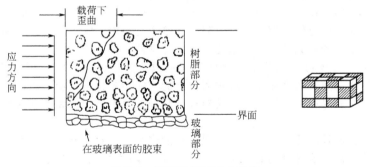

图 3-6 树脂抑制层受力示意

② 界面区 界面区可理解为是由基体和增强材料的界面再加上基体和增强材料表面的薄层构成的。基体和增强材料的表面层是相互影响和制约的，同时受表面本身结构和组成的影响，表面层的厚度目前尚不十分清楚，估计基体的表面层约比增强材料的表面层厚 20 倍。基体表面层的厚度是一个变量，它在界面区的厚度不仅影响复合材料的力学行为，而且还影响其韧性参数。有时界面区还应包括偶联剂生成的耦合化合物，它是与增强材料的表面层、树脂基体的表面层结合为一个整体的。从微观角度来看，界面区可被看作是由表面原子及亚表面原子构成的。影响界面区性质的亚表面原子有多少层，目前还不能确定。基体和增强材料表面原子间的距离，取决了原子间的化学亲和力、原子和基团的大小，以及复合材料制成后界面上产生的收缩量。

界面区的作用是使基体与增强材料形成一个整体，通过它传递应力。如果增强材料表面没有应力集中，而且全部表面都形成了界面，则界面区传递应力是均匀的。实验证明，应力是通过基体与增强材料间的黏合键传递的。若基体与增强材料间的润湿性不好，胶接面不完全，那么应力的传递面积仅为增强材料总面积的一部分。所以，为使复合材料内部能均匀地传递应力，显示出优良的性能，要求在复合材料的制备过程中形成一个完整的界面区。

（2）界面结构

① 粉状填料复合材料的界面结构　根据填料的表面能 E_a 和树脂基体的内聚能密度 E_d 的相对大小，可把填料分为活性填料和非活性填料。

$E_a > E_d$ 为活性填料。

$E_a \leqslant E_d$ 为非活性填料。

当填料是活性填料时，则在界面力的作用下界面区形成"致密层"。在"致密层"附近形成"松散层"，对于非活性填料，则仅有"松散层"存在。可把界面结构示意描述如下。

活性填料：基体/松散层/致密层/活性填料。

非活性填料：基体/松散层/非活性填料。

界面区的厚度取决于基体聚合物链段的刚度、内聚能密度和填料的表面能。此外，一定体系的界面区厚度与填料粒子大小和填料含量的变化是无关的。

界面区结构对材料性能的影响，较多的是对模量的影响。界面层中填料含量提高，填料粒子尺寸的减小，都有利于模量的提高。

界面层结构对动态性能也有影响。这主要是由于填充以后界面层内的聚合物与未填充的聚合物具有不同的松弛时间和玻璃化转变温度，因此影响到动态性能。

从热力学的观点可以认为，填料浓度增加，填料粒子间的基体的厚度降低，界面层内分子链被固定，链段流动性减少，结果使松弛过程的活化熵和熵均减小。

引入非活性填料，复合材料的强度没有改善。而引入活性填料，只有当填料到达一定含量时，才有可能使复合材料得到提高。这是由于界面层形成三维网络的结果。

② 连续纤维增强复合材料的界面结构　连续纤维增强复合材料的结构与粉状填料复合材料不同。前者为两个连续相的复合，而后者为一个连续相和一个分散相的复合。因此在界面结构上也会有所差别，而在总体上或微观结构上基本是一致的。

（3）界面作用机理　在组成复合材料的两相中，一般总有一相以溶液或熔融流动状态与另一相接触，然后进行固化反应使两相结合在一起。在这个过程中，两相间的作用和机理一直是人们所关心的问题，从已有的研究结果可总结为以下几种理论。

① 化学键理论　化学键理论是最古老的界面形成理论，也是目前应用较广泛的一种理论。化学键理论认为基体表面上的官能团与纤维表面上的官能团起化学反应，因此在基体与纤维间产生化学键的结合，形成界面。这种理论在玻璃纤维复合材料中，因偶联剂的应用而得到证实，故也称"偶联"理论。

化学键理论一直比较广泛地被用来解释偶联剂的作用。它对指导选择偶联剂有一定的实际意义。但是，化学键理论不能解释为什么有的偶联剂官能团不能与树脂反应，却仍有较好的处理效果。

② 浸润理论　浸润理论认为两相间的结合模式属于机械粘接与润湿吸附。机械粘接模式是一种机械铰合现象，即于树脂固化后，大分子物进入纤维的孔隙和不平的凹陷之中形成机械铰链。物理吸附主要是范德瓦耳斯力的作用，使两相间进行黏附。实际往往这两种作用同时存在。两组分间如能实现完全浸润，则树脂在高能表面的物理黏附所提供的粘接强度，将大大超过树脂的内聚强度。

要获得好的表面浸润，基体起初必须是低黏度，且其表面张力低于无机物表面临界表面张力。一般无机物固体表面部具有很高的临界表面张力。但很多亲水无机物在大气中与湿气平衡时，都被吸附水所覆盖，这将影响树脂对表面的浸润。

③ 减弱界面局部应力作用理论　当聚合物基复合材料固化时，聚合物基体产生收缩。而且，基体与纤维的热膨胀系数相差较大，因此在固化过程中，纤维与基体界面上就会产生附加应力。这种附加应力会使界面破坏，导致复合材料性能下降。此外，由外载荷作用产生的应力，在复合

材料中的分布也是不均匀的，因从复合材料的微观结构可知，纤维与树脂的界面不是平滑的，结果在界面上某些部位集中了比平均应力高的应力，这种应力集中将首先使纤维与基体间的化学键断裂，使复合材料内部形成微裂纹，这样也会导致复合材料的性能下降。

增强材料经偶联剂处理后，能减缓上述几种应力的作用。因此一些研究者对界面的形成及其作用提出了几种理论：一种理论认为，偶联剂在界面上形成了一层塑性层，它能松弛界面的应力，减小界面应力的作用，这种理论称为"变形层理论"；另一种理论认为，偶联剂是界面区的组成部分，这部分是介于高模量增强材料和低模量基体之间的中等模量物质，能起到均匀传递应力，从而减弱界面应力的作用，这种理论称为"抑制层理论"。还有一种理论称为"减弱界面局部应力作用理论"，下面将这种理论介绍一下。

减弱界面局部应力作用理论认为：处于基体与增强材料之间的偶联剂，提供了一种具有"自愈能力"的化学键，这种化学键在外载荷（应力）作用下，处于不断形成与断裂的动态平衡状态。低分子物（一般是水）的应力浸蚀，将使界面的化学键断裂，同时在应力作用下，偶联剂能沿增强材料的表面滑移，滑移到新的位置后，已断裂的键又能重新结合成新键，使基体与增强材料之间仍保持一定的粘接强度。这个变化过程的同时发生应力松弛，从而减弱了界面上某些点的应力集中。这种界面上化学键断裂与再生的动平衡，不仅阻止了水等低分子物的破坏作用，而且由于这些低分子物的存在，起到了松弛界面局部应力的作用。

④ 摩擦理论　摩擦理论认为基体与增强材料间界面的形成（粘接）完全是由于摩擦作用。基体与增强材料间的摩擦系数决定了复合材料的强度。这种理论认为偶联剂的作用在于增加了基体与增强材料间的摩擦系数，从而使复合材料的强度提高。对于水等低分子物浸入后，复合材料的强度下降，但干燥后强度又能部分恢复的现象，这种理论认为这是由于水浸入界面后，基体与增强材料间的摩擦系数减小，界面传递应力的能力减弱，故强度降低，而干燥后界面内的水减少，基体与增强材料间的摩擦系数增大，传递应力的能力增加，故强度部分地恢复。

有关界面形成和界面作用的理论，除了上述几种外，还有吸附理论、静电理论等。在复合材料中，基体与增强材料间界面的形成与破坏，是一个复杂的物理及物理化学的变化过程，因此与此过程有关的物理及物理化学因素，都会影响界面的形成、结构及其作用，从而影响复合材料的性质。但这方面的问题还在研究中，还不十分清楚。

3.4.4　复合材料界面的研究方法

（1）浸润性的测定　为提高复合材料的某些性能，要求基体与增强材料表面有良好的润湿性。一些研究结果表明，若基体能完全润湿被黏附的固体表面，则基体与被黏附固体间的黏附强度将超过基体的内聚强度。因此，需要了解表面润湿性的测试方法。下面简要介绍几种测定润湿性的方法。

① 静态法测定接触角　静态法测定接触角，通常多用于测定玻璃纤维与液态树脂间的接触角。测量仪器主要是各种角度测定仪，也可以用其他物理方法进行测定。

② 动态浸润速率的测定　测定浸润速率的装置由下列仪器组成：计数天平、读数望远镜、恒温水浴、试样管等。将待测的碳纤维束试样放在试样管中，试样上端挂在计数天平上，记录随浸润时间而变化的重量。测试方法的基本原理是纤维束（试样）底面上所受的压力等于纤维束浸润树脂部分所受的浮力，此压力作用下致使树脂渗进单向排列的纤维束间隙中去，树脂的渗进速度取决于纤维与树脂间的浸润性和浸润速率。实际上不可能观察到树脂对纤维浸润最终达到的位置，所以用树脂浸润纤维最终达到平衡时的重量及所需要的时间来计算浸润速率。

③ 表面反应性的测定　通常可以采用溶液吸附法来研究碳纤维的处理前后反应性的变化。如用亚甲基蓝作为吸附质，用分光光度法分析吸附前后溶液浓度的变化，在某一温度下进行等温吸附试验，得到吸附等温值，并按 Langmuir 直线方程处理，求得最大吸附量作为纤维表面反应性的表征。吸附量的公式如下：

$$X = \frac{(C - C')V}{W} \tag{3-33}$$

式中，X 为吸附量，mol/g；C 为起始的溶液浓度，mol/L；C' 为吸附平衡后的溶液浓度，mol/L；V 为吸附溶液的体积，L；W 为纤维的重量，g。

（2）显微镜观察法　这种方法是直观研究复合材料表面和界面的方法，主要用于对纤维的表面形态、复合材料断面的结构和状态进行观察。这种方法又可分为扫描电子显微镜观察和光学显微镜观察两种。

扫描电子显微镜比光学显微镜具有更高的分辨能力，它能观察到 10nm 左右的结构细节，其景深长，视场大、图像富有立体感，放大倍数易调节，而且对样品要求简单。通过扫描电镜可观察到复合材料的破坏断面状态。

（3）红外光谱法与拉曼光谱法　红外光谱法是通过红外光谱分析来研究表面和界面的方法。通过红外光谱数据的分析，可以了解物质在增强材料表面是发生了物理吸附还是化学吸附。拉曼光谱法是利用氩激光激发的拉曼光谱来研究表面和界面，它可用于研究偶联剂与玻璃纤维间的粘接。

（4）能谱仪法　能谱仪不但用于纤维表面偶联剂处理前后的研究，而且也成功地用于界面的研究。应用电子能谱研究界面，亦可了解到界面间有否化学键存在，偶联剂的作用机理也进一步得到证实。通过能谱的分析可以确切判断粘接破坏发生的部位，因而可以很好地研究界面的破坏机理，以及改进界面状况以提高复合材料的性能。

（5）X 射线衍射法　利用公式 $\lambda = 2d\sin\theta$（λ 为 X 射线波长，d 为晶体间距，θ 为布拉格角）测定由于纤维变形而引起布拉格角的变化。可研究增强材料与基体之间的粘接强度。

（6）界面力测定法　界面力测定是指研究增强材料与基体间的界面强度。除了可用一些常规材料力学试验方法，还可用下述两种方法研究界面强度。

① 光弹技术　用光弹技术可测定出基体与增强材料间界面上的应力。如将复合材料放入水中，利用光弹技术可观察到，由于界面上存在附加应力（如存在收缩应力）而表现出来的光学各向异性。用这种方法还可观察到，经过偶联剂处理，或未经偶联剂处理的增强材料，与基体间界面的粘接强度不同，阻止水对界面破坏的能力不同。

② 单丝拔脱试验法　单丝拔脱试验是将增强材料的单丝或细棒垂直埋入基体的浇注圆片中，然后将单丝或细棒从基体中拔出，测定出它们之间界面的剪切强度。

研究界面的方法，除上述之外，还有放射性示踪法、应力腐蚀法等。

3.5　聚合物基复合材料界面的破坏

3.5.1　界面粘接强度和断裂的表面形态

由于纤维-树脂基体间界面的存在，赋予纤维复合材料结构的完整性。因此复合材料断裂时，不仅断裂力学行为与界面有关，而且复合材料断裂表面形态与界面的粘接强度有关。粘接好的界面，纤维上黏附有树脂；而粘接不好的界面，其断面上拔出来的纤维是光秃而不黏附有树脂。

纤维-树脂间界面粘接行为，可形象地用示意图 3-7 来描述。从图中可看到，由于界面粘接作用，受力前在纤维或树脂中无应变。受力后，树脂中产生复杂的应变，纤维通过界面粘接而"抓住"树脂施加影响。

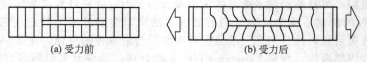

(a) 受力前　　　　　　　　　　(b) 受力后

图 3-7　复合材料受力后的变形示意

纤维中载荷的变化如图 3-8 所示。载荷通过界面上的一种切变机理传递到纤维上。纤维端部切应力最大，并在离开端部一定距离后衰减到零。而纤维端部的张应力为零，它朝纤维的中部逐

渐增大。图 3-8 说明纤维长度与复合材料模量和
强度的关系。纤维长径比越大，它所承受的平
均应力也越大，因而模量的增加也越大。在纤
维端部存在高切变应力，可认为是导致裂纹产
生的原因。两种情况都说明连续纤维增强比短
纤维优越。

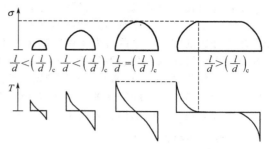

图 3-8　复合材料受力时纤维载荷的变化示意

　　界面粘接的好坏与断裂表面形貌情况如图
3-9 所示。图中表明，单向复合材料平行于纤维
承受拉伸载荷且有强粘接的断裂表面，显示出
整个表面平滑和高的静态强度，有缺口敏感的
倾向。而有中等粘接强度的试样，呈现不规则的断面，并有纤维拔出。如果粘接很不好的界面，
则断面明显地不规则，并有纤维拔出，断面的另一面有孔洞。

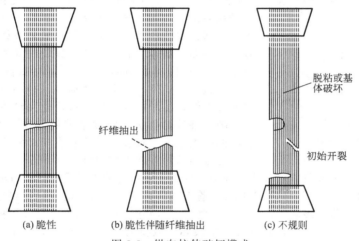

图 3-9　纵向拉伸破坏模式

3.5.2　界面应力与界面粘接强度的估算

　　关于界面应力的实际测定方法，前节已举例介绍。到目前为止，已有几种方法可以预估界面
应力状态，并进而估算界面的粘接强度。

　　各种分析方法所用的基本模型如图 3-10 所示。它是具有六边形纤维列阵的复合材料的纵
剖面。

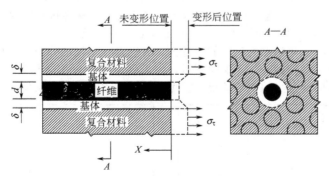

图 3-10　纤维复合材料中纵向载荷传递机理示意

　　一般使用剪切滞迟方法估算界面应力，还有采用 Lame 的收缩配合解法、经典的弹性边界值
问题和有限元法等进行估算。限于篇幅，不再详述，具体可参考相关的资料。

复合材料在其组分确定后，材料的性能主要决定于工艺条件所形成的界面黏附情况。在组分中，增强纤维直径的变化对界面粘接强度没有多少影响，而纤维体积含量是一个重要参数。随着纤维体积分数的增加，这些应力集中影响迅速下降。如果使用复合材料的目的是抵抗轴向载荷及热载荷，则纤维体积分数应取得高一些，以减少应力集中。作为纤维含量的函数的组分刚度比 E_f/E_m（纤维模量/基体模量），与基体或界面剪切应力集中的关系是：当纤维模量减少时，剪切应力集中就增加；在纤维体积分数较大时，如超过 75%，这种应力集中增加得更快。因此，为了减少应力集中，应选用较高的组分材料刚度比。

3.5.3 界面的破坏

聚合物复合材料界面的破坏机理是个比较复杂的问题，至今还没有完全搞清楚。复合材料的破坏机理，要从增强材料、基体、及其界面在载荷作用和介质作用下的变化来进行研究。其中，了解界面的破坏机理是很重要的，因为增强材料与基体是通过界面构成一个复合材料整体的。

(1) 界面破坏和界面微裂纹发展过程的能量变化　在复合材料中，无论是在基体、增强材料还是在界面中，均有微裂纹存在，它们在外力或其他因素作用下，都会按照自身的一定规律扩展，最终导致复合材料的破坏。例如在基体上的微裂纹，其裂纹峰的发展趋势有的平行于纤维表面、有的垂直于纤维表面，如图 3-11 所示。

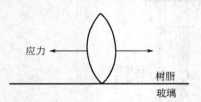

图 3-11　裂纹峰垂直于纤维表面的裂纹示意

当微裂纹受外界因素（载荷或其他条件）作用时，其扩展的过程将是逐渐贯穿基体，最后达到纤维表面。在此过程中，随着裂纹的扩展，将逐渐消耗能量。由于能量的消耗，裂纹的扩展速度将减慢，对于垂直于纤维表面的裂纹峰，还由于能量的消耗将减缓它对纤维的冲击。假定在此过程中没有能量的消耗，则绝大部分能量都集中在裂纹峰上，裂纹峰冲击纤维时，就可能穿透纤维，导致纤维及整个复合材料的破坏，这种破坏具有脆性破坏特征。通过提高碳纤维和环氧树脂的粘接强度，就能观察到这种脆性破坏。另外，也可观察到有些聚酯及环氧树脂复合材料破坏时，不是脆性破坏，而是逐渐破坏的过程，破坏开始于破坏总载荷的 20%～40% 范围内。这种破坏机理的解释，就是前述的由于裂纹在扩展过程中能量流散，减缓了裂纹的扩展速度，以及能量消耗于界面的脱胶（粘接被破坏），从而分散了裂纹峰上的能量集中，因此未能造成纤维的破坏，致使整个破坏过程是界面逐渐破坏的过程。图 3-12 示出裂纹的能量在界面流散的示意。

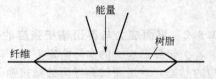

图 3-12　裂纹的能量在界面流散的示意

当裂纹的扩展在界面上被阻止，由于界面脱胶而消耗能量，将会产生大面积的脱胶层，用高分辨率的显微镜观察，可看到脱胶层的可视尺寸达 $0.5\mu m$，可见能量流散机理在起作用。在界面上，基体与增强材料间形成的键可分为两类，一类是物理键，即范德瓦耳斯力，键强约为 25.104kJ/mol；一类是化学键，键强约为 12.52kJ/mol，可见能量流散时，消耗于化学键的破坏能量较大。界面上化学键的分布与排列可以是集中的，也可以是分散的，甚至是混乱的，如图3-13所示。如果界面上的化学键是集中的，当裂纹扩展时，能量流散较少，较多的能量集中于裂纹峰，就可能在没有引起集中键断裂时，已冲断纤维，致使

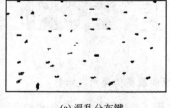

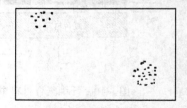

(a) 混乱分布键　　　　　　　　　(b) 集中分布键

图 3-13　基体与增强材料界面上化学键的分布示意

复合材料破坏，如图 3-14 所示。界面上化学键集中时的另一种情况是，在裂纹扩展过程中，还未能冲断纤维已使集中键破坏，这时由于破坏集中键所引起的能量流散，仅造成界面粘接破坏，如图 3-15 所示。

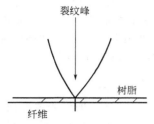

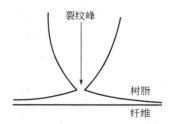

图 3-14　裂纹峰能量集中引起纤维裂纹示意　　　　　　图 3-15　裂纹峰扩展破坏集中键的示意

这时如果裂纹集中的能量足够大，或继续增加能量，则不仅使集中键破坏，还能引起纤维断裂。此外，在化学键破坏过程中，物理键的破坏，也能消耗一定量的集中于裂纹峰的能量。

如果界面上的化学键是分散的，当裂纹扩展时，将使化学键逐步破坏，使树脂从界面上逐渐脱落，能量逐渐流散，导致脱层破坏，如图 3-16 所示。

（2）水引起界面破坏的机理　在研究各种介质对界面破坏的作用中，水引起玻璃纤维复合材料界面破坏的机理较为清楚。

清洁的玻璃纤维表面吸附水的能力很强，并且纤维表面与水分子间的作用力，可通过已吸附的水膜传递，

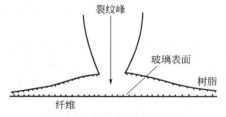

图 3-16　树脂脱层破坏示意

所以玻璃纤维表面对水的吸附是多层吸附，形成较厚的水膜（其厚度约为水分子直径的 100 倍）。玻璃纤维表面对水的吸附过程异常迅速，在相对湿度为 $60\%\sim70\%$ 的条件下，只需 $2\sim3s$ 即可完成吸附。纤维越细时，比表面积越大，吸附的水也越多。被吸附在玻璃纤维表面的水异常牢固，加热到 $110\sim150℃$ 时，只能排除一半被吸附的水，加热到 $150\sim350℃$ 时，也只能排除 3/4 被吸附的水。

玻璃纤维复合材料表面上吸附的水浸入界面后，发生水和玻璃纤维及树脂间的化学变化，引起界面粘接破坏，致使复合材料破坏。表 3-5 所列数据表明，玻璃纤维复合材料对水分的敏感性很大，它的强度和弹性模量随湿度增大而明显降低。

表 3-5　玻璃纤维复合材料在不同湿度空气中性能的变化　　　　　　单位：MPa

相对湿度/%	拉伸强度	拉伸弹性模量	拉伸比例极限
干燥原始数据	322	1.73×10^4	176
55	269	1.56×10^4	143
97	223.5	1.71×10^4	112

浸入玻璃纤维复合材料界面中的水，首先引起界面的粘接破坏，继而使玻璃纤维强度下降和使树脂降解。

复合材料的吸水率，初期剧烈，以后逐渐缓慢下来，吸水率与时间的关系，一般符合下列关系：

$$R_{pc}=R_\infty(1-e^{-aT}) \tag{3-34}$$

式中，R_{pc} 为吸水率，%；R_∞ 为饱和吸水率，%；a 为常数；T 为时间。

复合材料吸附的水进入界面的途径：一条是通过工艺过程中在复合材料内部形成的气泡，这些气泡在应力作用下破坏，形成互相串通的通道，水很容易沿通道达到很深的部位；另一条是树脂内存在的杂质，尤其是水活性无机物杂质，遇到水时，因渗透压的作用形成高压区，这些高压区将产生微裂纹，水继续沿微裂纹浸入。此外复合材料制备过程中所产生的附加应力，也会在复

合材料内部形成微裂纹，水也能沿着这些微裂纹浸入。

进入界面的水，首先使树脂溶胀。溶胀致使界面上产生横向拉伸应力，这种应力超过树脂与玻璃纤维间的粘接强度时，则界面粘接发生破坏。

水使玻璃纤维的强度下降是一个可逆反应过程。水使树脂产生降解反应，是一个不可逆的反应过程。但不同的树脂，水对其降解反应的能力不同，就聚酯树脂而言，它的水解活化能在 $46.024 \sim 50.208 kJ/mol$ 范围内。玻璃纤维/聚酯复合材料在水的作用下，由于玻璃纤维受到水的作用产生氢氧根离子，使水呈碱性，碱性的水有加速聚酯树脂水解反应的作用，其反应如下：

$$R-\overset{\overset{O}{\|}}{C}-O-R' + H_2O \xrightarrow{OH^-} R-\overset{\overset{O}{\|}}{C}-OH + R'-OH$$

由于树脂的水解引起大分子链的断裂（降解），致使树脂层破坏，进而造成界面粘接破坏。水解造成的树脂破坏，是一小块一小块地不均匀破坏。由于接触水的机会不同，所以树脂的水解，在接近复合材料表层的部位，破坏较多，而在复合材料中心部位，破坏较少。

水对复合材料的作用，除了对界面起破坏作用外，还会促使破坏裂纹的扩展。复合材料受力时，当应力引起弹性应变所消耗的能量 δ_E 超过了新表面所需的能量 δ_σ 和塑性变形所需的能量 δ_W 之和时，破坏裂纹便会迅速扩展，其关系式如下：

$$\delta_E > \delta_\sigma + \delta_W \qquad\qquad (3\text{-}35)$$

上述关系式不适用于破坏裂纹缓慢发展的情况，但这个关系式在讨论水对破坏裂纹扩展的影响时还是适用的。水的作用降低了纤维的内聚能，从而减小了 δ_σ；水在裂纹峰还能起到脆化玻璃纤维的作用，从而减小了 δ_W。因此，由于水的存在，在较小的应力作用下，玻璃纤维表面上的裂纹就会向其内部扩展。水助长破坏裂纹的扩展。除了因为减小了 δ_σ 和 δ_W 外，还有两个原因，一是水的表面腐蚀作用使纤维表面生成新缺陷，另一个原因是凝集在裂纹峰的水，能产生根大的毛细压力，促使纤维中原来的微裂纹扩展，从而促进了破坏裂纹的扩展。

以上所述有关界面破坏机理的观点，并不完善。当前复合材料的破坏机理问题，颇受国内外研究者的重视，从现有的资料来看，大体上提出了 3 种理论，即微裂纹破坏理论、界面破坏理论及化学结构破坏理论。

除上述因素引起界面破坏而造成复合材料破坏外，微观残余应力、孔隙以及加载条件等均能引起界面破坏。

参 考 文 献

[1] 宋焕成，赵时熙．聚合物基复合材料．北京：国防工业出版社，1986．

[2] 天津大学物理化学教研室编．物理化学．第四版．北京：高等教育出版社．2006．

[3] 周曦亚．复合材料．北京：化学工业出版社，2005．

[4] 吴人洁．复合材料．天津：天津大学出版社，2000．

[5] ［英］D. 赫尔著．复合材料导论．张双宜等译．北京：中国建筑工业出版社，1989．

[6] 冯小明，张崇才．复合材料．重庆：重庆大学出版社，2007．

[7] 魏月贞．复合材料．北京：机械工业出版社，1987．

[8] 顾书英，任杰．聚合物基复合材料．北京：化学工业出版社，2007

[9] 胡福增．聚合物及其复合材料的表界面．北京：中国轻工业出版社，2001

[10] 赵玉庭，姚希曾．复合材料基体与界面．上海：华东化工学院出版社，1991．

[11] 王善元等．纤维增强复合材料．北京：中国纺织大学出版社，1998．

第4章 不饱和聚酯树脂

4.1 概述

4.1.1 不饱和聚酯树脂的概念及其特性

不饱和聚酯树脂（unsaturated polyester resins，UPR）是指分子链上具有不饱和键（如双键）的聚酯高分子。不饱和二元酸（或酸酐）、饱和二元酸（或酸酐）与二元醇（或多元醇）在一定条件下进行缩聚反应合成不饱和聚酯，不饱和聚酯溶解于一定量的交联单体（如苯乙烯）中形成的液体树脂即为不饱和聚酯树脂。不饱和聚酯树脂加入引发体系可反应形成立体网状结构的不溶不熔高分子材料，因此不饱和聚酯树脂是一种典型的热固性树脂。

不饱和聚酯树脂与其他众多热固性树脂相比有以下独特的优点。不饱和聚酯树脂具有良好的加工特性，可以在室温、常压下固化成型，不释放出任何小分子副产物；树脂的黏度比较适中，可采用多种加工成型方法，如手糊成型、喷射成型、拉挤成型、注塑成型、缠绕成型等。不饱和聚酯树脂在工业上被称为接触成型或低压成型热固性树脂。

常用的 3 种热固性树脂固化后的性能见表 4-1。从表中可以看出，固化后的热固性树脂综合性能并不高，因此通常用纤维或填料增强制备成复合材料，提高性能，以满足使用要求。例如玻璃纤维增强热固性树脂具有质量轻、强度高、电绝缘、耐腐蚀、透波等许多优良的性能；聚合物混凝土具有早期强度高、抗压强度高、耐渗性好等优点。通过材料复合的方法可以使聚酯树脂发挥其优良特性，弥补其比模量较低等方面不足。不饱和聚酯树脂已被广泛应用于玻璃纤维增强材料（即玻璃钢）、浇注制品、木器涂层、卫生洁具和工艺品等，在建筑、化工防腐、交通运输、造船工业、电气工业材料、娱乐工具、工艺雕塑、文体用品、宇航工具等各行各业中发挥了应有的效用。

表 4-1 3 种热固性树脂固化后性能对比

性　　能	不饱和聚酯树脂	缩水甘油醚环氧树脂	酚醛树脂
拉伸强度/MPa	25～80	30～100	20～65
压缩强度/MPa	60～160	60～190	45～115
拉伸模量/GPa	2.5～3.5	2.5～6.0	2.0～6.5
断裂伸长率/%	1.3～10.0	1.1～7.5	1.5～3.5
弯曲强度/MPa	70～140	60～180	15～95
弯曲模量/GPa	2.5～3.5	1.8～3.3	2.5～6.5
泊松比	0.35	0.16～0.25	1.31
相对密度	1.11～1.15	1.15～1.25	
吸水率(24h)/mg	10～30	7～20	15～30
体积电阻率/Ω·cm	102～1014	1010～1018	109～1011

4.1.2 国内外发展概况

（1）国外发展概况　国外不饱和聚酯树脂的发展历史大致可分为 3 个阶段。

第一阶段，从 19 世纪中叶到 20 世纪 30 年代为不饱和聚酯树脂的早期阶段。早在 1847 年，瑞典科学家伯齐利厄斯用酒石酸和甘油反应得到聚酒石酸甘油酯，这是一种固体块状的不饱和聚酯树脂。1894～1901 年间，先后出现了用乙二醇和顺丁烯二酸反应合成的不饱和聚酯和用苯二甲酸酐与甘油反应得到的聚苯二甲酸甘油酯。该类聚酯产品主要用于涂料，至今仍在相关领域应用。

第二阶段，从 20 世纪 30 年代到第二次世界大战结束。不饱和聚酯树脂作为一种新型材料，在战争中，尤其是在军用航空领域得到应用。1941 年美国出现了用不饱和醇，如丙烯醇制得的丙烯基铸造树脂，用作玻璃的替代物。1942 年开发玻璃纤维布增强聚酯树脂飞机雷达罩。这种雷达罩具有质轻、强度高、透微波性好、制造方便等独特优点。1946 年聚酯在美国商业化，用到了乙二醇、马来酸酐、苯乙烯、甲基丙烯酸等原料。大约在相同时期，在英国制造出另一类聚酯树脂，即甲基丙烯酸、苯酐、乙二醇的反应产物，用于玻璃纤维增强模塑料。1944 年开发了聚酯用室温固化体系，如过氧化苯甲酰-二甲基苯胺体系，随后许多冷固化催化剂体系发展起来，使聚酯及其玻璃钢成型大为便利。

第三阶段，第二次世界大战后至今。不饱和聚酯树脂迅速推广并由军用转向民用，是不饱和聚酯树脂迅速发展的阶段，发展超过其他塑料工业。1957 年不饱和聚酯的浇注体用于生产"珍珠"纽扣。1959 年以后不饱和聚酯树脂又用于制造人造大理石、人造玛瑙以及地板与路面铺覆材料。1957 年以后，开发了团状模塑料和片状模塑料，使不饱和聚酯树脂的成型加工方法有了重大改进，促成聚酯制品以高速度、高质量、低成本、大批量地生产。

目前，国外 UPR 生产和消费地区主要集中在美国、日本和西欧三个地区。厂家主要有美国 Alpha 和赖克霍德等 13 家公司，日本三井东压等 13 家公司，西欧 30 多个厂家。据统计，2000 年全球 UPR 产量约 200 万吨，其中美国 UPR 产量约占全球一半左右。

（2）国内发展　我国的 UPR 研究工作始于 1958 年，大致可分为以下 5 个阶段。

① 研制阶段（1958～1965 年）　几家高校和科研院所陆续开展研究工作并建立了一批中试规模的生产装置。

② 发展阶段（1966～1990 年）　1966 年常州建材 253 厂从英国 Scott-Bader 公司引进技术与设备并迅速投入工业化生产，从而奠定了我国 UPR 的工业基础。同时上海新华树脂厂、天津市的树脂生产厂家引进了一批技术与设备，建成了一批工业化生产装置，形成一定生产能力后各地陆续建立一批树脂生产企业。在满足玻璃钢产品需求同时陆续开发和引进一些 UPR 树脂品种，制订了树脂检测国家的标准，缩短了我国 UPR 工业与世界先进水平的差距。

③ 增长阶段（1990 年至今）　这期间我国 UPR 年均增长速率超过 20％，远远高于同期 GDP 的增长速率，至 1999 年国内 UPR 生产总量已达 32 万吨，而且国内市场 UPR 消费量已达 40 万吨以上，跃居世界前列。但目前国内 UPR 技术水平和发达国家相比还存在差距，品种还不够多，质劣价廉品种充斥主流市场，高档助剂依赖进口，产品深加工工艺机械化程度不高。

④ 腾飞阶段（1976～1985 年）　这一时期，随着"文革"的结束和国民经济的恢复与发展，国内对 UPR 的需求猛增。在这十年间，UPR 产量以年均 30％ 以上的速度递增。至 1985 年产量已达 4.08 万吨，是 1976 年的 13 倍多。至 1985 年底，全国已有 73 家生产厂，年生产能力估计为 8 万吨。

⑤ 成熟阶段（1986 年至今）　随着一些大厂扩建和引进装置的陆续投产，进入 20 世纪 90 年代，我国 UPR 年生产能力已达 10 万吨。1985 年我国成立了 UPR 行业协作组，1987 年正式颁布 UPR 国家标准和测试方法标准。这些标志着我国 UPR 工业已进入成熟阶段。

改革开放以来，我国玻璃钢工业取得迅速发展，带动了 UPR 的品种开发和产量增长。这些增长点表现在国内新兴产业的崛起和传统产业的材料更新换代。如近几年的聚酯家具行业、纽扣行业、聚酯浇铸业的发展，对 UPR 需求量愈来愈大。据不完全统计，国内目前用于涂料和浇铸的树脂总量达 5 万多吨。第二是国外树脂新技术的引进和一大批玻璃钢合资企业的产生，推动了国内玻璃钢成型技术的迅速开发。树脂品种已从长期满足于手糊成型向适应新型成型技术的品种发展，如缠绕、拉挤、喷射、原子灰用等专用树脂。这些新类型树脂总量已占国内总量的 20％，达到 2 万多吨。第三是全国从事玻璃钢复合材料的科研院所和生产大厂组织开发的新类型树脂。如利用我国松香资源、石油分馏 G 副产物和涤纶下脚料提纯等开发了松香树脂、双环戊二烯树脂和对苯树脂等；从了解国外 UPR 品种发展，结合国内需求现状开发乙烯基树脂、低发烟量树脂、低收缩树脂、气干型树脂、食品级树脂、UPR-PU 混杂树脂和发泡树脂等。这些类型的树脂占国内总量的 15%，达 2 万多吨。国外新的玻璃钢信息和技术的引进，还带动树脂辅助材料的质量提高和品种开发，一是胶衣、色浆，二是树脂固化体系的品种开发。

4.1.3　树脂的技术进展

（1）理论进展　不饱和聚酯树脂的理论进展有以下 9 个方面。

① 对不饱和聚酯缩聚反应过程机理的进一步认识，合理地确定分阶段反应过程，对取得分子链结构均匀的优质产品具有重要意义，在此基础上产生了间苯二甲酸型、双酚 A 型、新戊二醇型等不同类型的产品，树脂的性能得到改善。

② 通过对聚酯平均分子量与分子量分布的分析、推导与计算来预测及控制聚酯缩聚产物分子量。用己环戊二烯及其衍生物与 UPR 相结合，从而达到降低使用苯乙烯的目的。国外 BYK 化学公司开发一种新型助剂 LPX 5500，可使苯乙烯挥发量减少 70%～90%。

③ 对聚酯凝胶与固化机理的认识为确定各种玻璃钢成型工艺奠定了基础。树脂的改性及掺混，通过嵌段、接枝、共聚及互穿网络等方法进行树脂的改性以及通过添加某些组分共混来提高树脂对片状模塑料（SME）增稠的机理及低轮廓添加剂作用机理的研究成果，使聚酯模塑料能够大规模、高效率生产。

④ 复合材料的结构设计与计算理论进步，为产品设计和实际应用提供了理论指导。

⑤ 复合材料界面研究使复合材料性能显著提高，同时开发了系列偶联剂产品。

⑥ 引发剂的多样化研究为新工艺开发提供可能，如低温低压模塑料、水乳化体系 UP 树脂的固化及应用。

⑦ 阻聚体系复合多样化，为 UP 中间产品储存期延长及产品质量稳定提供了帮助。

⑧ 各种特性添加剂如抗氧剂、阻燃剂、光稳定剂、表面隔离剂、润湿剂、触变剂、偶联剂等使树脂的品种更为丰富。

⑨ 计算机在化学合成中应用为开发不饱和聚酯树脂连续化生产提供了便利。

（2）树脂品种的进展　在树脂品种方面，传统的通用树脂、胶衣树脂、耐化学树脂、阻燃树脂、板材树脂、浇注树脂、模压树脂等仍为树脂的主要品种，但通过配方改进和树脂改性不断出现了新型的 UP 树脂。国际上不饱和聚酯的技术发展方向主要集中在降低树脂收缩率、提高制品表面质量、提高与添加剂的相容性、增加对增强材料的浸润作用以及提高加工性能和力学性能等方面。

① 低收缩性树脂　采用热塑性树脂来降低和缓和 UPR 的固化收缩，已在 SME 和 BME 制造中得到广泛应用。常用的低收缩剂有聚苯乙烯、聚甲基丙烯酸甲酯和苯二甲酸二烯丙酯聚合物等。目前国外除采用聚苯乙烯及其共聚物外，还开发有聚己酸内酯（LPS 60）、改性聚氨酯和乙酸纤维素丁酯等。

② 阻燃性树脂　常用的添加型阻燃剂有 $Al(OH)_3$、Sb_2O_3、磷酸酯和 $Mg(OH)_2$ 等。目前欧洲也采用加入酚醛树脂的方法，而美国还采用加入二甲基磷酸酯和磷酸三乙基酯，都收到了较好效果。

③ 耐腐蚀树脂　常用耐腐蚀性树脂有双酚 A 型不饱和聚酯、间苯二甲酸型树脂和松香改性不饱和聚酯等。日本宇部公司开发的ネォポル8250乙烯基酯树脂，不但耐腐蚀性好，而且储存期可达到 14 个月。国内开发的 HET 酸树脂、芳醇树脂及二甲苯树脂耐腐蚀性能优异，尤其在重防腐领域得到应用。

④ 强韧性树脂　主要采用加入饱和树脂、橡胶、接枝等方法来提高不饱和聚酯树脂的韧性。如美国阿莫科化学公司采用末端含羟基的不饱和聚酯与二异氰酸酯反应制成的树脂，其韧性可提高 2～3 倍。

⑤ 低挥发性树脂　各国的环境保护法规都严格限制了生产中苯乙烯单体和挥发性有机化合

物（VOC）的释放量，一般要求是车间周围空气中苯乙烯含量必须低于 $50×10^{-6}$。因此各公司都在努力开发既能满足环保要求且对树脂性能影响最小的新品种。低苯乙烯挥发性树脂是目前不饱和聚酯树脂研究的热点。研究方向一是采用表膜形成剂的方法降低苯乙烯挥发量；二是采用高沸点交联剂来代替苯乙烯。

⑥ 树脂的共混改性　美国阿莫科公司开发的一种混杂树脂是双组分液态树脂，A 组分是甲苯二异氰酸酯，B 组分是低分子量间苯二甲酸型 UPR。该混杂树脂黏度低，便于泵送和高填充，固化极快，有高延伸率、高强度、高模量和优良的耐蚀性，苯乙烯逸出量低。该树脂易于加工，凡用于增强塑料的通用加工技术均可采用，适于制作大部件。弗里曼公司对这种树脂的配方做了改进，使之成为浇注型聚氨酯，其最大特点是硬度高、固化期间暴露于空气表面不发黏、光泽度高、凝胶时间不到 2min、脱模时间不到 10min。采用共混技术使 UPR 和氨基甲酸酯共混，这种材料可以极少用或者完全不用增强剂，具有高强度和高柔韧性，苯乙烯含量低，能用像树脂传递模塑（RTM）这样低压的过程快速加工大型零件。

⑦ 节约资源的产品开发，例如：利用环戊二烯制低成本树脂，利用回收涤纶废料合成树脂等。

⑧ 可降解不饱和树脂　出于环境保护的需求，国内外也在不饱和树脂的降解方面开始做一些研究。主要是在分子链中引入聚乙二醇、乳酸、聚己内酯、N-乙烯基吡咯烷酮等可生物降解结构，制备可降解不饱和聚酯。

另外，国外也开发了光固化及辐射固化 UPR 树脂等品种。

（3）新设备、新工艺进展　不饱和树脂的生产由于采用了新设备和新工艺使不饱和聚酯树脂的生产效率大幅度提高、品种多、质量稳定。

树脂合成设备不断更新，保证了高效率、高质量的自动化工艺的要求。适应不同树脂工艺的要求，设计具有不同加热系统、分馏柱、各种固体原料均采用加热熔融后储存、输送、回流。

在树脂的加工成型方面，从手糊、喷涂成型发展到袋压、注塑、模压、缠绕、离心、连续制板、拉、挤等多种成型方法，成型工艺设备有 15 种以上，其机械化、自动化水平逐步提高，产品质量稳定、成本降低，实现了高效率生产。尤其是片状模塑料（SMC）与团状模塑料（BMC）技术日益成熟，可以机械化大量生产汽车外壳部件以及其他工业及日常用品部件。

（4）树脂的配方设计　树脂的配方设计日趋灵活并完善。用户对树脂的物理性能及化学性能的要求是设计树脂配方的依据，树脂的品种规格必须满足用户要求。目前在配方设计中已产生了较系统的设计原理，可以灵活地调节树脂的组分与添加剂以满足以下各种特定的要求。

选用不同的二元酸、二元醇并调节其用量，以确定不同的分子链结构。

选用不同的引发剂（催化剂），或联用两种引发剂以满足固化性能要求。

促进剂与阻聚剂的平衡，以调节树脂不同的凝胶时间、固化时间与放热峰温度。

加速剂即辅助促进剂兼凝胶稳定剂的使用，使树脂的固化工艺增加了灵活性与可靠性。

各种特性添加剂（包括触变剂、抗氧剂、阻燃剂、光稳定剂、表面隔离剂、润湿剂、排气剂、防沫剂、表面活性剂等）的使用使树脂的品种更为丰富。

（5）新品种树脂　特别重要的是阻燃树脂、SME 和 BMC 用树脂的进展对树脂应用的扩大起了很大作用。乙烯基酯树脂的发展呈现了一大类新的树脂系列，展示了良好的前景，其他如柔性树脂、发泡树脂、低挥发树脂以及聚酯水泥等品种正在开辟其应用市场。

（6）树脂的加工成型　随着应用领域的扩大，从手糊、喷涂成型发展到袋压、注塑、模压、缠绕、离心、连续制板、拉挤等成型方法、成型工艺设备有 15 种以上，其机械化、自动化水平逐步提高，产品质量稳定，成本降低，实现了高效率生产。

（7）玻璃钢产品的规格品种　不饱和聚酯树脂玻璃钢产品的品种、规格日益浩繁，由此产生如何应用复合材料力学对产品进行设计和计算的实际要求，使产品设计方法逐渐多样与可靠。

（8）增强材料与填料　随着复合材料应用的推广，人们对增强材料和填料逐渐重视起来，研究改进纤维增强材料与填料的性能，使之满足均匀分散、合理分布以及与树脂牢固黏结等性能要求，促使了纤维状与颗粒状的增强材料与填料的表面处理技术的进展。

（9）检测分析与质量控制　分析检验和质量控制方法日趋完善。对树脂原材料的检验建立了严格的制度，对树脂中间产物——醇酸树脂的检验也很严格，只有对缩聚反应产物和稀释罐中的交联稀释剂进行热稳定性试验以后才能进行混溶稀释，树脂稀释后在放料装桶前再经过严格检验才能过滤、装桶、入库或出厂。各种检验方法和仪器也日益齐全。

为了对树脂的微观结构进行分析，采用了质子核磁共振仪，可以研究分子结构和固化机理。用凝胶渗透色谱法可以分析树脂的分子量分布。用热分解色谱法可以研究交联产物的结构。为探测复合材料内部可能存在的缺陷，采用了超声波扫描以及放射性指示剂等方法。

（10）防老化树脂固化后的防老化研究工作　这项工作也取得了显著进展，对树脂老化机理有了进一步认识，指导了树脂合成及应用中应采取的防老化措施，并取得了成果。

不饱和聚酯树脂作为一种新型的热固性树脂进入工业化生产至今只有 60 余年历史，虽然已经获得了系统的理论和科技成果，形成了自己独立的工业体系和技术体系，但这门行业还较年轻，许多方面还不够成熟，特别在理论上还存在许多课题，有待进一步探讨和说明。展望未来，其发展前景是良好的。作为一种新型复合材料，不饱和聚酯树脂玻璃钢的生产必然会继续增长，应用领域也将进一步扩大，生产技术将进一步提高和完善。

4.2　不饱和聚酯树脂的合成

4.2.1　合成原理

聚酯是分子主链上含有许多重复的酯基的高分子化合物的总称。不饱和聚酯是具有聚酯键和双键的线型高分子化合物，因此，它具有典型的酯键和双键的特性，通常是由饱和的及不饱和的二元羧酸或酸酐与二元醇缩聚反应合成，相对分子量不高的聚合物，合成过程完全遵循线型缩聚反应的历程，大分子链的增长是一个逐步的过程，聚合物是分子量大小不一的同系物。

采用的不饱和的二元酸通常是顺丁烯二酸（或酸酐）以及它的异构体反丁烯二酸；亦可采用不饱和一元酸或一元醇，如丙烯酸、甲基丙烯酸或丙烯醇等。构成两大类不饱和聚酯：即顺丁烯二酸类不饱和聚酯和丙烯酸类不饱和聚酯。

饱和的二元酸有己二酸、苯酐、间苯二甲酸等有机酸。常用的多元醇一般为乙二醇、丙二醇、一缩二乙二醇、一缩二丙二醇、三羟甲基丙烷、丙三醇、季戊四醇等。

上述的聚酯室温下一般为固体，习惯上通常将其溶于乙烯类单体中，制成溶液。常用的乙烯类单体有苯乙烯、醋酸乙烯、甲基丙烯酸甲酯等。

采用不同分子结构的原料与配比组成，可以获得多种性能的树脂。所以不饱和聚酯类产品可以分别应用于装饰注塑件、电器浇铸、铸塑纽扣（特别是珠光纽扣）、清漆、陶瓷管密封或螺母的固定胶、聚酯腻子、胶泥等；特别是不饱和聚酯树脂玻璃钢已广泛应用于建材工业、化学工业和运输工业中。

生产不饱和聚酯是由不饱和二元酸和饱和二元酸、不饱和二元醇或饱和二元醇之间的酯化反应为基础的，常见的酯化反应有以下几种类型。

（1）直接酯化

① 二元酸与二元醇作用

$$n\,HO-R'-OH + n\,HOOC-R-COOH \rightleftharpoons HO{\left(OC-R-C-O-R'-O\right)}_{n}H + (2n-1)H_2O$$

② 二元醇与酸酐作用

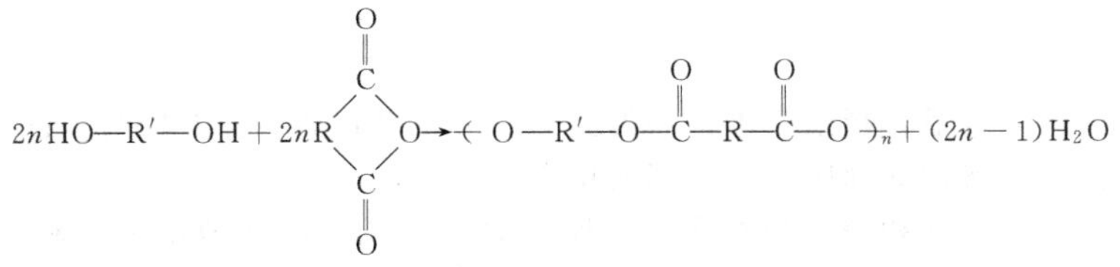

（2）酯交换反应

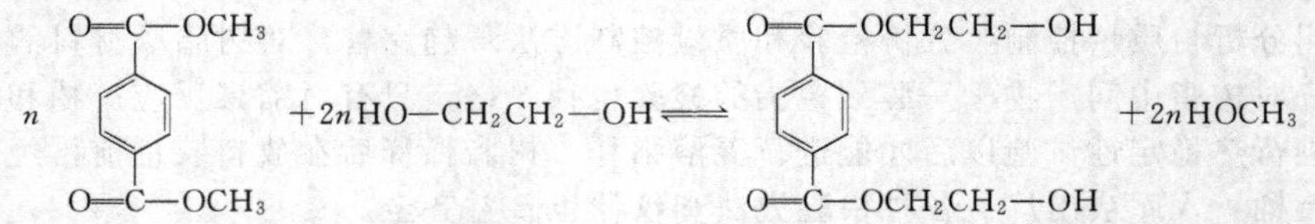

上述酯交换反应中所生成的对苯二甲酸乙二醇只是制造对苯二甲酸型不饱和聚酯的中间体，再与顺丁烯二酸酐反应即可制备对苯二甲酸型不饱和聚酯。

（3）复分解反应

① 聚碳酸酯的合成

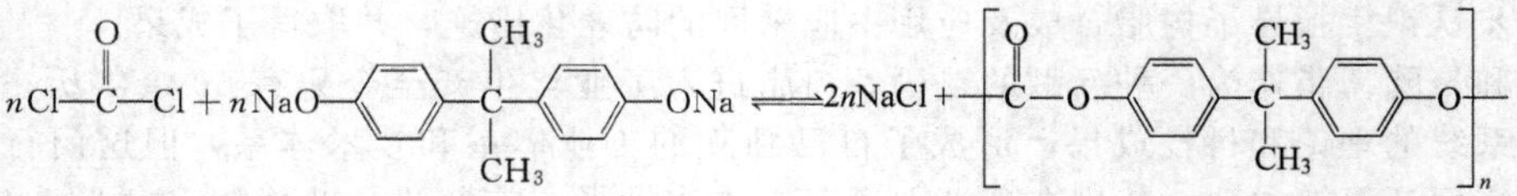

② 邻苯二甲酸二烯丙酯的合成

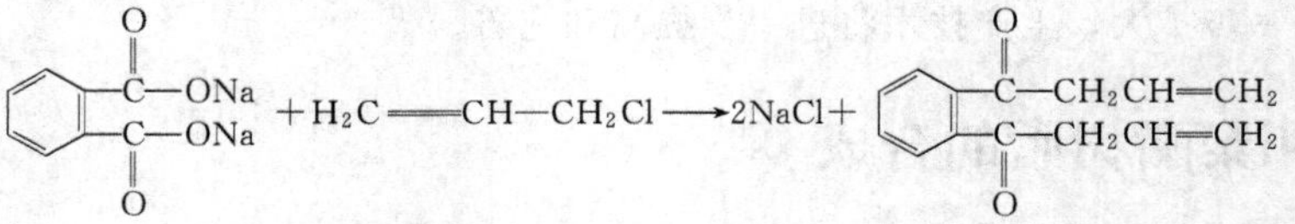

（4）开环聚合

① 环氧丙烷聚酯的合成

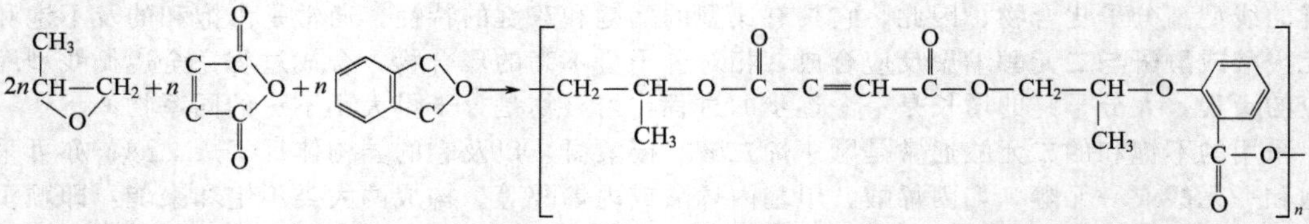

这种含氧环状化合物很不稳定，离子型催化剂皆能促使它开环并发生聚合作用。该聚合反应的特征是活化能小，反应速率快。催化剂离子的浓度增加，则反应加速，并使聚合产物的平均分子量加大。一般情况下，离子型聚合反应温度控制在 $70 \sim 110 \, ℃$ 范围内。温度过高，反应太猛烈，较难控制。

开环聚合这种酯化类型是今后生产不饱和聚酯树脂的方向，因为直接使用环氧丙烷可以省去二元醇的生产工艺，生产成本相应降低。

② 乙烯基酯树脂（即环氧丙烯酸型树脂）

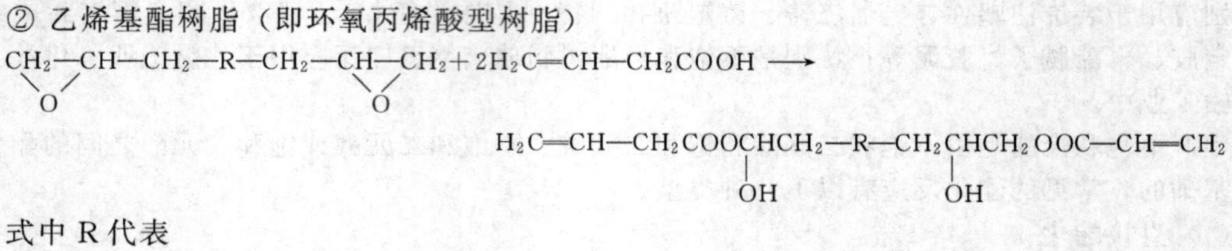

式中 R 代表

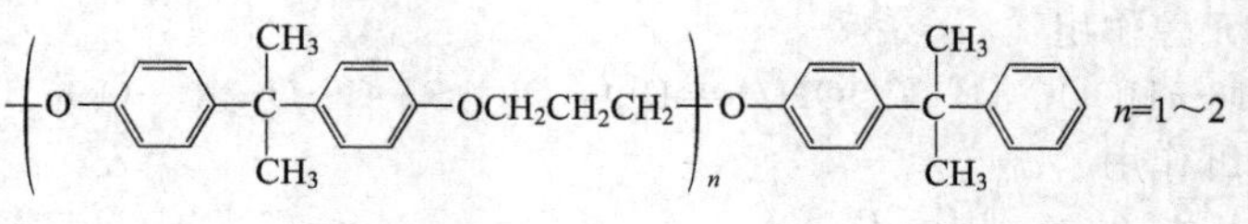

4.2.2　合成方法

不饱和聚酯树脂的合成包括线型不饱和聚酯的合成和交联剂稀释聚酯两步过程。聚酯缩聚合成工艺有熔融缩聚法、溶剂共沸脱水法及环氧化合法等。

（1）熔融缩聚法　以醇和酸熔融缩聚，除加入的原料外不加其他组分。利用醇和水的沸程差，结合通入惰性气体，使反应生成的缩水通过分馏柱分离出来。反应终点由测定聚酯的酸值或黏度控制，当酸值或黏度达到预定值即为反应终点，可以降低料温，加入所需辅助材料（如石蜡、阻聚剂等）后再搅拌一定时间，等待稀释。稀释釜中预先加入计量的交联单体、阻聚剂和光稳定剂，搅拌均匀。然后将反应釜中已降到预定温度的聚酯缓慢放入稀释釜，控制混合物温度不超过 90℃。待稀释完毕，冷却至室温后过滤包装。该法设备简单，生产周期短，目前工厂大多采用此法。

（2）溶剂共沸脱水法　它是在缩聚过程中加入溶剂（如甲苯、二甲苯），利用溶剂与水的共沸点较水的沸点低的特点，将反应生成的水迅速带出，促进缩聚反应的进行。其优点是反应比较平稳，容易掌握，产品颜色较好，但需要有一套分水回流装置，缩聚过程中要防爆。

（3）环氧化合物法　利用一元环氧化合物如环氧乙烷、环氧丙烷等代替二元醇合成不饱和聚酯。在环氧化合物与酸酐混合物反应时，需要加入二元醇、二元酸或水作为起始剂。反应要加入金属氧化物或金属盐类作为催化剂，一般控制温度在 120～130℃。

不饱和聚酯树脂在生产过程中如原料酸和醇是在反应初期一次投料进行缩聚，工业上则称其为一步法；若原料酸和醇分两批投入，首先把二元醇与苯酐投入反应釜反应至酸值为 90～100 时，再投入顺酐反应至终点，这在工业上称为两步法。结果表明，在其他条件相同的情况下，两种方法生产的树脂性能有差异，两步法树脂的某些物理性能高于一步法。

4.2.3　原料酸和醇

不饱和聚酯链中由于存在着不饱和双键，因此可以在加热、光照、高能辐射以及引发剂的作用下与交联单体进行共聚，交联固化成具有三向网络的体型结构。不饱和聚酯在交联前后的性质可以有广泛的多变性。这种多变性取决于以于两种因素：①二元酸的类型及数量；②二元醇的类型。

虽然不饱和聚酯链中的双键都是由不饱和二元酸提供的，但为了调节其中的双键含量，工业上合成不饱和聚酯时采用不饱和二元酸和饱和二元酸的混合酸组分。后者还能降低聚酯的结晶性，增加与交联单体苯乙烯的相容性。

（1）二元酸　不饱和聚酯合成大多数情况下二元酸采用不饱和二元酸和饱和二元酸混合酸，以调整交联密度和产品性能。工业上用的不饱和酸主要是顺丁烯二酸酐（简称顺酐）和反丁烯二酸。

① 不饱和酸　工业上用的不饱和酸是顺丁烯二酸酐（简称顺酐）和反丁烯二酸，主要用顺酐，这是因为顺酐熔点低、反应时缩水量少（较顺酸或反酸少 1/2 的缩聚水），而且价廉。

顺丁烯二酸是带有 4 个碳原子的 α、β 不饱和二元羧酸，其分子上两个羧基都很容易发生酯化反应，同时又含有不饱和双键可以和其他单体进行加成反应。在实际生产中常用的是顺丁烯二酸酐，因为它熔点低、含水少、反应速度快。

顺丁烯二酸和多种醇反应时，几乎完全异构化，结构上和反丁烯二酸所制的聚酯差异不大，但实际上性能有差异，后者软化点较高，且有较大的结晶倾向。其原因是直接用反式结构的酸合成时，可得更好的线型分子结构。

顺酐在缩聚过程中，它的顺式双键要逐渐转化为反式双键，但这种转化并不完全。树脂固化后的性能随反式双键含量提高而有所差异。而顺式双键的异构化程度与缩聚反应的温度、二元醇的类型以及最终聚酯的酸值等因素有关。

反丁烯二酸由于分子中固有的反式双键，使不饱和聚酯有较快的固化速率、较高的固化程度，还使聚酯分子链排列较规整。因此，固化制品有较高的热变形温度，良好的物理、力学与耐腐蚀性能。

此外还可选用其他的不饱和二元酸，见表 4-2。

② 饱和二元酸　生产不饱和聚酯树脂时，加入饱和二元酸共缩聚可以调节双键的密度，增加树脂的韧性，降低不饱和聚酯的结晶倾向，改善它在乙烯基类交联单体中的溶解性。

表 4-2　用于不饱和聚酯合成的其他不饱和二元酸

二元酸	分子式	相对分子质量	熔点/℃
顺丁烯二酸	HOOC—CH=CH—COOH	116	130.5
氯代顺丁烯二酸	HOOC—CCl=CH—COOH	150	
衣康酸(2-次甲基丁二酸)	CH_2=CH(COOH)CH_2(COOH)	130	161(分解)
柠康酸(甲基丁烯二酸)	HOOC—C(CH_3)=CH—COOH	130	161(分解)
中康酸(反式甲基丁烯二酸)	HOOC—C(CH_3)=CH—COOH	130	

　　a. 邻苯二甲酸酐　邻苯二甲酸酐（简称苯酐）是常用的饱和二元酸。一般来说在聚酯中引入苯二甲酸酐代替部分顺丁烯二酸酐，可以调节聚酯的不饱和性，使之具有良好的综合性能。例如提高树脂的韧性，改善聚合产物与苯乙烯的相容性，因而在树脂配方中使用很普遍。苯酐用于典型的刚性树脂中，并使树脂固化后具有一定的韧性。在混合酸组分中，苯酐还可以降低聚酯的结晶倾向，以及由于芳环结构导致与交联单体苯乙烯有良好的相容性。

　　b. 间苯二甲酸　间苯二甲酸没有邻苯二甲酸容易酯化，但用间苯二甲酸所制树脂具有更佳的力学强度、坚韧性、耐水性、耐热性以及耐腐蚀性。溶解度低，熔点高，在加热时挥发损失少。用间苯二甲酸合成聚酯时，分两段进行。第一段先使间苯二甲酸二元醇反应，经回流和蒸馏达到一定的酯化程度后进入第二阶段，加入顺丁烯二酸酐反应达到终点。

　　c. 对苯二甲酸　聚酯中引入对苯二甲酸可使产品具有较高的热变形温度和较低的固化收缩率，化学稳定性也得到改进，常用于防化学腐蚀树脂中。其缺点是反应速度比邻苯二甲酸酐和间苯二甲酸都低，故需用两阶段合成。同时，由于其结构的对称性，如再和对称性的醇（如新戊二醇）反应时，产物对苯乙烯的溶解性差。

　　d. 己二酸　己二酸的两个羧基都能发生酯化反应，广泛用于制备柔性聚酯树脂。

　　c. 四溴邻苯二甲酸酐　性能与邻苯二甲酸酐类似，酯化反应快，是制造阻燃树脂的主要原料之一，但阻燃效果不够好，要配以其他阻燃添加剂才能达到要求，而且反应温度不能太高，否则树脂颜色差。酸酐吸水后变成酸。

　　f. 四溴邻苯二甲酸酐　性能与邻苯二甲酸酐类似，聚酯化反应快，是制造阻燃树脂的主要原料之一，阻燃效果好。其溴含量高，反应温度要控制在较低水平，防止凝胶。

　　g. 桥亚甲基四氢邻苯二甲酸酐　由环戊二烯和顺丁烯二酸酐经 Diels-Alder 环加成制得，用于制备耐高温树脂。

　　h. 六氯桥亚甲基四氢邻苯二甲酸酐　六氯内次甲基四氢邻苯二甲酸也称 HET 酸、绿菌酸。常用于制造阻燃树脂，树脂的阻燃效果好，树脂颜色清晰，建有耐化学性，但久置后会变色。

　　i. 其他二元酸　聚酯中偶有应用的饱和二元酸有丙二酸、丁二酸、戊二酸、庚二酸、山梨酸等。

　　表 4-3 中列出常用的一些饱和二元酸调节不饱和聚酯双键的密度、降低其结晶倾向以及改善它在交联单体中的溶解性能。

表 4-3　常用饱和二元酸调节不饱和聚酯

二元酸	分子式	相对分子质量	熔点/℃
苯酐	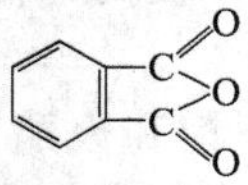	148	131
间苯二甲酸	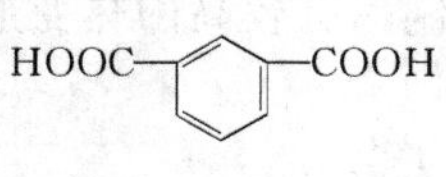 HOOC——COOH	166	330
对苯二甲酸	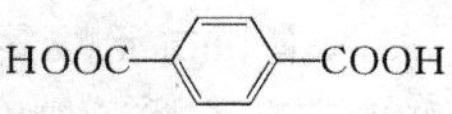 HOOC——COOH	166	

续表

二元酸	分子式	相对分子质量	熔点/℃
纳狄克酸酐	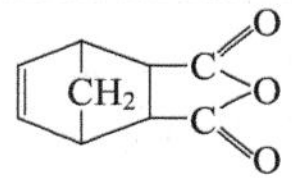	164	165
四氢苯酐	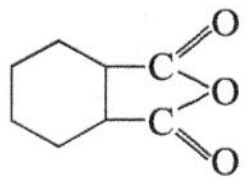	152	102～103
氯菌酸酐（HET 酸）	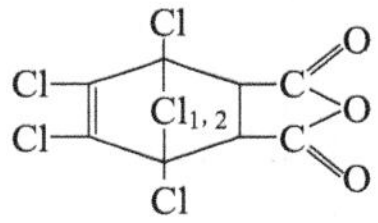	371	239
六氢苯酐	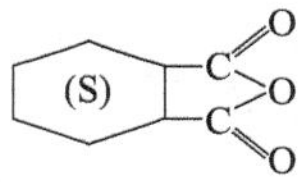	154	35～36
己二酸	$HOOC(CH_2)_4COOH$	145	152
癸二酸	$HOOC(CH_2)_8COOH$	202	133

j. 混酸　不饱和聚酯树脂的力学性能与分子结构中的双键含量关系十分密切。由苯酐-顺酐-丙二醇系的不饱和聚酯研究表明：当聚酯链中每个双键相当的分子量增大，即随着顺酐浓度的减少，拉伸强度、拉伸弹性模量、伸长率等均增大，而热变形温度、最高放热温度及吸水率则减小。但是在 $M_{C=C}=300$ 左右时，拉伸强度、弯曲强度及伸长率达到最大值，拉伸弹性模量、弯曲弹性模量则开始趋于定值，而热变形温度与吸水率的下降变得缓和。在不饱和酸/饱和酸＝1/1（摩尔比）时为一个极限值，在此比值以下，树脂固化后材料为塑性形变；而比值大于 1 时，则变形为一定范围内的可逆变形。顺酐/苯酐＝1/1（摩尔比）的不饱和聚酯树脂国内外通称为"低活性"不饱和聚酯树脂，顺酐/苯酐＝2/1 或 3/1（摩尔比）时，则分别称为"中活性不饱和聚酯树脂"和"高活性不饱和聚酯树脂"。

③ 多元酸　多元酸如偏苯三酸酐、均苯三酸（1,3,5-苯三羧酸）和马来酐海松酸（丁烯二酸与松香酸的加成产物）等三酸可用于制造软化点较高的、特种用途的聚酯树脂，如固体感光树脂版、不饱和聚酯树脂固体粉末涂料等。

（2）二元醇　制造聚酯时大量使用的醇类是二元醇。这类化合物能够通过两个羟基与二元酸的反应形成高聚物。一般常用的二元醇是乙二醇、丙二醇、二乙二醇（二甘醇）和二丙二醇。常用二元醇和多元醇见表 4-4。合成不饱和聚酯醇类主要用二元醇，一元醇用作分子链长控制剂，多元醇可得到高分子量、高熔点聚酯。

表 4-4　常用二元醇和多元醇

名称	分子式	分子量	熔点/℃（沸点/℃）	赋予聚酯的性能
乙二醇	$HOCH_2CH_2OH$	62.07	−13.3(197.2)	一般用 机械强度好
二乙二醇	$HOCH_2CH_2OCH_2CH_2OH$	106.12	−8.3(244.5)	一般用 柔顺性好
丙二醇	$CH_3-\underset{OH}{CH}-\underset{OH}{CH_2}$	76.09	(188.2)	一般用 亲溶媒性
二丙二醇	$(CH_3-\underset{OH}{CH}-CH_2)_2O$	134.17	(232)	一般用 耐水性
丙三醇	$HOCH_2CHOHCH_2OH$	92.09	17.2(290)	耐热性

续表

名称	分子式	分子量	熔点/℃（沸点/℃）	赋予聚酯的性能
氢化双酚 A	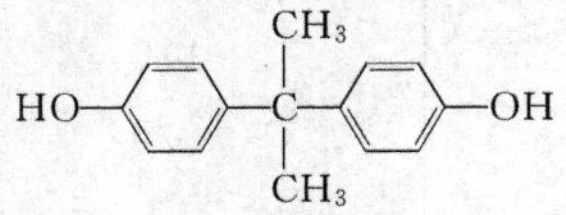 HO—$\bigcirc$—C(CH$_3$)$_2$—$\bigcirc$—OH	228.28	150	耐热性 耐腐蚀性
3,3-二醇（D$_{33}$单体）	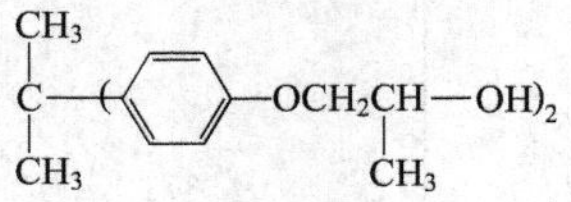 (CH$_3$)$_2$—$\bigcirc$—OCH$_2$CH(CH$_3$)—OH)$_2$	236.00	125	耐热性 耐药品性
新戊二醇	OHCH$_2$—C(CH$_3$)$_2$—CH$_2$OH	344	70～80	耐热 耐候
溴代新戊二醇	OHCH$_2$—C(CH$_2$Br)$_2$—CH$_2$OH	104.65	130	耐燃性
季戊四醇	(HOCH$_2$)$_4$C	136.15	189（260）	粘接性
三羟甲基丙烷	CH$_3$—CH$_2$C(CH$_2$OH)$_3$	134.12	57～50	耐热 耐水性

① 乙二醇　由于分子结构对称性好，合成的聚酯树脂表现出较强的结晶倾向。与单体交联剂（如苯乙烯）混溶性不好，放置后容易分层。为了改进混溶性可以采取多种措施，例如在乙二醇中加入其他结构的二元醇，如丙二醇、二甘醇等破坏聚酯分子结构的对称性。据报道用 18% 的丙二醇替代乙二醇即可获得较好的与苯乙烯的混溶性。亦可采用端基封闭，破坏分子的对称性，降低树脂的结晶倾向。

② 丙二醇　存在两个异构体，即 1,3-丙二醇和 1,2-丙二醇。工业上广泛用来制造聚酯的是 1,2-丙二醇，因为用它生产的聚酯与苯乙烯混溶性好，结晶倾向小，这是由于 1,2-丙二醇分子结构中存在甲基引起的不对称性所致。

③ 丁二醇　存在 3 个异构体，即 1,4-丁二醇，2,3-和 1,3-丁二醇。1,4-丁二醇和 1,3-丁二醇在工业上也用于合成聚酯。具有对称结构的 1,4-丁二醇活性高，而 1,3-丁二醇与苯乙烯的相容性好。

④ 二乙二醇　反应性与乙二醇和丙二醇相似，分子中的两个羟基容易酯化。含有的醚键（或氧桥）是相当稳固的，由它制备的聚酯较柔顺并较乙二醇合成的聚酯结晶倾向小，与苯乙烯单体相容性好，但由于氧桥的存在，对水敏感性强，电学性能差。

⑤ 二丙二醇　较二乙二醇耐水性好，制备的不饱和聚酯和苯乙烯的相容性极好，树脂的柔顺性也好，还具有不被一般填料所吸收的特点，后一特点说明当保持适当的混合黏度时，可加入较多填料。

⑥ 新戊二醇　制得的聚酯固化后的热软化点并不高，但在加热和承受直至发生分解前的高温后，它失重少。由于分子结构对称性好，耐药品性和电性能优良。

不饱和聚酯树脂使用的主要二元醇及其对玻璃钢制品性能的影响列于表 4-5。

当单纯用一种二元醇合成的聚酯树脂有某些性能达不到要求时，可应用混合二元醇。例如，为了改进固化后聚酯的柔韧性，可以加一定比例的二乙二醇。721 聚酯就是如此。

为了提高聚酯与苯乙烯单体的相容性和稳定性，可将 60% 的乙二醇与 40% 的丙二醇混合使用。

表 4-5　主要二元醇及其对玻璃钢制品性能的影响

性能 ＼ 醇类	乙二醇	丙二醇	1,4-丁二醇	1,3-丁二醇	2,3-丁二醇	二乙二醇	二丙二醇	1,5-戊二醇	1,6-己二醇	新戊二醇
分子量	62	76	90	90	90	106	134	104	118	104
熔点/℃	−13	—	20	—	19	−8	—	−16	40	124
黏度	中	中	差	差	良	差	差	差	差	中
热变形温度	中	良	差	中	优	差	中	差	差	中
硬度	良	良	中	中	良	差	中	差	差	中
冲击强度	中	中	中	中	优	良	中	优	优	中
光稳定性	中	中	中	中	差	劣	劣	良	良	优
收缩率	中	差	中	中	中	差	差	差	差	中
弯曲强度	良	良	良	良	良	良	中	良	良	良
拉伸强度	良	良	良	良	差	优	良	优	优	良
伸长率	中	中	中	中	中	中	中	优	优	中
耐水性	中	差	中	中	中	中	中	中	中	良
耐溶剂性	中	差	中	中	中	中	中	中	中	中
耐碱性	中	差	中	中	中	中	中	中	中	中
耐酸性	中	中	中	中	中	中	中	中	中	中
黏结性	中	中	中	中	中	中	中	中	中	中
电性能	中	中	中	中	中	中	差	中	中	良
色泽	良	中	差	中	中	良	中	中	中	中
价格	低	较低	较高	中	较高	低	较低	较高	较高	中

为了提高抗化学腐蚀性，可用环状二元醇，如氢化双酚 A 或环己二甲醇代替一部分丙二醇。应用以双酚 A 为基础的分子量较高的二羟醇可以制造耐化学腐蚀，特别是耐碱的聚酯。这类二羟醇具有下述的结构式：

$$HOCHCH_2O{-}\bigcirc{-}\underset{\underset{CH_3}{|}}{\overset{\overset{CH_3}{|}}{C}}{-}\bigcirc{-}OCH_2CHCH_2$$
$$\quad\underset{R}{|}\qquad\qquad\qquad\qquad\qquad\qquad\underset{R}{|}$$

式中，R 为 H 或 CH₃。当 R 为 H 时，产品称为 2,2-二醇；当 R 为 CH₃ 时，产品称为 3,3-二醇。但不能以这类化合物代替全部二元醇，因为由它制成的聚酯活性差，不能与交联剂全部交联。

使用多元醇，如甘油或三羟甲基丙烷可以增加生成支链的可能性。季戊四醇、山梨醇、甘露糖醇等亦如此。若用上述多元醇中的任意一个代替 5％的二元醇，在酯化作用的后期黏度将明显增大，并有过早胶凝的危险。但用此法制成的聚酯，固化后具有高的软化点并非常耐热。

（3）交联单体　定义与分类如下所述。

不饱和聚酯树脂是具有不饱和键的线型结构的聚合物。把能与这种聚合物进行交联共聚固化的单体，称为交联单体。

交联单体的分子结构中都有 π 和大 π 键，是可聚合的活性基，这些活性基为丙烯酸基、甲基丙烯酸基、丙烯酰胺基、乙烯基、烯丙基、乙烯氧基、环氧丙烷基、丁烯二酸基、烯丙氧基、乙炔基等。

交联单体的种类及其用量对固化树脂的性能有很大影响。常用的交联剂可分为单官能团单体、双官能团单体以及多官能团单体。

单官能团交联单体是指化合物分子中含有一个双键，由于反应性好及操作简便，常常被优先选用。但在常压下它们的沸点在 100℃ 以下，易挥发而不宜单独使用。双官能团及多官能团交联单体是指分子结构中含有两个或两个以上不饱和键的化合物。交联单体也可再分为二烯烃、多元醇的丙烯酸酯和多元酸的不饱和酯三类。

苯乙烯与不饱和聚酯相容性良好，固化时能与聚酯中的不饱和双键很好地共聚，固化树脂的物理性能较好，而且价格便宜，是最常用的交联单体。固化树脂的物理性能受苯乙烯含量的影响较大，为了获得最佳的物理性能，苯乙烯的含量有最适宜的范围，工业上常用的乙烯基甲苯是60％间位与40％对位的混合物，乙烯基甲苯比苯乙烯活泼，所以它与苯乙烯相比有较短的固化时间与较高的放热峰温度。乙烯基甲苯用作交联单体的主要优点是吸水性较苯乙烯固化的树脂低，电性能尤其是耐电弧性能有所改善。用乙烯基甲苯固化的树脂的体积收缩率比苯乙烯固化的树脂要低4％左右；二乙烯基苯非常活泼，它与聚酯的混合物在室温时就易于聚合，常与等量的苯乙烯并用，可得到相对稳定的不饱和聚酯树脂，然而它比单独用苯乙烯的活性要大得多。二乙烯基苯的苯环上有两个乙烯基取代基，因此用它交联固化的树脂有较高的交联密度，它的硬度与耐热性都比苯乙烯交联固化的树脂好；甲基丙烯酸甲酯本身与不饱和聚酯中的不饱和双键的共聚倾向较小，经常与苯乙烯并用。甲基丙烯酸甲酯与苯乙烯并用作交联单体的最大优点在于能改进固化不饱和聚酯树脂的耐候性；它的缺点是沸点较低、易于挥发，以及与苯乙烯并用后使固化树脂的体积收缩率大于单独用苯乙烯固化的树脂。

邻苯二甲酸二烯丙酯的反应活性比乙烯类单体及丙烯酸类单体要低，即使有催化剂（引发剂）存在，也不能使不饱和聚酯树脂室温固化。由于它的挥发性，固化树脂时的放热峰温度都较低，广泛用来制备聚酯模压料（片状模压料、料团状模压料等），模压制品开裂及出现空隙的现象较少。

（4）端基封闭剂　当用二元醇与二元酸（饱和的与不饱和的）酯化后生成聚酯，一般两端都带有羟基或羧基，为了改进聚酯的某些性能，如抗水性、电绝缘性以及与交联剂单体——苯乙烯的混溶性，在制造聚酯的后期，常用一元酸或一元醇与端羟基或端羧基反应，使聚酯的端基失去活性，达到封端的目的。因此，用于聚酯合成中的一元酸或一元醇，为端基封闭剂。常用一元酸和一元醇的理化特性见表2-2～表2-4。如乙酸与聚酯反应，数小时后，将过量的乙酸蒸去，直到酸值回复到乙酸化反应前的数值。这样有效地减少端羟基，提高耐水性，并且也阻止了进一步缩聚。用乙酸、苯甲酸和松香酸作封端剂可改进树脂与苯乙烯的相容性；用正丁醇、苯甲醇和环己醇作封端剂封闭羧基，可改进与苯乙烯的相容性，改善聚酯树脂的耐腐蚀性。

当用对称性良好的乙二醇与顺酐或苯酐反应制造聚酯时，为了改进聚酯与交联剂单体苯乙烯的混溶性，端基封闭是常用的措施，乙酰化的结果常使最后的树脂成品胶凝时间变短。用松香酸封端的不饱和聚酯可以任意比例与苯乙烯混溶，而且抗水性耐化学腐蚀性都有所提高。

（5）溶剂　在制造聚酯过程中，使用溶剂的目的是利用溶剂与水的共沸点，降低水的沸点，将水除去。另外，当合成马来酸酐聚酯时，可以减缓酸蒸气的腐蚀作用，在混合反应中亦减弱了痕量水的腐蚀活性，降低了腐蚀性。最常用的溶剂一般是环状烃，如苯、甲苯或二甲苯，它们由石油馏分中获得。常用溶剂与水的共沸混合物的沸点和组成有：91％苯与8.9％组成物的共沸点为69.4℃；79.8％甲苯与20.2％水组成的混合物沸点为85℃；65％二甲苯与35％水组成的混合物共沸点为92℃。

4.2.4　不饱和聚酯树脂的固化

由酯化反应制得的线型缩聚产物一般是与活性稀释剂，也称交联剂（例如苯乙烯）混溶制成树脂。从理论上讲，能够用作共聚的烯烃类单体都可以作为不饱和聚酯的交联剂，但是由于聚酯在其中的溶解度、常温下的挥发性、固化的难易以及原料的来源及价格等因素的限制，需要综合考虑，择优选用。最常用的交联剂是苯乙烯、其次是二苯乙烯、丙烯酸、丙烯酸丁酯、甲基丙烯酸、甲基丙烯酸甲酯、邻苯二甲酸二烯丙酯等。

交联剂的选择条件是：能溶解和稀释不饱和聚酯，并参加共聚反应，生成网状交联产物；能以一定速度与聚酯共聚；对固化后的不饱和聚酯的性能有改进；挥发性低，低毒或无毒；来源丰富，制备容易、价格低。

（1）交联剂用量

① 理论用量　不饱和聚酯在固化前是含具有不饱和双键的线型聚合物，交联剂的结构中也含有一个或两个不饱和双键，在固化剂和促进剂的作用下，产生的自由基引发双键，产生交联聚合反应。交联剂将含有不饱和双键的线型聚酯分子桥接起来，形成网状结构的聚合物，交联剂起的是桥接的作用。由于不饱和树脂中双键的数量有限，因此交联剂的使用量要有个最适合的量。交联剂不足，树脂固化不完全；交联剂过多，会导致"桥"自身连接起来，形成了长桥，影响树脂的强度及其他性能。所以，交联剂的量应与双键的数量相当。

交联聚合的反应可以用以下化学反应式表示：

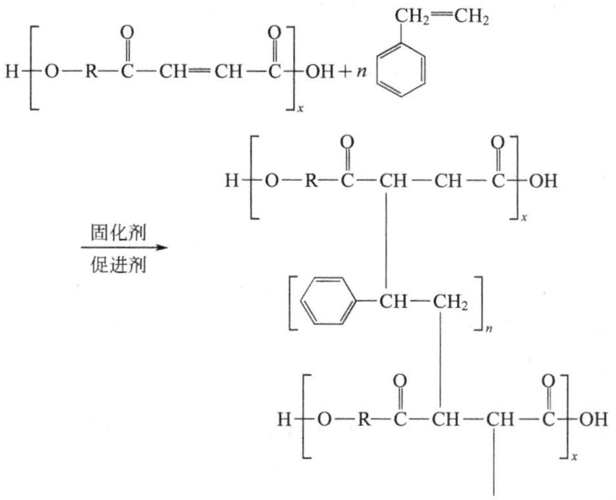

式中，R 代表烷基（二元醇中除羟基以外的余基），$n \geq 1$，其意义为加入交联剂的物质的量应大于或等于不饱和二元酸的物质的量，n 的变化的合理区间为 $1 \leq n \leq 3$。

② 实际用量　为了保证聚酯固化是有足够量的"桥"，交联剂一般要比不饱和二元酸或酐的摩尔量过量 100％，有时甚至过量 200％以上。如聚（顺丁二酸烯丙酯/邻苯二甲酸酯）树脂合成时交联剂苯乙烯的用量是 2∶1。

通常树脂溶液中苯乙烯适宜的含量为 35％，发现交联固化后的聚合物中只有少量的聚苯乙烯链存在，多数是苯乙烯二聚体与两个聚酯链交联。

实际测定聚酯中每摩尔不饱和双键（顺酸或反酸）与 2mol 不饱和单体，如苯乙烯在正常条件下固化，苯乙烯与聚酯中的反式（或顺式）双键发生交联反应达 95％。交联剂构成的"桥"平均由两个苯乙烯连接组成。如果苯乙烯∶反酸＝1∶1，则仅有 75％的反式双键参与反应，而苯乙烯已全部参与交联反应。如果苯乙烯的用量再低，如苯乙烯∶反酸＝1∶2，那么发生交联反应的苯乙烯仅有 35％，而反式丁烯酸酯中的不饱和键只有 40％参与了共聚反应。

不饱和聚酯树脂与苯乙烯的混溶物经引发剂共聚后，就固化得到三向交联的网状结构。网状结构是由两种聚合物分子链构成，即缩聚链和共聚链，两者彼此以顺丁烯二酸酯或反丁烯二酸酯中的不饱和双键通过共价键连接起来，形成一个巨大的网，在网中的聚酯链平均分子量为 1800～3000。共聚链是把聚酯链中的双键通过交联剂（例如苯乙烯）中的双键彼此连接起来，因此共聚链的分子量更高，可达 8000～14000。

（2）固化机理　不饱和聚酯树脂从黏流态树脂体系发生交联反应到转变成为不溶不熔的具有体型网络结构的固态树脂的全过程，称为树脂的固化。线型聚酯分子与乙烯基型单体（如苯乙烯、乙酸乙烯、甲基丙烯酸甲酯等）的共聚作用，就其历程分为自由基聚合和离子型聚合两类。聚酯固化一般是通过引发剂（俗称固化剂）或光、热等使单体引发产生自由基，故聚酯的固化一般遵循自由基共聚反应机理。

自由基加聚反应的历程可分为链引发、链增长、链终止和链转移 4 个阶段。

① 链引发　自由基聚合的活性中心是自由基，它可以通过引发剂的热分解、氧化-还原反应或光化学反应来得到。引发过程如下。

a. 引发剂的热分解引发　过氧化苯甲酰或偶氮二异丁腈的加热分解：

$$\text{(苯)—C(=O)—O—O—C(=O)—(苯)} \xrightarrow{\triangle} 2 \text{(苯)—C(=O)—O·}$$

$$\text{(苯)—C(=O)—O·} \longrightarrow \text{(苯)·} + CO_2$$

$$(CH_3)_2\text{C(CN)—N=N—C(CN)(CH_3)_2} \longrightarrow 2(CH_3)_2\text{C·(CN)} + N_2$$

b. 氧化-还原反应引发　如有机过氧化物与钴盐的反应：

$$RO\text{—O—}H + Co^{2+} \xrightarrow{\triangle} RO· + OH^- + Co^{3+}$$

c. 光敏剂在紫外线照射下引发　如安息香：

$$\text{(苯)—C(=O)—CH(OH)—(苯)} \xrightarrow{h\nu} \text{(苯)—C(=O)·} + \text{·CH(OH)—(苯)}$$

所生成的自由基能引发不饱和聚酯和交联剂的交联固化反应。光敏剂可根据其引发作用的特点并结合制版工艺的要求来进行选择。

若以 I 表示引发剂分子，则 I 分解为初级自由基（R·）：

$$I \longrightarrow 2R·$$

初级自由基 R· 攻击单体分子 M，生成单体自由基 RM· 完成链引发过程：

$$R· + M \longrightarrow RM·$$

② 链增长　单体分子经引发成单体自由基后，立即与其他分子反应，进行链聚合，形成长链自由基，即：

$$\begin{cases} KM· + M \longrightarrow RM_2· \\ RM_2· + M \longrightarrow RM_3· \\ \quad\quad\vdots \\ RM_{n-1}· + M \longrightarrow RM_n· \end{cases}$$

③ 链终止　聚合物的活性链增长到一定程度就失去活性，停止增长，此时称为链的终止。

链终止反应主要是双基终止。用苯乙烯单体时，耦合终止是主要倾向。由于线型不饱和聚酯分子中含有多个双键，可看作是官能度很高的反应物分子，当共聚反应进行到一定程度时，会形成三向网状结构的分子，出现凝胶现象。此时会发生自动加速效应，使总的聚合速率剧增，体系急剧放热，温度升至 150～200℃，最后由于进一步共聚，使三向网状结构变得更为紧密，限制了单体的扩散速率，使总的聚合速率下降。为了进一步充分固化，常需要采取较长时间的加热过程，以促使其聚合反应尽可能趋于完全。

④ 链转移　一个增长着的大的自由基能与其他分子，如溶剂分子抑制剂发生作用，使原来的活性链消失，成为稳定的大分子，同时原来不活泼的分子变为自由基，这一过程称为链的转移。

（3）不饱和聚酯树脂固化体系　根据不饱和聚酯树脂固化温度可将固化体系划分为常温、中温和高温固化体系。

① 常温固化体系　常温固化体系一般采用在室温条件下由稳定的有机过氧化物和促进剂组成的氧化还原系统。主要是过氧化酮类引发剂和环烷酸钴固化系统，过氧化酰类和叔胺固化系统。由于过氧化酮和环烷酸钴固化系统具有固化完全、成型条件宽等优点，所以应用特别广泛。

② 中温固化体　成型温度为 90～120℃ 的玻璃钢成型工艺通常使用中温固化体系。使用中温固化体系的玻璃钢成型工艺主要是拉挤等连续成型工艺，但随着玻璃钢技术的发展，以前属于常

温成型工艺的纤维缠绕工艺、浇注成型工艺和 RTM 工艺，由于采用了较高的成型温度，所以也使用中温固化系统。与此相反，传统上属于高温成型工艺的预浸渍成型工艺的 SMC 成型工艺，由于降低了成型温度，也开始使用中温固化系统。中温固化体系主要采用过氧化苯甲酸叔丁酯、过氧化二碳酸酯、二烷基过氧化物、过氧化辛酸叔己酯和过氧化二碳酸双酯等。

③ 高温固化体系　过氧化苯甲酸叔丁酯混合使用时，可以显著改善 SMC 在模具内的流动性，增加固化速率。另一种新型引发剂是过氧化碳酸酯有机过氧化物，如叔丁基过氧化异丙基碳酸酯。它们与过氧化苯甲酸叔丁酯相比，适用期和制品的外观质量相近，但固化速率更快、残留单体量更低。此外，过氧化苯甲酸叔丁酯的叔己基和叔戊基衍生物也是引人注目的新型引发剂，它们与过氧化苯甲酸相比，也具有固化速率快、残留苯乙烯量少等优点。

(4) 聚酯固化特征的研究方法　用树脂固化时的固化温度随时间变化的曲线（该曲线称为放热曲线）来确定聚酯的固化特征是美国塑料协会应用最广泛的方法，简称 SPI 法，后来又有"日本工业标准法"，简称 JIS 法。两种方法的区别在于采用不同的温标，SPI 法采用华氏温标，恒温水浴温度为 180℉；而 JIS 法采用摄氏温标，恒温水浴温度采用 80℃。

树脂的固化过程是物理性质和化学性质发生变化的过程，在整个过程中，绘制固化温度随时间变化的曲线即为放热曲线。根据放热曲线能够确定树脂在固化过程中的如下几个物理量。

① 凝胶时间

a. SPI 法　在环境温度（域温）为 180℉的条件下，试样的温度从 150℉升到 190℉时所需的时间确定为凝胶时间。

b. JIS 法　在环境温度（域温）为 80℃的条件下，试样的温度从 65℃升到 85℃时所需的时间确定为凝胶时间。

② 最小固化时间　从 150℉或 65℃达到最高放热温度时所需时间。

③ 最高放热温度（放热峰温度）　聚合反应放出的热量使固化物温度升高的最高值即为最高放热温度。在一定条件下，聚合热的聚合反应活性的量度。

在诱导期，树脂中的阻聚剂消耗掉了分解为自由基的引发剂，在接近诱导期终点时，阻聚剂全部消耗完毕，这时引发剂产生的自由基引起了聚合反应，树脂的凝胶化聚合反应的热效应证明了聚合反应的开始。

从凝胶时间到放热峰所需的时间是链增长时间。凝胶时间和增长时间组成了最小凝胶化时间。当放热温度升至峰值时，聚合反应就完成了。

聚酯的固化反应特性的了解，在生产过程特别是在加工成型上都具有十分重要的意义。

(5) 固化程度的评定　聚酯树脂固化完全与否，直接影响到制品的性能。从 1953 年起英国就有专门单位研究树脂固化的评定问题，试图找到一种简便、有效的、非破坏性的实验或微量样品的典型实验。目前已经普遍采用的方法有：力学法、电化学法和化学法的三种方法。

① 力学法测定固化程度

a. 硬度法　聚酯树脂的浇铸制品可用巴柯硬度计（GYZJ934-1 型）或用橡胶硬度计（邵氏 XSY-1 型）测定，巴柯硬度在 40～50 之间，邵氏硬度在 90 以上，可以认为基本固化完全。

b. 回弹法　把小钢球从一定高度落向被测的固化树脂表面，用其回弹高度来表征固化程度。该方法的依据是树脂的固化程度不同，固化物的刚度不同，从而引起回弹的高度不同。

② 电化学方法测定

a. 介电损耗角正切值（$\tan\delta$）法　聚酯树脂冷固化的整个周期内，$\tan\delta$ 会随时间的变化而变化，在固化初期会出现一个峰值，这是凝胶的特征。固化过程中有两种因素对 $\tan\delta$ 产生影响，一种是结构的变化，交联使 $\tan\delta$ 变小；另一种因素是放热，放热使 $\tan\delta$（即电阻）增大。当热效应的影响大于交联的影响时，$\tan\delta$ 出现峰值，凝胶以后，随固化程度的增加交联的程度大大提高，其影响大于热效应的影响，因此，$\tan\delta$ 减小，10 天左右趋于稳定，表明固化完全。

b. 电阻法　本方法是对试样施加直流电压，测定通过试样内部或沿试样表面的泄露电流，从而求得试样的表面电阻系数和体积电阻系数的数值，因此而得名电阻法。

因为树脂的漏电电流（由自由电荷造成）和极化电流（树脂偶极运动造成）的大小直接与树脂的电阻有关，而极化电流与介电损耗一样，间接反映了固化程度。固化越完全偶极运动越小，电阻值越大，当固化完全时，电阻值趋于定值。此法的优点是仪器结构简单、便于用于生产控制。

③ 化学法测定固化程度

a. 自由基含量的测定　若聚酯树脂在固化过程中完全消耗掉引发剂产生的自由基（包括链增长时产生的自由基），则制品处于稳定状态。

试验方法：在盛有 10mL 饱和淀粉 KI 溶液的试管中，放入 0.5g 树脂粉末，定时摇动试管，观察出现颜色的时间，在 1h 时后才出现颜色的可认为已完全固化。

b. 游离苯乙烯含量测定——溶剂萃取法　固化的树脂热丙酮回流萃取或冷的二氯甲烷萃取。萃取物以气相色层分析测定未反应的苯乙烯单体的含量，树脂固化完全，游离苯乙烯的量接近于零。由于热萃取会改变固化后树脂的状态，所以建议不用或少用此法。

c. 丙酮溶解试验　在已固化的树脂上滴加数滴丙酮，用搅拌棒扩展丙酮并摩擦树脂，如果表面发黏则表明未充分固化。

d. 红外线吸收光谱法　把固化了的树脂用锉锉成细的粉末，后分散在分散剂（通常是 KBr）中进行测定。苯乙烯的吸收光谱 $770cm^{-1}$，反丁烯二酸酯的双键为 $1650cm^{-1}$，随着固化过程的进行，$770cm^{-1}$ 与 $1650cm^{-1}$ 谱线的吸收逐渐减少。

4.2.5　树脂的品种及其改性

不饱和聚酯树脂按国标可分为通用型、耐热型、耐化学型、耐热型等 4 类。下面就各品种使用特点性能及有关改性方法分别做介绍。

(1) 不饱和树脂的品种

① 通用型树脂　通用聚酯树脂一般是邻苯型树脂，即采用邻苯二甲酸酐、顺丁苯二酸酐、丙二醇、乙二醇等常用的材料合成，然后溶解于交联单体苯乙烯中。通用聚酯树脂主要用于手糊与喷射成型。表 4-6 列出通用树脂浇注体和玻璃钢的基本性能，供参考。

表 4-6　通用树脂浇注体和玻璃钢的基本性能

特　性		浇　注　体	玻　璃　钢
相对密度		1.10~1.46	1.6~1.8
折射率(n_D)		1.53~1.57	
机械强度	拉伸强度/MPa	50~100	220~290
	拉伸弹性模量/GPa	2~4	
	压缩强度/MPa	90~190	140~250
	弯曲强度/MPa	50~100	200~400
	冲击强度/(kJ/m²)	10~50	150~300
	断裂伸长率/%	1~3	0.9~1.0
	巴柯硬度	45~50	50~60
热性能	热变形温度/℃	50~80	100~200
	热导率/[W/(m·K)]	0.2	0.2~0.3
	热膨胀系数/($\times10^{-6}$/℃)	80~100	
	比热容/[kJ/(kg·℃)]	2.3	3.0
电性能	介电常数(50Hz)	3.0~4.36	4.5
	介电常数(5MHz)	2.8~4.1	
	介电损耗角正切值	0.02~0.04	0.013~0.025
	介电强度/(kV/mm)	18~22	16~28

② 胶衣树脂　胶衣层在复合材料中起着重要的作用，正如人们穿的衣服一样，不仅起保护身体、维持体温的作用，而且起到装饰的效果。胶衣树脂是由专用聚酯树脂加入触变剂、分散

剂、颜料等添加材料配制而成，是不饱和聚酯中的一个特殊品种。胶衣树脂主要用于玻璃钢制品表面，呈连续性的覆盖薄层，起保护作用，同时提高制品的耐候、耐腐蚀、耐热和耐磨等性能，并给制品以光亮美丽的外观。其使用厚度一般为 0.4mm 左右，相当于 $450g/m^2$。

作为复合材料的最外层经常要受到摩擦、碰撞等外部机械、化学腐蚀、大气老化等侵袭，直接影响到制品的外观、质量和使用寿命。按照使用要求，胶衣树脂主要分为以下几类：a. 耐化学腐蚀和抗污染胶，用于耐腐蚀制品的表面；b. 通用型胶衣，耐沸水、耐摩擦、耐肥皂或清洁剂的腐蚀，具有良好的表面光泽，主要用于人造浴缸、卫生洁具、人造大理石、船舶以及其他一般用途的制品；c. 光稳定型胶衣，具有优异的耐候性，适用于长期户外使用制品表面的保护涂层；d. 食品、医药的容器用胶衣，可用于药房、仓库、冷藏室、盥洗室的容器以及食品储存设备的表面层。用作表面覆盖层的胶衣树脂，要求在与空气接触的条件下，室温下能固化。

③ 柔韧型树脂　弹性树脂由一缩二乙二醇（一缩二乙二醇与乙二醇的混合物）、顺丁烯二酸酐及邻苯二甲酸酐（或间苯二甲酸、己二酸）按适当配比熔融缩聚，加入阻聚剂、交联剂而制成。此类树脂和通用不饱和树脂相同，均可采用室温低压成型，也可用热压成型。其特点是浇注体具有较好的柔韧性，伸长率大于 5%，从而提高冲击强度。

这一类聚酯树脂固化后较通用型（刚性）树脂具有较好的坚韧性。这些韧性树脂通常是在树脂制造时，使用低比例的不饱和酸和饱和酸，或者使用长链的饱和二元酸，如己二酸或癸二酸；亦可以采用长链的二元醇替代乙二醇或 N-醇。韧性树脂可以单独使用或者为了提高抗冲强度在刚性树脂中掺和韧性树脂一起使用。

④ 弹性树脂　弹性树脂具有高的弯曲强度，较低的弯曲模量，是比通用型（刚性）树脂更坚韧而且无脆性。适宜于作家具装饰性高档涂料、机器外壳、护罩、安全头盔、电子零件、封口胶、包封、修补胶、保龄球等。

⑤ 耐化学树脂　由于不饱和聚酯容易加工，已被广泛应用于制造化学工业设备，如化工管道，生化工程反应器，酸、碱储罐等。一般而言，通用的不饱和聚酯与其他塑料作对照，并没有显示出耐高化学药品的优越性，但是特殊结构的聚酯，如乙烯基酯树脂、双酚 A 型不饱和聚酯、间苯型不饱和聚酯等，具有极好的抗化学药品性能，而且仍保存有重要的易加工的性能。

⑥ 阻燃树脂　在通用型树脂中加入防火填料，如三氧化二锑，即可获得阻燃性。不过，一般阻燃树脂是在合成树脂时，使用一种能产生阻燃的成分，例如最常见的用环氧氯丙烷取代通用型树脂配方中的丙二醇，或者使用四氯苯酐和氯桥酸酐（RET 酸）取代苯酐，都产生优良的阻燃性。

在含卤族元素的聚酯中，添加 5% 的三氧化二锑，可以获得最佳的阻燃性和自熄件。阻燃树脂也称自熄性树脂，燃着后能在极短的时间内自行熄灭，完全不燃烧的不饱和树脂还没有。阻燃树脂大体上可分为 3 类。

a. 添加型阻燃树脂，即在树脂中添加阻燃剂配成。

b. 反应型阻燃树脂，树脂分子中含有可阻燃的元素，如氯、溴、磷等。

c. 膨胀性阻燃涂层，阻燃树脂可按氧指数及火焰传播速率两种指标进行分级。

一级阻燃：氧指数大于 38%，火焰传播速率小于 25m/s；二级阻燃：氧指数大于 25%，火焰传播速率小于 75m/s。

⑦ 耐热性树脂　这类树脂应用于高温条件下，要求热变形温度至少大于 110℃，在较高的温度下能保持原有的强度。耐热性树脂有很多品种，如间苯二甲酸型、双环戊二烯型、乙烯基酯型、三聚氰酸三烯丙酯型、HET 酸型等。

⑧ 光稳定型树脂和耐气候型树脂　通用型聚酯树脂暴露在阳光下，例如透明波形瓦和天窗，其耐老化性能与抗紫外线性能不理想。使用新戊二醇及丙烯酸酯类化合物可提高耐候性，添加紫外光吸收剂可改善光稳定性。

⑨ 空气干燥型　通用型树脂与空气接触时表面发黏，不会硬化，所以要用薄膜覆盖或添加空气干燥剂——石蜡。但是，用于小船或储罐的包覆，要树脂表面隔绝空气是不可能的。因此，

寻找暴露在空气中固化时不发黏的树脂，已发现合成聚酯的原料中使用了环戊二烯或烯丙基醚化合物或聚酯热变形温度高的树脂都有空干性。这些树脂与通用型树脂一样，可以在低温或室温条件下固化，没有特殊的要求，其胶凝时间的长短受所用催化剂的百分含量控制。

⑩ 低收缩、低放热型铸塑用聚酯　铸塑用的树脂要考虑以下的几个特性：固化过程中的低收缩性；要求放热峰值低，避免产生应力变形；不会破裂和起细微的裂纹；透明性好和颜色浅；具有一定的韧性（可以借掺和柔性树脂提高）。

⑪ 可接触食品级树脂　不饱和聚酯树脂品种可用于制造食品容器，如装啤酒、不同度数酒、牛奶、矿泉水的储罐，自来水蓄水池，肉类、家禽、蛋类冷藏库壁板等。例如"秀玛"树脂中S-739胶衣树脂、S-839和S-844耐化学树脂被定为食品级树脂，用于喷射及手糊玻璃制品。其他如S-40、S-94M、S-216、S-314、S-424、S-452、S-537等分别适用于各种机械成型的可反复接触食品的玻璃钢制品。

⑫ 含水不饱和聚酯树脂　该类树脂化学组分与通用型不饱和聚酯树脂相同，将树脂与水按一定比例［（2∶1）～（1∶1.5）质量比范围］配合，加入固化剂、促进剂和乳化剂制成为水包油型（W/O）或油包水型（O/W）乳液。由乳液固化或加入填充剂、着色剂和增强剂后再固化使用。含水不饱和聚酯树脂固化性能随含水量不同而有很大差异。含水量增加各项物理力学性能都明显下降，但阻燃性能随含水量增加而提高。

⑬ 透明聚酯玻璃钢用不饱和聚酯　透明玻璃钢是复合材料，由聚酯树脂作黏结剂，玻璃布或玻璃毡作增强材料加工制成。它的光学性能决定于透明聚酯与玻璃纤维的构造。理论与实验证实，若聚酯的折射率与玻璃纤维的折射率一致。透明性最好。玻璃纤维的折射率是相对稳定的，而聚酯的折射率在相当大的范围内可以调整，早在1953年Joseph就指出，可以用单体（如苯乙烯）与大约20%的甲基丙烯酸甲酯或甲基丙烯酸丁酯混合制得几乎完全透明的板材。

⑭ 特殊用途树脂　电气上应用的树脂具有良好的介电性质，广泛应用于无线电和电气工业中，如雷达罩、各种电器仪表壳体、导线的绝缘浸渍胶和灌注胶等。在高温时，其电性能基本上下降不快，较通用型树脂性能优越。

导电树脂可用于建材、交通、石油化工、劳动保护等方面的成型材料和油料储罐、易燃易爆流体的输送管道及煤矿通风等防静电、防腐蚀喷涂，特别适用于计算机控制室的制作和喷涂。同一般导静电改性方法相比较，这种新型树脂其电阻不会因使用时间的延长而上升，具有永久的导静电性能。

光敏树脂这类聚酯树脂在紫外光辐照时，可以由液态转变成固态，可以制作印刷版替代铜锌版用于印刷工业；亦可以制作印刷线路板、光固化涂料、丝网漏印胶等。

光敏树脂，它是因光的作用而产生物理和化学性质变化的高分子化合物。按照这个定义，因光照射发色的高分子物质以及显示光电导的材料，亦都是感光树脂。这里，我们只讨论因光照射而能发生交联固化的某些不饱和感光聚酯树脂。

从目前情况看，不饱和感光聚酯树脂（简称感光树脂）在印刷工业上主要用做光敏树脂印刷版、光敏油墨等，在油漆工业上用做光敏涂料，在无线电工业上用做印刷电路板的光致抗蚀膜；此外，亦可制成光敏胶黏剂、丝网漏印感光胶等。随着工业技术水平的提高、化工原材料新品种的供应以及科学研究的发展，感光树脂的用途将日益广泛。

感光树脂最早用于照相制版，所以在某种意义上说，照相制版的历史就是感光树脂发展的历史。19世纪初叶，人们就学会使用天然的高分子化合物如骨胶、明胶、蛋白、阿拉伯树胶等与感光剂——重铬酸盐类（NH$_4$）$_2$Cr$_2$O$_7$或K$_2$Cr$_2$O$_7$配成感光液，应用于印刷照相制版工业中。20世纪40年代前后，发展了高分子合成化学，人工合成的高分子化合物，如聚乙烯醇等，应用于照相制版工业代替天然的高分子化合物。后来又发展了聚乙烯醇肉桂酸酯、重氮树脂和叠氮树脂等感光性材料，对照相制版工艺有一些改进。但作为凸印版材是20世纪50年代以后才出现的。初期以美国、前西德为主；近年来，日本发展较快。目前国外用于工业生产的印刷版品种已达40多种。其中多数品种与不饱和单体或不饱和感光聚酯树脂有关。

⑮ 不饱和聚酯树脂（UPR）固化成型的制品　电阻率在 $1 \times 10^{14}\Omega \cdot cm$ 以上，是静电非导体，但是利用不饱和聚酯树脂分子结构的特点，可以进行分子设计，制成导静电不饱和聚酯树脂，体系电阻可达 $1 \times (10^5 \sim 10^{10})\Omega$，达到实用的要求。

不饱和聚酯树脂分子链上官能团改性的方法制得的导静电材料，是以离子传导作为导电的载流子，主要特征是温度升高，电阻降低；湿度高，提高了离子的淌度，电阻值也降低。这是离子传导的特征。

另一种改性的方法是在液态不饱和聚酯树脂中，掺加具有不饱和键的导电性物质，如炭黑，使它在不饱和聚酯树脂固化过程中参与共聚合反应，使得固化后的结构中形成了可以电子转移的导电网络，导电载流子是电子，具有电子传导的特征：温度升高，电阻变大；湿度对电阻几乎无影响。电阻的变化与加入的导电性物质关系极大，如加入量低于临界值，导电网络不能形成通路；超过临界值，电阻值可降低 7～8 个数量级，变为静电半导体。

⑯ 耐化学药品腐蚀的不饱和聚酯树脂　要合成耐化学药品腐蚀的聚酯，对聚酯腐蚀的机理和聚酯的结构特性的了解是十分必要的，它们是耐化学药品腐蚀的理论依据。

作为高分子材料，不饱和聚酯的腐蚀可分为物理腐蚀和化学腐蚀。物理腐蚀没有发生化学键的破坏与断裂，一般是可逆过程，例如液体的吸附与扩散，可发生溶胀或溶解，分子链没有被破坏。化学腐蚀通常是指高分子链发生断裂与破坏，高分子材料被溶解，是不可逆过程。

（2）改性

① 烯丙基醚改性不饱和聚酯　在不饱和聚酯分子链中引入烯丙基醚，可以改善聚酯树脂固化时由于氧阻聚导致的表面发黏现象，得到具有气干特性的树脂。烯丙基醚可采用三羟甲基丙烷二烯丙基醚，可在聚酯缩聚反应后期用烯丙基醚对缩聚产物进行封端。

具体工艺如下：反应进行到后期，酸值降到 70 以下时，烯丙基醚采用滴加方法加入，用 H_3PO_4 作为催化剂，并通入 N_2 排除 O_2 的干扰，且通过 N_2 带出反应产生的少量水分，使平衡向正反应方向移动。

典型反应配比为：邻苯二甲酸酐：马来酸酐：丙二醇：三羟甲基丙烷二烯丙基醚＝1：1.05：2.1：0.2。

② 双环戊二烯改性不饱和聚酯　双环戊二烯（DCPD）是乙烯工业副产物 C5 馏分中分馏出来的烯烃类物质，国外 20 世纪 70 年代研究 DCPD 型 UP 树脂。双环戊二烯改性不饱和聚酯树脂价格较低，而且具有气干性、耐腐蚀性、高耐热性和低固化收缩率等优良特性。DCPD 分子结构中的共轭双键化学性质很活泼，容易进行加成或聚合反应。DCPD 改性 UP 有如下几条反应路径。表 4-7 列出了几种 DCPD 改性 UP 配方。

表 4-7　几种 DCPD 改性 UP 配方

方　法	n（苯酐）/mol	n（顺酐）/mol	n（丙二醇）/mol	n（乙二醇）/mol	n（DCPD）/mol	n（苯乙烯）/mol
初始法	1.0	1.0	2.2	—	0.60	30
半酯化法	1.0	1.0	1.0	1.1	0.80	30
酸酐法	3.0	2.0	3.0	3.6	1.00	30
封端法	1.0	1.0	—	2.2	0.35	30
水解法	1.0	1.0	—	1.2	1.00	30

注：1. DCPD 以 1：1 的摩尔比与顺丁烯二酸进行加成反应，在适当的反应温度下生成环戊二烯顺丁烯二酸的单酯，此生成物可与二元醇（如乙二醇）反应生成 DCPD 型 UP。

2. 如果将 DCPD 以 1：2 的摩尔比与顺丁烯二酸酐在 170～190℃进行反应，首先双环戊二烯分解为环戊二烯，然后环戊二烯与顺丁烯二酸酐进行双烯加成反应，生成桥内亚甲基四氢邻苯二甲酸酐。桥内亚甲基四氢邻苯二甲酸酐可代替苯酐合成含有桥内亚甲基邻苯二甲酸酐基团的树脂，此树脂气干性好。

3. DCPD 可作为加成法的链终止剂，直接加成到 UP 分子上进行封端。用这种方法合成的 UP 分子量小、树脂黏度低。

③ 松香改性不饱和聚酯　国内松香来源丰富，价格低廉稳定，用松香来改性 UP 树脂可降低

原材料成本。松香改性 UP 途径有多种，其中之一是与丙烯酸进行加成反应后，将松香加以改性，用来代替邻苯二甲酸酐（以下简称苯酐）来合成不饱和聚酯树脂，其原理如下。

首先松香与丙烯酸进行加成发生狄尔斯-阿尔德尔反应，生成丙烯酸松香二元酸；丙烯酸松香二元酸再与顺丁烯二酸酐（以下简称顺酐）和二元醇发生缩聚反应，生成线型结构的不饱和聚酯，然后再与苯乙烯混合均匀，制得松香不饱和聚酯树脂。

原料配比：改性松香：顺酐：1,2-丙二醇：乙二醇：二乙二醇＝1.0mol：1.0mol：0.5mol：0.7mol：1.0mol，苯乙烯的质量分数为体系的 35％。

④ 环氧树脂改性不饱和聚酯树脂　UP 树脂工艺性能好但耐碱性差，用环氧树脂改性 UP 树脂可以消去其羧基，使分子扩链，使耐碱性能得到提高。改性方法如下：

控制聚酯合成反应的酸值，确定在特定酸值下聚酯平均分子量，选用特定双官能团环氧树脂，计算所需加入环氧树脂量，控制聚酯与环氧树脂的摩尔比为 2：1。在 110～140℃ 条件下，环氧基官能团与聚酯羟基、羧基反应，形成了 A-B-A 型嵌段共聚物。

⑤ HET 酸改性 UP　六氯桥亚甲基邻苯二甲酸（简称 HET 酸、海特隆酸）中氯含量高达 54.4％，用其改性 UP，合成的树脂具有良好的耐腐蚀性能和阻燃性能，尤其对湿氯气有良好耐腐作用，所以其在氯碱行业、纸浆工业中的湿氯气（高温）、盐酸和盐水等场合，得到了大量的应用。目前，HET 酸在世界范围内的主要供应商是美国西方化学公司。海特隆酸不饱和聚酯树脂是采用 HET 酸作为饱和酸，与适量不饱和的马来酸酐或富马酸合成不饱和聚酯，溶于苯乙烯中的溶液。表 2-13 列出了 HET 树脂的耐腐蚀性能。

⑥ 二甲苯改性 UP　二甲苯甲醛树脂（简称二甲苯树脂）是甲醛和二甲苯（或间二甲苯）在酸性条件下的缩合产物，用其取代饱和酸和醇与不饱和酸反应可合成不饱和聚酯。该树脂具有施工黏度低、流动性能好、制品硬度高、强度大、固化完全、收缩率小、耐酸、耐碱、电气绝缘性好、质轻的优点。而且二甲苯树脂成本通常较其他不饱和聚酯树脂成本低 15％。合成工艺如下：反应釜内投入二甲苯树脂和顺丁烯二酸酐，比例为 100：（31～34），在搅拌下加入对甲苯磺酸催化剂，溶液由黄色变为红棕色，加入甘油，加入量为二甲苯树脂的 4.4％，以保证顺酐完全反应。控制反应温度为 135～145℃，当溶液呈黏稠状时，加入少量苯乙烯进行稀释。

4.3　不饱和聚酯树脂的应用

不饱和聚酯早期主要用作涂料和浇注成型，1942 年出现了聚酯玻璃钢（即玻璃纤维增强聚酯）后，由于玻璃钢产品和工艺的巨大优势，发展极为迅速。由此 UPR 树脂使用主要分纤维增强和非纤维增强两大类。

目前国外聚酯消耗量中玻璃钢占总消耗量的 70％～80％。玻璃钢成型加工技术除了手糊法之外，还有缠绕法、冷模压法、低压成型法和浇注法等。20 世纪 70 年代末和 80 年代初期，美国以喷射成型法为主，日本、英国和法国以手糊法为主。

20 世纪 80 年代中后期，传统手糊工艺呈下降趋势，喷射成型法逐年上升，模压成型也成倍递增，特别是近来随着电子电器和汽车工业的发展，适合于这些产品的模压工艺又获得了显著的发展。目前国外 FRP 加工业逐步向机械化、自动化方向发展，一些异型加工仍然离不开手糊成型。对于喷射成型法今后主要向喷射设备高压量化方向发展。模压成型法主要用于 SMC 和 BMC 的加工，而缠绕法除主要用于管、罐和受压容器外，还用于 XMC 制造。连续法一般是指连续浸渍树脂后，在一定压力下成型，再进入 80～130℃ 固化区，加工压力为 0.02～0.2MPa，传递速率为 2～5m/min。美国 FRP 主要应用于汽车零部件、管道、储罐、建材、船舶等。

日本 FRP 在卫生洁具、工业机械上应用较多，其他还有容器、建材、船舶、汽车零件等；欧洲的玻璃钢管和储罐技术处于世界领先水平。

我国非增强制品领域中 UPR 的消费量近年来增长十分迅猛，其总用量接近玻璃钢用量。1998 年，我国玻璃钢用不饱和树脂达 14 万吨，占总消耗量 56％，非增强制品用不饱和树脂达 11

万吨，占总消耗量 44%，主要用于工艺品、纽扣、保丽板、人造板等领域，有相当份额产品出口。

国内玻璃钢成型工艺主要以手糊工艺为主，在各种玻璃钢成型工艺中所占比例达 80% 以上。近年来我国先后从美国、日本、意大利、英国、法国、德国等国引进数百台（套）玻璃钢专用设备和生产线，极大地提高了行业的整体装备水平。特别值得提出的是管道与储罐缠绕生产线及施工装配技术已达国际先进水平。此外模压技术、树脂传递模塑、拉、挤技术等机械化成型加工技术近年来也得到了较大的发展。

不饱和聚酯的应用主要集中在纤维增强和非纤维增强两方面。

4.3.1　非纤维增强不饱和聚酯树脂的应用

（1）表面涂层 UP 凝胶涂层　可提供光滑、光亮的表面，可用于船舶、浴室组件、娱乐休闲车等的涂饰，具有突出的耐候性、耐水性、耐油性、耐酸性、硬度高、光泽好、电气绝缘性优良、不易污染等优点。凝胶涂层树脂含 50%～60% 的 UP 树脂和 40%～50% 的填料和颜料。用于凝胶涂层的 UP 树脂有 3 种类型，即间苯二甲酸系树脂、间苯二甲酸-新戊二醇系树脂和较少使用的邻苯二甲酸系树脂。

前两种类型大约占凝胶涂层用树脂的 2/3～3/4，间苯二甲酸-新戊二醇系树脂主要用于一些高档次的应用，如用于造船业，因为它们有更好的抗起泡性，光泽的损失也较少。

（2）浇注材料　重要的 UP 浇注材料有珠光纽扣、人工大理石等。人工大理石的价格大约是天然大理石价格的 1/5～1/3，主要用作梳妆台面、浴盆、马桶、温泉池、窗台、门框和地板砖等。制作时将 UP 浇注用树脂与填料、催化剂混合，然后成型、固化成最终制品。凝胶涂层常用作模具的衬里，有时也用丙烯酸系树脂作合成大理石的涂层。人工大理石的填料通常是碳酸钙、三水合氧化铝、玻璃碎料及其他质量轻的填料。

（3）聚酯胶黏剂　聚酯作为胶黏剂应用范围非常广泛，可以粘接毛笔、毛刷、固定螺母直至建筑物的梁柱和矿井巷道的锚杆等。

（4）聚合物水泥及其他非增强型产品　聚合物水泥使用石粉和碎石等填料。美国 1997 年消费了约 9000t 的 UP 聚合物水泥。这种水泥可用于就地修补道路、桥梁和用于排水管、公用设施箱及动物喂食通道的预注。UP 的非增强应用还包括涂料、陶土管、其他污水管、密封、电子元件及电视终端的封装等用途。

4.3.2　纤维增强不饱和聚酯树脂的用途

（1）建筑领域　建筑领域是目前我国 UP 树脂最大的市场。主要产品是冷却塔、波形瓦、平板、活动房、水箱等。冷却塔是工业上大量使用的定型产品，有逆流塔和横流塔两大类，最大容量达到 5000t/h；玻璃钢水箱是近几年来发展较快的产品，以质量轻、强度高、无渗漏、水质好、外形美观、使用寿命长等优良性能越来越多地为建筑领域所采用；玻璃钢卫生洁具主要指整体卫生间、浴缸、坐便器、盥洗室等，优点是耐冲击、质量轻、使用寿命长、价廉质优美观；玻璃钢还广泛用于一毡环保制品、工业及民用建筑的卫生工程，主要有空调器、风机、吸收塔、除尘器、空气过滤器、净化槽、污水池、通风柜、上下水管、储水池、马路护栏等。玻璃钢灯箱、玻璃钢电线杆也已面市。

（2）工业防腐设备和管道　玻璃钢是化学工业不可缺少的新型耐腐蚀材料。我国从 20 世纪 60 年代起，玻璃钢储槽、管道开始应用于化工领域，目前主要产品为：储罐、管道、配管材料、大型化工设备、风管、洗涤塔、反应器、过滤器、排气管、吸收塔、泵、叶轮、电镀液容器、烟囱、料仓、槽车、地下油罐等。

（3）玻璃钢　玻璃钢船是玻璃钢工业生产中的一项重要产品，在国各类玻璃钢产品产量占第三位。由于国情不同，在我国属于有待开发的产品。我国玻璃钢救生艇目前已基本取代了钢质救生艇，但在渔船中仍处于初始状态。我国现有各类渔船绝大部分仍是木质渔船，钢质的也不多。农业部已指出用玻璃钢渔船取代木质渔船是渔业生产的一次革命，计划在 10 年内，逐步以玻璃钢渔船取代木质渔船。

（4）交通运输　我国在客车、载重车、冷藏车、小轿车上已开始采用玻璃钢制品。目前我国已采用引进的 SMC、RTM 设备及手糊成型工艺生产汽车零部件以及车身、车顶篷、保险杠、车灯壳等。

玻璃钢还广泛用于城市雕塑、水上滑梯、动物模型、游乐设备、运动器材等。

参 考 文 献

[1]　周菊兴，董永祺．不饱和聚酯树脂——生产及其应用．北京：化学工业出版社，2001.

[2]　张伟民，周菊兴．预促进不饱和聚酯树脂稳定性的研究．热固性树脂，1997，(3)：9.

[3]　周菊兴，秦海英，关淑贞．胶凝速率温度系数法与贮存期的测定．热固性树脂，1994，(3)：5.

[4]　段华俊，廖学贤．近年我国 UPR 现状．热固性树脂，1997，(4)：47-51.

[5]　陈玉龙．东南亚玻璃钢原材料现状．中国玻璃钢工业协会通讯，1997，(4)：29-33.

[6]　陈永杰等．乙烯基酯树脂的合成．热固性树脂，1997，(4)：19.

[7]　张伟民，周菊兴．不饱和聚酯树脂快速固化剂的研究．热固性树脂，1997，(1)：5.

[8]　Lutterbeck K，Menges G. SPI 38th Ann. Cong. Reing. Plasfics/GanI～ites Institute. 1988：2-A.

[9]　蔡永源，于同福．新世纪不饱和聚酯树脂纵横谈．热固性树脂，2001，3：45-52.

[10]　孟季茹，赵磊，梁国正等．不饱和聚酯树脂氧化还原引发体系的最新进展．热固性树脂，2001，5：34-37.

[11]　徐刚．不饱和聚酯树脂的研究进展．江西师范大学学报，1998，(3)：264.

[12]　沈开猷．不饱和聚酯及其应用．北京：化学工业出版社，1998.

[13]　郡南邦，苑文英，田呈祥．低收缩不饱和聚酯用分散稳定剂．热固性树脂，2000，15 (2)：4-7.

[14]　未明，黄志杰，左美群等．纳米 SiO_2 在不饱和聚酯树脂中的应用．化工新型材料，1998，8：31-32.

[15]　梧孝达．我国的不饱和聚酯树脂工业．热固性树脂，2001，11：9-13.

[16]　瞿继业．中国内地不饱和聚酯树脂工业发展问题的探讨．玻璃钢/复合材料，2000，154 (5)：52-54.

[17]　Gebart B. Critical parameter for heat transfer and chemical reaction in thermosetting materials. J Appl Polym Sci.，1994，51. 153-168.

[18]　Scott E P，SAAD I E. Estimation of kinetic parameters associated with the curing of thermoset resins. J Polym Eng Sei.，1993，33：1-157.

[19]　Conti，et al. Process for preparaing mixtures of peroxides. US 4299718.

[20]　朱志良．过氧化甲乙酮安全稳定性研究．广州化工，1998，(3)：43-44.

[21]　甄谓先．过氧化甲乙酮的研制．化学工程师，1989，3 (3)：12-15.

[22]　赵稼祥．先进复合材料的进展与展望．第九届全国复合材料会议论文集，1996，1：21-23.

[23]　胡孙林，李艳莉，伍钦等．低苯乙烯散发不饱和聚酯树脂研究·化工科技，2002，10 (1)：19-21.

[24]　宋余波．不饱和聚酯树脂的生产及应用．化学工业与工程技术，1999，20 (3)：20-23.

[25]　王西新，赵建玲，陈文涛．不饱和聚酯树脂的气干性研究．化学世界，2000，(7)：363-365.

[26]　康漾丹，朱玉红，武士威．UP 树脂室温固化体系的影响因素及其进展概述．沈阳师范学院学报，2001，1：40-44.

[27]　冀宪领，安鑫南，王石发．新型不饱和聚酯树脂的合成及其性能的研究．南京林业大学学报 1999 (9) 47-49.

[28]　汪多仁．二甲苯不饱和聚酯树脂的生产和应用．玻璃钢/复合材料，1998：24-26.

[29]　张建国．用环氧环己烷制备不饱和聚酯树脂的研究．湖南化工，1999，10：38-40.

[30]　王玫瑰．仿水晶工艺品制作工艺．天津轻工业学院学报，1998，(1)：92-94.

[31]　梁忠军，赖兴华，黄浩昌．仿汉白玉石复合材料的研制．佛山大学学报，1997，8：73-76.

[32]　牟馨．化工新型材料，1992，(7)：13.

[33]　龚云表，石安富主编．合成树脂与塑料手册．上海：上海科学技术出版社，1993.

[34]　周菊兴，高峰．烯丙基醚改性不饱和聚酯树脂的合成．热固性树脂，2002，3：1-7.

第5章 环氧树脂

5.1 概述

5.1.1 定义

环氧树脂（epoxy resin）是指分子中含有两个或两个以上环氧基团（$-\overset{\mid}{\underset{O}{C}}-\overset{\mid}{C}-$）的一类有机高分子化合物，以脂肪族、脂环族或芳香族链段为主链的高分子预聚物，一般它们的相对分子质量都不大。环氧树脂的分子结构是以分子链中含有活泼的环氧基团为特征，环氧基团可以位于分子链的末端、中间或成环状结构。由于分子结构中含有活泼的环氧基团，它们可与多种类型的固化剂发生交联反应而形成不溶、不熔的三维网状结构的高聚物。

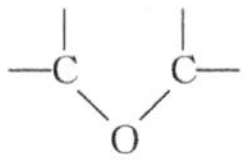

由于环氧树脂固化物具有优异的综合性能，它们可用作胶黏剂、涂料、浇铸料和纤维增强复合材料的基体树脂等，广泛用于机械、电机、化工、航空航天、船舶、汽车、建筑等行业。

典型的环氧树脂结构如下：

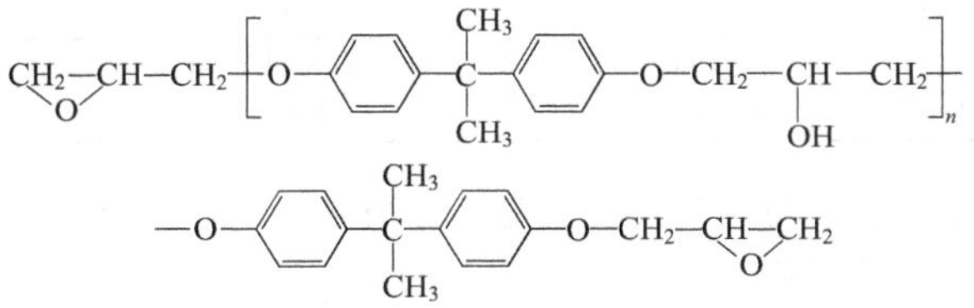

化学名称：双酚 A 二缩水甘油醚。

英文名称：Diglycidyl ether of bis phenol A（缩写 DGEBPA）。

环氧基是环氧树脂的特性基团，环氧基含量多少是这种树脂最为重要的指标。描述环氧基含量有三种不同的表示法。

（1）环氧当量 是指含有 1mol 环氧树脂的质量，低相对分子质量（分子量）环氧树脂的环氧当量为 $175\sim200g/mol$，随着分子质量的增大环氧基间的链段越长，所以高分子量环氧树脂的环氧当量就相应的高。如果在树脂的链段中没有支链，是线型分子，链段的两端都是以一个环氧基为终止，那么环氧当量将是树脂平均分子量的一半。由此可推导出：分子量＝环氧当量×2，这一公式只适用于上述理想状态。

（2）环氧值 每 100g 树脂中所含有环氧基的物质的量（摩尔）。这种表示方法有利于固化剂用量的计算和用量的表示。因为固化剂用量的含义是每 100g 环氧树脂中固化剂的加入量。

（3）环氧质量分数 每 100g 树脂中含有环氧树脂的质量（g）。

三种表示方式之间的换算公式如下：

$$环氧当量＝100/环氧值，环氧值＝环氧质量分数/环氧基分子量$$

环氧基（$\overset{CH_2-CH-}{\underset{O}{\diagdown\diagup}}$）的分子量为 $43g/mol$。

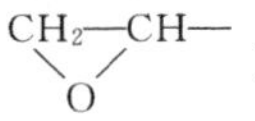

$$环氧质量分数＝环氧基分子量×环氧值$$

环氧树脂的状态是一种以液态到固态的物质。它几乎没有单独的使用价值，一般只有和固化剂反应生成三向网状结构的不溶、不熔聚合物才有应用价值。因此环氧树脂归属于热固性树脂的范畴。这种由预聚体变为高聚合物的过程称为固化，为此这种高聚合物习惯上被称为环氧树脂固化产物。按其用途分别称为环氧树脂涂层、环氧树脂胶黏剂、环氧树脂层压板、环氧树脂浇注料等。

5.1.2 环氧树脂的特性

（1）粘接强度高，粘接面广 环氧树脂的结构中具有羟基（ $-\overset{\displaystyle |}{\underset{\displaystyle OH}{C}}-$ ）、醚键（—O—）和活性极大的环氧基（ $\overset{\displaystyle CH_2-CH-}{\underset{\displaystyle O}{}}$ ），使环氧树脂的分子和相邻界面产生电磁吸附或化学键，尤其是环氧基又能在固化剂作用下发生交联聚合反应生成三向网状结构的大分子，分子本身有了一定的内聚力。因此环氧树脂型胶黏剂粘接性特别强。而环氧树脂固化时收缩性低，也有助于形成一种强韧的、内应力较小的黏合键。由于固化反应没有挥发性副产物放出，所以在成型时不需要高压或除去挥发性副产物所耗费的时间，这更有利于提高环氧树脂体系的黏结强度。环氧树脂与许多非金属材料（玻璃、陶瓷、木材）的黏结强度往往超过材料本身的强度，因此可用于许多受力结构件中，是结构型胶黏剂的主要组成之一。

（2）收缩率低 环氧树脂的固化主要是依靠环氧基的开环加成聚合，因此固化过程中不产生低分子物；环氧树脂本身具有仲羟基，再加上环氧基固化时产生的部分残留羟基，它们的氢键缔合作用使分子排列紧密，因此环氧树脂的固化收缩率是热固性树脂中最低的品种之一，一般为1%～2%。如果选用适当的填料可使收缩率降至0.2%左右。表5-1为各种纯热固性树脂的固化收缩率。

表5-1　几种纯热固性树脂的固化收缩率

树脂名称	固化收缩率/%	树脂名称	固化收缩率/%
酚醛树脂	8～10	有机硅树脂	4～8
聚酯树脂	4～6	环氧树脂	1～2

环氧树脂固化收缩率低这一特性使加工制品尺寸稳定、内应力小、不易开裂。因此环氧树脂在浇铸成型加工中获得广泛的应用。

（3）稳定性好 环氧树脂如果不含有酸、碱、盐等杂质，是不易变质的，如果储存得好（如密封、不受潮、不遇高温）可以有1年的使用期，1年后如果检验合格仍可使用。固化后的环氧树脂主链是醚键和苯环、三向交联结构致密又封闭，因此它既耐酸耐碱又耐多种介质，性能优于酚醛树脂和聚酯树脂。

（4）优良的电绝缘性 固化后的环氧树脂吸水率低，不再具有活性基团和游离的离子，固化后的环氧树脂体系在宽广的频率和温度范围内具有良好的电性能，是一种具有高介电性能、耐表面漏电、耐电弧的优良绝缘材料。电性能见表5-2。

表5-2　环氧树脂主要的电性能

项目	数据	项目	数据
介电强度(25℃)/(kV/mm)	35～50	损耗因数(50Hz)/(kV/mm)	0.004以下
体积电阻率(25℃)/Ω·cm	1×(10^{13}～10^{15})	抗电弧/s	100～140
介电常数(50Hz)	3～4		

（5）机械强度高 固化后的环氧树脂具有很强的内聚力，而分子结构致密，所以它的机械强度相对地高于酚醛树脂和聚酯树脂。表5-3是未增强的环氧树脂浇铸件的力学性能。

表5-3　一般未增强的环氧树脂浇铸件力学性能

项目	数据	项目	数据
拉伸强度	45.12	杨氏弹性模量/MPa	22
弯曲强度	88.29	冲击强度/Pa	98.1
压缩强度	85.34	相对密度/(g/cm³)	1.12

（6）良好的加工性　环氧树脂配方组分的灵活性、加工工艺和制品性能的多样性是高分子材料中罕见的。

（7）尺寸稳定性　固化环氧树脂体系具有突出的尺寸稳定性和耐久性。

（8）耐化学性能　固化后的环氧树脂体系具有优良的耐碱性、耐酸性和耐溶剂性，像固化环氧树脂体系的大部分性能一样，耐化学性能取决于所选用的树脂和固化剂。

5.1.3　环氧树脂的分类

（1）环氧树脂的分类　环氧树脂品种繁多，根据它们的分子结构，大体上可分为五大类：缩水甘油醚类、缩水甘油酯类、缩水甘油胺类、线型脂肪族类和脂环族类。

上述 1～3 类环氧树脂是由环氧氯丙烷与含有活泼氢原子的化合物如酚类、醇类、有机羧酸类、胺类等缩合而成的。4 类和 5 类环氧树脂是由带双键的烯烃用过醋酸或在低温下用过氧化氢进行环氧化而制得的。

工业上使用量最大的环氧树脂品种是上述第一类缩水甘油醚型环氧树脂，而其中又以由二酚基丙烷（简称双酚 A）与环氧氯丙烷缩聚而成的二酚基丙烷型环氧树脂（简称双酚 A 型环氧树脂）为主。

（2）环氧树脂的型号　环氧树脂按其主要组成物质不同可分别以代号表示，见表 5-4。

表 5-4　环氧树脂的代号

代号	环氧树脂类别	代号	环氧树脂类别
E	二酚基丙烷型环氧树脂	N	酚酞环氧树脂
EG	有机硅改性二酚基丙烷型环氧树脂	S	四酚基环氧树脂
ET	有机钛改性二酚基丙烷型环氧树脂	J	间苯二酚环氧树脂
EI	二酚基丙烷侧链型环氧树脂	A	三聚氰酸环氧树脂
EL	氯改性二酚基丙烷型环氧树脂	R	二氧化双环戊二烯环氧树脂
EX	溴改性二酚基丙烷型环氧树脂	Y	二氧化乙烯基环己烯环氧树脂
F	酚醛多环氧树脂	YJ	二甲基代二氧化乙烯基环己烯环氧树脂
B	丙三醇环氧树脂	D	环氧化聚丁二烯环氧树脂
L	有机磷环氧树脂	W	二氧化双环戊烯环氧树脂
H	3,4-环氧基-6-甲基环己烷甲酸 3',4'-环氧基-6'-甲基环己烷甲酸	Zg	脂肪族缩水甘油酯
G	硅环氧树脂	Ig	脂环族缩水甘油酯

环氧树脂以一个或两个汉语拼音字母与两位数字作为型号，以表示类别及品种。型号的第一位采用主要组成物质名称，取其主要组成物质汉语拼音的第一个字母，若遇相同则加取第二个字母，以此类推。第二位是组成中若有改性物质，则也用汉语拼音字母表示。若未改性则加一标记"—"。第三和第四位是标志出该产品的主要性能值；环氧值的算术平均值。

例如：某一牌号环氧树脂，系二酚基丙烷为主要组成物质，其环氧值指标为 0.48～0.54mol/100g，则其算术平均值为 0.51，该树脂的全称为"E-51 环氧树脂"。

5.2　各类环氧树脂的结构特点及性能

5.2.1　缩水甘油醚型环氧树脂

此类环氧树脂是由多元酚或多元醇与环氧氯丙烷经缩聚反应而制得的。其中由二酚基丙烷与环氧氯丙烷缩聚而成的二酚基丙烷型环氧树脂是产量最大的一类。另一类是由二阶线型酚醛树脂与环氧氯丙烷缩聚而成的酚醛多环氧树脂。此外，还有用乙二醇、丙三醇、季戊四醇和多缩二元醇等醇类与环氧氯丙烷缩聚而得的缩水甘油醚类环氧树脂。

（1）二酚基丙烷型环氧树脂

① 原料　二酚基丙烷（简称双酚 A）的相对分子质量是 228，熔点是 153～159℃，易溶于丙

酮及甲醇，可溶于乙醚，微溶于水及苯；环氧氯丙烷是无色透明液体，相对密度是 1.18，沸点为 116.2℃，折射率 1.438，可溶于乙醚、乙醇、四氯化碳及苯中，微溶于水。

② 性能特点　二酚基丙烷型环氧树脂是以二酚基丙烷和环氧氯丙烷为主要原料，以氢氧化钠为催化剂经缩聚反应制得的，二酚基丙烷型环氧树脂的分子结构如下所示：

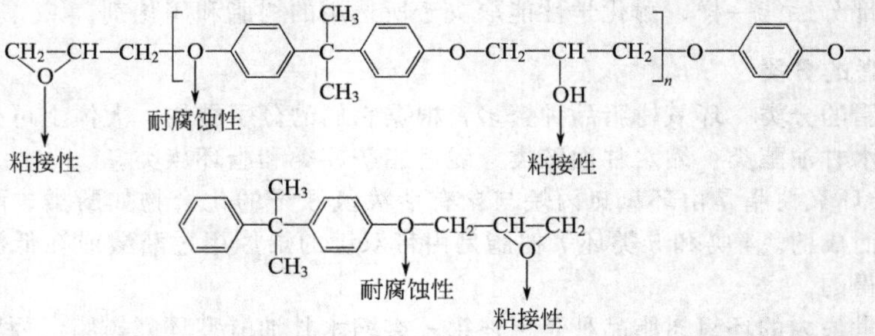

该环氧树脂最典型的性能是：粘接强度高，粘接面广，可粘接除聚烯烃之外几乎所有材料；固化收缩率低，小于 2%，是热固性树脂中收缩率最小的一种；稳定性好，未加入固化剂时可放置一年以上不变质；耐化学药品性好，耐酸、碱和多种化学品；机械强度高，可作结构材料用；电绝缘性优良，性能普遍超过聚酯树脂。

但它有以下缺点：耐候性差，在紫外线照射下会降解，造成性能下降，不能在户外长期使用；冲击强度低；耐高温性能差。

③ 合成原理　控制环氧氯丙烷与二酚基丙烷的摩尔比和合适的反应条件，可合成不同 n 值（即不同相对分子质量）的树脂，由此可得到一系列不同牌号的环氧树脂。低相对分子质量树脂（$n=0\sim1$）在常温下是黏性的液体，中、高相对分子质量树脂（$n\geqslant1$）在常温下是固体。但必须指出，即环氧树脂某些性能的理论值和实际值是有差异的，其原因是合成得到的树脂实际上是不同 n 值（即不同相对分子质量）的混合物。

环氧氯丙烷与二酚基丙烷在氢氧化钠存在下的反应历程有很多种解释，尚无定论，现仅作简单探讨。

在合成过程中主要的反应可能有下列四种。

a. 环氧氯丙烷在碱催化下与二酚基丙烷进行加成反应，并闭环生成环氧化合物

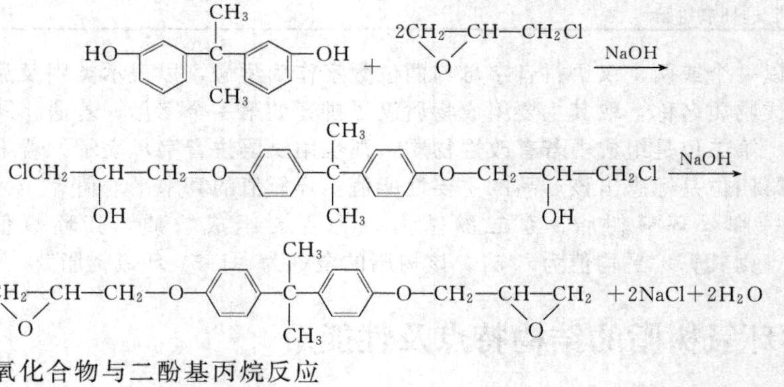

$$\tag{5-1}$$

b. 生成的环氧化合物与二酚基丙烷反应

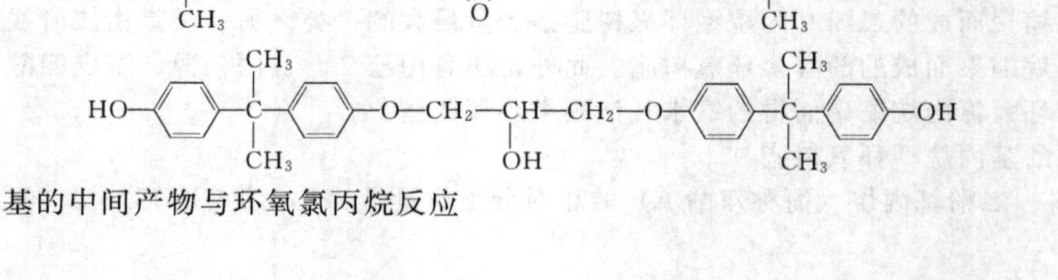

$$\tag{5-2}$$

c. 含羟基的中间产物与环氧氯丙烷反应

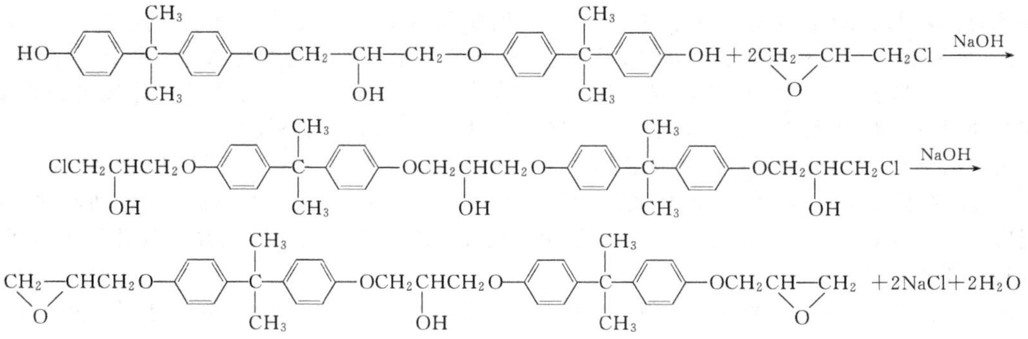

$$(5\text{-}3)$$

d. 含环氧基中间产物与含酚基中间产物之间的反应

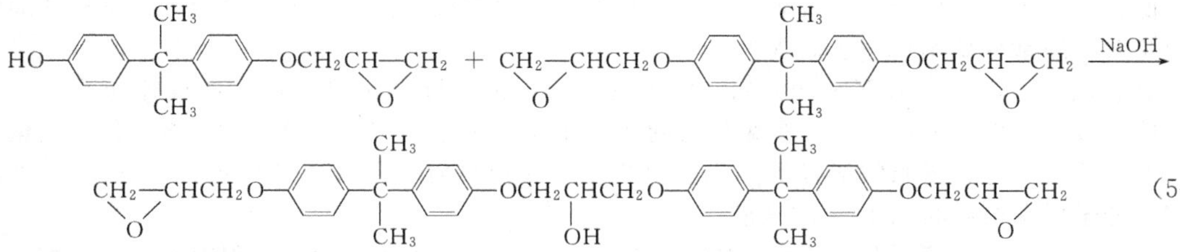

$$(5\text{-}4)$$

在缩聚过程中除了上述 4 个主要的反应外，还可能存在下列一些副反应。

e. 单体环氧氯丙烷水解

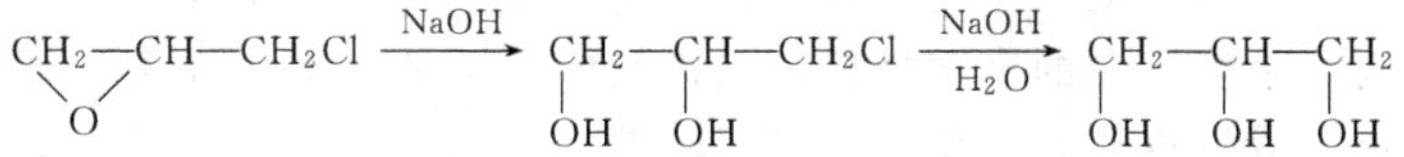

$$CH_2\text{—}CH\text{—}CH_2Cl \xrightarrow{NaOH} CH_2\text{—}CH\text{—}CH_2Cl \xrightarrow[H_2O]{NaOH} CH_2\text{—}CH\text{—}CH_2 \qquad (5\text{-}5)$$

f. 树脂的环氧端基水解

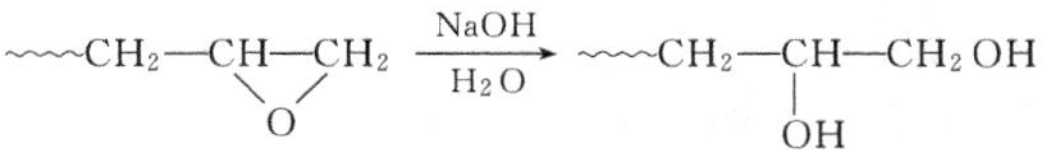

$$\sim\sim CH_2\text{—}CH\text{—}CH_2 \xrightarrow[H_2O]{NaOH} \sim\sim CH_2\text{—}CH\text{—}CH_2OH \qquad (5\text{-}6)$$

g. 支化反应

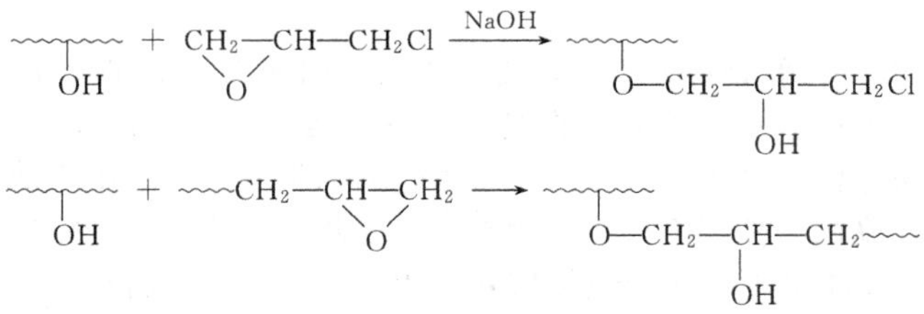

$$(5\text{-}7)$$

h. 环氧端基发生聚合反应

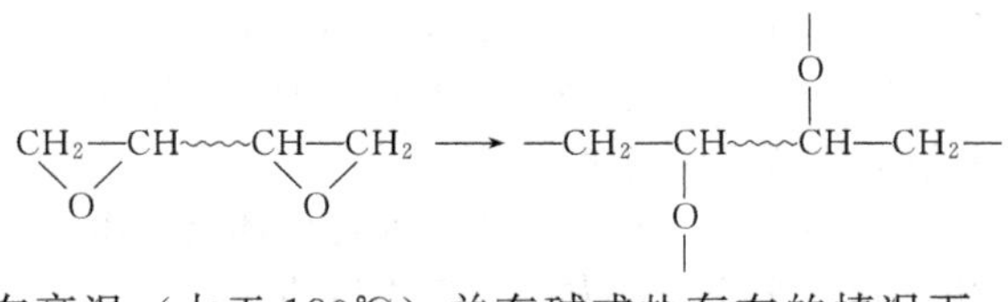

$$CH_2\text{—}CH\sim\sim CH\text{—}CH_2 \longrightarrow \text{—}CH_2\text{—}CH\sim\sim CH\text{—}CH_2\text{—} \qquad (5\text{-}8)$$

这一反应主要发生在高温（大于 180℃）并有碱或盐存在的情况下，可交联成体型结构的高聚物。

以上列出了缩聚过程中可能发生的一些化学反应，为了合成预期相对分子质量的、分子链两端以环氧基终止的线型树脂，必须控制合适的反应条件。其中，两种单体的投料配比、氢氧化钠的用量、浓度与投料方式以及反应温度等条件对控制反应起着非常重要的作用。下面分别叙述这些因素的影响。

ⓐ 二酚基丙烷和环氧氯丙烷的摩尔比　为了合成低相对分子质量的树脂（n＝0），虽然理论

上环氧氯丙烷与二酚基丙烷的摩尔比为 $2:1$。但实际合成时，两者的摩尔比高达 $5:1$，甚至 $10:1$ 时才能得到预定相对分子质量的树脂，这是由于在环氧氯丙烷过量较少的情况下，式(5-2) 和式(5-3) 容易发生，结果得到高相对分子质量的树脂。实践指出，若两种单体按理论值 $2:1$ 的摩尔比投料，最终大约只能得到 10% 的二酚基丙烷二缩水甘油醚树脂。

为了合成较高相对分子质量的树脂（$n=2\sim12$），若聚合度为 n，则理论上必须用 $(n+1)$ mol 的二酚基丙烷，$(n+2)$mol 的环氧氯丙烷。但在实际的生产过程中，由于上述列出的一系列副反应的复杂性，环氧氯丙烷的用量也往往相应提高。随着聚合度 n 的增高，两种单体的摩尔配比越趋近于理论值。

ⓑ 氢氧化钠的用量、浓度与投料方式的影响　氢氧化钠在合成过程中既是环氧基与酚羟基加成反应的催化剂，又是氯醇在闭环过程中脱氯化氢的催化剂。

理论上为了使氯醇基团的闭环反应完全，氢氧化钠应与环氧氯丙烷等摩尔比。然而，尤其在合成低相对分子质量树脂时环氧氯丙烷过量甚多，因此氢氧化钠用量也常过量，过量程度随环氧氯丙烷对二酚基丙烷用量增多而减少。

氢氧化钠一般配成 $10\%\sim30\%$ 的水溶液使用，碱的浓度会影响到树脂的性能与收率。在浓碱介质中环氧氯丙烷的活性大，脱氯化氢的作用比较迅速且完全，生成树脂的相对分子质量也较低，但副反应加速，树脂收率有所下降。因此在合成低相对分子质量树脂时用 30% 的碱液，而高相对分子质量树脂时用 10% 的碱液。

在一步法合成低相对分子质量树脂时，环氧氯丙烷过量甚多，合成过程中环氧氯丙烷水解的可能性有所增加，环氧氯丙烷的回收率很低。而在二步法中采用"二次投碱法"，把总的碱量合理地一分为二，分两次投入。第一次投入碱后，主要起加成及部分闭环反应，氯醇基团的含量较高，过量的环氧氯丙烷水解反应的概率降低，当树脂的分子链基本形成后，必须立即回收环氧氯丙烷，同时体系的黏度较低也有利于环氧氯丙烷的蒸出。第二次投入的碱主要起氯醇基团的闭环反应。一步法中碱是一次投入，在反应后期由于氯醇基团大多闭环后浓度降低，因此大量碱为环氧氯丙烷所获取而引起水解破坏。

ⓒ 反应温度的影响　反应温度一般控制较低（常低于 $90℃$）。为了防止单体环氧氯丙烷及中间物环氧端基的水解反应，常控制起始的反应温度稍低（如低于 $60℃$），到反应后期才逐渐升高温度。

ⓓ 加料顺序的影响　在低相对分子质量液体树脂（例如 E-44）的合成过程中是采用在两种单体的混合物中滴加液碱的加料方式，而在高相对分子质量树脂（例如 E-12）的合成过程中是采用在二酚基丙烷与液碱混合物中再投入环氧氯丙烷的加料方式。采用后加碱法可使反应一开始就在环氧氯丙烷浓度较高的条件下进行，因此制得的树脂相对分子质量较后加环氧氯丙烷的方式所制得的树脂要小。一般低相对分子质量树脂均采用后加碱法，而高相对分子质量树脂均采用后加环氧氯丙烷法合成。

ⓔ 体系中水含量的影响　在制备低相对分子质量树脂时，为了得到较高的产率（$90\%\sim95\%$），在反应体系中必须维持水的含量在 $0.3\%\sim2\%$ 之间，无水条件下反应不能发生，而当水含量大于 2% 时常会导致不希望的副反应发生。

（2）酚醛多环氧树脂　酚醛多环氧树脂与二酚基丙烷型环氧树脂相比，在线型分子中含有两个以上的环氧基，因此固化产物的交联密度大，具有优良的热稳定性、力学性能、电绝缘性、耐水性和耐腐蚀性。它由线型酚醛树脂与环氧氯丙烷缩聚而成。合成可分为一步法和二步法两种。一步法是在线型酚醛树脂生成后不将树脂分离出，立即投入环氧氯丙烷进行环氧化反应。二步法是在线型酚醛树脂生成后将树脂分离出，再和环氧氯丙烷进行环氧化反应。其反应方程式如下：

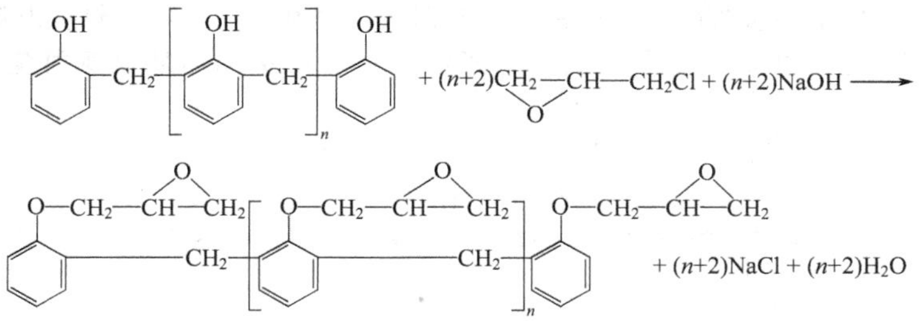

线型酚醛树脂的聚合度约等于 1.6，经环氧化后，线型树脂分子中大致含有 3.6 个环氧基。酚醛多环氧树脂的生产工艺见表 5-5 所列。

表 5-5　线型酚醛多环氧树脂生产工艺

原　　料	配　　比	原　　料	配　　比
苯酚（工业级）/mol	3	盐酸（10%）	苯酚量的 0.4%（质量分数）
甲醛（37%）/mol	1.5	水	282
草酸	苯酚量的 0.5%（质量分数）	氢氧化钠（10%）/%	10

操作步骤：将苯酚、水和甲醛溶液依次加入反应釜中，在搅拌下加入草酸，缓缓加热，在 1h 内使反应物回流并维持 1.5h。然后冷却至 70℃ 以下加入 10% 的盐酸，继续加热回流并维持 1h。反应完毕，冷却，以 10% 氢氧化钠溶液中和反应物至中性，并用 60～70℃ 的温水洗涤树脂 5～6 次，以除去未反应的苯酚等。每次洗涤后吸出上层洗涤水，最后将树脂进行减压脱水至余压为 8×10^{-3} MPa，温度达 140℃，保持 30min，以不见有水分蒸出为止，即得线型酚醛树脂，配方见表 5-6 所列。

表 5-6　酚醛多环氧树脂配方

原　　料	物质的量/mol	质量/kg
线型酚醛树脂	1	107
环氧氯丙烷	8	704
苄基三乙基氯化铵		1.6
氢氧化钠（30%）	第一次 0.9	120
	第二次 0.4	53.3
纯苯	适量	

操作步骤：将线型酚醛树脂和环氧氯丙烷加入反应釜中，加热至 70～80℃，使酚醛树脂溶解，然后加入苄基三乙基氯化铵，在 90～95℃ 加热搅拌 2h，然后再冷却至 50～60℃，滴加第一次液碱，约 2h 左右加完。加毕升温至 60～65℃ 维持 1h，再减压回收过量的环氧氯丙烷。回收完加入适量纯苯，搅拌 20～30min 后加入第二部分液碱，加热至 50～65℃，继续反应 2h，再进行水洗约 4～5 次，至水层呈中性，再进行减压脱苯至余压为 80kPa，温度达 150℃ 无液滴滴出为止。树脂的收率为酚醛树脂的 120% 左右。

（3）其他酚类缩水甘油醚型环氧树脂　除用线型酚醛树脂外，其他的多羟基酚类也用来合成缩水甘油醚型环氧树脂。其中有间苯二酚型环氧树脂、间苯二酚-甲醛型环氧树脂、四酚基乙烷型环氧树脂、三羟苯基甲烷型环氧树脂、四溴二酚基丙烷型环氧树脂等。

① 间苯二酚型环氧树脂　这类树脂黏度低、工艺加工性好。它是由间苯二酚与环氧氯丙烷缩合而成的具有两个环氧基的树脂：

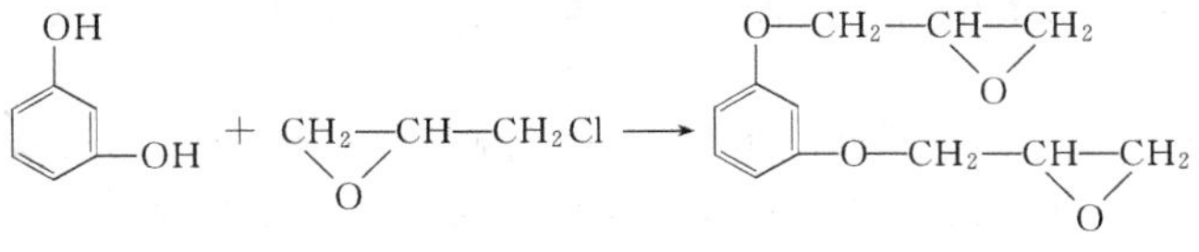

② 间苯二酚-甲醛型环氧树脂　这类树脂具有四个环氧基，固化物的热变形温度可达 300℃，耐浓硝酸性能优良。它是由低相对分子质量的间苯二酚-甲醛树脂与环氧氯丙烷缩聚而成的，其结构式如下：

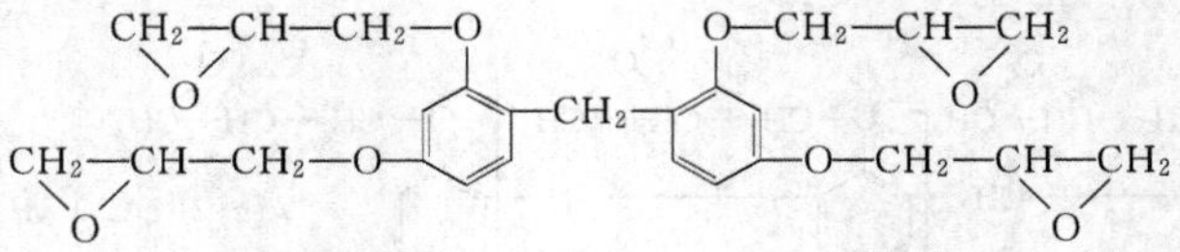

$$CH_2\text{—}CH\text{—}CH_2\text{—}O \qquad O\text{—}CH_2\text{—}CH\text{—}CH_2$$

③ 四酚基乙烷型环氧树脂　这类树脂具有较高的热变形温度和良好的化学稳定性。它是由四酚基乙烷与环氧氯丙烷缩聚而成的具有 4 个环氧基的树脂：

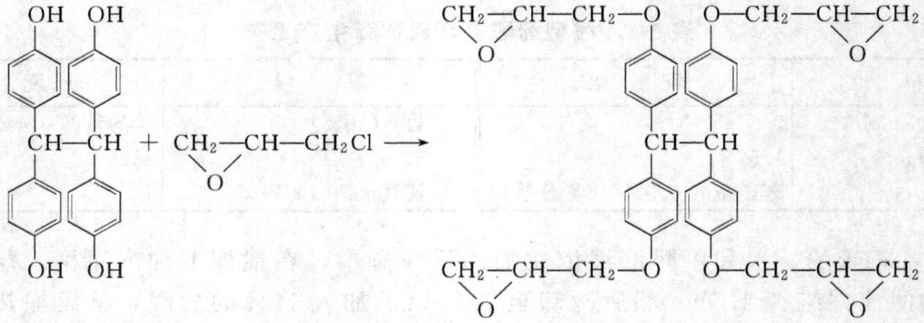

$$OH \quad OH + CH_2\text{—}CH\text{—}CH_2Cl \longrightarrow$$

④ 三羟苯基甲烷型环氧树脂　这类树脂的固化物的热变形温度可达 260℃ 以上，有良好的韧性和湿热强度，可耐长期高温氧化，结构式如下：

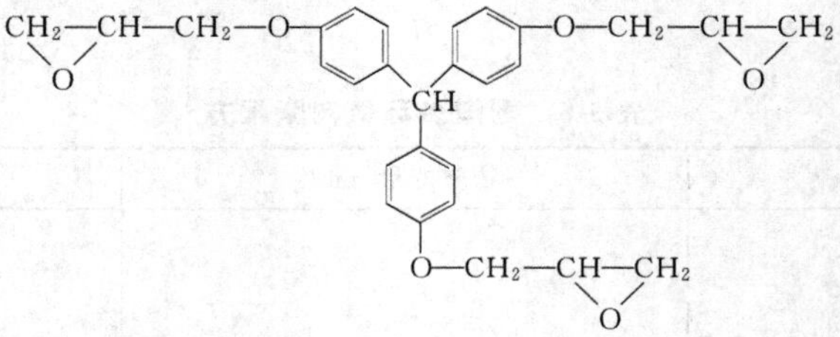

$$CH_2\text{—}CH\text{—}CH_2\text{—}O \qquad O\text{—}CH_2\text{—}CH\text{—}CH_2$$

⑤ 四溴二酚基丙烷型环氧树脂　该树脂是由四溴化钾二酚基丙烷与环氧氯丙烷缩聚而成的。主要用作阻燃型环氧树脂，在常温下是固体，它常与二酚基丙烷型环氧树脂混合使用，结构式如下：

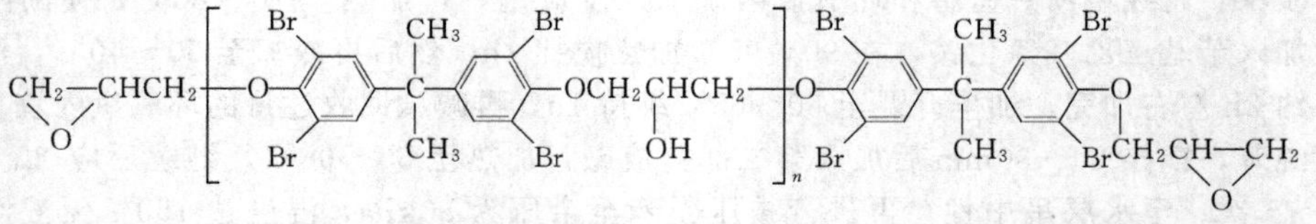

（4）脂肪族多元醇缩水甘油醚型环氧树脂　脂肪族多元醇缩水甘油醚分子中含有两个或两个以上的环氧基，这类树脂绝大多数黏度很低；大多数品种具有水溶性；大多数是长链线型分子，因此富有柔韧性。

这类树脂的合成方法与前述酚醛型缩水甘油醚类相似，可由环氧氯丙烷与多元醇在催化剂存在下反应。反应的中间物脂族氯醇比芳族氯醇对碱更敏感，前者很易水解成二元醇或多元醇。同时，强碱的存在也容易促使脂族环氧化物聚合。因此第一步形成氯醇的反应一般用路易斯酸类（例如三氟化硼、三氯化铝）作催化剂，第二步的脱氯化氢反应必须在碱的乙醇溶液中进行。

① 丙三醇环氧树脂　丙三醇环氧树脂是由丙三醇与环氧氯丙烷在三氟化硼-乙醚配合物的催化下进行缩合，再以氢氧化钠脱氯化氢成环而得。树脂具有下列结构：

$$\begin{array}{c} CH_2-O-CH_2-CH\!-\!\!\underset{\displaystyle O}{\diagdown}\!\!-CH_2 \\ | \\ CH-O-CH_2-CH\!-\!\!\underset{\displaystyle O}{\diagdown}\!\!-CH_2 \\ | \\ CH_2-O-CH_2-CH\!-\!\!\underset{\displaystyle O}{\diagdown}\!\!-CH_2 \end{array}$$

　　丙三醇环氧树脂具有很强的黏合力，可用作胶黏剂。它也可与二酚基丙烷型环氧树脂混合使用，以降低黏度和增加固化体系的韧性。此外，该树脂还可用作毛织品、棉布和化学纤维的处理剂，处理后的织物具有防皱、防缩和防虫蛀等优点。合成工艺见表5-7所列。

表 5-7　合成工艺

项　　目	指　标	项　　目	指　标
醚化物制备		环氧化物制备	
丙三醇（>96%）/kg	175	醚化物/kg	682
环氧氯丙烷（>96%）/kg	557	氢氧化钠（>96%）/kg	106
三氟化硼-乙醚配合物（BF$_3$含量45%）/mL	913	无水乙醇/kg	1364

　　操作步骤如下。

　　将丙三醇加入反应釜，常温下缓缓加入三氟化硼-乙醚配合物，搅拌10min。于55~60℃下滴加环氧氯丙烷，约8h加完。然后于60~65℃反应3h。冷却，投入乙醇，搅拌使醚化物全部溶解。于（25±2）℃下分批加入固碱，加完后升温至（30±2）℃，反应6h。反应毕静置0.5h，吸去上层树脂醇溶液，进行减压脱乙醇，当真空度达93.3kPa，温度达100℃且乙醇蒸出很少时再继续蒸馏0.5h；冷却至50~60℃下趁热过滤，得淡黄色至黄色黏性液状树脂，环氧值为0.55~0.71mol/100g。

　　② 季戊四醇环氧树脂　由季戊四醇与环氧氯丙烷缩合而成，具有下列结构：

$$\begin{array}{c} HOCH_2 \quad CH_2-O-CH_2-CH\!-\!\!\underset{\displaystyle O}{\diagdown}\!\!-CH_2 \\ \diagdown\!C\!\diagup \\ HOCH_2 \quad CH_2-O-CH_2-CH\!-\!\!\underset{\displaystyle O}{\diagdown}\!\!-CH_2 \end{array}$$

　　季戊四醇环氧树脂具有约2.2个官能度，用胺类固化时比二酚基丙烷型环氧树脂要快2~8倍。它与丙三醇环氧树脂一样，也是水溶性的。若在二酚基丙烷型环氧树脂中混合20%的季戊四醇环氧树脂，可使体系黏度下降一半，并可黏合潮湿的表面，具有很好的黏结性能。

　　③ 多缩二元醇环氧树脂　这类树脂常用作二酚基丙烷型环氧树脂的增韧剂，结构如下：

$$CH_2\!-\!CH\!-\!CH_2\!-\!O\!\!\left[\!CH_2\!-\!\underset{\displaystyle R'}{\overset{\displaystyle R'}{|}}\!-\!O\!\right]\!\!CH_2\!-\!CH\!-\!O\!-\!CH_2\!-\!CH\!-\!CH_2$$

5.2.2　缩水甘油酯类环氧树脂

　　缩水甘油酯环氧树脂和二酚基丙烷环氧树脂比较，具有黏度低，使用工艺性好；反应活性高；黏合力比通用环氧树脂高，固化后力学性能好；电绝缘性、尤其是耐漏电痕迹性好；具有良好的耐超低温性，在−196~253℃超低温下，仍具有比其他类型环氧树脂高的黏结强度；有较好的表面光泽度、透光性、耐气候性好。

　　缩水甘油酯的合成可由：多元羧酸酰氯-环氧丙醇法；多元羧酸-环氧氯丙烷法；羧酸盐-环氧氯丙烷法；酸酐-环氧氯丙烷法等方法。例如由多元羧酸与环氧氯丙烷在催化剂及碱作用下制得：

$$R\!-\!\overset{\displaystyle O}{\overset{\|}{C}}\!-\!OH + CH_2\!-\!CH\!-\!CH_2Cl \xrightarrow{催化剂} R\!-\!\overset{\displaystyle O}{\overset{\|}{C}}\!-\!OCH_2\!-\!\underset{\displaystyle OH}{\overset{\displaystyle |}{CH}}\!-\!\underset{\displaystyle Cl}{\overset{\displaystyle |}{CH_2}} \xrightarrow{NaOH} R\!-\!\overset{\displaystyle O}{\overset{\|}{C}}\!-\!OCH_2\!-\!CH\!-\!CH_2$$

虽然可用来制造缩水甘油酯的羧酸很多，但在工业上用得较多的羧酸是间苯二甲酸和四氢邻苯二甲酸。

（1）四氢邻苯二甲酸二缩水甘油酯 四氢邻苯二甲酸二缩水甘油酯的结构如下，配方见表5-8 所列。

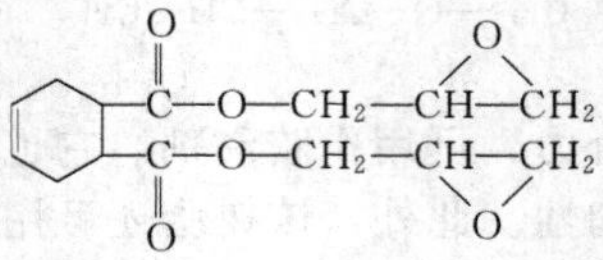

表 5-8　四氢邻苯二甲酸二缩水甘油酯配方

原　料	配　比		质　量
四氢邻苯二甲酸(工业级)	1mol		170kg
环氧氯丙烷(工业级)	20mol		1850kg
苄基三甲基氯化铵(工业级)	酸量的 3%(摩尔)		5kg
氢氧化钠(试剂级)	3mol	(1)	90kg
		(2)	30kg
苯(工业级)			1000kg
水(自来水)		(1)	77kg
		(2)	26kg

操作步骤：在反应釜中投入四氢邻苯二甲酸、环氧氯丙烷及苄基三甲基氯化铵，加热，使温度在 $40\sim50min$ 内升温至四氢邻苯二甲酸全部溶解（此时最高温度应达到环氧氯丙烷的回流温度 $117\sim118℃$）。维持在约 $110℃$ 的温度下反应 $0.5h$，降温至 $50℃$，并维持在 $50\sim55℃$ 的温度下，滴加第一次用量的碱液（54%的氢氧化钠溶液）。加完后，维持在室温搅拌 $4h$，减压蒸馏除去反应液中的水和环氧氯丙烷，蒸完后加入苯，升温，维持在 $50\sim55℃$ 滴加第二次用量的碱液，加完后，在室温搅拌 $2h$，滤去氯化钠，用水洗至中性，然后常压蒸苯，当蒸出一半以上的苯后，剩余的树脂-苯溶液过滤一次，再蒸苯，先常压，后减压蒸至无苯蒸出为止。

（2）间苯二甲酸二缩水甘油酯 间苯二甲酸二缩水甘油酯的结构为：

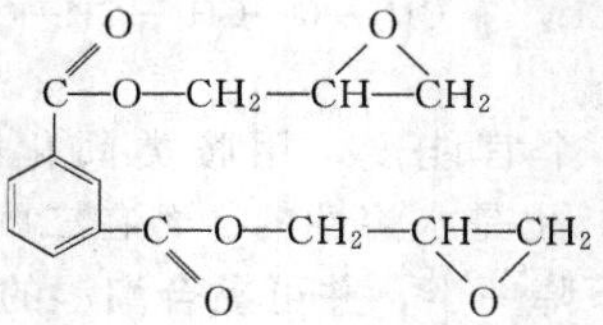

反应历程为：

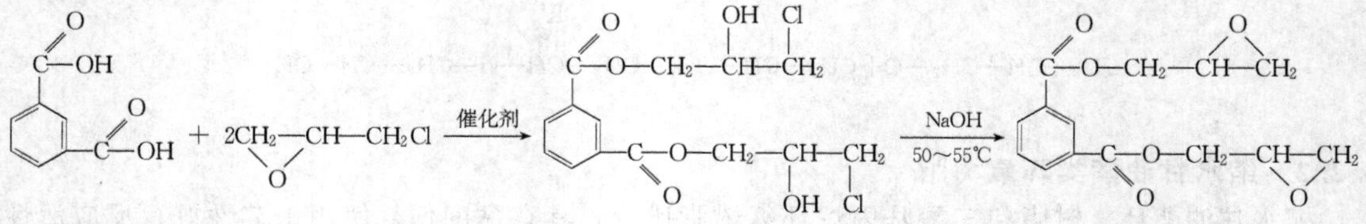

配方见表5-9。

表 5-9　间苯二甲酸二缩水甘油酯配方

原　料	配　比		质　量
间苯二甲酸(试剂级)	1mol		166kg
环氧氯丙烷(工业级)	20mol		1950kg
苄基三甲基氯化铵(工业级)	酸量的 3%(摩尔)		5kg
氢氧化钠(试剂级)	3.4mol	(1)	13kg
		(2)	123kg
水(自来水)			105kg

操作步骤：在反应釜中投入间苯二甲酸、环氧氯丙烷及催化剂，加热升温至原料全部溶解（此时约 110～121℃），在环氧氯丙烷回流的温度下，维持反应 40min，反应完后，降温至 50℃，先加入固体氢氧化钠（占总用量的 10%），再滴加 54%氢氧化钠溶液，加碱过程中温度保持在 50～55℃，加完后降至室温，搅拌 8h。然后将反应液过滤一次，减压蒸出过量的环氧氯丙烷，当蒸至剩约 1/3 的液量后，再过滤一次，进一步减压将环氧氯丙烷蒸出干净。

缩水甘油酯类环氧树脂一般用胺类固化剂固化，与固化剂的反应类似于缩水甘油醚类环氧树脂。

5.2.3　缩水甘油胺类环氧树脂

缩水甘油胺类环氧树脂可以从脂肪族或芳族伯胺或仲胺和环氧氯丙烷合成，这类树脂的特点是多官能度、环氧当量高、交联密度大，耐热性显著提高。主要缺点是有一定的脆性。主要品种如下所述。

（1）苯胺环氧树脂　苯胺环氧树脂由苯胺与环氧氯丙烷进行缩合，再以氢氧化钠进行闭环反应而得。二缩水甘油苯胺是浅黄色可流动液体：

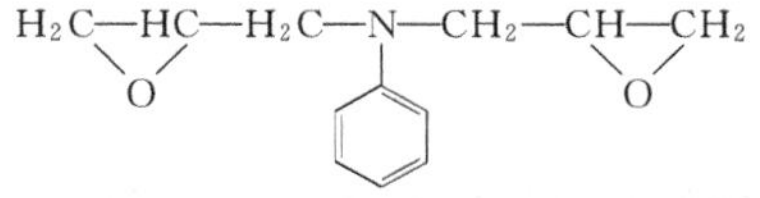

$$H_2C \overset{O}{-} CH - CH_2 - N - CH_2 - CH \overset{O}{-} CH_2$$

这类树脂用胺类固化时活性较低，但用酸酐固化时非常活泼。

（2）对氨基苯酚环氧树脂　由对氨基苯酚与环氧氯丙烷反应而得，具有下述结构：

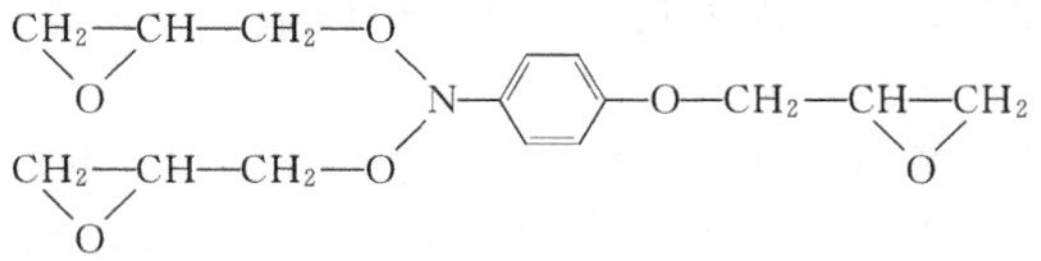

常温下为棕色液体，黏度小，25℃时为 1.6～2.3Pa·s，环氧值为 0.85～0.95。可作为高温碳化的烧蚀材料，耐 γ 辐射的环氧玻璃纤维增强塑料。

（3）4,4'-二氨基二苯甲烷环氧树脂　由 4,4'-二氨基二苯甲烷与环氧氯丙烷反应合成，具有下述结构：

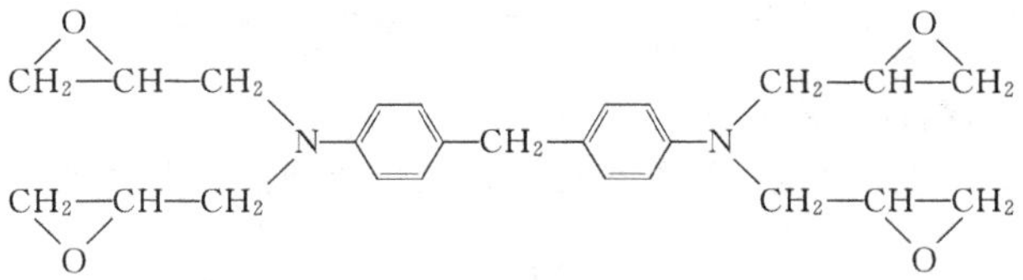

该树脂在室温和高温下均有良好的黏结强度，固化物具有较低的电阻。

（4）三聚氰酸环氧树脂　三聚氰酸环氧树脂是由三聚氰酸和环氧氯丙烷在催化剂存在下进行缩合，再以氢氧化钠进行闭环反应而得。三聚氰酸显示酮-烯醇互变异构现象：

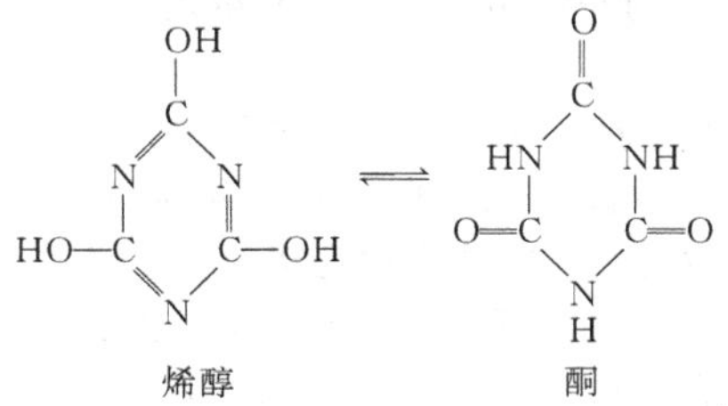

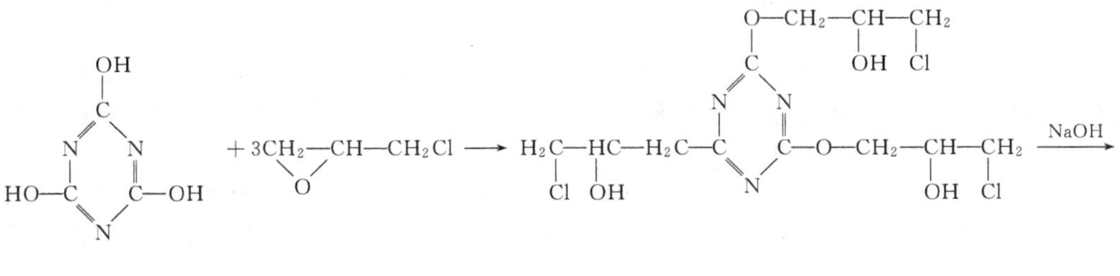

烯醇　　　　　酮

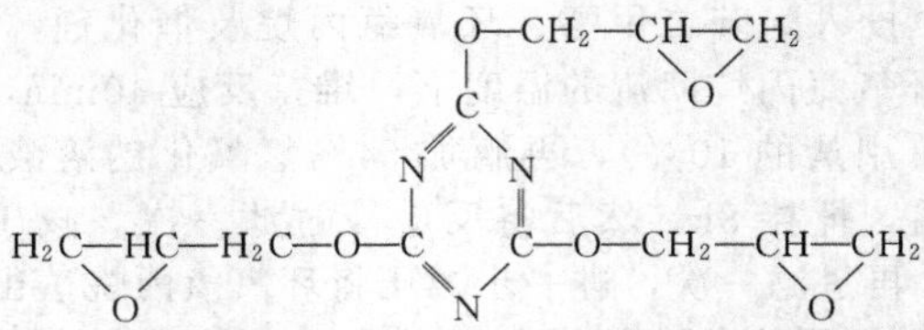

由于三聚氰酸显示酮-烯醇互变异构现象，得到的是三聚氰酸三缩水甘油醚和异三聚氰酸三环氧丙酯的混合物。分子中含有 3 个环氧基，固化后结构紧密，有优异的耐高温性能。分子本体为三氮杂苯环，因此具有良好的化学稳定性、优良的耐紫外光性、耐气候性和耐油性。由于分子中含14％的氮，遇火有自熄性，并有良好的耐电弧性。

制备方法如下：将三聚氰酸 18kg，环氧氯丙烷 24kg 及苄基三甲基氯化铵 300g 投入反应釜中，于 117℃下回流反应 2.5h。冷却，于 28～30℃下逐步加入 50％的氢氧化钠溶液 44kg，加完后，水洗，分层。最后加入冰醋酸 200mL，减压回收环氧氯丙烷，得到琥珀色黏稠状树脂，环氧值不小于 0.8 当量/100g。

5.2.4 脂环族环氧树脂

脂环族环氧树脂是由脂环族烯烃的双键经环氧化而制得的，它们的分子结构和二酚基丙烷型环氧树脂及其他环氧树脂有很大差异，前者环氧基都直接连接在脂环上，而后者的环氧基都是以环氧丙基醚连接在苯环或脂肪烃上。由于脂环族环氧树脂是由脂环族烯烃的双键经环氧化而得，因此与前面介绍的环氧树脂有本质的不同。

脂环族环氧树脂的固化物具有下列一些特点：①较高的抗压与抗拉强度；②长期暴露在高温条件下仍能保持良好的力学性能和电性能；③耐电弧性较好；④耐紫外线老化性能及耐气候性较好。

（1）二氧化双环戊二烯（6207 树脂或 R-122 树脂） 二氧化双环戊二烯是白色固体结晶粉末，熔点大于 184℃，环氧值为 1.22 当量/100g。它是由双环戊二烯经过氧乙酸环氧化而得：

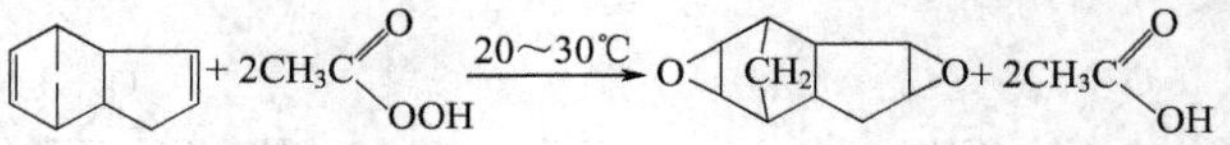

二氧化双环戊二烯的制备工艺如下：

① 过氧乙酸的制备 过醋酸是由醋酸与过氧化氢在硫酸催化下合成：

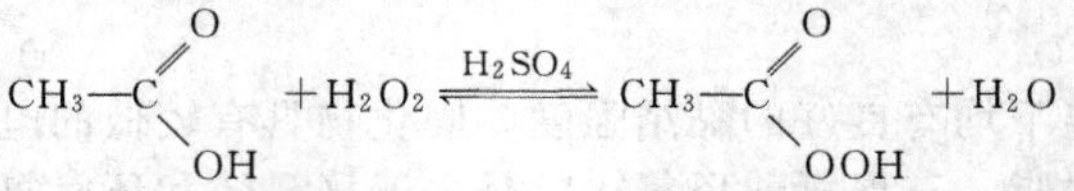

将 50％～70％的过氧化氢与冰醋酸以 1∶2 的摩尔比混合，再加入冰醋酸溶液质量的 1.5％的硫酸，混合均匀，于 25～40℃下搅拌 4h，过氧乙酸浓度可达 22％以上。若搅拌 6h，浓度可达26％～27％。

② 双环戊二烯的环氧化 取双环戊二烯与过氧乙酸的摩尔比为 1∶2.2，碳酸钠或醋酸钠为醋酸当量的 2.5～3 倍。在反应釜中投入双环戊二烯，再加入碳酸钠（或醋酸钠），于 20～40℃下滴加过氧乙酸，滴加温度不得超过 40℃，滴加完毕后在 20～30℃下反应 3～4h。

反应结束后在真空度 9.33×10^4 Pa 下脱除醋酸，蒸馏温度不得超过 60℃。然后物料加 2 倍水稀释，于 40℃下用 30％氢氧化钠中和至 pH＝7～8。离心脱水，再水洗两次，最后于 60～65℃下真空干燥。

二氧化双环戊二烯虽然是高熔点固体，但它与固化剂混合后即成为低共熔物。例如：100g二氧化双环戊二烯与 48～50g 顺酐（或苯酐）、7.48g 甘油（或三羟甲基丙烷）混合后，在 50～70℃时已成为均匀液体，适用期长。

（2）环氧-201 或 H-71 树脂 3,4-环氧基-6-甲基环己烷甲酸 3′,4′-环氧基-6′-甲基环己烷甲酯（简称 H-71 环氧树脂）由丁二烯与巴豆醛经加热、加压合成 6-甲基环己烯甲醛，再在异丙醇铝催化下合成双烯-201，最后经过氧乙酸环氧化而得，反应如下：

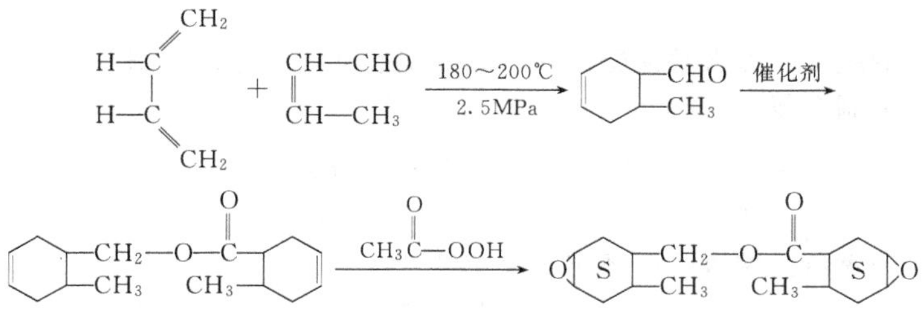

H-71 环氧树脂是浅黄色低黏度液体，黏度＞2Pa·s，环氧值为 0.62～0.67 当量/100g。广泛用于缠绕、层压、浇铸、涂料和黏合等方面，也可用作二酚基丙烷型环氧树脂的稀释剂。

（3）二氧化双环戊烯基醚 二氧化双环戊烯基醚系由双环戊二烯为原料，经裂解、加氯化氢、水解醚化及环氧化反应过程制得，反应如下。

① 双环戊二烯裂解成环戊二烯

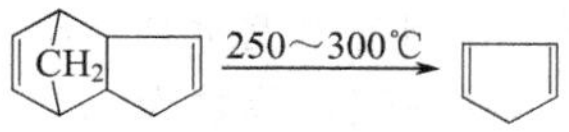

② 环戊二烯加氯化氢，制取 3-氯环戊烯

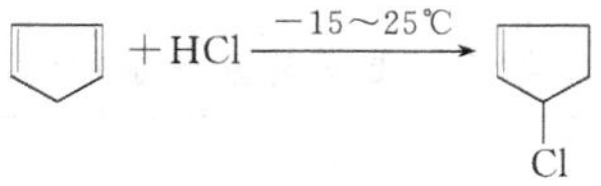

③ 3-氯环戊烯水解醚化，制取双环戊烯基醚

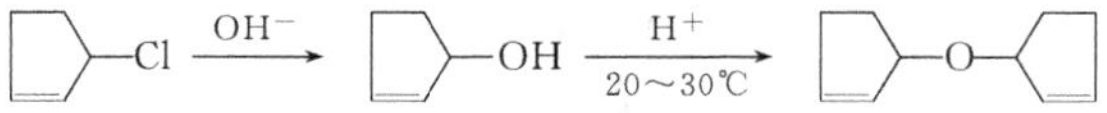

④ 双环戊烯基醚环氧化，制取二氧化双环戊烯基醚

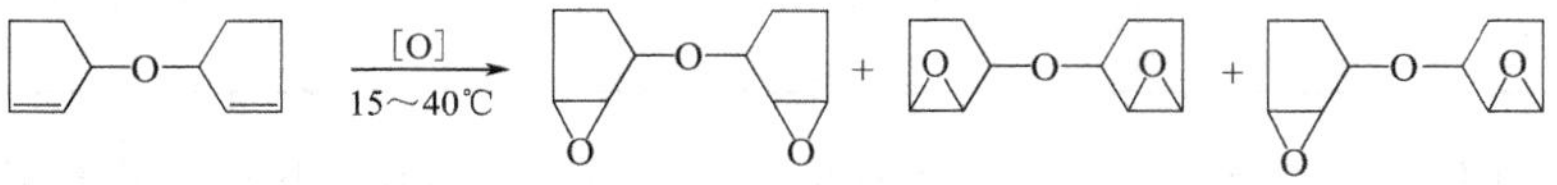

二氧化双环戊烯基醚树脂主要用胺类固化，固化物具有高强度，高耐热性及高延伸率，俗称三高环氧树脂。其力学强度比二酚基丙烷型环氧树脂高 50％左右。热变形温度可达 235℃，延伸率约为 5％。

5.2.5 脂肪族环氧树脂

这类树脂与二酚基丙烷型环氧树脂及脂环族环氧树脂不同，在分子结构里不仅无苯环，也无脂环结构。仅有脂肪链，环氧基与脂肪链相连。

（1）环氧化聚丁二烯树脂（2000 环氧树脂） 环氧化聚丁二烯树脂是由低相对分子质量液体聚丁二烯树脂分子中的双键经环氧化而得。在它的分子结构中既有环氧基也有双键、羟基和酯基侧链。分子结构如下：

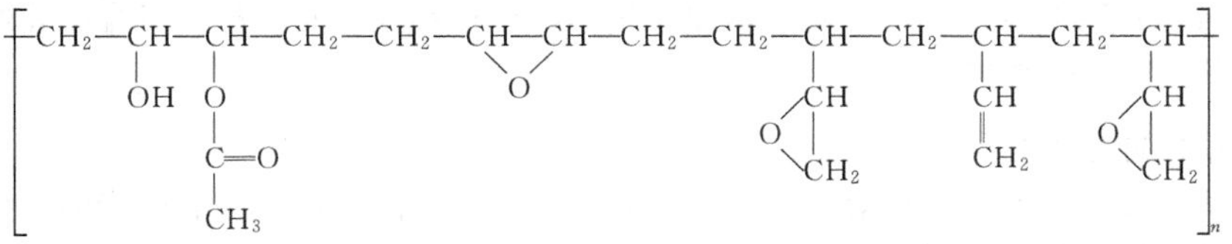

环氧化聚丁二烯树脂是浅黄色黏稠液体，低黏度树脂为 0.8～1.0Pa·s，高黏度树脂为 2.0Pa·s 左右。环氧值 0.162～0.186 当量/100 g，碘值180。易溶于苯、甲苯、乙醇、丙酮、汽油等溶剂，易与酸酐类固化剂反应，也能和胺类固化剂反应。

树脂分子中的不饱和双键可与许多乙烯类单体（例如苯乙烯）进行共聚反应，环氧基和羟基等可进行一系列其他的化学反应，因此可用多种类型的改性剂进行改性。

环氧化聚丁二烯树脂固化后的强度、韧性、粘接性、耐正负温度性能均良好，在－60～160℃范围内，可以正常工作。它主要用作复合材料、浇铸、胶黏剂、电器密封涂料以及用作其他类型环氧树脂的改性剂。

（2）二缩水甘油醚　二缩水甘油醚由环氧氯丙烷按下述反应进行制备：

环氧氯丙烷水解制一氯丙二醇：

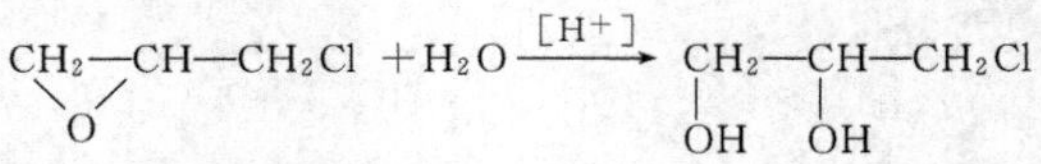

$$\underset{\displaystyle CH_2-CH-CH_2Cl}{\underset{O}{\diagdown\diagup}} +H_2O \xrightarrow{[H^+]} \underset{\displaystyle CH_2-CH-CH_2Cl}{\underset{OH\quad OH}{}}$$

一氯丙二醇与环氧氯丙烷进行开环醚化反应

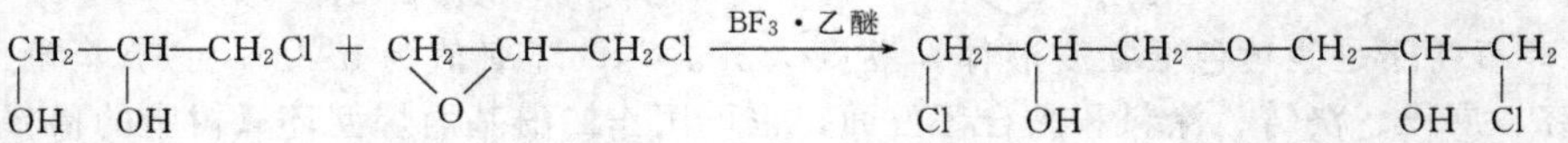

$$CH_2-CH-CH_2Cl \ + \ CH_2-CH-CH_2Cl \xrightarrow{BF_3\cdot 乙醚} CH_2-CH-CH_2-O-CH_2-CH-CH_2$$

二（氯丙醇）醚脱氯化氢闭环生成二缩水甘油醚

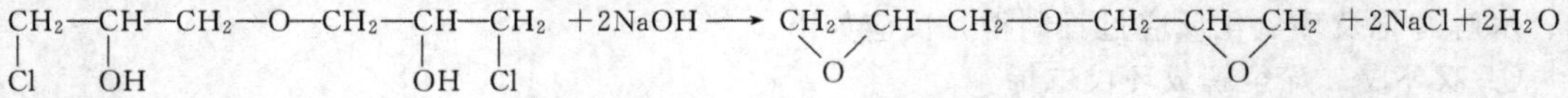

$$CH_2-CH-CH_2-O-CH_2-CH-CH_2 +2NaOH \longrightarrow CH_2-CH-CH_2-O-CH_2-CH-CH_2 +2NaCl+2H_2O$$

二缩水甘油醚又称 600 号稀释剂。在制备二缩水甘油醚的过程中，由于环氧氯丙烷过量，所以反应中会生成一部分高沸点的多缩水甘油醚，称之为 630 号稀释剂。600 号及 630 号稀释剂的特性见表 5-10。

表 5-10　二缩水甘油醚与多缩水甘油醚的特性

性　　能	600 号	630 号
外观	无色透明液体	深黄至棕色黏稠液体
相对密度 d_4^{20}	1.123～1.124	1.20～1.28
折射率 n_D^{25}	1.4489～1.4553	1.465～1.482
黏度(25℃)/Pa·s	$(4\sim6)\times10^{-3}$	$(0.4\sim1.2)\times10^{-1}$
环氧基含量/%	>50	>50

600 号稀释剂主要用来降低二酚基丙烷型环氧树脂黏度，延长适用期，用量较少时，不会降低树脂固化物的高温性能。630 号多缩水甘油醚做环氧树脂稀释剂，在制造大型模具及大部件浇铸时不仅能起到稀释剂作用，而且还能增加树脂的韧性。

5.3　固化剂

环氧树脂本身是一种热塑性高分子的预聚体，单纯的树脂几乎没有太大的使用价值，只有加入称为固化剂的物质使它转变为三向网状立体结构且不溶不熔的高聚合物后，方才呈现出一系列优良的性能。因此固化剂对于环氧树脂的应用及对固化产物的性能起到了相当大的作用。

固化剂又称硬化剂，是热固性树脂必不可少的固化反应助剂，对于环氧树脂来说本身品种较多，而固化剂的品种更多，仅用环氧树脂和固化剂两种材料的不同品种相组合就能组成应用方式不同和性能各异的固化产物。

5.3.1　固化剂的分类

固化剂品种繁多，其分类目前尚无统一的方法本书按照固化剂和环氧树脂的固化反应机理及固化剂的化学结构来分类。

环氧树脂的固化反应主要发生在环氧基上，由于诱导效应，环氧基上的氧原子存在着较多负电荷，其末端的碳原子上则留有较多的正电荷，因而亲电试剂（酸酐）、亲核试剂（伯胺、仲胺）都以加成反应的方法使之开环聚合；环氧树脂另一类固化反应是催化聚合反应，分为阴离子型聚合、阳离子型聚合。

固化剂分类见表 5-11，以化学反应机理分类和化学结构分类。

表 5-11　固化剂分类

$$
\left.\begin{array}{l}
\text{加成聚合型固化剂} \left\{\begin{array}{l}
\text{多元胺（脂肪酸族胺；脂肪酸环族胺；芳香族胺）} \\
\text{改性多元胺} \\
\text{酸酐（芳香族酸酐；脂肪环族酸酐；长链脂肪酸酐）} \\
\text{高分子聚合物（酚醛树脂；聚酯树脂；氨基树脂；聚硫橡胶；聚酰亚胺）}
\end{array}\right. \\
\text{催化聚合型固化剂} \left\{\begin{array}{l}
\text{阴离子聚合型（叔胺、咪唑等）} \\
\text{阳离子聚合型（BF}_3\text{络合物等）}
\end{array}\right.
\end{array}\right.
$$

也可按固化温度分类，可分为低温、快速固化固化剂、常温固化剂、中温固化剂、高温固化剂、潜伏型固化剂。

5.3.2　固化剂的用量

固化剂的用量适当为宜，过多过少都有害无益。如果加量太少，则固化不完全，固化产物性能不佳；若是用量太多，适用期变短，固化时急速释放热量高，内应力增大，胶层脆性增加，粘接强度降低，残留的固化剂还会影响胶黏剂的其他性能。固化剂的用量通常是对 100 份环氧树脂而言，一般可先进行计算，再通过实验最后确定。

（1）**胺类固化剂用量的计算**　环氧树脂固化时，伯胺和仲胺对环氧基的反应是主要的，氨基与环氧基有严格的定量关系，可按下式计算出脂肪胺、脂环胺、芳香胺的理论用量：

$$
W_a = \frac{M}{N} E_v = A_c E_v
$$

式中，W_a 为 100g 环氧树脂所需胺固化剂的质量；M 为胺的相对分子质量；N 为胺分子中活泼氢原子数；A_c 为胺当量，$A_c = \dfrac{M}{N}$；E_v 为环氧树脂的环氧值。

例如：二乙烯三胺相对分子量为 103.17，有 5 个活泼氢原子，固化环氧值为 0.51mol/100g 的 100g 环氧树脂的二乙烯三胺用量为：

$$
W_a = 103.17/5 \times 0.51 = 10.52 \text{(g)}
$$

对于易挥发性胺类固化剂，实际用量应比理论计算量增加 5%～10%，故二乙烯三胺的实际用量为：$10.52 \times (1+0.05) = 11 \text{(g)}$。

也可乘以系数 a，修正固化剂的用量。一般情况 $a = 0.8～1.0$；含有相对分子质量高的环氧树脂时，$a = 0.6～0.7$；若环氧树脂全混用非反应性聚合物时，$a = 1.0～1.1$。

（2）**低分子量聚酰胺用量的计算**　虽然低分子聚酰胺的胺值是衡量氨基多少的指标，但不能正确反映活泼氢原子数目，因而不可简单地将胺值作为计算低分子聚酰胺用量的依据，应按如下公式计算出理论用量。

$$
W_x = \frac{56100}{A_v f} E_v
$$

式中，W_x 为 100g 环氧树脂固化所需低分子聚酰胺的质量，g；56100 为 KOH，$\times 10^{-3}$ mol；A_v 为胺值；E_v 为环氧值；f 为系数，$f = \dfrac{n+2}{n+1}$，n 为多亚乙基多胺中—CH$_2$CH$_2$—的重复数减去 1。如二乙烯三胺 $n=1$，$f=1.5$，三乙烯四胺 $n=2$，$f=1.34$；四乙烯五胺 $n=3$，$f=1.25$。

例如，203 低分子聚酰胺的胺值为 200mg KOH/g，固化 E-44 环氧树脂的用量计算值为：
$W_x = 56100/(200 \times 1.5) \times 0.44 = 82.3 \text{(g)}$

（3）**酸酐固化剂用量的计算**　酸酐固化剂的用量比胺类固化剂复杂些，酸酐单独使用或同时添加促进剂的情况不同。因为有促进剂存在时固化反应历程是环氧基与酸酐的羧酸阴离子交替加成聚合，故最佳用量为理论计算量。若不使用促进剂时，则反应历程为环氧基与羧酸（酸酐开环生成）以及环氧基与反应中生成的羟基并行反应，因此，最佳用量一般为理论计算量的 0.85 倍。

单一酸酐固化剂用量的计算公式：

$$
W_g = \frac{M}{N} E_v K
$$

式中，W_g 为 100g 环氧树脂所需酸酐固化剂的质量，g；M 为酸酐的相对分子质量；N 为酸酐基的个数；E_v为环氧值；K 为修正系数。

一般酸酐 $K=0.85$；含氯酸酐 $K=0.6$；使用叔胺和 $M(BF_4)_n$ 盐时 $K=0.8$；使用叔胺作促进剂 $K=1.0$。

例如，甲基四氢苯酐相对分子质量 166.17，含有 1 个酸酐基，以叔胺为促进剂，$K=1.0$。固化环氧值为 0.51 的 100g 环氧树脂的酸酐用量为：

$$W_g=166.17/1\times0.51\times1=84.74(g)$$

常用的固化剂已有规定的参考用量，可根据季节和温度变化选取上下限用量。

不同类型的固化剂，固化条件不同、固化产物性能不同，应用领域不同。应综合考虑工艺方法、适用期、固化速度、性能要求、目的用途、价格情况、环保安全等方面，选择适宜的固化剂。

5.3.3 固化剂的种类

(1) 多元胺类固化剂　多元胺类固化剂种类很多，其分类见表 5-12 所列。

表 5-12　多元胺类固化剂分类

- 多元胺系列
  - 单一多元胺
    - 脂肪族多元胺
    - 聚酰胺多元胺
    - 脂环族多元胺
    - 芳香族多元胺
    - 其他
  - 混合多元胺
  - 改性多元胺
    - 环氧化合物加成多元胺
    - 迈克尔加成多元胺
    - 曼尼斯加成多元胺
    - 硫脲加成多元胺
    - 酮类封闭多元胺
  - 共熔混合

多元胺分为 4 种，表 5-13 列出了有代表性的多元胺的化学结构与性质，表 5-14 和表 5-15 列出了与环氧树脂配合的固化剂的固化条件、性能及用途。

表 5-13　多元胺固化剂的化学结构与性质

类别	名称	缩写	化学结构	室温状态	黏度/Pa·s	熔点/℃
脂肪胺	二乙烯三胺(二亚乙基三胺)	DETA	$H_2N-CH_2-CH_2-N(H)-CH_2-CH_2-NH_2$	液态	0.005	
	三乙烯四胺(三亚乙基四胺)	TETA	H $H_2N-CH_2-CH_2-N-CH_2$ $H_2N-CH_2-CH_2-N-CH_2$ H	液态	0.019	
	四乙烯五胺(四亚乙基五胺)	TEPA	$H_2N-CH_2-CH_2+NHCH_2-CH_2+_3NH_2$	液态	0.001	
	二乙烯丙二胺(二乙氨基亚丙胺)	DEPA	H_3C-H_2C $N-CH_2-CH_2-CH_2-NH_2$ H_3C-H_2C	液态		
聚酰胺-多胺				基于胺值不同,可由半固态至液态	半固态(胺值 90%)液态(1.0～2.5Pa·s,胺值 600)	

续表

类别	名称	缩写	化学结构	室温状态	黏度/Pa·s	熔点/℃
脂环胺	孟烷二胺	MDA	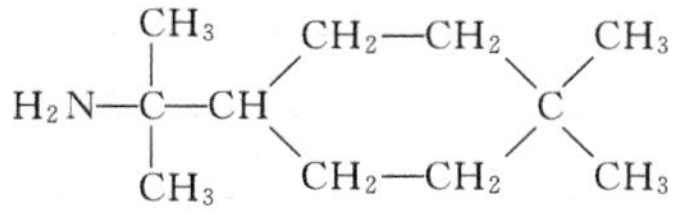 $H_2N-C(CH_3)(CH_3)-CH-CH_2-CH_2-C(CH_3)(CH_3)$	液态	0.019	
	异佛尔酮二胺	IPDA	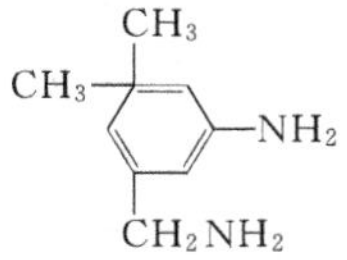 （CH_3, CH_3, NH_2, CH_2NH_2 环结构）	液态	0.018	
	N-氨乙基哌嗪	N-AEP	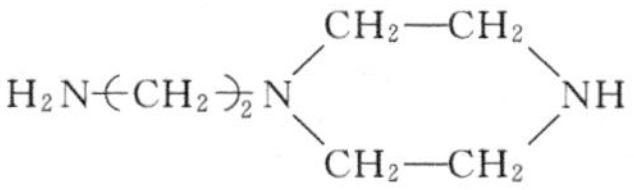 $H_2N(CH_2)_2N$ 哌嗪环 NH	液态		
	3,9-双（3-氨丙基)-2,4,8,10-四氧杂螺十一烷加合物	ATU 加合物		液态	因加合物种类而异	
	双（4-氨基-3-甲基环乙基)甲烷	Laromin C-260	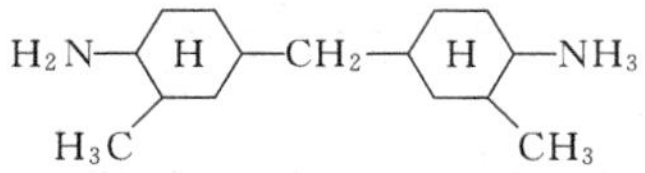 H_2N—环(H)(H_3C)—CH_2—环(H)(CH_3)—NH_3	液态		
	双(4-氨基环己烷)	HM	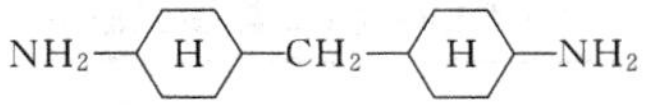 NH_2—环(H)—CH_2—环(H)—NH_2	固态	0.06	40
芳香胺	间苯二甲胺	m-XDA	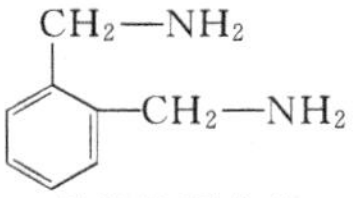 CH_2-NH_2, CH_2-NH_2 苯环（异构体混合物）	结晶体液体		
	二氨基二苯基甲烷	DDM	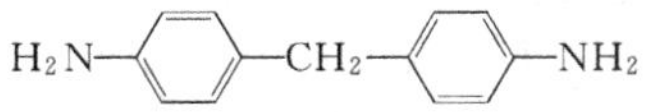 H_2N—苯—CH_2—苯—NH_2	固体		89
	二氨基二苯基砜	DDS	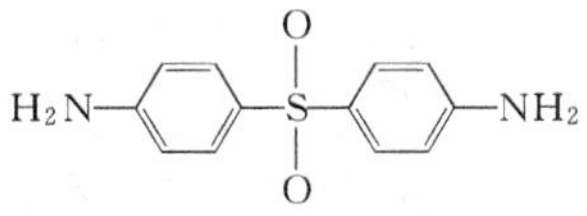 H_2N—苯—SO_2—苯—NH_2	固体		175
	间苯二胺	m-PDA	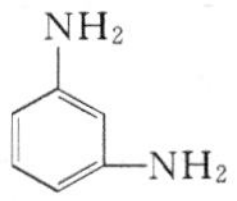 苯环(NH_2)(NH_2)	固体		62
其他	双氰胺	DICY	$H_2N-C(=NH)-NH-CN$ $H_2N-C(=NH)-N=C-N=C-N-H$	固体		207～210
	己二酸二酰肼	AADH	$H_2NHN-CO(CH_2)_4CO-NHNH_2$	固体		180

表 5-14　DGEBA 树脂与多元胺固化剂的固化条件

类　别	略　称	胺当量	适用期	标准固化条件
脂肪胺	DETA	20.6	20min	常温,4d,100℃
	TETA	24.4	20～30min	常温,4d,100℃
	TEPA	27.1	20～40min	常温,7d,110℃
	DEPA	65	1～4h	65℃,4h+115℃,1h
聚酰胺-多胺		90～600	0.5～4h 因胺值而不同	常温,7d+60℃,2h
脂环胺	MDA	42.5	6h	80℃,2h+130℃,30min
	IPDA	41	1h	80℃,4h+150℃,1h
	N-AEP	43	20～30min	常温,3d+200℃,30min
	ATU 加合物	45～133	1～2h	常温,7d+60℃,2h
	LarominC-260	60	3h	80℃,2h+150℃,2h
芳香胺	m-XDA	34.1	20min	常温,7d,60℃
	DDM	49.6	8h	80℃,2h+150℃,4h
	m-PDA	34	6h	80℃,2h+150℃,4h
	DDS	62.1	约 1 年	110℃,2h+200℃,4h
其他	DICY AADH	20.9	6～12 个月	160℃,1h+180℃,20min

表 5-15　DGEBA 树脂与多元胺固化的性能及用途

类别	略称	热变形温度/℃	特点 优点	特点 缺点	用途 粘接	用途 层压	用途 浇铸	用途 涂料
脂肪族	DETA	90～125	低黏度、室温速固化、各种力学性能均衡	试用期短、白化现象、毒性(分子量愈小毒性愈大)	○	○	○	○
	TETA	98～124			○	○	○	○
	TEPA	115			○	○	○	○
	DEPA	85	室温固化、长的适用期、低温性能、电性能	耐热性低、耐化学药品性差、毒性	○	○	○	×
聚酰胺-多胺		55～113	配比范围宽、力学性能均衡、粘接性、耐水性	耐热性低、耐化学药品差	○	×	×	○
脂环胺	MDA	148～158	低黏度、耐热性、耐稳定性	因吸收二氧化碳出泡	○	○	○	×
	IPDA		与 MDA 同	与 MDA 同在室温下只固化至 B 阶段	×	○	○	×
	N-AEP	110～120	与 DATA、TETA 同冲击性	与 DATA、TETA 同	×	○	○	×
	ATU 加合物	55～81	适用期长、速固化、配比宽、粘接性、透明无色固化物	耐热性低	○	×	○	○
	Laromin C-260	155～160	耐热性、高温力学性能、高温电性能		×	○	○	○

续表

类别	略称	热变形温度/℃	特 点		用 途			
			优 点	缺 点	粘接	层压	浇铸	涂料
芳香胺	m-XDA	130～150	常温固化、使用期长、耐热	因吸收 CO_2 而发泡	○	×	×	×
	DDM	150	耐热性、电性能、耐化学药品性	混合操作、固化物着色	○	○	○	○
	m-PDA	150	类似 DDM	类似 DDM	○	○	○	×
	DDS	180～190	适用期长、耐热性	混合操作、配合物高黏	○	○	○	×
其他	DICY	125	潜伏性、半固化物储存稳定	混合操作、高温固化	○	○	×	
	AADH		潜伏性、可挠性	混合操作				

注：○表示性能较好；×表示性能不好。

① 多元胺固化剂的固化反应 伯胺与环氧树脂反应，首先是伯胺的活泼氢与环氧基反应，本身生成仲胺，下一步与环氧基反应生成叔胺，最后形成交联网络结构。反应式如下：

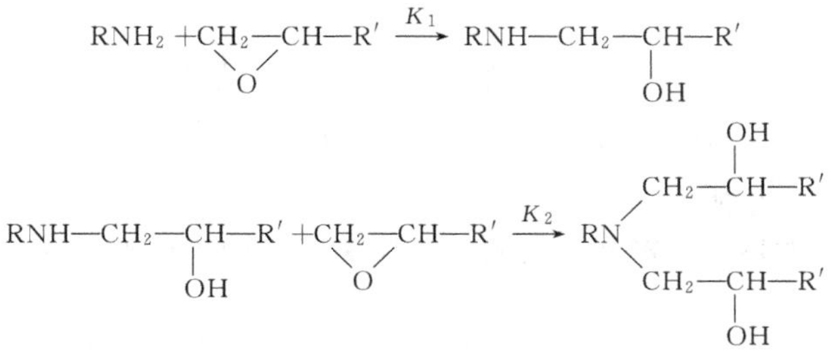

$$RNH_2 + CH_2\!-\!CH\!-\!R' \xrightarrow{K_1} RNH\!-\!CH_2\!-\!CH\!-\!R'$$

$$RNH\!-\!CH_2\!-\!CH\!-\!R' + CH_2\!-\!CH\!-\!R' \xrightarrow{K_2} RN$$

反应中生成的叔胺具有催化作用。因伯胺与仲胺易发生反应，加之本身的空间位阻效应，其催化作用一般是难以发挥的。

② 单一多元胺的种类和特性

a. 直链脂肪族多元胺 直链脂肪族多元胺的最大缺点是对皮肤有较强的刺激性，但随着分子量的增大，蒸气压逐渐降低而毒性变小。这类固化剂在常温下可固化，与其相适应的添加剂量为理论量或接近理论量。如含有叔胺结构时，其用量要减少。活泼氢的量愈少，适用期愈短，放热量则愈大。为了加快固化速度或在室温以下使之固化，则必须添加促进剂，例如酚类、DMP 等，均有一定效果。

用直链脂肪胺固化的环氧树脂产物具有韧性好、粘接性优良的特点，而且对强碱和若干种无机酸有优良的抗腐蚀性，但耐溶剂性不一定能满足要求。

b. 聚酰胺 聚酰胺是一种改性多元胺，通常由亚油酸二聚体和脂肪族多元胺反应制得。聚酰胺最大特点是添加量的容许范围比较宽，一般聚酰胺用量范围在 60～150 份，固化物的力学性能比较均衡，耐热冲击性优良，对范围很广的各种材料具有优良的粘接性。固化物的性能也因聚酰胺的胺值和加入量而有所不同，如胺值增加，则固化物的热形温度 HDT 也增加。聚酰胺的加入量增加，则固化物的可挠性和冲击强度提高，而 HDT 则降低。聚酰胺虽然是常温固化剂，但如果固化温度提高，因固化物的交联密度增加，其性能也能提高。

聚酰胺与脂肪族多元胺比较，耐水性优良，但耐热性和耐溶剂性较差。

c. 芳香族多元胺 芳香族多元胺指胺基直接与芳香环相连接的胺类固化剂，与脂肪族多元胺相比有如下特点：碱性弱；反应受芳香环空间位阻影响；固化过程时间较长，因此必须加热才能进一步固化。芳香族多元胺为固体，与环氧树脂混合时往往需要加热，因此使用期短。为了克服这一缺点，常常做成熔融过冷物、共熔混合物、改性物或芳胺溶液等来使用。最佳使用量为化学理论量或稍过量，加入少量促进剂（酚类、叔胺等均可）。

③ 改性多元胺　由于单独使用改性多元胺对人的皮肤和黏膜有刺激性，与环氧树脂配比要求严格，碱性强而易与空气中的二氧化碳生成盐等弊病，所以经常使用改性多元胺。

a. 环氧化合物加成多元胺　将过量的多元胺与单环氧化合物或双环氧化合物反应而得到的改性多元胺，生成物通常为胺加成物：

$$RNH_2 + CH_2\!-\!CH\!-\!R' \longrightarrow RNHCH_2\!-\!CH_2\!-\!R'$$

因为加成物分子量增大，沸点和黏度增高，对人的皮肤和黏膜的刺激性随之大幅度减小。同时由于加成反应生成羟基，提高了固化反应活性。有代表性的这类加成物是 DETA 与苯基缩水甘油醚或与低分子量的 DGEBA 树脂的加成物。

b. 迈克尔加成的多元胺　胺的活泼氢对 α、β 不饱和链能迅速加成反应，称为迈克尔加成反应。此反应是在氨基上进行的加成反应，因此改善了改性多元胺的刺激性和对环氧树脂的相容性，特别是丙烯腈的加成反应称为腈乙基化，在延缓反应活性和改善相容性方面是非常有效的。

$$RNH_2 + CH_2\!=\!CH\!-\!C\!\equiv\!N \longrightarrow RNHCH_2\!-\!CH_2CN$$

c. 曼尼斯加成的多元胺　曼尼斯反应为多元胺、福尔马林以及苯酚的缩合反应。此反应可大幅度改善固化特性，能够低温固化。这种改性固化剂的性质，根据胺和酚的种类以及它们的配比不同而不同。

$$RNH_2 + HCHO + C_6H_5OH \longrightarrow RNHCH_2\text{-}C_6H_4OH + H_2O$$

(2) 叔胺及咪唑类固化剂

① 叔胺类固化剂　叔胺属于碱性化合物，是阴离子型的催化型固化剂。它与环氧树脂的固化反应机理如下：

$$R_3N + CH_2\!-\!CH\!-\!CH_2 \sim \longrightarrow R_3N^{\oplus}\!-\!CH_2\!-\!CH\!-\!\sim$$

$$R_3N^{\oplus}\!-\!CH_2\!-\!CH\!-\!\sim + n(CH_2\!-\!CH\!-\!\sim) \longrightarrow R_3N^{\oplus}\!\!\left(\!CH_2\!-\!CH\!-\!O\!\right)_{\!n}\!CH_2\!-\!CH\!-\!\sim$$

叔胺类固化剂具有固化剂用量、固化速度和固化物性能变化较大，固化时放热较大的缺点，因此不适应于大型浇铸，也不应单独使用。表 5-16 列出了具有代表性的叔胺类固化剂。

表 5-16 给出的叔胺类固化剂是属于阴离子聚合催化型的叔胺化合物。用叔胺类化合物作为固化剂固化的 DGEBA 树脂的热变形温度（HDT）如图 5-1 所示。由图可看出不同胺类固化剂在不同温度下进行固化，其固化物的 HDT 也不同，对固化温度的影响是很显著的。即使同一种固化剂在不同温度下固化，其固化物的 HDT 也相差较大。固化温度 90℃时，所有叔胺类固化环氧树脂的 HDT 值最大；如果固化温度超过这一温度，HDT 反而下降。叔胺类固化剂固化环氧树脂的固化物，其 HDT 与咪唑类化合物或三氟化硼配合物固化环氧树脂固化物的 HDT 相比是非常低的。这可能是叔胺的分解使链增长受阻之故。

② 咪唑类固化剂　咪唑类化合物是一种新型固化剂，可在较低温度下固化而得到耐热性优良的固化物，并且具有优异的力学性能。

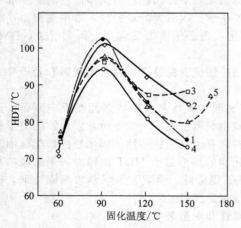

图 5-1　固化温度对 HDT 的影响

（固化剂添加量 5%mol，固化时间 30h）

1—N,N-二甲基正己胺；2—N,N-二甲基环己胺；
3—N,N-二甲氨基甲基甲酚；4—N,N-二甲基苯胺；
5—N,N-二甲氨基甲基苯酚

表 5-16　具有代表性的叔胺类固化剂

名　称		略　称	化学结构
脂肪胺	直链二胺		$(CH_3)_2N(CH_2)_nN(CH_3)_2$
	直链叔胺		$(CH_3)_2N(CH_2)_mCH_3$
	四甲基胍	TMG	$\underset{(CH_3)_2NCN(CH_3)_2}{\overset{NH}{\|}}$
	叔烷基单胺		$N[(CH_2)_nCH_3]_3$
	三乙醇胺	TEA	$N(CH_2CH_2OH)_3$
脂环胺	哌啶		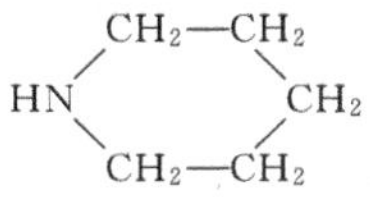 见结构式
	N,N'-二甲基哌嗪		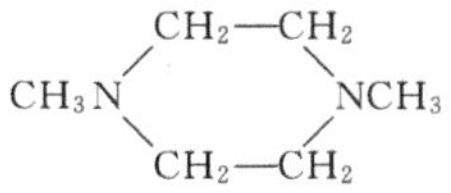 见结构式
	三亚乙基二胺		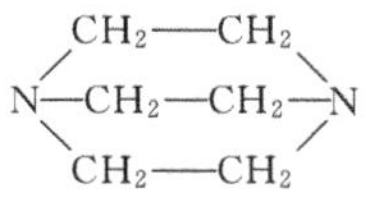 见结构式
杂环胺	吡啶	Pyr	 见结构式
	甲基吡啶	MPyr	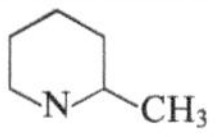 见结构式
	1,8-二氮双环(5,4, 0)-7-十一烯	DBU	
芳香胺	苄基二甲胺	BDMA	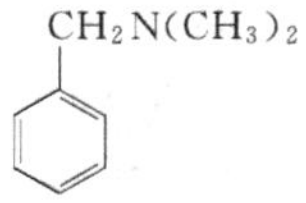 见结构式
	2-(二甲氨基甲基)苯酚	DMP-10	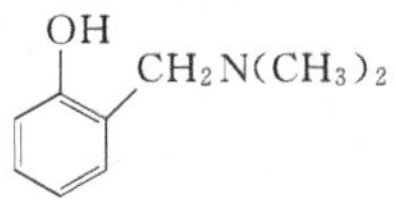 见结构式
	2,4,5-三(二甲氨基甲基)苯酚	DMP-30	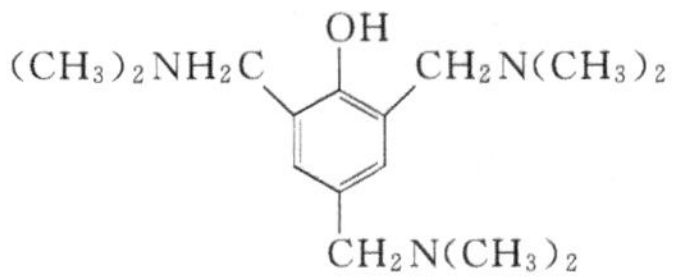 见结构式
	DMP-30 的三-2-乙基己酸盐		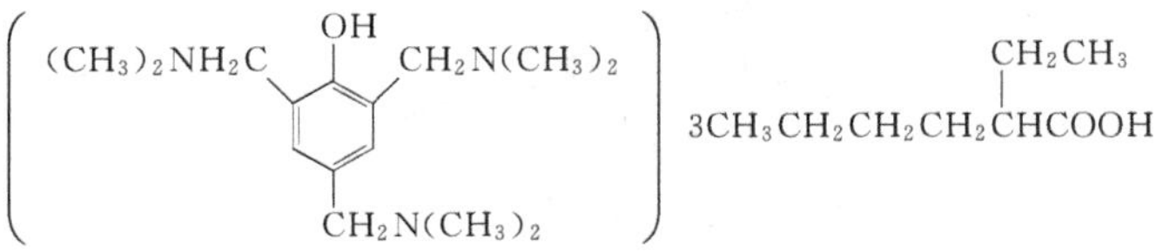 见结构式

咪唑类化合物的反应活性根据其结构不同而有所不同。一般来说，碱性愈强固化温度愈低，在结构上不受 2 位取代基的影响，而受 1 位取代基的影响比较大，这样就形成了仲胺或叔胺。这是因为 1 位上的氢与 3 位上的氮不能共振所致。

咪唑是具有两个氮原子的五元环，一个氮原子构成仲胺，一个氮原子构成叔胺，所以咪唑固化剂既有叔胺的催化作用，又有仲胺的作用。咪唑的碱性比较弱且挥发性小，毒性也就比脂肪族胺、芳香族胺小得多，通常它们在250℃以下几乎不分解。各种咪唑的特性见表5-17。

表 5-17　有代表性的咪唑化合物的结构与特性

名称及结构式	熔点/℃	沸点/℃	活性温度/℃	物　态
2-甲基咪唑	135～139	263～265	82～87	白色结晶
2-乙基-4-甲基咪唑	45	292	82～87	淡黄色黏性液体
2-乙基咪唑	61～66	270～275	82～87	白色结晶
2,4-二甲基咪唑	92	276～278	82～87	白色结晶

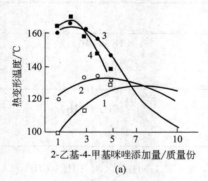

凝胶化后在各后固化温度下固化4h		
编号	凝胶化温度/℃	后固化温度/℃
1	70	70
2	70	93
3	70	149
4	70	204

(a)

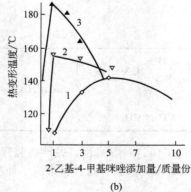

凝胶化后在各后固化温度下固化4h		
编号	凝胶化温度/℃	后固化温度/℃
1	30	93
2	30	149
3	30	204

(b)

图 5-2　2-乙基-4-甲基咪唑的用量固化条件对热变形温度的影响

咪唑类化合物中最引人注目的是 2-乙基-4-甲基咪唑。在室温下易与环氧树脂混合，得到低黏度混合物，适用期长。固化物有较高的热变形温度，当用量为 2％时，经 150℃/4h 固化后马丁耐热温度达 160℃。如果在树脂混合物中添加 125％的二氧化硅填料，固化物的机械强度有明显提高，马丁耐热温度大于 225℃。由图 5-2 和图 5-3 可见，2-乙基-4-甲基咪唑的树脂固化物和酸酐及芳香胺的比较，经高温、短时间的后固化处理后可得到相当高的热变形温度（约 240℃），这种特性对制备缠绕结构的复合材料是极其有利的。

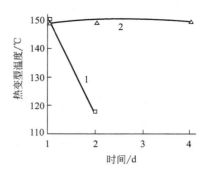

图 5-3　2-乙基-4-甲基咪唑与
间苯二胺的热老化比较
环氧树脂的环氧当量 190，
在 204℃ 老化 4 天
1—14％（质量分数）间苯二胺；2—2.9％
（质量分数）2-乙基-4-甲基咪唑

（3）酸酐类固化剂　环氧树脂和多元酸反应速度很慢，由于不能生成高交联度产物，因而不能作为固化剂之用。酸酐由于具有使用寿命长、对皮肤基本上没有刺激性、固化反应缓慢、放热量小、收缩率低、产物的耐热性高、产物的机械强度、电性能优良等优点而成为一类重要的固化剂。

酸酐和环氧树脂的反应机理与其有无促进剂存在而有所不同。

a. 无促进剂存在时

ⓐ 首先由环氧树脂的羟基与酸酐反应生成含酯链的羧酸：

ⓑ 羧酸和环氧树脂的环氧基开环加成反应生成仲羟基：

ⓒ 生成的羟基和另一个酸酐反应（反应式同ⓐ），与上述反应同时进行的是反应ⓓ。

ⓓ 生成的仲羟基再和另一个环氧基反应：

由以上反应机理可以看出，酸酐和环氧树脂的固化速度受到环氧树脂中羟基浓度的影响。羟基浓度低则反应速度慢，羟基浓度高则反应速度快。

从反应理论上来看是由一个环氧基对一个酸酐反应，而实际上仅用理论量 88％～90％的酸酐就足够了。

b. 促进剂存在时　在有路易斯碱（叔胺）作为促进剂时反应机理如下所述。

ⓐ 叔胺进攻酸酐生成羧酸盐阴离子：

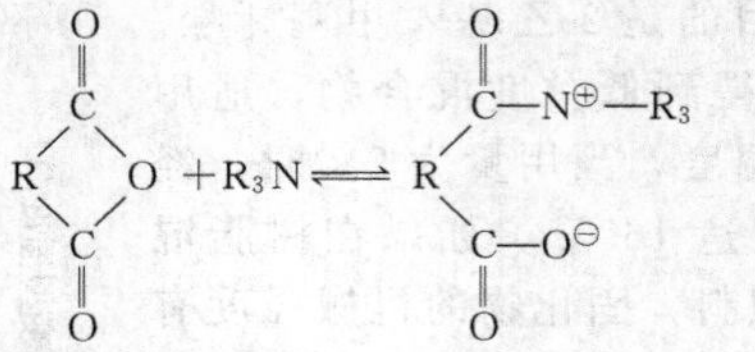

ⓑ 羧酸盐阴离子和环氧基反应生成氧阴离子：

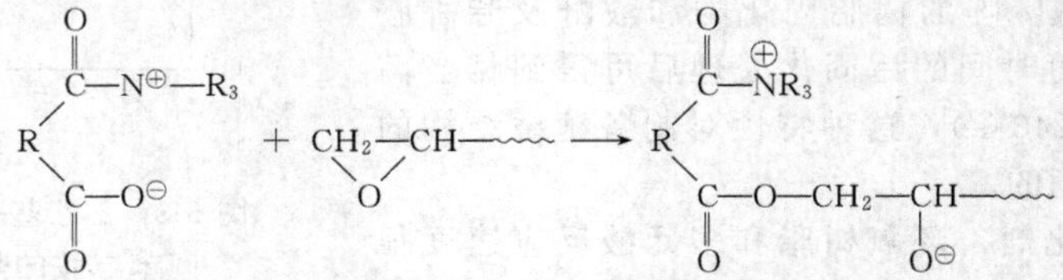

ⓒ 氧阴离子与另一个酸酐进行反应再生成羧酸盐阴离子：

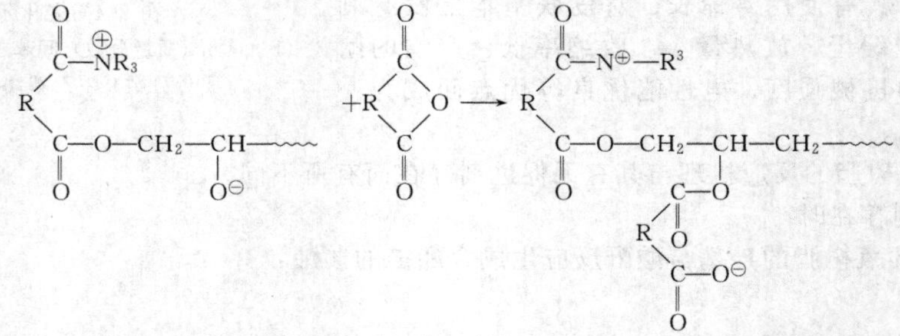

在促进剂存在时环氧树脂的固化速度不受体系内羟基浓度的支配，因此促进剂存在对低分子液态环氧树脂非常有效，在 120～150℃能完成固化反应。在羟基含量较高的固态环氧树脂中，添加促进剂要充分注意使用寿命明显缩短的问题。促进剂存在时，酸酐作为环氧树脂固化剂的用量为实际计算值。

$$酸酐用量（质量份）= \frac{酸酐当量}{环氧当量} \times 100 \times K$$

$$= \frac{酸酐分子量 \times 100}{酐官能团数 \times 环氧当量} \times K$$

$$= \frac{酸酐分子量}{酐官能团数} \times 环氧值 \times K$$

在无促进剂存在时 K 值为 0.8～0.9，在有促进剂存在时 K 值为 1。

酸酐固化剂可分为单一型、混合型、共熔混合型。其中单一型又分为单官能团酸酐，双官能团酸酐，游离酸酸酐。

主要单官能团酸酐的性质见表 5-18。

表 5-18　典型的单官能团酸酐的性质

名　　称	缩　写	化学结构	状态	黏度(25℃)/Pa·s	熔点/℃
邻苯二甲酸酐	PA	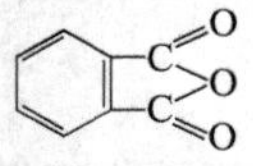	粉末		128
四氢邻苯二甲酸酐	THPA	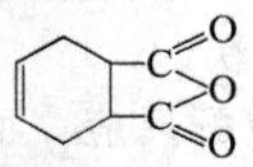	固体		102
六氢邻苯二甲酸酐	HHPA	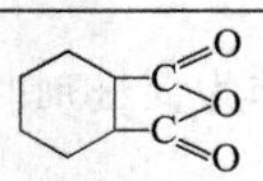	固体		34

续表

名　　称	缩　写	化学结构	状态	黏度(25℃)/Pa·s	熔点/℃
甲基四氢 邻苯二甲酸酐	MeTHPA	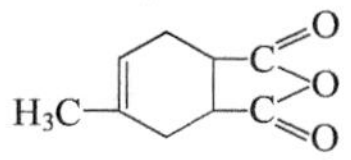	液体	0.03～0.06	
甲基六氢 邻苯二甲酸酐	MeHHPA	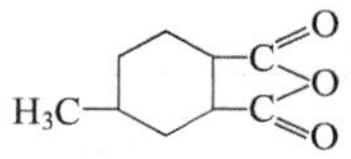	液体	0.05～0.08	
甲基纳迪克酸酐	MNA	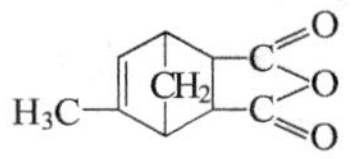	液体	0.138	
十二烯基琥珀酸酐	DDSA	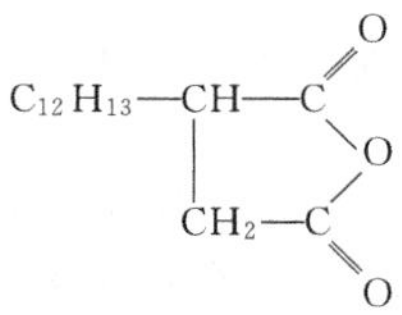	液体	0.5	
氯茵酸酐	HET	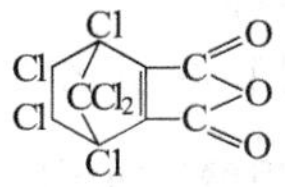	粉末		235～239
顺丁烯二酸酐	MA	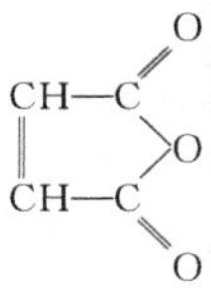	固体		53

① 邻苯二甲酸酐　邻苯二甲酸酐（PA）分子量148，熔点128℃，它是环氧树脂早期使用的固化剂，它的特点是固化时放热量小，使用寿命长，固化产物的电性能优良，除了耐强碱性差外，耐化学品性能良好。

邻苯二甲酸酐适宜在150℃下固化，制造大型浇铸件、层压材料，邻苯二甲酸酐和环氧树脂混溶可采用以下方法。先将树脂加热至120～140℃，再加入邻苯二甲酸酐，搅拌下使之完全熔融，对于液态树脂，为了延长混合物的适用期，可将混合物在60～70℃保温（低于60℃酸酐会析出）。邻苯二甲酸酐与环氧树脂的混合物在100℃时有14h的适用期。标准的固化时间为150℃/6h。

用邻苯二甲酸酐固化后的固化物力学、电气性能见表5-19。

表 5-19　邻苯二甲酸酐固化物的力学、电气性能

项　　目		树脂 A	树脂 B
力学性能	拉伸强度/MPa	35～49	80.5～87.5
	压缩强度/MPa	147～154	105～112
	弯曲强度/MPa	105～112	126～133
	冲击强度	0.46	0.70
	硬度洛氏 M	100	100
	热变形温度/℃	—	109
	拉伸模量/MPa	3360	3150
	热导率/[W/(cm·℃)]	16.75×10^{-4}	16.75×10^{-4}

项　目		树脂 A		树脂 B	
电性能	频率	60	10^3	60	10^3
	功率因数	0.007	0.002	0.0012	0.026
	介电常数	3.64	3.65	3.89	3.50
	介电强度/(V/mm)	16.34×10^3		$(15.75 \sim 16.14) \times 10^3$	
	表面电阻系数/Ω	5.7×10^{12}		$> 5.7 \times 10^{12}$	
	体积电阻率/Ω·cm	$> 8 \times 10^{13}$		$> 8 \times 10^{13}$	

② 顺丁烯二酸酐　顺丁烯二酸酐（MA）为白色晶体，相对密度 1.509；熔点 53℃；沸点 202℃。标准用量为 30～40 质量份，固化条件为 160℃/4h 或 200℃/2h。

顺丁烯二酸酐熔点低，和环氧树脂配制混合物时只要预先将树脂加热到 60℃，然后在搅拌下逐渐将 MA 加入即可熔融。混合物在 25℃下能有 2～3 天的适用期。

MA 的缺点是升华比 PA 还要严重，对操作者的眼睛、呼吸道损害较大；另外固化产物的脆性很大，所以目前很少单独使用它作为环氧树脂固化剂。但 MA 作为混合酸酐和通过 Diels-Alder 反应制备各种酸酐的主要原料，还值得重视。

③ 四氢邻苯二甲酸酐　四氢邻苯二甲酸酐（THPA）由丁二烯和顺丁烯二酸酐按 Diels-Alder 反应制得的。分子量 152，熔点 102～103℃，不易升华，但有使环氧树脂固化物着色的倾向，在常温下蒸气压很低，因而对人体的刺激性很小。

表 5-20 是液态酸酐和 E-44 双酚 A 型环氧树脂的固化产物性能。

表 5-20　液体四氢邻苯二甲酸酐的树脂固化产物性能

项　目	指　标	项　目	指　标
配方/质量份	E-44 环氧树脂 100	剪切强度/MPa	16～18.5
	液态四氢邻苯二甲酸酐 55	马丁耐热/℃	96～100
	苄基二甲胺 0.5	体积电阻率/Ω·cm	9.5×10^{16}
固化条件	100℃/1h+150℃/2h+180℃/2h	表面电阻/Ω	2.45×10^{17}
拉伸强度/MPa	67.5	介质损失角正切(10^6Hz)	2.9×10^{-2}
弯曲强度/MPa	104	介电常数	2.9
压缩强度/MPa	133		

④ 甲基四氢邻苯二甲酸酐　甲基四氢邻苯二甲酸酐由 1,3-戊二烯和异戊（间）二烯分别和顺丁烯二酸酐进行 Diels-Alder 反应而制得的混合物，反应式如下。其最大特点是 MeTHPA/环氧树脂配合物的黏度非常低，而且难以从环氧树脂中析出结晶，是酸酐类固化剂使用最广泛的一种固化剂。

$$CH_3-CH=CH-CH=CH_2 + \text{（顺丁烯二酸酐）} \longrightarrow \text{3-Me-THPA}$$

1,3-戊二烯　　　　　　　　　　　　　3-Me-THPA

$$CH_2=C(CH_3)-CH=CH_2 + \text{（顺丁烯二酸酐）} \longrightarrow \text{4-Me-THPA}$$

异戊(间)二烯　　　　　　　　　　　4-Me-THPA

由于分子结构中有甲基存在，与羧酸碳原子较近的有一定的空间位阻，同时甲基又是供电子基团，因而有诱导效应存在，这两种作用使羧基碳原子亲电性下降，降低了酐基的活性，从而使甲基四氢邻苯二甲酸酐和环氧树脂的混合物比由顺丁烯二酸酐、四氢邻苯二甲酸酐组成的环氧树脂混合物在室温下有更长的适用期。在同样的温度（146℃）时有更长的凝胶时间，具体情况见表 5-21。

表 5-21　四种酸酐熔点及挥发性比较

类别\项目	顺丁烯二甲酸	邻苯二甲酸酐	甲基四氢邻苯二甲酸酐	四氢邻苯二甲酸酐
熔点/℃	53	128	−15	102
挥发性/%	65	7	6	5

甲基四氢邻苯二甲酸酐的挥发性小，毒性也低，又是低黏度液体，和环氧树脂在室温下就能混溶，力学性能和电气绝缘强度优良，因此，它是目前用于电气绝缘的大型浇铸料、层压、缠绕环氧制品的主要固化剂。

⑤ 甲基六氢邻苯二甲酸酐　将甲基四氢邻苯二甲酸酐在高压下氢化可得到甲基六氢邻苯二甲酸酐（MeHHPA）。其分子式为：

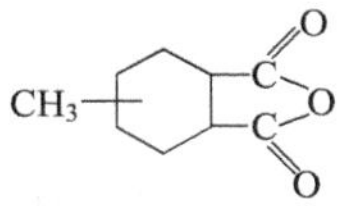

其典型的物化性能见表 5-22。

表 5-22　甲基六氢邻苯二甲酸酐的物化性能

指　标	典　型　值	指　标	典　型　值
外观	无色至淡黄色液体	黏度(25℃)/Pa·s	0.065
酯化值	675～695	蒸汽压(127℃)/kPa	0.7
碘值/(cgI/g)	<2	(144℃)/kPa	1.3
相对密度 d_4^{25}	1.168	着火点/℃	160
凝固点/℃	<−15		

甲基六氢邻苯二甲酸酐除了具有液态酸酐的黏度低、易与环氧树脂混溶、适用期长、固化放热量小、电绝缘性能好的共性之外，其最大的优点是固化产物色泽浅、耐候性好，在紫外线照射和长期受热状态下色泽变化很小，这与它是高纯度的脂环型结构有关，尤其它和脂环族环氧树脂配合这种耐候性更为特出。因此甲基六氢邻苯二甲酸酐绝大多数应用于大型户外电气绝缘制品的浇铸件和发光二极管的制造。

⑥ 纳迪克酸酐及甲基纳迪克酸酐　用环戊二烯及甲基环戊二烯分别与顺丁烯二酸酐反应可以制得纳迪克酸酐（NA）及甲基纳迪克酸酐（MeNA）。

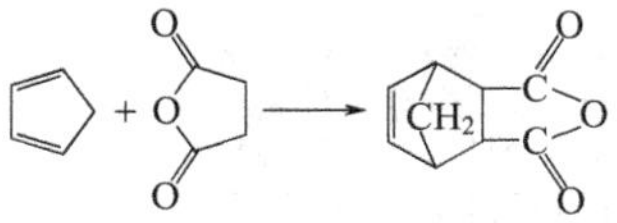

纳迪克酸酐（nadic anhydride），化学名称为内亚甲基邻苯二甲酸酐。

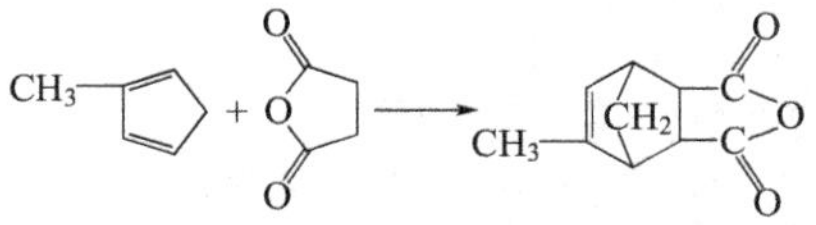

甲基纳迪克酸酐（methylnadic anhydride），化学名称为 3-甲基内亚甲基邻苯二甲酸酐。

虽然纳迪克酸酐和甲基纳迪克酸酐的结构十分相似，但前者是固体，熔点为 163℃；而后者熔点仅为 12℃，在 25℃ 下是黏度为 0.2～0.3Pa·s 的液体。因此甲基纳迪克酸酐应用方便，受到青睐。它们的环氧树脂固化产物热稳定性优于邻苯二甲酸酐及甲基四氢邻苯二甲酸酐。

（4）酸酐的液体混合物及其用量计算　如前所述，大多数酸酐为固态，在室温下与树脂混合困难，需要在熔点以上的温度下操作，由此就产生了如下两个缺点：第一，在高温下酸酐会升华，产生对人体有害的刺激性蒸气；第二，温度高，会使树脂混合物的适用期缩短，这样不利于进行操作。

为了防止这种弊病，可将两种酸酐以一定比例混合，制成在室温为液态的混合酸酐。

使用共熔混合酸酐固化环氧树脂时，每种酸酐用量的计算方法见下面的实例。

已知：双酚A型环氧树脂的环氧当量190，用六氯内次甲基四氢苯二甲酸酐与六氢苯二甲酸酐的混合物（质量比60/40）作固化剂，添加0.1％的促进剂。

求：100g环氧树脂的每种酸酐的用量

解：

第一步，将环氧当量换算成环氧值

$$环氧值＝100/环氧当量＝100/190＝0.526$$

第二步，按混合比求出混合酐中每种酸酐的当量

$$60g六氯内次甲基四氢苯二甲酸酐的当量＝60/酸酐分子量＝60/370＝0.1622$$

$$40g六氯苯二甲酸酐的当量＝40/酸酐分子量＝40/154＝0.2597$$

第三步，求出100g混合酸酐的当量＝0.1622＋0.2597＝0.4219

第四步，求出100g环氧树脂所用酸酐量

六氯内次甲基四氢苯二甲酸酐用量＝酸酐在混合酐中的百分比×环氧值/混合酐当量

$$＝60×0.526/0.4219＝75(g)$$

同样，六氢苯二甲酸酐用量＝40×0.526/0.4219＝50(g)

所以，混合酸酐用量＝75＋50＝125(g)

5.4　环氧树脂的应用

由于环氧树脂具有优良的特性，因此在国民经济的各个领域中被广泛地应用。无论是高新技术领域还是通用技术领域，无论是国防军事工业、还是民用工业，乃至人们的日常生活中都可以看到它的踪迹。按其应用的方式来分可作为：涂覆材料、增强材料、浇铸材料、模塑料、胶黏剂、改性剂。其应用领域见表5-23所列。

表5-23　环氧树脂的应用领域

项　目	应用领域
涂料	金属底漆：汽车车身、船舶、桥梁、管道等 粉末涂料：家用电器、钢制家具、管道、微型电动铁芯等 无溶剂漆：线圈、变压器、特种地坪、电阻、树脂混凝土 罐头涂料：食品罐头、铁桶内壁等
浇铸料	电器：干式变压器、电力互感器、绝缘子等 电子：电容器、变压器、印刷电路元件密封等 工具：钣金模具、橡胶成型模、光侧弹性模型
纤维增强塑料	交通工具：飞机尾翼、门、快艇、汽车车身等 电子电器：发电机嵌衬、高压开关棒 设备：容器、储槽、内衬 体育用品：球拍、滑雪板、球棒等 绝缘材料：印刷电路板、电机绝缘材料
胶黏剂	交通工具：飞机胶黏点焊、船舶螺旋桨、汽车钣金补强等 光学仪器：发电机嵌衬、高压开关棒 电气电子：元件封装、扬声器膜固定、电视安全玻璃固定等 土木建设：混凝土预测件固定、新旧水泥连接、道路修补；路面反光器、瓷砖；旧建筑物加固、文物修复、设备修复 机械工业：机床维修、刀具粘接等
模压料	集成电路封装，电动机铁芯绝缘等
注射料	绝缘珠、互感器、开关箱等
其他	PVC的稳定剂、其他塑料的改性剂、织物整理剂等
泡沫材料	电子工业灌封料、绝缘件、飞机导航用助燃、介电元件、飞机检验装置的夹层材料、受热结构件的夹心料、海底石油管道绝缘材料等

参 考 文 献

[1]　陈平，王德中编著．环氧树脂及其应用．北京：化学工业出版社，2004.
[2]　李广宇，李子东，吉利等编著．环氧胶粘剂与应用技术．北京：化学工业出版社，　2007.
[3]　王德中．环氧树脂生产与应用．北京：化学工业出版社，2004.
[4]　黄发荣，周燕．先进树脂基复合材料．北京：化学工业出版社，2008.
[5]　赵玉庭，姚希曾．复合材料聚合物基体．武汉：武汉理工大学出版社，2004.
[6]　顾书英，任杰．聚合物基复合材料．北京：化学工业出版社，2007.
[7]　秦传香，秦志忠．环氧树脂胶粘剂的改性研究．中国胶粘剂，2005，14（4）：1-5.
[8]　彭静，侯茜坪，董艳霞等．新型环氧灌封胶的研究．热固性树脂，2001，16（5）：28-33.
[9]　侯茜坪，彭静，董艳霞等．室温固化耐高温耐水胶粘剂的研制．热固性树脂，2008，23（4）：37-39.
[10]　瘳宏，马玉珍，魏大超等．低黏度室温固化环氧灌封胶的研制．粘接，2004，25（1）：12-14.
[11]　曹平，游敏，刘刚等．SiO_2对环氧胶粘剂强度的影响．中国胶粘剂，2005，14（4）：15-17.
[12]　汪在芹，李珍，蒋硕忠等．环氧树脂基纳米SiO_2复合材料制备研究．研究与应用，2005，5：8-11.
[13]　刘敬福，刘长兴，李智超．填料对环氧树脂胶粘剂机械性能的影响．辽宁工程技术大学学报，2004，23（4）：536-537.
[14]　张小华，徐伟箭．无机纳米粒子在环氧树脂增韧改性中的应用．高分子通报，2005，6（12）：100-104.
[15]　许宝才，尹玉军，杨润泽等．纳米填料对环氧树脂胶粘剂强度的影响．特种铸造及有色合金，2006，26（12）：770-772.
[16]　王仁俊，蔡仕珍．用纳米SiO_2改进环氧树脂胶粘剂性能的研究．粘接，2005，26（4）：32-33.
[17]　彭永利，黄志雄．双马来酰亚胺/环氧树脂的电性能研究．武汉化工学院学报，2001，23，（3）：43-45.
[18]　彭永利．树脂基复合材料．北京：中国建材工业出版社，1997.
[19]　刘竞超，李小兵，杨亚辉等．偶联剂在环氧树脂/纳米SiO_2复合材料中的应用．中国塑料，2000，9（14）：45-48.
[20]　黎学东，陈鸣才，黄玉惠．塑料的刚性填料增韧．广州化学，1996，3.
[21]　高焕方．填料及液体橡胶对降低环氧厚涂层内应力的作用．表面技术，2002，34（2）：53-54.
[22]　何平笙，周志强．固化环氧树脂中残余应力的研究．工程塑料应用，1987，（1）：33-37.
[23]　邓玉明，顾媛娟．环氧树脂/粘土纳米复合材料的制备与性能．材料科学与工程，2002，（1）：115-119.
[24]　吕建坤，柯毓才．纳米复合材料的制备与性能研究．复合材料学报，2002，（1）：117-121.
[25]　李赫亮，刘敬福．环氧树脂纳米蒙脱土胶粘剂耐蚀性能研究．中国胶粘剂，2006 15（3）：15-18.
[26]　孙磊，梁志杰，原津平．纳微米材料影响环氧涂层耐磨性的试验研究．装甲兵工程学院学报，2003，9（3）：21-23.
[27]　李广宇，付丽华，何红波等．硫酸钙晶须对环氧胶粘剂性能的影响．热固性树脂，1998（4）：24-36.
[28]　刘成伦，余锋．胶粘剂的研究进展．表面技术，2004，8（4）：1-3.
[29]　袁金颖，潘才元．树脂固化时体积收缩内应力的本质及消除途径．化学与粘合，1994，（4）：234-240.
[30]　赵石林，秦传香．聚酰胺酸改性环氧胶粘剂的研究．中国胶粘剂，2000，9（1）：1-4.

第6章 酚醛树脂

早在 1872 年，德国化学家拜耳（A. Baeyer）发现酚与醛在酸的存在下可以缩合得到结晶的产物（作中间体或药物合成原料）及无定形的棕红色无法处理的树脂状产物，但当时对这种树脂状产物未曾开展研究。接着，化学家克莱堡（W. Kleeberg，1891 年）和史密斯（A. Smith，1899 年）再次对苯酚与甲醛的缩合反应进行了研究。克莱堡在学术刊物上详细发表了在浓盐酸存在下酚醛的反应，发现反应生成物不结晶，不易精制，但易成为不溶不熔物。于是他研究在五倍子酸存在下甲醛与多元酚的反应，也生成结晶性化合物。史密斯从克莱堡的反应中得到启示，认为苯酚与甲醛缩合反应可得到某种可成型的化合物，并使原来过分激烈的反应趋于平稳，即使酚与醛的缩合反应在甲醇等溶剂中进行，同时以稀盐酸代替浓盐酸作为反应催化剂，以乙醛或多聚甲醛代替甲醛，并控制反应在 100℃ 以下进行，然后在 12~30h 内蒸出反应物中的溶剂，得到片状或块状硬化物，再通过切削加工成各种形状的制品，但树脂收缩易变形，也就无法实用。

进入 20 世纪后，各国化学家对苯酚-甲醛缩合反应越来越感兴趣，1902 年布卢默（L. Blumer）用 135 份的酒石酸作催化剂，用 150 份 40% 的甲醛溶液与 195 份苯酚进行反应，把得到的油状物注入温水中，同时加入少量的氨水，并加热除去过量的苯酚、甲醛，得到树脂状物质，成为第一个商业化酚醛树脂，命名为 Laccain。1903 年卢格特（A. Lugt）用 40% 甲醛溶液与同份量的苯酚混合，以盐酸、硫酸或草酸作催化剂制得树脂，并指出还可以加入樟脑、橡胶、甘油等来改善其表面硬度。人们也发现，在较低温度下酚醛缩合物经过长时间变化，可以克服温度过高和水分蒸发过快而产生多孔结构的缺点，以制得铸塑制品，但变化时间很长，因而缺乏实际应用价值。因此，当时的研究重点只是用酚醛树脂作为虫胶的代用品，用于涂料称为"清漆树脂"，但没有形成工业化规模。至此，酚醛树脂作为材料还未有突破进展，这是因为酚醛树脂易碎，在硬化过程中放出水分等易使制件产生气孔，并存在龟裂等问题。

直到 1905~1907 年，酚醛树脂创始人，比利时出生的美国科学家巴克兰对酚醛树脂进行了系统而广泛的研究之后，发现低温成型可以避免形成气孔，但生产周期太长，固化树脂也太脆，多数场合不能使用，但通过添加木粉或其他填料可以克服脆性，在密闭模具中加压可减少气体和水的放出，较高温度模压有助于缩短生产周期，从而于 1907 年申请了关于酚醛树脂"加压、加热"固化的专利，并于 1910 年 10 月 10 日成立 Bakelite 公司，分布在多个国家 [1939 年附属于联碳（UC）公司]，他们先后申请了 400 多个专利，预见到目前除酚醛树脂作烧蚀材料以外的主要应用，解决了酚醛树脂应用的关键问题。巴克兰成功地获得了施加高压使酚醛预聚物发生固化的技术，他还明确指出，酚醛树脂是否具有热塑性取决于苯酚与甲醛的用量比和所用催化剂类型，在碱性催化剂存在下，即使苯酚过量一些，生成物也是热固性树脂，受热后能够转变为不溶不熔树脂。巴克兰的主要功绩在于不仅首次合成了可交联的聚合物，而且实现了酚醛树脂的模压成型，这对酚醛树脂的生产和应用起了重大的作用。正因如此，有人曾提议将此年（1910 年）定为酚醛树脂元年（或合成高分子元年），将巴克兰称为酚醛树脂之父。之后 Bakelite 酚醛树脂控制着树脂市场，直到 1926 年、1928 年出现醇酸树脂和氨基树脂。巴克兰把碱性催化剂制得的热固性酚醛树脂，根据其缩聚程度的不同，分别称为巴克兰 A、B、C，分别指"可溶性酚醛树脂"、"半溶性酚醛树脂"和"不溶性酚醛树脂"。

通用巴克兰公司最初生产并进入市场的是甲阶酚醛树脂系列的纸质层压板，以木粉、云母、石棉作填料的模塑料，主要用于制作电器绝缘制品。1911 年艾尔斯沃思（Aylesworth）发现应用六亚甲基四胺（乌洛托品）可使当时认为仅具有永久可溶可熔性质的乙阶酚醛树脂转变为不溶不熔的产物。因为乙阶酚醛（清漆）树脂性脆，所以可以粉碎，易于加工，而且长时间储存亦不会变质,加六亚甲基四胺后制成的制品具有优良的电绝缘性能,从而使乙阶酚醛树脂作为绝缘材料也广泛用于电器工业部门,同时也用于涂料、清漆等。依靠巴氏专利,德国、英国、法国等国都先后实现了酚醛树脂的工业化生产。日本于 1914 年,由三共株式会社引进了酚醛树脂技术,并在东京开始生产。

苏联彼得夫、塔拉索夫等在 1912~1913 年研究了在石油磺酸和芳磺酸的存在下酚醛的反应,并发明制取铸塑体的方法,这种铸塑体被称作卡尔波里特。

1913 年德国科学家阿尔贝特(K. Albert)发明了松香改性的酚醛树脂。此油溶性酚醛树脂的制造方法如下:在苯酚和甲醛酸性缩合物中加入松香,然后加热熔融,并溶于松节油或植物油中即可。后来又发现树脂与桐油结合可制成油漆,涂刷后经过 4h 即可完全干燥,形成耐候性优良的漆膜。这一发明为酚醛树脂在涂料工业上的应用提供了新的途径,开辟了酚醛树脂应用的新领域。

20 世纪 40 年代后,合成方法的进一步成熟并多元化(改进),出现许多改性酚醛树脂,综合性能不断提高,其应用也发展到宇航工业。美国、苏联于 20 世纪 50 年代就开始将酚醛复合材料用于空间飞行器、火箭、导弹和超音速飞机的部件,也作瞬时耐高温和烧蚀材料。60~70 年代出现了多种热固性和热塑性树脂如乙烯基树脂、环氧树脂、聚酰亚胺、PE、PP、PVC、PC、ABS 等,它们具有优良的性能,其使用几乎占据整个塑料领域,使酚醛树脂的应用和发展受到限制。

在随后的多年工作中,许多科学家从事酚醛树脂的研究工作,包括酚醛树脂化学的深入研究,有许多综述和专著出版,如 Hultzsch、Martin、Megson、Robitschek、Knop 等对酚醛树脂化学、改性、加工工艺和应用等方面均有深入研究。

20 世纪 80 年代初世界趋于和平,发达国家经济繁荣、交通发达、建筑趋于高层化和豪华化。但火灾事故频繁发生,80%~85% 的人员致死和致伤是由于着火现场的浓烟和毒气所致,从而各国政府在建筑、运输等领域对材料提出严格的阻燃、低火焰或发烟、低毒等要求,而酚醛树脂正适合此类材料而受到重视。此外,高反应性酚醛树脂、新型成型工艺成为酚醛树脂发展的两大方向,如美国 Dow 化学、西方化学公司、OCF 公司、Indspec 化学公司、ICI 公司等先后研究和开发 SMC、拉挤、手糊成型等工艺用于酚醛树脂的成型,研制出新型酚醛复合材料系统。

中国酚醛树脂的生产有 50 多年的历史,1946 年上海塑料厂就有少量生产。新中国成立后,天津树脂厂、长春市化工二厂、重庆塑料厂、常熟塑料厂、南中塑料厂、南京石棉塑料厂、石家庄化工二厂、嘉兴化工厂、武汉化工原料厂、扬州化工厂、南京塑料厂等相继生产酚醛模塑粉。1958 年仿制苏联传统复合材料(Ar-4B),并研制出中国的酚醛复合材料,并用于军事工业。目前我国生产酚醛树脂及其模塑粉的大型工厂有 70 多个。最近在烟台开发区从国外引进酚醛泡沫技术。

酚醛树脂是最早工业化的合成树脂,由于它原料易得、合成方便,以及树脂固化后性能能够满足许多使用要求,因此在工业上得到广泛应用。早期酚醛树脂的模压产品大量使用在要求低价格和大批量的产品方面。例如,要求耐热及耐水性能的纸质层压产品、模压料、摩擦材料、绝缘材料、砂轮黏结剂、耐气候性好的纤维板等。然而,由于酚醛树脂产品具有良好的机械强度和耐热性能,尤其具有突出的瞬时耐高温烧蚀性能,以及树脂本身又有改性的余地,所以目前酚醛树脂不仅广泛用于制造玻璃纤维增强塑料(如模压制品)、胶黏剂、涂料以及热塑性塑料改性剂等,且作为瞬时耐高温和烧蚀的结构复合材料用于宇航工业方面(空间飞行器、火箭、导弹等)。酚醛树脂虽是古老的一类热固性树脂,生产应用也有 80 余年历史,但由于树脂合成的化学反应非常复杂,固化后的酚醛树脂的分子结构又难以被准确测定,所以迄今缩聚反应的历程还不完全清楚,酚醛树脂的研究工作仍在继续进行。

6.1 酚醛树脂的合成

6.1.1 酚醛树脂合成的原料

生产酚醛树脂的原料主要是酚类(如苯酚、二甲酚、间苯二酚、多元酚等),醛类(如甲醛、乙醛、糠醛等）和催化剂（如盐酸、硫酸、对甲苯磺酸等酸性物质及氢氧化钠、氢氧化钾、氢氧化钡、氨水、氧化镁、醋酸锌等碱性物质）。由于采用不同原料和不同催化剂制备出的酚醛树脂的结构和性能并不完全相同，因此原料的选择应根据产品的性能而定。

（1）酚类化合物

① 苯酚　纯苯酚为无色针状晶体，具有特殊的气味，在空气中受光的作用逐渐变为浅红色，有少量氨、铜、铁存在时则会加速变色过程，因此苯酚与含铁含铜容器或反应器接触，往往变色。苯酚易于潮解，苯酚含有水分时，则其熔点急剧下降，一般每增加 0.1% 的水，熔点将降低 0.4℃左右。

苯酚极易溶解于极性有机溶剂。能溶于乙醇、乙醚、氯仿、丙三醇、冰醋酸、脂肪油、松节油、甲醛水溶液及碱的水溶液。但不溶于脂肪烃溶剂。苯酚与卤代烷烃作用生成醚，与酰氯或酸酐作用生成酯，在涂料工业中利用这个反应制得改性酚醛清漆。

苯酚的羟基为给电子基团，与苯环大 π 键产生共轭作用，使苯环上羟基的邻位和对位得到活化，即有 3 个电取代反应活性点。酚醛树脂就是利用这一原理合成的。

苯酚是生产酚醛树脂的主要原料，它的质量直接影响树脂的性能。生产酚醛树脂时，对苯酚的技术要求是：一级品为无色针状或白色结晶，凝固点 40.4℃；二级品为无色或微粉色结晶，凝固点 39.7℃；三级品纯度较低，凝固点 38.5℃。使用时应根据纯度选择使用或搭配使用。

② 工业酚　工业酚系从煤焦油中精馏得到，为苯酚和甲酚的混合物，其中苯酚 70%，甲酚 30%（甲酚有邻位、对位和间位异构体），为红棕色油状物，有毒性，腐蚀性强。稍溶于水，能溶于醇和醚。

③ 甲酚　甲酚外观为无色或棕褐色的透明液体，工业用甲酚系在 185～205℃时蒸馏煤焦油所得的混合物，有邻甲酚、间甲酚和对甲酚，其比例为（35～40）：40：25。混合酚中的 3 个组分的沸点不同，邻位易蒸馏分离，但对、间位不能蒸馏分离出来，因其沸点接近，不易分离。生产酚醛树脂时也采用这种混合物，用邻甲酚和对甲酚与甲醛作用只能生成线型树脂，间甲酚有 3 个反应点，可以与甲醛缩聚生成热固性树脂。所以作为制造热固性酚醛树脂的混甲酚，其间甲酚的含量应高（大于 40%），间位含量越高，反应越快，凝胶时间越短，反应也越完全，缩聚程度高，游离酚含量少。

④ 二甲酚　二甲酚为无色或棕褐色的透明液体，主要用于制造油溶性树脂，用量较少，有 6 种异构体。随结构不同，其反应活性也不一样，形成的聚合物的结构也不一样，其中 3,5-二甲酚有 3 个反应点，能与醛反应生成交联型树脂；2,3-二甲酚、2,5-二甲酚、3,4-二甲酚有两个反应点，与甲醛反应只能生成线型热塑性树脂；2,4-二甲酚、2,6-二甲酚仅有一个反应点，与甲醛反应不能形成树脂。

⑤ 间苯二酚　间苯二酚是无色或白色针状结晶，与甲醛反应活性高。用间苯二酚制造的树脂可室温固化，可用于生产船龙骨和横梁，树脂的粘接力强，可用作粘接剂。

（2）醛类化合物

① 甲醛　甲醛室温下为无色气体，-19℃液化，-118℃凝固（结晶）。温度在室温以下时易聚合，高于 100℃不聚合，气体在 400℃以上分解，用于制备酚醛树脂的各种甲醛原料有气体甲醛、36% 甲醛水溶液（福尔马林 36%）、50% 甲醛水溶液（福尔马林 50%）。

② 多聚甲醛　多聚甲醛为聚氧亚甲基二醇，是不同细度的白色粉末，在空气中会慢慢解聚，受热解聚速度大大加快。多聚甲醛一般不用于树脂的生产（因价格高），但用在特殊场合，如生产高固体含量树脂或低水含量树脂。多聚甲醛还可用作交联剂如作 Novolak 树脂、间苯二酚树脂的交联剂。

③ 三聚甲醛（三氧六环）　三聚甲醛为白色晶体，有氯仿气味。三氧六环对热非常稳定，但少量强酸能引起三聚甲醛解聚，生成甲醛。多聚甲醛或甲醛溶液（60%～65%）在 2% 硫酸作用下加热可制得三聚甲醛。它可用作酚醛树脂的固化剂。

④ 乙醛　乙醛一般为 40% 水溶液，无色液体，有窒息性气味，能与水、醇、乙醚、氯仿等混合，易燃易挥发，易氧化成乙酸，在室温下放置一段时间，会产生聚合现象，使液体发生浑浊、沉淀而变质。

⑤ 三聚乙醛　三聚乙醛为无色透明液体，有强烈芳香气味，与稀盐酸共同加热或加入几滴硫酸即分解成乙醛。

⑥ 糠醛　糠醛为无色具有特殊气味的液体，在空气中逐渐变为深褐色。糠醛除含醛基外，尚有双键存在，故反应能力很强。苯酚与糠醛缩合的树脂具有较高的耐热性。

（3）催化剂

① 合成催化剂

a. 酸类催化剂　可用于制造苯酚甲醛热塑性树脂的酸类催化剂主要有盐酸、草酸、乙酸、甲酸、磷酸、硫酸、对甲苯磺酸等，各种酸的性能不同，使用条件也不同，各有其优缺点。如使用盐酸时需要进行稀释，它的优点是价格低，在树脂脱水干燥过程中盐酸可以蒸发出去，缺点是对设备有腐蚀。

b. 碱类催化剂　可用于制造酚醛树脂的碱类主要有氢氧化钠、氨水、氢氧化钡，其中氢氧化钠对酚醛的加成反应有强的催化效应，并使初级缩聚物在反应介质中有较好的溶解性，适合制备水溶性酚醛树脂及无水酚醛树脂。氨水可以作为苯酚苯胺甲醛树脂的催化剂，其催化性能较缓和，生产过程容易控制，不易发生交联，且催化剂容易除去。氢氧化钡也是一种温和的催化剂，由它制得的树脂黏度低、固化速度快，且适合于低压成型。

除此之外，氧化镁、碳酸钠、醋酸锌、碳酸钠也可作为催化剂用于制备酚醛树脂。

② 固化催化剂　常用固化催化剂有苯甲酰氯、对苯甲酰氯、硫酸乙酯和石油磺酸等。

（4）固化剂

① 苯胺　苯胺又名阿尼林，为无色油状液体，极毒，暴露在空气和日光下迅速变为棕色，苯胺甲醛树脂具有良好的高频绝缘性和耐水性。

② 六亚甲基四胺　又名乌洛托品，在空气中加热可升华，可用作酚醛树脂的交联剂或固化剂。

③ 三聚氰胺　又名三聚氰酰胺、蜜胺，为白色柱状结晶，用于合成树脂。

6.1.2　酚醛树脂合成的加成反应

苯酚与过量甲醛在碱或酸性介质中（一般为碱性）进行缩聚，生成可熔性的热固性酚醛树脂，若在碱性介质（pH 为 8～11）中反应，则苯酚和甲醛的摩尔比一般为 6:7，常用催化剂为氢氧化钠、氨水、氢氧化钡等。用氢氧化钠做催化剂时，反应分两步进行，即酚与醛的加成反应和羟甲基的缩聚反应。

（1）酚与醛的加成反应　反应开始，酚与醛发生加成反应，生成多羟甲基酚以及一元酚醇和多元酚醇的化合物。这些羟甲基酚在室温下是稳定的，羟甲基酚可进一步与甲醛发生加成反应：

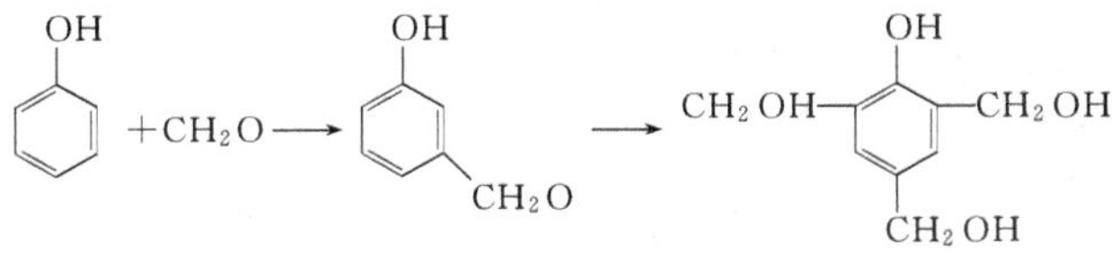

（2）羟甲基酚的缩合反应　羟甲基酚可进一步发生以下两种可能的缩聚反应：

①

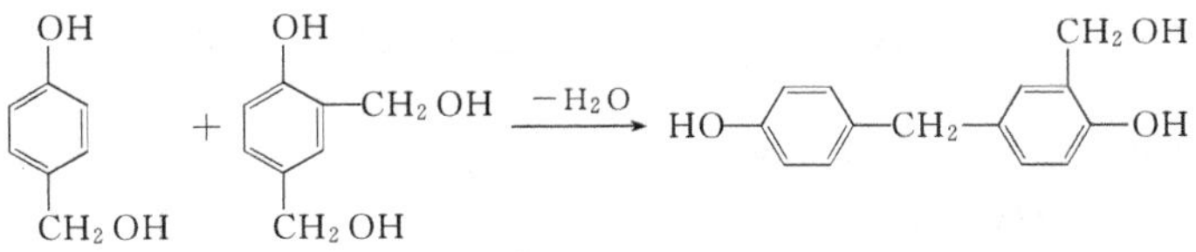

②

$$
\text{HO}-\!\!\!\bigcirc\!\!\!-\text{CH}_2\text{OH} \ + \ \text{HO}-\!\!\!\bigcirc\!\!\!-\text{CH}_2\text{OH} \ \xrightarrow{-\text{H}_2\text{O}} \ \text{HO}-\!\!\!\bigcirc\!\!\!-\text{CH}_2-\!\!\!\bigcirc\!\!\!-\text{CH}_2\text{OH}
$$

6.1.3　酚醛树脂合成的缩聚反应

在通常加成条件下，如在较高 pH（约 9）值，温度低于 60℃，缩聚反应很少发生，加成反应大约是缩聚反应的 5 倍，且甲醛与羟甲基苯酚的反应要比甲醛与酚反应容易，此现象将持续到 50％甲醛被反应掉。在温度大于 60℃时，缩聚反应通常发生在单、双、三羟甲基苯酚、游离酚和甲醛之间，反应比较复杂，在加成反应发生的同时，也发生缩聚反应。由上述反应形成的一元酚醇、多元酚醇或二聚体等在反应过程中不断进行缩聚反应，使树脂相对分子量不断增大，若反应不加以控制，树脂就会发生凝胶。

$$
\text{HO}-\!\!\!\bigcirc\!\!\!-\text{CH}_2\text{OH} \ + \ \text{HOCH}_2-\!\!\!\bigcirc\!\!\!-\text{CH}_2\text{OH} \ \longrightarrow \ \text{HO}-\!\!\!\bigcirc\!\!\!-\text{CH}_2\text{OCH}_2-\!\!\!\bigcirc\!\!\!-\text{CH}_2\text{OH}
$$

$$
\Big\downarrow -\text{CH}_2\text{O}
$$

$$
\text{HO}-\!\!\!\bigcirc\!\!\!-\text{CH}_2\text{OH} \ + \ \text{HO}-\!\!\!\bigcirc\!\!\!-\text{CH}_2\text{OH} \ \xrightarrow{-\text{H}_2\text{O}} \ \text{HO}-\!\!\!\bigcirc\!\!\!-\text{CH}_2-\!\!\!\bigcirc\!\!\!-\text{CH}_2\text{OH}
$$

虽然上述两种反应都可发生，但在加热和碱性催化条件下，醚键不稳定，因此反应以后一种为主。在此条件下，羟甲基主要与酚环上邻、对位的活泼氢反应形成次甲基（CH_2）桥，而不是两个羟甲基之间的脱水反应。羟甲基苯酚之间的反应要比羟甲基苯酚与苯酚的反应快。

在酸性反应条件下，苯酚和甲醛在溶液中加成形成羟甲基苯酚后，再与苯酚进行缩聚反应，缩聚反应速率比加成反应速率快得多，约 5 倍以上。Knopf 和 Wagner 用 NMR 证实羟甲基苯酚在酸性溶液中以羟甲基酚阳离子的形式存在。实验还表明，羟甲基苯酚与 Novolak 链端基团的反应活性要比链内基团高。正因为这样，在酸性缩聚反应中，支化反应是相当少的。当苯酚和甲醛摩尔配比在 0.85~0.87 以上时，随着聚合反应的进行，聚合物的浓度增大，单体浓度减少，情况发生变化，内取代反应发生，从而导致发生凝胶。在这种凝胶物中，可萃取物含量是相当高的，很显然交联程度不高。要使交联产物有优良的性能，需加大量交联剂如六亚甲基四胺。当甲醛和苯酚的物质的量之比为 0.8 时，所得酚醛树脂大分子链中酚环大约有 5 个，数均分子量在 500 左右。若甲醛用量提高，可缩聚成分子中含有 15~20 个酚环的热塑性树脂。

生成的二酚基甲烷与甲醛反应的速率大致与苯酚和甲醛的反应速率相同，因此缩聚产物的分子链可进一步增长，并通过酚环对位连接起来。热塑性酚醛树脂的分子结构与合成方法有关。一般认为在强酸性条件下对位比较活泼，缩聚反应主要通过酚羟基的对位反应，因此在热塑性树脂的分子中主要以酚环对位连接的，理想化的线型酚醛树脂应有下列结构：

$$
\text{HO}-\!\!\!\bigcirc\!\!\!-\text{CH}_2-\!\!\!\bigcirc\!\!\!-\text{CH}_2-\!\!\!\bigcirc\!\!\!-\text{CH}_2-\!\!\!\bigcirc\!\!\!-\text{CH}_2-\!\!\!\bigcirc\!\!\!-\text{CH}_2
$$

但也存在少量邻位结构如：

$$
\text{HO}-\!\!\!\bigcirc\!\!\!-\text{CH}_2-\!\!\!\bigcirc\!\!\!-\text{CH}_2-\!\!\!\bigcirc\!\!\!-\text{CH}_2-\!\!\!\bigcirc\!\!\!-\text{CH}_2-\!\!\!\bigcirc\!\!\!-\text{CH}_2
$$

邻位结构含量随酸性增强而减少。若用高碳醛如乙醛，邻位结构也很少。应该指出的是，若甲醛和苯酚的摩尔比数大于 1 时，则在酸性介质条件下，反应就难以控制，最终会得到网状结构的固体树脂。

酸催化树脂分子量接近 5000，含 50％~75％的 2,4′-位连接产物，其反应速度成正比于催化剂、甲醛、苯酚浓度，与水浓度成反比。

6.1.4　酚醛树脂合成的反应机理

（1）强碱催化下的反应机理　在强碱（NaOH）性催化剂存在下，甲醛在水溶液中存在下列平衡反应：

$$CH_2^{\delta^+}\!\!=\!\!O^{\delta^-} + H_2O \longrightarrow HOCH_2OH$$

苯酚与 NaOH 在平衡反应时形成负离子的形式：

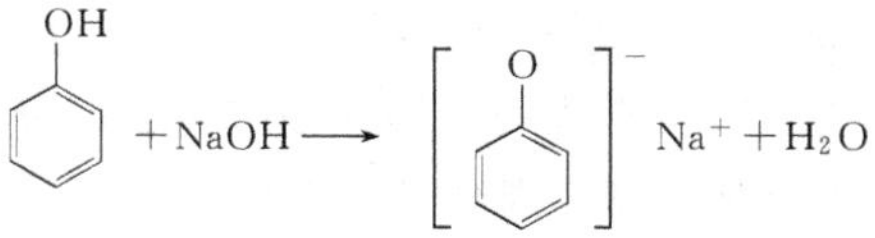

离子形式的酚钠和甲醛发生加成反应：

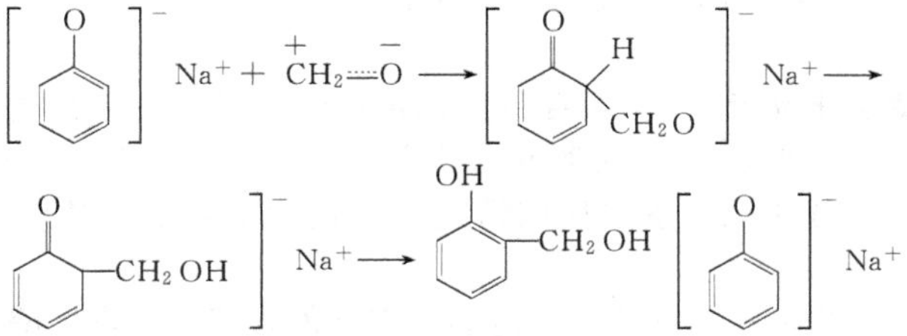

上述反应的推动力主要在于酚负离子的亲核性质。

对羟甲酚可通过下列历程形成：

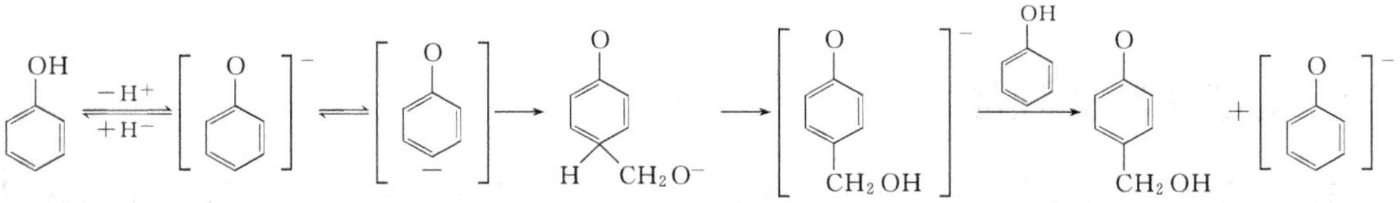

邻对位比取决于阳离子和 pH。对位取代用 K^+、Na^+ 和较高的 pH 时有利，而邻位取代在低 pH、用二价阳离子如 Ba^{2+}、Ca^{2+} 和 Mg^{2+} 时有利。邻位的酮式结构因位阻及氢键而较对位难于形成。其反应动力学还未完全弄清楚，一般认为是二级反应即取决于酚盐浓度和甲二醇浓度。反应速率 $=k[\text{pH}][\text{甲二醇}]$（但对氨催化反应与此不同，是一级反应）。Freeman 和 Lewis 研究了 30℃ 下酚醛的反应，其配比 P：F：NaOH＝1：3：1（摩尔）。假定其为二级反应，一些反应如图 6-1 所示。其中有些反应结构还不完全清楚，如甲二醇如何与酚氧离子反应的。甲醇化苯酚与甲醛反应速度要比苯酚与甲醛反应快（2～4 倍），因此尽管甲醛与苯酚之比高达 3：1，苯酚的残留率仍然较高（Resool 树脂中）。

（2）强酸催化下的反应历程　通常认为，酸催化下的反应是与甲醛或它在水溶液中的甲二醇

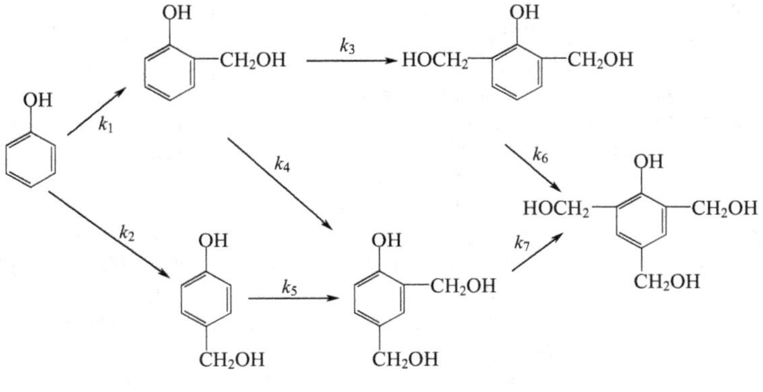

图 6-1　甲酚醇化的反应

形成的质子性质有关的亲电取代反应。

前一步反应比较慢，是反应速度的决定步骤，后一步反应比较快，邻位反应也可发生，但间位反应不发生。研究证明羟甲苯酚在酸性条件下是瞬时中间产物（但确实存在），很快脱水。

脱水的碳锚离子立即与游离酚反应，生成 H^+ 和二酚基甲烷。

动力学数据表明，H^+ 在酚和醛反应的开始阶段是活泼的催化剂，缩聚反应的速度大体上正比于氢质子的浓度。

前已述及，在酸性条件下缩聚反应的速度大致上比加成反应快 5 倍以上，甚至 10～13 倍，因此在甲醛和苯酚的摩尔比小于 1 时，合成的热塑性酚醛树脂的分子中基本上应不含羟甲基。通常第二个甲醛分子不再进行加成反应。通常摩尔比 P∶F=1∶(0.70～0.85)，形成线型的分子含有 5～10 个酚单元，并以次甲基连接（$M_w=500～1000$）。分子链有 10 个以上酚单元可发生支化，^{13}C-NMR 已证实。计算机模拟也证实二支化将要 10 个酚单元，三支化有 15 个酚单元，大约 20% 支化。

若甲醛和苯酚的摩尔比等于 1，则可导致支化，甚至出现凝胶，这时测得的临界支化系数为 0.56，即在反应程度达 56% 时就会出现凝胶。反应动力学研究表明：反应级数为二级（多数情况），反应速度与 [H^+] 成正比，整个反应活化能和活化熵随 pH 提高而增加，表明机理发生变化。

热塑性酚醛树脂即二阶树脂是可溶、可熔的，需要加入诸如多聚甲醛、六亚甲基四胺等固化剂才能与树脂分子中酚环上的活性点反应，使树脂固化。热固性酚醛树脂也可用来使二阶树脂固化，因为它们分子中的羟甲基可与热塑性酚醛树脂酚环上的活泼氢作用，交联成三维网状结构的产物。

6.2　酚醛树脂的性能

酚醛树脂有以下主要特征：①原料价格便宜、生产工艺简单而成熟，制造及加工设备投资少，成型加工容易；②抗冲击强度小，树脂既可混入无机或有机填料做成模塑料来提高强度，也可浸渍织物制层压制品，还可以发泡；③制品尺寸稳定；④耐热、阻燃，可自灭，燃烧时发烟量较小且燃烧发烟中不含有毒物质，电绝缘性能好，在电弧作用下会生成碳，故耐电弧性不佳；⑤化学稳定性好，耐酸性强，由于含苯酚型羟基，因此不耐碱；⑥长时间置于高温空气中会变成红褐色，故着色剂使用受到限制。酚醛树脂和其他树脂的一些特点列于表 6-1。

表 6-1　三大热固性树脂的特点

	酚醛树脂	环氧树脂	不饱和树脂
优点	容易制成 B 阶树脂，有优良的预浸渍制品的特性 固化物耐高温特性，特别是高温强度比聚酯好得多 有优良的耐燃性 固化物强度比聚酯高 热变形温度高，脱模时变形小 可用水和醇的混合溶剂，操作方便 成型只需加热、加压、不需添加引发剂和促进剂 价格低廉	固化收缩小，随固化剂种类而异，体积收缩 1%～50% 固化物机械强度高 尺寸稳定性好 黏结性好 电性能、耐腐蚀性能(特别是耐碱性)优良 若对树脂及固化剂进行选择，能得到耐热性好的固化物 固化物无臭味，能用于食品行业 树脂保存期长，选择固化剂可以制成 B 阶树脂，有良好的制预浸渍制品的特性 固化时不会像聚酯那样，容易受空气中的氧的阻聚 不含挥发性单体，配合组成时常保持稳定,缠绕特性好	固化时无挥发性副产物，几乎已达到 100% 固化 固化迅速，即使在常温下也能固化 可用多种手段实现固化,如过氧化物、紫外线、射线等 可低压成型，接触压成型也可 机械及电性能优良 耐药品性好 能赋予柔软性、硬质、耐候性、耐热性、耐药品性、触变性、难燃、耐熄等特性 可着色，获得透明美观的涂膜 能实现兼具保护与装饰的涂装 固化时放热，使温度上升(这一点可在冷模压中获得应用) 能实现空气干燥 固化收缩非常小，甚至能达到零收缩

续表

	酚醛树脂	环氧树脂	不饱和树脂
缺点	固化比聚酯慢，到完全固化需较长时间 固化时有副产物产生，成型时需比聚酯更高的温度和压力 一般讲，固化物硬而脆，但经过改性有可能做到半硬质状态 固化物的颜色在褐色与黑色之间，不能随意着色或着淡色 耐腐蚀性好，但耐候性差，日久会变色 预浸渍制品的保存期短，必须低温储存	固化剂毒性太大，操作应十分注意 固化时间比聚酯长，达完全固化必须进行长时间的热处理 黏度高。浸渍玻璃纤维需一定的时间 固化放热峰高 价格较高	一般来说，空气中氧的存在会妨碍固化硫黄、酚类化合物、碳等混入时，固化困难特殊的金属或化合物对固化有很大的影响 通常有百分之几的固化收缩 固化方法不当时，由于固化放热及收缩不理想，在制品中会产生裂纹 固化易受温度、湿度的影响 制造后随时间变化固化特性等也容易产生变化 易燃 黏稠性液体有特殊的臭味

　　酚醛树脂虽然是传统的热固性树脂，但由于它原料易得、合成方便，以及具有良好的力学强度和耐热性能，尤其是具有突出的耐瞬时高温烧蚀性能，而且树脂本身又有广泛改性的余地，所以目前酚醛树脂及其复合材料在民用和军工方面用途广泛，主要用于胶黏剂、涂料、离子交换树脂、制造玻璃纤维增强塑料、碳纤维增强塑料等复合材料。酚醛树脂复合材料尤其在宇航工业方面（空间飞行器、火箭、导弹等）作为耐瞬时高温和烧蚀结构材料有着非常重要的用途。常用热固性树脂的性能见表 6-2。

表 6-2　常用热固性树脂的性能

性　　能	酚醛树脂	不饱和树脂	环氧树脂	有机硅树脂
密度/(g/cm^3)	1.30~1.32	1.10~1.46	1.11~1.23	1.7~1.9
拉伸强度/MPa	42~64	42~71	85	21~49
断裂伸长率/%	1.5~2.0	5.0	5.0	
拉伸模量/GPa	3.2	2.1~4.5	3.2	
压缩强度/MPa	88~110	92~190	11	64~130
弯曲强度/MPa	78~82	60~120	130	69
热变形温度/℃	78~120	60~120	120	
线膨胀系数/(×10^{-6}/℃)	60~80	80~120	60	308
洛氏硬度	120	115	100	45
收缩率/%	8~10	4~6	1~2	4~8
体积电阻率/Ω·cm	10^{12}~10^{13}	10^{14}	10^{16}~10^{17}	10^{11}~10^{13}
介电强度/(kV/mm)	14~16	15~20	16~20	7.3
介电常数(60Hz)	6.5~7.5	3.0~4.4	3.8	4.0~5.0
介电损耗角正切(60Hz)	0.10~0.15	0.003	0.001	0.006
耐电弧性/s	100~125	125	50~80	
吸水率(24h)/%	0.12~0.36	0.15~0.6	0.14	低
对玻璃、陶瓷、金属的黏结性	优良	良好	优良	差
耐化学性				
弱酸	轻微	轻微	无	轻微
强酸	侵蚀	侵蚀	侵蚀	侵蚀
弱碱	轻微	轻微	无	轻微
强碱	降解	降解	非常轻微	降解
有机溶剂	有些有机溶剂	侵蚀	侵蚀	某些有机溶剂

6.2.1　酚醛树脂的基本性能

　　酚醛树脂与其他热固性树脂比较，其固化温度较高，固化树脂的力学性能、耐化学腐蚀性可与不饱和聚酯相当，但不及环氧树脂；酚醛树脂的脆性比较大、收缩率高、不耐碱、易潮、电性能差，不及聚酯和环氧树脂。

酚醛树脂与不饱和聚酯、环氧树脂相比，酚醛树脂的马丁耐热温度、玻璃化温度均比前两者高，尤其是在高温下，力学强度明显高于前两者。在300℃以上开始分解，逐渐碳化，800～2500℃在材料表面形成碳化层，使内部材料得到保护，因此广泛用作火箭、导弹、飞机、飞船上的耐烧蚀材料。

6.2.2 酚醛树脂的热性能及烧蚀性能

酚醛树脂的耐热性是非常好的。酚醛树脂的玻璃化转变温度、马丁耐热等均比不饱和聚酯和环氧树脂高，酚醛树脂及其玻璃纤维增强材料的模量在300℃内变化不大，虽然弯曲强度在室温下不及聚酯和环氧树脂，但在高于150℃下，强度都比它们高。

酚醛树脂在300℃以上开始分解，逐渐碳化，而成为残留物，酚醛树脂的残留率较高，可在60％以上。酚醛树脂在高温800～2500℃下在材料表面形成碳化层，使内部材料得到保护。因此酚醛树脂广泛用作烧蚀材料，用于火箭、导弹、飞机、宇宙飞船等。

6.2.3 酚醛树脂的阻燃性能和发烟性能

近年来的研究表明，火灾事故中放出的烟雾和毒性气体是造成人员伤亡的主要原因，这促使人们研究开发新型阻燃低发烟性的聚合物材料。

研究发现，酚醛材料燃烧时形成高碳泡沫结构，成为优良的绝热体，从而阻止了材料内部的燃烧。酚醛材料的燃烧产物主要是水、二氧化碳、焦炭和中等含量的一氧化碳，燃烧产物的毒性较低。此外，酚醛复合材料具有不燃性、低发烟率、少或无毒气放出和高的强度保留率，远优于环氧树脂、不饱和聚酯树脂、乙烯基酯树脂。同时，酚醛材料的阻燃性还可通过添加改性磷、卤素化合物和硼化合物或提高材料的交联度得到进一步改善。

阻燃和燃烧速度成为建筑材料的关键性能指标，前者可用有限氧指数（LOI）来表征，两者的试验方法可分别参考 ASTM D2863—77（法国 AFNOR NFT 51071）和 D635。LOI是指垂直安装的试样（棒）通过外界气体火焰点燃试样的上端后能维持燃烧的氮氧混合物的氧含量，LOI指数越高，阻燃性越好。酚醛树脂氧指数（ASTM D2863—77）很高。燃烧速率或阻燃级别分为94V-0和94V-1两级。燃烧速率或阻燃级别的大小与试样尺寸和形状有关。发烟特性可按标准在烟密度室中通过组合的光学系统来测定，发烟的毒性也可测定。

酚醛树脂复合材料具有不燃性、低发烟率、少或无毒气体放出，在火中性能如可燃性、热释放、发烟、毒性和阻燃性等远优于环氧树脂和聚酯树脂、乙烯基酯树脂。表6-3列出几种树脂的发烟情况，可见酚醛树脂的发烟密度明显较低。不仅如此，酚醛材料还具有优良的耐热性，在300℃下1～2h仍有70％强度保留率。

表 6-3　几种树脂燃烧时的烟道气密度

树　脂	发烟密度	
	闷烟火	火
酚醛树脂	2	16
环氧树脂	132～206	482～515
乙烯基树脂	39	530
聚氯乙烯	144	364

大多数聚合物材料都是可燃烧的，但可以通过添加阻燃剂来改变，可达到V-1和V-0级。酚醛树脂是例外，它既具有阻燃性，又具有低烟释放和低毒性。酚醛树脂主要由碳、氧和氢组成，它们的燃烧产物与燃烧条件有关，主要是水蒸气、二氧化碳、焦炭和一氧化碳（中等量），因此燃烧产物的毒性相对较低。毒性与酚醛树脂的分子结构有关，研究表明改性酚醛树脂的复合材料具有最低的毒性。酚醛燃烧时易形成高碳泡沫结构，成为优良的热绝缘体，从而制止内部的继续燃烧。交联密度高的树脂，有利于减少燃烧时毒性产物的放出，因为低分子量酚醛分子易分解和挥发。酚醛树脂的发烟特性与氧指数还与残碳率有关，氧指数高，残碳率高，它们之间存在线性

关系。残碳率也与酚醛树脂的酚取代有关，非取代酚的酚醛树脂的残碳率往往高于取代酚的酚醛树脂，见表 6-4 所列。酚醛树脂还可使用阻燃添加剂来提高树脂的阻燃性，中等燃烧能力的填料或增强纤维，如纤维素、木粉等可作为阻燃添加剂。较理想的阻燃添加剂有四溴双酚 A（TBBA）和其他的溴化苯酚、对溴代苯甲醛，无机和有机磷化合物如三（2-氯乙基）磷酸酯、磷酸铵、二苯甲酚磷酸酯、红磷、三聚氰胺及其树脂、脲、二氰二胺、硼酸及硼酸盐等及其他无机材料。

表 6-4　各种酚醛树脂的氧指数和残碳率

酚	氧指数		残碳率/%	
	Novolak	Resol	Novolak	Resol
苯酚	34～35	36	56～57	54
间甲酚	33	—	51	—
间氯代苯酚	75	74	50	50
间溴代苯酚	75	76	41	46

6.2.4　酚醛树脂的耐辐射性

不同热固性树脂的耐辐射性：无填充的酚醛树脂耐辐射性相对较低，而玻璃或石棉增强的酚醛树脂是非常好的耐辐射合成材料，但酚醛树脂的氧含量对耐辐射具有相当不利的影响。当高能辐射（γ射线，X 射线、中子、电子、质子和氚核）通过物质时，在原子核内或在轨道电子内出现强烈的相互作用使大部分入射能损耗。这种作用的最后结果是在聚合物材料内形成离子和自由基，从而破坏化学键，并同时伴随着新键的形成，紧接着以不同的速度发生交联或降解。破坏和形成键的相应速度常数决定着耐高能辐射性；含有芳环的聚合物具有低得多的降解速度（因为瞬时活性种的共振稳定）；通常刚性高分子结构耐热固性材料要比柔性热塑性和弹性体结构更耐辐射。阻碍效应主要是离子或自由基的结合，加少量某些物质具有很好的稳定效应，类似抗氧剂，但稳定机理仍需研究。耐辐射性可通过加矿物填料来改善；相反，加一些添加剂（称电波敏感剂）可加速损坏，如在酚醛树脂中加入纤维素可加速材料的辐射破坏。

由于酚醛树脂尤其是复合材料具有优良的耐辐射性，且具有高的耐热性，故酚醛模压塑料用作核电设备和高压加速器的电学元件、处理辐射材料的装备元件、空间飞行器的结构组件，以及用作核电厂的防护涂料。

6.3　酚醛树脂的应用及发展

6.3.1　酚醛树脂的应用

除了用作酚醛复合材料的树脂基体外，酚醛树脂大量用于胶黏剂、涂料、离子交换树脂、感光性树脂、酚醛纤维、电流变体、催化剂等。

耐热性胶黏剂主要分为以下几种：丁腈-酚醛胶、聚乙烯醇-酚醛胶、氯丁-酚醛胶、氟橡胶-酚醛胶、酚醛-缩醛-有机硅胶、酚醛-环氧胶等。

涂料分为水溶性和油溶性两种。涂料工业中主要使用油溶性酚醛树脂，其优点是干燥快、涂膜光亮坚硬、耐水性及耐化学腐蚀性好；缺点是容易变黄、不宜制成浅色漆、耐候性差，主要用于防腐涂料、绝缘涂料、一般金属涂料、一般装饰性涂料等方面。水性酚醛树脂胶黏剂中游离酚含量较低，在合成中不使用有机溶剂，对人体危害较小，其优点是粘接力强、耐热性好、耐水、耐老化，主要用于制造耐水胶合板、建筑模板、船舶板、纤维板等。

在线型酚醛树脂中加入芳香族重氮化合物或重氮盐化合物，可作为感光性酚醛树脂使用，用于印刷平板的制作。谭晓明等研究了紫外线引发剂安息香乙醚（BE），2,2-二乙氧基苯乙酮（DEAP），2-丙基硫杂蒽酮（ITX），空气中的氧、胺增效剂乙基-4(甲基-氨基)苯甲酸酯（EDAB）

和硅胶对含丙烯酰基和季铵盐基酚醛树脂（Pre P）感光性能的影响。结果表明，光引发剂 ITX 的引发效率最高，稳定性好；氧对 Pre P 与交联型稀释单体的感光交联反应有阻聚作用；EDAB 能抑制氧的阻聚作用；硅胶可提高抗湿性和表面黏性；Pre P 可溶于水、无水乙醇和苯的混合溶剂，在 180℃下受热 1h 有 57％ 的季铵盐分解。张拥军等在水溶液中制备了酚醛树脂与重氮盐（PR-DS）、重氮树脂（PR-DR）的复合物。两种复合物都有很高的光敏性，在紫外线作用下，PR-DR 的离子键转化为共价键从而不溶于 DMF，可作为光成像材料。

在酚醛树脂上导入—SO_3H、—CH_2COOH、—COOH 等基团，可制得酚醛型阳离子交换树脂，应用在工业污水处理、石油化工工艺等方面。

将热塑性酚醛树脂用甲醛的浓盐酸溶液进行热处理后，甲醛与酚醛树脂分子发生交联，再进行熔融纺丝可制得酚醛纤维。尽管其摩擦性能不太好，但在加热下不会发生软化，适合做消防服、焊接工作服、安全手套等。2003 年，德国汉堡的欧洲酚醛纤维公司宣布研制成功纤度为 $1.65dtex(1dtex=10^{-6}kg/m)$ 的酚醛纤维（Kynol）。这种经交联的酚醛纤维具有高防火性、耐腐蚀性、舒适性，主要用于飞机、铁路、船舶和汽车的隔热和绝缘，防火队员的座椅，防火和防化学服装的衬里，极地的防寒材料，水箱的衬里，潜水艇的垫罩，飞机和舰船的逃逸盖，各种复合材料、包装物、刹车片和联轴节等。Kynol 织物对安全性要求高的地方，如汽车、飞机、机场、饭店、医院、护理院、渡口、潜水艇和火车等十分有用。

电流变体（ERF）是一种具有较强流变效应的流体，在外加电场的作用下，易流动的低黏度液体突变为难流动的高黏度流体的塑性类固体，当外加电场撤去后，又在瞬间恢复到液态。杨万忠等以二甲基硅油为连续相、间苯二酚和甲醛形成的酚醛树脂为分散相，制备了锂型酚醛树脂电流变体，研究表明，该流变体合成工艺简单，稳定性、电流变效应较高，成本低，有利于产业化生产。

酚醛树脂可用缠绕、RTM、注射成型、模压成型等加工，也可发泡成型，耐热、耐磨、耐化学、尺寸稳定、电性能良好。

酚醛树脂的初始应用主要在电气工业，用作绝缘材料，替代当时应用的传统材料如虫胶、古塔胶。由于其质轻、容易加工而获得广泛应用，可替代木头、金属，成为 20 世纪前半世纪的重要合成聚合物材料，用于电吹风、电话机、壶把柄等日用品，也用在建筑、汽车等工业领域。

主要应用为模塑料和层压板，用作绝缘材料等。

（1）酚醛模塑料　如前所述，酚醛树脂固化后机械强度高、性能稳定、坚硬耐磨、耐热、阻燃、耐大多数化学试剂、电绝缘性能优良、尺寸稳定，且成本低，是一种理想的电绝缘材料，广泛应用于电气工业，故酚醛塑料又俗称"电木"。酚醛模塑料的典型特性见表 6-5。

表 6-5　酚醛模塑料的典型特性

品　种	特　点	用　途
日用品（R）	综合性能好，外观、色泽好	日用品、文教用品，如瓶盖、纽扣等
电气类（D）	具有一定的电绝缘性	低压电器、绝缘构件，如开关、电话机壳、仪表壳
绝缘类（U）	电绝缘性、介电性较高且成本低	电讯、仪表和交通电气绝缘构件
高频类（P）	有较高的高频绝缘性能	高频无线电绝缘零件、高压电气零件、超短波电讯、无线电绝缘零件
高电压类（Y）	介电强度超过 16kV/mm	高电压仪器设备部件
耐酸类（S）	较高的耐酸性	接触酸性介质的化工容器、管件、阀门
无氨类（A）	使用过程中无 NH_3 放出	化工容器、纺织零件、蓄电池盖板、瓶盖等
湿热类（H）	在湿热条件下保持较好的防霉性、外观和光泽	热带地区用仪表，低压电器部件，如仪表外壳、开关在较高温度下工作的电器部件
耐热类（E）	马丁耐热温度超过 140℃	水表轴承密封圈、煤气表具零件
耐冲击类（J）	用纤维状填料，冲击强度高	
耐磨类（M）	耐磨特性好，磨耗小	
特种（T）	根据特殊用途而定	

后来，一些应用被更容易制造的热塑性塑料替换，但酚醛树脂也找到了一些新的用途，且在

某些场合还没有理想的材料可替代，如烧蚀材料。目前世界酚醛树脂主要用于木材加工工业、热绝缘和模压料，约占总量的 75%。在美国 60% 用于木材工业、15% 用于纤维绝缘、9% 用于模压料。酚醛树脂用量与聚氨酯和聚酯相当。最近几十年，注射酚醛模塑粉进展很快，它比压缩模塑料更经济、生产期更短、机械化程度更高。

(2) 酚醛塑料　酚醛塑料具有耐高温、耐冲击、低发烟和耐化学性，且成本低等特点，使酚醛树脂有较快的发展，现正与热塑性塑料相竞争，如酚醛塑料在汽车燃料系统部件中正取代聚苯硫醚和聚酰胺（尼龙）等热塑性塑料。若用于模制嵌件，酚醛塑料部件在受力时具有优异的抗变形能力，性能也可靠。

(3) 纤维增强酚醛复合材料　纤维增强酚醛复合材料具有优异的性能，可替代金属用于汽车和机器制造业，适用于水泵外壳、叶轮、恒温箱外壳、燃料输送泵、盘式制动器活塞、整流子、带燃料导管和回气导管、三角皮带盘、齿轮皮带、阀盖、整流器、滑轮、导向轮等，也做井下用机械零件、汽车零件如 Resinoiod 公司 Resinoiod 系列，其中 Resinoiod 1382 含 40% 玻璃纤维，弯曲强度 110.3MPa，拉伸强度 79.3MPa，缺口冲击强度 117.3J/m^2，可压缩、注射成型。类似产品有 Rogers 公司 RX630，Durez 公司的 Durez 31988、Durez 31735 等。Perstorp Ferguson 公司的 A2740 是 55% 玻璃纤维增强的粒状酚醛塑料，弯曲强度 260MPa，模量 22GPa，拉伸强度 100MPa，模量 19GPa，缺口冲击强度 4.5~5.5J/m^2，热变形温度 230℃，热导率 0.35W/(m·K)，潜在应用是汽车、飞机、国防和电子工业。德国 Raschig 公司的玻璃纤维填充酚醛模塑料 Resinol PF4041 具有很高的刚性，在 185℃ 下具有高韧性和断裂延伸率，用于汽车中水泵壳体和叶轮。

日本 Kobe Steel Works 开发了 30% 碳纤维增强酚醛模塑料，可替代不锈钢板，其相对密度为不锈钢的 1/5（为 1.4），具有优良的耐磨性和自润滑性，可用于轴承等。

一些具体应用如下。

① 运输业　轿车坐椅、飞机坐椅、排气管道、隔热板、防护盖板、公共汽车内外装饰材料、飞机尾座、舱内装饰板、装甲材料、隔热材料、轿车及赛车的隔热罩、发动机盖板、同步电机、火车和地铁等的车厢门、窗框、地板等，多种逆电流器、换向器、汽车刹车片。

② 建筑业　隔热板、内外装饰板、天棚等防火材料、门窗框、防火门、通道、地板、楼梯、管道等。

③ 军事业　火箭、坦克、防爆车辆、潜艇内装饰材料、甲板、窗框、密封船门等、隔热防弹部件、救生艇、灭火船、导弹部件等。酚醛 C-C 复合材料用作火箭发动机罩、火箭喷嘴、鼻锥、碳-碳刹车片（飞机、军事）。酚醛蜂窝结构用于飞机地板、天花板、卫生间、内装饰板，也用于海洋、汽车和体育运动设施，另外在油田方面也有应用。

④ 采矿业　矿井通风管道、毒气排管、井下运输工具、车辆内外装饰板、坐椅、井下排水。

6.3.2　酚醛树脂的最新发展

(1) 合成工艺及装置　当今酚醛树脂合成工艺的特点是：反应釜大型化，程序控制电脑化，出料冷却连续化。

日本住友电木已采用自动化控制的 30m^3 反应釜，树脂出料冷却，采用钢带传递薄层料技术，产品质量稳定，生产效率高。最近 Borden 公司正与英国 John Brown 公司联合扩建其线型酚醛树脂工厂，将安装一台具有 40m^3 的新型反应釜。扩建以后生产能力将提高 50%。

悬浮法工艺合成粒状酚醛树脂在日本有了新的发展。尤尼其卡是一家生产悬浮法粒状酚醛树脂的公司（牌号为 Vmiveks），至今仅有年产 200t 的中试生产规模，最近这家公司将着手建造新的工厂，扩大该产品的生产能力（1000t 以上）。

(2) 产品开发及应用

a. 酚醛模塑料或增强复合材料　目前，酚醛塑料的开发仍围绕着增强、阻燃、低烟及成型适用性方面展开。在汽车制造及安全性要求严格的航天航空和建筑领域，与其他材料特别是热塑性工程塑料相抗衡。据报道，这些被称为工程酚醛塑料的高性能材料在美国已占酚醛塑料市场的 15%。

BP 化学公司新近商业化的 5 个 Cellobond 系列产品（J2027L、J2018L、J2033L、J2041L、J2035L），具有耐热、阻燃、低烟和低毒特性，应用于要求苛刻的公共交通、矿产业、隧道工程和汽车领域。这些材料比其他酚醛塑料更易加工且气味低，层压密度比纤维增强树脂低，适用于各种成型方法，如手糊法、喷涂法、长丝缠绕法、拉挤法、树脂传递法和加压法。其中最高黏度型还适用于 SMC 和 BMC 成型。

Indspec 化学公司的间苯二酚改性酚醛塑料具有优异的耐高温、低烟雾和耐腐蚀等特性，适用于常温成型，目前该产品正在申请专利；另外一种适用于长丝缠绕法成型的新品种即将商品化；最近还使用无腐蚀性的碱催化剂开发出一种适用于拉挤成型的材料，产品兼有聚酯的强度和酚醛的阻燃、低烟和耐腐蚀性等性能。

Occidental Chemical 已开发了两种玻璃纤维增强模型料 Durez 32633 和 31988。Durez 32633 压缩强度为 275.8MPa，弯曲强度 206.9MPa，拉伸强度 137.9MPa。这被认为可能是市场上最具韧性的粒状酚醛模塑料。Resinoid 商品化了一个耐高温模塑料 1460，这是一种长玻璃纤维增强品种，冲击强度达 1762J/m^2。这种材料主要用于模压成型，但也可用于传递模塑和注射成型，主要用于制作机罩零件。Plaslok Corp 为美国汽车机罩市场提供了 Plasslok 307，把耐热和抗冲击性能结合起来，用它制造的制动加力器阀体重量仅为原来铸铝的一半。

Tndspec 公司研制出一种可用于拉挤成型的双组分间苯二酚体系 Resorciphen 2074-A/2026-B，可在通用设备上加工。在不加卤素及大量填料的前提下，具有低烟难燃特性，用它制作的零件的物理、力学、电气性能好，和通常的阻燃复合材料相当。

美国 Fiberite 公司最近连续推出了一系列玻璃纤维增强酚醛模塑料，满足汽车罩下部件及其他金属替代品的需求。其中，FM-20744D 用于制造汽车换向器，产品细粉少，储存及运输中无结块现象，据称其性能已超过了现有高性能材料，而成本降低约 20%。FM-4029FN 用于汽车上要求耐高温的传动装置、发动机和燃料系统上的零部件，具有良好的流动性、成型收缩率和尺寸稳定性，可自动预制成型和注射成型；适宜作汽车罩下部件的 FM-4065，在 150℃ 下能保持室温下力学性能的 70%，也可注射、压缩和传递模成型。Fi-berite 公司为 Kohler 公司小型发动机配套而推出的 FM-400F、FM-4017F 和 FM-4065 分别用于发动机上通气管、油泵盖、左偏心轮、右偏心轮和滤油器接头 5 个部件（原为金属件），具有低成本、低噪声、高耐热、高韧性的性能，可承受通气管耐温高达 205℃ 的要求。Fiberite 公司还商品化了一种新的酚醛 SMC，用于电子封装材料、汽车罩下部件和飞机内饰材料，可用玻璃纤维、碳纤维或芳纶纤维增强，这种材料不含苯乙烯溶剂，在室温下加工方便，高韧性使其适合作仅 1mm 的薄壁制件，加工周期 60~70s，收缩率低。

b. 酚醛泡沫塑料　酚醛泡沫的耐热性优于聚苯乙烯、聚氨酯及三聚异氰酸酯泡沫。AFT 的 Thelmo-Col 产品，除了在耐热及发烟性上优于与之竞争的泡沫外，强度也显著提高。据称此泡沫在结构强度上与聚氨酯泡沫不相上下。但它在密度、强度及存在酸性方面一直处于不利地位。

c. 改性酚醛树脂　Isorca 公司开发了一种称为 Alba-Core 的轻质、阻燃酚醛泡沫复合芯材。除通用型产品外，还有专用于车体、船体、海底石油平台、运动器材及蜂窝状结构的增强芯材。日本航空铝业等公司采用在铝合金上电镀酚醛泡沫新工艺，开发了一种轻质复合铝，产品具有优异的隔热保温、不燃和耐腐蚀性，其蜂窝状结构最大限度地提高了制品强度，该材料专用于 4t 级载重货车的车体，目前正在开发船体、火车厢及建筑材料等新应用。

美国开发了一种新型的开环聚合酚醛树脂（苯并嗯嗪树脂），是由胺、酚和醛类通过开环反应（分子重排）聚合而成，无低分子副产物，与传统酚醛树脂相比，除有相同的阻燃低烟性能，还有更低的收缩率和易加工性，美国联邦管理局（FAA）对该技术用于飞机内饰材料颇感兴趣，并已签订了数百万美元的开发合同。日本三井东压化学品公司试生产一种耐高温透明酚醛树脂，改变了传统的深色外观，产品呈微黄透明，杂质质量分数仅 10^{-6}，耐热性可达 300℃，且生产工艺简单，该树脂由苯酚与一种二甲苯化合物在特殊条件下制备而成。

大日本油墨化学公司开发了一种新型的改性酚醛树脂，是由酚类与二乙烯基苯（DVB）反应合成。DVB 分子内有两个乙烯基团，能与酚核发生亲电取代反应，本身无自聚性。新型树脂具有低的热膨胀系数和热失重，故热应变及抗氧化性良好；用于环氧树脂作固化剂，具有低吸水性和高耐热性。日本大阪市立工业研究所用戊二醛取代甲醛合成酚醛树脂，提高了耐水性、电绝缘性和冲击强度等技术指标。

高聚物的耐热性与其分子结构有关。如果树脂中存在杂环或芳环的数量多、分子链上原子之间存在高键能、聚合物链之间存在高的内聚力（如氢键等）、分子链中存在抗氧化键等，则耐热性良好。酚醛树脂分子链中具有上述耐热的大部分结构条件，因而耐热性好，并且其耐热性还可通过化学改性进一步加以提高。

但酚醛树脂有两个缺点限制了其耐热性，一是苯酚和亚甲基容易氧化，因而耐热性受到限制；二是性脆，对玻璃纤维的黏附力较差。由于酚基是一个强极性基团，容易吸水，使制品的电性能差，力学强度下降，在受热或紫外线作用下，容易生成醌或其他结构，造成颜色变化，所以一般使用的酚醛树脂通常都是经过改性之后的树脂。一般针对酚羟基进行改性，具体有以下几种。

一般将酚羟基醚化或酯化，这样会克服酚羟基易氧化的缺点，用有机硅或有机硼改性属于此类。

引进其他组分与酚醛树脂发生化学反应或部分混合，分隔包围酚羟基。属于此类的有酚改性二甲苯。酚醛树脂中有一半的酚环为疏水性的苯环所代替，酚羟基处于疏水基团的包围之中，吸水性、力学强度、电性能、耐腐蚀性大为改善。聚乙烯醇和环氧树脂改性的酚醛树脂，都属此类。

用多价元素如 Ca、Mg、Zn、Cd 等形成配合物来改性。

用杂原子如 O、S、N、Si 等取代亚甲基键来改性。

以下针对酚醛树脂的增韧和耐热改性分别叙述。

① 增韧改性的研究　提高酚醛树脂 PF 的韧性主要有以下几种途径：在 PF 中加入外增韧物质，如天然橡胶、丁腈橡胶、丁苯橡胶及热塑性树脂等；在 PF 中加入内增韧物质，如使酚羟基醚化、在酚核间引入长的亚甲基链及其他柔性基团等；用玻璃纤维、玻璃布及石棉等增强材料来改善脆性。这些方法虽然提高了韧性，但耐热性却下降了。很多情况下 PF 的韧性和耐热性的提高很难同时实现。近年来，在不降低 PF 耐热性的条件下对如何提高其韧性方面进行了研究，并取得一定进展。如通过添加碳酸钙和黏土等无机填料来保持其耐热性；采用热塑性 PF 亚甲基四胺固化体系，并对改性剂及 PF 固化物的结构进行设计，以同时提高 PF 的韧性和耐热性。

a. 橡胶改性酚醛树脂　橡胶增韧酚醛树脂是最常见的增韧体系，多用作涂料使用。早期多选用丁腈橡胶、丁苯橡胶、天然橡胶增韧，目前对聚氨酯、聚氧化乙烯类增韧 PF 的研究也逐渐增多。加入丁基橡胶之后，虽然提高了韧性，但耐热性会有不同程度的下降，故现在应用较少。聚氧化乙烯与酚醛树脂之间存在较强的氢键作用，故增韧效果较好。增韧效果除与酚醛橡胶间的化学反应程度有关外，与两组分的相容性、共混物形态结构、共混比例等都有关系，橡胶的加入量一般宜控制在 6%～15%。此外，含有活性基团的橡胶如环氧基液体丁二烯橡胶、羧基丙烯酸橡胶、环氧羧基丁腈加成物都可以增韧 PF，由于液体橡胶容易形成海-岛结构，即 PF 构成连续相，橡胶形成分散相，这种形态结构既保证了材料的冲击强度提高、硬度下降，又对摩擦材料的耐热性影响不大，因此是一种理想的增韧体系。增韧后的 PF 性能可满足制造摩擦材料用基体的要求。

P. Sasidharan Achary 用不同摩尔比的 p-甲酚和苯酚制备出甲阶酚醛树脂，再与丁腈橡胶共混，对 50∶50 丁腈/酚醛共混物的黏结强度、应力-应变性能、热行为和微观结构进行了表征。在用 p-甲酚对酚醛树脂改性后，其黏结强度和力学性能显著提高，p-甲酚/苯酚的最佳摩尔比为 2∶1。引入 p-甲酚后，连续相和橡胶区域玻璃化温度的提高，表明丁腈橡胶与酚醛树脂的相容性和反应性提高，在未用 p-甲酚改性的酚醛树脂-丁腈橡胶中加入二氧化硅的结果表明，二氧化硅不仅起到了共混体系的填料的作用，而且还起到了表面相容剂的作用。

Chen-Chi M 将二异氰酸酯-聚酯嵌段共聚物（即聚氨酯）和热塑性酚醛树脂进行共聚，IR 和 NMR 分析表明，高温下二异氰酸酯-聚酯嵌段共聚物和热塑性酚醛树脂的羟基发生反应。热塑性酚醛的解锁温度是 $120℃$，ε-己内酰胺是合适的解锁剂。共聚物只有一个玻璃化温度，这说明共聚物是相容的。加入添加剂后，共聚物的分子运动能力增强，酚醛树脂与玻璃纤维的界面性能得到改善，拉伸强度提高。

Chen-Chi M 同时还制备了分别由 Fullerenol 聚氨酯（C60-PU）和线型聚氨酯改性的酚醛树脂，由于酚醛树脂和 PU 改性剂存在着分子间氢键作用，两种改性树脂中酚醛相和 PU 相都显示出很好的相容性。随 PU 用量增加，改性树脂的成炭率减小，同时其韧性有大幅提高，在 PU 改性剂用量为 3％（质量分数）时，线型 PU 改性酚醛树脂和 C60-PU 改性酚醛树脂的冲击强度分别提高了 27％和 54.3％。

Chen-Chi M 还研究了玻璃纤维增强聚氧化乙烯（PEO）增韧改性热塑性酚醛树脂的力学性能、热稳定性和阻燃性。由于软段的 PEO 能吸收脆性酚醛树脂中的负载，使共混体系的力学性能得到提高。DSC 显示，随 PEO 用量增加，改性酚醛树脂热分解温度从高于 $370℃$ 开始下降，而纤维与基体的界面形态的浸湿性能很好，纤维-基体复合材料的阻燃性很好。同时，还制备了热塑性酚醛树脂和 3 种结构相似的聚合物，即聚氧化乙烯（PEO）、聚氧化乙烯二醇（PEG）、聚乙烯醇（PVA）的共混物。结果表明，在酚醛树脂中添加这 3 种改性剂不仅克服了共混中酚醛容易自我结合的不利影响，而且提高了共混物的强度。共混物的强度是改性剂中形成氢键多少的函数，且两者呈正比关系，按酚醛/PVA、酚醛/PEG、酚醛/PEO 的顺序，对应于 Kwei 方程中 q 值依次增大。并且，羟基-羟基之间的氢键强度要高于羟基-醚键的氢键强度。

Peter P. Chu 制备了热塑性酚醛树脂与聚氧化乙烯的共混物，并用 Painter-Coleman 联合模型（PCAM）研究了此共混体系的热力学性能。在低分子量酚醛-聚氧化乙烯的稀释溶液中，由 FTIR 得到酚醛与聚氧化乙烯反应的平衡常数和焓，计算出共混物的 Gibbs 自由能。用相行为、氢键程度、热焓（C_p）和热焓变化（ACP）来评价 PCAM 对共混物热力学性能预测的有效性。结果表明，氢键在中温下占优势，在高温下或聚氧化乙烯用量大时，分散力占优势。

Albert Y. C. Hung 制备了不同 PEO 含量的聚氧化乙烯（PEO）-热塑性酚醛树脂共混物，并作为碳-碳复合材料的基体前驱体，研究了 PEO/酚醛共混比例对共混物的密度和孔的改变的影响。研究了由 PEO-酚醛共混物得到的碳-碳复合材料的弯曲强度和层间剪切强度。结果显示，随 PEO 用量增加，碳-碳复合材料的密度下降，XRD 和拉曼光谱也证明，碳纤维影响有序碳结构的生长，SEM 观察到断裂表面很平滑，且拔出纤维的数量和断裂纤维更少。

Bong Sup Kim 制备了酚醛树脂与 3 种甲基丙烯酸甲酯-丙烯酸乙酯共聚物（PMMA-CO-EA）的单相共混物，用固化剂六亚甲基四胺固化，用 DSC、光散射和光学显微镜研究固化过程中的动力学和相分离特性。DSC 显示，多官能团苯酚含量越多，酚醛相凝胶转变率越低，固化中光散射特征随时间的变化关系呈现旋节线分离的特征。光学显微镜显示，固化一定时间后，首先形成双相连续结构，逐渐增大成为酚醛相分散在 PMMA-CO-EA 基体中。P（MMA-CO-EA）s 中 PMMA 含量越高，多官能酚醛含量越高，相分离结构的周期距离越小。这些结果表明，酚醛相中，凝胶速率快于相分离，以致在旋节线分离早期相分离可以被网络形成所固定，于是形成的树脂有一个短周期距离两相结构。

Harri Kosonen 对甲阶酚醛树脂和聚丙二醇-环氧乙烷的共聚物（PEO-PP-PEO）进行共混，并研究了这种热固性材料的微观和宏观相分离。三元嵌段共聚物 PEO-PPO-PEO 使用以下 3 种：PE9200、PE10300 和 PE9400。其中，PPO 的分子量相等，而 PEO 的含量分别为 0.20、0.30、0.40。在水溶液中用热交联的简便方法制备热固性材料，用 TEM 和小角 X 射线散射研究了其结构，由于 PEO 和酚醛的氢键作用，尽管 PPO 与酚醛不相容，但在交联时只发生微观相分离，而宏观相分离的趋势减少，PEO-PPO-PEO 的质量分数在 20％时出现微观相分离的球形结构。如

PEO 含量少，则固化时出现宏观相分离。为了避免出现宏观相分离，PEO 和酚醛树脂的分子量应接近或处于同一数量级。

b. 环氧树脂改性酚醛树脂　酚醛树脂酚核上的酚羟基和羟甲基与环氧树脂中的环氧基及羟基反应，形成交联的复杂体型结构。由于在酚醛树脂上引入了环氧树脂，增长了链段，因而降低了固化产物的交联密度，使分子的柔韧性增加。此外，环氧的羟基和醚键还改善了酚醛树脂的粘接性。

A. M. Motawie 以双(4 羟苯基)-1,1 环己烷为基体合成了一定分子量的环氧树脂，并用不同类型的酚醛树脂对其改性。酚醛树脂包括由苯酚、甲酚、间苯二酚和水杨酸分别与甲醛共聚形成的酚醛树脂，研究配方和固化工艺的最佳条件以得到改性后具有高拉伸剪切强度值的木材胶黏剂。研究表明，最佳配方为：苯酚或甲阶酚醛树脂与环氧的质量比为 1∶2，固化剂邻苯二甲酸酐用量为树脂质量的 20%，固化工艺为 150℃×80min；间苯二酚或水杨酸酚醛树脂与环氧的质量比为 1∶2，固化剂多聚甲醛用量为酚醛树脂的 20%，固化工艺条件为 150℃×60min。按上述工艺固化的环氧酚醛树脂结构对拉伸剪切强度的影响的研究表明，该树脂可作为金属和玻璃的涂层和清漆。

c. 聚砜改性酚醛树脂　聚砜作为一种耐高温、高强度的热塑性塑料，被誉为"万用高效工程塑料"，具有优良的综合性能，如电绝缘性能优良、耐热性能好、力学强度高、刚性好、尺寸稳定性高和自熄性好等。美国联合碳化物公司用双酚 A 型聚砜共混改性酚醛树脂，这种改性树脂可制得摩擦材料，其制品在 200～300℃下的摩擦系数始终稳定在 0.49～0.53，平均磨耗量比未改性酚醛树脂降低了 24%。

d. 腰果壳油（CNSL）改性酚醛树脂　CNSL 改性 PF 系化学改性，属于分子内增韧。CNSL 是一种从成熟的腰果壳中萃取而得的黏稠性液体，其主要结构是在苯酚的间位上带一个 15 个碳的单烯或双烯烃长链，既有酚类化合物特征，又有脂肪族化合物的柔性，用其改性 PF，韧性有明显改善，然而长分子链的引入又大大影响其耐热性，因而，在长分子链引入后，需要再加入耐热性能良好的刚性基团分子如双马来酰亚胺（BMI）。这种新型的改性树脂既引进了 BMI 树脂的优良性能，又具有腰果壳油改性酚醛树脂的优点，所以改性树脂的综合性能优于其他改性树脂，是一种性能更好的摩擦材料的基体树脂。

e. 热塑性树脂改性酚醛树脂　采用的热塑性树脂主要有聚乙烯醇、聚乙烯醇缩醛、聚酰胺、聚苯氧基树脂等。工业上应用得最多的是用聚乙烯醇缩醛改性酚醛树脂，常用作涂料。聚乙烯醇分子中的羟基与酚醛缩聚物中的羟甲基发生化学反应，形成接枝共聚物。它可提高树脂对玻璃纤维的黏结力，改善酚醛树脂的脆性，增加复合材料的力学强度，降低固化速率，从而有利于降低成型压力。用作改性的酚醛树脂通常是用氨水或氧化镁作催化剂合成的苯酚甲醛树脂。用作改性的聚乙烯醇缩醛是一个含有不同比例的羟基、缩醛基及乙酰基侧链的高聚物，其性质取决于：聚乙烯醇缩醛的分子量，聚乙烯醇缩醛分子链中羟基、乙酰基和缩醛基的相对含量，所用醛的化学结构。由于聚乙烯醇缩醛的加入，使树脂混合物中酚醛树脂的浓度相应降低，减慢了树脂的固化速率，使低压成型成为可能，但制品的耐热性有所降低。

Shiao Wei Kuo 用 DSC、FTIR、固态 NMR 研究了酚醛树脂和聚乙酸苯乙烯共混物的相容性和反应，单个玻璃化温度显示，酚醛和 PAS 完全相容，这是由于酚醛树脂的羟基和 PAS 的羰基形成分子间氢键而引起的。DSC 显示，相分离的放热峰与组分间的反应有关。

Hew-Der Wu 用一种新方法合成了苯氧基树脂增韧酚醛树脂。110℃苯氧基树脂溶解在苯酚中形成一种黏性混合物，酸性催化剂苯甲磺酸（PTSA）被用来降低混合物的黏度。这种黏性混合物和甲阶酚醛树脂混合。红外光谱分析表明，随 PTSA 用量增加，混合物中氢键的数量和强度增加，而黏度减小。玻璃纤维作为增韧树脂的增强材料，其浸润性提高，同时弯曲强度和缺口冲击强度显著提高。

Bong Sup Kim 制备出苯乙烯-丙烯腈-酚醛树脂共聚物并用六亚甲基四胺固化，用光散射、DSC、光学显微镜研究了丙烯腈的用量对固化过程中相分离和反应动力学的影响。DSC 表明，反应常数与丙烯腈的含量无明显关系，而与多官能酚醛用量有关，固化过程中光散射特征随时间的变化表明，固化呈旋节线分离的特征；光学显微镜显示，固化过程中，首先形成双相连续结构，然后逐渐增大成为富酚醛相的粒子分散在富丙烯腈基体中。相分离结构的周期距离随固化时间改变如下：酚醛树脂和丙烯腈相容性越高，酚醛树脂中多官能团苯酚含量越多，丙烯腈成分越多，固化温度越低，周期距离越短。

f. 桐油改性酚醛树脂　桐油的基本组成为十八碳共轭三烯-9,11,13 酸（桐酸）甘油酯，分子中的共轭双键具有较大的反应活性。桐油改性 PF 系化学改性，亦属于分子内增韧，主要有两种方法。

桐油中的共轭三烯在酸催化下与苯酚发生阳离子烷基化反应，其中残留的双键由于位阻效应，参加反应的概率很小。反应产物在碱催化下进一步与甲醛反应，生成了桐油改性 PF。该树脂固化后，不但硬度降低，韧性提高，耐热性也得到了一定改善，热分解活性较改性前提高了 $60\%\sim80\%$，耐热指数提高了 30%。

桐油与线型 PF 进行加成反应，反应温度大于 $140℃$。桐油能与羟甲基树脂起加成反应，生成苯并二氢化呋喃结构，由其制得的摩擦制件具有较理想的硬度和抗热衰退性能。

g. 新型固化剂改性酚醛树脂　PF 固化剂除六亚甲基四胺外，工业上应用最广的是三羟甲基苯酚、多羟甲基三聚氰胺及多羟甲基双氰胺、环氧树脂等。为获得高性能酚醛树脂，日本、美国对新型固化剂改性酚醛树脂进行了研究和开发，并取得一定成果。用唑啉类化合物固化 PF，所得到的固化物在保持难燃、低烟、耐热性高的同时，又提高了韧性。

h. 聚酰胺改性酚醛树脂　聚酰胺改性酚醛树脂提高了酚醛树脂的冲击韧性和黏结性，改善了树脂的流动性，且保持酚醛树脂原有的优点。用作改性的聚酰胺是一类羟甲基聚酰胺，利用羟甲基或活泼氢在合成树脂过程中或在树脂固化过程中发生反应形成化学键而达到改性的目的。Yangy 认为酚羟基与酰氨基团间的氢键能促进酚醛树脂和聚酰胺的相互混容，通过适当地改变聚酰胺结构可以控制两者的混容程度。以一定量的甲醛，在一定温度和一定时间内处理聚酰胺，可获得羟甲基聚酰胺。这种聚酰胺溶解性能好，黏附性能高，与酚醛树脂的—CH_2OH 基团反应固化，可获得良好的黏结强度。酚醛树脂经聚酰胺改性后，冲击韧性和黏结性提高，用玻璃纤维增强后，可制造耐磨、耐热、力学性能高的制品。

Feng-Yih Wang 研究了酚醛中的羟基和尼龙-6 中的酰氨基团反应平衡常数，在酚醛/尼龙-6 共混物中有很强的分子间氢键作用，从 Painter-Coleman 模型（PCAM）计算出 KA-639.64，从 FTIR 光谱得到的分子间氢键数量比 PCAM 计算的更为接近实际值，富酚醛相处尼龙-6 的自我结合作用被尼龙-6 和酚醛的相互作用取代，共混物中尼龙-6 和酚醛两相相容，在从室温到熔融态温度这一温度区间并未发生相分离。在整个共混比例范围，共混物中 T_g 是负向偏离，酚醛和尼龙-6 的相互作用并未大到足以克服尼龙-6 和酚醛自我结合的程度，这是由于尼龙-6 分子链中长的重复单元妨碍了酚醛的自我结合，尤其在富酚醛相区域，结果增加了共混物的熵值。随着聚酰胺（尼龙-6，尼龙-66）中软段含量的增加，软段部分吸收脆性的酚醛树脂的负载的能力增加，树脂的分子间作用力增加。IR 和 DSC 结果确认了酚醛/聚酰胺共混物完全相容，其热降解温度为 $400℃$，并随聚酰胺用量的增加而升高。用玻璃纤维增强这种改性的热塑性酚醛树脂后，对其力学性能（拉伸强度、弯曲模量、冲击强度）和阻燃性能进行了研究。结果表明，聚酰胺的加入提高了材料的力学性能，聚酰胺的质量分数为 7% 时，其冲击强度提高了 0.5 倍，呈现出最大值。由于聚酰胺链中氢键的形成，纤维和基体之间的界面性能也得到改善。这种材料也显示出优越的阻燃性能。

② 耐热改性的研究　普通 PF 在 $200℃$ 以下能够长期稳定使用，若超过 $200℃$，会发生明显的氧化，从 $340\sim360℃$ 起进入热分解阶段，到 $600\sim900℃$ 时会释放出 CO、CO_2、H_2O、苯酚等物质。改善 PF 耐热性通常采用化学改性途径，如将 PF 的酚羟基醚化、酯化、重金属螯合以及严格其后固化条件，加大固化剂用量等。

a. 硼化合物、钼化合物改性酚醛树脂　在酚醛树脂中引入硼和钼是提高其耐热性能尤其是瞬时耐高温的有效方法之一，改性之后的材料可作为高温烧蚀材料、摩擦材料、胶黏剂等。

硼元素以结合键形式存在于酚醛树脂中，B—O 键键能很高，为 773.3kJ/mol，具有很高的耐热性，同时 B—O 键的引入形成了三向交联树脂，支化度高，因而高温烧蚀时本体黏度大，又能生成坚硬高熔点的碳化硼，所以瞬时耐温好。

用硼酸改性酚醛的方法有如下 3 种：苯酚与硼酸在一定的温度下生成硼酸酚酯，再与甲醛或多聚甲醛和催化剂反应，一定时间后真空脱水，生成硼 PF，其过程如图 6-2 所示；苯酚与甲醛反应生成酚醇，然后在较高温度下（100～110℃）与硼酸反应，并蒸出反应中的水分，最终成为树脂；将热塑性 PF 与硼酸或硼酸与六亚甲基四胺的反应物共混后固化，可制得耐热性得到改善的 PF，此法制得的摩擦片耐热性高达 450℃ 以上，而未改性的酚醛树脂制造的摩擦片在 300℃ 时性能即开始劣化。在国外已应用于耐热要求较高的刹车片、离合器片，其热分解温度比普通 PF 可提高 100～140℃，它在 700℃ 的分解残留物还有 63%。一般硼酚醛树脂的耐水性较差，若能形成 B 的六元环或引入 N 与 B 形成配位配合结构，其耐水性可得到改善。

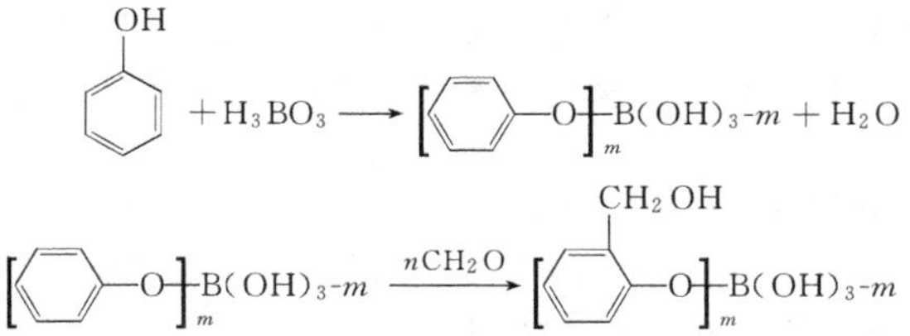

图 6-2　硼酚醛树脂的合成

经过高温炭化的酚醛树脂还可用作电池材料。尹鸽平通过在熔融的热固性酚醛树脂中加入硼酸的方法得到含硼酚醛树脂，经过一步炭化制备了掺硼硬碳材料，将其作为锂离子电池碳负极材料，嵌锂容量有所提高，充放特性有所改善；电化学交流阻抗分析表明，硼的掺入使反应阻抗降低，双层电容增加，锂的固相扩散系数增大。

钼酚醛树脂（MoPF）是在普通 PF 中引入钼的一种改性 PF，是通过化学反应的方法，使过渡性金属元素钼以化学键的形式键合于 PF 分子主链中。由于 MoPF 以 O—Mo—O 键连接苯环，因此键能大，MoPF 的热分解温度和耐热性提高，固化温度和成型温度在 160℃ 左右。六亚甲基四胺为 10% 的 MoPF，其在 522～600℃ 下的热失重率为 17.5%。

以钼酸、甲醛、苯酚为主要原料，在催化剂作用下合成钼酚醛树脂的反应分为以下两步。

ⓐ 钼酸与苯酚在催化剂作用下发生酯化反应，生成钼酸苯酯：

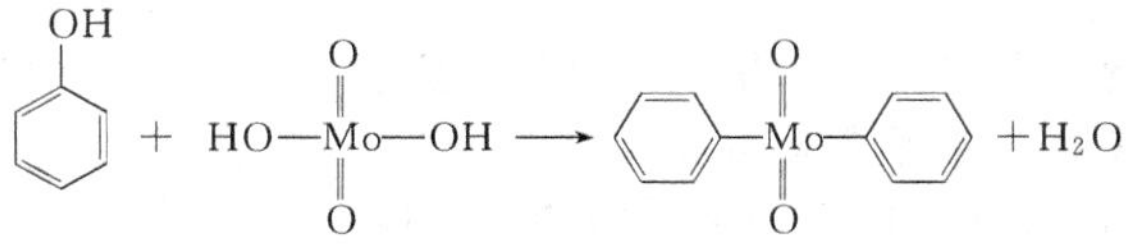

ⓑ 钼酸苯酯与甲醛进行加成及缩聚反应，生成钼酚醛树脂：

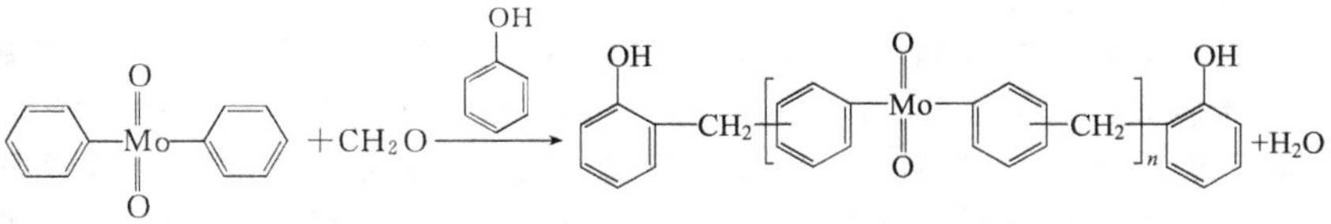

Youqing Hua 用 DSC、热重分析（TG）研究了新型钼酚醛树脂的固化行为、固化反应动力学和固化体系的热降解行为。当 12% 钼含量的钼酚醛树脂与固化剂的质量比为 100：10 时，固化温度和活化能都最小，热分解稳定性最好，最高固化温度不易超过 200℃，固化机理和传统酚醛相似。金属有机化合物和稀土离子也可封闭苯酚的酚羟基，提高酚醛树脂的耐热性。

b. 芳烃改性酚醛树脂　用于改性的芳烃有甲苯、二甲苯、取代苯、萘等。改性原理为：芳环的引入使整个大分子的稳定性提高、刚性增加，从而提高了其耐热性。改性方法主要有两种：芳烃与甲醛反应生成芳醇化合物，再与苯酚、甲醛反应生成树脂；芳烃、苯酚与甲醛同时反应生成树脂。

c. 有机硅改性酚醛树脂　有机硅树脂在形成立体网络的有机硅树脂结构中具有类似无机硅酸盐的硅-氧键结构。硅-氧键的键能比碳-碳键的键能大得多，因此破坏硅-氧键就需要较多的能量，即能耐较高的温度。有机硅改性 PF 具有耐热性高、热失重小、韧性高等优异性能，常作为涂料使用。改性方法主要有两种。

将 PF 与含有烷氧基的有机硅化合物进行反应，形成含硅-氧键结构的立体网络，反应过程中存在着酚醛自聚的竞争反应，因此两种反应之间的竞聚是改性成败的关键。

采用烯丙基化的 PF 与有机硅化合物反应，形成耐热性能优异的有机硅改性 PF。用有机硅改性 PF 制得的摩擦材料的摩擦性能稳定，磨损率低，在 100～350℃温区内摩擦系数变化很小（$\mu=0.36～0.40$）。周重光等发现有机硅改性酚醛树脂的热稳定性明显提高，改性后的酚醛树脂在氮气中 820℃下的烧蚀成炭率可超过 70%。

用有机硅改性的酚醛树脂复合材料可在 200～260℃下工作相当长时间，可作为瞬时耐高温材料，用于火箭、导弹的耐烧蚀结构材料。酚醛树脂与有机硅树脂、糠酮树脂进行嵌段共聚，可制得糠酮有机硅改性酚醛树脂，它具有耐高温、耐腐蚀等性能，可用作耐腐蚀内衬、耐腐蚀玻璃钢等。

A，lbert Y. C. Hung 制备了热塑性酚醛树脂和聚二甲基硅氧烷-己二酰二胺（PDMSA）的共混物，由于酚醛树脂和 PDMSA 分子间氢键的存在，两者有一定相容性。共混物中分子间氢键的强度与 PDMSA 的氢键强度呈函数关系，且与玻璃化温度的偏差 ΔT_g 一致，T_g 研究显示共混物完全相容，PDMSA 用量增加，酚醛相分子链的活动性提高。

Chen-Chi M 制备了热塑性酚醛树脂和聚二甲基硅氧烷-己二酰二胺（PDMSA）共混物并研究了力学性能、热稳定性、阻燃性。PDMSA 用量增加，力学性能提高，因软段 PDMSA 吸收脆性酚醛树脂中的负荷，TGA 显示热分解温度高于 400℃，10% 失重时的分解温度提高。酚醛用量增加，成碳率提高，阻燃性很好，UL-94 V-1 氧指数高于 35。

d. 胺类化合物改性酚醛树脂　常用于 PF 改性的含氮元素化合物主要有聚酰亚胺（PI）、三聚氰胺、三聚氰胺羟甲基化合物、苯胺等。其中聚酰亚胺（PI）以双马来酰亚胺（BMI）为常用。BMI 具有突出的耐热性、耐湿热性、良好的力学性能、电学性能、耐化学药品、耐环境及耐辐射等特性。在酚醛树脂中引入 BMI 时，因两者之间发生氢离子移位加成反应，对部分酚羟基具有隔离或封锁作用，使改性树脂的热分解温度显著提高，使摩擦材料的耐高温性能得到很大改善。

聚酰亚胺（PI）是由芳香族二胺与二酐缩合而成的，具有优异的耐热性和阻燃性，可显著提高 PF 的耐热性。改性方法主要有 3 种：a. PI 与 PF 分子间发生化学反应，PI 中以 BMI 最为常用，BMI 反应的特点是无小分子挥发物生成，可低压成型，将其用于线型 PF 的改性，耐热性提高 50℃ 以上，250～300℃ 时摩擦系数为 0.40～0.41；b. 直接合成主链上含有 PI 结构的 PF，将酚类、芳香族胺及甲醛缩聚合成的 PF 同芳香羧酸酐反应，即可得到分子内含有酰亚氨基团的改性 PF，其耐热性能优良；c. 将 PI 与热塑性 PF 熔融共混改性，加入六亚甲基四胺，固化产物显示出优良的耐热性与弯曲强度。

三聚氰胺改性酚醛树脂结构如图 6-3 所示。胺类改性后的 PF 其耐热性有显著提高，热失重分析结果表明，苯胺改性 PF 的热分解温度为 410℃，三聚氰胺改性树脂的热分解温度为 438℃，而纯 PF 热分解温度为 380℃。其耐热性提高的原因是引入了较稳定的杂环结构以及固化树脂交联密度的提高。制得的摩擦材料在高温下有较好的摩擦性能，是应用较为普遍的改性方法。

C. Gouri 研究了弹性体改性对马来酰亚胺改性之酚醛树脂（PMF）黏结性能的影响。固化有两种体系：自固化和用酚醛环氧树脂固化。黏结性以对铝的黏结性能（如拉伸剪切强度和 T 剥离强度）表示。弹性体改性剂有以下几种：不同分子量的两种类型的端羧基丁二烯-丙烯腈共聚物（CTBN）；低分子量端羟基环氧化的聚丁二烯；高分子量丙烯酸类（包括环氧侧基）的三元共聚物。在环境温度下自固化的脆性的 PMF 树脂在加入弹性体后，其黏结性能显著提高，尤其是高分子量的 CTBN 弹性体改性剂，其黏结性提高更为显著。对于刚性环氧固化的 PMF，高分

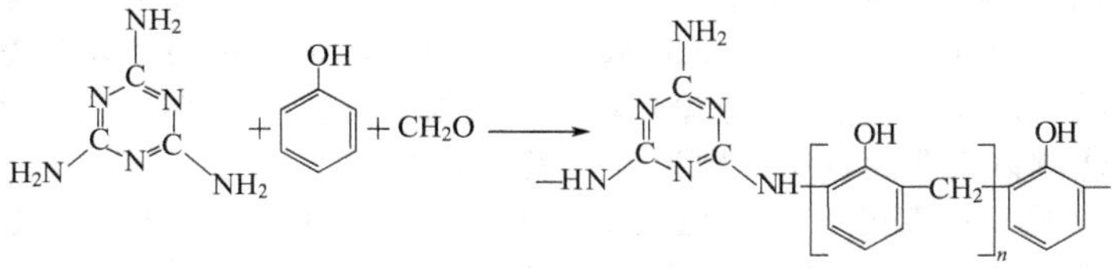

图 6-3 三聚氰胺改性酚醛树脂结构

子量 CTBN 的引入，其黏结性能只有微小的提高，而其他弹性体对其黏结性的改善并无效果。从动态力学分析可看出，不论是自固化还是环氧固化的 PMF，弹性体引入都能降低其高温黏结性能，即减弱了热性能。

R. L. Bindu 在酸性催化剂存在下，将苯酚、甲醛与 N-(4-羟苯基)马来酰亚胺（HPM）共聚合，制得带有不同苯基马来酰亚胺用量的酚醛树脂，对固化特征动态办学分析（DMA）的研究表明，固化分两个阶段进行。固化机理是羟甲基和马来酰亚胺的缩聚反应，与羟甲基的聚合相比，马来酰亚胺的缩聚占优势，用 Rogers 方法研究固化反应的动力学证实了每个阶段的固化机理。尽管固化树脂的最初分解温度并未显著提高，但是 HPM 交联密度的增加提高了材料在高温下的热稳定性，在无氧条件下的高温分解碳化产率却随马来酰亚胺的含量呈正比提高，对高温分解及碳化物的分析表明，碳氢化合物和含氮化合物消失了。这种树脂可用作二氧化硅和玻璃纤维增强复合材料的树脂基体，在中等交联程度下，力学性能最佳，纤维剥离和树脂破裂同时发生。

e. 磷改性酚醛树脂　磷化合物改性 PF 具有优异的耐热性和突出的抗火焰性。常用的磷化物有磷酸、磷酸酯、氧氯化磷。磷化合物改性 PF 和固化剂共混，效果显著，工艺简单。磷酸酯改性 PF 的固化物经 400℃处理 1h 和 2h 后，失重率分别为 57% 和 80.2%。因此，由这种树脂制成的材料具有优异的耐热性和突出的耐火焰性。

M. A. Espinosa 用含磷氧化物的二缩水甘油醚作为酚醛树脂的固化剂制备了新型阻燃热固性材料：由甲阶酚醛树脂和异丁基缩水甘油基丙基醚磷化氢（IHPO-Oly）为交联剂制得含磷的酚醛环氧树脂，用热、热-机械方法研究其固化行为和阻燃性能。随磷用量的增加，固化材料的 T_g 和分解温度下降，热稳定性下降，而在高温处分解速率低于不含磷的酚醛树脂。UL-94 的阻燃性测试表明可得到 V-0 材料。同时，作者还以苯并噁嗪-酚醛树脂和缩水甘油基亚磷酸盐为基体得到新型阻燃热固性树脂，将其与缩水甘油基亚磷酸盐共聚，研究了固化树脂的固化和热性能，考虑到苯并噁嗪-酚醛树脂的官能度和缩水甘油基亚磷酸盐易异构化的性质，研究了两者作为模塑料的共聚反应。用热塑性酚醛树脂作为引发剂时，须用对甲苯磺酸来降低固化温度，防止缩水甘油基亚磷酸盐的异构化反应。最后所得材料具有高的玻璃化温度和较低的热分解速率。

Ging-Ho Hsiue 通过 Friedel 烷基化工艺，由二环戊二烯（DCPD）和苯酚合成了 2-[4-(2-羟苯基)]三环[5.2.1.0$^{2.6}$]10-8-y1]苯酚（HPTCDP），然后与甲醛反应，得到含 DCPD 的酚醛树脂（DPR），再接枝引入磷酸盐官能团，FTIR、^{31}P-NMR 和元素分析证明了磷酸化作用的存在，DPR 中的磷含量在 3.46%~7.79%（质量分数）之间改变，磷含量增加，玻璃化温度下降，热失重分析中有 39%~47%（质量分数）的成炭率，所有磷酸化的酚醛树脂的氧指数在 27~34 之间变化。这表明，材料可作为阻燃材料应用。

f. 苯并噁嗪化合物改性酚醛树脂　苯并噁嗪化合物作为开环聚合酚醛新材料，具有较高的热稳定性，而且聚合时无挥发成分逸出，工艺性能好。苯并噁嗪化合物是一类含杂环结构的中间体，一般由酚类化合物、伯胺类化合物和甲醛经缩合制得。苯并噁嗪化合物只有在加热、含有活泼氢的酚类化合物以及阳离子引发剂都存在的条件下，才能进行开环聚合反应，生成含氮且类似 PF 的网状结构。因此，采用线型 PF 为活泼氢化合物，同时加入六亚甲基四胺与其共混，在催化剂作用下，进行树脂固化反应，可得改性树脂固化物热稳定性高，摩擦材料制件性能优良，100~300℃时摩擦系数稳定。

M. A. Espinosa 合成了苯并噁嗪环改性热塑性酚醛树脂，对其固化行为和热性能进行了研究。合成方法是将 1,3,5-六氢化三苯基-1,3,5-三嗪作为中间体，进一步与热塑性酚醛树脂反应。他研究了苯酚、羧基酸、Lewis 酸对苯并噁嗪开环聚合的影响。结果表明，阻燃降解行为的退化得到改善，UL-94 燃烧测试表明此材料级别为 V-0 级的阻燃材料。

Ho-Dong Kim 合成了以双酚 A 和伯胺为基体的典型聚苯并噁嗪。核磁共振研究发现，在羧基酸溶液中曼尼希碱（Mannich）是稳定的，这与曼尼希碱中伯胺和羧酸的反应性有关，同时又影响到固化中形成的氢键强度。

g. 酚三嗪树脂（PT 树脂）　提高 PF 耐热性最为显著的改性工作是酚三嗪树脂（PT）的研制，它是一种固化产物，具有三嗪网状结构的改性 PF。PT 具有 BMI 的高温性能（玻璃化温度大于 300℃）和 PF 的阻燃特性以及环氧树脂的加工工艺性能（固化过程无挥发性小分子产生，收缩率低）。其制备过程如下：在二氯甲烷溶液中，热塑性酚醛树脂与三烷基胺反应，在 −30℃ 再与卤代烃如 ClCN 或 BrCN 反应，经过滤、蒸除溶剂得到液体酚醛树脂氰酸酯。反应式如下：

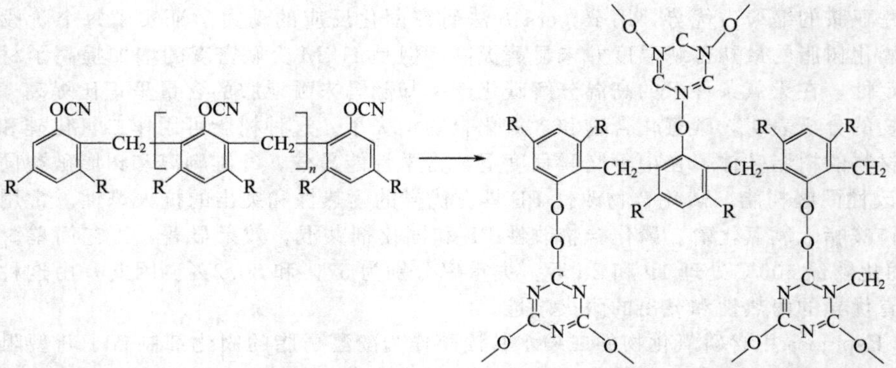

该树脂是自固化体系，在 120℃ 下固化 16h，以 3℃/min 的速率升温到 260℃，保温 3h，可得到 T_g 为 380℃ 的固化树脂，即酚三嗪树脂。PT 树脂作为高性能复合材料的基体，其耐热性、弯曲强度和剪切强度在热固性树脂中称得上佼佼者。该树脂在摩擦材料上的应用尚在进一步研究中。

h. 焦油改性酚醛树脂　在线型酚醛树脂溶液中加入煤焦油高沸点组分（大于 200℃），在甲醛或乌洛托品存在下可发生缩合固化反应。煤焦油中主要为多取代苯、菲、蒽、甲酚以及结构复杂的高分子环状烃和含 S、N、O 的化合物。

其中菲、蒽、苊、甲酚等可与酚醛、甲醛缩合，各缩合产物均可与酚醛树脂进一步缩合生成体型结构大分子，因而可提高酚醛树脂的耐热性。郑延成等发现线型酚醛树脂经有机硅偶联剂和高沸点煤焦油改性后，其耐热、耐水、耐介质性能均明显提高。这除了煤焦油的作用外，硅烷偶联剂也起了一定的作用，硅烷偶联剂中含有的 —NH$_2$ 可以和酚醛分子中的羟基缩合，其中的烷氧基水解产生的羟基可与树脂中的羟基脱水缩合，在树脂中形成"桥键"，从而提高了耐温、耐介质性能。

i. 纳米材料改性酚醛树脂　随着纳米技术的出现和发展，在酚醛树脂中的应用也越来越广泛。纳米材料主要有碳纳米管、硅酸盐黏土等。

碳纳米管改性酚醛树脂碳纳米管自从 1991 年被发现以来，已引起人们的广泛关注。碳纳米管具有较大的长径比（直径为几十纳米以内，长度为几微米到几百微米），是到目前为止已知的最细的纤维材料，具有优异的力学性能和独特的电学性能。由于它具有导电性，因而由它制备的纳米复合材料也能导电，与用炭黑、微米级填料或不锈钢纤维制得的产品相比，其电导率更高。同时碳纳米管具有良好的耐高温性能，本身又是一种良好的热导体，若将这种碳纳米管改性的酚醛树脂制成耐高温的复合材料，在高温下产生的热量可通过碳纳米管导出，从而降低树脂的温度，起到一定的保护作用。

Min Ho Choi 用线型热塑性酚醛（P1）和有机硅酸盐如苄基二甲基十八烷基铵（$C_{18}BM$）和双(2-羟乙基)甲基脂肪铵（THEM）改性的蒙脱土制备了酚醛树脂-层状硅酸盐纳米复合材料（PLSN）。

PLSN 制备过程是：先将酚醛树脂熔融插层到有机硅酸盐中，随后用六亚甲基四胺（HMTA）固化。X 射线衍射研究发现，尽管两种纳米复合材料都显示出层状结构，与 $P1C_{18}BM$ 得到的 PLSN 相比，P1THEM 得到的 PLSN 硅酸盐的分散更好，原因是酚醛树脂和 THEM 之间存在着强烈的氢键作用。由于硅酸盐的良好分散，与 $P1C_{18}BMIC$ 相比，P1THEMIC 纳米材料的力学性能更好。

G. Hernfindez-Padrón 合成了 SiO_2/酚醛杂化材料。制备过程如下，在改性的热塑性酚醛树脂（MPR）中注入 SiO_2 溶胶，树脂的羧基功能化是在 SiO_2 基体的硅醇官能团与 MPR 树脂中的－COOH 发生强烈化学结合过程中的关键步骤，结果产生核（SiO_2）-壳（MPR）结构。

车剑飞等对 TiO_2、Al_2O_3、SiO_2 的 3 种纳米粒子改性硼酚醛树脂的研究表明：硼酚醛树脂的分子结构并未改变，树脂的耐热性显著提高，起始分解温度提高了约 150℃；当 TiO_2 纳米粒子用量为 5％时，与普通酚醛树脂相比，改性后的冲击强度提高了 131％；TiO_2 用量为 8％时，树脂仍有较低强度。

蒙脱土是一种由纳米厚度的硅酸盐片层构成的黏土，其基本结构单元是由一层铝氧八面体夹在两层硅氧四面体之间，靠共用氧原子而形成的层状结构，可以用插层聚合法制备蒙脱土/酚醛纳米材料。插层聚合法方法如下，即先将聚合物单体分散，插层进入层状硅酸盐片层，然后原位聚合，利用聚合时放出的大量热量，克服硅酸盐片层间的库仑力，使其剥离，从而使硅酸盐片层与聚合物基体以纳米尺度相复合。

Zenggang Wu 用悬浮缩聚法制备出酚醛树脂/蒙脱土纳米复合材料，这种方法对热塑性和热固性甲阶酚醛树脂都适用。选用天然蒙脱土和两种改性的蒙脱土研究改性对纳米材料最终形态的影响，XRD 和 TEM 显示，与热固性甲阶酚醛树脂相比，层状的黏土更容易插层进入线型热塑性酚醛树脂，因为热塑性酚醛树脂通常是线型结构。与脂肪族改性剂相比，带有苯环的改性剂与热塑性或热固性甲阶酚醛树脂显示出更好的相容性。作者认为，插层机理是先发生黏土的片状脱离和吸附，然后在酚醛树脂中原位聚合。

综上所述，高性能 PF 提高韧性的主要途径是外加柔韧性聚合物或在酚结构中引入柔性结构单元；提高耐热性的主要途径是提高酚醛树脂结构中的芳杂环含量或引入其他聚合物的结构单元。显然，提高韧性和提高耐热性所采取的途径是相互矛盾的，两者难以同时提高。因此，研制韧性和耐热性同时提高的高性能 PF 一直是研究人员追求的目标。目前，国内外此方面的研究已取得一定进展，并已作为高性能材料得到应用。今后，高性能 PF 的改性研究仍将围绕增韧、耐热、阻燃及成型加工等方面进行。随着应用领域的拓宽，改性研究的不断深入，更多更好的高性能改性 PF 将会在高新技术领域发挥更大的作用。

6.3.3　酚醛树脂的回收利用

热固性树脂及其复合材料因具有轻质、高强、比强度高等优异性能，被广泛应用于各行各业。然而，怎样有效处理和利用其废弃物也是一个问题。据统计，全世界的复合材料的年产量超过 500 万吨，其废弃物达 100 万吨，回收利用率为 10％。

我国玻璃钢产业自 1958 年开始发展以来，至今已具有一定的生产规模。据统计，2001 年我国玻璃钢/复合材料年产量约 45 万吨。若玻璃钢产品的使用寿命按 20 年计算，1980 年前后的玻璃钢制品，均将陆续进入更新的时期。而且我国 80％左右的复合材料制品为手糊生产，生产中产生的废弃物更多，且回收利用率很低。

热固性复合材料废弃物的回收和利用是收集热固性复合材料生产、使用过程中产生的热固性复合材料废弃物，对之采取物理粉碎、化学分解、生物降解等方法，回收其中的各种有效成分或热能使之实现循环利用的工业方法。目前，我国对热固性复合材料废弃物的处理方法主要采取填埋和焚烧。填埋原则上选择在山沟或荒地，也有些单位采取就近掩埋。这种方法造成土壤的破坏和大量土地的浪费，且玻璃钢制品一般不易降解。焚烧一般采用直接燃烧，这种方法比较简单，不会造成土地浪费，但由于燃烧中产生大量毒气，同样造成环境污染。

在工业发达的国家，热固性复合材料回收利用技术日益受到关注。回收加工多以粉碎和热解法技术为主，现已具备一定的规模，技术日趋成熟。其主要研究方向大致分为两个方面，一是研究非再生热固性复合材料废弃物的处理新技术；二是开发可再生、可降解的新材料。回收方法有物理方法和化学方法两种。

（1）化学法

① 焚烧法　利用废弃物作燃料进行焚烧，以获取能量。能量回收技术有液体床技术、旋转炉技术和材料燃烧技术等。热塑性玻璃钢所含能量较高，适用于这一方法。但热固性玻璃钢例如汽车中用量最多的SMC，其有机物含量和所含能量较低，而灰分含量很高。灰分通常采用填埋的方法处理。

② 热解法　热解法是将一种物质在无氧的情况下利用高温（不燃烧）变成一种或多种物质的方法。用高温分解的方法来回收利用热固性复合材料制品有较大的难度，费用较高。但回收利用的效果较好。热解法适用于处理被污染的废弃物，例如处理热固性复合材料部件。

在无氧的情况下，高温分解使热固性复合材料废弃物分解成燃气、燃油和固体3种回收物。其中每一种回收物都可以进一步回收利用。该工艺设备由原料处理及喂料系统、高温分解反应器、提纯和洗涤系统、控制系统和出料系统组成。回收的燃气可用来满足热分解的需要。多余的燃气通过管道可供锅炉及内燃机使用。固体副产物可用作SMC、BMC、ZMC和热塑性塑料的填料。

热固性酚醛树脂是不溶不熔的高分子材料，可以裂解再加以利用。酚醛树脂在440～500℃进行加氢分解时，液化率为30%，其中40%～50%是苯酚，用活性炭载附白金作催化剂时，液化率可达到80%以上。在722℃裂解时，产物有24.3%的气体、15.8%的有机液体、9.2%的水、42.2%的炭黑、9.5%的灰。有机产物包括脂肪族烃5.24%、芳族化合物2.44%、苯酚8.25%和少量其他物质，气体是58.4%的二氧化碳和其他可燃气体。

酚醛树脂热解后可产生活性炭。在600℃裂解30min，即碳化成碳化物，用盐酸溶解掉其中的灰分，增大碳化物的表面积，在850℃高温下，用水蒸气活化，可得到吸附力强的活性炭，产率12%，比表面积1900m^2/g，对十二烷基苯磺酸钠的吸附能力比通用活性炭高3～4倍。

Yoshikai以酚醛树脂废料和玻璃纤维增强酚醛树脂废料为原料，用单螺杆挤出机成型制备出燃料。酚醛树脂废料热循环利用中出现的低生热值和飞灰现象可通过与聚丙烯废料共混加以解决。对其组分分析、元素分析和生热分析表明，该材料表现出适合做燃料的性质。这种方法有望成为热固性材料循环利用的一种途径。

（2）物理方法　物理回收是直接利用热固性复合材料废弃物并不改变化学性质的方法，是将废弃物破碎并碾磨成细粉再进行回收。回收设备主要是由废料输送机、成粒粉碎机、鼓风机旋风分离器、定量供料箱、分级设备和集尘机等组成。粉碎后碾磨成的细粉含有一定量的玻璃纤维。它的分散性很好，可制得具有高附加值的增强型材料。

美国大豆研究会（United soybean）用大豆蛋白和酚醛树脂胶黏剂，以木纤维、麻纤维等废纤维作增强纤维和填料，制成可循环使用的酚醛复合材料，经过挤出、模塑成型后，强度高，毒性小，是良好的建筑材料。

美国Asphalt研究中心已对这种回收酚醛粉料的使用价值进行了充分的技术经济评估，认为这些粉料与目前使用的填料性能相似，而且利用这些混合料制成的制品的工程使用性能有明显的提高。粉碎回收法由于方法简单，可回收的热固性复合材料废弃物品种较多，对用一般方法难以回收的热固性复合材料废弃物（如SMC废弃物）也能较好地回收，且不会对环境造成污染，所以最为常用，但其缺点是要消耗大量能量。

总之，国外许多生产厂商的研究试验及生产实践已经证明，玻璃钢复合材料包括酚醛复合材料制品是可以回收再生的。但在我国关于玻璃钢边角废料的回收利用至今尚是一个空白，还没有一个回收加工边角废料的企业或场所，也没有实施边角废料回收利用的计划等。目前我国玻璃钢产业的环境污染问题虽然尚没有国外的那么严重，但也必须引起有关部门及玻璃钢业界的重视。

21 世纪是环保的世纪，随着我国可持续发展战略的实施，对环境保护提出了更高的要求。我国 2000 年 1 月份开始实施的《中华人民共和国固体废弃物污染环境防治法》规定：国家鼓励、支持开展清洁生产，减少固体废弃物的产生量。西欧各国有关的环保当局也曾明令：如不解决玻璃钢/复合材料的利用问题，将限制其发展。如何解决玻璃钢/复合材料废弃物处置问题已成为我国乃至全世界玻璃钢/复合材料工业界当前面临的一个十分紧迫的课题，是 21 世纪对玻璃钢/复合材料工业的挑战，对玻璃钢/复合材料事业的生存与发展具有重大而深远的意义。

参 考 文 献

[1] 黄发荣，焦扬声主编．酚醛树脂及其应用．北京：化学工业出版社，2003.
[2] Freeman J H，Lewis C W. Alkaline-catalyzed Reaction of Formaldehyde and the Methylols of Phenol：A Kinetic Study. Journal of the American Chemical Socerity，1954，76：2080-2087.
[3] Zsavitsas A，Beaulieu A. Am. Chem. Soc. Div. Org. Coat. Plast. Chem. Pap.，1967，27：100.
[4] Eapen K，Yeddanapalli L. Makromol. Chem. 1968，4：119.
[5] Kroschwitz J I. High Performance and Composites，Encyclopedia Reprint Series. New York：John Wiley & Sons，1991.
[6] 田建团，张炜，郭亚林等．酚醛树脂的耐热改性研究进展．热固性树脂，2006，21（2）：44-48.
[7] 张洋．酚醛树脂的现状与进展．造型材料，2005，29（4）：1-3.
[8] 黄发荣，周燕．先进树脂基复合材料．北京：化学工业出版社，2008.24-40.

第 7 章　氰酸酯树脂

氰酸酯树脂（cyanate resin，CE）通常定义为含有两个氰酸酯基（ —OC≡N ）官能基的二元酚衍生物，其通式为： N≡CO—Ar—OC≡N，商品化的氰酸酯的结构式可表示为：

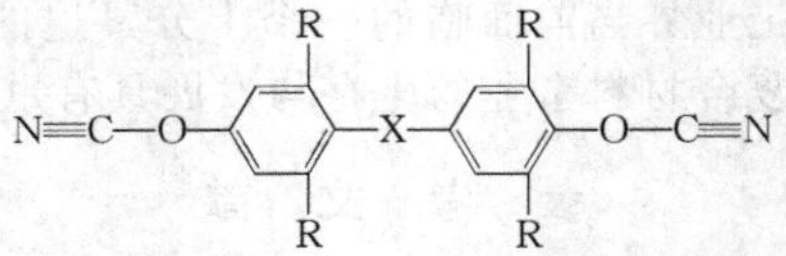

其中，R 可以是氢原子、甲基和烯丙基等，X 可以是亚异丙基、脂环骨架等。

氰酸酯树脂在热和催化剂作用下，会发生环三聚反应，生成含有三嗪环的高交联密度网络结构的大分子，固化氰酸酯树脂具有低介电常数（2.8～3.2）和极小的介电损耗（0.002～0.008）、高玻璃化转变温度（240～290℃）、低收缩率、低吸湿率（<1.5%）以及优良的力学性能和粘接性能等特点。总体而言，氰酸酯树脂具有与环氧树脂相近的加工性能，具有与双马来酰亚胺树脂相当的耐高温性能，具有比聚酰亚胺更优异的介电性能，具有与酚醛树脂相当的耐燃烧性能。尽管氰酸酯树脂是出现较晚的高性能树脂，但它在复合材料领域上应用取得了成功，例如高性能印刷电路板和飞机雷达罩。目前已经开发的氰酸酯树脂主要应用于 3 个方面：高速数字及高频用印刷电路板、高性能透波结构材料和航空航天复合材料用高性能树脂基体。

氰酸酯加热到 150～200℃，可发生三聚反应形成三嗪结构，随反应程度的不同，可以控制预聚物为液体、固体，也可以制成溶液。氰酸酯树脂具有与环氧树脂相似的加工工艺性，可在 177℃下固化并在固化过程中不产生挥发性小分子。氰酸酯与其他热固性树脂的性能比较见表 7-1 所列。目前，商业用的氰酸酯除双酚 E 氰酸酯（二氰酸酯基二苯基乙烷）是低黏度液体外，其他氰酸酯均为结晶性固体，但是这些晶体的熔点都低于制备它们的酚类化合物的熔点，使氰酸酯树脂有较好的工艺性。图 7-1 为新型氰酸酯树脂的结构。

表 7-1　热固性树脂基体的比较

树脂性能	环氧树脂	酚醛树脂	增韧 BMI	氰酸酯树脂
密度/(g/cm³)	1.2～1.25	1.24～1.32	1.2～1.3	1.1～1.35
使用温度/℃	室温～180	200～250	约 200	约 200(250)
拉伸模量/GPa	3.1～3.8	3～5	3.4～4.1	3.1～3.4
介电常数(1MHz)	3.8～4.5	4.3～5.4	3.4～3.7	2.7～3.2
固化温度/℃	室温～180	90～150	220～300	180～250
固化收缩	0.0006	0.002	0.0007	0.004
起始分解温度/℃	260～340	300～360	360～400	400～420

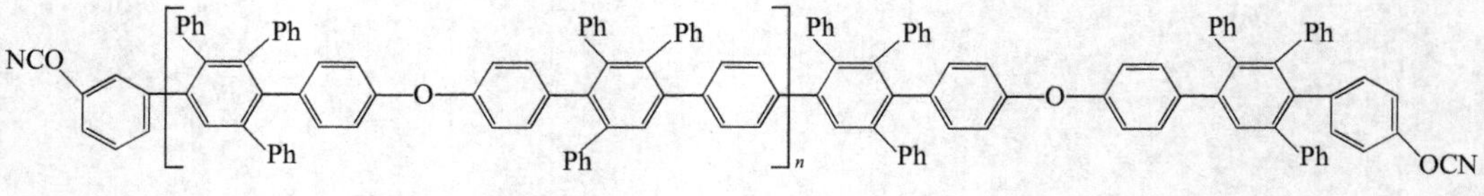

聚苯亚苯氰酸酯

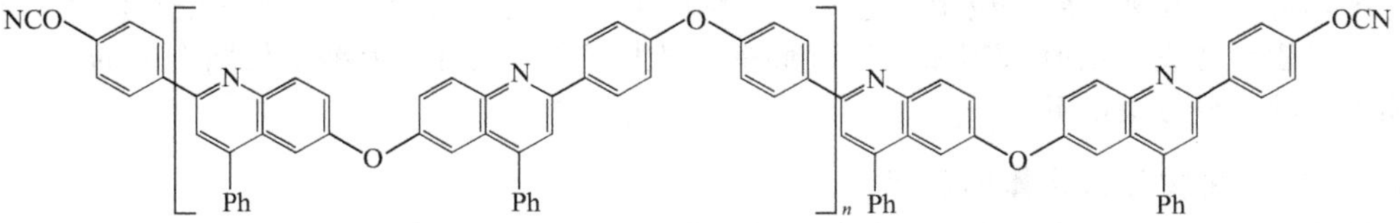

聚苯喹啉氰酸酯

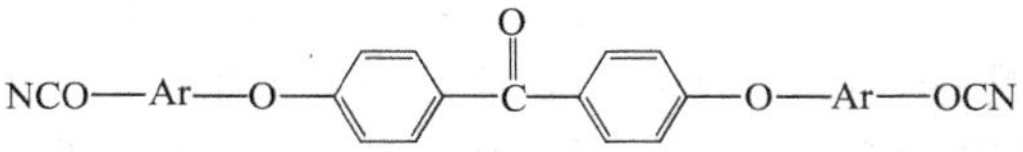

聚醚酮氰酸酯

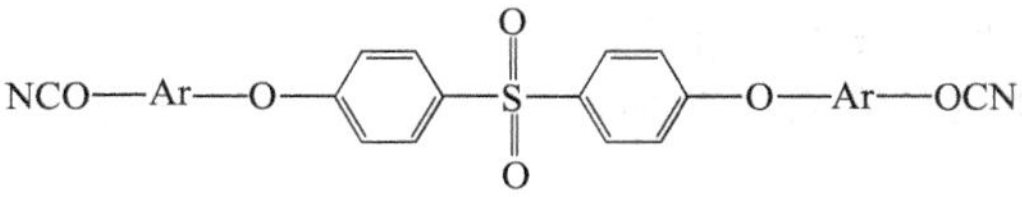

聚醚砜氰酸酯

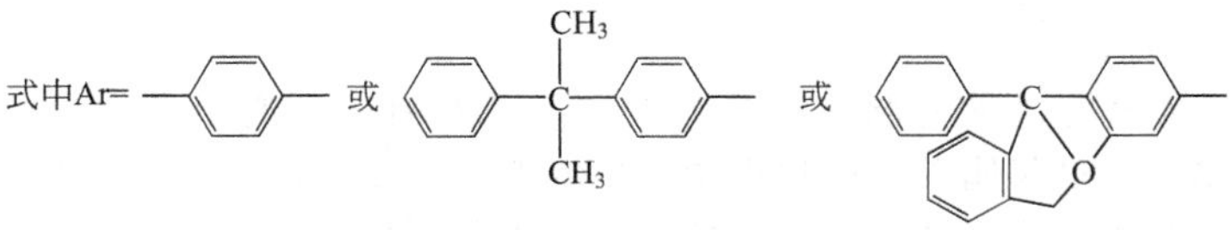

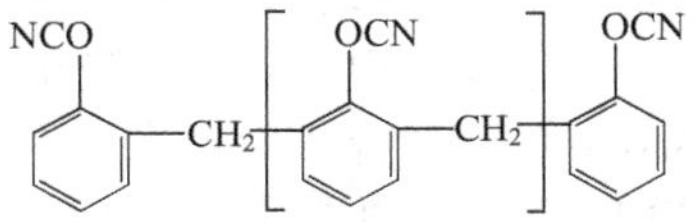

线型酚醛氰酸酯

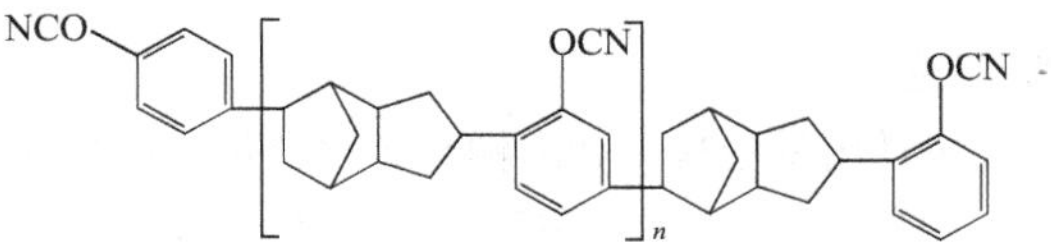

氰酸酯-XU71787.02L

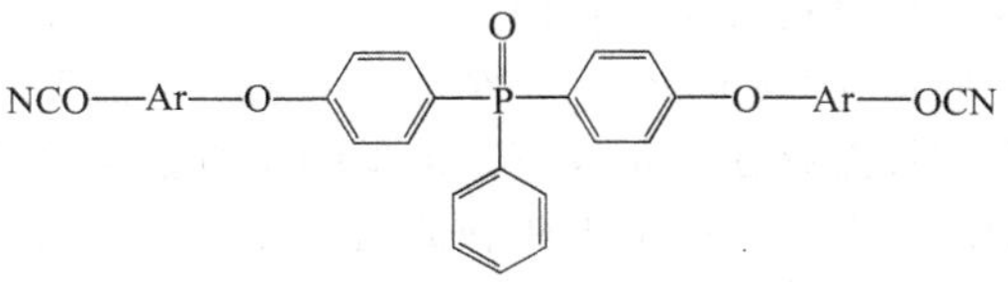

二(4-苯氧基氰基苯基)苯基磷氧化物

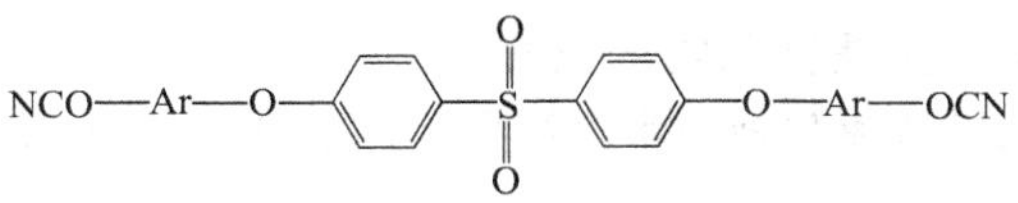

二(4-苯氧基氰基苯基)苯砜

图 7-1　新型氰酸酯树脂的结构

7.1　氰酸酯的合成

氰酸酯单体不能通过氰酸与烷烃直接反应来制备，其反应产物是异氰酸酯。人们研制了多种途径实施氰酸酯单体的制备，但工业上生产氰酸酯的方法仍限于卤化氰与酚的反应。该方法最初是 Bayer A G 公司于 1963 年申请的专利。与其他制备路线不同的是，该方法可以在工业规模上成功制备单酚、多酚和一系列部分卤化的脂肪族羟基化合物的衍生氰酸酯，也可以用于制备一系列芳基氰酸酯、卤烷基氰酸酯，但不能制备烷基氰酸酯。

我国学者对氰酸酯树脂的应用也进行了一些研究工作。到目前为止，除西北工业大学与航空工业总公司联合合成的双酚 A 型氰酸酯树脂外，国内还未见到有关氰酸酯树脂合成的其他报道。氰酸酯单体的合成方法如下。

7.1.1　酚类化合物与卤化氰的反应

在碱存在的条件下，卤化氰与酚类化合物反应制备氰酸酯单体。

$$ArOH + XCN \longrightarrow ArOCN + HX$$

反应式中的 X 可以是 Cl、Br、I 等卤素，但是通常采用在常温下是固体、稳定性好、反应活性适中和毒性相对较小的溴化氰；ArOH 可以是单酚、多元酚，也可以是脂肪族羟基化合物，反应介质中的碱通常采用能接受质子酸的有机碱，如三乙胺等，反应在 0～20℃下的有机溶剂中进行，根据各种酚的结构不同而反应温度各有差异。

最常用和简单的氰酸酯是双酚 A 氰酸酯，其制备反应可表示如下：

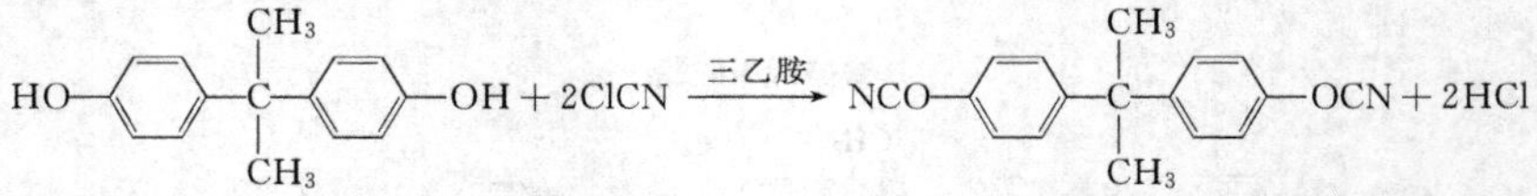

双酚 A 与溴化氰的反应温度通常控制在 -5～5℃ 之间，而酚醛与溴化氰的反应温度要控制在 -30℃ 左右。该法合成氰酸酯树脂单体的过程中，主要有两类副反应发生，一是因为合成反应是在碱性环境下进行的，因此有少量的氰酸酯单体在碱的催化下发生二聚反应生成非晶态的半固体状的氰酸酯低聚物，同时，在碱性条件下体系中含有的少量水分或合成原料酚本身与反应生成的氰酸酯继续反应生成氨基甲酸酯或亚氨基碳酸酯等，这将影响合成产物的储存稳定性和终产品使用性能如耐热性和耐水解性等。这种方法合成氰酸酯的方法已用于工业化生产，工艺路线简单，合成产率和产品纯度高，且生产的芳香族氰酸酯的稳定性极好，由它们制造的最终产品使用性能优异。

7.1.2　酚盐与卤化氰反应

最早合成氰酸酯的方法是用碱酚盐（如酚钠）类化合物与卤化氰反应（M 为金属钠或金属钾）：

$$MO—Ar—OM + XCN \longrightarrow NCO—Ar—OCN + MX$$

在该合成方法中，反应生成的氰酸酯很容易在强碱性催化条件下发生三聚反应以及与酚反应生成亚氨基碳酸酯。在发现这种合成方法的初期，产率很低，产物纯度不高，因此很难将此法应用于氰酸酯树脂的规模化、商业化生产。但是，在适当的工艺条件下，用此反应也能制备出高纯度的芳香族氰酸酯。例如在季铵盐存在的条件下，把酚钠水溶液与高度分散在水溶液中卤化氰反应，即可制得高纯度的氰酸酯，在季铵盐的催化和低温条件下，多烷基酚铵盐与有机溶剂中过量的卤化氰反应也可制得高纯度氰酸酯。

7.1.3　酚类化合物与碱金属氰化物的反应

将单质溴加入氰化钠或氰化钾的水溶液中，然后在叔胺（TA）存在下，将它分散入酚类化合物的四氯化碳溶液中反应：

$$Br_2 + NaCN + ArOH + TA \longrightarrow ArOCN + NaBr + TA \cdot HBr$$

采用这种合成方法的好处在于：可以省去制备易于挥发或升华、有剧毒的卤化氰，使总体工艺一步化、简单化，但是这又大大增加了终产物氰酸酯的提纯难度。

7.1.4　硫三唑的热解反应

Jesen 和 Holm 曾通过硫代氨基甲酸酯与重金属氧化物反应，消去硫化氢制备氰酸酯，但这种方法的产率只有 40%～57%。此外还可用硫酰氯制备硫三唑，再裂解制得氰酸酯，该方法可用于制备脂肪族氰酸酯，反应式如下：

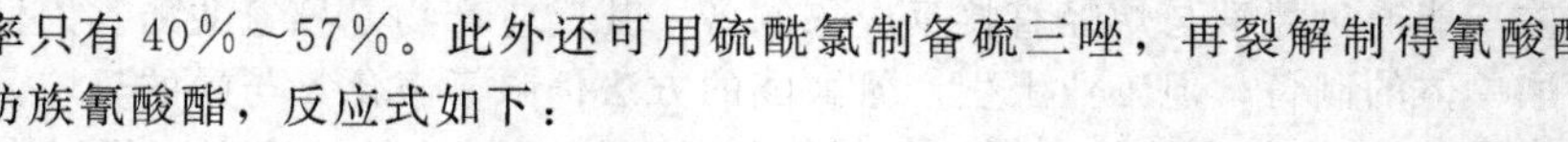

7.2　氰酸酯树脂的性能

在氰酸酯分子中，与—OCN 连接的碳原子具有强烈的亲电性，因此，氰酸酯在温和的条件下可与亲核试剂反应，可以与多元醇、胺和羧酸反应，其产物与异氰酸酯的反应产物不同，可形成酰胺碳酸酯、异脲、双 C 酰胺酸酯亚胺等。氰酸酯没有异氰酸酯活泼，反应产物不及异氰酸酯稳定，无论是水解稳定性，还是化学稳定性和热稳定性都如此。

7.2.1　氰酸酯树脂的反应性

芳基氰酸酯不能重排形成芳基异氰酸酯，可进行一系列的反应。由于—OCN 基上 O、N 原子的电负性较大，C 原子具有很强的亲电性，甚至在较温和的条件下，氰酸酯也可以与亲核试剂反应。—OCN 上的 O 原子也可以发生亲核加成反应。氰酸酯可能的反应可分类如下：

（1）亲核反应　—OCN 基团中的 C≡N 可与活泼氢如 ROH、RSH、R′RNH、HON=CRR′ 等反应。如氰酸酯与取代胺的反应：

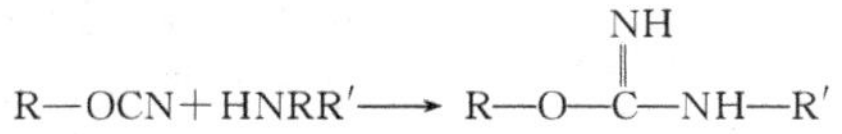

$$R—OCN + HNRR' \longrightarrow R—O—\overset{\overset{\displaystyle NH}{\|}}{C}—NH—R'$$

（2）亲电加成反应　氰酸酯可与酸酐反应，生成亚氨基甲酸酯。

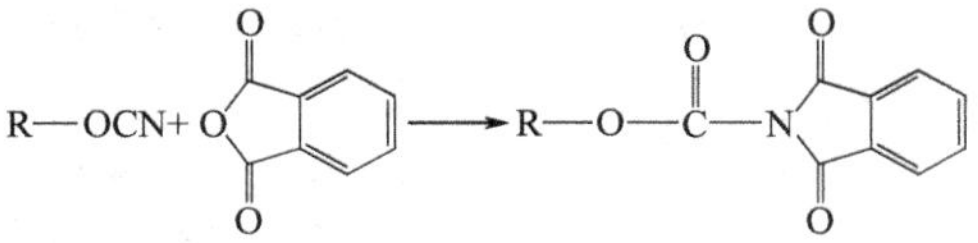

（3）1,3-偶极加成反应　氰酸酯可以与 NaN$_3$、CH$_2$=N=N、C$_2$H$_5$COO—CH=N=N、C$_6$H$_5$—C(Cl)=N—NH—C$_6$H$_5$、R—CH=N(O)—R′、Ar—CNO 等发生 1,3-偶极加成反应。

（4）与芳香族酚的反应　氰酸酯可以与酚类化合物反应生成二芳基亚胺碳酸酯，在热与催化剂作用下发生环三聚生成三嗪环结构。

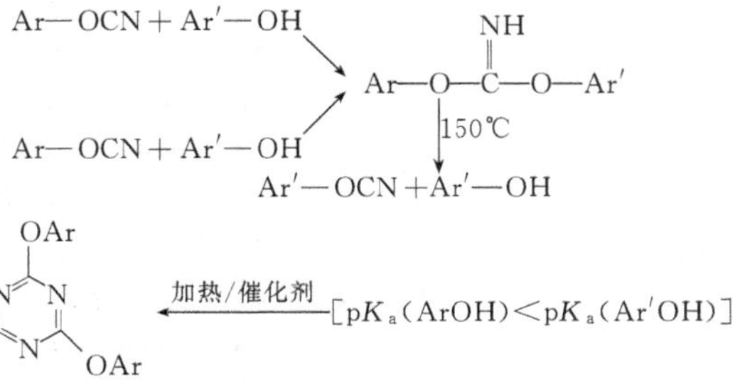

7.2.2　环三聚反应及氰酸酯的固化机理

氰酸酯在热或催化剂的作用下，可以发生环三聚形成三嗪环，环三聚反应可以被酸、碱和酚类化合物催化。

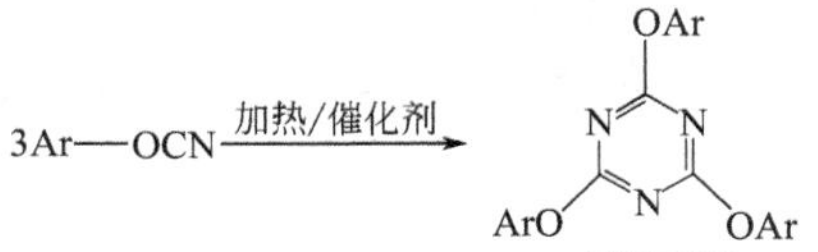

氰尿酸酯

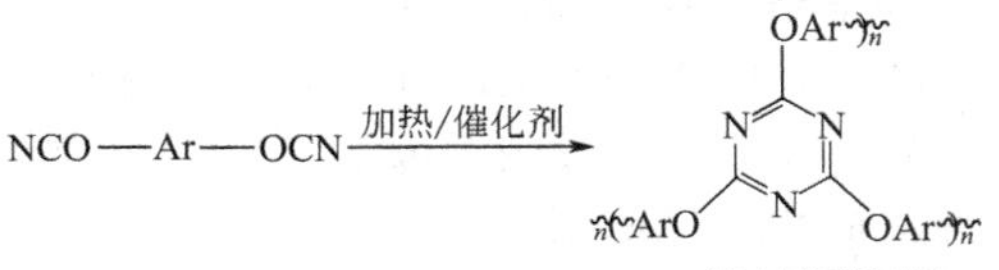

三维氰酸酯网络

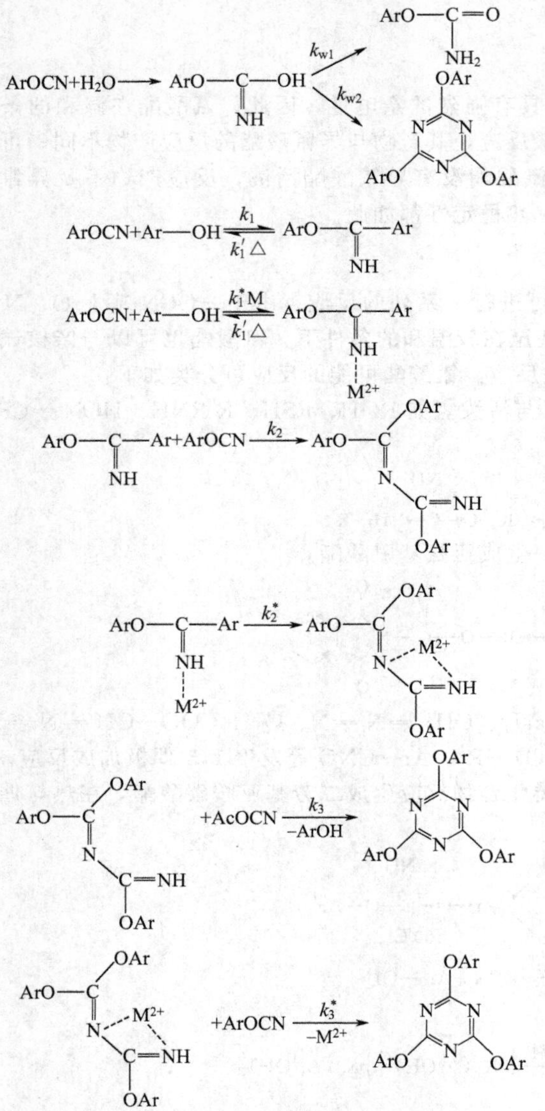

$$ArOCN + H_2O \longrightarrow ArO-\underset{\underset{}{\overset{\overset{}{\parallel}}{\underset{NH}{}}}{C}-OH$$

反应通过 k_{w1} 生成 $ArO-\underset{NH_2}{\overset{O}{\overset{\parallel}{C}}}$，通过 k_{w2} 生成三嗪环（带 OAr 取代基）。

$$ArOCN + Ar-OH \underset{k_1'\,\triangle}{\overset{k_1}{\rightleftharpoons}} ArO-\underset{NH}{\overset{}{\overset{}{C}}}-Ar$$

$$ArOCN + Ar-OH \underset{k_1'\,\triangle}{\overset{k_1^*\,M}{\rightleftharpoons}} ArO-\underset{\underset{M^{2+}}{NH}}{\overset{}{C}}-Ar$$

$$ArO-\underset{NH}{\overset{}{C}}-Ar + ArOCN \xrightarrow{k_2} ArO-\underset{\underset{C}{N}}{\overset{OAr}{C}}\cdots$$

$$ArO-\underset{\underset{M^{2+}}{NH}}{\overset{}{C}}-Ar \xrightarrow{k_2^*} \cdots$$

$$ArO-\underset{\underset{OAr}{\overset{}{C}-NH}}{\overset{OAr}{\overset{}{C}=N}} + AcOCN \xrightarrow[-ArOH]{k_3} 三嗪环$$

$$ArO-\underset{\underset{OAr}{\overset{}{C}-NH}}{\overset{OAr}{\overset{}{C}=N}}\cdots M^{2+} + ArOCN \xrightarrow[-M^{2+}]{k_3^*} 三嗪环$$

图 7-2　氰酸酯树脂聚合反应的 Simon-Gillham 模型

研究表明，绝对纯的芳香氰酸酯即使在加热条件下也不会发生聚合反应。芳香氰酸酯的结构通式为：Ar—O—C≡N。由于氧原子和氮原子的电负性，使其相邻碳原子表现出较强的亲电性（Ph—O—C$^{\delta+}$—N$^{\delta-}$），因此，在亲核剂作用下，氰酸酯官能团在酸或碱催化下可发生反应。

通过不同方法合成的氰酸酯，有的不含有残余酚，有的含有微量的残留酚，但即使含有残留酚的氰酸酯的固化反应也非常缓慢。要使高纯度的氰酸酯单体聚合反应，必须加入催化剂提高固化反应速率。常见的催化剂有两类：一是带有活泼氢的化合物，如单酚、水（2％～6％）等；二是金属催化剂，如路易斯酸、有机金属盐等。由于氰酸酯官能团含有孤对电子和给电子 π 键，因此它易与金属化合物形成配合物。因此，像金属羧酸盐、ZnCl$_2$、AlCl$_3$ 这样的化合物可以作为催化剂催化氰酸酯官能团的三聚反应，但是这些金属盐作为催化剂时，其在氰酸酯树脂中的溶解性很差，因而它们的催化效率很低。为了提高催化剂的催化效率，加入能溶于氰酸酯树脂中的有机金属化合物可有效地提高氰酸酯固化反应的催化效率。在反应过程中，在氰酸酯分子流动性较大的情况下，金属离子首先将氰酸酯分子聚集在其周围，然后酚羟基与金属离子周围的氰酸酯亲核加成反应生成亚胺碳酸酯，继续与两个氰酸酯加成并闭环脱去一分子酚形成三嗪环。反应过程中金属盐是主催化剂，酚是协同催化剂，酚的作用是通过质子的转移促进闭环反应。研究人员曾提出几种反应机理，如图 7-2～图 7-4 所示。

单官能氰酸酯模型化合物在添加含活泼氢的水或者酸的条件也很难发生反应。模型化合物对叔丁基苯氰酸酯（PTBPCN）在无催化条件下在丁酮和丙酮溶液中 100℃/5h 反应后，将蒸去溶剂的反应混合物作 ^{15}N-NMR 分析，实验表明，体系并未发生任何反应，而相同的体系在加入 200×10^{-6} 辛酸锌催化剂后在 100℃下，加热 1h 即发生了明显的三聚反应，并有少量的氰酸酯发生了水解反应。

7.2.3　氰酸酯树脂的物理性能

氰酸酯树脂的物理性能因分子结构的不同，表现出很宽广的变化范围，物理状态可以是液体、晶体以及树脂状固体等。例如双酚 A 型氰酸酯（BCE），合成的粗品 BCE 单体在常温下为淡黄色至白色颗粒状晶体，熔点为 74℃左右。提纯后的 BCE 单体在常温下为白色粉末状结晶，熔点为 79℃。表 7-2 列出了几种商品化的氰酸酯的性质。表 7-3 列出不同官能团的氰酸酯树脂的熔点。

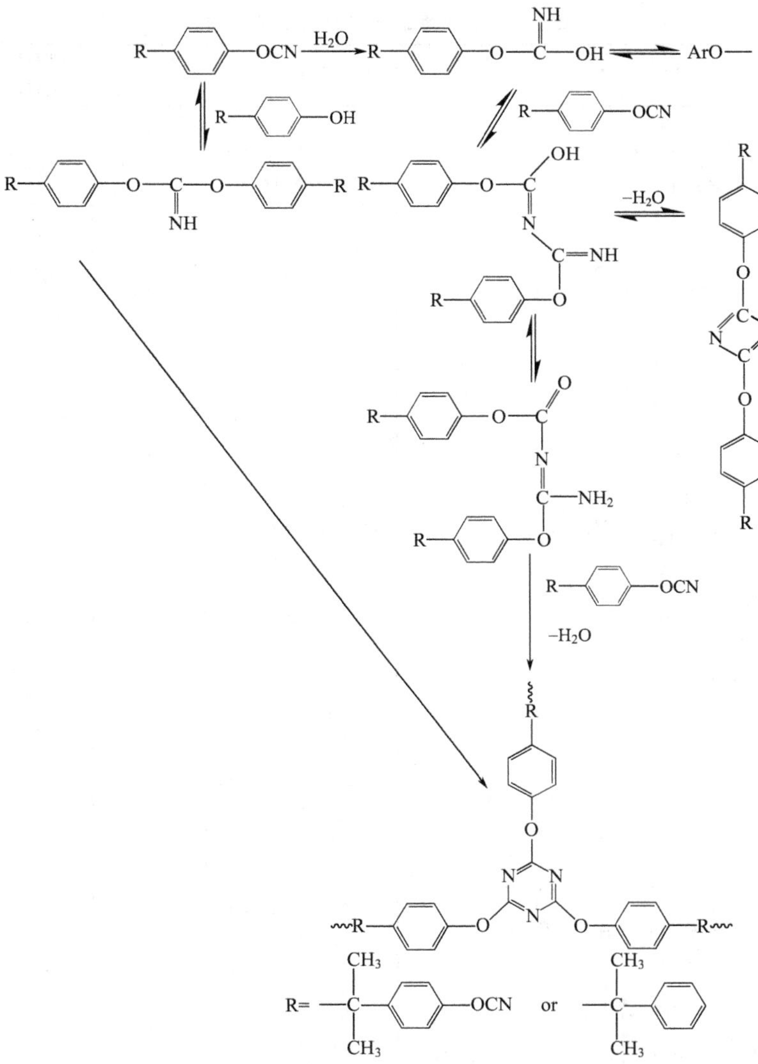

图 7-3　Loustalot 等提出的制备氰酸酯树脂反应机理

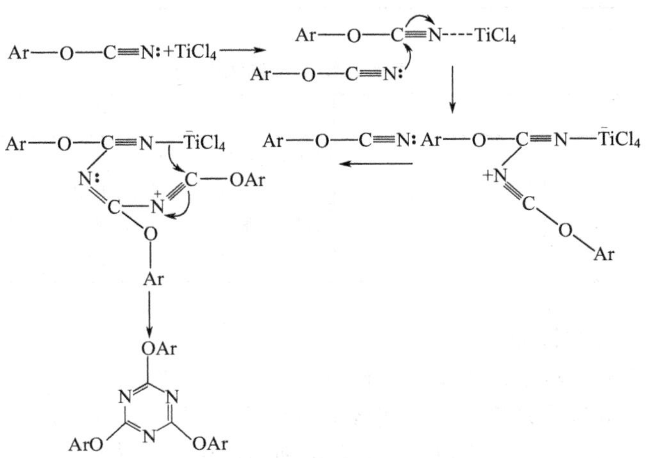

图 7-4　Brownhill's 提出的氰酸酯树脂缩聚成环反应机理

表 7-2 几种商品化的氰酸酯的性质

结 构 式	牌号/供应商	熔点/℃	T_g①/℃	介电常数(1MHz)	介电损耗(1MHz)	吸湿率/%
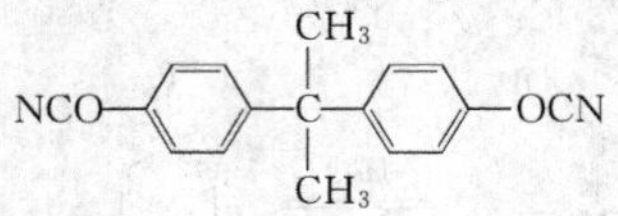 NCO—⟨C₆H₄⟩—C(CH₃)₂—⟨C₆H₄⟩—OCN	Arocy B/Ciba-Geig BT-2000/Mitsubishi	79	289	2.91	0.004	2.5
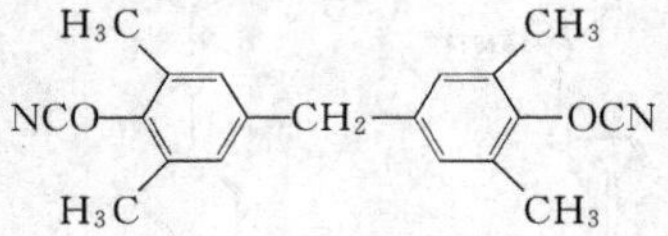 (四甲基) NCO—⟨C₆H₂(CH₃)₂⟩—CH₂—⟨C₆H₂(CH₃)₂⟩—OCN	Arocy M/Ciba-Geig	106	252	2.75	—	1.4
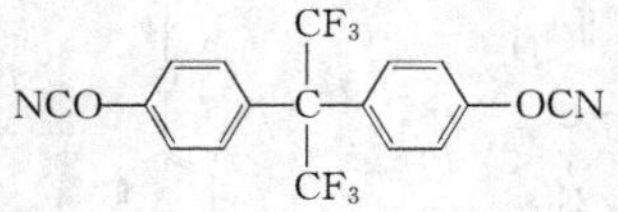 NCO—⟨C₆H₄⟩—C(CF₃)₂—⟨C₆H₄⟩—OCN	Arocy F/Ciba-Geig	87	258	2.66	0.003	1.8
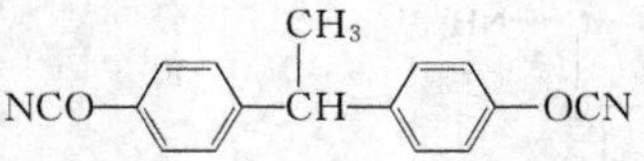 NCO—⟨C₆H₄⟩—CH(CH₃)—⟨C₆H₄⟩—OCN	Arocy L/Ciba-Geig	29	252	2.98	0.005	2.4
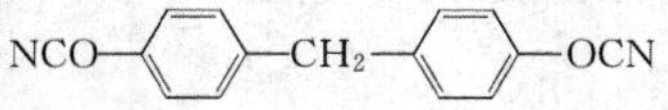 NCO—⟨C₆H₄⟩—CH₂—⟨C₆H₄⟩—OCN	AroCy/Ciba-Geig	—	273	2.75	0.003	1.4
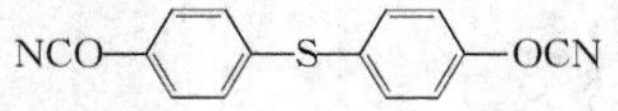 NCO—⟨C₆H₄⟩—S—⟨C₆H₄⟩—OCN	AroCy T-10/Ciba-Geig	—	192	2.80	0.004	1.5
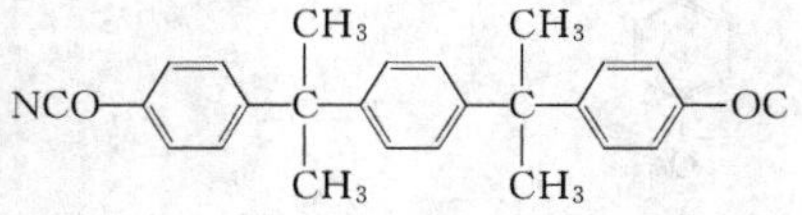 NCO—⟨C₆H₄⟩—C(CH₃)₂—⟨C₆H₄⟩—C(CH₃)₂—⟨C₆H₄⟩—OC	XU-366/Ciba-Geig RTX-366	68	350	2.64	0.001	0.7
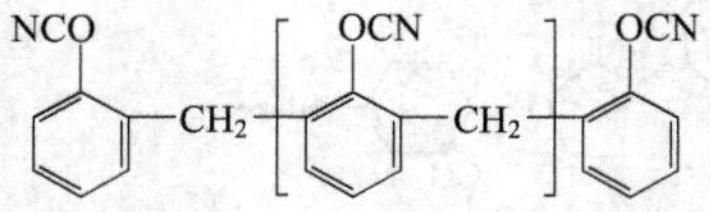 NCO—⟨⟩—CH₂—[⟨OCN⟩—CH₂]—⟨OCN⟩	XU-366/Ciba-Geig Primaset PT/Lonsa	—	244	3.8	—	3.08
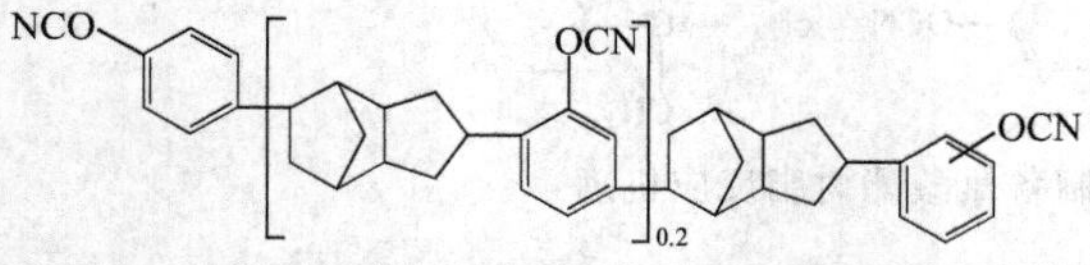 NCO—⟨⟩—[…OCN…]₀.₂—OCN	XU-71787/Dowchemical	—	—	2.8	0.002	1.4

① 树脂固化物的玻璃化转变温度。

表 7-3 不同官能团氰酸酯树脂的熔点

名　称	熔点/℃	名　称	熔点/℃
间苯二氰酸酯	80	2,2'-二氰氧基-1,1'-联萘	149
对苯二氰酸酯	115～116	2,2'-二(4-氰氧基苯基)丙烷	82
1,3,5-三氰酸酯	102	2,2'-二氰氧基二苯基硫砜	169～170
4,4'-二氰氧基联苯	131	2,2'-二氰氧基-3,3,3',5'-四甲基二苯醚	107～108

7.2.4 氰酸酯树脂的工艺性能

氰酸酯树脂具有良好的溶解性能及工艺性能，例如 BCE 单体在室温下易溶解于丙酮，形成无色透明溶液，常温下放置不分层，BCE 单体在 80℃熔融后，具有极低的黏度（300mPa·s）。氰酸酯树脂用于复合材料加工具有类似环氧树脂的加工性能，可以适应包括预浸料、树脂传递模塑、缠绕、挤拉、压力模塑和压缩模塑等各种加工方法的要求，可以用传统的复合材料加工设备加工。

7.2.5　氰酸酯树脂的流变性能

热固性树脂的流变行为主要受到两方面的影响：一方面是温度的升高导致树脂黏度的下降，另一方面是固化反应过程中由于分子量的增加所引起黏度的增加。为了描述温度和固化反应对热固性树脂流变行为的影响，已有多种树脂流变模型。本书中仅介绍等温条件下流变性和动态条件下流变性。采用流变仪测试配制好的树脂体系。

（1）等温条件下流变特性　温度越高，树脂黏度上升得越快，130℃时 110min 后黏度开始增大；140℃时 60min 后黏度开始增大；150℃时 30min 后黏度开始增大；160℃时 10min 后黏度开始增大。预聚后的氰酸酯树脂黏度受反应温度的影响很大，可见注射温度的选择对于成型工艺是十分重要的。

（2）动态条件下的流变特性　动态条件下，氰酸酯树脂体系黏度随温度的变化：初期树脂黏度随着温度的升高而下降；固化反应开始后，树脂黏度的增加与因为温度升高所导致的黏度的降低相抵消，因此树脂黏度下降速度减缓；固化反应所引起的黏度增加超过了因温度升高所导致的黏度降低，因而树脂黏度上升。

7.2.6　氰酸酯树脂固化物的性能

氰酸酯自聚形成的三嗪环结构的规整性好、结晶度高、交联密度较大，加上整个结构中有较多具有刚性的苯环结构，氰酸酯树脂固化物兼有高玻璃化转变温度和相对较高韧性的性能特征。氰酸酯树脂固化物具有优异的介电性能（在 25℃，1MHz 下，介电常数 $\varepsilon = 2.66 \sim 3.08$、介电损耗 $\tan\delta = 1 \times 10^3 \sim 6 \times 10^{-3}$），在高玻璃化转变温度树脂中也是非常难得的，这可能是聚氰脲酸酯网络中弱的偶极作用特征造成的。

（1）力学性能　氰酸酯树脂的韧性介于双马来酰亚胺和环氧树脂之间，强度和模量与二官能环氧树脂相当。例如双酚 A 型氰酸酯固化物的冲击强度为 $5.2kJ/m^2$ 左右，弯曲强度为 81MPa 左右，拉伸强度为 $70.3 \sim 82.7MPa$，拉伸模量为 $2.96 \sim 3.24GPa$，拉伸断裂伸长率为 2.5%、3.8%，断裂韧性（K_{in}）值为 $0.62MPa \cdot M^{1/2}$ 左右，是高性能热固性树脂中韧性较高的一类。表 7-4 列出氰酸酯及其聚合物的性能，从中可见其玻璃化转变温度是比较高的。

表 7-4　一些树脂的性能比较

性　能	环氧树脂	氰酸酯树脂	BT 树脂
玻璃化转变温度/℃	110	255	310
弯曲强度/(kgf/mm²)	60	60	60
剥离强度/kgf·cm			
室温	$1.7 \sim 1.9$	$1.7 \sim 1.9$	$1.5 \sim 1.7$
150℃	$1.7 \sim 1.8$	$1.6 \sim 1.8$	$1.4 \sim 1.6$
介电常数	4.8	4.2	4.1
介电损耗	0.02	0.003	0.002
体积电阻/Ω·cm			
室温	1×10^{14}	1×10^{15}	1×10^{15}
150℃	1×10^{12}	5×10^{14}	5×10^{14}

Grigat 等描述了芳基氰酸酯在酸性介质中生成亚胺碳酸并重排为甲酸酯的过程。芳基氰酸酯与水的反应速率比异氰酸酯与水的反应速率要低几个数量级，但水与氰酸酯基的反应在印刷线路板（PCB）和结构复合材料的制造中仍是一个值得注意的问题。同时，氨基甲酸酯的形成也是氰酸酯树脂热氧降解的关键。氰酸酯类聚合物的饱和吸湿此环氧树脂、BMI 及缩合型聚酰亚胺都要低。氰脲酸酯键可耐沸水数百小时。提高氰酸酯聚合物耐水性的关键是提高转化率，而提高转化率，催化剂的选择很重要。在常温下，氰酸酯单体与水基本无作用，但在催化剂存在下易形成

氨基甲酸酯，含锌的催化剂尤为严重。

（2）**热性能** 作为应用于航空复合材料和印刷线路板（PCB）的聚合物基体，氰酸酯树脂有很高的热稳定性，这是氰酸酯树脂最重要的特性之一。表 7-5 列出几种商品化的氰酸酯的耐热性能。氰酸酯树脂由于树脂结构中含有热稳定性接近苯环的芳香对称三嗪环而具有较高的热稳定性。

表 7-5　几种商业化氰酸酯树脂的耐热性[①]

种类	玻璃化转变温度/℃	T_{d5}/℃	T_p/℃	900℃残留率/%
Xu-366	192	439	482	31
XU-71787	244	447	463	33
B-10	257	443	468	39
M-10	252	443	471	41
L-10	258	455	479	47
F-10	270	453	465	49
BPCCE	275	441	461	56
XU-371	>350	454	461	62
PT-30	>350	457	462	63

① T_{d5} 为失重率为 5% 是对应的温度；T_p 为最大失重率对应的温度。

（3）**介电性能** 在聚氰脲酸酯网络结构中，电负性大的氧原子和氮原子对称围绕电负性小的碳原子的结构平衡了电子吸引作用，使得偶极运动短暂，在电磁场中的储能小，所以吸湿率和介电常数都很小。聚氰脲酸酯的另一个特征是没有强的氢键，这也使得吸湿率和介电损耗低。氰酸酯均聚物的介电常数和介电损耗都比传统的高性能树脂如环氧树脂要低，且氰酸酯均聚物的介电常数几乎无频率依赖性。

（4）**黏结性能** 氰酸酯树脂胶黏剂在高性能高温胶黏剂中的应用越来越形成对环氧树脂胶黏剂的挑战。氰酸酯树脂胶黏剂的优点包括：与金属极好的黏结力；比环氧更优的耐湿热性能（约180℃）；加工、固化范围很宽；固化过程无低分子物放出，所以黏结操作无需高压；对表面润湿性较好；固化无收缩现象。

（5）**耐化学腐蚀性能** 氰酸酯树脂耐化学腐蚀性能特别好，Shimp 等报道称氰酸酯均聚物可耐印刷线路板生产中的去脂剂、蚀刻剂、脱漆剂及其他化学品，也可耐结构复合材料遇到的航空油、压力油和颜料脱除剂等。Shimp 比较了各种树脂的耐化学腐蚀能力，发现只有NaOH 可侵蚀 AroCyB 均聚物，使树脂表面皂化。将环氧树脂与氰酸酯树脂共混可有效提高耐碱性能。

7.3　氰酸酯树脂的应用

氰酸酯独特的结构决定的这些性能包括具有优异的介电性能、高耐热性、良好的综合力学性能、较好的尺寸稳定性以及极低的吸水率等。氰酸酯树脂高温性能与双马来酰亚胺和聚酰亚胺类似，可用于宇宙飞船、飞机、导弹、天线罩、雷达罩、微电子和微波产品。

氰酸酯树脂的主要用途有 3 个方面：一是高性能印刷线路板基体；二是高性能透波材料（雷达罩）基体；三是航空航天用高韧性结构复合材料基体。

氰酸酯基电路板是目前极有发展前途的高性能电路板。现代高频用电路板要求材料应有高的T_g（>200℃）、优越的介电性能、小的热膨胀系数（与芯片载体的热膨胀系数相当）、吸湿率小和易加工等，氰酸酯基玻璃纤维（或石英纤维）增强复合材料基本上能满足这些要求。因此，氰酸酯树脂将替代难以加工的聚酰亚胺树脂作为高性能电路板的基体。目前作为高性能电路板的典型氰酸酯树脂是 Dow 化学公司生产的 Xu71787。

作为机载雷达罩的基体树脂不仅需要优越的介电性能，而且需要足够的韧性。虽然氰酸酯树脂的韧性优于环氧树脂和双马来酰亚胺树脂，但作为结构材料，尤其是主受力结构材料，氰酸酯树脂的韧性仍不够，必须对其进行增韧改性。因此，近年来出现了许多改性氰酸酯树脂，如BASF 结构材料公司的 5575-2 树脂，兼有优越的介电性能和韧性，可用于高性能机载雷达罩。Hexcel 公司的 561-55、561-66 等系列树脂是一类高韧性的树脂，适用于制造航空、航天主受力件复合材料。

7.3.1 在电子行业中的应用

氰酸酯树脂在电子工业的应用占整个氰酸酯工业应用的 70%。氰酸酯应用于印刷线路板的主要性能优势包括低介电损耗、低线性热膨胀系数及耐高温性能。氰酸酯树脂由于具有低的黏度，所以可以加入大量的导电或低线性热膨胀系数的惰性填料，应用于微电子产品封装材料。氰酸酯树脂复合材料在高性能印刷电路板中的应用是氰酸酯树脂在电子工业重要应用之一。

随着电子工业的飞速发展，电子产品向轻、薄、短小、高密度化、安全化、高功能化发展，要求电子元件有更高的信号传播速率和传输效率，这样就对作为载体的印刷电路板（PCB）提出了更高的性能要求。其中信号传播速率 $v = C/\varepsilon^{1/2}$（C 是光速，ε 是介电常数），电路中信号的传输损失 $P = Rf\tan\delta$（R 为比例常数，f 为传播频率，$\tan\delta$ 为介电损耗）与 PCB 的两个重要参数介电常数和介电损耗密切相关。由于信号传播速率与介电常数的平方根成反比，介电常数越小，信号的传播速率就越快；传输损失与介电损耗成正比，介电损耗越小，传输的效率就越高。而且，为了使 PCB 稳定工作，介电常数和介电损耗不但要小，还要在一个较宽的温度和频率范围内，能够保持较高的稳定性。此外，高性能 PCB 还应有优良的耐热性能（玻璃化温度大于180℃）、较佳的尺寸稳定性（热膨胀系数要小）、低的吸湿率、良好的工艺性能和力学性能以及与金属有较强的黏合性等。

提高 PCB 性能的途径之一便是选用介电常数小、低介电损耗、耐高温的高性能树脂作为PCB 的基体树脂。氰酸酯树脂可用作高性能 PCB 的基体树脂。

高性能 PCB 中应用最多的 CE 为双酚 A 型的 CE（bisphenol A cyanate ester resin，BCE）。如日本三菱瓦斯化学公司的一种牌号为 CCL-HL950 的 BCE/玻璃纤维 PCB，它具有极低的介电损耗因数以及远优于 FR-4 环氧基板的耐热性、尺寸稳定性，已用于制造大型计算机用的 20 层以上的厚 PCB。它的主要性能见表 7-6。其他的如 Norplexloak 的 E245、Hi-Tek 的 Arocy-B40S 等也是性能优异的 BCE 基 PCB。

表 7-6 CCL-HL950PCB 的主要性能

介电常数	介电损耗因数	T_g/℃	体积电阻/Ω·cm	剥离强度/(N/mm)	热膨胀系数 x 轴、y 轴方向
4.2	0.0021	230	10^{13}	1.67～1.86	11

三菱瓦斯的另一种牌号为 CCL-H1800 的 PCB 所用的树脂为 BT 树脂。随着 BCE 含量的不同，BT 树脂的性能也会发生变化，但其中 BCE 总占较大组分（>60%），BT 树脂具有优于 BMI的介电性能和工艺性能，并且耐热性和力学性能也较佳，已经在 PCB 中得到了广泛的开发利用。有时也可在 BT 树脂中加入环氧树脂（EP）来降低成本，改善工艺性能。当然，这样制成的 PCB介电性能就会有一定的下降。BT/玻璃纤维 PCB可用于军用电子产品上。

芳杂环结构的 CE 基 PCB 中，最著名的为美国 Dow 化学公司的 Xu71787，其结构式如图 7-5所示。

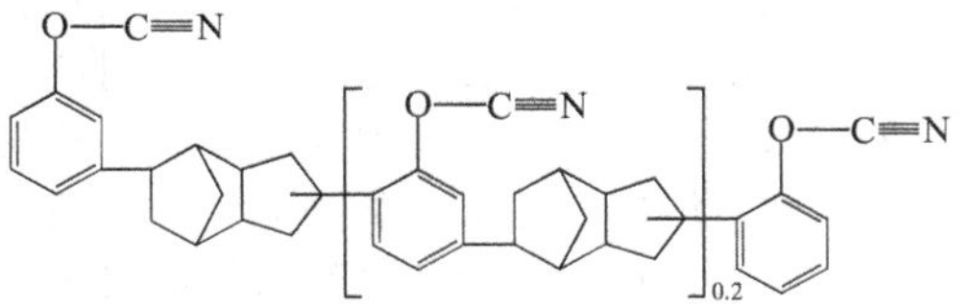

图 7-5 Xu71787 结构式

Xu71787 具有极低的介电常数和介电损耗因数、高玻璃化温度、良好的热稳定性、优良的工艺性、耐湿热等优异的综合性能。Xu71787 基 PCB 与 FR-4 PCB 的性能比较见表 7-7 和表 7-8。

表 7-7 Xu71787 基 PCB 与 FR-4 PCB 介电性能的比较

温度/℃		−140	−100	−60	−20	20	60	100	140	180	220
介电常数	FR-4 环氧	4.10	4.20	4.30	4.40	4.70	5.00	5.40	5.90	—	—
	Xu71787	3.5	3.26	3.27	3.28	3.29	3.30	3.31	3.31	3.32	3.34
损耗因数 （50Hz）	FR-4 环氧	0.001	0.004	0.008	0.013	0.020	0.016	0.014	0.020		
	Xu71787	0	0	0	0.0008	0.0015	0.0025	0.0030	0.0032	0.0040	0.0052

表 7-8 Xu71787 和 FR-4 环氧耐热性、尺寸稳定性比较

树脂	玻璃化温度 T_g/℃	热失重温度 T_{GA}/℃	热膨胀系数/($\times 10^{-6}$/℃)					
			z 轴方向			x 轴、y 轴方向		
			30℃	T_t	280℃	30℃	T_g	280℃
FR-4 环氧	130	250	60	110	250	16	15	13
Xu71787	256	426	52	105	181	11.1	8.2	7.6

从表 7-7 可以看出 Xu71787 基 PCB 比 FR-4 环氧的介电常数和损耗因数要小得多，且随温度变化的幅度也很小。从表 7-8 可以看出，耐热性方面，Xu71787 的玻璃化温度为 256℃，远高于 FR-4 环氧的 130℃，Xu71787 的尺寸稳定性也优于 FR-4。Xu71787 基 PCB 在很多领域都有着广泛的应用，如高速电子计算机、人造卫星地面站、自动电话交换机、卫星通信系统等先进电子设备。

其他结构类型的 CE 如阻燃型、三联苯型等也可应用于高性能 PCB。目前用玻璃化温度较高、介电性能又比较优良的热塑性树脂，如聚砜（PF）、聚醚醚酮（PEEK）、聚碳酸酯（PC）等改性的 CE 也已应用在 PCB 中。此外，橡胶等弹性体改性的 CE 也可作为高性能 PCB 的基体树脂。

7.3.2 在航空、航天、航海领域的应用

氰酸酯在航空航天领域也获得了越来越广泛的应用，主要用作高性能透波材料，如飞机机翼处雷达罩、导弹前锥体的罩体、舰载的雷达天线罩罩体。其优势在于损伤容限高、力学性能好、耐湿热性好、耐腐蚀性能优及介电性能优异等；氰酸酯树脂还以其抗微裂纹性能好以及低质量损耗性而被当成通信卫星的优选材料。

由于氰酸酯树脂热循环时结构尺寸稳定、耐热性能良好、电性能优异，所以 CE/碳纤维复合材料已用于航天飞机的结构装备、多功能卫星车结构、空间光学仪器管、高温高压装置、高精度太阳光学望远镜、喷嘴等。CE 具有很好的黏结性能，尤其对金属、玻璃和碳基体，故用作黏合剂的组分、微波应用的膜黏合剂等。还可用于波导材料、非线性光学材料的固定等，由于耐火焰、阻燃，而用于飞机内装饰材料等。

雷达天线罩作为飞机及导弹的一个结构功能部件，保护雷达天线在恶劣环境条件下正常工作。飞机或导弹飞行时，处于高速气动加热、加载以及雨滴冲击等恶劣环境中的天线罩必须保持结构完整，尽可能不失真地透过电磁辐射波。这除了依赖于精确和理想的外形、壁结构设计和精细的天线罩制造技术外，还取决于天线罩材料所具有的各种良好性能。近年来，随着现代作战技术及雷达天线罩制造工艺的发展，对高速作战飞机及导弹的天线罩材料的性能提出了越来越高的要求。先进雷达天线罩应具有良好的电绝缘性和高频、宽频电磁波透过性能；同时又具有优异的耐热性能、力学性能和耐环境性能；可行的工艺性、可生产性和性能再现性。

氰酸酯树脂（CE）与目前大量使用的 EP、BMI 和酚醛树脂等相比，具有诸多突出的优点，即优良的力学性能、耐热及耐湿热性能、极低的介电损耗、低的介电常数等。并且其介电性能对温度及电磁波频率的变化都显示出特有的稳定性，且适用于模压、RTM、热压罐、纤维缠绕和

挤拉等各种成型工艺，在先进雷达天线罩中具有极大的应用前景。

对雷达天线罩材料的要求中最为重要的是高透微波性能，它可用两个核心参数描述，即介电常数和介电损耗角正切。

(1) 介电常数 ε　介电常数 ε 是表征电介质材料在电场作用下极化情况的参数，是保证天线罩材料电气性能的重要指标，对于半波壁天线罩，为保持一定的传输性能，材料的介电常数越小，天线罩壁所容许的相对厚度误差越大，因此在选用材料时，应尽量选用介电常数低的材料。

(2) 介电损耗角正切 $\tan\delta$　介电损耗角正切 $\tan\delta$ 是衡量电介质材料在电场中损耗能量并转变为热能的物理参数，用以表征材料的介电损耗性能，对于半波壁天线罩的传输功率和材料的介电损耗角正切的关系如下式所示。

$$|T|_1^2 = |T|_0^2 \exp\left[-2\pi\left(\frac{d\varepsilon\tan\delta}{\lambda_0\varepsilon - \sqrt{\sin^2\theta}}\right)\right]$$

式中，$|T|_1^2$ 为有损耗材料天线功率传输系数；$|T|_0^2$ 为无损耗材料天线功率传输系数；d 为天线罩厚度，mm；λ_0 为自由空间波长；ε 为天线罩材料的介电常数；$\tan\delta$ 为天线罩材料的介电损耗角正切；θ 为电磁波入射角。

可见，$\tan\delta$ 越大，则 $|T|_1^2$ 越小，即天线罩的传输性能越差。因此，雷达大线罩材料应具有较低的介电损耗角正切，通常高性能的雷达天线罩要求所用的材料的 $\tan\delta$ 不能大于 0.01。

从 CE 优良的综合性能不难看出它作为高透波雷达天线罩的基体树脂的应用潜力。目前，国外已将 CE 应用于雷达天线罩，并已取得了满意效果。

BASF 公司将其牌号为 5575-2 的 CE 用石英纤维增强作成预浸料，以这种预浸料作蒙皮，以 X6555 结构泡沫为芯层，以 METLBOND 2555 胶黏剂为胶膜制成的夹层壁结构制成的雷达天线罩。在 8～100GHz 频率范围内氰酸酯 5575-2/石英复合材料的介电常数为 3.25，比典型的环氧或双马石英系统低 10%～15%，介电损耗角正切值为 0.005～0.006，比 EP 和 BMI 做成的雷达天线罩介电损耗角正切改善了 3 倍，并且氰酸酯不会因频率（8～100GHz）或温度（23～232℃）变化而显著影响电气性能。其吸湿率更小，湿态介电性能更佳。

BASF 公司推出的 5575-2 系列 CE 的力学性能及使用温度均优于 EP，与 BMI 相当。5575-2/7781 玻璃纤维层压板的拉伸、压缩及剪切试验表明，其室温性能与 EP、BMI 相同。5575-2 系统在 2320℃于态及 177℃湿态下的力学性能远优于环氧树脂。5575-2/AS-4 碳纤维复合材料压缩后冲击强度（CAI）为 206MPa，与目前用于主承力结构的双马来酰亚胺（213MPa）相当。5575-2/石英复合材料的拉伸强度、压缩强度、弯曲强度及剪切强度与典型的双马来酰亚胺系统相当。5575-2/玻璃及石英复合材料的电气性能及力学性能的独特配合将使雷达天线罩结构设计有较大的选择余地。

ICI Fiberite 公司的牌号为 X54-2 的 CE 是 Hercules IM-7 纤维增强后，CAI 值达 260MPa，可在 300℃的湿热环境下长期使用；用 Hitex 公司中等模量的 46-8b 纤维增强后，韧性得到大幅度提高，这两种体系皆已应用于雷达天线罩。X54-2CE/石英纤维雷达天线罩，可在 150℃的湿热环境下使用，CAI 达 258MPa，性能优异。Hexcel 公司的 HX 1584-3/石英纤维或玻璃纤维复合材料具有非常低的介电常数和介电损耗角正切，可用于高透波雷达天线罩。Dow 化学公司的 Xu 71787CE 具有独特的分子结构，微波介电性能极佳，吸湿率很低，尺寸稳定性较高，工艺性能优良，也是性能优良雷达天线罩基体树脂。其他如 Hexcel 公司的 HX 1553 和 HX 1562，Dow 化学公司的 Xu 71787.09L 等都是性能优良的雷达天线罩材料。表 7-9 列出了一些用于雷达天线罩的氰酸酯树脂的性能。

7.3.3　氰酸酯树脂复合材料在导弹材料中的应用

导弹作为一种威力巨大的远程攻击武器，在保卫国家领空和海疆、壮大国防力量中起着举足轻重的作用。同时，导弹技术和其他兵器技术的发展，又是材料科学发展的巨大动力之一，牵引和推动着材料科学技术水平的不断提高。材料的选择是导弹结构设计的重要环节，材料性能的优

表 7-9　氰酸酯树脂基雷达天线罩材料的性能

供应商及树脂牌号	所用增韧剂	固化/工作温度（干燥条件下）/℉	T_g/℃	吸湿率（质量分数）/%	介电损耗 tanδ	介电常数 ε
Rhpone-Pouiene						
BT-10	未增韧	350/350	290	2.51	0.003	2.91
M-10	用热塑性塑料或环氧树脂	350/350	270	3	0.003	2.75
F-10		—/350	290	1.8	0.003	2.66
L-10		350/350	260	2.4		2.98
RTX366（液态）		250250	192	0.6		2.64～2.8
Dow-Plastic						
Xu 71787.02	未增韧	350/350	252	1.2	0.002	2.8
Xu 71787.07	核-壳橡胶	350/350	265	1.2	0.002	2.9
Xu 71787.09L		350/350	220～250	0.6	0.002	3.1
ICI Fiberite						
954-1	热塑性塑料	350/350	266	0.4	—	—
BASF						
5575-2		350/350	246	1.0	0.005	3.25
Meltbond 2555 adhensive	热塑性塑料	350/350	242	1.3	0.003	2.8
X6555 Syntactic core		350/350	250		0.005	1.8
X6555-1 Syntactic core		350/350	250	—	0.005	2.16
Amoco	热塑性塑料	350/350	240	1.6	0.004	3.4
ELR-1939-3						
Hexcel						
HX 1566	未增韧	350/350	240	0.5	0.005	3.4
YLA. Inc						
Rs-3	未增韧	350/350	254	1.45	0.005	2.6
Bryte technologies						
BTCY-1	未增韧	350/350	270	1.00	0.003	2.7
BTCY-2	未增韧	350/350	190	0.60	0.0004	2.8

劣直接影响着导弹的各项技术性能。树脂基复合材料（resin matrix composites，RMC）以其优良的成型工艺性、高比强度和比刚度、抗疲劳性、减振性、耐化学腐蚀性、良好的介电性能、较低的热导率、优异的破损安全性以及可整体成型、可隐身等一系列优良的综合性能，在弹道导弹、防空导弹、飞航导弹等中有着越来越多的应用。但现有的 RMC 制品如环氧树脂（EP）系列、聚酰亚胺（PI）系列、双马来酰亚胺（BMI）系列等，又不同程度地存在着耐湿热性差、微波介电性能不佳、尺寸稳定性不好等缺陷（表 7-10），限制了它们的进一步发展。

表 7-10　几种导弹用复合材料基体的优、缺点

基体树脂	优　点	缺　点
环氧树脂	工艺性能优良，力学强度高，与增强纤维的黏结性好耐化学腐蚀性优，成本较低	湿热性、热稳定性、微波介电性能等较差，制品受固化剂的影响较大
不饱和聚酯树脂	工艺性能优良，介电性能良好，价格便宜	耐热性较差，固化时体积收缩率大
聚酰亚胺树脂	耐热性高，力学强度高，微波介电性能较佳，耐化学腐蚀性好	树脂黏度大，成型工艺性较差，加工困难，成本较高
双马来酰亚胺树脂	耐热性能优良，力学强度高，介电性能良好，介电损耗小，尺寸稳定性高	溶解性差，工艺性能不佳，树脂固化物脆性大
聚四氟乙烯	电绝缘性能极佳，耐热性优异	制品成型及加工困难，价格昂贵

近年来，国外研究了氰酸酯树脂（cyanate ester resin，CE），发现其性能综合了 PI、BMI 等树脂的耐高温性能和 EP 的良好工艺性，且具有优良的微波介电性、耐腐蚀性、耐湿热性等一系列优异的综合性能，在导弹材料领域中有着极广泛的应用前景。

由于 CE 具有诸多优异的性能，国外许多专家认为它最具有应用前景的领域为航空、航天部门，其中包括宇航结构部件、宇航电子仪器的印刷电路板、飞机的主次承力结构件、雷达天线罩、高透波介电涂层、胶黏剂、导弹材料等。而 CE 作为导弹材料应用最广的为结构材料和隐身材料。

（1）结构材料　导弹是一种长期储存、一次使用的复杂产品，材料性能的优劣对其技术性能影响很大。导弹对其材料的性能要求如下。

① 导弹在运输、发射及飞行的过程中都承受较大的载荷，包括导弹在运输中由于颠簸而承受的振动过载和导弹发射与飞行时弹体承受的轴向过载，因此导弹的弹翼、弹舱段、承力式储箱、连接框架等主要受力结构部件都要求有高的比强度、比刚度以及抗振能力，以保证导弹使用安全可靠，同时有效减轻导弹结构质量，增加有效载荷，提高导弹的战术性能、增大射程。

② 当导弹在超低空的飞行速率大于 2 马赫时，由于气动加热，弹体表面温度可达 200℃以上，因此弹体结构材料（尤其是蒙皮）必须有较高的热稳定性。

③ 导弹大多在沿海地区储存和用于执行战备值班任务，或者装载于舰艇上出海航行，海洋环境的湿热、盐雾和霉菌会使导弹受到严重腐蚀。另外，使用液体火箭发动机的导弹，其燃料储箱、发动机壳体及动力系统管道材料必须能抵御硝酸、偏二甲肼等化学试剂的侵蚀。因此，导弹结构材料必须具有优良的耐化学腐蚀性能。

④ 导弹结构材料应具有良好的工艺性能和高的经济效益，在保证结构件质量的前提下，努力做到工艺简单、工序少、周期短，尽量采用整体成型，减少螺栓连接、铆接。

对于以上种种性能要求，传统的钢、铝合金、钛合金等很难完全满足，EP 基复合材料虽具有良好的工艺性能、耐腐蚀性、较高的比强度和比刚度，但其长期使用温度一般在 140℃左右，且耐湿热性较差，限制了它的进一步应用。耐高温的 PI、BMI、聚四氟乙烯（PTFE）和聚醚醚酮（PEEK）等，又大都存在着成型温度高、加工困难等缺陷，也难以满足导弹材料的性能要求。而 CE 对于以上诸要求均能满足。因而广泛地用作导弹的结构材料。

最早应用于导弹的 CE 基复合材料为美国 Narmco 公司的 R-5245C，它是一种用碳纤维增强的 CE 与其他树脂的混合物。随后，Scola 等研究出一种 EP 改性的 BT 树脂，它用高强度的碳纤维增强后 CAI 值（compress after impact）达 220MPa，且可在 132～149℃的高湿热环境下使用。后来，一些供应 CE 预浸料的公司在 CE 中加入 T_g 高于 170℃的非晶态热塑性树脂如聚碳酸酯（PC）、聚砜（PS）、聚醚砜（PES）等，使 CE 在保持优良的耐湿热性能和介电性能的同时，CAI 值达到 240～320MPa，有效地解决了复合材料的易开裂问题，其使用温度与改性后的 BMI、PI 相当，通常用于导弹的弹翼、整流片、进气道等。Ciba-geigy 的 ArocyL-10 和 RTX366 的熔融物黏度极小，只有 0.1Pa·s，特别适用于纤维速浸法制预浸料，适用于先进的复合材料成型工艺如 RTM、缠绕、真空袋和热压罐等，在导弹中有很好的应用前景。Hexcel 公司在 CE 中加入热塑性树脂、发泡剂和表面活性剂，制得了一种泡沫结构材料，它的耐热性和耐湿性均优于常用的聚氯乙烯（PVC）和聚甲基丙烯酰胺（PMI）等泡沫材料。Siwolop 等报道的另一种 CE 泡沫结构材料，是在中空的陶瓷微球外包覆一层 CE 薄膜，成功地使 CE 的热膨胀系数（CTE）降到 $13×10^{-6}$/℃，并且在 173～230℃的温度下能够保持较高的力学强度，此材料已用于导弹的支撑板、承力结构件等。M. T. DeMeuse 等报道了 3 种牌号分别为 561-66、HXl553 和 HXl562 的 CE 用密度为 1459g/cm³ 的中等模量高强纤维 IM-7 增强后复合材料的性能，其中 561-66/IM-7 体系的 T_g 为 236℃，CAI 值为 283MPa，其他性能也较优。另外，两种体系具有较高耐湿热性能，能抗微裂纹，并有较高的尺寸稳定性和较佳的力学性能，它们的最大应用领域为导弹主次承力结构部件。ICI Fiberite 公司的 954-3/P75 碳纤维体系具有适宜的力学性能，沸水浸泡 80 天后吸湿率仅为 0.5%，可抗微裂纹等优良的性能。954CE 用聚硅氧烷改性后，可在复合材料的表面生成一层类似陶瓷的薄膜，提高了 CE 的力学强度和耐腐蚀性能，广泛地用作各种结构部件。其他如 AMOCO 公司的 ERL-1939 系列、Bryte 公司的 BTCY 系列等均是性能优良的导弹结构材料。

（2）隐身材料　在现代战争中，随着电子技术的迅速发展，高分辨率、高可靠性的先进探测器相继出现，对导弹的生存能力、突防能力构成非常严重的威胁。目前研制的导弹大多数是高亚声速，具有射程大、飞行时间长的特点，很容易受到敌方拦截。隐身技术本质上是一种反探测技术，即尽量减少敌方探测器能探测到的来自目标的雷达波、红外线、光、声等的信号强度，以降低目标被发现的概率。当前，由于大量应用的目标探测器是雷达，所以研究雷达波隐身技术就更为重要，雷达隐身的关键是减小导弹的雷达散射截面（radar cross-section，RCS），从而产生低可视性（low observability，LO）。隐身技术包括外形技术和材料技术，其中隐身材料又可分为雷达吸波涂层和结构吸波材料，目前对吸波涂塞的研究较多，其隐身的效果也较好。但吸波涂层不能将敌方雷达发射的电磁波完全吸收，仍有一小部分雷达波会反射回去。为消除反射波，通常需在吸波层表面涂覆一层透波表面层，此透波层的厚度为 1/4 波长的奇数倍。这样，电磁波投射到表面层，部分反射（反射波Ⅰ）部分透射，透射波再经吸波层反射（反射渡Ⅱ），反射波和反射波强度相当、相位相反，于是相互抵消，从而防止了反射（显然，这里的反射波均极其微弱）。CE 的微波介电性能极佳，透波率很高，透明度好，是作透波层的绝佳材料。如 CIBA-GEIGY 公司的 ArocyL-10，它在室温下为液体，工艺性能良好，与基体材料有很高的黏结力，有效地防止了涂层的易脱落问题，可用于隐身材料。美国亨茨维尔特殊公司研制的另一种类型的雷达吸波材料，以高分子聚合物为基体，其中均匀分布 CE 的晶须，用晶须来切断入射雷达波信号并吸收大量能量，通过在此过程中产生的热量消耗吸收的能量，从而达到隐身的目的，此材料已应用于巡航导弹中。

7.3.4　氰酸酯树脂在宇航复合材料中的应用

最早应用于宇航领域的商品化 CE 基复合材料为美国 Narmco 公司的 R-5245C。它是一种用碳纤维增强的 CE 与其他树脂的混合物。随后，Scola 等研出的一种 EP 改性的 BT 树脂，它用高强度的碳纤维增强后 CAI 值达 220MPa，且可在 132～149℃ 范围内的高湿热环境下使用。后来，一些供应 CE 基复合材料预浸料的公司，在 CE 中加入 T_g 高于 170℃ 非晶态热塑性树脂，使 CE 在保持优良耐湿热性能和介电性能的同时，CAI 值达到了 240～320MPa，有效地解决了复合材料的易开裂问题，其使用温度与改性后的 PI、BMI 相当。

CE 也可制成宇航中常用的泡沫夹心结构材料，泡沫夹心结构材料在使用和存放的过程中，湿气易通过表面层渗入泡沫芯，在高温环境下使用时容易导致结构性破坏。CE 基复合材料采用特殊的处理工艺：铺层前充分烘干，用再生聚芳酰胺纤维作增强材料，选用特殊的催化剂和提高固化温度可解决以上问题。Hexcel 公司在 CE 中加入热塑性树脂、发泡剂和表面剂，制得了一种泡沫结构材料，它的耐热性、耐湿性均优于常用的聚氯乙烯（PVC）和聚甲基丙烯酰胺（PMI）等泡沫材料。而 Siwolop 等报道的另一种泡沫复合材料，是在中空的陶瓷微球外包覆一层 CE 薄膜，成功地使 CE 的 CTE 降低到 1.3×10^{-5}/K，并且在 173～230℃ 能够保持较高的力学强度，用于宇航飞行器支撑板、承力结构件等。

而在卫星材料中，卫星结构材料与其他的宇航结构材料有明显的差别。卫星结构材料要解决的主要问题是在满足强度要求的条件下，尽量提高刚度。为提高刚度，其结构设计往往较为复杂，这样就加大了制造的难度，因此要求材料具有较好的成型工艺性。卫星在大气层外真空和高低温交替的环境下，易于受树脂中残余挥发分的损害，挥发物质覆盖在光学和电子部件的表面而使其失去功能。氰酸酯的聚合反应属于加聚反应，聚合过程中无小分子等挥发分放出，因而可避免此问题。此外，CE 基复合材料的高尺寸稳定性、抗辐射能力、抗微裂纹能力等优异的性能使其在卫星材料中的应用日益扩大，广泛用作先进通讯卫星构架、抛物面天线、太阳电池基板、支撑结构、精密片状反射器和光具座等。如 Fiberite 公司 Arnold 报道了一种用活性端基聚硅氧烷增韧改性的 CE，可在复合材料表面形成一层 SiO₂ 膜，从而防止了材料因接触到原子氧而受腐蚀。

此种材料在不易用金属化膜保护复合材料的场合下尤为适用。

国外对 CE 的合成、性能及应用进行了广泛而深入的研究，取得了一系列的成果。我国也有部分科技人员从事此领域的工作，但仅限于实验室合成，尚未形成商品化生产。西方国家由于安全等问题在 CE 原料方面对我国实行禁运，因此，我国只能在自力更生的基础上进行 CE 的研究。可喜的是，我国许多树脂基复合材料方面的科技专家已经认识到 CE 基复合材料的巨大应用潜力，纷纷投入此方面的研究，取得了很多进展。可以预料，今后我国的 CE 研究将会取得更快速的发展。

7.3.5　其他方面的应用

由于氰酸酯树脂优异的性能，使其在绝缘清漆、涂料、胶黏剂、光学仪器、医疗器材等诸多领域也有广泛的应用前景。

7.4　氰酸酯树脂的发展趋势与前景

自从 1972 年联邦德国 Bayer 公司首先将氰酸酯树脂商品化以来，短短的几十年时间内，氰酸酯以其优异的电绝缘性能、极低的吸湿率、较高的耐热性、优良的尺寸稳定性、良好的力学性能以及与环氧树脂（EP）相近的成型工艺性等，备受人们的青睐，在电子、航空航天、医疗器材等诸多领域获得了广泛的应用，成为继环氧树脂（EP）、聚酰亚胺（PI）、双马来酰亚胺（BMI）之后的又一种高性能复合材料树脂基体。虽然氰酸酯具有上述优异的综合性能，但是由于氰酸酯单体聚合后的交联密度大，加上分子中三嗪环结构高度对称，结晶度高，造成的氰酸酯的固化物较脆，所以对于许多应用场合来说，仍不能满足要求。为此，人们研究了多种改性的途径，目前用热固性树脂、热塑性树脂、橡胶弹性体、含不饱和双键的化合物与氰酸酯共混，以及不同结构的氰酸酯树脂单体共混或共聚等改性取得了较大的进展。

7.4.1　新型氰酸酯的合成

在氰酸酯单体的分子结构中引入活性基团，合成带第二活性基团的氰酸酯单体，通过第二活性基的聚合反应，改善氰酸酯树脂的性能，Barton 及同事合成了数种带有烯丙基的氰酸酯单体，这些单体可以与 BMI 共聚，实现氰酸酯树脂的改性。

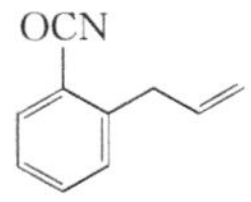

1-烯丙基-2-氰酸酯基苯 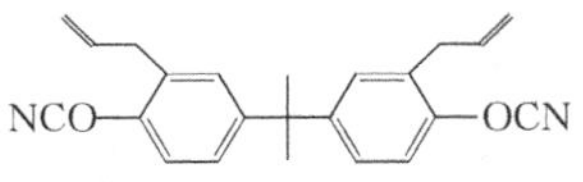　　　　2,2'-双(3-烯丙基-4-氰酸酯基)异丙烷

在氰酸酯单体结构中引入具有功能性的基团或链段，赋予氰酸酯树脂功能性，例如在氰酸酯单体中引入苯基膦结构，可以赋予氰酸酯树脂优异的耐热和阻燃性能，其结构如图 7-6 所示，其性能随苯基膦与三嗪环的比例不同而变化。

7.4.2　共混改性

（1）与环氧树脂（EP）共聚改性　环氧树脂是一类综合性能优良的树脂，在复合材料中得到了广泛的应用。但是由于环氧树脂基体中含有大量的固化反应生成的羟基等极性基团，环氧树脂固化物的吸湿率较高，使其复合材料在湿热环境下力学性能显著下降。利用氰酸酯树脂改性（固化）的环氧树脂其固化分子中不含羟基、氨基等极性基团。因此，固化物耐湿热性能好。另外，固化物中含有五元含噁唑啉杂环和六元三嗪环结构，因此其固化物有较好的耐热性；固化物分子中含有大量的—C—O—C—醚键，故又具有较好的韧性。

在无催化剂和固化剂条件下，无论是氰酸酯还是环氧树脂都很难进行固化反应，但是，当氰酸酯与环氧树脂混合时，两者能互相催化固化反应，少量的氰酸酯树脂能促进环氧树脂的固化反应，而更为少量的环氧树脂也能促进氰酸酯树脂的固化反应。由此可见，氰酸酯改性环氧树脂是化学改性。CE 可与 EP 发生共聚合反应，生成氰脲环、异氰酸酯环、噁唑烷环及三嗪环等。

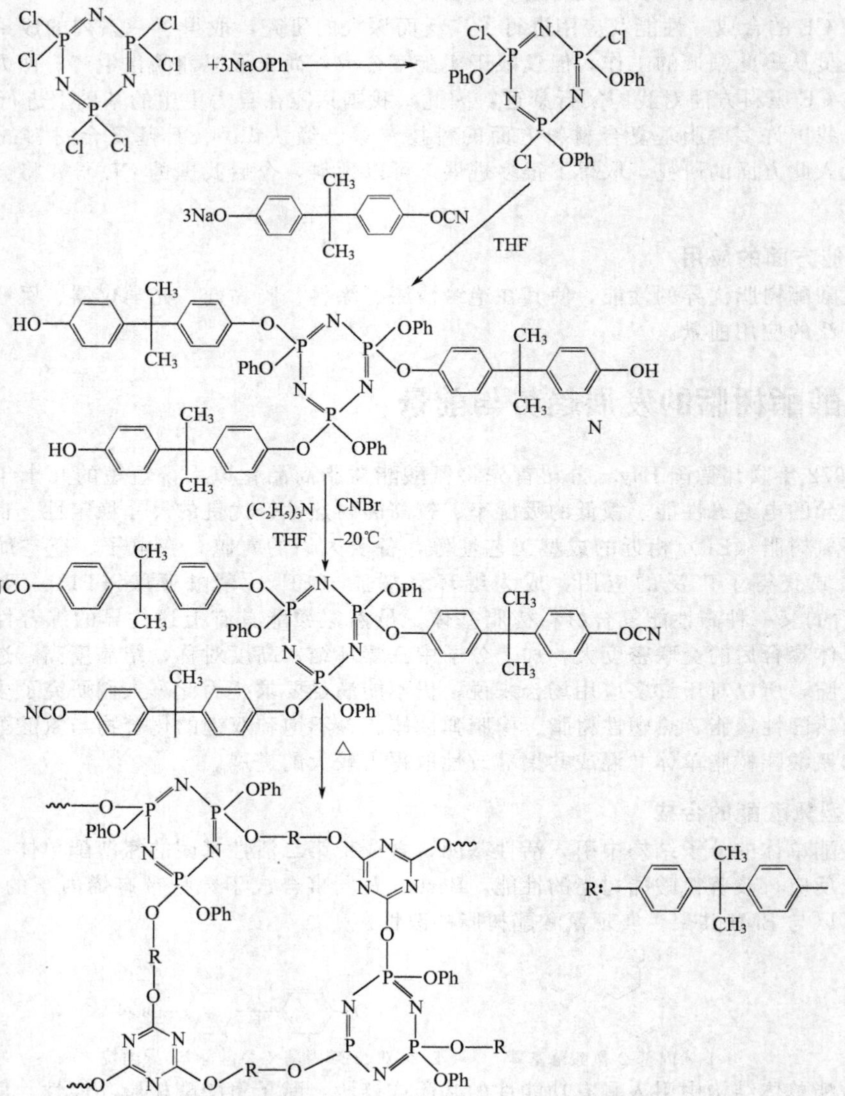

图 7-6 氰基苯基磷和交联的苯基磷-三嗪聚合物的合成

CE/EP改性体系既能形成大量的三嗪环，保留 CE 固有的性能优点，又能与 EP 共固化而形成交联网络，提高了材料的力学性能；树脂固化物中含有大量的醚键，因此具有较高的韧性。冲击性能。通常用作高性能印制电路板的基体树脂。BT 树脂体系的玻璃化转变温度随 BMI 含量的增加而提高，但力学性能及工艺性能等变差。

表 7-11 中，A 为氰酸酯预聚体与环氧树脂组成的二元体系；B 为氰酸酯先与少量环氧树脂共聚后，再与环氧树脂共混形成的改性体系。可以发现改性体系的硬度和模量略有降低，但强度提高显著。另一方面，除了断裂伸长率略有不同外，两种改性工艺的力学性能基本相当，这体现了良好的改性工艺。

EP 和 CE 的固化反应存在相互间催化的作用，CE/EP 体系的固化温度低于纯 CE，177℃即可固化完全。表 7-11 为 CE/EP 改性体系的性能，从表中可以看出，改性体系无论干态或湿态的热变形温度（HDT）均有明显的提高，其中以双酚 A 型氰酸酯/四溴双酚 A 型环氧树脂改性体系最为突出。该体系具有很高的耐热性、强度以及优良的阻燃性能。

表 7-11　氰酸酯树脂/环氧树脂树脂改性体系

性　能	氰酸酯树脂	A	B
巴氏硬度	48	38	40
拉伸强度/MPa	50	81.6	72.4
断裂伸长率/%	1.42	5.69	4.30
弯曲强度/MPa	80.9	147.7	149.5
弯曲模量/GPa	4.6	2.9	2.8

　　(2) 与 BMI 共聚改性　CE/BMI 共混或共聚改性是一个较为活跃的研究领域，BMI 改性 CE 最直接的一个方法就是 BMI 与 CE 熔融混合得到均相的共混体系，在较低的温度下即可发生共聚，CE 官能团（—OCN）与 BMI 的马来酰亚胺环上的不饱和双键上的活泼氢发生反应，得到 BT 树脂。BT 树脂的玻璃化转变温度达 250℃ 以上，具有较低的介电常数和介电损耗因数，优良的抗冲击性能。通常用作高性能印制电路板的基体树脂。BT 树脂体系的玻璃化转变温度随 BMI 含量的增加而提高，但力学性能及工艺性能等变差。

　　(3) BMI/EP/CE 三元改性体系　EP/CE 改性体系降低了 CE 原有的模量、耐热性及耐化学腐蚀性能；BMI/CE 改性体系的增韧效果不太明显，且其工艺性能较差，成本较高。因此许多研究者应用这三种树脂共混，以期得到性能更佳的树脂体系。BMI/EP/CE 三元体系中，EP 与 CE 的共聚结构与 BMI 形成互穿网络结构（IPN），使体系的工艺性和韧性比二元体系有了较大的提高。

　　Bobert E. Hefne 等对三元改性体系进行深入研究，其三元改性体系浇注体的性能见表 7-12 所列。

表 7-12　BMI/EP/CE 三元改性体系浇注体的性能

性　能	CE	A	B
拉伸强度/MPa	50	83	89.2
断裂伸长率/%	1.42	9.63	9.48
弯曲强度/MPa	80.9	136.2	155.0
弯曲模量/GPa	4.6	3.0	3.1
HDT/℃	254	192	183

　　其中 A 为 CE 先与 BMI 共聚，再与 EP 共混得到的三元体系；B 为 CE 先与 EP 共聚，再与 BMI 共聚得到的三元体系。表 7-12 中数据表明，三元改性体系具有更好的增韧效果，弯曲模量有所提高，综合性能明显优于二元体系。另外，A、B 两种改性工艺得到的树脂体系性能基本相当，也说明了三元改性体系具有良好的工艺特性。

　　(4) 热塑性树脂改性 CE　氰酸酯树脂可与许多非晶态的热塑性塑料共混。CE 可与许多非晶态的热塑性树脂共混。热塑性塑料所占的质量分数为 25%～60%（视性能要求而定）。所用的热塑性塑料主要为玻璃化温度较高和力学性能比较优良的树脂，如聚碳酸酯（PC）、聚砜（PSU）、聚醚砜（PES）、聚醚酰、聚醚酰亚胺（PEI）等。上述树脂可溶于熔融态的氰酸酯树脂中，因此可用热熔法或熔融挤出法制备共混树脂。改性体系在固化前呈均相结构。随着固化反应的进行，氰酸酯树脂的分子量不断增大，逐渐发生分相成为两相体系，即分散相——热塑性塑料和连续相——氰酸酯树脂。这种两相结构有效地阻止材料受力时产生的微裂纹的扩展，提高了材料的韧性。随着热塑性塑料用量的增加，分散相颗粒越来越大，直至与氰酸酯树脂以等比共混，体系固化后形成两个连续相。氰酸酯树脂与热塑性塑料最终形成半互穿网络结构，从而得到一种高力学性能、高使用温度并且具有单一化学结构的材料体系。这既提高了氰酸酯树脂的韧性，又改善了热塑性塑料的工艺性及耐热、耐湿性能等。表 7-13 为几种 CE/热塑性树脂共混体系的性能。

　　热塑性树脂的加入会使 CE 的耐热性有不同程度的下降。此外，由于热塑性塑料的分子量较大，共混树脂的黏度增大，工艺性变差。因此，在使用热塑性塑料改性氰酸酯树脂时，需要考虑热塑性塑料对氰酸酯韧性、耐热性和工艺性能的影响，以便获得综合性能相对较佳的体系。

表 7-13　热塑性树脂/双酚 A 氰酸酯（1∶1）semi-iPN 结构树脂的性能

热塑性树脂	拉伸强度/MPa	拉伸模量/GPa	断裂伸长率/%	热失重温度/℃	玻璃化转变温度/℃
聚酯/碳酸酯共聚物	84.5	2.14	17.6	—	—
聚碳酸酯	84.7	2.06	17.3	400	195
聚砜	73.0	2.05	12.7	350	185
聚对苯二甲酸乙二醇酯	76.5	2.44	12.5	—	—
聚醚砜	71.7	2.34	9.6	—	—
聚醚酰亚胺	76.0	2.44	12.5	—	—

（5）橡胶弹性体改性氰酸酯树脂　P. C. Yang、D. M. Pickelman 和 E. P. Woo 等对橡胶增韧氰酸酯树脂提出了一种核-壳结构增韧机理。他们所使用的氰酸酯树脂是一种牌号为 Xu71787 的芳杂环结构的氰酸酯树脂。核为橡胶，壳为氰酸酯树脂固化物。材料在受到外力的作用下发生变形时，核-壳结构发生位移而产生空穴。空穴吸收能量，起到了增韧的作用。使用橡胶增韧氰酸酯树脂，可在较低的温度（80℃）下与氰酸酯树脂共混。橡胶的加入也不像热塑性塑料那样会对树脂的黏度产生较大的影响。但是由于橡胶的耐热性问题，固化条件对改性体系的性能有较大的影响。橡胶改性氰酸酯树脂体系的后处理温度不宜过高，因为高温会使橡胶老化。

CE 最常用的橡胶增韧剂为端羧基丁腈橡胶（CTBN），橡胶/CE 体系浇注体的性能见表 7-14。但是由于橡胶的耐热性问题，固化条件对改性体系的性能有较大的影响，橡胶改性 CE 体系的后处理温度不宜过高。

表 7-14　橡胶/CE 体系浇注体的性能

性　　能	橡胶含量/%			
	0	0.5	5.0	10.0
玻璃化转变温度/℃	250	253	254	254
吸水率/%	0.7	0.76	0.95	0.93
弯曲强度/MPa	121	117	112	101
弯曲模量/GPa	3.3	3.1	2.7	2.4
应变/%	4.0	5.0	6.2	7.5
C_{20}/(kJ/m²)	0.07	0.20	0.32	0.63
K_{IC}/MPa·m$^{1/2}$	0.552	0.837	1.107	1.118

（6）不饱和双键的化合物改性 CE　在催化剂的作用下，CE 可与苯乙烯、丙烯酸丁酯、甲基丙烯酸甲酯（MMA）、不饱和聚酯等不饱和双键的化合物共聚形成改性体系。一些改性体系的树脂浇铸体的性能见表 7-15。从表中可以看出，CE/MMA 体系的综合性能较好，力学性能较纯 CE 有了较大的提高，韧性也得到明显的改善。

表 7-15　CE/不饱和双键化合物改性体系的性能

性　　能	CE	CE/苯乙烯	CE/MMA	CE/丙烯酸丁酯
拉伸强度/MPa	50	50.3	85.1	63.1
断裂伸长率/%	1.42	0.5	3.1	1.8
弯曲强度/MPa	80.9	127.9	169.9	112
冲击强度/(kJ/m²)	5.2	5.1	6.5	7.2
弯曲模量/GPa	4.5	11	3.9	3.4
马丁耐热温度/℃	—	158	135	112

　　（7）氰酸酯树脂与双马来酰亚胺（BMI）共聚改性　氰酸酯官能团和缺电子不饱和烯烃之间的反酸酯官能团及缺电子不饱和烯烃之间的反应是氰酸酯改性的一种重要的方法。已商品化的 BT 树脂系列就是一类氰酸酯和 BMI 树脂反应产物或混合物，BT 树脂的固化物既提高了 BMI 树脂的冲击强度、电性能和加工工艺操作性，也改善了氰酸酯的耐水解性，BT 树脂固化物的耐热性介于 BMI 树脂和氰酸酯树脂之间。BMI 树脂、氰酸酯及环氧混合物共同固化，所生成树脂的工艺性和韧性更佳，但其使用温度进一步下降。

　　BT 树脂的玻璃化温度达 250℃ 以上，具有较低的介电常数和介电损耗因数以及优良的冲击性能，通常用作高性能印制电路板的基体树脂。BT 树脂体系的玻璃化温度随 BMI 含量的增加而提高，但力学性能及工艺性能等变差。

参 考 文 献

［1］　蓝立文.玻璃钢/复合材料，1996，6：29.

［2］　钟伟虹 等.化工新型材料，1994，1I：30.

［3］　郭艳宏.化工科技，2003，11（6）：59-62.

［4］　Parvatareddy H，Wilson Tsang P H，Dillard D A.Composites Science and Technology.PolymMater.Sci.Eng.，1996，56（10）：1129-1140.

［5］　Bogan G W，Lyssy M E，Memmeral G A，et al.High-performance thermosets.SAMPE　Journal，1998，24（6）19-25.

［6］　Gu Aijuan，Liang Guozheng.Application of polymer.Inten.J.Polymeric Mater，1997，35：29-37.

［7］　秦华宇 等.化工新型材料，1995，10：33.

［8］　王仲群，宁荣昌，李爱红.玻璃钢/复合材料，1997，2：22.

［9］　Abed J C，Mercier R，McGrath J E.Journal of Polymer Science，Polymer.Chemical，1997，35（6）：977-987.

［10］　闫福胜，王志强，张明习.工程塑料应用，1996，（6）：91-93.

［11］　房强，汪璐霞.化工新型材料，1997，3：18.

［12］　李文峰 等.航空材料学报，2003，23（2）：56-57.

［13］　Gu Aijuan，Liang Guozheng.Polymer compstites property and application.Polymer Compsites，1997，18（1）：151.

［14］　赵磊 等.玻璃钢/复合材料，2005，5：38.

［15］　黄志雄，彭永利，秦岩 等.热固性树脂复合材料及其应用，2007，1：226-242.

［16］　Eli Graver R B，Cyanate esters.High performance resins，High Perform.Polym.，Proc.Symp..Seymour，Raymond Benedict，Kirshenbaum，Gerald S.Elsevier：New York，1986.

［17］　Stroh R，Gerber H.Cyansäureester sterisch gehinderter Phenol.Angew.Chem.，1960，72：1000.

［18］　Gright E，Putter R.Synthesis and Reactions of Cyanic Esters.Angew.Chem.Int.Ed.English 1967，6：206-218.

［19］　Gright E，Putter R.New Reactions with Cyanic Esters.Angew.Chem.Int.Ed.English 1972，11：949.

［20］　Martin D.Cyansfiurephenylester.Angew.Chem.，1964，76：303.

［21］　Jenson K A，Holm A.Formation of Monomeric Alkyl Cyanates Bydecomposition of 5-Alkoxy 1，2，3，4-Thiatriazoles. Acta.Chem.Scand.，1964，18：826.

［22］　Reghunadhan N C P，Mathew D，Ninan K N.Cyanate Ester Resins，Recent Developments.Adv.Polym.Sci.，2001，155，1-99.

［23］　Martin D.General Meeting 1965 of the German Chemical Society and Kekul6 Celebration，Agnew.Chem.internat，ed. 1965，4：985.

［24］　Shimp D A，Christenson J R，Ising S J.Arocy Cyanate Ester Resins：Chemistry and Properties.Rhone-Poulenc，Inc. publication，1989.

［25］　Fang T，Shimp D A.Polycyanate esters：Science and applications.Prog Polym Sci，1995，20（1）：61-118.

［26］　Shimp D A，Christenson J R，Ising S J.New liquid dicyanate monomer for rapid impregnation of rein-forcing fibers， 34th Int SAMPE Symp Exhib，1989，34：1336-1346.

［27］　Shimp D A.Thermal performance of cyanate functional thermosetting resins.32rd Int.SAMPE Symp，1987，32.-1063-1072.

［28］　Snow A W，Armistead J P.Comparative cyanate and epoxy resin hydrogen bonding studies.Polym.Mat.Sci.Eng.Preprints，1992，66：508-509.

［29］　Shimp D A.Thermal performance of cyanate functional thermosetting resins.32rd Int SAMPE Symp，1987，32：1063.

［30］　Barton J M，Hammerton I，Jones J R，The synthesis，characterisation and thermal behaviour of functionalized arylcyanate ester monomers.Polymer Int'l, 1992，29，145-156.

[31] 包建文.氰酸酯改性环氧及双马来酰亚胺树脂的进展.航空制造工程，1997，7：3-5.

[32] 包建文，唐邦铭，陈祥宝.环氧树脂与氰酯共聚反应研窥.高分子学报，1999，2：151-155.

[33] 蓝立文.氰酸酯树脂及其胶黏剂.粘接，1999，(4).33-37.

[34] 蓝立文.氰酸酯树脂及其胶黏剂（续）.粘接，1999，(5)：26-29.

[35] 马健文.BT 树脂的开发和应用.化工新型材料，1990，207 (5)：30-33.

[36] 闫福胜，梁国正.氰酸酯树脂的增韧研究进展.材料导报，1997，11 (6)：60-63.

[37] 祝大同.日本新型覆铜板的技术发展.绝缘材料通讯，1999，(3)：38-46.

[38] 赵磊等.高性能印刷电路板材料.化工新型材料，1999，27 (5)：26-27.

[39] Yang P C，Pickelman D M，Woo E P.A new cyanate matrix resin with improved toughness tougheningmechanism and composite properties，35th International SAMPE Symposium，1990，1131-1142.

[40] Woo F M，et al.Phase structure and toughening mechanism of a thermoplastic-modified aryl dicyanate.Polymer，1994，35 (8).1658-1665.

第8章 聚酰亚胺树脂

8.1 概论

聚酰亚胺是指主链上含有酰亚胺环的一类聚合物,这类聚合物早在1908年就有报道。其一般结构如下所示:

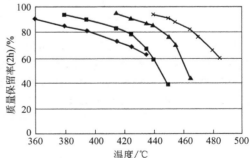

聚酰亚胺树脂可分成缩聚型、加成型和热塑性三种类型。

8.1.1 聚酰亚胺的性能

① 全芳香聚酰亚胺,热重分析,其开始分解温度一般都在500℃左右。由联苯二酐和对苯二胺合成的聚酰亚胺,热分解温度达到600℃,是迄今为止聚合物中热稳定性最高的树脂之一。

② 聚酰亚胺可耐极低温:在-269℃的液态氨中仍不会脆裂。

③ 聚酰亚胺具有很好的力学性能。未填充塑料的拉伸强度都在100MPa以上。均苯型聚酰亚胺的薄膜(Kapton)为170MPa,而联苯型聚酰亚胺(Upilex S)达到400MPa。

④ 一些聚酰亚胺品种不溶于有机溶剂,对稀酸稳定,一般的品种不耐水解,可以根据这一特点利用碱性水解回收原料二酐和二胺。例如对于(Kapton)薄膜,其回收率可达80%~90%。

⑤ 聚酰亚胺的热膨胀系数在$(2\sim3)\times10^{-5}/℃$,联苯型可达$10^{-6}/℃$,个别品种可达$10^{-7}/℃$。

⑥ 聚酰亚胺具有很高的耐辐射性能,其薄膜在5×10^9rad剂量辐照后,强度仍保持86%,一种聚酰亚胺纤维经1×10^{10}rad快电子辐照后其强度保持率为90%。

⑦ 聚酰亚胺具有很好的介电性能;介电常数为3.4左右,引入氟、或将空气以纳米尺寸分散在聚酰亚胺中,介电常数可降到2.5左右。介电损耗为10^{-3},介电强度为$100\sim300$kV/mm,体积电阻为$10^{17}\Omega\cdot$cm。这些性能在宽广的温度范围和频率范围内仍能保持在较高水平。

⑧ 聚酰亚胺为自熄性聚合物,发烟率低。

⑨ 聚酰亚胺在极高的真空下放气量很少。

⑩ 聚酰亚胺无毒,可用来制造餐具和医用器具,并经得起数千次消毒。一些聚酰亚胺还具有很好的生物相容性,例如,在血液相容性试验中为非溶血性,体外细胞毒性试验为无毒。

严格来讲,只有加聚型的聚酰亚胺是热固性的树脂,因为加聚型的聚酰亚胺是相对分子质量较小的酰亚胺化的齐聚物,通过活性端基进行交联固化,形成网状结构。固化树脂具有较高的交联密度,因此具有较大的脆性。缩聚型聚酰亚胺其行为像热固性树脂,树脂固化物是不溶不熔的。

聚酰亚胺作为先进复合材料基体应用的主要原因在于其能在250℃以上长期使用,这一点即使最好的多官能团环氧树脂也不能达到,不同类型聚酰亚胺的热稳定性如图8-1所示。

图 8-1 不同类型聚酰亚胺的热稳定性

—◆— 双马来酰亚胺; —▲— 热塑性;

—■— 乙炔基封端; —×— 缩聚型

另外，有两个主要原因阻碍了经典聚酰亚胺作为结构复合材料基体的广泛应用。第一，交联密度高、分子链刚性大的聚酰亚胺固有的脆性，导致了复合材料耐损伤性差以及热冲击时基体树脂易开裂，这种开裂则使吸湿性增加以及冷热交替时易变形；第二，聚酰亚胺的可加工性差，聚酰亚胺的加工一般需要在高温（250～300℃）下进行，对于缩聚型聚酰亚胺还需要较高的压力。

8.1.2 聚酰亚胺的合成

聚酰亚胺的合成方法可以分为两大类，第一类是在聚合过程中，或在大分子反应中形成酰亚胺环；第二类是以含有酰亚胺环的单体聚合成聚酰亚胺。

（1）聚合过程中或在大分子反应中形成酰亚胺

① 由二酐和二胺反应形成聚酰亚胺

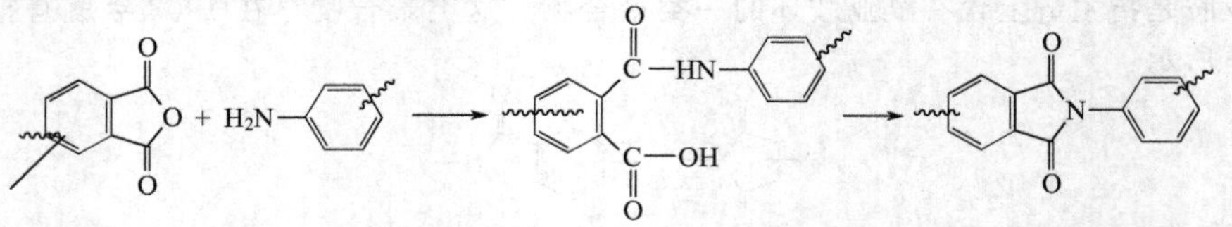

其反应方程如上式。此方法是合成聚酰亚胺最普遍的方法，反应分为两步：第一步是将二酐和二胺在非质子极性溶剂，如二甲基甲酰胺（DMF）、二甲基乙酰胺（DMAc）、N-甲基吡咯烷酮（NMP），或四氢呋喃和甲醇混合溶剂中进行低温溶液缩聚，获得聚酰胺酸溶液，去除溶剂后，再经高温处理形成聚酰亚胺。聚酰胺酸也可用化学脱水剂，一般用乙酸酐为脱水剂、叔胺类（吡啶、三乙胺等）为催化剂，在室温下酰亚胺化而获得聚酰亚胺。

二酐和二胺也可用一步法形成聚酰亚胺，即将二种单体在高沸点溶剂中加热至150～250℃而获得聚酰亚胺，所用的溶剂可以是酚类，如甲酚、对氯苯酚、邻二氯苯或1,2,4-三氯代苯等。酚类溶剂的优点是可以溶解多种聚酰亚胺，可得到高分子量的聚合物。其他溶剂往往会使聚合物在分子量增长到一定程度后就从溶液中沉淀出来。

② 由四元酸和二元胺反应生成聚酰亚胺

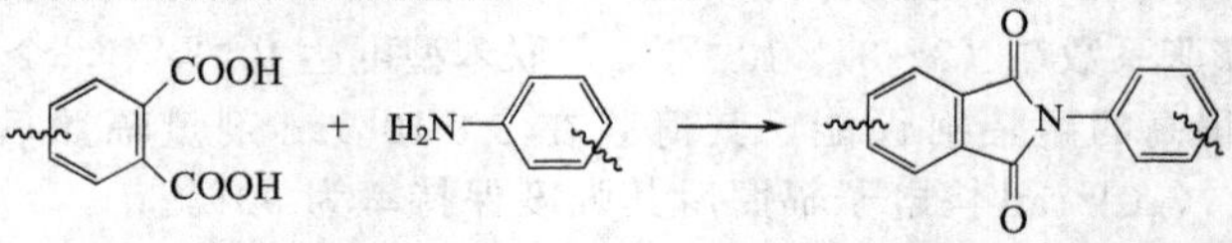

此反应方程见上式。该反应在高沸点溶剂中进行，先由四酸和二胺形成盐，然后在高温下脱水形成聚酰亚胺，也可以是四酸在高温下，如150℃以上脱水成酐，再与二胺反应。

芳香四酸通常在100℃以上就会脱水成酐，所以当以四酸为原料时，应保证四酸中没有二酐，也没有水分，否则会由于四酸和二胺达不到等摩尔比而得不到高分子量的聚合物。

③ 由四酸的二元酯和二胺反应获得聚酰亚胺

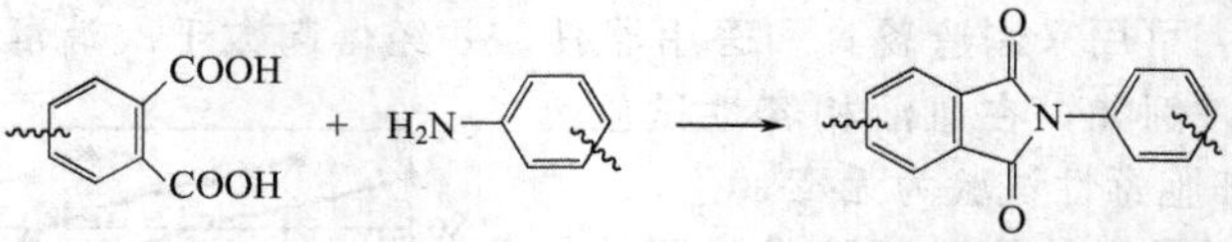

该方法是首先将二酐在醇中回流酯化，得到二酸二酯，冷却后加入二胺和第三组分，例如二元酸的单酯作为分子量调节剂或降冰片烯二酸单酯作为进一步交联反应的活性基团。然后将所获得的反应物溶液作为浸渍料，涂覆在碳纤维或玻璃纤维上，经过热处理后再热压成型，制成以热塑性或热固性聚酰亚胺为基体的复合材料。

④ 由二酐和二异氰酸酯反应获得聚酰亚胺

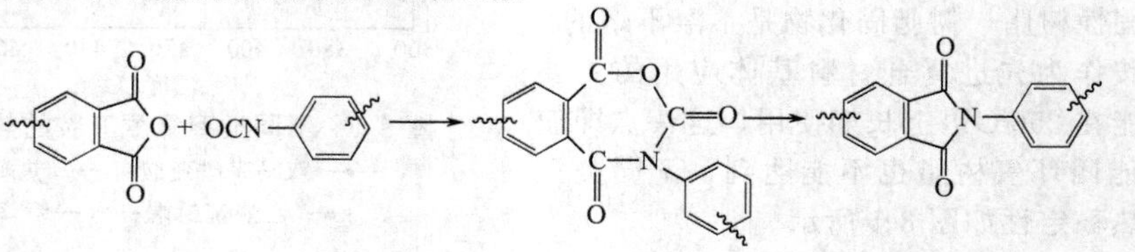

该反应的优点是不产生水分，只产生容易逸出的二氧化碳。但由于异氰酸酯十分活泼，可以发生许多副反应，如二聚、三聚成环，还可以通过 C═N 双键聚合形成尼龙。异氰酸酯和空气中的水分接触容易发生水解，使纯度降低，因此常使反应复杂化。

⑤ 邻位二碘代芳香化合物和一氧化碳在钯催化下与二胺反应转化为酰亚胺

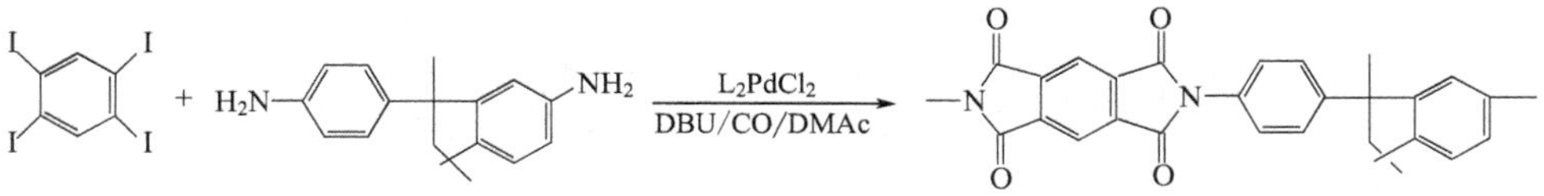

此反应的特点是收率高，副反应少。为了得到高分子量，应使产生的聚合物保持在溶液中以使分子量继续得到增长。

⑥ 由酯基或酰胺基的邻位碘代物在钯催化下与一氧化碳反应得到聚酰亚胺

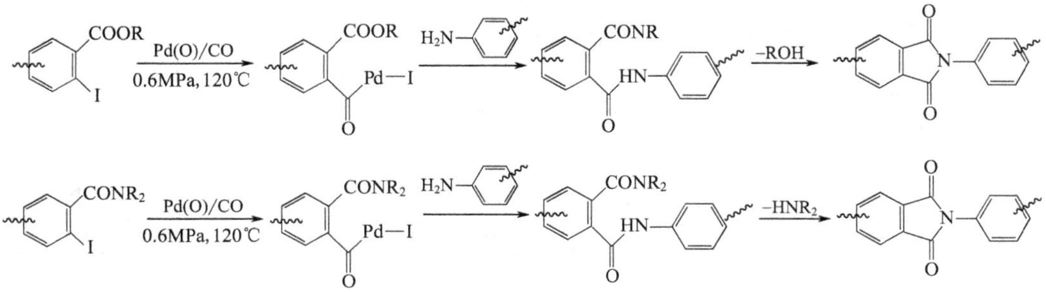

该方法还得不到高分子量的聚合物，可能的原因之一是脱出的醇或胺仍可以与钯配合物作用产生邻位二酯或二酰胺。

⑦ 由二酐的二氰基亚甲基衍生物与二胺在低温下反应生成聚酰亚胺

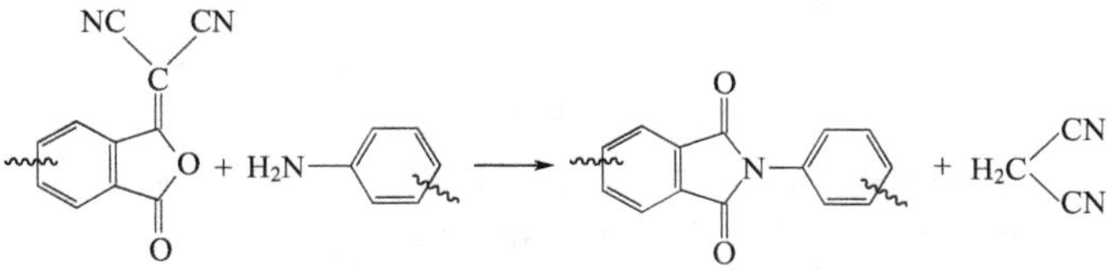

该反应放出丙二腈，以均苯二酐的衍生物与二苯醚二胺在 NMP 中反应，室温下 24h，获得酰亚胺化达 75％的均相溶液，继续放置则析出沉淀。固态下 120℃经 20h 酰亚胺化可基本完成。

（2）用带酰亚胺环的单体缩聚获得聚酰亚胺

① 以双卤代酞酰亚胺或双硝基酞酰亚胺和双酚或双硫酚的碱金属化合物间的亲核取代聚合合成聚酰亚胺　由于苯环上的卤素或硝基可以被酰亚胺基团活化，以双卤代酞酰亚胺或双硝基酞酰亚胺与双酚盐或双硫酚盐进行亲核取代反应可以获得聚醚酰亚胺或聚硫醚酰亚胺。

此方法是大幅度降低聚酰亚胺成本的重要途径之一，尤其在用邻二甲苯经氯代、氧化并分离的高纯度的 3-氯代苯酐和 4-氯代苯酐的合成路线开发成功之后，其意义更为突出。

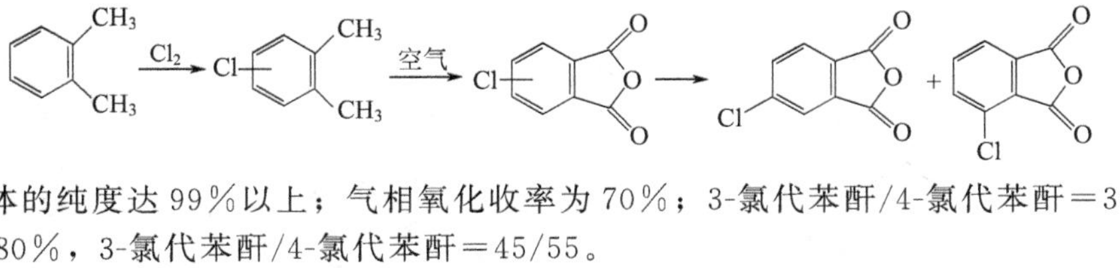

分离后异构体的纯度达 99％以上；气相氧化收率为 70％；3-氯代苯酐/4-氯代苯酐＝34/66；液相氧化收率为 80％，3-氯代苯酐/4-氯代苯酐＝45/55。

该反应在本质上与用亲核取代反应合成聚醚砜或聚醚酮相同，不同的是酰亚胺环在碱性介质中，尤其在较高温度下会发生分解。因此往往难以得到高分子量的聚合物。解决的办法应有以下几点：控制反应温度在尽可能低的范围，例如 150℃以下；选择溶解性较好的结构，避免聚合物过早地在反应介质中沉淀出来；严格控制体系的含水量，例如在 100×10^{-6} 以下；如果可能，应选用活性更大的离去基团，和使离去基团处于对活性更有利的 3-位。

② 用酰亚胺交换反应获得聚酰亚胺　在 60 年代就有专利报道以均苯四酰亚胺在极性溶剂中和二胺反应，室温下可得聚酰胺酰胺，加热脱氨得聚酰亚胺。有人采用 R＝—OCOEt 这种较为活泼的基团获得高分子量的聚合物。

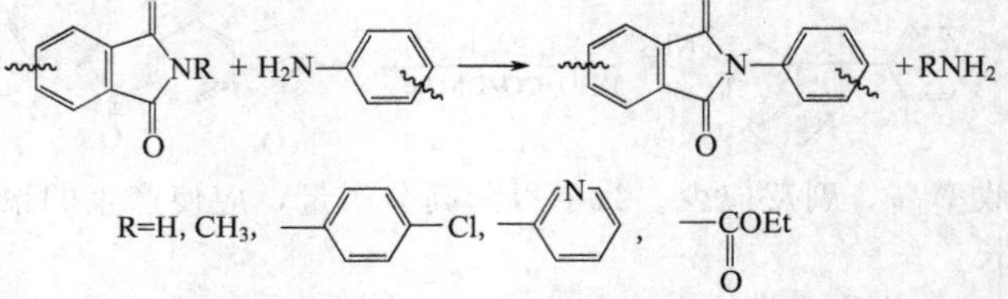

$$R=H, CH_3, \quad \text{（对-Cl苯基）}, \quad \text{（吡啶基）}, \quad —COEt$$

③ 由带酰亚胺环的二卤化物与二硼酸化合物在钯催化剂作用下缩聚得到聚酰亚胺　为了增加溶解度，R 为烷基。反应在回流条件下 48h 完成。

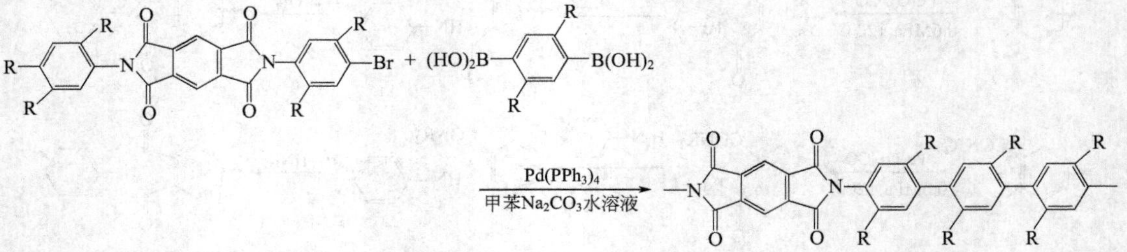

④ 由四酰二亚胺的碱金属化合物和二卤代物反应获得聚酰亚胺

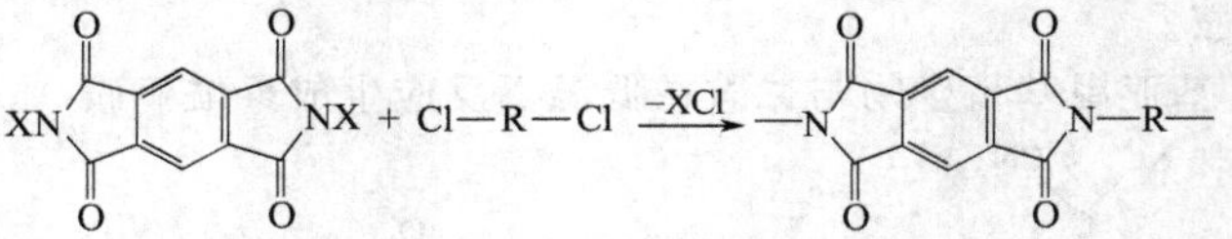

X=H, K；R=各种芳香和脂肪基团

当 X 为 H 时反应在碳酸钾和叔胺催化下进行，催化剂对收率的影响有下列关系：三乙胺＞三正丁胺＞吡啶＞碳酸钾。当 X 为 K 时反应速度和收率都可得到提高。

8.1.3　聚酰胺酸的合成和酰亚胺化

最常用的聚酰亚胺的合成方法是由二酐和二胺在非质子极性溶剂中先形成聚酰胺酸，然后再用热或化学方法脱水成环，转化为聚酰亚胺，其主要反应过程如图 8-2 所示。

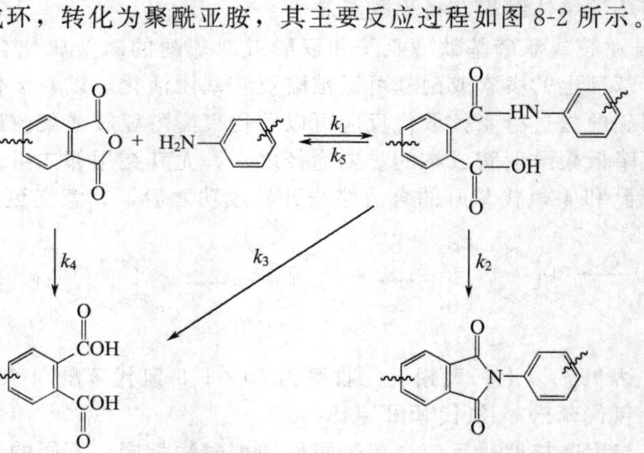

图 8-2　二酐和二胺合成聚酰亚胺的主要反应

（1）聚酰胺酸的合成　聚酰胺酸是由二酐和二胺在非质子极性溶剂，如 N,N-二甲基甲酰胺（DMF）、N,N-二甲基乙酰胺（DMAc）、N-甲基吡咯烷酮（NMP）、二甲基亚砜（DMSO）中于低温（如−10℃～室温）下反应得到。由于二酐容易被空气或溶剂中的水分水解，得到的邻位二酸在低温下不能与二胺反应生成酰胺，从而影响到聚酰胺酸的分子量。为了保证获得高分子量的聚酰胺酸，在使用前应将反应器和溶剂干燥，二酐应在使用前妥善保存避免被空气中的水分水解。对于对水解特别敏感的二酐，如均苯二酐，最好使用刚脱过水（例如升华）的二酐。反应时应将二酐以固态加入二胺的溶液中，同时开始搅拌，必要时还要外加冷却。然而在实际应用时，分子量太高的聚酰胺酸由于溶液黏度太大而不便于加工，难以得到薄而均匀的薄膜。此外还经常发生在二酐溶解之前体系就变得十分黏稠，使反应难以顺利进行，或者在溶液中形成聚合物的团块，影响后期的加工，所以可以根据需要将聚酰胺酸的分子量控制在一定的范围。为了达到这个目的，最好的办法是使用含有一定水分的溶剂，也就是让二酐水解掉一部分来控制所生产的聚酰胺酸的分子量。目前在生产过程中采用多加或少加二酐来调节分子量的办法是不可取的，因为这样会破坏二酐和二胺的等摩尔比，造成最终产物聚酰亚胺分子量的降低，从而影响了产品的性能。由酐水解生成的邻位二酸端基在聚酰胺酸加热环化时仍然可以脱水成酐并重新和端氨基反应，只要单体保持等摩尔比，聚酰亚胺的分子量仍然可以增长到所需的程度。表 8-1 是均苯二酐（PMDA）或二苯醚二胺（ODA）过量对所制得的薄膜力学性能的影响。表 8-2 是将各种二酐和二胺在含水量很高的溶剂中缩聚，所得到的聚酰胺酸热环化后获得的聚酰亚胺的力学性能。由表 8-1 可见，由于水分的存在使聚酰胺酸分子量在一定程度内的降低并不会明显影响聚酰亚胺的力学性能。

表 8-1 在 PMDA 或 ODA 过量时所制得的薄膜的性能

过量分数/%	PMDA		ODA	
	拉伸强度/MPa	伸长率/%	拉伸强度/MPa	伸长率/%
0		160	49	
0.1	152	61	130	27
0.2	130	37	131	37
0.5	130	29	140	35
1.0	125	33	153	62
2.0	130	33	133	58
5.0	111	29	106	31

表 8-2 含水溶剂对聚酰胺酸的黏度及聚酰亚胺性能的影响

二酐/二胺	聚酰胺酸薄膜性能			聚酰亚胺薄膜性能	
	DMAc 含水量/%	η_{inh}/(dL/g)	η_{inh}/(dL/g)	拉伸强度/MPa	伸长率/%
PMDA/ODA	0.1	6.60	—	139	66
PMDA/ODA	1.0	3.30	—	—	—
PMDA/ODA	5	1.55	—	—	—
PMDA/ODA	10	1.12	—	131	66
PMDA/ODA	20	0.96	—	134	43
PMDA/ODA	30	0.46	—	不能成膜	
BPDA/ODA	0.1	2.05	—	124	20
BPDA/ODA	5	1.37	—	115	23
BPDA/ODA	10	0.93	—	114	17
BPDA/ODA	15	0.85	—	112	11
BPDA/ODA	25	0.73	—	81	8
BPDA/ODA	30	非均相			
ODPA/ODA	0.1	0.97	1.09	107	19
ODPA/ODA	10	0.40	1.03	121	15
ODPA/ODA	15	0.36	1.02	110	9
ODPA/ODA	20	0.25	1.05	101	11
ODPA/ODA	25	0.22	0.99	106	10
ODPA/ODA	30	非均相			
TDPA/ODA	0.1	1.12	1.09	121	15

二酐/二胺	聚酰胺酸薄膜性能			聚酰亚胺薄膜性能	
	DMAc 含水量/%	η_{inh}/(dL/g)	η_{inh}/(dL/g)	拉伸强度/MPa	伸长率/%
HQDPA/ODA	5	0.85	1.02	109	9
HQDPA/ODA	15	0.58	1.03	112	12
HQDPA/ODA	20	0.44	1.12	96	8
TDPA/ODA	0.5	非均相			
HQDPA/ODA	0.1	1.02	1.15	104	12
HQDPA/ODA	5	0.91	1.11	105	17
HQDPA/ODA	10	0.83	1.01	107	23
HQDPA/ODA	15	0.69	1.01		12

（2）二酐和二胺的活性　形成聚酰胺酸的反应是可逆的。正向反应被认为是在二酐和二胺之间形成了传荷配合物。由于酐基中一个羰基碳原子受到亲核进攻，这种酰化反应在非质子极性溶剂中室温下的平衡常数达到 10^5 L/mol，因此很容易获得高分子量的聚酰胺酸。该反应的平衡常数决定于胺的碱性或给电性以及二酐的亲电性。动力学研究表明，对于不同的二酐其酰化能力可相差 100 倍，而对于不同的二胺其反应能力则可相差 10^5 倍，所以带有吸电子基团，如 —CO—、—SO₂—、炔基及含氟基团的二胺，尤其当这些基团处于氨基的邻位、对位时，在通常的低温溶液缩聚中难以获得高分子量的聚酰胺酸。然而迄今为止还未发现二酐因为带有给电子基团而得不到足够分子量的聚酰胺酸的情况。

对于二酐，其羰基的电子亲和性（EA）越大，酐的电子接受能力越大，酰化速度也越高，它可以由极谱还原数据得到。也可以由分子轨道法算得。

8.1.4　聚酰胺酸的热环化

在由聚酰胺酸以热处理获得聚酰亚胺的过程中，除了脱水环化外还有其他反应如聚酰胺酸的解离，端基重合和交联等。

酰亚胺化程度的确定如下所述。

最常用的测定方法是使用红外光谱，表 8-3 列出了研究酰亚胺化过程最常用的一些基团的波数：1780cm⁻³ 和 1380cm⁻³ 是确定酰亚胺化程度的最常使用的波数。除了红外光谱以外，其他测定酰亚胺化程度的方法还有环化的热效应、介电损耗和机械损耗、核磁共振等。测定环化时放出的水分和滴定尚未环化的羧基都是可以采用的方法。

表 8-3　酰亚胺及有关化合物的红外吸收光谱

项　　目	吸收带/cm⁻¹	强　　度	来　　源
芳香酰亚胺	1780	s	C=O 不对称伸展
	1720	vs	C=O 对称伸展
	1380	s	C—N 伸展
	725		C=O 弯曲
异酰亚胺	1750～1820	s	亚氨基内酯
	1700	m	亚氨基内酯
	921～934	vs	亚氨基内酯
酰胺酸	2900～3200	m	COOH 和 NH₂
	1710	s	C=O(COOH)
	1660 酰胺Ⅰ	s	C=O(CONH)
	1550 酰胺Ⅱ	m	C—NH
酐	1820	m	C=O
	1780	s	C=O
	720	s	C=O
胺	3200 两个谱带	w	NH₂ 对称结构(vs)
			NH₂ 不对称结构(vas)
苯环	1500	s	苯环的振动

8.2　缩聚型聚酰亚胺树脂

缩聚型聚酰亚胺树脂的主要原料是芳香二酐和芳香二胺。缩聚型聚酰亚胺树脂的合成一般分两步进行。首先，二酐和二胺室温下在极性溶剂（如二甲基甲酰胺、二甲基乙酰胺或 N-甲基吡咯烷酮）中反应，生成可溶的聚酰胺酸预聚物。然后，通过加热或化学处理完成环化。反应方程式如下：

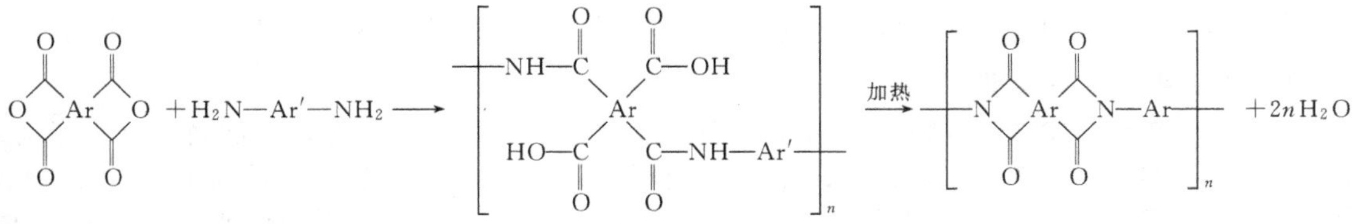

在聚酰胺酸合成时，先将二胺和溶剂加入反应釜中，再加入干燥的固体二酐。其中单体的纯度、原料配比、溶液浓度和溶剂种类对聚酰胺酸的相对分子质量有很大的影响。由于聚酰胺酸不稳定，必须在干燥和冷冻的条件下保存。聚酰胺酸的环化是在高温下进行的，由于聚酰胺酸的熔点接近环化反应的温度，故沉析作用极大地影响了树脂的流动性，因此不能用于模压和层压工艺。且聚酰胺酸在环化时要放出小分子挥发物，使制品中孔隙率增加，所以缩聚型聚酰亚胺树脂极少用作为复合材料的基体树脂，一般用于制造薄膜和涂料。选用不同的原料单体可以制备不同性能的聚酰亚胺，表 8-4 列出了 3,3′,4,4′-二苯甲酮四酸二酐（BTDA）和各种芳香二胺合成的聚酰亚胺的 T_g。

表 8-4　**BTDA 和各种芳香二胺合成的聚酰亚胺的 T_g**

二胺结构	$T_g/℃$	二胺结构	$T_g/℃$
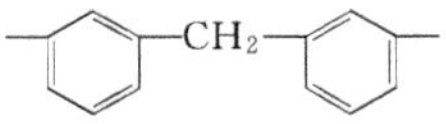	232	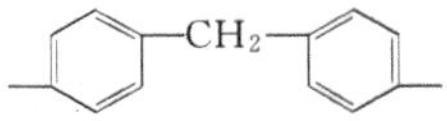	284
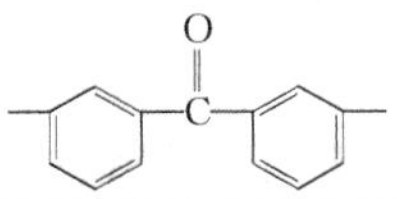	257	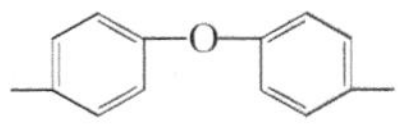	283
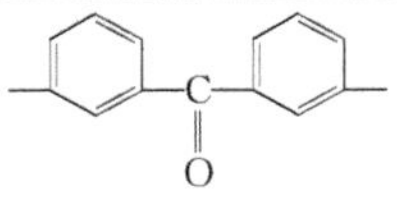	277	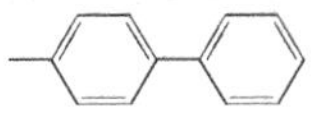	300
	320	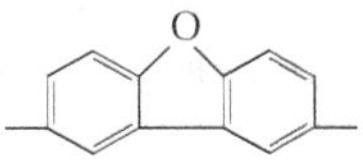	300
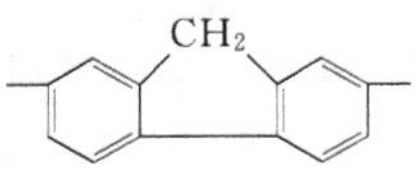	320	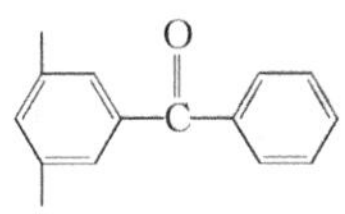	278

单体的化学结构对缩聚型聚酰亚胺热氧化稳定性有较大的影响。

① 对苯二胺与不同的二酐合成的聚酰亚胺，热氧化稳定性的次序如下：均苯四甲酸二酐＞3,3′,4,4′-二苯甲酮四甲酸二酐＞1,3-二(3,4-二羧基苯)六氟丙烷二酐＞1,4,5,8-萘四甲酸二酐。

② 均苯四甲酸二酐与不同的二胺合成的聚酰亚胺，热氧化稳定性的次序如下：对苯二胺＞间位对苯二胺＞1,5-二氨基萘≥4,4′-二氨基联苯＞1,4-二氨基蒽＞1,6-二氨基芘。由上述热氧化稳定性次序可知，二胺中的稠环数增加，热氧化稳定性降低。

③ 在二胺中的环取代降低热氧化稳定性。

④ 用 $H_2N—C_6H_4—X—C_6H_4—NH_2$ 结构的二胺合成聚酰亚胺时，热氧化稳定性有如下次序：X＝单键＞S＞SO_2＞CH_2＞CO＞SO＞O。

8.3 加聚型聚酰亚胺

加聚型聚酰亚胺是指端基带有不饱和基团的低相对分子质量聚酰亚胺，如双马来酰亚胺、降冰片烯封端酰亚胺、乙炔封端酰亚胺等。成型加工时通过不饱和端基进行固化，固化过程中没有挥发性物质放出，有利于复合材料的成型加工。所以加聚型聚酰亚胺被广泛用于制造复合材料。

8.3.1 双马来酰亚胺树脂

双马来酰亚胺（BMI）树脂是指用双马来酰亚胺（bismaleimide，BMI）制备的树脂总称。BMI 树脂具有良好的耐高温、耐辐射、耐湿热、模量高、吸湿率低和热膨胀系数小等优良特性。为此，各国对 BMI 树脂的研究开发和应用非常重视，至今已开发出一系列性能优异的 BMI 树脂，并广泛用于航空、航天和电子电气领域。

20 世纪 60 年代末期，法国罗纳-普朗克公司首先研制出 M-33 BMI 树脂及其复合材料，并很快实现了工业化。从此，BMI 树脂开始引起了越来越多人的重视。BMI 树脂具有与典型的热固性树脂相似的流动性和可模塑性，可用与环氧树脂类同的一般方法进行加工成型，因此 BMI 树脂得到了迅速发展。

我国于 20 世纪 70 年代初开始 BMI 树脂的研究工作，当时主要应用于电器绝缘材料、砂轮黏合剂、橡胶交联剂及塑料添加剂等方面。80 年代后，我国开始了对先进复合材料 BMI 树脂基体的研究，并取得了较多的科研成果，且有的成果已商品化。

近年来对 BMI 树脂的研究重点主要是降低树脂熔点、改善树脂韧性、提高树脂电性能和热氧化稳定性，以及改善树脂的加工性。

双马来酰亚胺的一般结构如下：

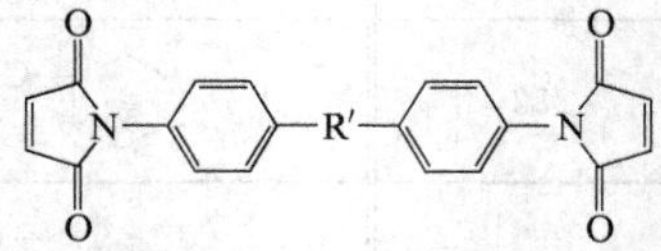

$R' = —CH_2—，—O—，—SO_4$或其他基团

双马来酰亚胺（BMI）树脂是以马来酸酐和二元胺为主要原料，经缩聚反应得到，反应方程式如下：

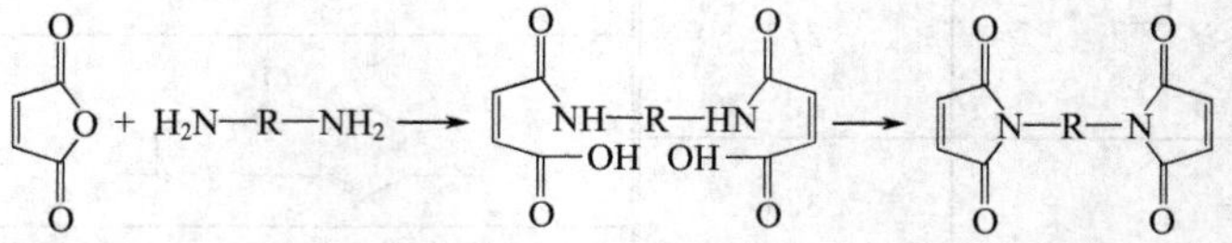

双马来酰亚胺树脂具有与环氧树脂类似的加工性能，而其耐热性和耐辐射性优于环氧树脂，而且也克服了缩聚型聚酰亚胺树脂成型温度高成型压力大的缺点。因此，BMI 树脂得到了迅速的发展和广泛的应用。

（1）BMI 单体的性能　BMI 单体一般为结晶固体，芳香族 BMI 具有较高的熔点，脂肪族 BMI 具有较低的熔点。从 BMI 树脂的工艺性能角度，希望 BMI 具有较低的熔点。表 8-5 列出了几种常见 BMI 单体的熔点。

大部分 BMI 单体不溶于丙酮、乙醇等有机溶剂，只能溶于强极性的二甲基甲酰胺（DMF）、N-甲基吡咯烷酮（NMP）等溶剂。BMI 单体可通过其分子双键端基与二元胺、酰胺、酰肼、巯基、氰脲酸和羟基等含活泼氢的化合物进行加成反应；也可以与环氧树脂、含不饱和双键的化合物（如烯丙基、乙烯基类化合物）反应；在催化剂或热作用下也可以发生自聚反应。

表 8-5　几种常见 BMI 单体的熔点　　　　　　单位：℃

R	熔点	R	熔点
—CH₂—	156~158	（对苯基结构）	>340
$\leftarrow$CH₂$\rightarrow$₂	190~192	（邻位苯基结构）	307~309
$\leftarrow$CH₂$\rightarrow$₄	171		
$\leftarrow$CH₂$\rightarrow$₆	137~138	（甲基苯基结构 —CH₃）	172~174
$\leftarrow$CH₂$\rightarrow$₈	113~118		
$\leftarrow$CH$\rightarrow$₁₀	111~113	（联苯结构）	307~309
$\leftarrow$CH₂$\rightarrow$₁₂	110~112		
—CH₂—C(CH₃)₂—CH₂—	70~130	—◯—O—◯—	180~181
—◯—SO₂—◯—	251~253		
（二甲基苯基结构）	198~201	—◯—CH₂—◯—	154~156

（2）BMI 固化物的性能　　BMI 树脂的突出优点是其双键的高活性，是由两个相邻的拉电子羰基的作用使双键高度缺电子，即使没有催化剂存在，在热作用下也可发生聚合。

BMI 树脂的固化产物是不溶不熔的，刚性和脆性都较大。具有相当高的密度（1.35~1.4 g/cm³），T_g 为 250~300℃，断裂延伸率低于 2%，BMI 树脂的吸湿率与环氧树脂相当（质量分数为 4%~5%），但是吸湿饱和比环氧树脂快。表 8-6 列出了 BMI 树脂的性能。

表 8-6　BMI 树脂的性能

性　　能	最高值	BMI 树脂牌号	性　　能	最高值	BMI 树脂牌号
T_g/℃　干态	400	Kerimid FE70003	拉伸断裂延伸率/%		
湿态	297	Ciba-Geigy XU-295	干态(25℃)		Narmco 5245C
拉伸强度/MPa			干态(177℃)	2.9	Hysol EA9102
干态(25℃)	90	Technochemie H795	断裂韧性/(J/m²)	3.3	Ciba-Geigy XU-295
湿态(25℃)	88	Ciba-Geigy XU-295			

马来酰亚胺可均聚也可与各种单体如乙烯基化合物、烯丙基化合物及苯乙烯类化合物以游离基机理进行共聚，还可进行阴离子聚合。

BMI 树脂可与适当的双烯进行 Diels-Alder 反应，与烯丙基型烯烃的双键进行 ene-反应，与伯胺、仲胺及 C—H 酸性化合物在碱存在下的 Michael-加成反应，同氰酸酯、异氰酸酯和环氧化合物的加成反应等。许多反应研制出大量以 BMI 为基体的树脂商品。

BMI 的均聚物由于太脆，用处有限，为了能使其作为基体树脂用在先进复合材料，必须加入活性稀释剂和共聚单体等以提高固化树脂的韧性及改善树脂的加工性能。

（3）BMI 树脂的合成　　目前 BMI 合成方法，根据催化剂与反应介质不同，可分为三种。

① 以二甲基甲酰胺（DMF）强极性溶剂为反应介质，以乙酸钠为催化剂，乙酸酐为水吸收剂，在 90℃ 左右进行脱水反应。其特点是中间产物双马来酰亚胺酸（BMIA）溶于溶剂中，反应体系始终处于均相，有利于反应进行；但溶剂毒性大，价格高。

② 以丙酮为溶剂，乙酸镍为催化剂，乙酸酐为脱水剂，在回流条件下进行。其特点是中间产物 BMIA 从溶剂中成固体析出，反应不易均匀；但催化剂选择性好，副产物少，溶剂价格便宜，毒性低。

③ 不加催化剂，采用热脱水闭环法，用强极性高沸点溶剂，如 DMF，在回流状态下反应，它的特点是成本低、三废排放少。

（4）BMI 树脂的改性　BMI 树脂虽然具有优良的耐热性能和力学性能，但是 BMI 树脂熔点高、溶解性差、成型温度高和固化物脆性大等缺点，阻碍了它的应用和发展。关于 BMI 树脂的改性研究有较多的报道，目前的研究方向主要是增韧，其目标是更优的耐湿热性能和复合材料的冲后压缩性能，以及具有好的可加工性能和更长的使用期。各种改性剂改性后的 BMI 树脂具有高的力学性能，可满足应用要求。

文献报道的 BMI 树脂的改性方法较多，主要的改性方法有如下几种：用烯丙基化合物共聚改性；用芳香二胺化合物扩链改性；用环氧树脂改性；用热塑性树脂增韧改性；用氰酸酯树脂改性。

① 烯丙基化合物共聚改性 BMI　利用 BMI 双键与其他活性基团化合物反应来改性 BMI 树脂起始于 20 世纪 80 年代，这标志着第三代 BMI 的诞生，其中烯丙基化合物改性 BMI 树脂是最为成功的一例。烯丙基化合物与 BMI 单体的预聚物稳定、易溶、黏附性好、固化物坚韧、耐湿热，并具有良好的电性能和力学性能等，适合用作先进复合材料基体树脂。

烯丙基化合物与 BMI 单体的固化反应机理比较复杂，一般认为是马来酰亚胺环的双键与烯丙基在较低温度下首先进行烯加成反应生成 1∶1 中间体，而后在较高温度下马来酰亚胺环中的双键与中间体进行 Diels-Alder 加成反应和异构化反应生成高度交联的韧性树脂。

烯丙基化合物种类繁多，但是在改性 BMI 树脂中得到成功应用的烯丙基化合物是 O,O'-二烯丙基双酚 A（DABPA），其分子结构如下式所示：

$$CH_2=CH-CH_2 \qquad CH_3 \qquad CH_2-CH=CH_2$$

（分子结构式：HO—苯环—C(CH₃)₂—苯环—OH）

DABPA 在常温下是棕红色液体，黏度为 12～20Pa·s。用 DABPA 与 BMI 共聚，预聚体可溶于丙酮，预聚体的软化点比较低（20～30℃），其预浸料有较好的黏性。该体系树脂固化物的性能见表 8-7。该体系采用石墨纤维增强的复合材料性能见表 8-8。

表 8-7　DABPA 改性 BMI 树脂固化物的性能

性能	体系 1	体系 2	体系 3	性能	体系 1	体系 2	体系 3
拉伸强度/MPa				弯曲强度/MPa	166	184	154
25℃	81.6	93.3	76.3	弯曲模量/MPa	4.0	3.98	3.95
204℃	39.8	71.3	—	压缩强度/MPa	205	209	—
拉伸模量/GPa				压缩模量/MPa	2.38	2.47	—
25℃				HDT/℃		285	295
204℃	4.3	3.9	4.1	T_g TMA/℃	273	282	287
断裂伸长率/%	2	2.7	—	T_g TMA/℃	273		
25℃				干态		310	
204℃	2.3	3.0	2.3	湿态	295	297	

表 8-8　DABPA 改性 BMI 树脂石墨纤维复合材料的性能

性　能	体系 1	体系 2	性　能	体系 1	体系 2
层间剪切强度/MPa			弯曲强度/MPa		
25℃	113	123	25℃	—	1860
177℃	75.8	82	177℃		1509
232℃	59	78	177℃（湿）[①]		1120
177℃（湿）[①]	52	53	弯曲模量/GPa		
25℃（老化）[②]	—	105	25℃		144
177℃（老化）[②]		56	177℃		144
			177℃（湿）[①]		142

[①] 71℃、95%湿度下放置 2 周。

[②] 232℃老化 1000h。

除了 DABPA 改性 BMI 外，许多烯丙基化合物可用来改性 BMI，例如二烯丙基双酚 S、二烯丙基双酚 F、烯丙基芳烷基酚、烯丙基醚酮树脂、烯丙基酚环氧树脂、烯丙基线型酚醛树脂和 N-烯丙基芳胺等。

DABPA 改性 BMI 树脂由于异丙基的存在而使其热氧稳定性较差，在高温下易分解而使其耐热性降低。而采用二烯丙基双酚 S，用它来改性 BMI，改性后的树脂软化点较低，但溶解性较差，力学性能同 XU292 体系基本接近，韧性一般，冲击强度和 G_{IC} 值分别为 13.4kJ/m^2 和 160J/m^2，它的耐热性很好，热变形温度（HDT）和 T_g 分别为 295℃和 309℃。

芳烷基酚树脂具有优异的绝缘性能、耐热性能、力学性能和良好的工艺性，为此人们提出了在芳烷基酚树脂上引入烯丙基基团，用于改性 BMI 树脂，烯丙基芳烷基酚改性的 BMI 树脂具有优异的综合力学性能和耐热性，冲击强度和 G_{IC} 值分别为 17.6kJ/m^2 和 169J/m^2，HDT 和 T_g 分别为 309℃和 325℃。

为改善 BMI 树脂对纤维的浸润性和黏结能力，可采用含有较多—OH 的烯丙基酚环氧树脂（AE）对 BMI 进行改性，克服了一般 DABPA 改性 BMI 体系制备的预浸料软而不黏的不足。另外，BMI/AE 树脂的软化点低、常温下储存稳定性好，其预浸料也表现出优良的室温下黏性，延长了储存期。

② 用芳香二胺化合物改性 BMI　BMI 单体可与二元胺发生共聚反应，反应方程式如下：

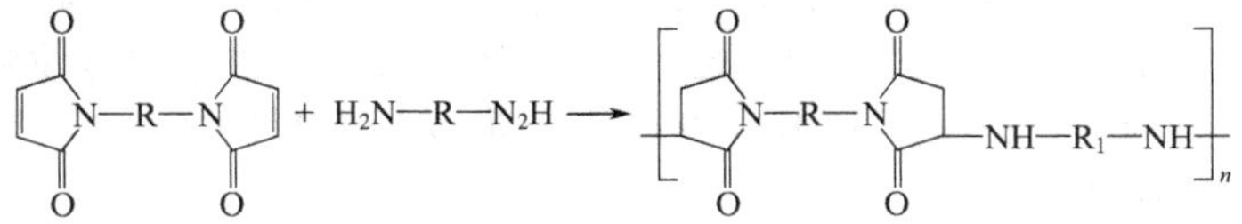

BMI 与二元胺首先进行 Miachael 加成反应，生成线型聚合物，然后 BMI 中的双键打开进行自由基型固化反应，并形成网络结构，而且 Miachael 加成反应后形成的线型聚合物中的仲胺基还可以与聚合物上其余的双键进行进一步的加成反应。此反应也称为扩链加成反应，该反应主要在预聚过程进行，扩链增大 BMI 树脂双键间的距离，减小了交联密度，从而提高了韧性，同时也改善了树脂的溶解性和固化工艺性。

③ 环氧树脂改性 BMI　环氧树脂改性 BMI 是一种开发较早且比较成熟的一种方法。环氧树脂主要用于改性 BMI 体系的工艺性和增强材料之间的界面黏结性，同时也明显改善了 BMI 树脂体系的韧性。环氧树脂本身很难与 BMI 单体反应，改善 BMI 体系韧性的途径主要有以下两种。

a. 同时加入二元胺和环氧树脂。在这类体系中，BMI 和环氧树脂通过与二元胺的加成反应而发生共聚，共聚反应的最终结果除形成交联网络外，BMI 也被部分二元胺和环氧链节"扩链"，因而 BMI 体系的韧性得到了明显的提高。

环氧树脂与 BMI 的反应在一般条件下不易进行，因此，环氧树脂、BMI 通过与二元胺（DDM 或 DDS）的加成反应进行共聚。用这种方法得到的预聚物易溶于丙酮，预聚物具有良好的黏性和成型工艺性。

b. 合成具有环氧基团的 BMI，这种方法属于内扩链。该方法是从 BMI 的分子结构出发，通过延长 BMI 分子中两个马来酰亚胺（MI）间 R 链的间距，并适当增大链的自旋和柔韧性，以达到降低固化物交联密度、减少链的刚性、改善树脂韧性的目的。反应方程式如下：

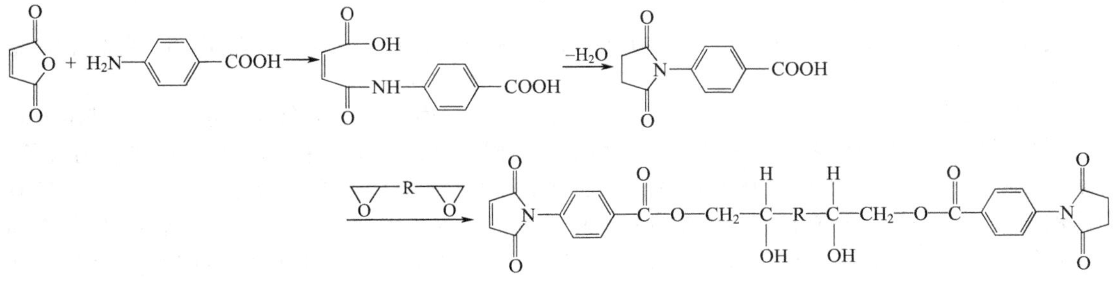

为了降低吸湿性和提高韧性，在其改性树脂体系中加入了二氰酸酯化合物。该树脂体系突出的优点是具有类似于环氧树脂的优良工艺性，并在 93～132℃ 之间具有良好的湿热性能。

BMI 经环氧树脂改性后，其工艺性能和对增强材料的黏结性能有较大的提高，同时也增加了 BMI 树脂的韧性。但是环氧树脂的加入往往会降低 BMI 树脂的耐热性。

④ 热塑性树脂增韧改性 BMI　用耐高温的热塑性树脂（TP）改性 BMI 树脂具有较好的增韧效果，同时不会降低其耐热性能和力学性能。影响增韧效果的主要因素有热塑性树脂的主链结构、分子量、颗粒大小、端基结构、含量以及所用溶剂量的种类和成型工艺等。一般来说，用于BMI 增韧的 TP 应满足以下要求。

a. TP 应具有良好的韧性。改性树脂的韧性与 TP 的韧性成正向关系，TP 韧性越高，改性树脂的韧性也会相应提高。TP 的韧性顺序：聚砜（PS）＞聚醚砜（PES）＞六氟聚酰亚胺（6FPI）。

b. TP 应具有良好的耐热性。当温度接近 T_g 时，改性树脂力学性能大幅度下降。一般选择具有高玻璃化转变温度的 TP 来保证改性树脂在高温下仍具有良好的力学性能。

c. TP 与 BMI 具有相容性。目前常用 XU292 树脂为原料的主要原因就在于它对许多 TP 有良好的溶解性。

d. TP 要具有活性端基。活性端基能更好地发挥出 TP 对 BMI 增韧作用。

e. TP 具有适当的分子量。分子量太低，增韧作用不明显，太高，工艺性差。一般选择在 $(1\sim3)\times10^4$ 范围内。在较低分子量情况下，改性树脂的韧性随着 TP 分子量增加而增加。

f. TP 的含量是决定改性树脂韧性的关键。TP 的加入会降低树脂的弯曲强度，不易加入过多。在 BMI/TP 体系中，TP 贯穿于 BMI 交联体系中形成半互穿网络，随 TP 在体系中含量变化，固化树脂的相形态结构略有不同。

目前常用的 TP 树脂主要有聚醚砜（PES）、聚醚酰亚胺（PEI）、聚海因（PH）、改性聚醚酮（PEK-C）、改性聚醚砜（PES-C）和聚苯并咪唑（PBI）等。

其中 PBI 是一种热塑性的芳杂环树脂，具有优异的耐高温和耐低温性能，T_g 为 430℃，经 500℃ 处理后可以达到 480℃。可溶于强极性溶剂，如二甲基乙酰胺、二甲亚砜、N-甲基吡咯烷酮等。PBI 改性 BMI 树脂的性能见表 8-9。

表 8-9　PBI 改性 BMI 树脂的性能

项　目	材料及性能	1#	2#
	Matrimid 5292B/%	33.35	30
配方	Compimide 795/%	66.65	60
	PBI/%（粒径 10μm）	—	10
	T_g/℃（DMTA，干态）	251	250
	室温模量/GPa	4.53	3.97
	模量下降一半时的温度/℃	211	211
性能	T_g/℃（DMTA，湿态[①]）	182	175
	室温模量/GPa	3.86	3.6
	模量下降一半时的温度/℃	151	150
	$G_{\eta c}$/(J/m²)	128	272
	吸水率/%	3.24	3.93

① 71℃，14 天，100% 湿度。

表 8-9 所列数据表明，BMI 经 PBI 树脂增韧后，断裂韧性 G_{IC} 值有较大提高，而对 T_g、模量等影响不大。

⑤ 氰酸酯树脂改性 BMI　不论用二元胺扩链改性还是用烯丙基类化合物改性，其基本原理是通过降低树脂交联密度来提高韧性，往往都是以不同程度地损失材料的刚性和耐热性为代价；而采用氰酸酯（CE）改性 BMI 树脂体系可显示出不同的特点。氰酸酯树脂是一类带有—OCN 官能团的树脂，其固化物具有良好的力学性能，耐热性能及优异的介电性能。20 世纪 80 年代中期开始，氰酸酯树脂以其优异的综合性能受到人们的青睐，其性能介于环氧和 BMI 体系之间，兼

有环氧树脂优异的工艺性能和 BMI 树脂的耐热性能，同时阻燃性能和介电性能优良，吸水率很低。氰酸酯改性 BMI 可在保持 BMI 体系具有良好的耐热性基础上，提高复合体系的韧性，同时改善体系介电性能及降低吸水率等。其典型例子是 BMI 和氰酸酯树脂的共聚物（BT）树脂在高性能印刷电路板中有着很好的应用。

氰酸酯改性 BMI 树脂的机理一般认为有两种：一种机理认为是 BMI 和氰酸酯共聚，另一种机理认为 BMI 与氰酸酯形成互穿网络而达到增韧改性效果。CE 与 BMI 发生共聚的反应机理并未被实验所证实。

日本 Mitsubishi 推出的 BT 树脂是通过烯烃取代 CE 改性 BMI 而取得的。通过烯烃取代的 CE 在催化剂存在下发生三聚反应，形成耐热性能、介电性能好的三嗪环，然后柔性的烯丙基或丙烯基与 BMI 发生加成反应，形成的共聚树脂耐热性、柔韧性更好。将三嗪环和烯丙基同时引入双马来酰亚胺树脂中，基本上可以保持双马来酰亚胺树脂的耐热性，而且可改善其柔韧性和电气性能。

⑥ 橡胶改性双马来酰亚胺 在 BMI 树脂中添加少量带活性端基的橡胶，可以大大提高其抗冲击性能。橡胶在树脂固化过程中析出成为分散相，形成硬连续相-软分散体系，达到增韧的目的。然而，这种方法导致体系耐热性损失过大。与橡胶增韧环氧树脂相似，BMI 树脂也可以采用液体橡胶作为第二相增韧。报道用的液体橡胶有端羧基丁（CTBN）、端烯基丁腈（VTAB）、端氨基丁腈（ATBN）和有机硅烷，适当加入橡胶可改善 BMI 树脂的冲击强度、断裂性能和断裂伸长率。

（5）双马来酰亚胺树脂的应用 双马来酰亚胺的耐热性优于环氧树脂。而经改性的 BMI 工艺性能可与环氧相当，特别是双马来酰亚胺材料的耐湿/热性能优异，这使航空航天部门给予极大的关注，可用 BMI 树脂作碳纤维复合材料的基体而代替或部分代替环氧树脂。将改性 BMI 材料用在航天飞机上，其重量比合金轻 6.0% 左右。航天航空领域的应用：双马来酰亚胺具有阻燃、耐高温、低毒特性，经改性的 BMI 加工性亦好。它们可做成蜂窝结构的平板材料，用于飞机地板、隔离墙、盥洗室材料、排气系统管子等部件。与碳纤维复合，用于军用机或民用机或宇航器件承力或非承力结构件，如机翼蒙皮、尾翼、垂尾、飞机机身和骨架等。双马来酰亚胺在航空工业中的最初应用之一为 Rolls-Royce 公司制造 RB-162 发动机，其压缩机壳、转子翼片及定子翼轮都用玻璃纤维增强的双马来酰亚胺制造。这些部件可以在 240℃ 使用。美国空军战斗机 F-22 和 RAH-66 "卡曼奇" 式武装直升机都大量使用了双马来酰亚胺的复合材料，空重 13.6t 的 F-22，热固性复合材料占结构重量的 25%，几乎覆盖了飞机的全部外表面，其中大部分是双马来酰亚胺树脂复合材料。

电子电器方面的应用：BMI 有显著的耐湿/耐热性能，尺寸稳定性高，热膨胀系数低，其树脂有希望代替环氧树脂制造多层结构线路板，也可以作高温浸渍漆、层压板、模压塑料等，用于电器的绝缘。

耐摩擦和磨损材料：用作金刚石砂轮、重负荷砂轮、刹车片等高温胶黏剂。可用作热绝缘材料（防热）、外层涂料等。

（6）双马来酰亚胺树脂的发展趋势及前景 目前，BMI 材料的探索研究已取得很大进展。然而不仅在材料的结构与性能的关系上还有深入细致的工作要做，而且在材料的开发及应用仍要进行许多探索。今后工作将主要集中在以下几方面：①新 BMI 材料的开发；②BMI 材料改性；③BMI 材料应用研究。目前报道的新型 BMI 单体很多，图 8-3 列出部分新型 BMI 的结构式。

8.3.2 降冰片烯封端聚酰亚胺树脂

降冰片烯封端聚酰亚胺树脂是指用二元胺、二元酸酐及封端单体合成的聚酰亚胺，其中主要的品种是美国 NASA 路易斯研究中心开发的 PMR 型树脂。PMR 型树脂是芳香二胺、芳香四酸的二烷基酯和纳迪克二酸的单烷基酯的甲醇或乙醇溶液。该溶液可直接用于浸渍增强材料，加热使其发生亚胺化反应后制得预浸料，再经加热加压固化得到复合材料。PMR 型聚酰亚胺树脂的特点是：使用低相对分子质量、低黏度单体；使用低沸点溶剂；亚胺化反应在固化之前完成，固化时有极少的挥发物产生。用它可以制造出孔隙率小于 1% 的复合材料。

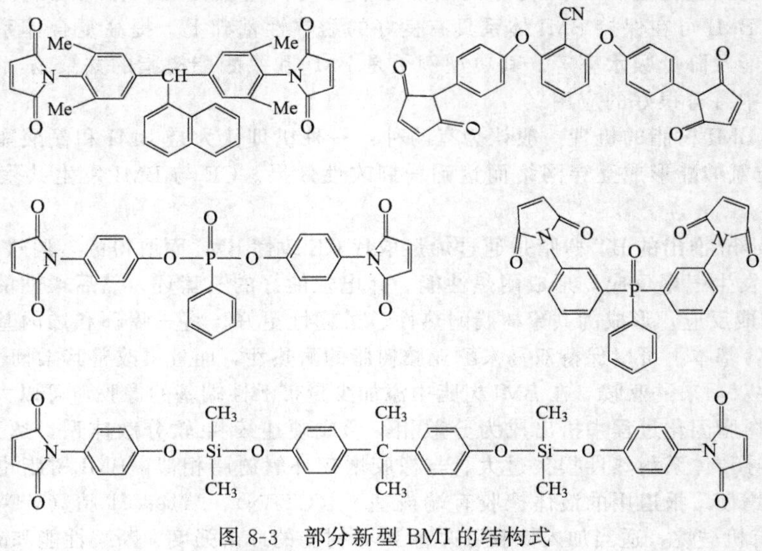

图 8-3　部分新型 BMI 的结构式

　　由于 PMR 树脂是在低级醇中形成溶液，是一种单体的溶液，所以可以做到高浓度、低黏度、可直接用来浸渍纤维和织物，并进行复合材料的成型固化，得到耐热和高力学性能的先进复合材料，聚合和交联反应在加工过程中进行。由于采用低分子量的单体进行反应，尤其在加工的初期阶段，熔体黏度很低，和纤维表面能很好地结合，同时也可以在低压下加工。由于使用低沸点的溶剂，所以在加工过程中容易除去，降低了制品的空隙率。PMR-15 聚酰亚胺树脂具有相对容易的成型工艺、热氧化稳定性好、力学性能优良和高温强度保持率高（288～316℃）等优点，但 PMR-15 也存在明显的缺点：①制备厚、复杂构件时树脂流动性不足；②在成型时有可能会形成裂纹；③原料（MDA）的毒性较大，影响操作人员的健康；④在 317℃以上热氧化性能较差。特别是环境问题的限制，使得 PMR-15 的应用受到限制，人们进行了一系列的工作，以寻求代替 MDA 制备 PMR 树脂的途径。

　　（1）PMR 型聚酰亚胺树脂的合成　　芳香族聚酰亚胺的合成通常是通过芳香族二酸酐与二胺的缩聚反应来进行的，合成 PMR 聚酰亚胺的单体通常有芳香二胺、芳香二酐和降冰片烯酸酐（又称 Nadic 酸酐，NA）等。可以通过 3 种单体的不同摩尔比调节中间体酰胺酸和聚酰亚胺预聚体的分子量，纳迪克二酸单甲酯（NE）、4,4′-二氨基二苯基甲烷（MDA）和 3,3′,4,4′-二苯甲酮四羧酸二甲酯（BTDE）。反应物之间的物质的量之比为 NE：MDA：BTDE＝2.000：3.087：2.087 时，得到的预聚体相对分子质量为 1500，故称之为 PMR-15。反应物的物质的量之比不同，所得到的预聚体的相对分子质量也不同。由于 Nadic 酸酐封端酰胺酸的亚胺化温度远低于它的交联固化温度，因此可在固化前使亚胺化反应完全，以防在最后固化时产生挥发分，从而可制备密实的复合材料，但亚胺化 PMR 树脂不溶于低沸点溶剂。

　　反应方程式如下：

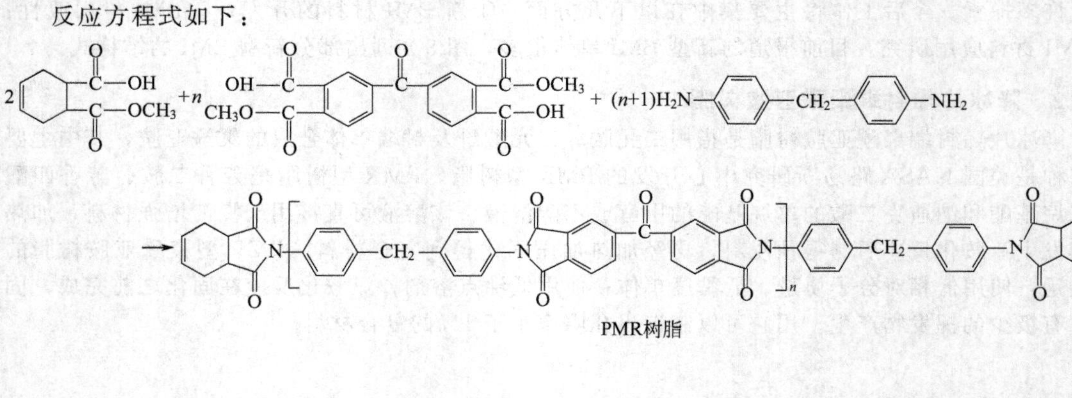

PMR 树脂

PMR-15 树脂的合成是将 BTDA 和甲醇加热回流几小时，得到 BTDE 溶液，按配比将其他单体加入到 BTDE 溶液中即可得到 PMR 聚酰亚胺树脂溶液。如果 BTDA 和甲醇加热回流时间过长或 BTDE 溶液储存时间过长，会形成三甲酯或四甲酯，这将影响聚合过程中的链扩展从而使预聚体相对分子质量降低。PMR-15 的固化反应是按逆 Diels-Alder 反应进行的，其固化反应式如下：

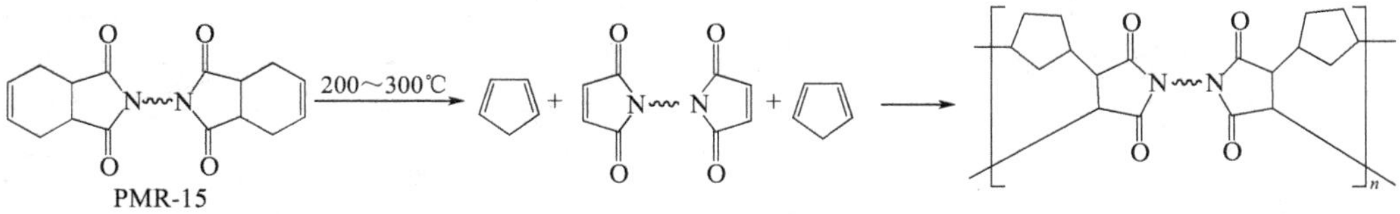

（2）PMR 型聚酰亚胺的性能

① PMR 聚酰亚胺树脂的物理性能　PMR 方法可以通过调节预聚物的分子量，在一定程度上改变其玻璃化转变温度、力学性能、热氧化稳定性以及加工性能等。一般根据实际要求，在这些性能之间进行平衡从而选择适合的预聚物分子量。通常随着预聚物分子量的增加，材料的玻璃化转变温度下降，层间断裂韧性增加，复合材料的热氧化稳定性提高。此外预聚物的分子量对其熔体黏度影响很大，在一定程度上影响复合材料的加工温度、时间和压力等参数，并最终影响复合材料的力学性能和热氧化稳定性。Leung 研究表明，随着 PMR-15 预聚物分子量的增加，固化后聚合物的交联密度下降，但是由于封端剂含量下降，所以树脂的热氧化稳定性提高。表 8-10 为国内外一些商业化的 PMR 聚酰亚胺树脂的性能。

表 8-10　国内外几种 PMR 聚酰亚胺树脂的性能

树脂牌号	性　能	典型值	实验方法及条件
KH304	密度/(g/cm^3)	1.36	GB/T 1636—1997
	玻璃化转变温度/℃	304～320	
	拉伸强度/MPa	36	GB/T 1040—1992
	拉伸模量/GPa	3	
	起始分解温度/℃	412	
	T_d^5/℃	520	TGA
	T_d^{10}/℃	565	
LP-15	密度/(g/cm^3)	1.34	
	玻璃化转变温度/℃	285～305	DSC
	拉伸强度/MPa	45	GB/T 2568—1995
	拉伸模量/MPa	3.2	
	起始分解温度/℃	415	TGA
PMR-15	玻璃化转变温度/℃	284	
	起始分解温度/℃	>400	TGA
	断裂韧性/(J/m^2)	87	
	T_d^5/℃	466	
	T_d^{10}/℃	514	
LaRC-RP46	密度/(g/cm^3)	1.35	
	玻璃化转变温度/℃	265	
	断裂韧性/(J/m^2)	202	

降冰片烯酸酐封端的聚酰亚胺的结构与性能有很大的关系 LaRC-13 是以 m, m', -MDA，纳迪克酸酐、对苯甲酮四甲酸酐（BTDA）为原料，合成酰胺酸预聚物，分子量 1300，在 120～200℃下亚胺化，在 280～300℃有压力的情况下固化，其熔程为 200～240℃，熔化后黏度低。

② PMR 聚酰亚胺树脂的流变性能　图 8-4 为 PMR 聚酰亚胺树脂的熔体流变曲线，显示了 PMR-15 聚酰亚胺树脂的凝胶特性。从中可见，LaRC-RP46 比 PMR-15 的凝胶温度高。

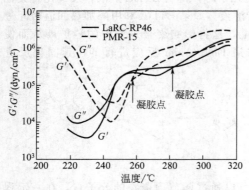

图 8-4　PMR 聚酰亚胺树脂的熔体流变
性能曲线　（1dyn/cm² ＝ 0.1Pa）
G'—储存模量；G''—损耗模量

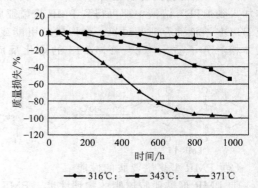

图 8-5　不同温度热老化 PMR-15 聚酰
亚胺复合材料的质量损失曲线

③ PMR 聚酰亚胺树脂的耐热性能　聚合物在高温下会发生交联、氧化降解等化学反应，使其性能变坏，同时也会使物理状态发生变化，如密度增加、脆性增加。因此，聚合物的热氧化稳定性是衡量其耐热性大小的重要性能。

图 8-5 是 PMR-15 聚酰亚胺复合材料在不同温度下热老化后的质量损失曲线。由图看出，在 316℃下热老化 1000h 后，PMR-15 聚酰亚胺复合材料的质量损失仍小于 10%（质量分数），但在 371℃下热老化 200h 后，其质量损失已达 20%（质量分数）。因此，PMR-15 聚酰亚胺复合材料的长期使用温度应低于 316℃。

PMR-15 主要是作为耐高温的结构和次结构材料使用，其高温下的热氧化稳定性和力学性能的保持是至关重要的。

④ PMR 聚酰亚胺树脂基复合材料的性能　PMR-15 聚酰亚胺树脂基复合材料的性能见表 8-11 所列，具有优异的力学性能和高温力学性能。图 8-6～图 8-11 给出了 PMR 聚酰亚胺树脂基复合材料在不同条件下热老化试验的曲线。从图可以看到 PMR 聚酰亚胺树脂基复合材料具有非常优异的热性能，在 316℃下热失重很小。

表 8-11　PMR-15 复合材料的性能

增强纤维	纤维体积分数/%	玻璃化温度 T_g/℃	弯曲强度/MPa 室温	弯曲强度/MPa 316℃	弯曲模量/GPa 室温	弯曲模量/GPa 316℃	层间剪切强度/MPa 室温	层间剪切强度/MPa 316℃
Celion6000	60	338	1846	1096		91	110	55
Celion6000(无浆料)	58	340	1758	862	114		116	53
Celion6000(环氧浆料)	59	330	1724	800			119	45
G40-700(无浆料)	57.5	340	1510	814			95	48
G40-700(环氧浆料)	59.8	335	1379	765			90	44
T40R(无浆料)	62	340	1138	807			61	43
IM6(无浆料)	57.5	335	1772	786			106	43
Celion600(环氧浆料)	53	330	1634	1260	100	88	92	43
Celion600(AvimidN浆料)	61	333	1670				97	

（3）PMR 聚酰亚胺树脂的应用　PMR 聚酰亚胺树脂具有低密度、高强度、耐高温等优异性能，广泛应用于航空航天等领域。PMR 聚酰亚胺树脂基复合材料主要应用于轴承、发动机罩子、通风管、发动机扇叶片、飞机喷嘴风门片、导弹弹体与弹尾等。

GE 公司采用 PMR-15/T300 碳纤维复合材料外涵道代替原用于海军 P-18 大黄蜂战斗机 F404 发动机加氟橡胶的钛合金外涵道。原有的钛合金涵道是一个非常复杂的部件，由铁板经成型、加工,然后通过化铣减重制备得到的。采用复合材料部件后实现减重约 20%,制造成本降低 30%~50%。F404 涵道是整体复合材料结构,需承受相当高的载荷。

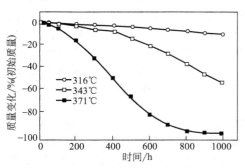

图 8-6　PMR-15/G30-500 复合材料在
不同温度热老化下的重量变化

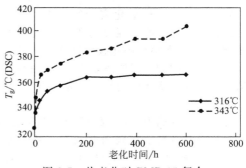

图 8-7　热老化对 PMR-15 复合
材料 T_g 的影响

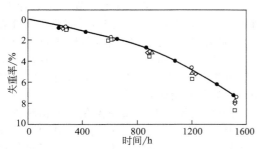

图 8-8　不同 PMR-NV/Celion 复合材料
在 316℃热老化下的失重率
● PMR-NV15;○ PMR-NV15-PN5;
△ PMR-NV15-PN10;◇ PMR-NV12.5-PN5;
□ PMR-NV12.5-PN10

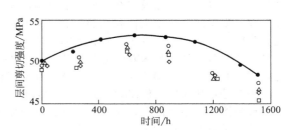

图 8-9　不同 PMR-NV/Celion 复合材料
在 316℃热老化下的剪切强度变化
● PMR-NV15;○ PMR-NV15-PN5;
△ PMR-NV15-PN10;◇ PMR-NV12.5-PN5;
□ PMR-NV12.5-PN10

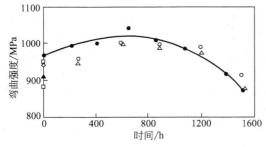

图 8-10　不同 PMR-NV/Celion 复合材料
在 316℃热老化下的弯曲强度变化
● PMR-NV15;○ PMR-NV15-PN5;△ PMR-NV15-PN10;
◇ PMR-NV12.5-PN5;□ PMR-NV12.5-PN10

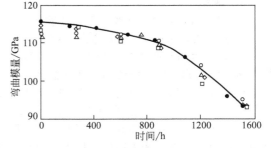

图 8-11　不同 PMR-NV/Celion 复合材料在
316℃热老化下的弯曲模量变化
● PMR-NV15;○ PMR-NV15-PN5;△ PMR-NV15-PN10;
◇ PMR-NV12.5-PN5;□ PMR-NV12.5-PN10

　　PMR-15 在发动机上还有其他应用,如 CF 发动机芯帽、M88 外涵道、F119 导流叶片、F100 增压涵道、YF-120 风扇叶片等。

　　以耐温等级更高的 PMR 聚酰亚胺 V-CAP-75 树脂,采用热压罐成型制备的复合材料 GEF-110-IPEAEE 整流环已通过 300 次的发动机加速实验;采用纤维缠绕成型制备了 PLT-210 压气机机匣。

北京航空材料研究院研制的 LP 系列聚酰亚胺树脂是以无毒的双酚 A 二苯醚二胺（BAPP）替代 MDA，用 Nadic 酸酐（NA）和二苯甲酮四酸二酐（BTDA）为主原料合成的一种 PMR 聚酰亚胺树脂。长期热老化实验结果表明，LP 系列聚酰亚胺复合材料可在 280℃ 以下长期工作 2000h 以上，完全能满足某型发动机复合材料分流环 250℃ 下 200h 的使用要求。采用 LP-15/G827 单向碳布和整体固化技术制备的某型发动机复合材料分流环外形尺寸符合设计要求，静力实验、柔度实验和装机试用表明，各项指标均满足要求。某型发动机复合材料分流环通过 20h 装机试用，结果表明无任何异常现象；和钛合金分流环相比，复合材料分流环具有 40% 以上的减重效果。

为进一步提高 PMR 聚酰亚胺的热氧化性，发展耐温等级更高（耐 371℃）的 PMR 聚酰亚胺，北京航空材料研究院研制成功了不含氟单体的低成本 TMS-1 树脂，其初始分解温度可达 598℃，玻璃化转变温度在 400℃ 以上，所制备的碳纤维复合材料单向层板的力学性能与 PMR-Ⅱ-50 相当，用 NIPI-1 树脂成功地制备了发动机鱼鳞片。

8.3.3 乙炔封端聚酰亚胺

含炔基树脂近年来已成为热固性树脂研究的热点。此类树脂具有高反应性，在一定条件下，如热、辐射等条件能加成聚合形成体型结构，固化过程中没有挥发性副产物产生，固化产物具有无气隙、耐湿热、热稳定性和性能保持率高的特点，从而为获得高热性能复合材料提供了可能性。目前，已研究和开发了一些新型的含炔基树脂如聚芳基乙炔树脂、含硅芳炔树脂、炔基聚酰亚胺、乙炔基封端的聚苯基喹噁啉、聚芳砜、聚醚、聚苯并噁唑、聚苯并咪唑、聚苯并咪唑喹啉等树脂，并对其结构和性能进行了表征。以下就新型的含炔基树脂做以介绍。

聚芳基乙炔树脂（PAA）是指二乙炔基苯经预聚而成的树脂。其主要特点是：① 预聚物呈液态或易溶、易熔的固态，便于复合材料成型加工；② 聚合过程是一种加聚反应，固化时无挥发物和低分子量副产物逸出；③ 树脂固化后通常呈高度交联结构，耐高温性能优异；④ 分子结构仅含 C 和 H 两种元素，碳含量达 90% 以上，热解成碳率极高。

乙炔封端聚酰亚胺树脂的合成、性能及应用见第 10 章 10.2.3。

8.4 聚酰亚胺薄膜、塑料及纤维

8.4.1 薄膜

（1）Kapton 薄膜 薄膜是聚酰亚胺作为材料最早开发的产品之一，即是杜邦公司在 20 世纪 60 年代初发展起来的 Kapton 薄膜。除了在俄亥俄州外还在日本建厂生产，总产量大约在 3000～5000t。这是由均苯四酸二酐和 4,4'-二苯醚二胺在极性溶剂如 DMF、DMAc、NMP 等溶剂中缩聚，然后将得到的聚酰胺酸溶液在基板上涂膜，干燥后再在 300℃ 以上处理完成酰亚胺化。根据化学酰亚胺化方法，1968 年杜邦发展了凝胶成膜法，将其用于单向和双向拉伸的薄膜上，即在冷却的聚酰胺酸 DMAc 溶液中加入乙酐和 β-甲基吡啶，然后在热鼓上形成含有大量溶剂、大部分已酰亚胺化了的凝胶的膜。在室温拉伸 1 倍，然后在张力下加热（最高温度为 300℃）去除溶剂得到薄膜。这种方法也同样适用于其他类型的聚酰亚胺薄膜。

Kapton 薄膜的结构如下：

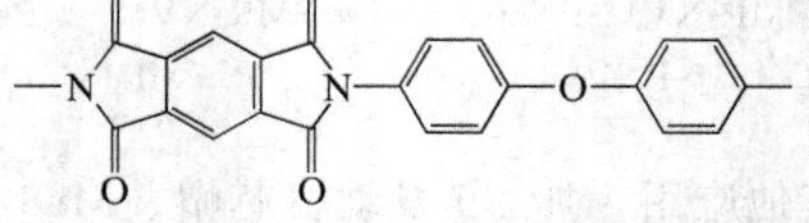

其性能见表 8-12～表 8-14 所列。此外 Kapton 薄膜还具有优异的耐辐射、耐溶剂等性能。涂有含氟聚合物的 Kapton 具有黏结和密封性。XHS 则是可以热收缩的 Kapton 品种。填充氧化铝的 Kapton 是具有高导热性的绝缘薄膜。

表 8-12　**Kapton 薄膜的力学性能和电性能**

性　　能	−195℃	25℃	200℃
相对密度		1.42	
抗拉强度/MPa	246.5	176.0	119.7
伸长率/%	2	70	90
抗张模量/GPa	3.59	3.03	1.83
初始抗撕强度/(g/mil)		510	
介电强度/(kV/mil)	10.8	7	5.6
介电常数		3.5	3.0
介电损耗	246.5	0.003	0.002
体积电阻(50%RH)/Ω·cm	2	10^{18}	10^{14}
表面电阻/Ω	3.59	10^{16}	

表 8-13　**Kapton 薄膜的热性能**

熔点/℃	无	使用寿命	250℃/8a，275℃/1a，
零强温度(1.4kg/15s)/℃	815		300℃/100d，400℃/12h
T_g/℃	385	收缩率(250℃，30min)/%	0.3%
热膨胀系数	$2.0×10^{-5}$	氧指数/%	37

表 8-14　**各种 Kapton 薄膜的性能**

性能(23℃)	Kapton 薄膜的型号				
	200H	XT(氧化铝) MD/TD	XC-10 (导电碳)	200X-M25 (滑石粉)	100CO9 (活性炭)
抗拉强度/MPa	239.4	140.8/119.7	112.6	140.8	140.8
伸长率/%	90	30/30	40	35	59
介电强度/(kV/mil)	6.0	4.0	—	3.4	0.8
介电常数	3.4	3.4	11	3.9	—
介电损耗	0.0025	0.0024	0.081	0.012	—
表面电阻/Ω	10^{17}	—	10^{10}	—	10^{15}
体积电阻/Ω·cm	10^{14}	10^{14}	10^{12}	10^{14}	10^{16}
热导率/[W/(m·K)]	0.155	0.24	—	—	—
吸湿率(100%RH)/%	3	5		3.7	
高温收缩率(400℃)/%	1	1.2/0.6		0.5	

注：1mil＝0.0254mm，下同。

　　最近日本 Unitika 公司的 Echigo 用四氢呋喃/甲醇为溶剂合成 PMDA/ODA 聚酰胺酸溶液，并由此获得厚度为 $300\sim500\mu m$ 的透明薄膜。由非质子极性溶剂难以得到厚度为 $200\mu m$ 以上的透明薄膜，因为高沸点的溶剂难以除去，会使薄膜变为不透明。

　　(2) Upilex 薄膜　Upilex 薄膜是日本宇部公司在 20 世纪 80 年代发展起来的聚酰亚胺薄膜，其结构有两种，Upilex-R 及 Upilex-S，其结构如下：

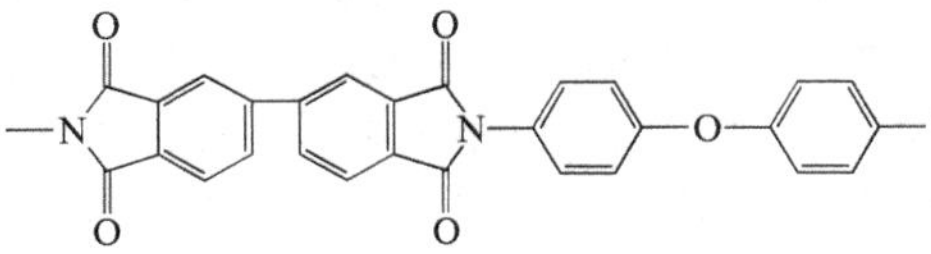

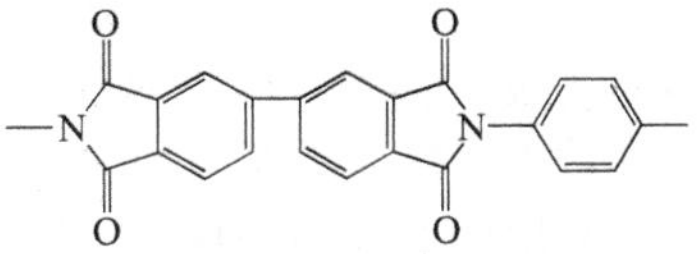

　　这两种聚酰亚胺是以对氯苯酚或与其他酚类的混合物为溶剂在高温下一步合成的。该溶液在

基板上成膜后在 300℃ 以上加热去除溶剂，同时也保证酰亚胺化的完全。Upilex 薄膜的性能见表 8-15～表 8-17。

表 8-15　Upilex 薄膜的电性能

性　　能	Upilex-R		Upilex-S	
	25℃	200℃	25℃	200℃
介电常数	3.5	3.2	3.5	3.3
介电损耗	0.0014	0.0040	0.0013	0.0078
体积电阻/$\Omega \cdot cm$	10^{17}	10^{15}	10^{17}	10^{15}
表面电阻/Ω	$>10^{16}$	—	$>10^{16}$	—
介电强度/(kV/mil)	7	7.1	7	6.8

表 8-16　Upilex 薄膜的力学性能

性　　能	Upilex-R				Upilex-S			
	−269℃	−196℃	25℃	300℃	−269℃	−196℃	25℃	300℃
密度/(g/cm³)	—	—	1.39	—	—	—	1.47	—
抗拉强度/MPa	300	270	250	200	570	500	400	220
伸长率/%	15	40	130	190	7	11	30	48
抗张模量/GPa	—	—	3.8	2.1	—	—	9.0	3.5

表 8-17　Upilex 薄膜的热性能

性　　能	Upilex-R	Upilex-S
T_g/℃	285	>500
收缩率(%)(250℃,2h)	0.18	0.07
线膨胀系数　(20～250℃)	2.8(MD),3.2(TD)	1.2(MD),1.2(TD)
(20～400℃)	—	1.5(MD),1.5(TD)
氧指数/%	55	66
烟指数	0.07	0.04

　　与 Kapton 比较，Upilex-R 有较低的 T_g 且吸水率低，在 250℃ 收缩率也低，并有十分优越的耐水解性能，尤其是耐碱性水解性能。其他性能则相差不大。Upilex-S 则和 Kapton 完全不同，它具有更高的刚性、机械强度，低收缩率、低热膨胀系数、较低的水分和其他气体和透过性。其水解稳定性大大高于 Kapton，因此，在微电子领域显示了巨大的应用价值。

　　将 Upilex-S 在聚酰胺酸形式拉伸 1.75 倍，然后在张力下热酰亚胺化，其拉伸方向的拉伸强度为 986MPa，模量为 49.3GPa，但是这种薄膜在横向方向上较脆。

8.4.2　高性能工程塑料

　　高性能工程塑料是指可以在 150℃ 以上长期使用的工程塑料。随着机器制造工业的发展，对于高强度、高模量、尺寸稳定、轻质、耐磨、自润滑、密封材料的要求越来越迫切，而高分子材料是可以满足这些要求的，特别是同时又具有耐高温性能的塑料。实际上，早些年提出的所谓"以塑代钢"的概念是不能恰当反映实际情况的，因为无论在资源或一般的应用领域，钢铁并不需要高分子材料代替，高分子材料自有其广大的应用领域。上述由机械工业提出的要求是钢铁甚至其他有色金属和合金所难以满足的。因此所要求的，实际上是全新的一类材料。高性能工程塑料就能够填补这个空白。20 世纪 70 年代以来，各发达国家开发了许多主链由芳环、杂环组成的聚合物，这类聚合物既具有优越的机械性能又耐高温，完全能够满足高性能工程塑料的要求。其主要品种有聚苯硫醚（PPS）、聚醚砜（PES）、聚醚醚酮（PEEK）及聚芳酯类热致性液晶聚合物（LCP）等。这些材料的共同特性是容易用注射成型来加工。聚酰亚胺在高性能工程塑料中是一个比较特殊的品种，因为主要的聚酰亚胺品种都不能用熔融法加工，能够用熔融法甚至注射成型法加工的聚酰亚胺在性、价比上必须能够与上述的芳环聚合物竞争。一般说来在使用温度和力学性能上聚酰亚胺都具有优势，但是成本上要明显高于多数芳环聚合物，只有 GE 公司的 Ultem 具有较低的成本，但这种聚酰亚胺的性能并不能代表聚酰亚胺的一般水平，与芳环聚合物比较并不显示出优势。然而成本是与合成工艺和生产规模有关的，随着对工程塑料的性能提出的要求越来越高和聚酰亚胺合成技术的不断进步，其竞争力也会随之增大。

(1) Vespel 聚酰亚胺塑料　Vespel 聚酰亚胺的基本结构是 PMDA/ODA，这种聚酰亚胺的 T_g 为 385℃，由理论计算得到的熔点为 592℃，因此在它熔融之前已经发生分解。显然不能用通常的熔融加工法成型。杜邦公司以特殊的烧结法得到了一定形状的成型品。其过程大致如下：将一种特别制备的聚酰亚胺粉末加入模具中，在 300℃加热 10min，然后加压并维持在 20000kg、2min，得到片状制品，最后在真空炉中 450℃处理 5min。这种制品可以进行磨、车、切、钻以得到各种制品。Vespel 的连续使用温度可达 315℃。使用柱塞式挤塑机可以在 T_g 以下获得聚酰亚胺棒材，然后再在氮气下进行复杂的热处理，其最高处理温度达 400℃。Vespel 塑料的性能见表 8-18。

表 8-18　Vespel 聚酰亚胺塑料的性能

性　　能	SP-1	SP-21	SP-211	SP-1	SP-21	SP-211
	（未填充）		（15%石墨）		（15%石墨＋10%聚四氟乙烯）	
	S	DF	S	DF	S	DF
相对密度	1.43	1.36	1.51	1.43	1.55	1.46
硬度（罗氏,E)	45～58	—	32～44	—	5～25	—
罗氏(M)	92～102	—	82～94	—	69～79	—
拉伸强度/MPa						
23℃	88.0	73.9	66.9	63.4	45.8	52.8
260℃	42.3	37.3	38.7	31.0	24.6	24.6
伸长率/%						
(23℃)	7.5	8.0	4.5	6.0	3.5	5.5
(260℃)	7.0	7.0	2.5	5.2	3.0	5.3
抗弯强度/MPa						
(23℃)	133.8	98.6	112.7	91.5	70.4	—
(260℃)	77.5	58.5	63.4	49.3	35.2	—
抗弯模量/GPa						
(23℃)	3.17	2.53	3.87	3.24	3.17	2.82
(260℃)	0.76	1.48	2.61	1.83	1.41	1.41
抗冲强度（悬臂梁,缺口)/(kg·cm/cm)	8.2	—	4.4	—	—	—
抗冲强度（悬臂梁,无缺口)/(kg·cm/cm)	163	—	43.6	—	—	—
泊松比	0.41	—	0.41	—	—	—

注：S 为无方向性；DF 为与成型的方向成横向。

(2) Ultem 聚醚酰亚胺　Ultem 是 GE 公司于 1982 年开发出来的热塑性聚合物，其结构为：

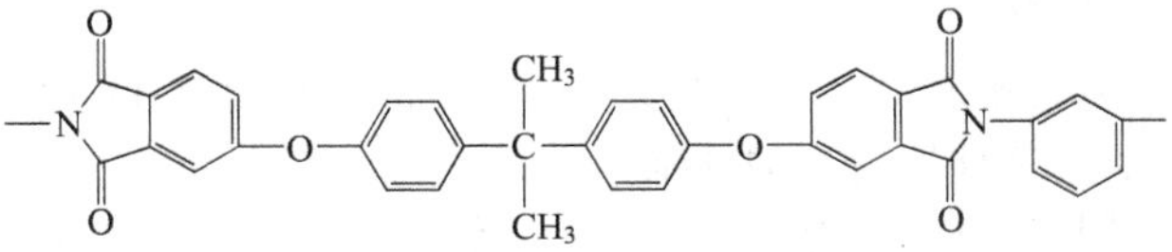

由于 Ultem 中含有双酚 A 残基，耐溶剂性较差，T_g 仅为 217℃，因此虽然具有很好的加工性能，由于使用温度仅为 150～180℃，在用作工程塑料的聚酰亚胺中是最低的一个品种。但其价格较低使其具有较大的市场竞争力。Ultem 的低成本可能来自先进的聚合工艺，例如将二酐和二胺在排气挤出机中进行无溶剂聚合，或由双(4-硝基酞酰)二亚胺和双酚 A 直接缩聚而得。其性能见表 8-19。

表 8-19　Ultem 的性能

性　能	单　位	条　件	型　号			
			1000	2100	2200	2300
相对密度			1.27	1.34	1.42	1.51
吸水率	%	23℃,24h	0.25	0.28	0.26	0.18
		23℃,浸渍饱和	1.25	1.0	1.0	0.9
热变形温度	℃	186kg/cm²	200	207	209	210
线膨胀系数			6.2×10⁻⁵	3.2×10⁻⁵	2.5×10⁻⁵	2.0×10⁻⁵
拉伸强度	/℃	23℃	107	122	143	163
伸长率	MPa	23℃	60	6	3	3
拉伸模量	%	23℃	3060	4590	7040	9180
抗弯强度	MPa	23℃	148	205	214	235
抗弯模量	MPa	23℃	3370	4590	6330	8470
抗压强度	MPa	23℃	143	163		163
抗压模量	MPa	23℃	2960	3160	570	3880
悬臂梁抗冲强度	MPa	23℃	370	49	49	44
罗氏硬度	kg·cm/cm	23℃,无缺口	130	6	9	10
摩擦系数		23℃,无缺口	109	114	118	125
磨耗率		自摩	0.19	—	—	—
比重		对钢	0.20	—	—	—
吸水率	mg	CS17,1kg,1000C	10	—	—	—

注：Ultem1000 为未填充；Ultem2100 为 10％玻璃纤维；Ultem2200 为 20％玻璃纤维；Ultem2300 为 30％玻璃纤维。

8.4.3　聚酰亚胺纤维

聚酰亚胺纤维的研究开始于 20 世纪 60 年代美国和前苏联。我国从事聚酰亚胺纤维的研究在 60 年代中期，由华东化工学院和上海合成纤维研究所合作由均苯二酐和二苯醚二胺的聚酰胺酸干纺而得。第 1 个聚酰亚胺纤维的专利是由杜邦的 Irwin 在 1968 年发表的，是由均苯二酐和 ODA 及 4,4′-二氨基二苯硫醚在 DMAc 中得到聚酰胺酸，干纺成聚酰胺酸纤维再在一定的张力下转化为聚酰亚胺，最后再在 550℃牵伸得到聚酰亚胺纤维。PMDA-ODA 也可以湿纺在吡啶溶液中成纤，然后热处理转化为聚酰亚胺。取向的纤维在 400℃空气中经 2~3h 其强度仍保持 30％~40％。PMDA-ODA 纤维的性能见表 8-20。

表 8-20　由均苯二酐（PMDA）和二苯醚二胺（ODA）得到的纤维

组成	转化方法	牵伸比	牵伸温度/℃	强度/(g/d)	伸度/%	模量/(g/d)
PMDA/ODA	热	1.5×1.5×	550	3.5	11.7	50
PMDA/ODA	热/吡啶	1.5×	600	5.3	24.0	49
PMDA/ODA	热	1.5×2.25×	575	6.6	9.0	77
PMDA/ODA	热	1.5×2.05×	525	5.1	9.0	68.5
PMDA/SDA	热	1.6×	420	2.8	25.7	31

注：SDA 为 4,4′-二氨基二苯硫醚。

Irwin 还报道了由均苯二酐和对苯二胺及 3,4′-ODA 的共聚物在 DMAc-吡啶中湿纺，部分热酰亚胺化后，最后在高温下牵伸所得到的纤维，见表 8-21。

聚酰亚胺纤维与开芙拉纤维比较有更高的热稳定性，更高的弹性模量，低的吸水性，可望在更低劣的环境中应用。如原子能工业、空间环境、救险需要等。聚酰亚胺纤维可编成绳缆、织成织物或做成无纺布，用在高温、放射性或有机气体或液体的过滤、隔火毡、防火阻燃服装等。

聚酰亚胺纤维至今仍未有较大规模的生产，其原因是：第一，在目前的技术水平，芳香聚酰胺纤维（杜邦公司的和）已基本满足要求，对于性能更高的纤维，并非许多工业部门所急需；第二，聚酰亚胺纤维的成本太高是阻碍发展的主要原因。

表 8-21　由均苯二酐和对苯二胺及 3,4′-二苯醚二胺所得到的纤维

组成	牵伸比	牵伸温度/℃	强度/(g/d)	伸度/%	模量/(g/d)
	未牵伸		1.8	12.5	20
	4.0	550	12.6	7.1	354
	4.75	575	14.7	4.7	427
	4.7	600	14.5	3.7	492
PPD/3,4′-ODA(25/75)	6.0	650	12.8	2.8	519
	6.1	675	15.6	3.3	570
	6.8	700	13.1	3.0	592
	10.0	700	15.5	3.4	534
	5.0	750	3.6	3.7	168
	3.6	500	9.5	8.6	248
3,4′-ODA	4.5	550	8.9	2.7	404
	4.0	550	10.7	5.5	302
	4.0	575	8.3	4.2	321

　　因此，随着聚酰亚胺本身技术的发展，尤其是合成技术的发展和在其他领域应用的扩大，聚酰亚胺的成本会有大幅度的降低。同时各个技术部门本身的发展也将会对于更高性能的纤维的需要迫切起来。可以认为聚酰亚胺纤维的研究是超前的工作，聚酰亚胺纤维仍然是未来的材料。

8.5　聚酰亚胺胶黏剂

　　聚酰亚胺作为胶黏剂的胶黏对象主要有 3 类：金属（钛、铜、铝及钢等）、非金属（硅片、玻璃及磨料如金刚砂、氮化硅等）及聚合物，如聚酰亚胺自身。要达到良好的粘合，除了选择合适的胶黏剂之外，基底的表面处理也很关键。聚酰亚胺结构中带有多个羰基，并且具有强的传荷作用，这些因素都是作为胶黏剂的良好条件。

　　聚酰亚胺对聚合物的粘合主要针对的是与聚酰亚胺自身的粘合及与环氧类聚合物的粘合，尤其对于印刷线路板的制造，目前主要还是利用聚酰亚胺薄膜通过一层胶黏剂与铜箔的粘合而制得。这就需要聚酰亚胺薄膜与胶黏剂之间有很好的黏结力，其间的剥离强度要求达到 10N/cm 左右。所用的胶黏剂有环氧类或丙烯酸类聚合物，但由于这些胶黏剂的耐热性不够高，通常难以在 70℃ 使用，所以对更耐热的胶黏剂，尤其是聚酰亚胺类胶黏剂的要求越来越迫切。

　　聚合物对聚合物的粘合是以大分子通过界面扩散后发生的缠结而实现的。聚酰亚胺对聚酰亚胺的粘合决定因素有：聚酰胺酸通过界面的扩散；两层薄膜的固化机制；酰亚胺化后界面处的分子结构及聚集态。

　　当聚酰胺酸溶液涂到聚酰亚胺基底上时，后者可能会由于 NMP 的作用而发生溶胀，使前者能够穿透基底，在随后固化时发生化学结合（也有缠结），基底的堆砌密度越低，透入的可能性就越大。对于 PMDA（均苯四甲酸二酐）、BPDA（连苯二酐）、BTDA（酮酐），以 PMDA 得到的聚酰亚胺的堆砌密度最大，BTDA 的堆砌密度最小。二胺也同样可影响聚合物的堆砌密度。薄膜表面的高度取向造成高的堆砌密度，妨碍了分子的扩散，因此对黏结不利。接触角的大小不会影响穿透和黏结强度。两层的热膨胀系数差别越小，结合力越大。当膨胀系数的差别较大时，如果界面处的分子结构具有较高的柔性，由于分子运动消除了所产生的内应力，也能够达到高的黏结力。

　　商品聚酰亚胺薄膜是完全酰亚胺化了的薄膜，尤其是 Kapton 或 Upilex 薄膜都具有很高的刚性。这种薄膜的界面都是惰性的，很难被胶黏剂分子所穿透而扩散，也没有活性基团可以与胶黏剂中的基团反应，因此需要预先对聚酰亚胺薄膜的表面进行处理。处理方法有两种，一种是用碱处理，利用聚酰亚胺（尤其是 Kapton 薄膜）不耐碱性水解的特性，使其在碱的作用下开环，产生可以与胶黏剂作用的活性基团，以增加粘合能力。例如 Lee 等将 Kapton 薄膜用 1mol/L KOH

溶液在 22℃ 处理 1～90min 得到聚酰胺酸钾,将多余的 KOH 用水洗去后,再用乙酸进行质子化。在表面处理过的薄膜上旋涂上聚酰胺酸,干燥、固化。所得到的剥离强度见表 8-22。

表 8-22 聚酰亚胺薄膜 90℃ 的剥离强度

KOH 处理时间/min	0	1	5	10
剥离强度/(N/cm)	0.3	4.0	8.5	12.6

用碱处理薄膜所达到的深度越大,剥离强度越高,Buchwalter 等用 0.25mol/L 的 NaOH 对经过 400℃ 固化的 PMDA/ODA 表面进行处理,其水解程度见表 8-23。

表 8-23 PMDA/ODA 聚酰亚胺的水解程度

水解时间/h	水解分数/%	标称水解深度/nm
0	0	0
1	14.6	16.0
2	26.7	29.4
3.5	38.1	41.9

Yun 等用胺的溶液处理聚酰亚胺薄膜表面以增加对环氧树脂的黏结力,胺的浓度一般为 0.5%(质量分数),时间为 1min。可用的胺有肼、乙二胺、1,3-丙二胺、己二胺等,干燥温度以 100℃ 为宜。

另一种方法是用等离子处理,例如用 N_2/H_2 和 NH_3 等离子处理,由于在处理后薄膜的表面产生了可以与聚酰胺酸作用的氨基,从而使黏结强度增加。水蒸气等离子处理使 PMDA/ODA 聚酰亚胺的表面的氧的浓度明显增加,生成了酮、羧酸及羟基等含氧的基团。未经等离子处理的薄膜对薄膜的 90° 剥离强度为 0.49N/cm;处理后达到不小于 8.82N/cm。另一种水蒸气等离子处理的薄膜对薄膜的剥离强度为 12.25N/cm,超过了 18μm 厚的薄膜的强度,在 85℃,81%RH 环境中放置 1000h,剥离强度仍保留 8.77N/cm。等离子处理也增加了薄膜的粗糙度,即增加了薄膜的表面积和反应基团,这些都有利于第二层聚合物的黏结。

如果采用的不是现成的商品薄膜,则可以用控制第一层聚酰亚胺固化程度来增加聚酰亚胺之间的黏结力,即将第一层聚酰胺酸在较低温度下酰亚胺化使其达到不会因第二层聚酰胺酸的涂覆而溶解,又能留下足够的酰胺酸部分可以与第二层的聚酰胺酸作用,以达到既可以相互穿透,又可以使聚酰胺酸间发生交换,从而达到高的黏结强度。Brown 等研究了第一层聚酰亚胺的固化温度对聚酰胺酸扩散深度的影响,由表 8-24 数据可见,对于 PMDA/ODA 的自粘,第一层聚酰胺酸的固化温度以低于 200℃ 为宜,同时第二层涂覆后采用高的固化温度对黏结也有利。

表 8-24 扩散距离与固化温度的关系

扩散距离/μm　　第一层固化温度/℃　　第二层固化温度/℃	150	200	300	400
150	168	42	28	22
200	150	43	29	31
300	154	46	35	31
400	156	47	37	30

Miwa 等工研究了各种聚酰亚胺对聚酰亚胺的粘合性能,在用水蒸气处理前后的粘合性能见表 8-25。在完全酰亚胺化的聚酰亚胺上的粘合效果较差,而且受水蒸气的影响也较大,当第一层聚合物仅以部分酰亚胺化则能够明显提高与聚酰亚胺的粘结强度,同时耐水蒸气的性能也大大提

高。第一层聚合物的固化温度与酰亚胺化程度及剥离强度的关系见表8-26，可见要得到高的剥离强度，第一层聚合物的固化温度不能超过200℃，这时酰亚胺化程度达到50％左右。

表 8-25　剥离强度　　　　　　　　　　　　　　　　　　　　单位：N/cm

在 BPDA/ODA 上, 120℃ 水蒸气, 100h			在半固化(200℃/h)的 BPDA/PPD 上, 120℃水蒸气, 100h			在半固化(200℃/1h)的 BPDA/ODA 上, 120℃水蒸气, 100h		
聚合物	处理前	处理后	聚合物	处理前	处理后	聚合物	处理前	处理后
PMDA/ODA	4.41	2.45	BPDA/PPD	7.84	7.35	BPDA/PPD	7.64	6.86
BPDA/ODA	7.35	4.90	PMDA/ODA	7.35	7.64	PMDA/ODA	7.45	8.04
PMDA/BAPP	6.86	7.35	BPDA/ODA	7.35	7.45	BPDA/ODA	7.64	8.04
BPDA/BAPP	4.41	2.45	PMDA/BAPP	7.35	7.25	PMDA/BAPP	7.45	7.84
			BPDA/BAPP	7.25	7.35	BPDA/BAPP	7.64	7.55

表 8-26　第一层聚酰亚胺固化温度与剥离强度的关系

固化温度/℃	酰亚胺化程度/%	剥离强度/(N/cm)
150	10	7.35
200	50	7.35
250	85	0.20
300	90	0.29
350	100	0.20

Ree 等研究了 BPDA/ODA 与各种聚酰亚胺的黏合，BPDA/ODA 的聚酰胺酸在80℃干燥后，氮气流中在150℃、200℃、300℃各处理30min，400℃处理1h。基底在旋涂前用等离子（300W/5min氧流速度：535cm³/min）处理。对于某些基底，需要使用氨丙基三乙氧基硅烷［γ-APS，0.1％（体积分数）的乙醇/水（95/5）溶液］作为黏结促进剂。使γ-APS的溶液以2000r/20s旋涂到基底上，然后在120℃热板上加热20min，其黏合结果见表8-27。

表 8-27　对 BPDA-ODA 聚酰亚胺的黏合

剥离强度/(N/cm)　　剥离速度/(mm/min)　　　　样品结构(由上而下)	0.05	0.1	0.2	0.5	1.0	2.0	5.0
BPDA-ODA//BPDA-ODA	10.60	10.98	11.18	11.48	11.87	—	—
BPDA-ODA//BPDA-ODA/PMDA-ODA	8.14	8.73	8.93	9.12	9.22	9.42	9.71
BPDA-ODA/等离子处理/BPDA-ODA	不能剥离	不能剥离	不能剥离	不能剥离	不能剥离	不能剥离	不能剥离
BPDA-ODA/等离子处理/底胶/BPDA-ODA	10.69	0.79	11.38	12.36	—	—	—

聚酰亚胺还经常与环氧树脂共用，以综合环氧树脂的易加工，高黏结性，和聚酰亚胺高耐热性的效果。将聚酰亚胺与环氧树脂结合起来的方法很多，大致可以分为两类，一类是将带有氨基、酐基或羧基的低分子聚酰亚胺作为环氧树脂的固化剂使用；另一类是在酰亚胺结构上引入环氧基团。

Gaw 等向 PMDA-ODA 在 THF/MeOH（80/20）10％的溶液中加入环氧树脂，涂膜后干燥，再将覆铜板的聚酰亚胺侧与涂层复合，施加50kgf/cm²（5MPa）压力，以125℃/1h，2505℃/2h加热，所得到的黏合效果见表8-28。可见适量的聚酰胺酸可以很好地促进环氧树脂的黏结性能。但在这种情况下，PMDA-ODA 聚酰胺酸的酰亚胺化很可能是不完全的。

表 8-28　聚酰胺酸作为环氧树脂的固化剂

环氧树脂的固化剂	黏合强度/(N/cm)	环氧树脂的固化剂	黏合强度/(N/cm)
PMDA	<20	80%聚酰胺酸	约 5.0
ODA	约 10	10%聚酰胺酸	100~200

参 考 文 献

[1] 顾书英，任杰.聚合物基复合材料.北京：化学工业出版社，2007.

[2] 丁孟贤，何天白.聚酰亚胺新型材料.北京：科学出版社，1998.

[3] 黄发荣，周燕.先进树脂基复合材料.北京：化学工业出版社，2008.

[4] 赵玉庭，姚希曾.复合材料聚合物基体.武汉：武汉理工大学出版社，2004.

[5] 徐一琨，詹茂盛.纳米二氧化硅目标杂化聚酰亚胺复合材料膜的制备与性能表征.航空材料学报，2003，23（2）：33-38.

[6] 马青松，简科，陈朝辉.溶胶-凝胶法合成氧化铝-氧化硅纳米粉.国防科技大学学报，2002，24（4）：25-28.

[7] We Jianye, Wilkes G L.Organic/ Inorganic Hybrid Network Materials by Sol-gel Approach.Chem Mater，1998，8：166721681.

[8] 殷景华，范勇，雷清泉.无机纳米杂化聚酰亚胺薄膜纳米颗粒特性研究.四川大学学报，2005，42（2）：200-202.

[9] 李艳，付绍云，林大杰等.二氧化硅/聚酰亚胺纳米杂化薄膜室温及低温力学性能.复合材料学报，2005，22（2）：11-15.

[10] 王立新.溶胶-凝胶法制备聚酰亚胺/二氧化硅纳米尺寸复合材料.河北工业大学学报，1998，4：18-22.

[11] Zhe Zi kang, Yang Yong, Yin Jie, et al.Preparation and Properties of Organosoluble Polyimide/Silica Hybrid materials by Sol-Gel Process.Appl.Polym.Sci.1999，73：2977-2984.

[12] Huang Y, Gu Y.New polyimide silica organic-inorganic hybrids.J Appl Poly Sci, 2003, 88（9）：2210-2214.

[13] Morikawa A, Iyoku Y, Kakimoto M.Preparation of a new class of polyimide-silica hybrid films by sol-gel process. Polym Jour, 1992, 24（1）：107-113.

[14] 刘丽，路庆华，印杰等.溶胶-凝胶法制备聚酰亚胺/二氧化钛感光复合材料.高等学校化学学报，2001，22：1943-1944.

[15] Zakoshchikv S A.Effect of intramolecular reaction on the branching process of grafting reaction between two reactive polymers Vysokomolekul.Soedin, 1996, 8（7）：1231-1237.

[16] 邹盛欧.聚酰亚胺发展动向.化工新型材料，1999，27（3）：3-6.

[17] Manish Nandi, Jeanine A Conklin, Lawrence Salvati J R, et al.Molecular level ceramic/polymer composites 2：synthesis of polymer-trapped sillca and titania nanoclusters.Chemistry of Materials, 1991（3）：201-206.

[18] Hu Q, Marand E.In-Situ Formation of Nano-sized TiO_2 domains within a Poly（amide-imide）by a Sol-Gel Process. Polymer 1999；40：4833-4843.

[19] Snyder R W.FTIR studies of polyimides：thermal curing.Macromolecules, 1989, 22：4166-4172.

[20] Mittal K L ed.Polyimides：Synthesis, Chatacteritation and Applications.Plcnum, New York, 1984.

[21] Boggess R K, Taylor L T.New hybrid nanocomposites based on an organophilic clay and poly（styrene-b-butadiene）copolymers.Polym Sci, Polym Chem Ed1987；25：685-692.

[22] Tsai M H, Whang W T.High temperature lifetime of polyimide/poly（ silsesquioxane）-like hybrid films.Polyme, 2001，42：4197-4207.

[23] 高生强，杨士勇.高性能聚酰亚胺材料及其在电工电子工业中的应用.绝缘材料通讯，1999（1）：11-18.

[24] 刘丽，感光聚酰亚胺/二氧化钛-二氧化硅复合材料制备、表征及性能.上海交通大学，2001，6.

[25] 尚修勇，朱子康，印杰等.偶联剂对 PI/SiO₂ 纳米复合材料形态结构及性能的影响-I.复合材料学报，2000，17（4）：15-19.

[26] Rec M, Goh W H, Kim Y.Thin films of organic polymer composites with inorganic aero gels as dielectric materials：polymer chain orientation and properties.Polymer Bulletin, 1995, 35：215-220.

[27] Chang Jin-Hae, Park Kwang Min.Thermal cyclization of the poly（amic acid）：thermal, mechanical, and morphological properties.European Polymer Journal, 2000, 36（10）：2185-2191.

[28] 刘润山，郭铁东，赵文秀.芳香聚酰亚胺化学若干问题.高分子材料科学与工程，1994，（2）：1-8.

[29] Blachot Jean, Fran ois, Diat Olivier, et al.Anisotropy of structure and transport properties in sulfonated polyimide membranes.Journal of Membrane Science, 2003, 214（1）：31-42.

[30] Agag T, Koga T, Takeichi T.Studies on thermal and me-chanical properties of polyimide-clay nanocomposites.Polymer, 2001, 42（8）：3399-3408.

[31] SCHUTZ J B.Hybrid process for resin transfer molding of polyimide matrix composites.International SAMPE Technical Conference, 2000, 32：319-328.

[32] TIANO T, HURLEYW, ROYLANCEM, Reactive plasticizers for resin transfer-molding of high temperature PMR composites.International SAMPE Technical Conference, 2000, 32：815-829.

［33］　丁孟贤.聚酰亚胺——化学、结构与性能的关系及材料.北京：科学出版社，2005.

［34］　Buchwalter L P.Polyimides：Fundamentals and Application，Eds by Ghosh M K，Mittal K I.New York：Marcel Dekker，Inc，1996，587.

［35］　Wang T H，Ho S M，et.al.J.Appl.Polym.Sci.，1994，51：415.

［36］　Lee K W，Kowalczyk S P，Shaw J M.Macromolecules，1990，23：2097.

［37］　Yun H K，Cho K，Kim J K，Park C W，Sim S M，Oh S Y，Park J M.Polymer，1997，38：827.

［38］　Brown H R，Yang A C M，Russell T Lm Vilksen W，Kramer E J.Polymer，1988，29：1807.

［39］　Miwa T，Tawata R，Numata S.Polymer，1993，34：621.

［40］　Ree M，Park Y H，Shin T J，nunes T L，Volksen W.Polymer，2000，41：2105.

［41］　Shau M-D，Chin W-K.J.Polym.Sci.，Polym.Chem.，1993，31：1653.

［42］　Shau M-D，Chin W-K.J.Appl，Polym.Sci.，1996，62：427.

第 9 章　热塑性树脂基体

9.1　聚乙烯

聚乙烯（PE）是以乙烯为单体，经多种工艺方法生成的一类具有多种结构和性能的通用热塑性树脂，是世界产量最大、应用最广的合成树脂品种。品种繁多，分法各异，按密度分为高密度聚乙烯、中密度聚乙烯和低密度聚乙烯。1933 年，英国 ICI 公司首先合成了低密度聚乙烯。1953 年，德国化学家齐格勒采用 $TiCl_4$-$AlEt_3$ 为催化剂，低温低压聚合，制备了高密度聚乙烯。

9.1.1　合成

用乙烯为原料制备聚乙烯。根据聚乙烯合成压力大小，可分为低压法、中压法和高压法3 种。

高压法生产的聚乙烯是在 1500～2000atm、180～200℃下，以氧作为引发剂，乙烯生成游离基，然后引发聚合成聚乙烯。它是分支较多的线型大分子，其分子式为：

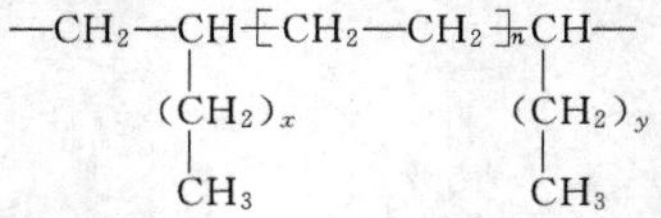

$$—CH_2—CH\overline{\left[CH_2—CH_2\right]_n}CH—$$
$$(CH_2)_x \qquad (CH_2)_y$$
$$CH_3 \qquad\quad CH_3$$

分子结构缺乏规整性。其分子量在 25000 左右，密度低，一般为 0.910～0.925，所以叫低密度聚乙烯。

中压法生产的聚乙烯是在 30～50atm 或较高的压力下，用金属氧化物作催化剂，使乙烯在庚烷、辛烷等溶剂中聚合成为线型聚乙烯。聚合反应是按离子型聚合机理进行的。一种是用分散于载体 SiO_2-Al_2O_3 上的氧化铬为催化剂，在 35～40atm、125～150℃下使乙烯聚合；另一种是以分散于 Al_2O_3 载体上的氧化铂为催化剂，在 50～100atm 下使乙烯在溶剂中聚合。前者制得的聚乙烯分子量为 48000～50000，密度为 0.95～0.97，结晶度为 90% 以上。

低压法是在 1～5atm、60℃下，用齐格勒-纳塔催化剂，在烷烃溶剂中，使乙烯聚合，制得含很少支链的高密度聚乙烯。其分子量约为 70000～350000，密度约为 0.94～0.96，结晶度为85%～95%。

9.1.2　性能

聚乙烯分子中不含有极性基团，因此介电性、化学稳定性好，吸水性低，另外还有其他各种优异性能。

聚乙烯无毒、无味、是乳白色蜡状固体。相对密度在 0.91～0.96 之间，制成薄膜是透明的。

工业用的聚乙烯软化温度在 108～132℃之间，这样低的熔点是由于分子链较柔顺和分子间作用力不大所致。聚乙烯使用温度不高，高压聚乙烯使用温度约在 80℃左右，而低压聚乙烯在无负载情况下，长期使用温度不超过 121℃。然而在受力情况下，即使很小负载，它的变形温度也很低。聚乙烯的耐寒性很好。分子量越高，支化越多，脆化点越低。

聚乙烯的强度主要由结晶时分子紧密堆砌程度所提供。分子量的大小对它的性能有很大影响。它的力学性能可以说在很大程度上取决于聚乙烯的分子量和支化度。强度不高，表面硬度低，弹性模量小，容易蠕变和应力松弛。

聚乙烯是非极性聚合物，它的绝缘性比其他任何介电物质都好，可以作超高频绝缘材料。聚乙烯的电性能，如介电损耗和介电常数几乎与电场强度和频率无关，聚乙烯的介电常数与其密度是线性依赖关系，密度高的介电常数也高。遇热时密度降低，介电常数也低。此外，聚乙烯在氧化时会产生羰基，使其介电损耗有所提高。

在室温下，聚乙烯不受稀硫酸和稀硝酸的侵蚀，盐酸、氢氟酸、磷酸、甲酸、醋酸、氨、胺类、过氧化氢、氢氧化钠、氢氧化钾等，对聚乙烯均无化学作用。

浓硫酸、浓硝酸在室温下对聚乙烯能起缓慢破坏作用，而在 $90\sim100℃$ 时，则能迅速破坏聚乙烯。聚乙烯在 SO_2 存在下氯化时，SO_2 和 Cl_2 都可进入聚乙烯。其反应大致如下：

$$CH_2-CH_2-CH_2-CH_2-CH_2-CH_2-+Cl_2+SO_2 \longrightarrow CH_2-CH-CH_2-CH_2-CH_2-CH- $$
$$\qquad\qquad\qquad\qquad\qquad\qquad\qquad Cl \qquad\qquad\qquad SO_2Cl$$

聚乙烯能溶于热苯中，溶度参数相近的低分子物质只能使聚乙烯溶胀。聚乙烯是非极性聚合物，胶黏剂胶接及印刷都困难，对其表面进行处理，可提高胶接和印刷的性能。

聚乙烯受到空气中的氧、紫外线辐射，其性能指标会降低。长时间氧化，特别在高温情况下，会使聚乙烯大分子降解，并析出 CO_2 和 H_2O，最后生成脂肪酸和蜡状产物。所以一般聚乙烯造粒过程中加入抗氧剂，加入量大约为 0.05%。

聚乙烯受到高能辐射时，一方面，分子间形成碳-碳键而交联；另一方面，长时间照射会变色，有空气存在时，还会发生表面氧化，也会引起聚乙烯降解；两种作用结果使聚乙烯性能变劣。在氧存在的情况下，低辐射剂量长期照射的聚乙烯薄膜可能会引起严重的降解，而高辐射剂量短期较厚的聚乙烯试样，其降解可能性不大。聚乙烯中加入炭黑可以提高其制品的耐辐射性。

聚乙烯制品在受应力状态下或者与某种液体接触时产生龟裂，这种现象称为环境应力开裂，特别是分子量小时这种倾向更显著。在各种表面活性剂、矿物油、动植物油、酯类增塑剂、强碱、醇存在时，聚乙烯制品常产生这样的环境应力开裂。

水几乎不能透过聚乙烯薄膜，但 CO_2、有机溶剂、香料等的透过率相当大，所以作为食品及其他包装材料使用时要特别注意。高密度聚乙烯比低密度聚乙烯透湿度和气体透过率小。

在通常情况下，聚乙烯是在熔融的状态下进行加工，如注射、挤出、吹塑或压制成型。

9.1.3　用途

聚乙烯的介电性能良好，不易渗透水汽，因而能用于制造电话、信号装置、远距离操纵系统、高频装置和电气工程中的电线绝缘和电缆绝缘，以及水底电缆的绝缘、地下电缆外护套等。

聚乙烯广泛用于制备各种管材，例如城市室外给排水管路网，牧场、农村、工厂的给排水，室内自来水管和排水管，泵站的管道和室内灌溉网。交联聚乙烯管子可用于热水给水系统。热塑性塑料管用于输送天然气是一项比较新的使用领域。还可以用于发泡保温材料。

大量聚乙烯可制造有广泛用途的薄膜，聚乙烯主要用于生产农业育秧膜、大棚膜、地膜、食品包装膜等薄膜。

聚乙烯可以注射成制件或用压制而成板材，以及用冲压法或按样板弯曲的方法制成各种零件、家庭用品、玩具、化工和电气零件。高密度聚乙烯用辊压或火焰喷涂，或静电喷涂，可以作为化工设备中容器的耐腐蚀涂层。还可以代替钢和不锈钢制造阀门、衬套、管道等。耐磨性好，可制小载荷的齿轮、轴承、冷冻仓库包装容器、油桶、周转箱、软瓶、牛奶瓶、盆子、瓶盖、冰箱盘子、盒等。

9.2　聚丙烯

聚丙烯（PP）是由丙烯（$CH_2=CH-CH_3$）合成的，而丙烯来源于石油裂化气，天然气及煤的气化产物。1954 年纳塔等用氯化钛和烷基铝化合物 $[TiCl_3+Al(C_2H_5)_2Cl]$ 作催化剂，首次合成了高分子量、高熔点的结晶聚丙烯，1957 年实现了大规模工业生产。聚丙烯的原料来源广泛，价格低廉，生产工艺简单，以及产品性能良好，其发展迅速。

9.2.1 合成

原料丙烯在溶剂中采用齐格勒-纳塔催化剂，在常温～80℃，3～10MPa 压力下聚合，得到立体规整性很强的聚丙烯。

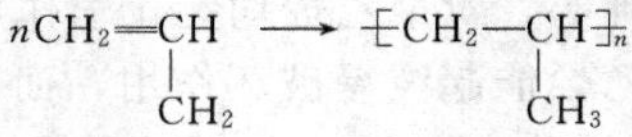

$$n\text{CH}_2=\text{CH} \longrightarrow \text{—[CH}_2\text{—CH]—}_n$$
$$\text{CH}_2 \qquad\qquad\quad \text{CH}_3$$

其等规度可达 90％～95％。

9.2.2 结构与性能

聚丙烯是头-尾相接的线型结构，根据其侧链甲基（—CH₃）的空间排列，有 3 种不同的形式。

全同立构聚丙烯：主链上的甲基全都排列在分子链的一侧，由于位阻效应，它的构型呈主体螺旋状的结晶，等规度高达 90％～95％。

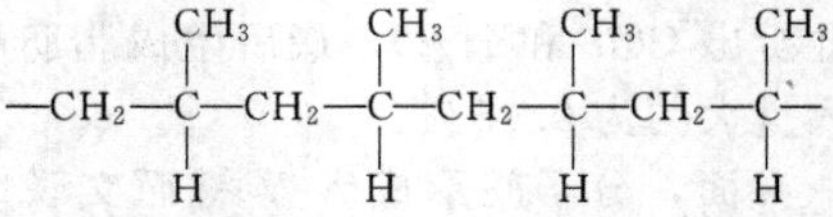

无规立构聚丙烯：主链上的甲基是交替地向主链的两个方向排列。

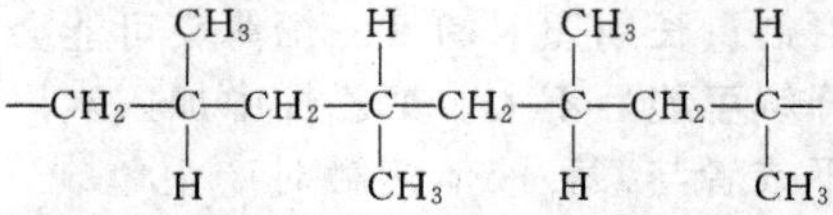

无规立构聚丙烯：聚丙烯主链上的甲基是任意而无序排列的，是无定形的。

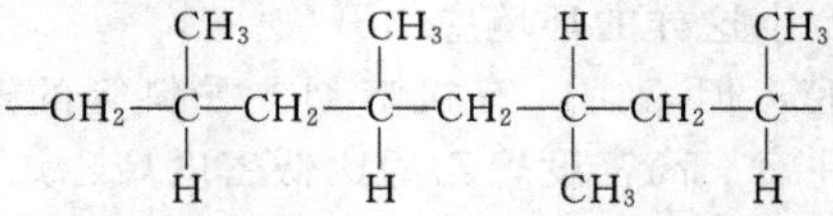

工业用聚丙烯具有高度空间规整性，主要包含全同立构的大分子链（85％～95％），有高度的结晶性，同时含有少量非结晶的无规立构和低结晶的全同立构、间同立构及无规立构的嵌段的大分子链，熔点在 170～175℃范围内，高聚物的立体规整性愈高，熔点也愈高。聚丙烯的 T_g 与结构和结晶度有关，它明显地依赖于聚合物中非晶态部分含量。90％以上等同立构大分子的聚丙烯，结晶度为 67％～70％时，T_g 为 -35℃。

工业用聚丙烯的分子量一般在 150000～700000 的范围内，随不同产品要求而异，与其他高聚物比较，聚丙烯分子量的分布较宽，宽分子量分布的聚合物的流变性对制品的性能有很大影响，因此如果缩小其分子量分布，则制品的机械强度可明显改善。

聚丙烯的各种性能与聚乙烯非常相似，它是塑料当中相对密度最小的一种（0.89～0.92），与聚乙烯相比软化温度显著提高，全同立构聚丙烯的熔点170℃，拉伸强度、刚性、弯曲强度都很高，在适当拉伸条件下处理，拉伸强度、刚性和冲击强度都提高，特别耐弯曲疲劳性明显改善，比聚乙烯成品的透明性及表面光泽都好，成型时收缩率小，外观和尺寸精度都好。

聚丙烯与石棉、硅粉、滑石粉、玻璃纤维复合，其力学性能有很大的改变，弯曲弹性模量和硬度有很大变化，热膨胀系数下降。

聚丙烯是非极性高聚物、有优良的电性能，因为它耐热性比较好，所以在电器工业上广泛使用，在室温时体积电阻率约 $10^{17}\Omega\cdot cm$，在 130℃时为 $10^{13}\Omega\cdot cm$，它同时具有高的表面电阻和良好的介电强度，

聚丙烯的耐酸碱性能良好，无论在常温或较高温度（70～100℃）条件下，其耐碱及各种盐类的性能尤为突出。在室温下，它几乎耐所有的无机酸和有机酸，70℃时耐 10％盐酸、40％硝酸及 30％硫酸的性能良好，但易受发烟硝酸及发烟硫酸的腐蚀；对水特别稳定，24h 的吸水率小于 0.01％。

对气体和液体的透过性最小；聚丙烯可以在开水中煮，在 135℃、100h 的蒸汽中消毒也不会被破坏。

芳香族碳氢化合物和氯代烃在 80℃ 以上能溶解聚丙烯，在常温下溶胀。

在聚丙烯主链上包含有叔碳原子，易受到氧、臭氧攻击，而降解，因而聚丙烯耐氧化性差，防老化问题十分重要。由于聚丙烯的加工温度较高，因此在加热过程中，加入抗氧剂是必要的。聚丙烯也容易在紫外线下老化，所以还要加入炭黑和有机的紫外线吸收剂。

聚丙烯熔融温度较高，熔融范围窄，而熔体黏度比较低，是一种比较容易加工的树脂。表观黏度随剪切速率增加而迅速降低。聚丙烯的熔体黏度对温度的敏感性不强。聚丙烯是熔体强度较低，熔体是假塑性流体，其非牛顿性比聚乙烯更显著。

聚丙烯的透明性也比聚乙烯好，但是这一点还必须和优越的机械强度、耐热性统一考虑，作为包装材料才有好的效果，特别是为了增加透明度，成核剂的加入是有效的，加入成核剂促进生成极其微细的球晶，使透明度变好，韧性和在低温下冲击性能提高。聚丙烯薄膜的气体透过率比高密度聚乙烯大，所以作为化妆品、食品包装材料时必须注意。

9.2.3　用途

聚丙烯主要用于制备管材、容器、汽车及电器电子零部件、纤维及其织物和薄膜等制品，尤其引人注目的是聚丙烯塑料经玻璃纤维等增强，制备高性能的复合材料制品。

聚丙烯的机械强度与尼龙差不多，特别在耐酸耐碱的化学装置与衬里材料方面大量使用，加法兰、接头、泵叶轮、阀门配件、电缆被覆材料等。聚丙烯由于汽车内外装件及发动机机罩内部件。此外，聚丙烯无纺布、各种管材、医疗器械、家具、玩具、餐具、文体用品和日用品。

9.3　聚氯乙烯

聚氯乙烯（PVC）是 20 世纪 30 年代出现的品种，产量占树脂第二位，由于性能好，价格低廉，原料来源广，受到普遍重视。

9.3.1　合成

（1）氯乙烯单体的制备

① 以乙炔为原料制备氯乙烯　乙炔与氯化氢加成反应，是制备氯乙烯的最简单的方法。化学反应式如下

$$CaC_2 + 2H_2O \longrightarrow CH \equiv CH + Ca(OH)_2$$

$$CH \equiv CH + HCl \longrightarrow CH_2 = CHCl$$

这种方法是以电石开始，电石乙炔法工艺虽然简单，但耗能大，"三废"多，成本高，属于限制和改造的工艺范畴。

② 以乙烯为原料制备氯乙烯　以乙烯为原料制备氯乙烯的一般原则，必须制备对称的二氯乙烷，然后其热解脱氯化氢，即

$$CH_2 = CH_2 + Cl_2 \longrightarrow CHCl - CH_2Cl$$

$$CH_2Cl - CH_2Cl \xrightarrow{\triangle} CH_2 = CHCl + HCl \uparrow$$

它的副产物 HCl，再与氧、乙烯混合，反应也生成二氯乙烷，这种方法叫做二步氧氯化法，是目前较经济和较科学的方法。反应式如下

$$2CH_2 = CH_2 + 4HCl + O_2 \longrightarrow 2CH_2Cl - CH_2Cl + 2H_2O$$

另外，还有一种方法叫混合烯炔法，其特点是把石脑油或原油裂解所得的混合气体，不经分离直接导入反应器，乙烯和乙炔用氯气处理之后转变为二氯乙烷，然后二氯乙烷热解变为氯乙烯和氯化氢，而氯化氢与乙炔加成，得到氯乙烯。制造氯乙烯的方法还有很多，就不在这里一一介绍了。

（2）聚合反应　氯乙烯聚合的方法较多，一般采用悬浮聚合与乳液聚合。悬浮聚合是将氯乙烯单体在引发剂和分散剂存在下，悬浮在水相中，在激烈的搅拌下进行聚合，粒子直径较大，在 $50\sim100\mu m$ 范围内。这种方法占聚氯乙烯总产量的 95％。乳液聚合是将单体氯乙烯在乳化剂作用和搅拌下，很好地分散在水相中成为乳浊液，加入水溶性的引发剂，在 50℃ 左右进行聚合。乳液聚合的树脂颗粒较细，粒子直径在 $0.5\sim1\mu m$ 范围内。这种方法得到的树脂，主要用作糊状树脂。

其他聚合方法如溶液聚合得到的聚氯乙烯作涂料和胶黏剂使用，本体聚合得到的纯度高，热稳定性和电性能好，适合作电绝缘材料。

9.3.2　结构与性能

聚氯乙烯是无定形结构的热塑性塑料，主链结构单元是"头-尾"相接的链接方式。

$$-CH_2-CH-CH_2-CH-CH_2-CH-$$
$$\qquad\quad | \qquad\qquad | \qquad\qquad |$$
$$\qquad\quad Cl \qquad\qquad Cl \qquad\qquad Cl$$

也有少量"尾-尾"（头-头）键接形式，由于侧基氯（Cl）的影响，聚氯乙烯大分子实际是一个极性分子，由于极性基的影响，氯乙烯分子间力较大，不易形成结晶。因为是非晶态结构，所以聚氯乙烯没有明显的熔点，玻璃化温度在 80℃ 左右。

聚氯乙烯的相对密度约 1.4，是白色粉末，耐水性、耐酸性、难燃性、电绝缘性好，除此之外还耐很多溶剂，聚合度低或与多种成分共聚物容易溶解。

一般聚氯乙烯树脂在 $64\sim85$℃ 软化，$120\sim150$℃ 有塑性，170℃ 以上熔融，190℃ 以上分解放出氯化氢，聚合物颜色发生变化（黄→红→棕→黑），同时开始分解。遇有能产生游离基的物质，如过氧化物，以及某些金属，如锌、铁等存在，即使少量存在，聚氯乙烯也会激烈分解。适合加工的温度是 $150\sim180$℃。

然而树脂的性质依据其聚合体组成、聚合度和制法的不同而有很大区别，应根据用途和目的选择树脂。

氯乙烯的均聚物占整个聚氯乙烯的 90％，聚氯乙烯的共聚物，主要是与醋酸乙烯的共聚物，其加工的温度范围变宽，加工流动性、表面光泽等方面得到显著改善。共聚的醋酸乙烯量增多，聚合物的强度、软化点都下降。

聚合度的大小对材料的性能与应用都有影响。当聚合度高于 800 时，聚氯乙烯的强度基本不变，而加工变差了，常用的聚氯乙烯的聚合度在 $800\sim1200$ 之间。

聚氯乙烯化学稳定性好，氧和臭氧不能明显地浸蚀聚氯乙烯，但某些氧化物会对它有破坏作用，例如浓的高锰酸钾溶液使聚氯乙烯表面受侵蚀，而过氧化氢影响不大。室温下，除了浓硫酸（90％以上）和浓硝酸（50％以上）以外，聚氯乙烯耐酸、碱性良好，但在 60℃ 以上耐强酸性下降。

聚氯乙烯耐大多数油类、脂肪烃和醇类的浸蚀，但不耐芳烃、酮类、脂类和环醚。环己酮、四氢呋喃、二氯乙烷等是聚氯乙烯的溶剂。

9.3.3　用途

聚氯乙烯应用领域极广，从建筑材料、化工管道到儿童玩具，从工农业所用机械零件到日常生活用品，处处都用，按其加工方法划分其用途。

在工业上聚氯乙烯的主要用途是作防腐材料，如输送酸、碱、油、纸浆等用的管道，酸、碱吸收塔、排气塔、储槽、泵、风机及其代替铅的防腐化工设备，或者用于钢管衬里层。

硬质聚氯乙烯可做建筑材料，如地下水道、废水管、阻燃的门、地板和墙壁材料。聚氯乙烯由于绝缘性、耐老化性好，大量用作电线的绝缘层代替橡胶以及做电线和电线的护套。

聚氯乙烯人造革也是它的主要应用领域，广泛用作椅子、防雨布、各种箱子、沙发、衣服、办公用品和家具等。

泡沫聚氯乙烯用途也很广，例如玩具、泡沫人造革手套、渔网的浮标和鞋底等。

9.4　聚苯乙烯

聚苯乙烯（PS）是 1930 年以后发展起来的，尤其是 1946 年以后发展更快。聚苯乙烯的化学稳定性、电性能都很优良，而且容易成型，但主要缺点是机械强度不高，质硬而脆，耐热性低。可是用途十分广泛。

9.4.1　合成

苯乙烯单体的原料是苯和乙烯，经过乙基苯催化脱氢得到苯乙烯单体。

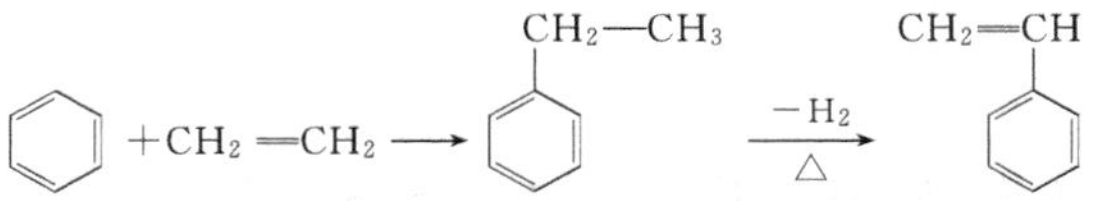

苯乙烯单体在热、光、催化剂作用下很容易聚合成无色透明的聚苯乙烯树脂。

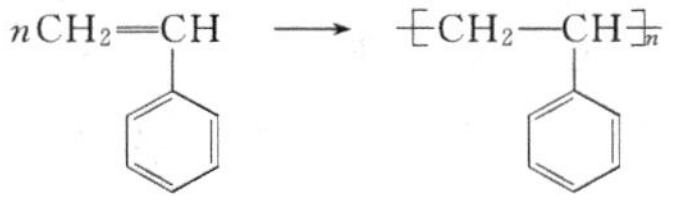

$$n = 1500 \sim 3000$$

苯乙烯的聚合方法很多，主要有本体聚合、悬浮聚合和乳液聚合等几种。

用本体聚合制成的聚苯乙烯电绝缘性极好，耐化学腐蚀性优良，可用压制、挤出法成型各种电绝缘用制品，因其透明性好，用在一些工业品和日用品上。

悬浮法生产聚苯乙烯，在聚合时要加入分散剂和引发剂。而采用高温加压悬浮聚合时，可以不用引发剂，使生产效率增长，质量提高。

乳液法生产聚苯乙烯通常用于制聚苯乙烯胶乳，用于涂料。采用这种方法容易控制反应温度，聚合速度也快，但乳化剂不易除去。

9.4.2　结构与性能

聚苯乙烯的分子主链是饱和烃，侧基是苯基。由于聚合方法不同，含有一定的支链，聚合温度愈高，支链愈多，由于分子结构不规整，苯基的位阻效应使分子链内旋转困难，因而大分子刚性很大，不易结晶，因而，聚苯乙烯是典型的非晶态线型高分子化合物，质脆且透明。

聚苯乙烯是无色透明的材料，因此着色也很容易。它无味、刚硬、密度小。光稳定性和耐候性方面不如丙烯酸树脂，长期存放或日光照射时间长了，容易发黄。主要是反应杂质起促进作用所致。但是，抵抗放射线能力在塑料中最强。

溶解于许多溶度参数（$\delta = 0.91$）相近的溶剂中，如苯、甲苯、四氯化碳、氯仿、酮类（丙酮除外）和酯类以及一些油中。酸、碱、盐类、矿物油、有机酸、低级醇不易浸蚀它，但有可能造成裂纹或开裂。

聚苯乙烯使用温度一般在 $-30 \sim 80$℃左右，热性能与分子量的大小、低分子量聚合物的含量和其他杂质的含量有关。如含单体 5%，软化点下降 30℃，聚苯乙烯制品在 $65 \sim 85$℃下退火，可以减少内应力，改进机械强度，提高热变形温度。

聚苯乙烯的热导率低，约 $0.5 J/(m \cdot h \cdot ℃)$，所以用它制成的泡沫塑料是良好的低温隔热材料。

聚苯乙烯的力学性能与制造方法、分子量的大小、定向度和含杂质的量有关。分子量高的机械强度高。分子量在 5 万以下，拉伸强度很低；分子量在 10 万以上，拉伸强度的提高不明显。

聚苯乙烯介电常数和介电损耗几乎不受频率（$60 \sim 10^6$ Hz）的影响，10^7 Hz 以上介电常数变化不大，但介电损耗提高 4 倍。高频下电性能仅次于聚四氟乙烯。

聚苯乙烯常采用注射成型方法，软化点低，熔融温度范围较宽，熔体流动性好，即使是比较复杂的零件，也可以充满模具。其次采用的方法是挤出成型。

9.4.3 用途

聚苯乙烯的主要用途在 3 个方面，一是电气用品，如电视机、录音机以及各种电器仪表零件、壳体等；二是包装容器，如食品包装容器；三是日用杂品，如梳、盒、牙刷柄、圆珠笔以及儿童玩具。

此外，聚苯乙烯能制成质轻的泡沫塑料，能防震、保温，用在建筑工业上。也可用于电冰箱、火车、船、飞机上用来隔音、隔热。还用于做耐腐蚀设备，如储酸槽以及救生圈等。

9.5 ABS

9.5.1 合成

ABS 树脂的制造方法有 3 种，即共混法、接枝法和接枝共混法。

（1）共混法 把 AS 树脂与 NBR 在加热情况下，用研磨法进行机械的混合而成或者把树脂与橡胶制成胶乳状再混合。这种共混型 ABS 树脂，使用的橡胶其交联度对于树脂和橡胶的相容性有很大影响，交联度大则冲击强度大，因此在制造 NBR 时或塑炼时加入少量交联剂以提高其交联度。

（2）接枝法 ABS 树脂是用聚丁二烯胶乳、苯乙烯和丙烯腈单体聚合制得的。但是，这种类型的树脂，实际上包含接枝共聚物（以聚丁二烯为主链，以苯乙烯、丙烯腈共聚物为支链），苯乙烯与丙烯腈的无规共聚物（AS 树脂）以及未接枝的游离聚丁二烯 3 种主要成分构成。

接枝型 ABS 树脂，除了乳液法之外，还可用本体或悬浮聚合方法制得或者本体-悬浮聚合法。

（3）接枝-共混法 这种方法是用接枝法制得的 ABS 树脂胶液与另外的 AS 树脂胶乳共混的方法。

9.5.2 性能

ABS 树脂，因其制法，树脂的组成和分子量，橡胶的种类、组成、粒子半径、交联度、接枝率，树脂与橡胶的比例不同，它的性质会有很大的不同。下面我们就普通 ABS 树脂的基本性质作一介绍。

ABS 树脂是一种综合性能较好的工程塑料，外观微黄，不透明，并且无毒无味，分子量约10000 左右。

ABS 树脂拉伸强度和模量一般，但是具有优异的耐冲击强度，特别是低温下有很高的冲击强度，而且热变形温度高。此外，电性能、耐化学药品性、耐油性好，还有加工适应性广，可以注射成型、挤出成型、真空成型、吹塑成型等。尺寸稳定性好、耐蠕变、耐应力开裂，制品表面光泽性好，总之 ABS 树脂综合性能好，是塑料中很有特色的一类塑料。

ABS 树脂这些优良的特性，与其组成有关，如苯乙烯的光泽、电气性能、成型性、丙烯腈的耐热性、刚性、耐油性、耐候性和丁二烯的耐冲击性。ABS 树脂与其他树脂有很好的相溶性，其中与聚氯乙烯树脂共混，在聚氯乙烯树脂当中混入 5%～20% 的 ABS 树脂，显著改变其冲击强度，且其拉伸强度、硬度都不变化，热变形温度上升，加工性得到改善。

ABS 塑料的另一大特点是易电镀，所以在这方面也大量使用。作为 ABS 树脂的缺点是透明性和耐候性差一些。

9.5.3 用途

ABS 塑料具有良好的综合性能，其制品应用范围较广。广泛应用于机械、电气、纺织、汽车制造、造船以及农业机械等方面代替金属、木材等。

在机械工业中用来制造齿轮、泵叶轮、轴承、把手、管道、储槽内衬等。电气工业中应用很广，如电机外壳、仪表壳、蓄电池槽、电话机壳、听筒、手持话筒以及冷藏库、洗衣机、除尘器、电风扇、收音机、电视机、录音机等家用电器具和零部件等。

在汽车上许多零件采用 ABS 树脂，如挡泥板、扶手、调速器的刻度盘、灯罩。在航空工业上作为机舱内装饰板，代替了过去的酚醛塑料板。

9.6 聚酰胺

聚酰胺树脂（PA）是具有许多重复的酰胺基的线型热塑性树脂的总称。这类高聚物的商品有耐纶、尼龙或锦纶。

这类产品是美国杜邦公司最早为代替蚕丝而研究生产的，1938 年以后陆续工业化生产。由于熔融纺丝和单丝牵引技术的发展，使聚酰胺在合成纤维工业上得到了很大发展，成为生产合成纤维最重要的高聚物。聚酰胺不仅用于制造合成纤维，它还是工业上首先被使用的工程塑料。由于聚酰胺有很好的耐磨性和自润滑性、良好的力学性能、加工性能，可应用注射、挤出成型制造种种塑料制品。

9.6.1 种类和制法

聚酰胺根据其构造有 $\text{--NH--R--NHCO--R}'\text{--CO--}_{n}$ 和 --NH--R--CO--_{n} 两种。前者是二元胺和二元羧酸的缩聚产物，后者是氨基羧酸的缩聚物，是内酰胺开环缩聚得到的。聚酰胺的种类相当多，以 PAx 表示，x 为氨基酸的碳原子数，如 PA6，表示己内酰胺开环缩聚；而以 PAxy 表示的，x 为二元胺中的碳原子数，y 为二元酸中的碳原子数。如 PA66 是己二胺与己二酸缩聚所得。第一个 6 表示二元胺中碳原子数，第二个 6 表示二元酸中碳原子数。

聚酰胺的品种很多，制备聚酰胺的方法也不一样，下面以 PA6、PA66 为例分别介绍如下。

PA6：可以由苯酸和环己烷制备己内酰胺，在催化剂作用下，连续加热聚合，得聚己内酰胺，收率可达 90% 左右。

PA66：由环己烷制备己二酸，再由己二酸或者丁二烯经过己二晴得到己二胺，这两者等当量混合，得到 66 盐，在一定温度压力下进行缩聚反应，脱去水，可得到 PA66。

9.6.2 结构与性能

聚酰胺分子中，一般每隔一定距离就含有一个酰胺基，这个酰胺基与相邻分子的酰胺基极易形成氢键。

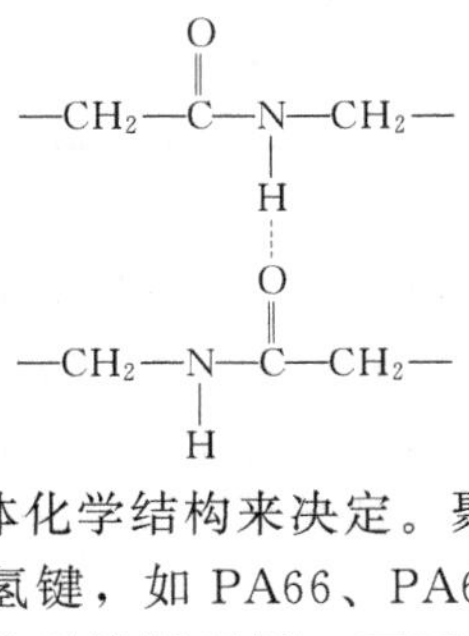

$$\begin{array}{c} \text{O} \\ \parallel \\ \text{--CH}_2\text{--C--N--CH}_2\text{--} \\ \mid \\ \text{H} \\ \vdots \\ \text{O} \\ \parallel \\ \text{--CH}_2\text{--N--C--CH}_2\text{--} \\ \mid \\ \text{H} \end{array}$$

氢键形成的多少，由大分子的立体化学结构来决定。聚酰胺链节中含碳原子数为偶数时，相邻大分子链间的酰胺基全部都能形成氢键，如 PA66、PA610 均 100% 可成氢键。而当链节中含碳原子数为奇数时，因酰胺基的空间排列情况不同，不可能全部都形成氢键，如 PA6 形成氢键数为 50%。氢键的存在使高分子很容易结晶，结晶度的大小根据成型冷却速度和分子量而不同，但是在一般条件下 PA66 结晶度是 30%～35%，PA6 和 PA610 结晶度是 20%～25%，结晶的难易程度是按 PA66＞PA610＞PA6＞PA12 的顺序排列的。

尼龙制品由于急速冷却，所以其结构基本上是无定形的，而内部缓慢冷却的结果，生成球晶结构。

结晶度的大小和球晶的大小对材料力学性能影响很大。一般地说，结晶度高就变得不透明了，但是，刚性提高、耐磨耗性、润滑性提高，热膨胀系数和吸水性变小。

因为酰胺基是一个亲水性基团，所以聚酰胺有吸湿性，可以与周围潮湿气氛达到平衡状态。在 20℃，65％湿度时，平均含水量 PA6 是 3.5％，PA66 是 2.5％，PA610 是 1.5％，PA12 是 0.75％，这些塑料在通常使用状态下，要 1 年左右的时间才达到平衡状态，加工和使用时要注意。

聚酰胺的吸水性取决于分子链中（—CONH—)/(—CH₂—）之比值，在相同条件下 PA6 和 PA66 （—CONH—)/(—CH₂—）为 1/5，而 PA610（—CONH—)/(—CH₂—）为 1/7，前两者吸水性大。聚酰胺作为工程用塑料时要求有较低的吸水性，可选用 PA1010，其（—CONH—)/ (—CH₂—）为 1/9，或 PA11（—CONH—)/(—CH₂—）为 1/10。

吸水性的大小可按下列顺序排列：PA12＜PA11＜PA610＜PA6。

由于吸水性引起材料性质的变化，水分在聚酰胺中起到增塑剂的作用，促使树脂的刚性下降，尺寸稳定性变坏，当吸水率增加 10％时，PA6 尺寸增加 0.2％，PA66 增加 0.25％。

聚酰胺分子链中由于氢键的存在使高聚物有较高的结晶度和熔点。其熔点根据品种不同处在 140～280℃ 范围之内。一般说来，熔点随氨基酸内碳原子数的增加而降低，并且有明显的交替效应，含奇数碳原子（如 PA7）的聚酰胺熔点高于偶数碳原子的聚酰胺的熔点。

在二元酸和二元胺类的聚酰胺中，若两者均为偶数碳原子则熔点最高，若两者均为奇数的碳原子，则熔点最低，若其中一个为偶数，另一个为奇数，则熔点处于中间，某些聚酰胺的熔点见表 9-1。

表 9-1　聚酰胺的熔点　　　　　　　　　　　单位：℃

聚酰胺	熔　点	聚酰胺	熔　　点
PA66	250～262	PA612	206～215
PA6	210～225	PA11	180～190
PA610	208～220	PA12	175～180

聚酰胺的熔点虽然较高，但这类塑料的热变形温度都较低，长期使用温度低于 100℃。用玻璃纤维改性以后热变形温度提高很大，见表 9-2。

表 9-2　干态聚酰胺的热变形温度　　　　　　单位：℃

聚酰胺	热变形温度	聚酰胺	热变形温度
PA66($\overline{M}$18000)	104(249)[①]	PA612	82
PA6	67(216)[①]	PA11	54
PA610	66	PA12	51

① 加 30％的玻璃纤维。

聚酰胺的拉伸强度和冲击强度在热塑性工程塑料当中是较好的。

聚酰胺的拉伸强度及其他性能，由于结晶度、结晶构造、吸水量和使用温度不同，有很大差别。聚酰胺拉伸强度一般在 45～75MPa 的范围内，尤其经过玻璃纤维增强其拉伸强度可达 200MPa 以上，并且有较大的伸长率。聚酰胺的拉伸强度极限随温度升高而逐渐降低，而断裂伸长率却随温度升高而增加。

聚酰胺最大的特点是耐磨耗性和润滑性好；聚酰胺种类不同，摩擦系数也不大一样，结晶度增大摩擦系数变小。为了提高结晶度可以采用热处理办法来进行，还有添加二硫化钼和石墨等固体润滑剂，不仅起润滑剂作用，而且起结晶核心的作用，这样可以得到细密结晶的良好制品。

聚酰胺还是一种自润滑材料，可以做成轴承、齿轮等摩擦零件，小负荷下可以在无润滑剂情况下使用。

聚酰胺耐一般的化学药品，在普通的使用条件下醇、碱、脂、烃、酮、油等对它不起作用。然而，酚类和甲酸在常温下，卤化醇、多元醇在加热情况下可溶解聚酰胺。

酰胺键的水解作用是较常见的反应，温度在 100℃ 以下时，水对酰胺键不起作用，但温度超过 150℃时，并在压力作用下，水则会使酰胺键发生水解。在碱作用下，水解反应会稍有增加。无机酸和强有机酸使酰胺键强烈水解，但弱有机酸则几乎不起作用。在氧化物和紫外线作用下，大分子会逐渐降解。

聚酰胺的另一个特性是耐油性很好，对矿物油、动物油和油和油脂均具有惰性。

聚酰胺薄膜对水蒸气透过率高，但对氧、氮、二氧化碳气体透过率极小。

在干燥时聚酰胺的电性能很好，随着吸水量增大而变坏。例如，当水分增加 1％时，电阻系数下降 10％，介电常数与介电损耗随吸水量的增加而增大。所以不适合做高频绝缘材料。

聚酰胺可以使用热塑性树脂的一般成型方法，而不需要特殊的成型设备。但在加工时应注意以下几点。

① 因为聚酰胺是结晶性高分子，熔融温度范围窄、PA 66 在 250℃，PA6 和 PA610 在 210℃高温下有明显的熔点。一般成型温度在 230～290℃。

② 聚酰胺的熔融黏度对温度的依赖性很大，分解温度与熔点相近，成型时要严格控制加工温度，在成型时应避免长时间在设备中滞留而分解。

③ 聚酰胺的熔体黏度低，流动性大，因此喷嘴必须用弹簧针阀式喷嘴，以免产生流延现象，模具也需精确加工。

④ 聚酰胺吸湿性大，应避免长时间暴露于空气中，使用前控制水分在 0.1％以下。

总之，聚酰胺的种类不同，性能各异。

9.6.3　用途

聚酰胺最大的用途是做纤维使用，因为密度小，耐摩擦，抗弯曲，适合用于制造绳子、渔网、轮胎帘子线、过滤布、各种刷子等制品。作为衣料用纤维，所占比例也较大。

在机械工业中应用最多的是纺织机械中的各种齿轮、辊、凸轮、衬套，以及各种导向件。在汽车上用于汽化器、燃料泵的零件、导油管、电扇等。在一般机械上用于油轮、凸轮、衬套、耐压软管、壳、罩、皮带轮、链子等。即使在无油润滑的情况下操作，转时也无噪音。在电气工业上用于线圈、开关、电池套以及计算机数字盘等。另外，在建筑材料、日用品、家庭用品方面也有广泛应用。例如窗帘、梳子、器皿、拉链、球板和雨衣、雨伞等方面。

9.7　聚甲基丙烯酸甲酯

聚甲基丙烯酸甲酯（PMMA）是丙烯酸类塑料当中最重要的一种，俗称"有机玻璃"，用量最大，主要供应的有板、管、棒、模塑料等品种，在航空工业上使用的最多。

9.7.1　合成

α-甲基丙烯酸甲酯单体，在日光、紫外线、氧存在下容易自聚合，但是在工业上是加入引发剂后加热实现的。聚合的方法有本体聚合、溶液聚合、乳液聚合，根据使用目的不同而选择不同的聚合方法。

本体聚合：制造板、棒、管等用这种方法。这种方法不使用稀释剂，只是单体本身聚合，使用的引发剂是过氧化苯甲酰、偶氮二异丁腈，和其他助剂配合以后加热聚合，一般得到聚合率为 10％左右的浆状物，然后浇注到模板中去，进一步聚合就得到本体聚合的板或棒等型材。得到的制品透明度好，刚度大。

溶液聚合：这是一种用于涂料、胶黏剂的树脂的制造方法，采用即能溶解单体又能溶解聚合物的溶剂，例如，在溶剂醋酸乙烯、甲苯中进行聚合，得到的溶液黏度低，分子量也低。

乳液聚合：乳液聚合方法主要是用来制造丙烯酸类的压塑粉和水乳液。

9.7.2　性能

聚甲基丙烯酸甲酯的相对密度为 1.18，是普通无机玻璃的一半，可见光几乎能全部透过，与其他透光材料比较，见表 9-3，由表可见，甲基丙烯酸甲酯是塑料中透光率最好的一种。

表 9-3　各种塑料的可见光避光率　　　　　　　　单位：%

塑　　料	可见光避光率	塑　　料	可见光避光率
甲基丙烯酸树脂	93	聚酯树脂	65
聚苯乙烯	90	脲醛树脂	65
硬聚氯乙烯树脂	80～88	玻璃	91

注：板厚 3mm。

聚甲基丙烯酸甲酯耐冲击强度是普通玻璃的 10 倍，耐候性特别好，长期在室外暴露，强度和颜色变化不大。

聚甲基丙烯酸甲酯具有一定的耐寒性。长期使用温度在 80℃左右，其软化点为 100～120℃。模塑料热变形温度较低，如果要提高耐热性，则采取共聚或交联的方法来实现。如果将甲基丙烯酸甲酯与双酯基乙二醇酯或甲基丙烯酸丙烯酯进行共聚，则得到的是一种热固性塑料，其耐热性可达到 180～190℃。

聚甲基丙烯酸甲酯耐电弧能力强，当通过电弧时其表面会解聚电离而产生气体，因而具有耐电弧能力。电气绝缘性好，耐药品性也很好，有抵抗稀酸和碱浸蚀的能力。聚甲基丙烯酸甲酯可以有透明、半透明、不透明、以及各种鲜艳色泽的制品，可以溶在氯仿、二氯乙烷、四氯化碳、丙酮、苯、甲苯等有机溶剂中。

聚甲基丙烯酸甲酯的缺点是较脆、易开裂、表面硬度低、易磨损而失去光泽。

9.7.3　用途

聚甲基丙烯酸甲酯具有高度的透光性能和良好的耐气候性，用作飞机、直升机、摩托车、汽艇、赛车上的风挡玻璃。可作信号显示器、照明灯罩、汽车尾灯、车、船上门窗等。用在大型广告板、透明层瓦、天窗、吊灯罩。电子工业产品上用于面板、电视屏幕、仪表盘、光学镜片、接触眼镜以及各种日用杂品。加入荧光剂可制成荧光塑料；加入珠光颜色，可制成花瓶、纽扣、发卡等，也用于假牙和牙托等方面。

9.8　聚碳酸酯

早在 1956 年聚碳酸酯（PC）由联邦德国首先发现以后各国逐步开始工业化生产，这种塑料的力学性能、耐热性、耐寒性、电性能等良好，是综合性能很好的工程塑料的代表品种之一。

9.8.1　合成

聚碳酸酯的制法将光气法和酯交换法。从生产数量上看光气法的制品很多，其流程可用图 9-1 表示。

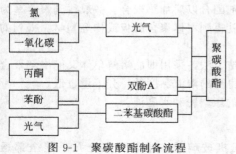

图 9-1　聚碳酸酯制备流程

（1）光气法　即双酚 A 与光气反应。双酚 A 的钠盐水溶液或者悬浮液，在二氯甲烷溶剂中搅拌，同时与光气反应，得到溶解在溶液中的聚碳酸酯。然后中和水洗，除去无机盐。以醇、脂肪烃为沉淀剂，其他对聚碳酸酯有一些亲和性的酮类、酯类，也可以作为沉淀剂使用。同时，激烈搅拌，聚碳酸酯就以细粉状沉淀出来，然后过滤，得到成品。

化学反应式如下：

$$n\,NaO-\left\langle\!\!\!\bigcirc\!\!\!\right\rangle-\underset{CH_3}{\overset{CH_3}{C}}-\left\langle\!\!\!\bigcirc\!\!\!\right\rangle-ONa + n\,Cl-\overset{O}{\underset{}{C}}-Cl \xrightarrow[CH_2Cl_2]{H_2O} \left[O-\left\langle\!\!\!\bigcirc\!\!\!\right\rangle-\underset{CH_3}{\overset{CH_3}{C}}-\left\langle\!\!\!\bigcirc\!\!\!\right\rangle-O-\overset{O}{\underset{}{C}}\right]_n + 2n\,NaCl$$

双酚A钠盐　　　　　　　　光气

这种制法与酯交换法相比，分子量从低到高有很大的范围，反应条件缓慢，不需要特别的装置。但需要溶剂，增加了溶剂回收工序，把混在树脂中的无机盐完全除去需要特殊的装置。

（2）酯交换法　即双酚 A 与碳酸二苯酯在催化剂的存在下，于 200℃ 左右熔融状态下进行酯交换，此法是完全不使用溶剂的方法。

$$n\,HO-\left\langle\!\!\!\bigcirc\!\!\!\right\rangle-\underset{CH_3}{\overset{CH_3}{C}}-\left\langle\!\!\!\bigcirc\!\!\!\right\rangle-OH + n\,\left\langle\!\!\!\bigcirc\!\!\!\right\rangle-O-\overset{O}{\underset{}{C}}-O-\left\langle\!\!\!\bigcirc\!\!\!\right\rangle \longrightarrow$$

$$\left[O-\left\langle\!\!\!\bigcirc\!\!\!\right\rangle-\underset{CH_3}{\overset{CH_3}{C}}-\left\langle\!\!\!\bigcirc\!\!\!\right\rangle-O-\overset{O}{\underset{}{C}}\right]_n + 2n\,\left\langle\!\!\!\bigcirc\!\!\!\right\rangle-OH$$

酯交换法与光气法相比，不使用溶剂，而且不存在溶剂回收问题，这是一大特点，生成树脂是熔融状态的，用惰性气体从反应器中压出，进行颗粒化处理也比较简单。

缺点是要求高温、高真空、反应器要求密闭，设备费用高，分子量不太高。

9.8.2　结构与性能

聚碳酸酯主链结构是芳香族的碳酸酯结构，当分子量是 25000 时，n 大约是 100。工业生产的聚碳酸酯平均分子量为 25000～50000，高时可达 70000。

聚碳酸酯的结构单元分子量为 254，且较长。主链上有苯环，使得主链结构刚性较大，酯基因是极性基团，更增加了分子之间的相互作用力，使其柔性很差，熔点、玻璃化温度高。链的刚性又使高聚物在受力情况下形变小，抗蠕变性好，尺寸稳定。

由于酯基存在使聚碳酸酯在很多溶剂中溶解。聚碳酸酯分子有对称结构，可以预料它是能结晶的，但实际上酯交换法得到的树脂是无结晶结构。光气法制得的树脂，粉状的可以有一定程度的结晶度。

若聚碳酸酯分子量高，熔融时黏度增加，加工特性也随之变化，成形材料的形变温度也上升。分子量在 2 万以上时，强度基本不受分子量影响；分子量在 2 万以下时，强度是要下降的。

聚碳酸酯塑料透明，呈淡黄色，透光率可达 89%，可代替聚甲基丙烯酸甲酯，也可以做染色制品。相对密度 1.2，折射率 1.585。聚碳酸酯尺寸稳定性好，可以制造精密尺寸的制件。它的收缩率也最小，一般为 0.5%～0.8%，吸水性也最小。

聚碳酸酯的力学性能较好。它的最大特点是有很好的抗冲击性能，在常温下悬壁梁式缺口冲击强度为 50～70kg·cm/cm，是塑料中最高的。

聚碳酸酯在 140℃ 以下有韧性。聚碳酸酯的抗冲击强度值近似等于玻璃纤维增强的酚醛和聚酯树脂。

抗拉强度达到 56～57MPa，在热塑性塑料中与聚甲醛、甲基丙烯酸树脂处于同一数量级。弯曲强度、压缩强度处于塑料中等水平。

聚碳酸酯在载荷下抗蠕变或抗变形性能超过聚甲醛或聚酰胺类塑料。在 23℃ 和 21.1MPa 负荷作用下，经 1000h，蠕变值仅为 1.2%。而在同样条件下，尼龙 66 和聚甲醛的蠕变值分别为 2.0% 与 2.3%。

但是聚碳酸酯的疲劳强度低于聚甲醛和尼龙。在常温和 10^6 循环次数下疲劳强度为 10～14MPa，而且容易应力开裂，如果在成型时产生冻结的内应力，则在升高温度或者周围有化学试剂存在或动态条件下，很低的张力就可出现裂纹。

聚碳酸酯耐磨性较差，加入某些填充料可以改善它的耐磨性。

对于各种力学强度值，其他品种的塑料容易受温度影响。例如，在常温附近温度变化10℃，相应抗拉强度变化4～6MPa，而聚碳酸酯在温度变化40℃时，强度值变化程度才相当。对温度的变化依赖性小是聚碳酸酯的特点之一。

聚碳酸酯的耐热性好，长期使用温度为120℃，热变形温度为132℃（1.85MPa负荷）～140℃（0.46MPa负荷）。这在热塑性树脂当中不及聚苯醚、聚砜，比聚酰胺稍稍高一点。一般塑料的热变形温度与负荷有很大关系，而聚碳酸酯影响不大，215℃开始软化，225℃开始流动，故熔融温度在220～230℃范围内。聚碳酸酯熔点至分解温度大约有40～50℃的范围，超过320℃才开始严重分解，说明它的耐热性很好。脆化温度－100～140℃，说明聚碳酸酯可以在广泛的温度范围内使用。

聚碳酸酯的介电常数与介电损耗在很大的范围内，对温度和频率没有依赖性，在－10～130℃范围内接近常数。因为聚碳酸酯极性小，吸湿性低，所以优异电性能是它的一大特点。聚碳酸酯的体积电阻和介电强度与聚酯相当。介电损耗仅次于聚乙烯和聚苯乙烯，加之它的耐热性、强度和耐冲击性好，尺寸稳定，耐电弧性、透明性好以及自熄性等特点，所以非常适宜用于电器零件。

聚碳酸酯吸水性是相当小的。在室温情况下，相对湿度为60%时，经过16天后吸水率仅为0.18%，浸水时为0.36%。但是，如果在60℃以上，相对湿度又高（如95%左右），又必须在连续工作状态下使用，这时不易采用聚碳酸酯。长期在水中使用也会引起破裂或水解。

碳酸酯无毒、无味、无臭，具有一定的耐化学腐蚀性。在室温下不受稀酸、氧化剂、还原剂、盐类、油及各种脂肪烃浸蚀。但它易受碱、胺、酮、酯、芳香烃的浸蚀，且可溶解在三氯甲烷、二氯乙烷、甲酚和二噁烷等溶剂中。在四氯化碳中会产生应力开裂现象，在汽油和油脂中是稳定的。

热塑性树脂的成型方法几乎全部都适用于聚碳酸酯的成型。特别是吹塑成型、挤出成型、注射成型是它的最主要的成型方法，也可以采用压缩成型、回转成型、流动浸渍和薄膜铸塑等方法。聚碳酸酯还经常用于冷加工。

9.8.3　用途

聚碳酸酯由于有韧性、刚性、透明性、自熄性、耐热性以及电绝缘性等优良性能，这就使得它有广泛的用途，其中电子、电器零件占45%，机械零件占20%，杂品占15%，薄膜、片材占15%，医疗器件占5%。

电子、电器零件各种开关、开关套子、绝缘接插件、时间继电器外壳、电容器、接线柱、风扇、家用电器和电子计算器的零件。

机械零件、结构材料：传递中小负荷的零部件，如齿轮、齿条、蜗轮、蜗杆、凸轮等，各种机罩、缝纫机、纺织机零件、钢盔、照相机壳、户外公用电话亭、信号灯罩、广告板等。

聚碳酸酯在航空及宇宙飞行中是一种不可缺少的材料，作为登月宇宙航行员的护目镜、头盔和机器防护设施等。其他方面应用如包装用薄膜、容器、食器、化妆器、包装容器、鞋跟等。

9.9　饱和聚酯

饱和聚酯树脂，是主链上含有酯基（—COOR）的线型热塑性树脂，工业上也称线型聚酯，是与不饱和聚酯不同的一类高分子化合物，主链上没有与硬化有关的不饱和键，其中最有代表性的是聚对苯二甲酸乙二醇酯（PET），作为合成纤维原料出现，消耗量相当大，我国称之为涤纶。专利发表最早在1941年左右，1949年和1952年英国和美国分别开始工业化生产。1977年日本生产量大增，其中90%用于生产纤维，剩下的大部分用于生产薄膜。除此之外，聚对苯二甲酸丁二醇酯（PBT）由于成型好，作为工程塑料是很有希望的。

9.9.1　合成

聚对苯二甲酸乙二醇酯的制造流程如下：

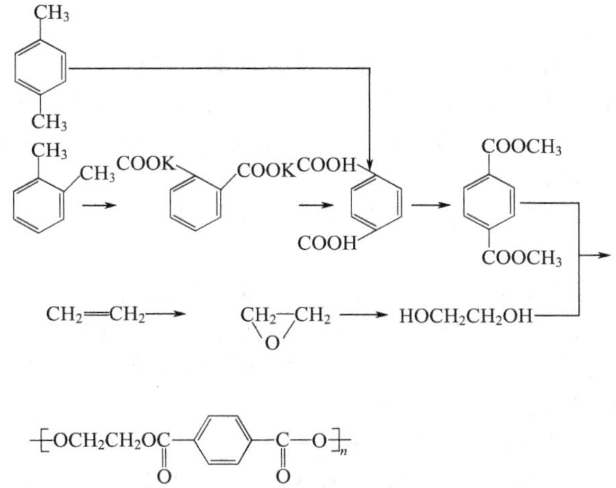

对苯二甲酸与乙二醇的缩聚反应如下面所述那样进行，为两步反应。

第一步，对苯二甲酸二甲酯与乙二醇，在催化剂作用下，用氮气保护，一边搅拌，一边在 180～195℃下加热，进行酯交换反应，先生成对苯二甲酸双羟乙酯，第二步，在 1mmHg 柱以下，280℃温度下加热 7～10h，再自行缩聚得到线型聚酯。反应式如下：

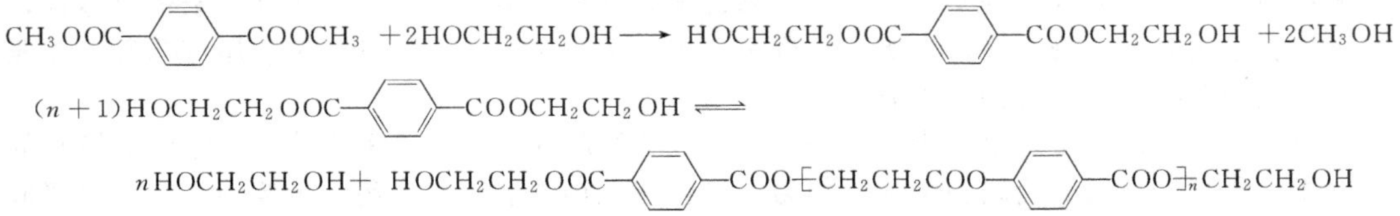

$$CH_3OOC \text{—⬡—} COOCH_3 + 2HOCH_2CH_2OH \longrightarrow HOCH_2CH_2OOC \text{—⬡—} COOCH_2CH_2OH + 2CH_3OH$$

$$(n+1)HOCH_2CH_2OOC \text{—⬡—} COOCH_2CH_2OH \rightleftharpoons$$

$$nHOCH_2CH_2OH + HOCH_2CH_2OOC \text{—⬡—} COO \text{⊢} CH_2CH_2COO \text{—⬡—} COO \text{⊣}_n CH_2CH_2OH$$

还有一种方法称直接酯化法，对苯二甲酸与乙二醇直接缩聚而得聚对苯二甲酸乙二醇酯树脂。

9.9.2　性能

一般的饱和聚酯表面平滑、富有光泽，具有高的熔点和结晶度，吸水率和膨胀系数低，所以尺寸稳定性好，硬度特别大，机械强度好，有很好的抗冲击性、耐摩擦磨耗性、耐电弧性、耐环境应力开裂性、介电特性和耐气候性。总之，饱和聚酯的综合性能很好，尤其是饱和聚酯薄膜的强韧性，在塑料膜中是最好的，并且透明度高，在广泛温度、湿度范围内保持性能稳定。

树脂结晶特性对成型性和树脂的物理性能有很大的影响。非晶型饱和聚酯升温到 100℃左右就开始结晶，在 180℃附近达到最大结晶速度，但是它的结晶速度比聚酰胺、聚甲醛稍慢。所以不适合注射成型，必须加入结晶成核剂，使之早结晶且实现微晶化，进行这样的处理，注射成型就可以保证质量。为了得到高结晶度的产品，要求模具温度 140℃，制品在 140℃后处理也可增大结晶度，增加刚性，但是，收缩率增加。

聚对苯二甲酸丁二醇酯，结晶温度低，结晶速度也比聚对苯二甲酸乙二醇酯快，成型时流动性好。

聚对苯二甲酸乙二醇酯和聚对二甲酸丁二醇酯的力学强度与聚酰胺、聚甲醛不相上下，聚对苯二甲酸丁二醇酯的机械强度比聚对苯二甲酸乙二醇酯稍好一点。线型聚酯耐疲劳性能、耐摩擦磨耗性以及自润滑性都好，有良好的抗蠕变性、刚性和硬度，吸水率很低，尺寸稳定性很高，但是在 60～70℃下弹性模量迅速下降，用玻璃纤维增强以后的复合材料可以克服上面的缺点。

线型聚酯膜挠曲性很好，抗撕裂、冲击、弯曲强度也很好。

线型聚酯具有一定的耐热和耐寒性，可在比较广的温度范围内使用，其玻璃化温度为80℃，但在此温度以下强度有变化，使用时要注意，其熔点为265℃。聚对苯二甲酸丁二醇酯比聚对苯二甲酸乙二醇酯的熔点、玻璃化温度和热变形温度都低，但是加入30％玻璃纤维增强以后，耐热使用温度提高到150℃以上。

线型聚酯有比较低的体积电阻、介电常数，优良的耐电弧性，是一种优良的电绝缘材料。

线型聚酯不溶于一般有机溶剂，在高温下高浓度的氢氟酸、磷酸、甲酸、乙酸和乙二酸与之不起作用，对一些氧化剂也很稳定，遇到三氟乙烯、苯酚、甲酚、二氯乙烷等溶剂能溶胀和溶解，遇到浓硫酸、浓硝酸可以分解。

气体透过率相当小，例如水蒸气透过率是 $160g/(100m^2/h)$（39.5℃），氧气是 $0.90g/(100m^2/h)$。

聚对苯二甲酸乙二醇酯有结晶型和非晶型之分。前者加入成核剂，促进结晶，要求在注射成型时料筒温度为250～290℃，模具温度140℃最好。为改变加工性能，在树脂中掺混一些聚烯烃（如聚丙烯），那么模具温度可降为50～110℃，也可使其结晶化。非结晶型树脂可以制造透明性制品，这种制品成型收缩率低，表面硬度低。

聚对苯二甲酸丁二醇成型时流动性好，注射压力低，结晶化快，而且成型周期短。

挤出成型法制造双轴拉伸薄膜式，这种模具有强度高、韧性好、有优良的耐久性和优良的耐弯曲疲劳性。线型聚酯二次加工也很方便，可以焊接、胶接、涂装、压花、丝网印刷和金属蒸镀等。

9.9.3 用途

线型聚酯用途主要有两大方面：一是作塑料零件，这一类较少；二是作薄膜制品。

塑料制品类有接线柱、插头、插座、线圈、半导体盒、电容器盒、变压器、录音机零件，以及鼓风机、泵的壳体、管子及齿轮等。在汽车上用的也很多，如信号灯开关、尾灯罩等。在照相机、纺织机械和办公机器方面也大有用途。

薄膜制品类有录像带、录音带、描图纸、重氮感光胶片、X射线底片等。大量用绝缘膜的地方有电线、电缆。包装上用线型聚酯膜作为食品包装、热收缩包装、药品包装等。金属蒸镀薄膜可以做金银丝装饰线、商品标签，在各种工业领域，日常生活各个方面用途也十分广泛。

9.10 聚甲醛

聚甲醛（POM）具有下面那样主链结构，亚甲基和氧组成结构单元，呈醚键结构，具有一定的结晶性，聚甲醛一类塑料作为金属材料的代用品是很有发展前途的塑料。聚甲醛是20世纪60年代出现的一种新型工程塑料，是继尼龙之后发展起来的又一优良品种，是一种没有侧链、高密度、高结晶性的线型高聚物。它具有优异的综合性能，如有高的机械强度、硬度、耐疲劳性能、化学稳定性以及优良的电绝缘性等。

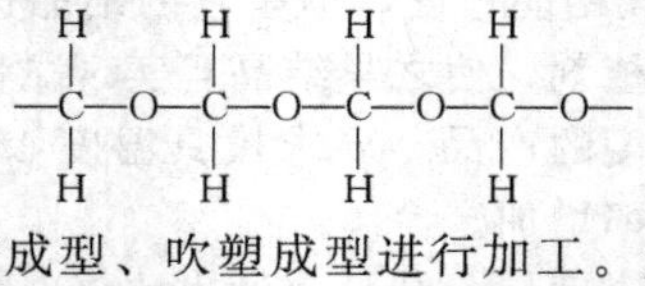

$$
\begin{array}{ccccc}
H & H & H & H & H \\
| & | & | & | & | \\
-C-O-C-O-C-O-C-O-C-O- \\
| & | & | & | & | \\
H & H & H & H & H
\end{array}
$$

聚甲醛可以用挤出成型、注射成型、吹塑成型进行加工。为了提高耐电弧性和刚性，用玻璃纤维增强，为改善摩擦特性而添加氟树脂的材料，含油聚甲醛、防静电聚甲醛，各种各样品级聚甲醛在广大领域内大有用途，需要量在世界范围年年增加。

9.10.1 合成

聚甲醛有均聚甲醛和共聚甲醛两种，分子式如下。

均聚甲醛：

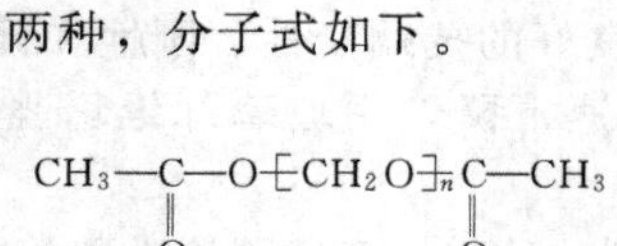

$$CH_3-C-O+CH_2O+_n C-CH_3$$
$$\qquad\quad \| \qquad\qquad\qquad \|$$
$$\qquad\quad O \qquad\qquad\qquad O$$

共聚甲醛；

$$\text{─}[\text{CH}_2\text{─O}]_x\text{─}[\text{CH}_2\text{─O─CH}_2\text{─O─CH}_2]_y\text{─}]_n$$

（1）均聚甲醛的制法　以甲醛为原料在催化剂作用下，即可得到高分子量的均聚甲醛。

生产聚甲酸的单体，工上一般采用三聚甲醛为原料，因为三聚甲醛稳定，容易提纯，聚合反应容易控制。以三聚甲醛为原料、三氟化硼乙醚络合物为催化剂，在石油醚中进行聚合，可以制成聚甲醛。由于其链端为不稳定的羟基，可用酯化或醚化等方法使其端基封闭，化学式如下：

$$\text{CH}_3\text{─}\underset{\underset{\text{O}}{\|}}{\text{C}}\text{─O}[\text{CH}_2\text{─O}]_n\underset{\underset{\text{O}}{\|}}{\text{C}}\text{─CH}_3$$

其中，n 为 $1000\sim1500$。

另一种生产均聚甲醛的方法，是以甲醛为出发原料，但是是把多聚甲醛在 $150\sim160℃$ 下加热分解以后，再精制而成。使用的催化剂有：有机砷化合物、有机磷化合物、有机金属化合物和含氮的高分子化合物。气相聚合法用得不多，多采用溶液聚合的方法。

得到的白色聚合物用醋酸钠/无水醋酸处理，分子末端进行酯化，得到稳定的聚甲醛。

（2）共聚甲醛制法

① 共聚甲醛是以三聚甲醛为主要原料，在环己烷溶剂当中，用三氟化硼乙醚络合物为催化剂，进行开环聚合得到聚甲醛。

$$n\,\begin{matrix}\text{CH}_2\\ \text{O}\quad\text{O}\\ \quad\quad\\ \text{CH}_2\quad\text{CH}_2\end{matrix}\quad\xrightarrow{\text{开环聚合}}\quad\text{─}[\text{CH}_2\text{O}]_x\text{─}[\text{OCH}_2\text{─CH}_2\text{─O─CH}_2]_y\text{─}]_n$$

其中 $x:y=95:5$ 或 $97:3$。

② 三聚甲醛与二氧五环（二氧六环、环氧乙烷、环氧氯丙烷等）共聚合也可得共聚甲醛。

9.10.2　性能

聚甲醛塑料的主要特点是：韧性、耐疲劳性、耐蠕变性好，有低的摩擦系数，着色容易，外观良好。

聚甲醛具有好的力学性能，其中最突出的是具有较高的弹性模量，表现出很高的硬度和刚性，与同类工程塑料的聚碳酸酯相比，抗拉强度和弯曲强度相同，抗压强度高于聚碳酸酯，而冲击强度不如聚碳酸酯。聚甲醛大分子链中有柔性的醚键存在，所以韧性很高，抗冲击性也比较好，特别是耐反复冲击性好。抗拉强度、弯曲强度、压缩强度低于增强聚酯和另外两三种热固性树脂，与聚酰胺、聚碳酸酯等热塑性树脂，并列，在热塑性树脂中具有最高值。聚甲醛是耐疲劳性较好的一种工程塑料，在热塑性树脂中是最优秀的。聚甲醛的耐磨耗性仅次于聚酰胺，性能也是相当好的。对金属的摩擦系数低，而且它的动静摩擦系数相等，在轴承负荷小于 17.5MPa 及工作温度低于 $120℃$ 时，其摩擦系数变化很小。聚甲醛抗蠕变性要比尼龙好，但是又不及聚碳酸酯，其抗蠕变和应力松弛的能力，随温度的升高和时间的增长稍有所降低，但降低数值比 ABS 小。

除此之外，聚甲醛有耐扭转力的作用，并且回变迅速，在载荷除去后即能完全复原。

聚甲醛热变形温度 $124℃$，与聚碳酸酯、聚酰胺、聚四氟乙烯相近，远远高于聚氯乙烯、聚苯乙烯、丙烯酸树脂、聚乙烯等。聚甲醛在成型温度下热稳定性差，降解而放出甲醛，并带有刺激性气味。所以在成型加工时必须加入稳定剂。均聚物比共聚物的热变形温度还要高一些，在 0.46MPa 条件下均聚物的热变形温度分别为 $170℃$ 和 $158℃$。一般聚甲醛的工作温度在 $100℃$ 左右，共聚甲醛可在 $114℃$ 连续使用 2000h 或在 $138℃$ 连续使用 1000h，其性能均不会有明显的变化，而短时间的使用温度可高达 $160℃$，均聚甲醛在 $80℃$ 可连续使用 1 年以上，而在 $121℃$ 可连续使用 3 个月。

虽然聚甲醛分子链中 C—O 键有较高的极性，但小于它的结晶能力高及吸湿性小，所以它仍然具有较好的介电性能，温度和湿度对介电常数、介质损耗角正切值与体积电阻几乎没有显著的影响。均聚甲醛的耐电弧性很好。

聚甲醛有良好的耐化学药品性，在常温下耐几乎所有的有机溶剂，在高温下只溶解于氯代酚类。聚甲醛能耐醛、酯、醚、烃、弱酸、弱碱等的浸蚀，但如果遇强酸和强氧化剂，如硝酸、硫酸等，特别是在高温下，会受到浸蚀。聚甲醛的耐汽油和润滑性能良好，但由于汽油的品种不同，汽油中含芳香烃的量愈多，则由于吸收而引起的泡胀的影响越大，对润滑油即使在140℃时，也几乎无影响，但如果润滑油中含有抗氧剂、清洁剂等，最好不要超过65℃。聚甲醛受紫外线影响较大，长时间受其影响会表面粉化、龟裂和脆性，通常应加入紫外线吸收剂以改善它的耐气候性。聚甲醛燃烧时不能自熄，并且有强烈的甲醛味。

聚甲醛的主要成形方法是采用注射成型的方法。均聚甲醛的注射成型温度是190～220℃，模具温度是120℃。相应的共聚物的成形温度是180～210℃，模具温度为80℃或稍低。

9.10.3　用途

聚甲醛在塑料当中表现出在强韧性、耐疲劳性、耐蠕变性、耐磨耗性等方面特别好。它比金属轻，耐水性、自润滑性好，防腐蚀，可代替铝压铸件、黄铜和铜锡合金。在汽车、机床、化工、电气、仪表、农机等行业都有广泛的应用。在作为轴承使用时，发现与尼龙配合使用比单独使用更好。聚甲醛还可以制作齿轮，因为刚性好，抗疲劳性好，耐磨性好，产品比同类尼龙制品更好。但是，在潮湿情况下，尼龙齿轮却具有较大的抗冲击疲劳性和耐磨性。

对于5％聚四氟乙烯粉末或碳纤维填充的聚甲醛，其摩擦磨损性能更有显著改善，在无润滑条件下，摩擦系数可降低一半以上。

在其他方面的应用，如制造轴承、凸轮、滚轮、辊子、齿轮、阀门上的阀杆螺母、垫圈、法兰、球头碗、垫片、汽车仪表板、汽化器、各种仪器外壳、罩盖、箱体、化工容器、泵叶轮、鼓风机叶片、配电盘、线圈座、弹簧、运输带、管道以及农药喷雾器零部件等。

9.11　聚苯醚

聚苯醚（PPO）是一种线型、非结晶的新型热塑性塑料，具有芳香族聚醚的构造，是一种耐热性很好的工程塑料。首先是由美国 GE 公司 1965 年生产的，但是它的产量有限。在聚苯醚生产技术基础上，牺牲了一些耐热性，大大改善了加工性能，这种改性聚苯醚发展很快。

9.11.1　合成

首先从甲醇和苯酚出发，合成 2,6-二甲基苯酚用氧气使 2,6-二甲基苯酚发生氧化偶合反应，得到聚苯醚树脂。聚合反应所用催化剂是铜氨络合物（二甲胺-氧化亚铜）。得到的聚苯醚树脂是白色或微黄色粉末。

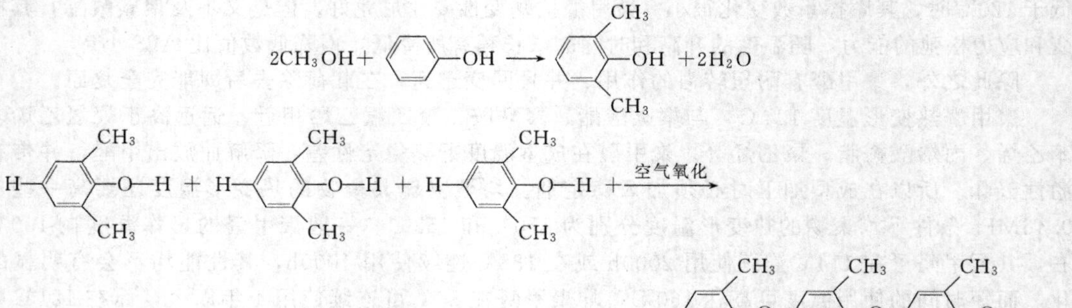

9.11.2　结构与性能

由于聚苯醚高分子主链中接有大量的酚基芳香环，并且由两个甲基封闭了酚苯中的两个官能度，这种聚合物稳定性好，制品具有较高的耐热、耐化学腐蚀等特性。由于聚合物中无极性大的基团，聚苯醚具有优良的电绝缘性能。

聚芳醚有良好的力学性能，即使在高温下仍能维持良好的力学性能，其零件在温度接近 205℃ 时不产生变形。最突出的是抗拉强度和抗蠕变性好，抗拉弹性模量大，达到 2500～2700MPa，伸长率也大，称之为"硬而粘强"的材料。聚苯醚的抗拉强度超过聚甲醛。达到 70～77MPa。聚苯醚的蠕变值很低，随温度升高，其蠕变值变化很小。

聚苯醚具有较高的耐热性，在高温下亦能保持较高的强度，同时保持尺寸稳定，脆化温度为 —170℃，热变形温度为 170～190℃，连续使用温度为 120～150℃，它的热变形温度接近某些热固性树脂，低于玻璃纤维增强的饱和聚酯，与聚砜相当。

由于聚苯醚分子结构中极性大的基团，因此聚苯醚能在广泛的温度范围（—60～160℃）内以及广泛频率范围（60Hz～1000kHz）内保持电性能稳定，受水的影响小，体积电阻、击穿强度都很大。

聚苯醚由于没有可水解的基团，因此吸湿率极低，制品尺寸稳定性好。将聚苯醚放入沸水中煮 7200h，其抗拉强度、伸长率、抗冲击强度等力学性能都没有明显的下降。耐水蒸气性也很好，聚苯醚阻气性较好。在加压条件下，在 120℃ 的水蒸气中，反复加热 200 次，材料性能无明显变化。

聚苯醚的耐化学腐蚀性能很好，对一般化学药品稳定，能耐较高浓度的无机酸、有机酸及其盐水溶液。聚苯醚还能耐碱、碱水溶液等。

聚苯醚溶于氯化烃和芳香烃中，在某些溶剂如醋酸乙酯、丙酮、苯甲醇、石油和甲酸中引起龟裂和膨胀。

可采用注射和挤出成型方法，成型温度应在 290～350℃ 范围内，模具温度要控制在 130～150℃ 的高温，物料需要在 120℃ 干燥 2～4h，聚苯醚的流动性不好。聚苯醚的耐疲劳强度低，稍好于聚碳酸酯和聚甲醛。在紫外线照射下，交联增加，变脆，在长期日光照射下，制品表面颜色变深。

9.11.3　用途

聚苯醚的综合性能优异。在机电工业领域应用很广。可用在高温下工作的齿轮、轴承、凸轮、台架、传送带、化工管道、阀门上。在电气工业上用于电线、电线包层、绝缘支承体、印刷电路基板、线圈、变压器组件等。

由于聚苯醚有优良的耐水解稳定性，可以作为水泵、洒水车储槽、外科手术器具、医疗器具、热水管、药瓶以及洗衣机部件。

改性聚苯醚的主要用途是代替青铜或黄铜输水管道，用于汽车工业，还可以用于机器外套、电气制品以及医疗器械方面。

9.12　氯化聚醚

氯化聚醚（CPS）的化学名称为聚 3,3'-双(氯甲基)丁氧环，是 20 世纪 60 年代首先由美国制造成功的一种热塑性工程塑料，其化学式为：

$$\left[CH_2-\underset{\underset{CH_2Cl}{|}}{\overset{\overset{CH_2Cl}{|}}{C}}-CH_2-O\right]_n$$

该种树脂最大的特点是耐药品性和耐热性好。

9.12.1　制法

由乙醛和甲醛制得季戊四醇，在氢氧化钠水溶液中，季戊四醇经氯化、环化而得到 3,3'-双(氯甲基)丁氧环，是氯化聚醚树脂的单体。3,3'-双(氯甲基)丁氧环，在三氟化硼催化剂作用下开环聚合，得到氯化聚醚。

$$n\ \mathrm{O} \begin{array}{c} \mathrm{CH_2} \\ \\ \mathrm{CH_2} \end{array} \begin{array}{c} \mathrm{CH_2Cl} \\ \mathrm{C} \\ \mathrm{CH_2Cl} \end{array} \xrightarrow{\mathrm{BF_3}} \left[\mathrm{CH_2{-}} \underset{\underset{\mathrm{CH_2Cl}}{|}}{\overset{\overset{\mathrm{CH_2Cl}}{|}}{\mathrm{C}}} \mathrm{{-}CH_2{-}O} \right]_n$$

氯化聚醚的分子量为 250000～350000，有很高的结晶性，在分子中氯含量达 45.5％ 与其他聚醚树脂相比，有良好的耐药品性、耐热性。

9.12.2　结构与性能

氯化聚醚分子主链上有醚键，使聚合物有一定的柔性。其主链上有对称分布的氯甲基极性基团。由于它们的极性相互抵消而削弱了分子间的相互作用，所以使分子链柔性有一定程度的增强。因而，它的玻璃化温度低，只有 10℃。

高聚物的结晶能力决定于它的分子链结构，氯化聚醚的分子结构对称性高，结构规整，因而可以结晶。

氯化聚醚具有突出的化学稳定性，对多种酸、碱和溶剂有良好的抗蚀能力，从化学稳定性来说，仅次于氟塑料，但价格比聚四氟乙烯低，且容易加工。耐热性和抗氧性较高，可在 120℃ 下使用。力学性能及减摩耐磨性能也好。氯化聚醚的吸水率极小，尺寸稳定，可制成精确而没有内应力的制件。氯化聚醚不仅能用一般热塑性塑料的加工方法成型，而且还可以采用各种喷涂法获得性能良好的涂层。

氯化聚醚是一种浅色半透明的结晶型高分子聚合物，相对密度为 1.4，一般制品内存在 α、β、无定型 3 种晶型，由于它们的比例不同，会影响制品的色泽和性能。

氯化聚醚的尺寸稳定性好，吸水率小于 0.01％，在 23℃ 经 24h，其吸水率可以忽略不计。即使在 100℃ 的水中，煮沸 24h，尺寸也无变化、一般成型收缩率在 0.6％ 左右，因此，极适宜制造精密零件。

氯化聚醚的力学性能除抗冲击强度偏低外，其他各项性能与常用热塑性塑料相当。氯化聚醚制品的力学性能与其结晶度、结晶构型有密切关系，其抗拉强度、弯曲强度、压缩强度和硬度随着结晶含量提高而增大，但其伸长率和冲击强度则降低。

氯化聚醚的最大特点是耐磨性优良，其耐磨性比尼龙-6 高 2 倍，比聚三氟氯乙烯高 17 倍，比聚碳酸酯等各种塑料都高。

氯化聚醚最突出的优点是只有极好的耐化学腐蚀性，对于多种酸、碱、盐和大部分有机溶剂有很好的抗腐蚀能力。只有很少几种强极性溶剂，在加热情况下才能使之溶解或溶胀，如 50℃ 以上能逐渐溶于环己酮，100℃ 以上能溶于邻二氯苯、硝基苯、吡啶、四氢呋喃、乙二醇二醋酸酯、三甲基环己烯酮和三甘醇乙醚醋酸酯等溶剂，在沸点下芳香烃、氯化烃、醋酸酯和乙二胺等能使之溶胀。

常用的绝大多数无机酸、碱、盐溶液在相当宽的温度范围内对氯化聚醚没有腐蚀作用，但是一些强的氧化剂如浓硫酸（98％）、浓硝酸、双氧水、液氯、氟、溴等在室温下会逐渐地使其腐蚀，浓氯硅酸、高氯酸、100％氢氟酸、液态二氧化硫对其亦有较显著的腐蚀作用。氯化聚醚的化学稳定性仅次于聚四氟乙烯。

氯化聚醚可在 120℃ 下长期使用，有时可达 143℃，在 −40℃ 以下呈现明显的脆性，其玻璃化温度接近室温，热导率低，比低压聚乙烯小 2 倍之多，是一种良好的绝热材料。

氯化聚醚的介电损耗比聚苯乙烯、氨塑料和聚乙烯大一些，它的介电强度很高，吸水性几乎为零，故暴露在水中及在很宽的温度范围内，对它的电性能影响很小。

氯化聚醚吸水性最小，在高温下对微量水分也不敏感，所以一般粒料不需要预干燥，在含水量大时，可干燥 2h。

氯化聚醚加工性比氟树脂好，熔融黏度低，可以进行注射、挤出成型，加工温度范围较宽，在 300℃ 以下不会热分解，成型收缩率低，制造薄壁件影响不大，尺寸很稳定。

9.12.3　用途

氯化聚醚的机械强度、电绝缘性、自熄性好，所以用途比较广泛。

氯化聚醚在化工防腐设备及制造精密零件，代替铜等有色金属及不锈钢等方面，有广阔的应用。它可做耐腐蚀设备，如泵、阀门零件、轴承、密封件、耐腐蚀绳索、衬里、化工管道、测量窥镜等；精密零件如轴承、轴承保持架、齿轮等。还可用于管子、阀门、泵、罐的表面防腐涂料或作减摩、密封件。

氯化聚醚中添加石墨、玻璃纤维、石棉等制成复合材料，用在各种机电设备方面。

9.13　聚砜

聚砜（PSF）是美国联合碳化物公司 1965 年首先发明的。聚砜是指大分子主链上含有—SO$_2$—链节和芳环的高分子聚合物。它最早出现于 20 世纪 60 年代，属于热塑性工程塑料。目前，聚砜类塑料主要有 3 类：双酚 A 型聚砜、聚芳砜、聚醚砜。突出特点是耐高温，其耐热性同热固性材料接近，其蠕变值低、力学性能、电性能都好。它的主要缺点是加工性能不好。以下主要简述双酚 A 型聚砜和聚芳砜。

9.13.1　双酚 A 型聚砜

它是由二氯二苯砜和双酚 A 在二甲苯亚砜溶剂中进行常压溶液缩聚而制得的。在分子主链中含有重复存在的二苯砜，由于砜基存在故称聚砜。

这种高聚物由于主链中砜基的存在，砜基上的硫原子处于最高的氧化状态，使得这种聚合物氧化很困难。同时，在受热情况下也耐化学变化，主要是主链上二苯基砜共轭的稳定状态所致，所以很稳定。受热时变形很小，热分解也困难。主链上存在的苯核和醚键，使得高聚物具有强韧性能和热稳定性。从主链结构看是规整的，但不结晶，是线型无定型高聚物，又由于芳香环的存在使其玻璃化温度较高。

聚砜是透明的、略带橙黄色的线型高聚物，相对密度为 1.2，吸水率为 0.22%，具有尺寸稳定性，具有优异的力学性能，它的各项力学性能指标类似聚苯醚。聚砜的抗拉强度和拉伸弹性模量在工程塑料中是比较高的。聚砜的弯曲弹性模量随温度升高而降低的变化量很小，如室温为 2.8×10^3 MPa，而在 35℃为 2.3×10^3 MPa。聚砜的抗蠕变性好，在拉伸负载下变性很小。聚砜的缺点是疲劳强度较低，在相似条件下，聚砜的疲劳强度为 8MPa，而尼龙为 25MPa，聚甲醛的疲劳强度比两者都高。

在热塑性塑料当中，它的热变形温度为 174℃，低于聚苯醚。它的长期使用温度可达 150℃，短期可达 195℃。玻璃化温度为 190℃，低温下脆化温度为 −100℃，此时仍能保持 75% 的机械强度，这一点超过其他塑料。聚砜耐化学药品性好，一般无机酸、碱、盐类以及醇和脂肪烃都与它不发生作用，聚砜对洗涤剂和烃油也具有良好的稳定性。但浓硝酸、硫酸对它有侵蚀作用。酮类、氯化烃等芳香烃等极性溶剂可以溶胀或部分溶解它。聚砜具有优良的介电性能，从常温至175℃广泛的温度范围内不变化，即使水浸以后，乃至高湿度情况下电性能也不变化，其他塑料的高温介电性能不如聚砜，例如聚碳酸酯介电性能只保持到 150℃，聚甲醛保持到 120℃。

聚砜可适用于注射成型和挤出成型，但必须进行干燥处理，因为聚砜极易吸湿。在较高温度进行成型时，物料中微量水分会导致产生气泡和裂纹，通常干燥温度需 135℃、4h，成型材料的吸水率要控制在 0.05% 以下。

聚砜的注射成型可以来用通用螺杆注射机较好。和其他通用材料相比，聚砜的熔融温度、熔体黏度特别高，注射机内树脂沉淀保持 345～400℃，模具温度必须在 100～160℃范围内。挤出成型时，一般可用普通挤出机，压缩比为（2～3）∶1，L/D=20∶1，温度条件是 315～370℃。可以挤出片材、薄膜、管、异型材、电线包履层等。用薄的薄膜被覆电线时，要加热到 410℃。

聚砜可作高强度、耐热、抗蠕变的结构件以及耐腐蚀零部件和电绝缘性等，用在弱电方面，如接续器，直径25cm的挤出棒材，10cm厚的板，1～1.12mm厚的电路板薄膜和片材等。还可以制造汽车零件、齿轮、线圈骨架、示波器振子接触器、凸轮、仪器仪表零件、计算机、洗衣机零件等。耐汽油、耐矿物油、耐酸等化工设备零件和部件。聚砜具有自熄性，可作为飞机机舱内的空气管道和其他零件。

9.13.2 聚芳砜

聚芳砜是20世纪60年代后期出现的一种新型工程塑料，比一般聚砜更耐高温，可达300℃，具有优良的抗氧化稳定性，合成简单，比其他杂环耐热高分子树脂价格便宜，应用较广。

聚芳砜合成是由双芳环磺酰氯与二元芳烃在弗瑞迪-克来福特催化剂存在下经缩聚而制成的。缩聚的方式有两种：一种是熔融缩聚；另一种是溶剂缩聚。

聚芳砜用途：聚芳砜具有很好的综合性能，可用各种成型加工方法制成模塑料、板、管、薄膜等挤出制品，亦可作胶黏剂、喷漆、涂料等，用于飞机、汽车、轮船制造工业、电气工业、机械工业、仪器仪表等各部门高温高强的制件。聚芳砜由于能长期耐燃料、润滑油、这就解决了塑料在高速喷气机中很多零件上的应用问题。当在聚芳砜中加入F-4、石墨等填料时，可作耐高负荷的轴承材料，还可以代替锡、锌等金属作机械零件，其薄膜可代替聚酰亚胺薄膜作耐高温薄膜电容器，耐高温制品如：线圈架、线圈胎型、开关、配线板、电线包皮、电缆料以及电绝缘材料等。

9.14 聚苯硫醚

聚苯硫醚（PPS）是一种新型的耐高温耐腐蚀工程塑料，也叫对亚苯基硫醚。1968年美国开始工业生产，产品分为热塑性和热固性两种，它们之间区别在于：热塑性一类具有支链，无结晶熔点，熔融黏度高，而热固性树脂具有线形分子结构，而且即使在固化后，若予以充分加热还能软化。

9.14.1 普通聚苯硫醚

聚苯硫醚可以由两种方法制得，一种是将对二氯苯与硫黄、碳酸钠或硫化钠在溶剂或者在熔融状态下进行缩聚，如：

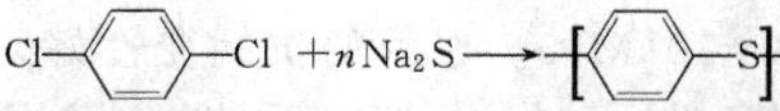

$$n\text{Cl}-\!\!\bigcirc\!\!-\text{Cl} + n\text{Na}_2\text{S} \longrightarrow \left[\!\!\bigcirc\!\!-\text{S}\right]_n$$

另一种是由卤代硫酸盐经过缩聚而成。线型热固性聚苯硫醚有突出的热稳定性，在空气中345℃或更高温度下进行交联固化，即使在固化以后，若予以充分加热还能软化。制件硬而有韧性，交联后有效工作温度在290℃以上，在350℃下空气中长期稳定，400℃空气中短期稳定，在氮气中长期稳定，紫外线和^{60}Co辐射不起作用。在175℃以下不溶于所有的溶剂，250～300℃不溶于烃、酮、醇等大部分溶剂，除强氧化性酸如氯磺酸、硝酸外，耐酸碱性极强，甚至连沸腾的盐酸和氢氧化钠也不起作用。因此，它是一种比较理想的防腐涂料。

聚苯硫醚具有高度的抗蠕变性能，不冷流，有自熄性和优良的体积稳定性，其吸水率为0.008％，模塑收缩率为0.12％。

对于玻璃、陶瓷、钢材、铅、银、镀铬和镀镍零件都有很好的黏结力，与玻璃黏结后，除非烧掉，否则无法将其除掉。与镀层制品黏结，使镀层无法与其分开，黏结部位也不会开裂。

支链热塑性聚苯硫醚，热变形温度仅有101℃，极限抗拉强度为55～70MPa，抗压强度为105MPa，但其蠕变性能好，吸水率也只有0.008％，但是支链聚苯硫醚的熔融黏度高，与聚四氟乙烯相似，要用粉末成型技术来加工，不能用注射成型或其他方法加工，这是一个很大的加工难题。

9.14.2 增强聚苯硫醚

纯聚苯硫醚性脆且加工困难，但是它与无机物的亲和性能好，采用了玻璃纤维增强等改性手段，大大弥补了它的缺点而使之进入了商品化生产。用碳纤维增强聚苯硫醚，制得在热塑性塑料中有最高刚性和耐热性的材料，增强以后可作耐高温、高强度润滑材料，其性能如下。

玻璃纤维、碳纤维增强的聚苯硫醚，表现出轻质、高强度、高刚性，尤其碳纤维增强聚苯硫醚抗弯弹性模量非常高，可达 2×10^5 MPa 以上，以致敲击时发出金属响声。

玻璃纤维增强的聚苯硫醚最可贵的性质是在高温时机械强度极为优良。

玻璃纤维/聚苯硫醚在 200℃ 时仍保持 70MPa 的抗弯强度，比一般热固性玻璃钢还要高。弹性模量在 $-80 \sim 250$℃ 范围内也很高。增强的聚苯硫醚蠕变和疲劳强度都很好。

当玻璃纤维含量为 40% 时，玻璃纤维/聚苯硫醚的热变形温度（1.86MPa）可达 260℃ 以上，和聚酰亚胺、聚四氟乙烯一样，其最高使用温度可达 260℃。为了降低摩擦系数及磨耗量，可添加固体润滑剂，如聚四氟乙烯粉末、二硫化铝、碳纤维等，若将它们进行配合，可改进玻璃纤维/聚苯硫醚的摩擦磨耗性能。

由于玻璃纤维/聚苯硫醚分子链的非极性结构，因而它是一种十分优良的电绝缘材料，特别是介质损耗角正切值，在宽广的频率范围内很小。由于吸湿性小，因而能长期维持良好的电性能。吸水率很低，在热水中长期浸泡，强度保持率很高。除强氧化性酸以外，耐酸、碱、盐类的侵蚀，具有优良的防腐蚀性能。

其用途：增强聚苯硫醚在工程上的需求量正在日益增加，由于它能满足工业制品对材料的耐热、耐化学腐蚀、耐燃，具有一定的机械强度以及稳定的尺寸的要求，并能保持零件的长期工作可靠性，所以它是一种极有发展前途的工程塑料。在仪器仪表工业中，可制作齿轮、轴垫；在电器工业中，作骨架、支座；在化工设备方面，可制作泵壳、叶轮、密封零件和各种托架等。用于耐热、耐磨材料领域时，作空气压缩机的活塞、汽车转向拉杆头的衬套等。

9.15　氟塑料

1934 年，德国首先合成出聚三氟氯乙烯，接着，美国在 1938 年合成出聚四氟乙烯，从此开始，氟塑料（FP）工业逐步发展起来了。

第二次世界大战时氟塑料主要用于原子能工业，以后，涉及一般工业方面。

氟树脂是一种热塑性树脂，种种性质与其他塑料不一样，是一种具备优异性能的特种树脂。属于氟树脂的材料种类相当多，前述两种是工业上最重要的两类，另外还有四氟乙烯-六氟丙烯共聚物，聚偏氟乙烯和最近研制的氟乙烯或二氟氯乙烯与乙烯共聚物。相继有 12 个品种，但是，聚四氟乙烯的产量最多，约占整个氟塑料的 75%～80%。其次是四氟乙烯-六氟丙烯的共聚物，它们加在一起几乎占 95%～100%。

9.15.1　种类和制法

（1）PTFE(F-4)　聚四氟乙烯是白色半透明到不透明固体，可以高度结晶，结晶熔点为 327℃，氟含量 76%。俗称"塑料王"。

制法：聚四氟乙烯的原料单体是四氟乙烯，把二氟一氯甲烷（$CHClF_2$）在 400℃ 以上强热，裂解得到四氟乙烯，采用悬浮和乳液聚合办法得到白色粉末状聚四氟乙烯。

$$2CHClF_2 \xrightarrow[-2HCl]{\text{热分解}} CF_2 = CF_2 \xrightarrow{\text{聚合}} \left[CF_2 - CF_2 \right]_n$$

聚合反应中伴随着放热现象，为了除去热量，用水作为介质，引发剂是过氧化物、氧化-还原体系催化剂和偶氮化合物。

（2）PCTFE(F-3)　聚三氟氯乙烯有一系列宝贵的力学性能、化学性能和介电性能，虽然有些性能低于聚四氟乙烯，但聚三氟氯乙烯受热时有一定的流动性，可以采用普通热塑料的加工方法进行加工，并可制得形状复杂的制品，这是它优于聚四氟乙烯之处。聚三氟氯乙烯是由许多形状规整的聚合物球体黏结成的聚集体，容易分散成粉末状，结晶度可达 85%～90%。

制法：主要原料是三氟氯乙烯，由三氟三氯乙烷脱氯而得到，采用的脱氯剂是锌，在甲醇溶液中进行。根据聚合的方法不同，采用本体聚合、悬浮聚合、溶液聚合等，基本上不采用乳液聚合。所用引发剂与聚四氟乙烯相同，化学反应式如下：

$$CClF_2—CCl_2F \xrightarrow{-Cl_2} CF_2=CClF \xrightarrow{聚合} \substack{[CF_2—CClF]_m}$$

（3）FEP（F-46）　四氟乙烯和全氟丙烯的共聚物具有类似聚四氟乙烯的优良性能，又有热塑成型的特点，除使用温度低于聚四氟乙烯外，其他性能如耐腐蚀性、电性能和物理力学性能等与聚四氟乙烯相仿，抗透气性及耐低温性则优于聚四氟乙烯，而且与玻璃、金属等有很好的粘接力。

共聚合的氟树脂种类很多，四氟乙烯和六氟丙烯的共聚体，是以过氧化物为引发剂，由悬浮聚合或本体聚合来制造的：

$$CF_2=CF_2+\underset{\underset{CF_3}{|}}{CF_2=CF} \xrightarrow{聚合} \sim\sim CF_2—CF_2—CF_2—\underset{\underset{CF_3}{|}}{CF}\sim\sim$$

共聚物树脂还有偏氟乙烯与六氟丙烯共聚物，偏氟乙烯与三氟氯乙烯的共聚物，也可以用悬浮法和乳液法制造。

（4）聚偏氟乙烯　聚偏氟乙烯单体是由偏氟乙烯、二氯二氟乙烷脱氯或者一氯二氟乙烷热分解而成。

这些单体通常的聚合方法几乎都不适用，只能在 900atm 以上的高压下，在 80～100℃ 加热得到聚合物。在此聚合的条件下得到蜡状的低分子量聚合物。

$$\left.\begin{array}{l} CH_2Cl—CF_2Cl \xrightarrow{能量} \\ \\ CH_3—CF_2Cl \xrightarrow{热分解} \end{array}\right\} CH_2=CF_2 \xrightarrow{聚合} [CH_2—CF_2]_n$$

9.15.2　性能

氟树脂的高分子链上原子对称规整排列，一般是结晶性高分子，它的物理性能受分子量和结晶度的影响。所有种类的氟树脂都与分子结构有关，大分子中 C—F 键具有高的离解能以及氟原子的屏蔽效应和高的电负性，使聚合物具有优良的耐高低温性能，耐化学介质及优良的介电性能，力学性能与其他塑料相比并不高，但可满足很多实际需要，如乙烯-四氟乙烯那样的共聚物，它的力学性能近似于聚酰胺，经热处理和拉伸，使其抗拉强度和压缩强度、冲击强度等有相当程度的改善。

氟塑料也有一些缺点，一般溶剂都不能溶解它，胶接连接是很困难的，耐磨和抗蠕变性不好。但是加入玻璃纤维、二硫化钼、铜粉等都可改善这些性能。有些氟塑料，如 F-4 不能用普通的塑料加工方法成型。

氟塑料的性质如下。

（1）耐药品性　耐药品性是氟塑料的最大特性之一，尤其是聚四氟乙烯最好，在现在塑料中当数第一，只有熔融碱金属和氟气体除外，通常的有机溶剂、王水、三氟化硼、热硝酸、热硫酸和高浓度苛性钠溶液都不能侵蚀它。它的化学稳定性超过了玻璃、陶瓷、不锈钢，甚至金、铂。聚三氟氯乙烯的化学稳定性次于聚四氟乙烯，在高温高压下不能溶解在四氯化碳、苯、甲苯、对二甲苯、均三甲苯、环己烷、环己酮、甲基三氯甲烷等溶剂中。聚偏氟乙烯能被高温下的浓硫酸和常温下的发烟硫酸所腐蚀，在丙酮、二甲基乙酰胺等强性溶剂中及正丁胺一级强碱中被溶解为胶体，对其他酸和碱，例如 70% HF、21% HCl、50% NaOH 则稳定。聚偏氟乙烯耐药品性不如其他氟塑料，但比起一般塑料其性能仍是很好的。

（2）耐热性　聚四氟乙烯可以在 −196～260℃ 广泛的温度范围内连续使用，超过 330℃ 时失去结晶性，机械强度急剧下降。但在 250℃ 经 1000h 老化后，其机械强度及介电性能无明显变化。它的受热膨胀和冷却收缩比大多数塑料和金属更大，模压件冷至 −180℃ 时收缩 2%，而从室温加热到 260℃时膨胀率达 46。聚四氟乙烯的最大缺点是随温度变化体积变化很大。聚三氟氯乙烯-四氟乙烯共聚物比聚四氟乙烯的耐热性差一些，但是仍然可在－200～200℃温度范围内连续使用。

（3）电性能　氟树脂一般地讲其介电损耗和介电系数低，它不受温度和湿度的影响，具有优异的电性能。聚三氟氯乙烯和聚偏氟乙烯介电系数大，不适合作高频绝缘材料，但是作为普通电绝缘材料还是很好的。聚四氟乙烯介电性能不受频率影响。然而氟塑料耐电晕放电性低。

（4）摩擦系数　氟塑料又一个突出特点是具有低摩擦系数，在整个固体材料中摩擦系数最小，且动静摩擦系数接近，因此它是一种良好的减摩、自润滑轴承材料，特别突出的是聚四氟乙烯和聚三氟氯乙烯。

（5）不粘性　所有的粘接性物质都不能粘接它，这一特点在氟塑料中，又属聚四氟乙烯和聚四氟乙烯-六氟丙烯共聚物最特殊。但它们经过钠-萘混合液处理以后，可以粘接。

（6）吸水性和透湿性　氟塑料的吸水率和透湿性几乎为零。特别是聚三氟氯乙烯在塑料当中有最低的透湿性。

（7）耐气候性　氟树脂对紫外线最稳定，在亚热带地方，放置在室外数年，它的物理力学性能几乎看不出变化。特别是聚偏氟乙烯，耐气候性最好，所以适合室外长期使用。氟树脂对放射线比较稳定，但聚氟乙烯经 γ 射线辐射后变脆，剂量超过 10^8 伦琴时也会成为粉末。

（8）力学性能　氟塑料的结晶情况对机械强度有很大的影响，氟塑料的机械强度、刚性和硬度都较其他塑料差些，在外力作用下容易发生"冷流"现象。

（9）成型加工性能　氟树脂是热塑性树脂，能用一般塑料成型方法加工成型，但是聚四氟乙烯即使再加热也不熔融，在 330℃以上成为凝胶状物质，所以可以用类似粉末冶金的方法成型。在所设计的或近似形状的模具中，加入粉末状成型材料，然后慢慢加压，大约在 10～35MPa 的压力下，成型以后，从模具中取出，然后在 360～380℃温度下烧结，全部变透明凝胶时取出。必要时再放入第二个模具进行二次成型，但是复杂形状的时候或尺寸精度要求高时，成型后可以用机械加工的办法得到制品。

另外，在聚四氟乙烯微粉末中加入挥发油等有机溶剂制成糊状，用柱塞式挤出机挤出管、棒等形状坯料，或者用压力机压成片材，待溶剂挥发以后，在加热炉中烧结成制品。

聚三氟氯乙烯、聚偏氟乙烯、聚乙烯-六氟丙烯共聚物、聚乙烯-四氟乙烯共聚物等，熔融黏度比较小，所以通常的塑料成型法都适用。

氟树脂成型时烧结以后的冷却速度，球晶的大小及数目，对于其物理性能有很大影响，是成型加工的重要因素之一。树脂的粒子直径粒度分布对烧结成型有很大影响。

9.15.3　用途

氟塑料几乎不受任何化学药品的浸蚀，其耐热性、电性能优异，所以，在各种领域都有广泛的用途。但因它的价格高，所以主要用在工业方面，民用等领域。

氟塑料主要用途是涉及化学药品装置的零部件、垫圈、填料、管子、薄壁容器、反应釜、活门、旋塞、阀门、膜片、泵等，它的寿命可以说是半永久性的。氟塑料用于防腐蚀方面，钉孔防腐蚀可以用聚三氟乙烯、聚四氨乙烯-六氟丙烯共聚体，防粘时用聚四氟乙烯，对于流延成型、橡胶模具等方面可以成为永久的脱模剂，也可作为家庭用电熨斗、炒勺的贴胶层。

电器工业方面，氟塑料用于电动机、变压器、蓄电池、电容器、电缆等领域，在高温下使用的绝缘材料；在雷达、电视等无线电通信的高频电线上，用聚四氟乙烯和聚四氟乙烯-六氟丙烯的电线、零件。聚四氟乙烯漆包线用于制造微型电机、热电偶、控制装置等，以及水中运转的电机、无人操纵航标灯的绝缘材料。

聚四氟乙烯、聚偏氟乙烯的片材、薄膜加工容易且透明，耐候性和化学稳定性好，用途广泛，可用于温室、畜室窗以及特殊医药包装材料。

聚四氟乙烯制件对钢的动、静摩擦系数为 0.04，是无油润滑和机械工业中不可缺少的材料之一。当加入 MoS_2、SiO_2、青铜、玻璃粉、炭黑或石墨等填料以后,除保持它原有的优良性能外,在负荷下其尺寸稳定性可提高 10 倍,耐磨性可提高 $500\sim1000$ 倍。把聚四氟乙烯粉状填料加入到其他塑料中时,使其摩擦系数大大减小。

除聚四氟乙烯以外的氟塑料,尤其是聚偏氟乙烯可以作为热收缩薄膜,用于包装工业。聚四氟乙烯纤维可用于滤布、编织填料、人工血管、垫圈以及各种轴承。

参 考 文 献

[1] 徐长庚. 热塑性复合材料. 成都:四川科学技术出版社,1988.

[2] 邢玉清. 热塑性塑料及其复合材料. 哈尔滨:哈尔滨工业大学出版社,1990.

[3] 温志远,王世辉. 塑料成型工艺及设备. 北京:北京理工大学出版社,2007.

[4] 苏玬. 塑料与复合材料. 南京:东南大学出版社,1990.

[5] 丁永涛,王鸷,殷敬华. 高分子复合材料研究新进展. 郑州:黄河水利出版社,2005.

[6] 张恒. 塑料及其复合材料的旋转模塑成型. 北京:科学出版社,1999.

[7] 刘茂森,涂江平. 先进复合材料. 杭州:浙江大学出版社,1995.

[8] 胡保全,牛晋川. 先进复合材料. 国防工业出版社,2006.

[9] [英]理查德逊(Richardson,M.O.W.)主编,山东化工厂研究所译. 聚合物工程复合材料. 北京:国防工业出版社,1988.

[10] [美]J.A.曼森(J.A.Manson),L.H.斯珀林(L.H.Sperling)编. 聚合物共混物及复合材料. 汤华远,李世荣等译. 北京:化学工业出版社,1983.

[11] 倪礼忠,陈麒. 聚合物基复合材料. 上海:华东理工大学出版社,2007.

第 10 章　其他聚合物基树脂

由于国民经济的发展，特别是尖端科学技术的发展，迫切地需要具有特殊性能的高分子合成材料，如耐高温、耐腐蚀、耐磨材料等。本节简单介绍几种新型工程塑料。

10.1　聚醚醚酮树脂

早在 20 世纪 50～60 年代联碳公司（UC）就利用双酚 A 制备聚醚树脂，人们发现 Williamson 醚合成（芳香亲核取代）在 DMSO 中反应比在其他通用溶剂中反应更快，认为 DMSO 配合阳离子，留下阴离子使反应更活泼。

$$KO-\langle\rangle-\underset{CH_3}{\overset{CH_3}{C}}-\langle\rangle-OK + Cl-\langle\rangle-SO_2-\langle\rangle-Cl \xrightarrow[160℃]{DMSO}$$

$$\left[O-\langle\rangle-\underset{CH_3}{\overset{CH_3}{C}}-\langle\rangle-O-\langle\rangle-SO_2-\langle\rangle \right]_n$$

在 1962 年 Dr. R N Johnson 首先用丁基钾加到双酚 A 和二氯二苯砜的 DMSO 溶液中，制得高分子量的聚醚砜，之后又用氢氧化钠就地制备双酚 A 的二钾盐，以苯共沸来除去水。聚砜的 T_g 达到 190℃，1965 年以 Udel（UC）投入市场。也可用 DMF、二甲基砜、二苯基砜等作溶剂，并可用双酚 S 取代双酚 A 来制备聚醚砜，但要以较高温度较高沸点溶剂来制备，UC 在 1967 年发表了专题报告。改性聚砜 RadelA-400 聚砜由 ICI 在 1972 年商业化，之后又研制出结晶聚醚酮。1963 年 UC 申请了 PEEK 或 PEK 的制备专利，1984 年到期，但在美国到 1995 年才废止。1978 年在 ICI PLCUK 实验室制造出聚醚醚酮（PEEK）。

$$HO-\langle\rangle-OH + F-\langle\rangle-CO-\langle\rangle-F \xrightarrow[Ph_2SO_2]{M_2CO_3} \left[O-\langle\rangle-O-\langle\rangle-CO-\langle\rangle \right]_n$$

1980 年 ICI 公司实现了工业化，1982 年实现市场销售，商品名 Victrex PEEK。随后 3M 等公司也进行类同的工作。其后，美国杜邦公司（DuPont）、德国 BASF 公司等也先后研究开发出具有自己知识产权的类似产品，目前 Victrex PIC 公司是 PEEK 的最大制造商。我国对 PEEK 的研究被列入"七五"、"八五"、"九五"、"十五"国家重点科技攻关项目和"863"计划，目前已有小批量产品。

10.1.1　聚醚醚酮树脂的合成

早在 1961～1962 年间 ICI 就探索聚醚砜的合成，有两种途径。

（1）砜化
$$H-Ar-H+Cl-SO_2-Ar'-SO_2-Cl \longrightarrow Ar-SO_2-Ar'-SO_2-$$

（2）醚化
$$X-Ar'-X+MO-Ar'-OM \longrightarrow Ar'-O-Ar'-O-$$

具体合成：聚醚醚酮用 4,4′-二氟苯酮、对苯二酚和碳酸钠或碳酸钾为原料，以二苯砜为溶剂在无水条件下合成制得的。

$$HO-\langle\rangle-OH + F-\langle\rangle-\overset{O}{\overset{\|}{C}}-\langle\rangle-F + Na_2CO_3 \longrightarrow$$

$$\left[O-\langle\rangle-O-\langle\rangle-\overset{O}{\overset{\|}{C}}-\langle\rangle \right]_n + NaF + CO_2 + H_2O$$

　　将等物质的量的对苯二酚和 4,4'-二氟苯酮与二苯砜一起边搅拌边加热至 180℃，然后在氮气保护下加入等物质的量的无水碳酸钠，经 200℃ 恒温 1h，升至 250℃ 恒温 15min、再升至 320℃ 恒温 2.5h，冷却反应物料，经粉碎过筛，并用丙酮、水及丙酮-甲醇溶液反复洗涤，以去除二苯砜及无机盐，在真空及 140℃ 下干燥后，得到相对黏度为 0.60（1g 聚合物/100mL 浓硫酸，于 25℃ 下测定）的聚醚醚酮，为灰色、结晶固体。

　　用无水碳酸钾代替无水碳酸钠，原料摩尔比为 4,4'-二氟苯酮：对苯二酚：无水碳酸钾＝20.0：20.0：20.2，得到的聚醚醚酮相对黏度可达 1.55，具有更好的韧性和色泽，但产物中含有一定量的凝胶体。如果采用无水碳酸钾和无水碳酸钠的混合体（摩尔比为 1.0：19.4）为原料，产物中不含凝胶体，并且仍可保持良好的韧性和色泽。

　　反应物的纯度对合成非常重要，反应物的纯度高可以减少副反应的发生。副反应的产物将导致材料 PEEK 的力学性能降低（尤其是冲击性能），且还将降低材料的结晶度，从而影响耐化学性、耐疲劳和模量等性能。

10.1.2　聚醚醚酮树脂的性能

　　聚醚醚酮（PEEK）是新一代耐高温高分子，其碳纤维增强复合材料（APC-2）已经用于机身、卫星部件和其他空间结构，PEEK 的碳纤维增强复合材料可在 250℃ 条件下连续使用。

　　由对苯二酚和 4,4'-二氟二苯甲酮合成的聚醚醚酮，玻璃化转变温度 T_g 185℃、熔点 288℃、热变形温度 165℃，用玻璃填料填充后可以提高到接近熔点温度；热稳定性好，320℃ 保持超过 1 周；具有柔软性或延展性，在 200℃ 可保持半年；吸水率在 0.5% 以下，仅为环氧的 1/10；耐溶剂性好、水解稳定性优异、耐火焰性好；树脂低发烟性，可在 340～400℃ 加工；PEEK 的韧性是环氧树脂的 50～100 倍；PEEK 的结晶度最高为 48%，一般在 30%～45%；PEEK/CF 在 380～400℃ 加工，可用热压罐、热压和隔膜成型，而带缠绕则需大于 500℃。表 10-1 列出 PEEK 树脂的性能。

表 10-1　PEEK 树脂的性能

性　　能	ASTM 方法	Victrex PEEK 树脂	增强 Victrex PEEK	
			30%玻璃纤维	30%碳纤维
热变形温度（1.82N/mm²）/℃	D648	165	282	282
缺口冲击强度（20℃，厚 3.2mm）/(J/m)	D256	150	110	70
弯曲模量（20℃）/(N/mm²)	D790	2000	7700	1540
相对密度	D792	1.32	1.44	1.32
燃烧等级（UL94）	V-0		V-0	V-0

　　PEEK 树脂的力学性能见表 10-2 所列。可见，PEEK 的力学性能随温度的升高而下降，刚开始力学性能下降较明显，但到 200℃ 以上时，变化不大。30%碳纤维增强的 PEEK 复合材料的力学性能见表 10-3 所列，增强后的复合材料性能明显提高。

表 10-2　PEEK 树脂的力学性能

性　　能	数　值	性　　能	数　值
弯曲强度	92.0	断裂伸长率/%	50
（100℃）	50.0	剪切强度/MPa	95
（200℃）	12.0	压缩强度/MPa	120
（300℃）	10.0	缺口冲击强度/(J/m)	
弯曲模量/GPa	3.7	（无缺口）	不断裂
（100℃）	3.6	[缺口（0.25mm）]	83
（200℃）	0.5	（洛氏硬度 R）	126
（300℃）	0.3		

表 10-3　30%碳纤维增强的 PEEK 复合材料力学性能

性　　能	数　　值	增强后提高的百分率/%
弯曲强度/MPa		
(23℃)	208	226
(200℃)	66	550
弯曲模量/GPa		
(23℃)	13.0	355
(200℃)	5.0	1000
断裂伸长率/%	1.3	—
剪切强度/MPa	95	—
缺口冲击强度/(J/m)	85	2.5
热变形温度/℃	315	225

PEEK 的热性能和耐燃性见表 10-4 所列，其分解反应仅生成 CO_2、CO，无其他气化小分子，毒性较低、酸性气体释放量较小，耐火烟性能好。

表 10-4　PEEK 的热性能和耐燃性

性　　能	数　　值	性　　能	数　　值
热性能		NBS 烟箱测量(燃烧)	10
热变形温度/℃	156	NBS 烟箱测量(不燃烧)	1.5
热膨胀系数		毒性指数[1](样品量 109)	1
23℃	47×10^{-6}	酸性气体释放	未检测到
150℃	108×10^{-6}	燃烧行为	29
比热容/[J/(g·K)]	1.34	燃烧热/(kJ/g)	575
热导率/[W/(m·K)][1]	2.5×10^{-4}	闪点/℃	595
可燃性		自燃温度/℃	失重 50%(520℃)
有限氧指数/%	35	TGA(空气)	
UL94 燃烧等级	V-0		

[1] ASTM C177.

注：1. OKMD Test NES 7.13.

2. 0.41mm。

PEEK 的电性能也非常好，在 0~200℃下电性能基本不变，见表 10-5 所列。PEEK 还具有优良的耐辐射性能，在 β 辐射吸收 10~12Mgy（1000~1200Mrad）开始变脆，而在照下，0.1~120Mgy 剂量不受影响。PEEK 还很容易通过清洗程序来排污和净化，如稀酸和洗涤剂，可用在核能工业材料上。

表 10-5　PEEK 的电性能

性　　能	数　　值	性　　能	数　　值
介电强度	190	体积电阻率(23℃)/Ω·cm	4.9×10^{16}
介电常数		介电损耗角正切	
(10~50Hz,0~150℃)	3.2~3.3	(1Hz,23℃)	0.003
(5Hz,200℃)	4.5	比较痕迹指标/V	175

PEEK 在室温下不能溶于一般溶剂，但能溶于浓硫酸，溶解时 PEEK 被磺化；溴能引起 PEEK 严重降解，强氧化剂如发烟硝酸使 PEEK 树脂降解而不能溶解 PEEK 树脂；在较高温度下，PEEK 能制得氢氟酸、三氟甲基磺酸或二氯 IN 氟丙酮单水合物和酚-1,2,4-三氯苯的稀溶液，而酚-1,2,4-三氯苯溶剂体系用于 PEEK 的凝胶渗透色谱，用二苯酮可形成 PEEK 的高温溶液。表 10-6 列出 PEEK 的耐溶剂性能。此外，PEEK 具有优异的耐水性，尤其耐热水和蒸汽，如在 280℃和 18MPa 的水中浸泡 3000h，其弯曲和拉伸性能下降不多。

表 10-6　PEEK 的耐溶剂性能

试　剂	温度/℃	时间/d	断裂伸长保留率/%	质量变化/%
苯	23	7	94	0
三氯乙烯	23	7	110	0.8
NaOH 浓溶液	23	7	94	4.3
HNO₃（40%）	23	7	107	0.4
H₂SO₄（50%）	100	30	100	0.7
四乙基铅	23	30	100	0
二甲基亚砜	100	30	100	0.7
过氧化氢（30%）	23	30	100	-0.1

10.1.3　聚醚醚酮树脂的应用

PEEK 树脂不仅耐热性比其他耐高温塑料优异，而且具有高强度、高模量、高断裂韧性以及优良的尺寸稳定性，对交变应力的优良耐疲劳性是所有塑料中最出众的，可与合金材料媲美；PEEK 树脂具有突出的摩擦学特性，耐滑动磨损和微动磨损性能优异，PEEK 还具有自润滑性好、易加工、绝缘性稳定、耐水解等优异性能，使得其在航空航天、汽车制造、电子电气、医疗和食品加工等领域具有广泛的应用，开发利用前景十分广阔。表 10-7 列举了 PEEK 树脂的一些应用。

表 10-7　PEEK 树脂的一些应用

应用领域	基本选择规则①	举　例
航空	1～3,7,8,10	导弹连接管和雷达天线罩
电子电器	1,3,5,7,9	电缆绝缘
石油工业	1.5～7	数据记录工具
流体操作	2,5,7,10,11	酸液管道、泵、阀门
轴承	1,2,5～7,11	轴瓦、半轴定位垫圈
薄膜	1,2,5,7	柔性电路板
单丝	2,5～7,9～11	机织垫、造纸机械
涂料	1,5,7～11	离心机部件涂料、传感器涂料
汽车工业	1,5～7,11	活塞裙
核工业	3,4,9	电缆、开关设备

① 1—耐热性；2—力学性能；3—电性能；4—抗辐射；5—加工性；6—抗疲劳性；7—耐化学性；8—耐环境性；9—耐割性；10—耐水性；11—耐磨性。

（1）航空航天领域　PEEK 树脂可以替代铝和其他金属材料制造各种飞机零部件。PEEK 树脂密度小，加工性能好，因此可直接加工成型要求精细的大型部件。它具有良好的耐雨水侵蚀性能，可用于制造飞机外部零件。它还具有优异的阻燃性能，燃烧时的发烟量和有毒气体的散发量也很少，因此该树脂常用来制造飞机内部部件，以降低飞机发生火灾时的危害程度。

（2）电子电器领域　PEEK 树脂具有优良的电气性能，是理想的电绝缘体，在高温、高压和高湿度等恶劣的工作条件下，仍能保持良好的电绝缘性，因此，电子电器领域逐渐成为 PEEK 树脂的第二大应用领域。由于 PEEK 树脂本身纯度很高，力学和化学性能稳定，这使得硅片加工过程中的污染得到降低。PEEK 树脂在很大的温度范围内不变形，采用 PEEK 树脂制作的零部件在高温热焊处理时不发生变化，根据这一特性，在半导体工业中，PEEK 树脂常用来制造晶圆承载器、电子绝缘膜片以及各种连接器件，此外还可用于晶片承载片绝缘膜、连接器、印刷电路板、高温接插件等。另外 PEEK 树脂还可应用于超纯水的输送、储存设备如管道、阀门、泵和容积器等。现在日本等国的超大规模集成电路的生产已经在使用 PEEK 树脂材料。

（3）汽车制造业领域　在汽车和其他工业方面，利用 PEEK 树脂良好的耐摩擦性能和力学性能，可以作为金属不锈钢和钛的替代品用于制造发动机内罩、汽车轴承、垫片、密封件、离合器齿环等各种零部件，另外也可用在汽车的传动、刹车和空调系统中。目前波音飞机、AMD、尼桑、NEC、夏普、克莱斯勒、通用、奥迪、空中客车公司已开始大量使用这种材料。

（4）工业领域　PEEK 树脂具有良好的力学性能、耐化学腐蚀和耐高温性能，能够经受高达 25kPa 的压力和 260℃ 的高温，作为一种半结晶的工程塑料，PEEK 树脂不溶于浓硫酸以外的所有溶剂。在化学工业和其他加工业中，PEEK 树脂常用来制作压缩机阀片、活塞环、密封件和各种化工用泵体、阀门部件。用该材料代替不锈钢制作涡流泵的叶轮、可明显降低磨损程度和噪声级别，具有更长的使用寿命。除此之外，由于 PEEK 树脂符合套管组件材料的规格要求，在高温下仍可使用各种胶黏剂进行粘接，因此现代连接器将是其另一个潜在的应用市场。

（5）医疗领域　PEEK 树脂可在 134℃ 下经受多达 3000 次的循环高压灭菌，这一特性使其可用于生产灭菌要求高、需反复使用的手术和牙科设备。PEEK 树脂在热水、蒸汽、溶剂和化学试剂等条件下可表现出较高的机械强度、良好的抗应力性能和水解稳定性，用它可制造需要高温蒸汽消毒的各种医疗器械。PEEK 不仅具有质量轻、无毒、耐腐蚀等优点，还是与人体骨骼最接近的材料，可与肌体有机结合，因此在 PEEK 树脂代替金属制造人体骨骼是其在医疗领域的又一重要应用。

此外在涂料方面，将 PEEK 树脂的精细粉末涂料覆盖在金属表面可以得到具有绝缘性好、耐腐蚀性强、耐热、耐水的金属 PEEK 粉体涂装制品，广泛应用于化工防腐蚀、家用电器、电子、机械等领域。此外，PEEK 树脂还可用于制造液体色谱分析仪用填充柱和连接用的超细管。为了满足制造高精度、耐热、耐磨损、抗疲劳和抗冲击零部件的要求，对 PEEK 树脂进行共混、填充、纤维复合等增强改性处理，可以得到性能更加优异的 PEEK 塑料合金或 PEEK 复合材料。如 PEEK 与聚醚酮共混可以得到具有特定熔点和特定玻璃化温度的复合材料，该材料的加工成型性能得到改善；PEEK 与聚醚砜共混后的复合材料在具有良好力学性能的同时使阻燃性能得到了提高；在 PEEK 中加入专用酚醛树脂制成的材料具有特殊的抗摩擦性能；PEEK 与聚四氟乙烯共混制成的复合材料，在保持 PEEK 的高强度、高硬度的同时，还具有突出的耐磨性，可用于制造滑动轴承、密封环等机械零部件；PEEK 可用碳纤维和玻璃纤维等多种纤维进行增强，制成的高性能复合材料具有优异的抗蠕变、耐湿热、耐老化和抗冲击性能。在 PEEK 中加入碳纤维或玻璃纤维还可大幅度提高材料的拉伸和弯曲强度；在 PEEK 中加入晶须材料可提高材料的硬度、刚性及尺寸稳定性，用于制造大型石化生产线上的氢气压缩机和石油气压缩机的环状、网状阀片等；用无机纳米材料增强改性的 PEEK 复合材料是集有机树脂和高性能无机纳米粒子的诸多特性于一身的新型复合材料，它可显著改善 PEEK 树脂的抗冲击和耐摩擦性能，同时提高 PEEK 的刚性和尺寸稳定性，进一步拓宽 PEEK 树脂的应用范围。

10.2　含炔基树脂

含炔基树脂近年来已成为热固性树脂研究的热点之一。此类树脂具有高反应性，在一定条件（如热、辐射等）下能加成聚合形成体型结构，固化过程中没有挥发性副产物产生，固化产物具有无气隙、耐湿热、热稳定性和性能保持率高的特点，为获得高热性能复合材料提供了可能性。

目前，已研究和开发了一些新型的含炔基树脂如聚芳基乙炔树脂、含硅芳炔树脂、炔基聚酰亚胺、乙炔基封端的聚苯基喹恶啉、聚芳砜、聚醚、聚苯并恶唑、聚苯并咪唑、聚苯并咪唑喹啉等树脂，并对其结构和性能进行了表征。本节就新型的含炔基树脂做一些介绍。

10.2.1　聚芳基乙炔树脂

（1）聚芳基乙炔树脂发展概况　聚芳基乙炔树脂（PAA）是指二乙炔基苯经预聚而成的树脂。其主要特点是：①预聚物呈液态或易溶、易熔的固态，便于复合材料成型加工；②聚合过程是一种加聚反应，固化时无挥发物和低分子量副产物逸出；③树脂固化后通常呈高度交联结构，耐高温性能优异；④分子结构仅含 C 和 H 两种元素，碳含量达 90% 以上，热解成碳率极高。

二乙炔基苯的合成和环化反应的研究始于 1960 年，研究人员发现聚合物具有极高的残碳率，但聚合反应难以控制，产物不具备加工成材料的性能。1960 年以后，美国 Hercule 公司经多年努力，终于解决了芳基乙炔聚合过程中热效应的控制问题，提供了稳定的可加工的芳基乙炔共聚物（称 HA-43，HA-1 树脂）。1974 年，H. Jablone 等报道乙炔苯可环聚成三苯基苯和二乙炔基苯可环聚形成耐高温亚苯基结构聚合物。20 世纪 80 年代 NASA 材料科学实验室（MSL）对芳基乙炔的合成和聚合过程进行了深入的基础研究，解决了很多技术问题。1991 年 H. Jabloner 等在 SAMPE 和 Carbon 杂志上发表了以聚芳基乙炔（PAA）制备复合材料的文章；1993 年发表了美国政府 AD 报告；1995 年 H. A. Katzman 发表了 PAA/碳纤维复合材料制备固体火箭发动机构件的性能报告，进入 PAA 材料的应用研究。

国内在聚芳基乙炔材料方面的研究以华东理工大学的工作为主。1990 年，国防科技大学李银奎等报道了芳基乙炔单体合成及聚合反应的研究。华东理工大学也于 1993 年制成实验室样品，并解决了合成和聚合过程中的诸多关键性技术。研究了原料纯度、组成、合成工艺条件、聚合催化剂、共聚组分等因素对 PAA 树脂性能的影响。目前，华东理工大学已经研制了多种芳基乙炔树脂，并在各应用单位进行应用试验。碳纤维增强 PAA 复合材料的研究表明 PAA 树脂对碳纤维具备较好的黏结性，可用缠绕、模压工艺制备固体火箭发动机的热防护构件，从而为 PAA 树脂在我国先进复合材料中的应用展示了前景。

（2）聚芳基乙炔树脂的合成和聚合反应

① 芳基乙炔单体的类型

a. 单炔基芳烃　单炔基芳烃聚合时只能生成线型聚合物，因此常用作封端剂用于多炔基芳烃树脂，以控制树脂分子量或聚合，改善预聚树脂的工艺性能，并使聚合过程易于控制。常见单炔基芳烃如下：

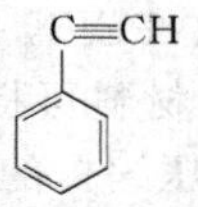

苯乙炔 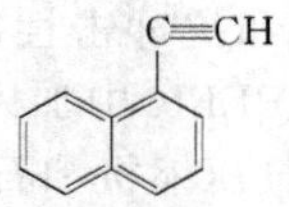　　　　　萘乙炔 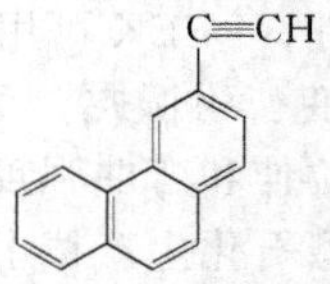　　　　　菲乙炔 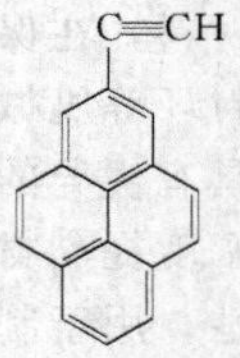　　　　　芘乙炔

b. 二乙炔基芳烃　这类单体制备容易，可直接预聚或与单炔共聚，固化后树脂性能较好。常见单体结构如下：

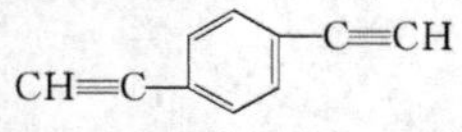

对二乙炔基苯（p-DEB） 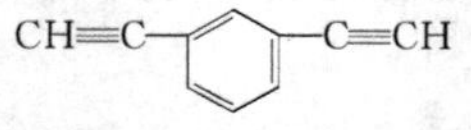　　　间苯二乙炔（m-DEB） 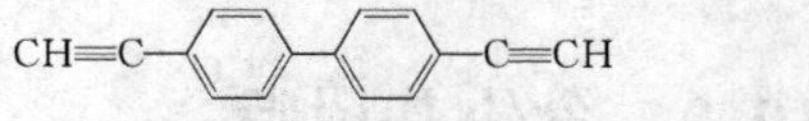　　　二乙炔基联苯

c. 多乙炔基芳烃　多炔基芳烃固化后交联密度高，热稳定性好，残碳率也较高；但固化树脂很脆，且单体合成困难。常见单体如下：

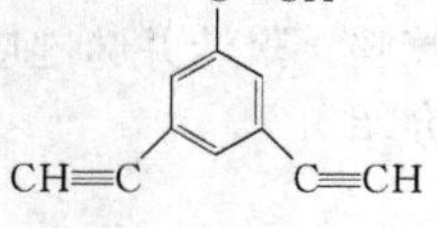

1,3,5-三苯基乙炔 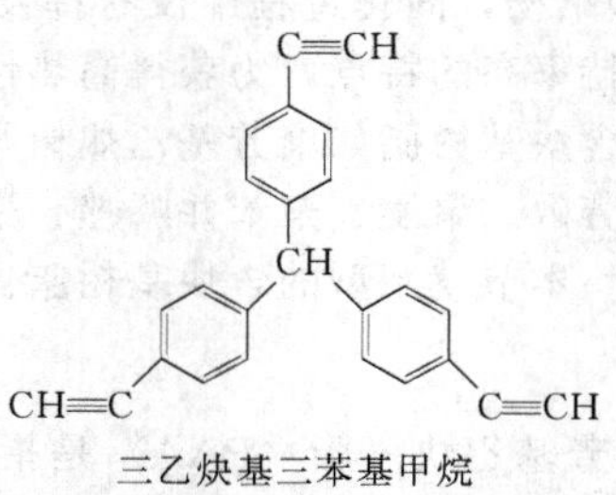　　　　三乙炔基三苯基甲烷 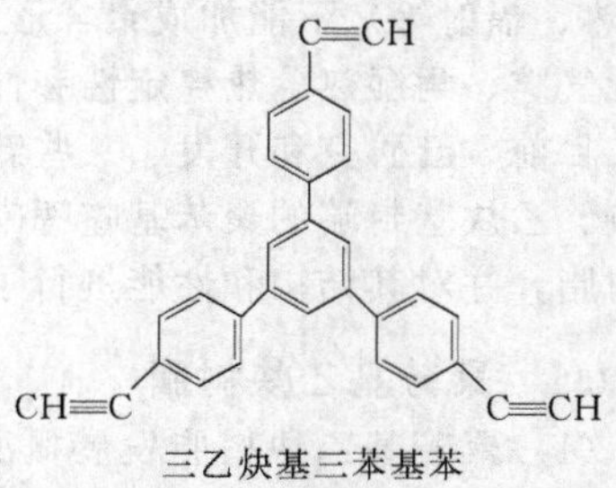　　　　三乙炔基三苯基苯

d. 含氧、硅等原子的乙炔基芳烃　杂原子的引入可改善树脂的某些性能，如引入硅原子可改善材料的耐热氧化性能，引入氧原子可改善材料的韧性，含杂原子芳基乙炔聚合物主要应用前景是用做结构材料。常见单体如下：

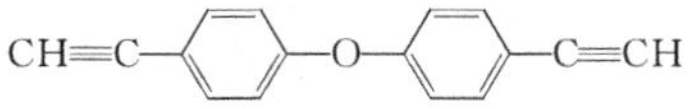

二乙炔基二苯醚

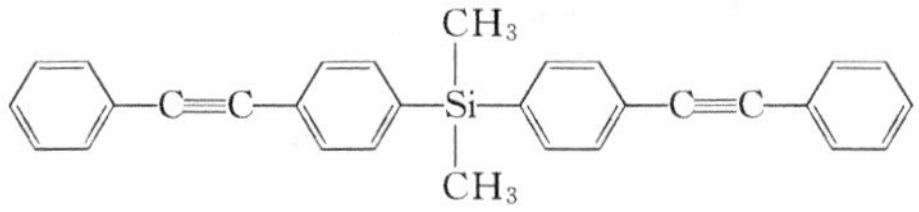

二(4-苯乙炔基)二甲基硅烷

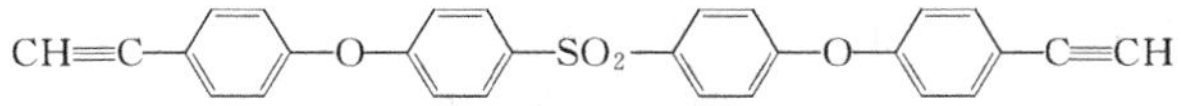

二(乙炔基苯氧基)二苯砜

e. 内炔基芳烃　内炔基芳烃是无炔氢的炔化合物，其活性较低，聚合比较缓和，易于控制。常见单体如下：

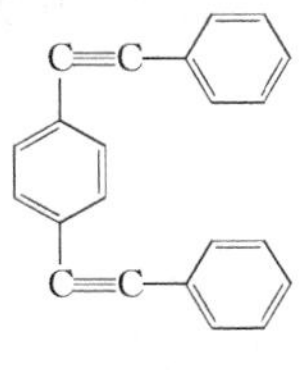

对苯乙炔基苯 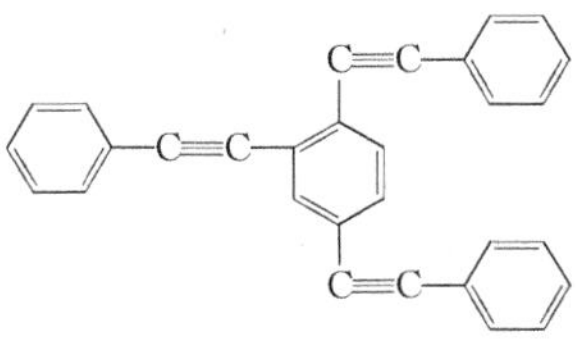　　　　1,2,4-三苯乙炔基苯 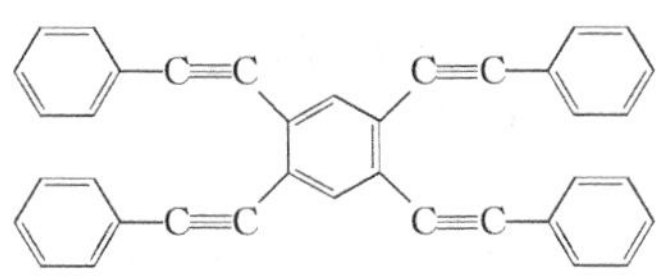　　　　1,2,4,5-四苯乙炔基苯

② 芳基乙炔单体的合成

a. 芳烃酰化法　首先采用傅-克反应将苯酰基化制得二乙酰基苯，然后，用三氯氧化磷和二甲基甲酰胺与二乙酰基苯反应制得中间产物；再用二氧六环和氢氧化钠脱羧和脱卤化氢制备间二乙炔基苯。该方法所用试剂较贵，产率较低，操作复杂，只限于实验室合成。反应式如下：

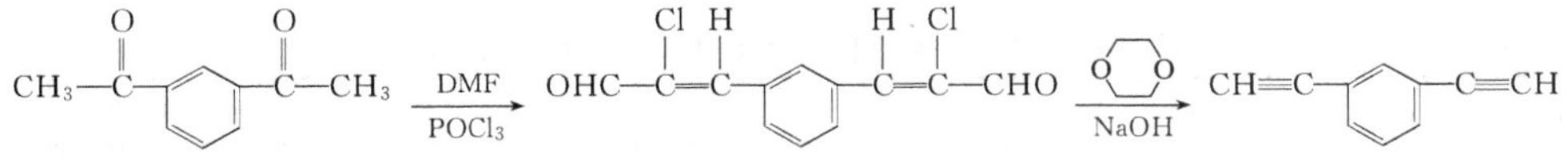

b. 三甲基硅乙炔法　以二溴苯与三甲基硅乙炔（TMSA）为原料，在催化剂（二氯二苯腈钯、三苯基磷和碘化亚铜）作用下在胺类溶液中反应，反应物在碱性水溶液中水解除去保护基，然后高真空蒸馏提纯即制得二乙炔基苯。该工艺比较简单，产率较高，但催化剂及 TMSA 较贵，蒸馏工艺要求较严，生产过程中易发生爆炸，该合成法难以工业化。

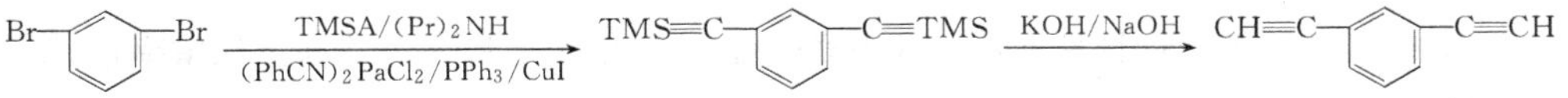

c. 二乙烯基苯溴代法　以二乙烯基苯为原料，进行溴化和脱溴化氢反应，即可制得二乙炔基苯。该法成本较低，工艺相对简单，工业化生产易于实现。国防科技大学和华东理工大学均采用该方法合成了二乙炔基苯。由于市售工业二乙烯基苯纯度较低，其含量仅为 52%，因此获得高纯度二乙烯基苯是采用该工艺工业化生产的关键。目前华东理工大学可将工业二乙烯基苯的纯度提高到 95%～98%，为 PAA 的工业化生产奠定了基础。

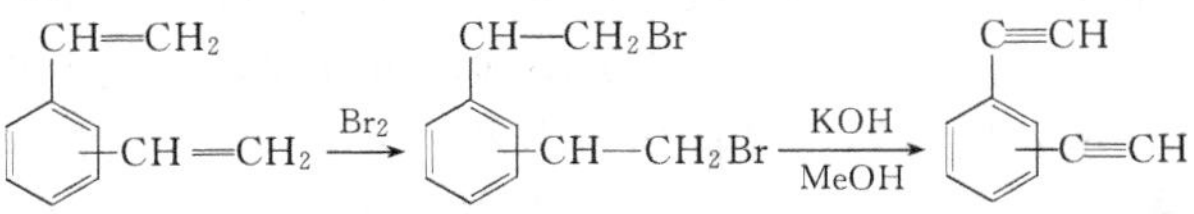

③ 芳基乙炔的聚合反应　芳基乙炔单体聚合过程中放出大量的热，实验过程中易发生爆聚，为此，通常采用预聚的方法来缓解这一问题，经过预聚反应可释放一部分反应热，并伴随着聚合物一定的体积收缩，这样可使后固化反应易于控制，得到高分子量的聚合物。

芳基乙炔的常见聚合方法有：催化聚合、电聚合、光聚合和热聚合等。聚合过程有不同的聚合方式，不同聚合方式可得到不同的聚合产物，目前公认的聚合方式主要有以下三种。

a. 环三聚反应　三个乙炔基基团反应形成苯环，固化后形成聚亚苯基结构。为了进行环三聚反应，反应单体中至少有一种含有两个乙炔基的单体，环三聚反应通常在催化剂作用下完成。环三聚反应既能赋予固化产物良好的耐热性能又能提高其分解成碳率，但释放大量的聚合热。

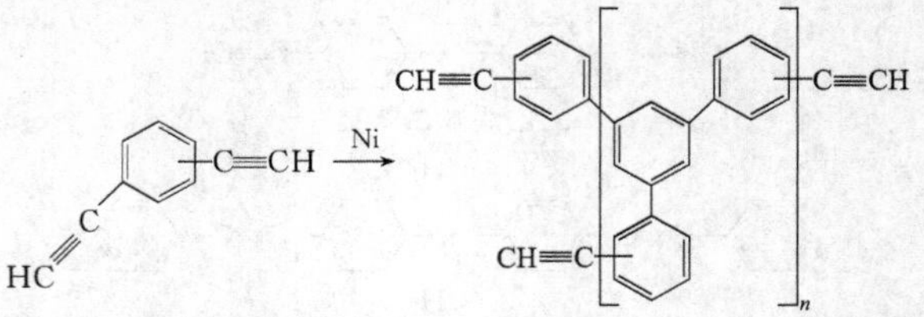

b. 形成共轭多烯结构　炔键打开后形成共轭多烯结构，乙炔基单体的热聚合主要形成这类结构。通常认为该反应的热聚合产物热稳定性较差。

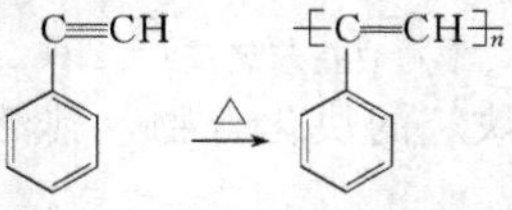

c. 氧化偶合反应　乙炔基单体在催化剂作用下脱去一分子氢形成共轭炔基，共轭炔可以进一步交联反应形成网络结构。

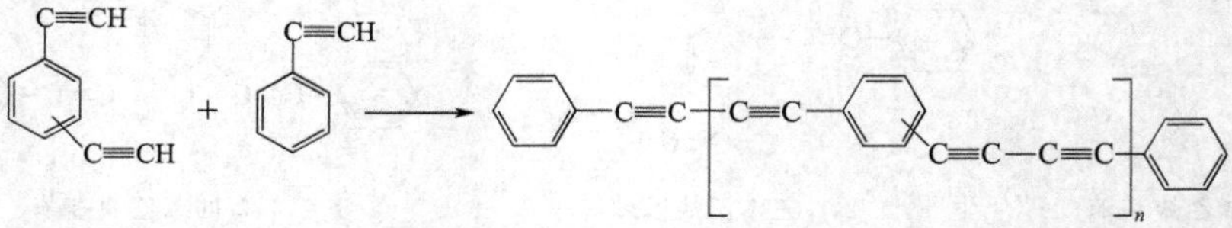

（3）聚芳基乙炔树脂的固化与性能　聚芳基乙炔（PAA）树脂固化物的特征温度与残碳率列在表 10-8 中。由表可见，PAA 树脂固化物的起始分解温度达到 500℃ 以上，最大热解速率温度在 600℃ 以上，高温热解残留率高达 80% 以上，明显优于 616 酚醛树脂的耐热性能。PAA 树脂加工不需要溶剂，且在固化过程中无小分子逸出，可以常压或低压成型。

表 10-8　PAA 树脂固化物的特征温度与残碳率

固化物	$T_{始}$/℃	失重 5% 的温度/℃	T_{max}/℃	残碳率/%
m-DEB	506	550	602	84(730℃)
p-DEB	504	560	605	86(730℃)
DEB	543	602	648	84(730℃)
616 酚醛	327	319	589	84(730℃)
				63(900℃)

PAA/碳纤维增强复合材料具有良好的力学性能，见表 10-9 所列，其高温保留率很高。

表 10-9　PAA/碳纤维增强复合材料的力学性能

温度/℃	弯曲强度/MPa	层间剪切强度/MPa
25	164.5	15.7
240	156.9	15.0

PAA/碳纤维复合材料采用 3200℃ 的氧乙炔焰进行烧蚀试验，结果见表 10-10。由表可知，PAA/碳纤维复合材料的失重、烧蚀深度、线烧蚀率和质量烧蚀率远低于 616 酚醛树脂/碳纤维复合材料。通过对 PAA 和酚醛树脂热解气体的组分分析，发现 PAA 比酚醛具有更高的成碳率和更低的产气量，其热解峰约为 800℃，放出的主要产物是 H_2。同时，由于其吸湿性仅为酚醛树脂的 1/50，固化时无小分子释出，可制备无孔洞构件，力学性能也已超过酚醛，且具有良好的工艺性能，因此 PAA/碳纤维复合材料是优异的耐烧蚀材料。

表 10-10　PAA/碳纤维复合材料的耐烧蚀性能

试样	烧蚀时间/s	线烧蚀率/(mm/s)	质量烧蚀率/(g/s)
PAA/PAN	40	0.0045	0.019
PAA/T300	40	0.0040	0.017
616/PAN	40	0.0115	0.040

聚芳基乙炔树脂 PAA 纤维增强复合材料不仅具有良好的力学性能，还有优异的介电性能，表 10-11 列出 PAA/玻璃纤维复合材料在各种温度下的力学性能和介电性能（100kHz）。由表中数据可见，PAA/玻璃纤维复合材料具有优异的高温力学性能，在室温至 300℃ 的温度范围内弯曲强度和弯曲模量均可保持基本不变。在 400℃ 温度下弯曲强度和弯曲模量虽稍有下降，但相对保留率均达到 87% 以上。因此，PAA 树脂是制备耐高温复合材料的优良热固性树脂基体。同时也可以看到，PAA 纤维增强复合材料的介电常数在 4.0 左右，介电损耗角正切值在 10^{-3} 数量级，在 10GHz 下仅为 0.009，这表明它同时具有优良的介电性能。

表 10-11　PAA/玻璃纤维复合材料不同温度下的力学性能和介电性能

测试温度/℃	弯曲强度/MPa	弯曲模量/GPa	介电常数	介电损耗角正切值/×10^{-3}
25	266	20.4	3.59～4.02	3.27～5.98
250	268	20.7	3.73～4.10(200℃)	2.41～6.13(200℃)
300	270	20.2		
350	239	19.1		
400	232	18.1		

（4）聚芳基乙炔树脂的应用前景　聚芳基乙炔树脂（PAA）具有杰出的耐热性能以及优良的工艺性能，使它成为下一代耐高温复合材料的可选树脂基体。

碳/碳复合材料是固体火箭发动机最重要的高技术材料之一，近来其应用已拓展到航天及其他领域，如液体发动机喷管、航天器太阳电池基材及高温结构等。PAA 在成碳率和收缩率方面有突出优点，因而致密效率很高，比酚醛法高 50%～60%，可以大大降低工艺成本。它的低收缩率有助于防止表面缺陷扩展至纤维内部，是低压工艺制造碳/碳复合材料的新原料。美国宇航公司用 T-50 碳纤维或碳布和 PAA 制作碳/碳材料，我国已用国产 PAA 制作碳/碳材料并进行试验。

PAA 是烧蚀防热材料的优良树脂基体，主要目标是代替常规的酚醛树脂，用于固体发动机喷管出口锥及弹道导弹头锥等防热部件。

PAA 具有低吸湿性，逸出挥发性气体极少，是较好的空间材料。美国航空航天局对碳/PAA 复合材料进行了长达 6 年的空间环境暴露试验，试验结果表明试样未出现重大损坏，显示了 PAA 树脂优良的环境适应能力。

10.2.2　含硅芳基乙炔树脂

（1）含硅芳炔树脂发展概况　1968 年，苏联 Korshak 等报道在 N_2 中加热二乙炔基二苯硅烷（DEDPS）可形成砖红色的脆性聚合物 $\{Si(Ph)_2—C\equiv C—C\equiv C\}_n$，分子量在 3500 左右，160～180℃ 软化，并能溶解于有机溶剂。近些年来人们发现含硅炔基聚合物具有优良的光敏、导电、耐高温等特性。含硅芳炔树脂有望作为一种新型的先进复合材料树脂基体得以应用，它已成为国内外研究的热点。

Barton 和 Ishikawa 等在 20 世纪 90 年代初分别对 DEDPS 和二乙炔基甲基苯基硅烷的聚合反应进行研究，探讨了催化聚合机制。Corriu 课题组等通过金属炔化合物或炔格氏试剂与卤代硅烷反应来合成硅炔聚合物 $\{SiRR'—C\equiv C—C\equiv C\}_n$，用作无机 SiC 陶瓷的前驱体。随后法国 Buvat 课题组和日本的 Itoh 课题组通过炔格氏试剂在催化剂作用下与活性硅烷反应来合成可热固化交联的含硅氢炔聚合物 $\{SiHPh—C\equiv C—C_6H_4—C\equiv C\}_n$（MSP），期望用作耐高温复合材料的树脂基体，并在高技术领域如航空、航天获得应用。其研究表明树脂具有优异的耐热性（耐热性比公认的聚酰亚胺还要好）、阻燃性能（燃烧不发烟，离开火焰即熄灭）和力学性能，且在高温下会发生陶瓷化反应形成陶瓷材料。1995 年，日本 Itoh 等利用 MSP 树脂在 150℃ 熔融纺丝，并在 200℃ 空气中固化，在 N_2 气氛下热处理到 1500℃ 得到了含硅 13% 的碳纤维。与传统的丙烯腈制备的碳纤维比较，拉伸强度有了明显的提高，达 3500MPa。1998 年，日本 Inoue 利用含硅芳炔树脂制造陶瓷构件。

2000年，日本Yokota等报道了MSP纤维复合材料用作烧蚀材料或火箭发动机喷管。2001年，Itoh报道MSP纤维复合材料在辐照剂量达到100MGy条件下强度不变。2006年，法国Nony介绍了所制备的含硅芳炔树脂（BIJ树脂）可耐热300℃，具有高残碳率、低吸水率，可应用于高温结构材料等。目前，已展开工业化生产的放大研究以及树脂应用的基础研究。

近年来，华东理工大学黄发荣等在国内率先开展了含硅芳炔树脂的研究，研究表明该脂具有优异的耐热性及阻燃特性，与国外类同树脂相比具有显著的特点，其黏度较低，固化温度较低，可适用于多种成型工艺，其纤维增强复合材料具有优良的常温和高温力学性能、耐烧蚀性能，且具有高的陶瓷化率，在烧蚀防热材料、高温结构材料及碳/碳复合材料等领域显示出很好的应用前景，目前正在进行深入的应用试验研究。

（2）含硅芳炔树脂的合成

① 钯催化的偶联-消去反应　1990年Corriu以二乙炔基二苯基硅烷和芳基溴代物为原料，在（PPh₃）₂PdCl₂、碘化亚铜、三苯基磷和三乙胺存在条件下，通过偶联-消去反应制备了含硅芳炔树脂。

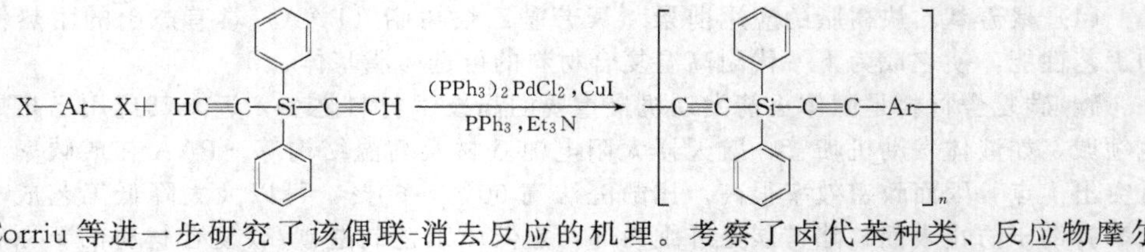

$$X-Ar-X + HC\equiv C-Si-C\equiv CH \xrightarrow[PPh_3,Et_3N]{(PPh_3)_2PdCl_2,CuI} \left[C\equiv C-Si-C\equiv C-Ar \right]_n$$

1993年Corriu等进一步研究了该偶联-消去反应的机理。考察了卤代苯种类、反应物摩尔比、碘化亚铜用量、氯化钯用量和三苯基磷用量对反应的影响。其反应机理如图10-1所示。

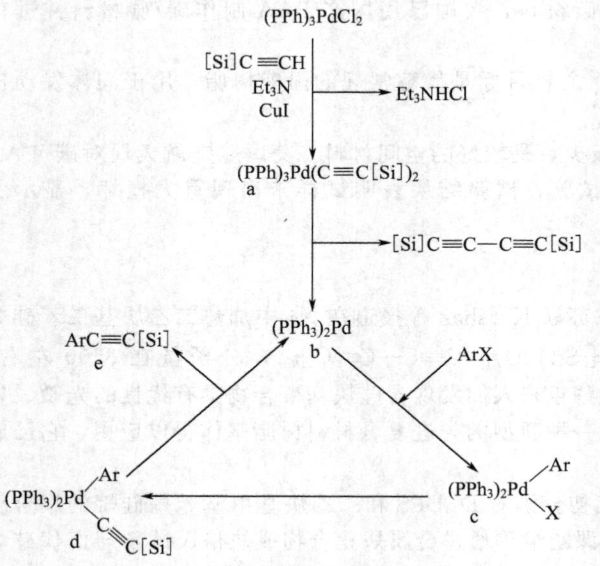

采用二价钯为催化剂，共催化剂是CuI。CuI加入后，与炔类化合物反应生成d-π共轭的炔铜化合物，使炔类化合物更易于加成到Pd（Ⅱ）产生中间体a，进而脱去炔产物，并生成催化活性体零价钯[Pd⁰]。接着，首先芳卤氧化加成到[Pd⁰]上生成二价钯的中间体c；其次炔铜化合物与中间体C的金属转移反应生成中间体d；最后中间体d经还原脱去反应，得产物芳炔和新的催化活性体零价钯[Pd⁰]。如此继续反应，得到产物。

为了制备高分子量的树脂，可以采取以下手段：以对二碘代苯为原料。对二碘代苯容易发生氧化加成反应而形成中间产物c；保证两种反应物等摩尔比或者二乙炔基二苯基硅烷略过量；加入甲苯作溶剂。甲苯的加入将大大增加树脂的溶解性，促进其链增长。

图10-1　钯催化的偶联-消去反应机理

② 偶合脱氢聚合反应　1994年Itoh等以苯基硅烷和二乙炔基苯为原料，在催化条件下通过偶合脱氢聚合反应首次制得了有支化结构的含硅芳炔树脂（简称MSP）。并考察了催化剂种类对偶合脱氢聚合反应的影响，研究发现粒径为20～60目并经真空200～600℃处理2h的氧化镁颗粒具备最佳的催化效果。反应式如下：

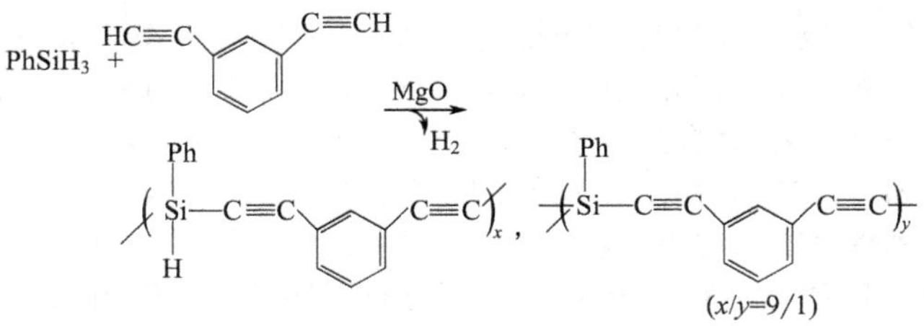

③ 炔基金属化合物的缩合反应　Itoh 等通过二乙炔基苯格氏试剂和苯基二氯硅烷之间的缩合反应，制备了 $\{Si(Ph)H-C{\equiv}C-C_6H_4-C{\equiv}C\}_n$。制备过程中，两种反应物摩尔比为 1∶1，最后采用三甲基氯硅烷进行封端。合成路线如下：

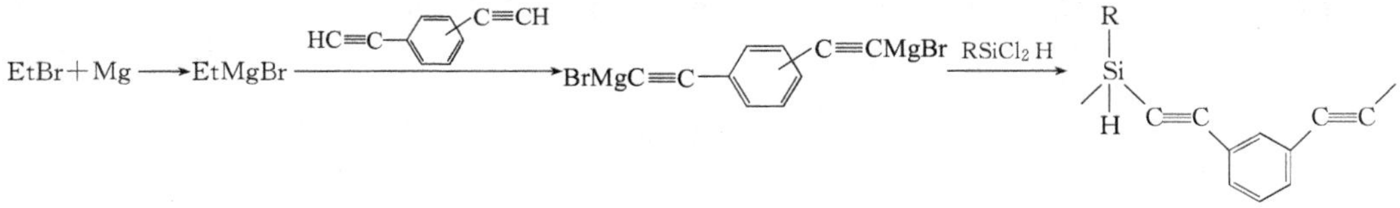

式中，R=—H，—CH₃—⟨Ph⟩

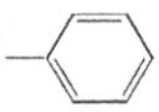

采用有机锂与氯硅烷反应也可制备含硅芳炔树脂，如：

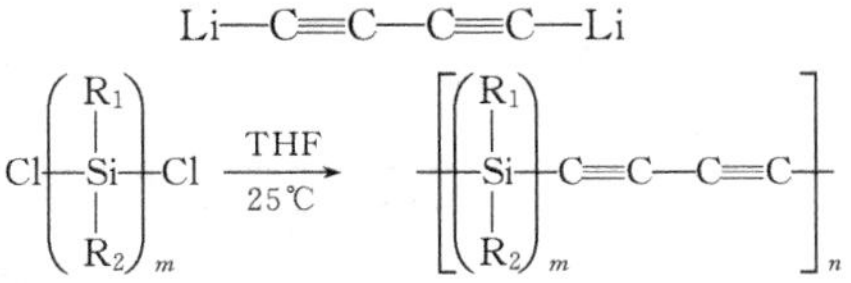

式中，R_1，R_2=—H，—CH₃—⟨Ph⟩

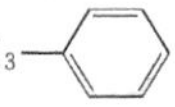

1996 年，日本 Hatanaka 等利用不同的二氯硅烷与二炔在 Zn（或 Pb）存在下，以 MeCN 为溶剂得到一系列含硅芳炔树脂，收率较高。

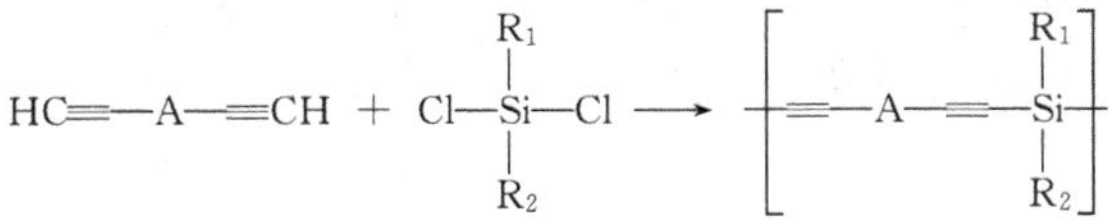

式中，A=—⟨对位苯⟩—，⟨间位苯⟩，R_1，R_2=—H，—CH₃，—⟨Ph⟩

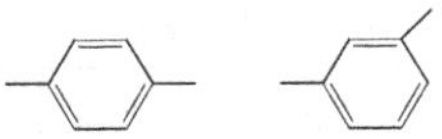

（3）硅醇化合物的缩聚反应

1997 年，日本 Sugimoto 等利用硅醇化合物的缩聚反应制备了含聚硅氧烷链段的芳炔聚合物。

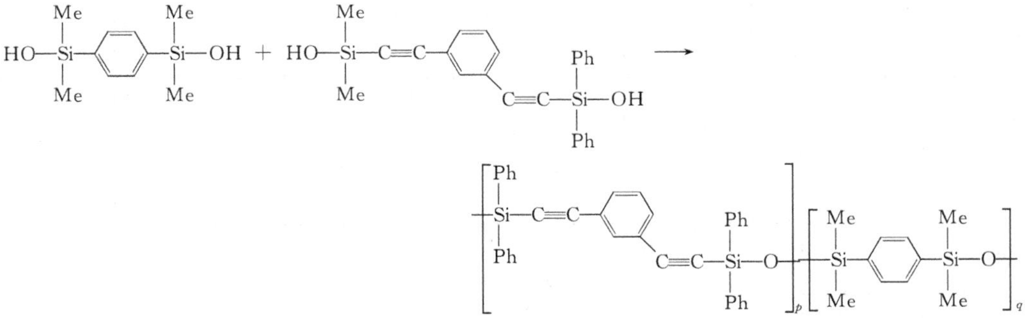

（4）含硅芳炔树脂的固化和性能

① 含硅芳炔树脂的固化机理　含硅芳炔树脂的主要反应基团是炔基，其反应活性高，可能存在多种反应。同时如果在硅原子上连接有可反应性基团如硅氢、乙烯基等，那么固化反应将更加复杂。

　　1998 年，Itoh 等用[13]C 和[29]Si 固体核磁研究了 MSP 的固化机理。采用[13]C 固体核磁对 MSP 固化过程进行了跟踪，表明随着固化的进行，δ 在 87.1 和 107.6 处 C≡C 的振动峰和 122.3 处与炔键相连的苯环碳原子的振动峰强度逐步减小，并在 400℃时消失。说明随着固化的进行，C≡C 逐步打开。同时在 131.8 和 144.0 处出现两个新的振动峰，分别属于萘环和碳碳双键。偶极去相分析表明，这两种碳都与氢直接相连。说明在固化中，Si—H 与 C≡C 发生加成反应形成了 C—C。采用[29]Si 固体核磁对 MSP 固化过程进行了跟踪，表明固化过程中 δ 在 −37 处出现新的振动峰。偶极去相分析表明，这种硅与氢直接相连。其原因是树脂可发生 Diels-Alder 反应，加成产物的 Si—H 的结构、化学环境与原有 Si—H 不同。以上结果表明，MSP 分子间交联反应主要是：Si—H 与 C≡C 之间的硅氢加成反应；C—C 之间的 Diels-Alder 反应，反应如图 10-2 所示。除此以外，固化交联反应可能还存在环三聚、氧化偶合等反应。

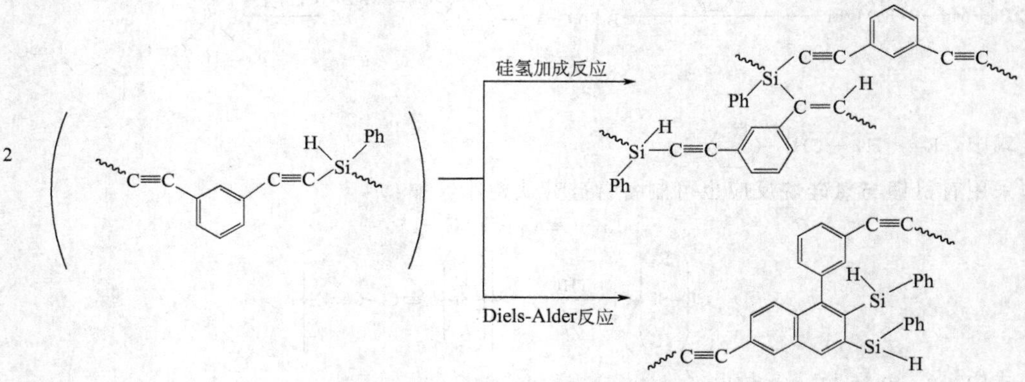

图 10-2　MSP 的交联反应示意

　　② 含硅芳炔树脂的性能　日本 Itoh 等制备了不同结构的含硅芳炔树脂，研究了其结构与性能。一些含硅芳炔树脂的光谱数据和热稳定性见表 10-12。从表中可以看出在这 3 种异构聚合物中，间位异构聚合物热稳定性明显高于邻位和对位异构聚合物，氩气下 T_{d5} 达到 894℃，空气下 T_{d5} 达到 573℃。

表 10-12　不同结构的含硅芳炔树脂的光谱数据和热稳定性

聚合物结构	$\overline{M}_w$ $(\overline{M}_w/\overline{M}_n)$	IR/cm^{-1}	^{1}H-NMR	氩气下 1000℃ 残留率/%	空气下 T_{d5}/℃
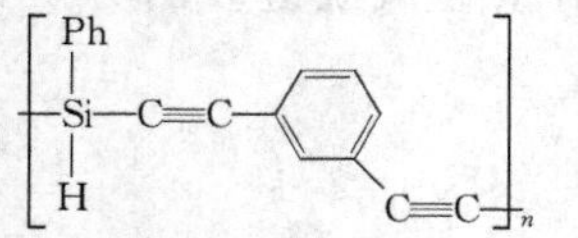 [Ph / Si—C≡C—〔benzene〕—C≡C—]$_n$ / H	7.9×10^3 (2.0)	2158(Si—H，C≡C) 812(Si—H)	5.11; 7.3～7.9	894	573
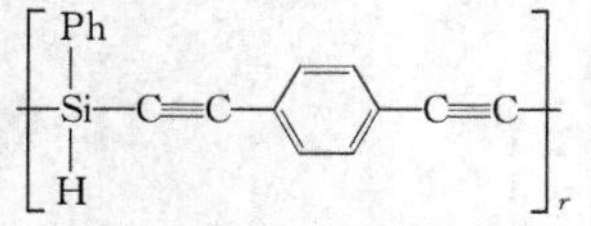 [Ph / Si—C≡C—〔benzene〕—C≡C—]$_r$ / H	2.6×10^4 (4.8)	2163(Si—H，C≡C) 822(Si—H)	5.12; 7.5～7.8	577	476
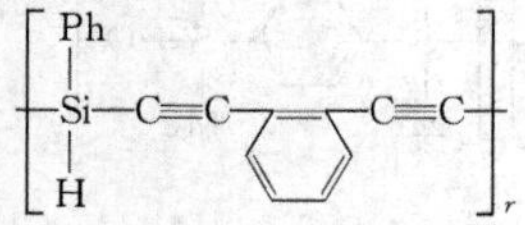 [Ph / Si—C≡C—〔benzene〕—C≡C—]$_r$ / H	3.2×10^3	2170(Si—H，C≡C) 820(Si—H)	5.15; 7.2～7.8	561	567

　　以液态 MsP（$\overline{M}_w=820$，$\overline{M}_w=540$，23℃下黏度为 2.5Pa·s）为基体，分别以碳纤维布、碳化硅纤维布、玻璃纤维布为增强材料，采用预浸料的方法制备复合材料，研究了其室温和高温

性能。复合材料在氩气下分别在200℃、400℃和600℃固化2h。制得的复合材料具备良好的耐热性能，在室温、200℃、400℃下其弯曲模量和弯曲强度基本不变，见表10-13所列。同时动态力学分析表明，固化后的 MSP 及其复合材料，在500℃下没有出现玻璃化转变。

表 10-13　MSP 树脂复合材料性能

增强材料	固化温度/℃	弯曲强度/MPa			弯曲模量/GPa		
		23℃	200℃	400℃	23℃	200℃	400℃
碳纤维	400	111	120	142	31	33	35
碳纤维	600	99	94	113	26	29	27
玻璃纤维	400	80	79	95	14	13	13
玻璃纤维	600	93	82	93	18	17	17
碳化硅纤维	400	110	111	110	30	29	30
碳化硅纤维	600	54	59	63	19	24	21

2001 年，法国 Buvat 等合成了苯乙炔封端的硅烷芳炔树脂（BLJ 树脂）。BIJ 树脂固化物在100%相对湿度环境下，吸湿率小于1%；树脂耐热性能优异，在氩气下，1000℃残留率为80%。DMA 测试结果表明固化树脂在450℃前未出现玻璃化转变。BLJ 树脂结构式如下：

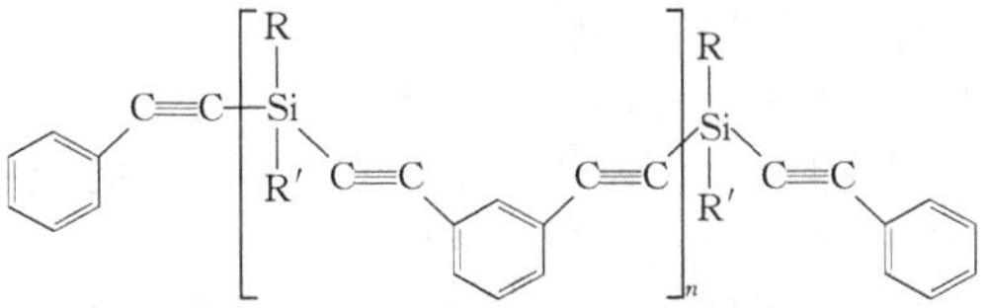

BLJ 树脂固化反应焓较低（<400J/g），固化时无小分子生成。相对于聚芳基乙炔，BLJ 在材料加工性能和力学性能上得到改善；相对 MSP 树脂，BLJ 树脂最大的优点是它的黏度可以控制，在常温下树脂可以流动，使它更易于浸渍纤维，并可利用 RTM 成型工艺加工。

2002 年，华东理工大学黄发荣等开展新型含硅芳炔树脂（SAR）的研究，研制的 SAR 树脂在常温下可以是低黏度液体或低熔点的固体（可控制），适用于多种复合材料的成型工艺。在常温下易溶于常见的多种极性有机溶剂（如丙酮、丁酮等）。固化放热仅为283J/g（远低于 PAA 树脂），固化温度低，能在200℃左右固化。固化树脂的玻璃化转变温度高于400℃，T_{d5} 高于520℃，在惰性气氛中800℃下残留率达到82%以上，具有很好的耐热氧化性能；与增强纤维具有良好的黏结性能，纤维增强复合材料具有优良的常温和高温力学性能，单向碳纤维（T700）增强复合材料的弯曲强度高达1000MPa 以上（碳纤维增强 MSP 为111MPa），模量达100GPa 以上（碳纤维增强 MSP 为31GPa），250～300℃下性能保持不变，其性能比日本 MSP 树脂复合材料高出一个数量级以上；在1450℃烧结后能形成 SiC 陶瓷结构。

（5）含硅芳炔树脂的发展前景　含硅芳炔树脂与聚芳基乙炔结构类似，但在分子结构中引入硅原子后，材料的特性发生了变化，保持了聚芳基乙炔树脂优异的耐热性，明显改善了 PAA 树脂脆性大的缺陷，使材料的力学性能得到明显改善，同时也具备高温陶瓷化性能。因此，含硅芳炔树脂在耐高温结构材料、耐烧蚀防热材料以及抗氧化 Si/C 复合材料领域将具有良好的发展前景。

含硅芳炔树脂的结构可设计性强，可制备多种结构的树脂，具有不同的性能，从而可以满足不同的应用。如通过硅原子上的烯基侧基，可以将碳硼烷结构引入树脂内，得到低介电、高耐热的材料，可用作低介电材料、中子吸收材料、空间材料以及光电材料等。

10.2.3　炔基聚酰亚胺

（1）炔基聚酰亚胺的发展简况　聚酰亚胺由于高温下性能优异成为最具发展潜力的材料，20世纪60年代最早开发的聚酰亚胺具有优异性能，但加工难和制造成本高限制了它的应用。70年代，NASA 和中国科学院化学所等单位开展了 PMR 热固性聚酰亚胺树脂的研究工作，最具代表性的树脂有 NASA 的 PMR-15、中国科学院化学所的 KH-304、北京航空材料研究院的 LP-15 等。PMR 聚酰亚胺具有良好的合成与加工性能，制备的纤维增强复合材料在 310～320℃ 的高温下具有优异的力学性能，已成功用于航空航天飞行器部件的制造，但是空间飞行器更高的飞行速度、更远的飞行距离、更高的有效载荷/结构质量比等要求的实现，主要依赖于更高使用温度的先进复合材料的应用。空间飞行器在高速飞行时，由于气动加热作用，上面积结构件驻点处的工作温度可高达 425℃。PMR-15 和 KH-304 等比较成熟的树脂基复合材料（长期使用温度 310～320℃）已经无法满足使用需求，因此必须研制开发具有更高耐温等级的聚酰亚胺材料。

休斯航空公司于 20 世纪 60 年代开始研究乙炔基封端的聚酰亚胺，率先开发出 3-氨基苯乙炔封端的聚酰亚胺低聚物，并形成系列产品 Thermid 600（有 4 种不同的商品形式：Thermid AL-600、Thermid LR-600、Thermid IP-600 和 Thermid MC-600，后归属海湾石油公司），适于作模压料和纤维增强复合材料的基体树脂，例如自润滑复合材料轴承保持架、印制电路板等，具有优良的热氧化性能和介电性能。

乙炔基封端的聚酰亚胺一般加热到 250℃ 后通过乙炔端基进行聚合和交联，在这个过程中没有小分子的放出。通过分子设计和一定的后固化条件其玻璃化转变温度可以达到 350℃，在氮气和空气中的热分解温度分别是 525℃ 和 460℃，并且该类材料作为胶黏剂使用在高温下具有优异的黏结性能。此类材料的突出特点是热氧化稳定性、介电性及高温条件下的耐潮湿性好，在 288℃ 长期使用，力学性能可保持较高水平。

但是乙炔基封端的聚酰亚胺在加工过程中存在一个严重问题，树脂低聚物的熔点较高，且在熔融后立即开始聚合，材料的加工窗口很窄，在 195℃ 下的凝胶时间只有几分钟，制备大型和复杂部件时难度很高，限制了其使用。为改善它的可加工性能，人们曾用加入活性稀释剂的方法，但因难于找到与低聚物具有很好互溶性并不影响其性能的稀释剂，最终没有成功。Landis 和 Lee 在研究中发现使用异酰亚胺中间体可以有效地改善乙炔基封端聚酰亚胺材料的加工性能，异酰亚胺在高温下会经历一个热重排反应转化为聚酰亚胺，与酰亚胺相比，异酰亚胺具有较好的流动性和溶解性，从而改善了树脂的可加工性。具有代表性的是 Thermid IP-600 树脂，其凝胶时间延长，工艺窗口较宽。但是采用该方法制备得到的树脂基复合材料力学性能并不理想。

在随后的研究中研究者对采用苯乙炔基封端的聚酰亚胺进行了系统的研究。Harris 等最先开展了苯乙炔基封端聚酰亚胺材料的研究工作。他系统考察了低聚物固化时的固化特性，发现采用苯乙炔基封端可以有效地改善材料的加工性能，其加工窗口（固化温度与流动温度温度之差）超过 80℃，这是由于苯乙炔基的引入使树脂交联温度升高。

20 世纪 90 年代初，美国政府实施了高速民用飞行器（HSCT，High-Speed Civil Transport）计划，HSCT 计划拟制造长度在 100m 左右、可容纳 300 名乘客、在 19km 的高度下以 2570km/h 的速度飞行 9260km 距离的民用飞机。在这种速度下飞机表面材料会由于空气的摩擦而使温度上升到 160℃，对材料的长期耐温性能提出了苛刻要求。包括 NASA 在内的很多研究单位和大公司进行了该项目的系统研究工作。在选择可以满足 HSCT 计划中对复合材料和黏结剂性能要求的基体树脂时，苯乙炔基封端的预聚物和聚合物因其良好的加工性，高的使用温度和优异的耐热氧化稳定性受到关注，并成为首选材料。NASA 发展了 PETI-1（Phenylethynyl terminatedimide-1）的苯乙炔基封端的聚酰亚胺材料、4-苯炔基苯酐封端的聚酰亚胺树脂 PETI-5；日本的研究人员合成了非对称的芳香族无定形 TriA-PI（asymmetric aromatic amorphous-PI，TriA-PI）系列聚酰亚胺树脂，这些树脂的加工性能与乙炔基封端的聚酰亚胺相比得到了明显改善，同时也保持了优异的热性能。

HSCT 计划由于技术上的不成熟而在 1999 年中止，但是为苯乙炔基封端聚酰亚胺材料的研究积累了丰富的数据，在 2000 年左右使用苯乙炔基封端剂制备适用于 RTM 成型的聚酰亚胺材料成为新的热点。Langley 研究中心利用 4-苯乙炔基苯酐封端剂成功制备了可用于 RTM 成型的聚酰亚胺树脂，其中最具代表性的是 PETI-298、PETI-330 和 PETI-375，目前美国 UBE 公司已经进行了 PETI-330 聚酰亚胺树脂的小批量生产。

国内研究者对苯乙炔封端的聚酰亚胺树脂也进行了研究。中科院化学所杨士勇等使用含有三氟甲基的苯乙炔苯胺和 4-苯乙炔苯酐封端剂制备得到了改性的 PMR-Ⅱ聚酰亚胺树脂，该树脂具有良好的加工性能，较高的耐热性能和耐热氧化性能，其关键单体的合成等均已实现批量化生产，进一步的工作还在进行中。中国科学院长春应用化学所丁孟贤等对采用苯乙炔苯酐封端的树脂进行了研究，制备的 AS4 碳纤维增强的复合材料在 371℃下的力学性能保持率为室温力学性能的 50%以上。

（2）炔基聚酰亚胺的结构与合成

① 乙炔基封端的聚酰亚胺 最初的 Thermid MC-600 聚酰亚胺的合成是采用 3,3′,4,4′-二苯甲酮四羧酸二甲酯（BTDE）、1,3-二（间氨基苯氧基）苯（APB）和 3-乙炔苯胺（APA）为反应单体，首先在 40～150℃温度范围内反应，获得对应的乙炔封端酰胺酸低聚物，并除去乙醇、水和溶剂，然后在 150～250℃的温度范围内完成上述低聚物的酰亚胺化反应，获得乙炔封端聚酰亚胺预聚体。由于酰胺酸溶于丙酮，而完全酰亚胺化的预聚物又溶于 NMP 溶剂中，因此乙炔基封端聚酰亚胺可以用于复合材料的加工。乙炔基封端的聚酰亚胺的合成如图 10-3 所示。

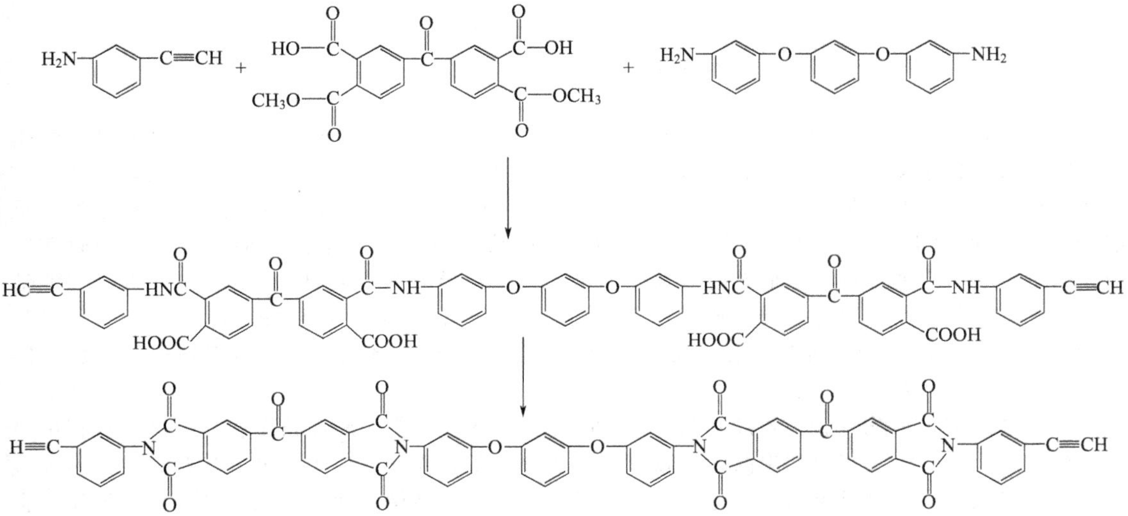

图 10-3 乙炔基封端的聚酰亚胺的合成

② 苯乙炔基封端的聚酰亚胺 苯乙炔封端的聚酰亚胺主要有 PETI-1（Phenylethynyl termi-natedimide-1）低聚物，该苯乙炔封端的低聚物所使用的单体为 4-(3-氨基苯氧基)-4-苯乙炔基苯甲酮、3,3′,4,4′-二苯醚四甲酸二酐（ODPA）和 3,4′-二氨基二苯醚（3,4′-ODA），其设计分子量在 3000～9000 之间，结构如下所示：

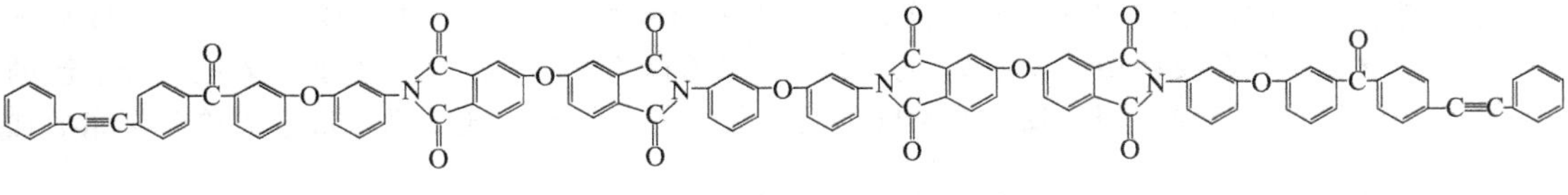

另外一类是 4-苯炔基苯酐封端的聚酰亚胺树脂，所用的芳香族四酸二酐包括均苯四甲酸酐（PMDA）、二苯甲酮四甲酸酐（BTDA）、联苯四甲酸酐（BPDA）等及其混合物，芳香族二胺主要包括苯二胺（m-PDA、p-PDA）、3,4,-二氨基二苯醚（3,4′ODA）、4,4′-二氨基二苯醚（4,4′-ODA）和 1,3-双（3-氨基酚氧基）苯（1,3,3-APB）及其混合物。其中使用 BPDA、3,4′-ODA（0.85%，摩尔分数）、1,3,3-APB（0.15%，摩尔分数）和苯乙炔苯酐合成的计算相对分子质量为 5000 的低聚物 PETI-5（如下页式）表现出良好的成型工艺性和热性能。

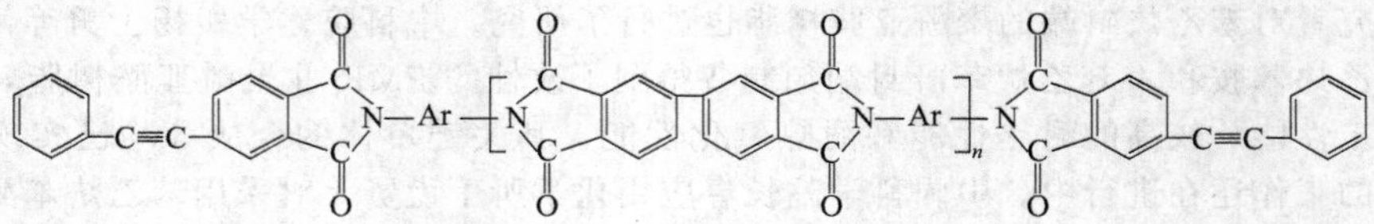

可用于 RTM 成型的聚酰亚胺树脂,其中最典型结构 PETI-330 的合成配比如图 10-4 所示。苯炔基的交联过程十分复杂,由于空间位阻,所以由苯炔基三聚成环的可能性不大。

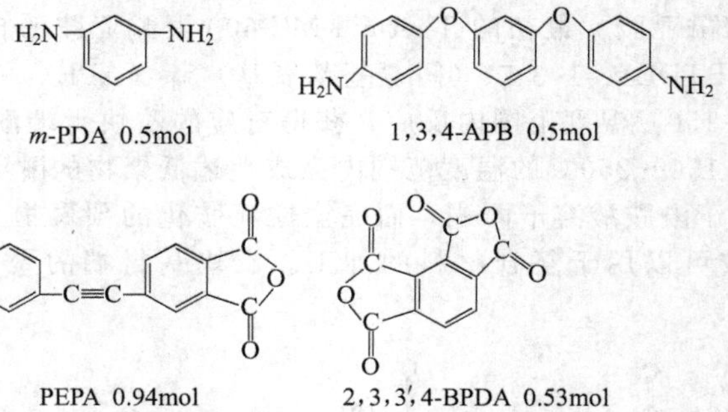

m-PDA 0.5mol   1,3,4-APB 0.5mol

PEPA 0.94mol   2,3,3',4-BPDA 0.53mol

图 10-4   PETI-330 的合成配比

(3) 炔基聚酰亚胺的性能   乙炔基封端聚酰亚胺的可溶性、流动性均较差,可通过把乙炔基封端的酰胺酸预聚物用化学方法转化成异酰亚胺预聚物得到改善。Thermid IP-600 是以异酰亚胺形式出现的乙炔封端预聚物。与酰亚胺相比,异酰亚胺熔点低,具有较好的流动性和溶解性(可溶于四氢呋喃、DMAc、NMP 及其他酮类溶剂),配成的胶液具有工艺性能优良,凝胶时间较长,熔融温度不高的特性,从而改善了树脂的可加工性。异酰亚胺结构是亚稳态的,在加热或催化剂存在下,很容易不可逆地转变成酰亚胺结构。Thermid IP-600 预聚物的熔点为 153~163℃,在 160~230℃完成异构化转变为酰亚胺,在 180~330℃完成炔基的交联,这使树脂的凝胶时间延长、工艺窗口加宽。

乙炔基封端的聚酰亚胺一般加热到 250℃后通过乙炔端基进行聚合和交联,在这个过程中没有小分子的放出。乙炔基封端聚酰亚胺预聚体的乙炔端基在固化反应中可能发生简单的三聚反应形成芳香交联结构,也可能通过其他反应途径最终形成交联结构。此外,乙炔端基也能够发生自由基诱导聚合反应。

一般认为乙炔基封端聚酰亚胺的加工困难是其固化反应的基本性质决定的。根据提出的固化机理,乙炔基封端的低聚物的固化,大致可以分为 2 个不同的阶段。第一阶段,反应位置是有乙炔端基的基团。由于这个基团是空间无阻的,且通过自由基机理可以非常迅速地反应,在很短的时间内,就能形成 6、7 个分子的刚性分子簇,但太快的反应速度造成了乙炔封端低聚物过窄的加工窗口,例如,在 250℃的加工温度,预聚物的凝胶时间只有 1~3min。

这阻碍了材料中残余溶剂和空气的逸出,使得复合材料含有孔隙和裂纹,导致力学性能下降。在第二阶段的交联反应中,反应基团是共轭的多烯和乙炔端基反应。由于多烯位于分子簇的中心,不同分子簇中多烯之间的反应在空间上是有位阻的,结果造成了交联反应需要非常高的加工温度。

引入炔基后,聚酰亚胺树脂的耐热性能得到了明显的改善,以 Thermid 系列树脂为代表的乙炔基封端聚酰亚胺树脂具有突出的热氧化稳定性和优异的高温耐湿性(表 10-14)。表 10-15 给出了其复合材料的一些力学性能。

为了克服乙炔基封端的聚酰亚胺复合材料加工窗口窄的缺点,开发了改性的苯乙炔封端的聚酰亚胺。它具有较宽的加工窗口,并具有更好的化学稳定性和热稳定性。表 10-16 给出 IM7/PETI 复合材料层合板的力学性能。

表 10-14　Thermid 系列聚酰亚胺树脂性能

性　能	Thermid MC-600	Thermid IP-600	性　能	Thermid MC-600	Thermid IP-600
密度/(g/cm³)	1.37	1.34	弯曲强度/MPa		
玻璃化转变温度 T_g/℃	349	354	室温	146.6	106
热膨胀系数/℃⁻¹	$(3.5\sim5.0)\times10^{-5}$	—	316℃	29	44
吸水率/%	1.24	1.18	弯曲模量/GPa	4.6	—
拉伸强度/MPa	82.8	58.6	开口冲击强度/(J/m)	80	—
拉伸模量/GPa	4.1	5.03	316℃热老化下失重/%		
断裂伸长率/%	1.5	1.2	500h	2.89	—
压缩强度/MPa	172		1000h	4.04	—

表 10-15　Thermid 复合材料的力学性能

基体材料	Thermid 600	Thermid IP-600	Thermid LR-600
增强纤维	HTS		ASS
玻璃化温度 T_g/℃	354	—	323
弯曲强度/MPa			
室温	1346	896	1740
高温	1021(316℃)	538(288℃)	875(316℃)
弯曲模量/GPa			
室温	104		123
高温	83(316℃)		99(316℃)
层间剪切强度/MPa			
室温	86	50	66
高温	56(316℃)	35(288℃)	31(316℃)

表 10-16　IM7/PETI 复合材料层合板力学性能

项　目	性　能	项　目	性　能
玻璃化转变温度 T_g/℃	270	拉伸强度/MPa	2928.7
弯曲强度/MPa		拉伸模量/GPa	175.0
室温	1787.5	开口压缩强度/MPa	
177℃	1441.6	室温	429.3
弯曲模量/GPa		177℃	317.7
室温	144.7	冲击后压缩强度/MPa	324
177℃	133.7		
层间剪切强度/MPa	106.5		
室温	62.8		
177℃			

　　（4）炔基聚酰亚胺的应用前景　耐高温聚酰亚胺树脂基复合材料目前主要应用于制造航天航空飞行器中各种高温结构部件，从小型的热模压件（如轴承）到大型的真空热压罐成型结构件（如发动机外罩和导管等）。苯乙炔基封端的聚酰亚胺树脂具有优良的耐热氧化性，并耐各种溶剂如喷气机燃料、液压油及酮类溶剂。据报道，美国高速客机就采用苯乙炔封端的聚酰亚胺为黏合剂。

　　乙炔基封端的聚酰亚胺具有优异的性能和良好的加工性能，是当前耐高温聚酰亚胺材研究的热点之一，目前除美国 NASA 和空军研究中心外，中国和日本也加大了对乙炔基封端聚酰亚胺材料的研究力度。随着研究工作的深入和发展，炔基聚酰亚胺将在航空、航天、电子等领域得到越来越广泛的应用。

10.3　苯并环丁烯树脂

苯并环丁烯（BCB），系统命名为双环 [4.2.0]-1,3,5-三烯，也称为 1,2-二氢苯并环丁烯。对于 BCB 来说，六元环的 C—C 键基本上是等长的，C_6—C_7（或 C_7—C_8，C_3—C_8）与 C_5—C_6 的键长的最大差距不过也只有 0.015Å，六元环从其结构上（键长和键角）仍保持着苯环的特点，而四元环是一个张力环，因张力的作用而使四元环的键长、键角发生了不同程度的变化。可以说张力四元环的存在是 BCB 化合物特性的根源。

苯并环丁烯可形成一系列新型聚合物材料，既可形成热塑性聚合物，又可形成热固性聚合物材料。它的研究可追溯到 20 世纪初。1909 年，Finkelstein 博士（Stuttgart 大学）合成出苯并环丁烯家族的第一个成员 1,2-二溴苯并环丁烯。然而，由于环丁烯为四元环结构，具有较高的环张力和高反应活性，新单体的合成工作进展缓慢。直到 1956 年，Cave 和 Napier 用 Bu_3SnCl 和 $LiAlH_4$ 在 C_2H_5OH、NaI 存在下还原，才得到了碳氢结构的苯并环丁烯，即 1,2-2 氢苯并环丁烯。1959 年 Jensen 和 Coleman 发现 1,2-二苯基苯并环丁烯很容易与马来酸酐反应，生成 1,4-二苯基-1,2,3,4-四氢萘-2,3-二甲酸酐。其后，Oppolzer 进一步给予合理解释，指出在适当加热情况下，苯并环丁烯结构中较高环张力的四元环将产生电环化开环反应，转变成高活性的邻苯醌二甲烷结构。自此以后，人们开始注意研究苯并环丁烯的反应活性、开环机理，并设法合成聚合物。20世纪 70 年代末 Dow Chemical 公司致力于苯并环丁烯化合物的开发研究。1979 年，Aalbersberg 和 Vollhardt 简要报道了第一个由双苯并环丁烯单体制得的聚合物，他们所得到的聚合物是脆性的，也没有详细进行表征。1985 年，Kirchhoff 和他的同事（美国 Dow Chemical 公司），以及 Tan 和 Arnold（美国空军实验室）同时独立报道了他们在苯并环丁烯聚合物研究方面取得的突破性进展。Kirchhoff 申请了第一个苯并环丁烯聚合物的专利。人们发现苯并环丁烯材料具有优异的电绝缘性能，可在电子高技术领域获得广泛的应用。到了 20 世纪 90 年代，人们仍在努力开发该类材料的应用。

目前，微电子制造业已开始尝试采用光敏聚合物，因为它的操作工艺步骤少，可节省制造成本，因此比传统湿法刻蚀非光敏性聚合物更具优越性。光敏 BCB 就是这类光敏树脂的一种，生产这种光敏树脂的著名厂家是美国的 Dow Chemical 公司，其产品的商用名称是 Cyclotene。光敏 BCB 已有 3 种系列产品：4022-35，4024-40 和 4026-46。这些树脂已经应用于高级微电子领域，包括多层布线、IC 应力缓冲/钝化层、铝及 GaAs 的介质内层、倒装焊接的凸点及布线、CSP 封装、有源矩阵平板显示器、高频器件以及无源元件的埋置工艺等。

日本住友 Bakelite 用 BCB 树脂做基础加以改性，开发可应用于高频率基板的背胶铜箔和印刷基板用多层材料。背胶铜箔 1GHz 的介电常数是 2.8，介电损耗角正切是 0.0025，玻璃化转变温度 300℃，吸水率 0.2%，较一般性环氧树脂的性能提高很多，2002 年度的销售额达到 5 亿日元。

在国内，许多进行大规模集成电路设计和生产的企业早就确认了苯并环丁烯材料是发展超高速、高压，低功耗集成电路衬底和封装的理想材料，也有不少应用性的文献发表。但由于苯并环丁烯材料生产技术十分复杂，致使苯并环丁烯材料价格极其昂贵，除了在一些电子高端产品上已经有使用外，其应用范围还有限。

目前国内在开展有关苯并环丁烯树脂研究的单位有华东理工大学和四川大学。华东理工大学有关研究人员从 1999 年开始进行苯并环丁烯及其树脂的合成研究工作，在国内率先成功合成了二乙烯基硅氧烷为桥接的双苯并环丁烯树脂，掌握了苯并环丁烯单体制备等诸多关键技术，大大降低了苯并环丁烯单体及树脂的制备成本。在此基础上，研究人员先后合成并表征了二乙烯基桥接的双苯并环丁烯树脂、聚酰亚胺基桥接的双苯并环丁烯树脂。研究结果表明，双苯并环丁烯树脂在介电性能、耐热性能等方面显示出综合优势，展示出该低介电材料的应用前景。

10.3.1　苯并环丁烯树脂的合成

（1）苯并环丁烯的单体合成

① 邻四溴二甲苯的脱卤法　邻二甲苯在反应器内回流，溴在 120～170℃ 缓慢滴入，反应 10～14h 后，生成 $\alpha,\alpha',\alpha,\alpha'$-四溴-二甲基苯，然后再与碘化钠反应合成 1,2-二溴苯并环丁烯或二碘苯并环丁烯。最后生成的 1,2-二碘苯并环丁烯在四氢呋喃溶液中在 Pb-C 催化剂下与氢反应或在氢化锂铝和 n-BuSnCl 作用下反应生成苯并环丁烯。其反应可表示如下：

$$\text{（化学反应式）} \xrightarrow[\text{2d}]{\text{NaI,EtOH}} \text{（化学反应式）} \xrightarrow[\text{8d}]{\text{NaI,EtOH}} \text{（化学反应式）}$$

② 热解法　由于热解原料的不同，其裂解方法有两种途径。

砜类热解法：首先以邻二甲苯和溴为原料合成二溴代邻二甲苯，再使其同硫化钠反应生成苯并环戊硫醚，用过氧乙酸氧化成苯并环戊砜，最后在 260～300℃ 下砜热解直接生成 BCB，反应周期 40h 左右。反应式如下：

$$\text{（化学反应式）} \xrightarrow{\text{NaS}} \text{（化学反应式）} \xrightarrow{\text{CHCO}_3\text{H}} \text{（化学反应式）}$$

$$\text{（化学反应式）} \xrightarrow{\triangle} \text{（化学反应式）} + \text{SO}_2\uparrow$$

邻甲基苄氯热解法：Schiess 和 Hetizmann 将邻甲基苄氯在 730℃、25mmHg（1mmHg＝133.322Pa）的压力下直接脱去 HCl 后闭环生成苯并环丁烯。

$$\text{（化学反应式）} \longrightarrow \text{（化学反应式）} + \text{HCl}\uparrow$$

热解法受真空度和热解温度的影响较大，因此有许多在不同压力和温度下热解邻甲基苄氯制 BCB 的研究报道，如邻甲基苄醇（脱水）、邻甲基醋酸苄基酯（脱醋酸）、邻甲基三氟醋酸苄基酯等均可用来制备 BCB。这些反应用甲苯等作溶剂，真空度为（13.3～10.1）×10⁴Pa 不等，温度在 500～780℃ 之间，产率也各不相同。

③ 邻二甲苯二溴取代物还原法　此法以邻二甲苯和溴为基本原料，在紫外光及氩气氛中用金属镁或锌还原 BCB 的衍生物而得到 BCB。反应式如下：

$$\text{（化学反应式）} \xrightarrow[\text{400℃}]{\text{Mg}} \text{（化学反应式）}$$

$$\text{（化学反应式）} \xrightarrow[\text{X,Y＝Br,I}]{\text{Zn}} \text{（化学反应式）}$$

④ Diels-Alder 反应及环加成反应合成 BCB　Diels-Alder 反应也提供了一个合成 BCB 非常有用的途径。Mcdonald 和 Reitz 用环丁烯衍生物 1 与 1,3-丁二烯反应，成功合成了 BCB。

$$\text{（化学反应式 1）} + \text{（化学反应式）} \longrightarrow \text{（化学反应式）} \longrightarrow \text{（化学反应式）} \longrightarrow \text{（化学反应式）}$$

⑤ 苯炔加成法　邻二溴苯与 NaNH₂ 作用，经苯炔中间体和乙烯加成，得到 BCB。

⑥ 芳基锂合成 BCB　Parhan 用化合物 2 与 n-C_4H_9Li 在 $-100℃$ 反应得到经芳基锂中间体 3，最终得到的 BCB 产率为 68%。

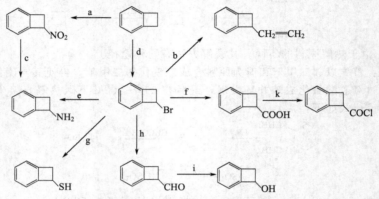

（2）苯并环丁烯的衍生物合成

苯并环丁烯单体通过进一步反应生成一系列的衍生物，从其衍生物出发可以合成不同类型的苯并环丁烯树脂。

① 4-取代苯并环丁烯　苯并环丁烯的苯环的 4 位上极易发生亲电加成反应，是形成各种苯并环丁烯树脂的反应中间体。几种 4-取代苯并环丁烯的具体合成路线如图 10-5 所示。

图 10-5　4-取代苯并环丁烯合成路线

其中，4-溴苯并环丁烯、4-羟基苯并环丁烯、4-氨基苯并环丁烯是合成苯并环丁烯树脂的三个重要的中间体。

② 3,6-双取代苯并环丁烯　由苯并环丁烯出发还可以高产率的合成多种 3,6-双取代苯并环丁烯（图 10-6），它们也可以作为合成苯并环丁烯的中间体。

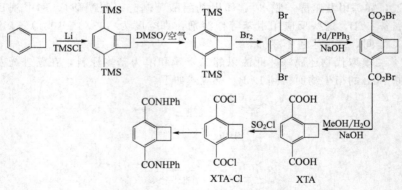

图 10-6　3,6 苯并环丁烯的合成

③ 直接合成苯并环丁烯衍生物

a. 双烯合成法　反应式：

1,5 己二炔与三甲基硅烷乙炔、5-取代-1-丙炔、苯基乙炔等反应可形成 4 位取代的苯并环丁烯，产率可达到 60%，该反应的主要副产物为自聚产物。

b. 裂解法　反应式：

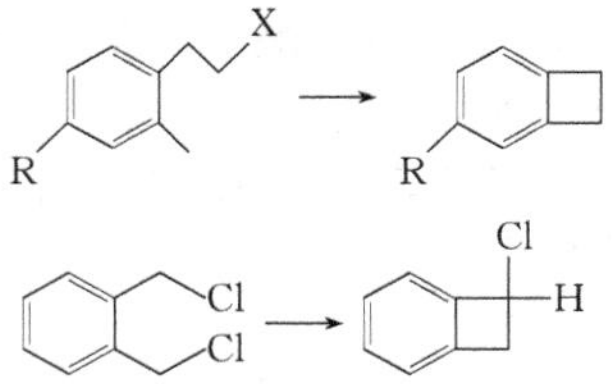

（3）苯并环丁烯树脂的合成　苯并环丁烯树脂主要有双苯并环丁烯树脂和单苯并环丁烯树脂两种，以双苯并环丁烯树脂为主。苯并环丁烯树脂的合成方法主要有以下几种。

① 苯并环丁烯衍生物的基团直接与其他单体发生缩合反应。

4-苯并环丁烯酰氯与醇或胺反应：

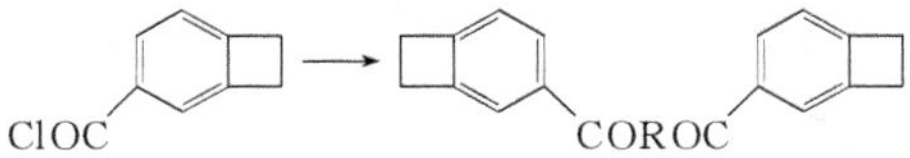

$$R = -OR' - , \quad -O- , \quad -NHR' - , \quad -NH-$$

4-苯并环丁烯酰氯与二酚、二胺的反应：

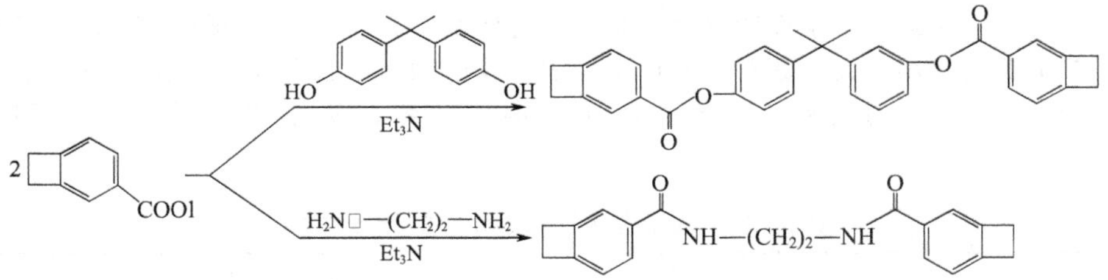

② 4-氨基苯并环丁烯与二酸酐反应可生成苯并环丁烯聚酰亚胺：

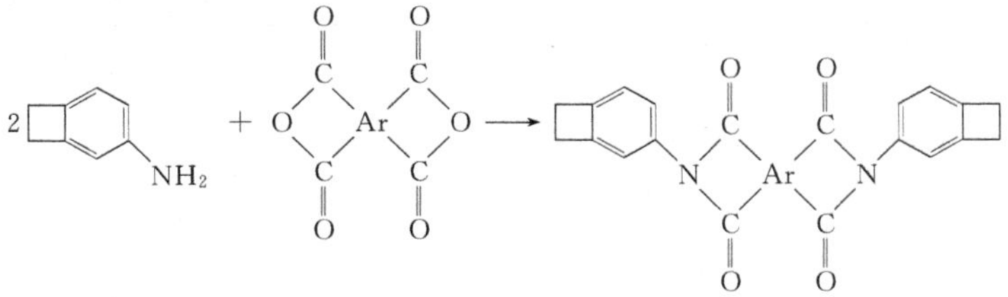

③ 4-溴苯并环丁烯与烯烃化合物、二烯烃化合物的反应：

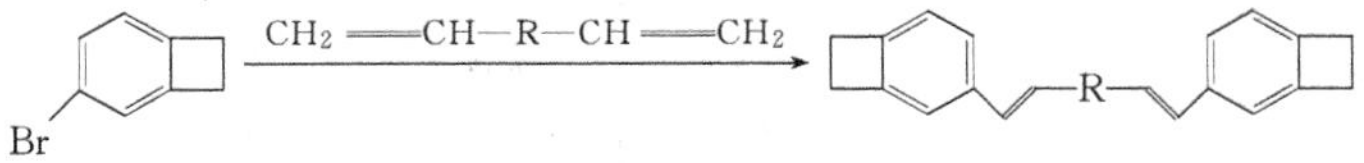

4-溴苯并环丁烯与间苯二酚、萘二酚的反应：

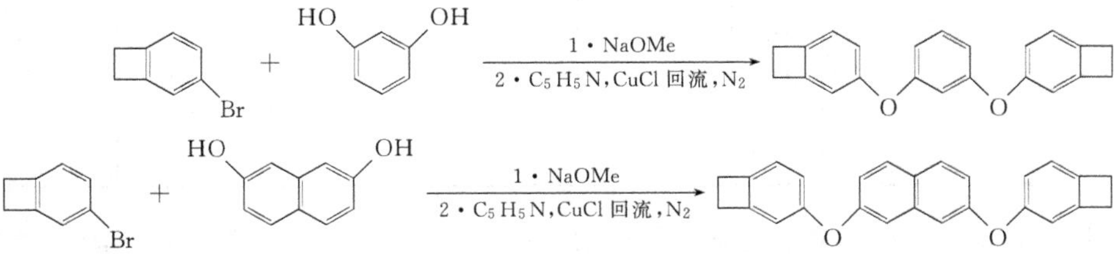

4-溴苯并环丁烯在四氢呋喃溶剂中，用 Mg 处理后容易生成格氏试剂，再与 H_3POCl_2 制备氧化膦双苯并环丁烯树脂。

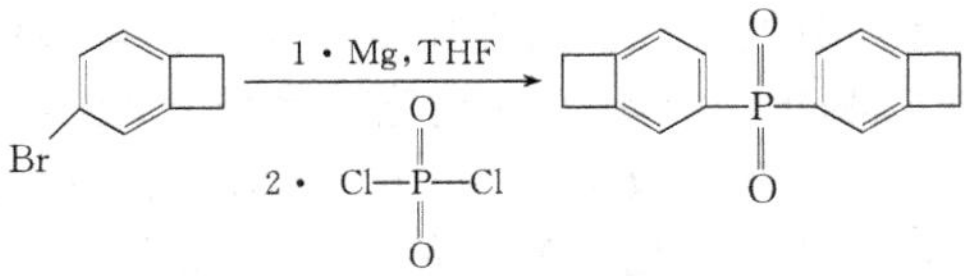

④ 4-羟基苯并环丁烯与二卤代化合物发生亲核取代反应，生成双苯并环丁烯树脂。例如 Marks 等用 4-羟基苯并环丁烯封端双酚 A 型聚碳酸酯制备可交联的热固性聚合物。

$$\text{(反应式)} \quad \xrightarrow[\text{NaOH/H}_2\text{O/CH}_2\text{Cl}_2]{\text{COCl}_2} \quad \xrightarrow[\text{NaOH/H}_2\text{O/CH}_2\text{Cl}_2]{\text{Et}_3\text{N/COCl}_2}$$

⑤ 苯并环丁烯与芳香二酰氯在路易斯酸催化下的反应。

$$\text{(反应式)} \quad \xrightarrow{\text{路易斯酸}}$$

10.3.2　苯并环丁烯树脂的性能

（1）双苯并环丁烯（BBCB）　双苯并环丁烯在 200℃ 以上发生开环聚合反应，其固化物的性能列于表 10-17。表中数据表明双苯并环丁烯固化物的玻璃化转变温度均高于 270℃，热分解温度均高于 380℃。固化物的力学性能优良，高温性能保留率为 50%。带酮基的双苯并环丁烯固化物可在 250℃ 下长期使用。大多数双苯并环丁烯固化物的耐溶剂性优良，不溶于有机溶剂，只有在少数溶剂中发生微小的溶胀。双苯并环丁烯的固化物的吸水率很低，常温下吸水率小于 0.5%。

表 10-17　双苯并环丁烯固化物的一些性能

性　　能		苯并环丁烯树脂				
		A	B	C	D	E
拉伸模量/GPa	(25℃)	2.49	2.66	—	—	—
	(250℃)	1.32	1.86	—	—	—
拉伸强度/MPa	(25℃)	99	27.6	—	—	—
	(250℃)	45	—	—	—	—
弯曲强度/MPa		—	—	152	—	—
弯曲模量/GPa	(25℃)	—	—	4.25	3.31	5.15
	(300℃)	—	—	0.18	—	—
断裂韧性 G_{IC}/(J/m²)		—	—	80		
热膨胀系数/(×10⁻⁶/℃)	($<T_g$)	4.10	8.00	3.5	6.5~7.0	2.7
	($>T_g$)	9.8	—	15	—	—
吸水量(100℃)/(%/h)		1.4/48	0.9/48	—	0.25/24	0.87/24
玻璃化转变温度 T_g/℃		>270	>270	310	—	—
介电常数	(1MHz)	—	—	—	2.57	2.7
	(10GHz)	—	—	—	2.55	—
介电损耗	(1MHz)	—	—	—	0.0008	0.0004
	(10GHz)	—	—	—	<0.002	—

（2）双苯并环丁烯与亲双烯树脂反应的共聚物　BBCB 可与许多具有不饱和基团的亲双烯树脂反应。最早研究的是 BBCB 与双马来酰亚胺（BMI）树脂的反应，实验结果表明 BBCB 与 BMI 反应形成的共聚物具有优良的抗老化性能，比 BMI 材料的抗老化性能要好得多。BBCB 与 BMI 共聚物的固化产物性能随 BMI 与 BBCB 的配比变化而变。典型树脂及其固化物的性能列于表10-18。由表可知 BBCB-1 及 BBCB-2/BMI 固化树脂的性能比较接近，室温下力学性能受湿度的影响均很小，即表明材料的吸水率比较低。BBCB-2/BMI 固化树脂的高温韧性比 BBCB-1 树脂要高，260℃ 下保留率达 85%。BBCB 化合物也能与双乙炔基化合物、二氰酸酯化合物等发

生反应，得到的共聚物的性能均比双乙炔基化合物、二氰酸酯化合物的均聚物的性能要好得多。

表 10-18　各种苯并环丁烯树脂及其固化物的性能

树　脂	BBCB-1[①]	BMI[②]	BBCB-2/BMI(1∶1)
外观	褐黄色粉末	黄色粉末	浅黄色粉末
T_g/℃	153	熔点 159	61
DSC 固化峰值温度(N₂,10℃/min)/℃	257	226	259
固化活化能/(kJ/mol)	132.6	—	159.8
固化热/(kJ/mol)	131.0±23.8	—	348.9±18.8
黏度/(×10¹Pa·s)	＞10³(RT)	—	400(185℃)
固化树脂外观	淡黄褐色	淡褐色	淡褐色
T_g(TICA)/℃	383	—	378
T_d(空气,10℃/min)/℃	430	468	430
热老化/(343℃,200h)	9%质量损失	—	15%质量损失
吸水性/%	3.5(100℃,＞600h)	—	4.1(71℃,600h)
拉伸强度(干)/MPa	70.3±10.3	—	75.2±9.7
拉伸模量(干)/GPa	3.17±0.14	—	3.03±-0.14
伸长率(干)/%	2.3±0.6	—	2.4±0.3
拉伸强度(湿)/MPa	66.9±12.6	—	67.6±6.9
拉伸模量(湿)/GPa	3.17±0.21	—	3.31±0.14
伸长率(湿)/%	2.2±0.4	—	1.9
断裂韧性(室温)/MPa·m¹ᐟ²	0.80±0.05	脆	0.80±0.04
断裂韧性(260℃)/MPa·m¹ᐟ²	0.55±0.05	—	0.68±0.05

① BBCB-1

其中 $n=0$，22%；$n=1$，20%；$n=2$，17%；$n=3$，12%；…

② BMI

（3）带亲双烯基团的苯并环丁烯　人们广泛研究的另一种结构 BCB 树脂为苯并环丁烯树脂上带有一个反应型不饱和基团的物质，称为 AB 型 BCB 树脂。

其中，R′为亲双烯基团，R 为连接基团。这类树脂把亲双烯基团接在 BCB 的分子上，这样，基团的反应配比可达到 1∶1 的准确计量，理论上分子间可发生 Diels-Alder 反应，可为制造高分子量的线型高分子提供方便。目前，研究的最多的亲双烯基团为乙炔基、乙烯基和马来酰亚氨基。

① 带乙炔基苯并环丁烯树脂　目前研究的几种乙炔基苯并环丁烯树脂见表 10-19 所列。DSC 研究表明带乙炔基苯并环丁烯化合物既可发生 Diels-Alder 反应，也可发生相同基团间的反应。但所研究的树脂熔点均较高，使材料的加工窗很小，不易制备复合材料。

② 带烯烃基的苯并环丁烯树脂　带烯烃基的苯并环丁烯化合物的熔点低于聚合温度，T_g 在 220℃左右，树脂的分子量不高（原因不详），且在 350℃只有短期的热稳定性。发生的主要的聚合反应为 Diels-Alder 反应，交联反应不易出现。体系中若加入双苯并环丁烯（BBCB）进行共聚，可大大改善树脂的性能，R 从 220℃可升高到 240℃，弯曲强度达 142.8MPa，模量 3.29GPa，断裂韧性 1.76MPa·m¹ᐟ²。随交联单体 BBCB 量的提高，力学性能提高，但韧性下降。

表 10-19　带乙炔的苯并环丁烯树脂的性能

单　　体	熔点/℃	T_g(DSC)/℃	恒温老化(重量保留率)/%
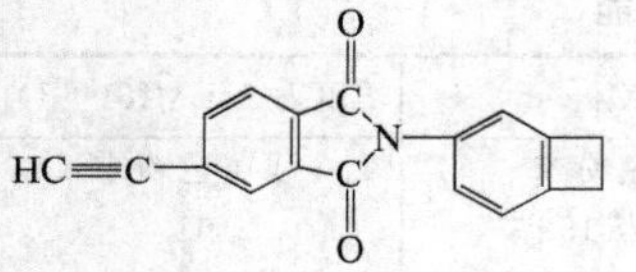 (结构式)	—	380	41
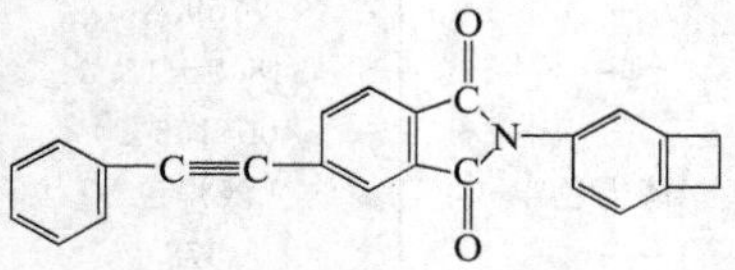 (结构式)	—	278	84
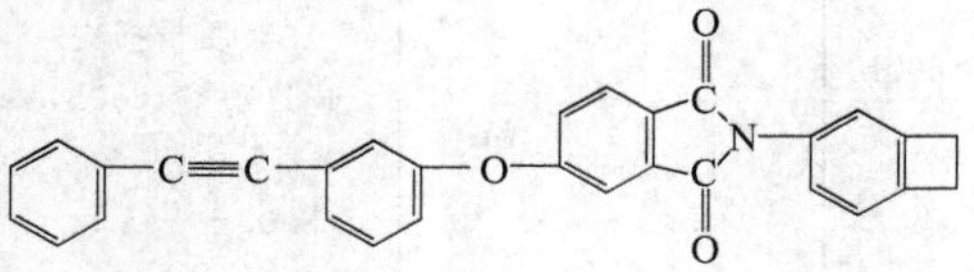 (结构式)	200	215	62
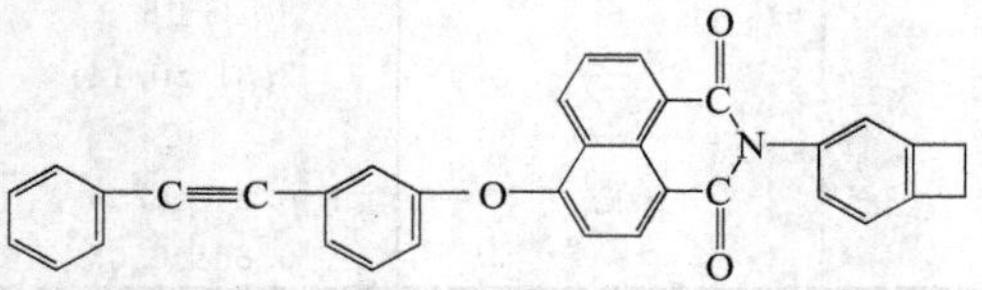 (结构式)	238	380	31

注：1. 样品固化温度：250℃/8h＋350℃/1h。
　　2. 热失重分析（TGA）：200h、343℃、空气。

③ 带马来酰亚氨基团的苯并环丁烯树脂　带马来酰亚氨基团的苯并环丁烯（BCB-MI）是这一系列化合物中最重要的一个，它能生成高分子量的均聚物，所得树脂固化物具有优良的热和力学性能，很有希望用在先进复合材料上。BCB-MI 在 220℃ 以下可在极性溶剂 NMP 中聚合，聚合时间过长就会沉积出来，形成不溶但能溶胀的固体或胶体。BCB-MI 也可以在更高温度下聚合（＞200℃），得到树脂固化物的温度都在 200℃ 以上，5% 热失重温度在 430～470℃ 之间，室温弯曲强度为 152～207MPa，弯曲模量为 3.08～3.71GPa，GIC 值表明这些树脂具有优良的韧性。从表 10-20 中可以看出，由对位连接的 BCB-MI 形成的树脂固化物具有较高的 T_g 和较低的断裂韧性。

典型的 BCB-MI 树脂固化物及其复合材料的性能见表 10-20 所列，固化物具有优良的热和力学性能，电学性能亦很好。采用 RTM 技术，制造碳纤维复合材料板，其性能也列于表 10-20 这种复合材料具有优良的力学性能，压缩强度可与典型的热塑性复合材料（300MPa）相媲美，在湿热条件下也有很高的保留率，它在 203℃ 下压缩强度保留率达 62%。由带亲双烯基团的苯并环丁烯化合物聚合而成的树脂固化物的力学性能取决于反应官能团的类型和官能团间的连接基团等，通过优化组合可获得综合性能优良的 BCB 树脂。

表 10-20　各种 BCB-MI 树脂固化物及其复合材料的性能

结　　构	熔点/℃	T_g/℃	T_d/℃	G/GPa	K_{Ic}/MPa·m$^{1/2}$	G_{Ic}/(J/m^2)
 (结构式)	77	287	—	—	—	—

续表

结　　构	熔点/℃	T_g/℃	T_d/℃	G/GPa	K_{Ic}/MPa·m$^{1/2}$	G_{Ic}/(J/m²)
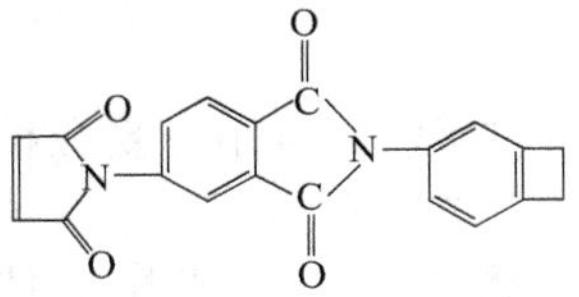 (结构式)	230	328	498(10%失重)	—	—	—
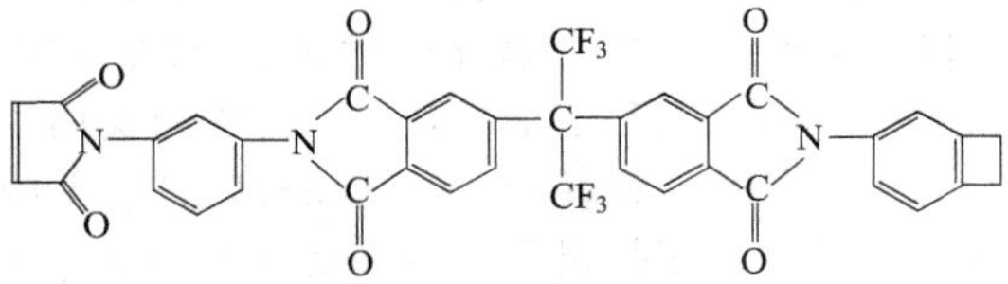 (结构式)	99	257	508(10%失重)	—	—	—
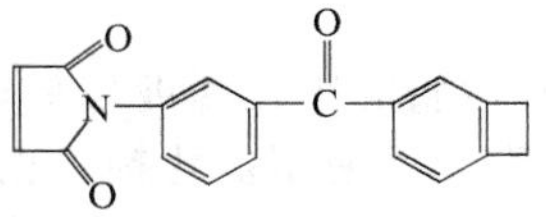 (结构式)	199	249	430	—	0.86	215
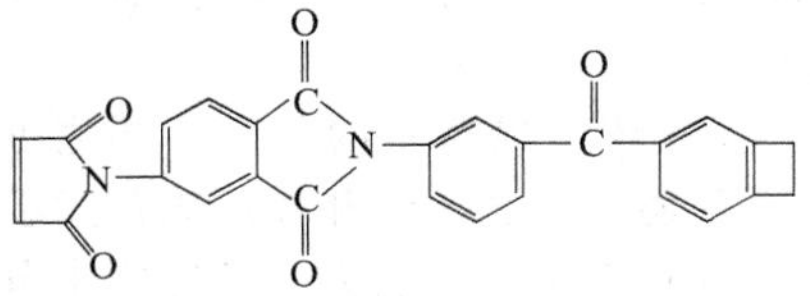 (结构式)	—	258	403	—	—	—
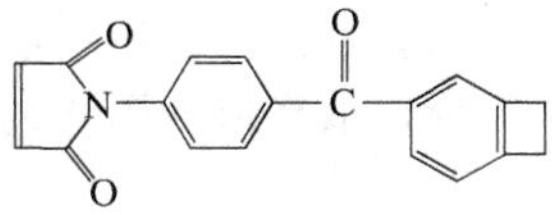 (结构式)	148	317	—	3.25	1.59	780
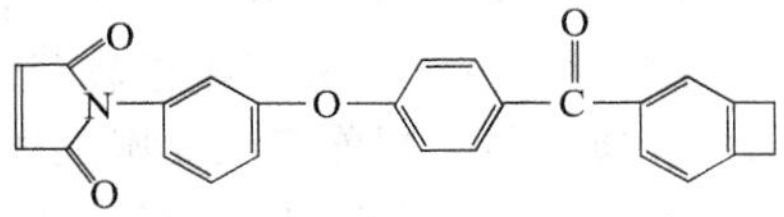 (结构式)	95	230	—	—	>2.57	>3000
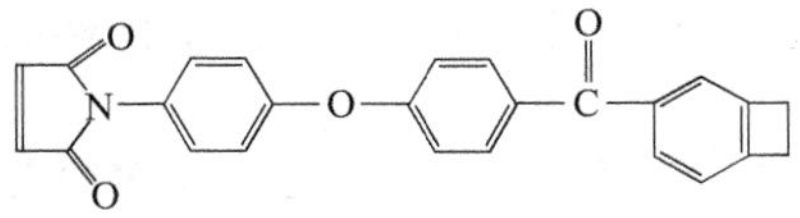 (结构式)	157	270	—	3.16	1.81	1330
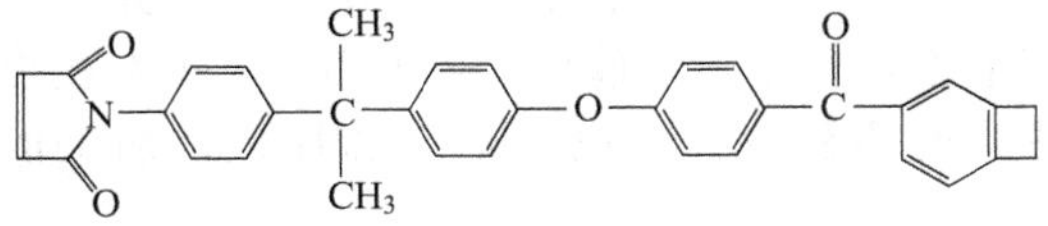 (结构式)	黏性液体	230	—	3.08	1.85	980
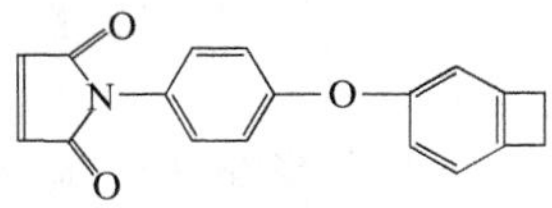 (结构式)	113	260	—	3.50	2.31	1530
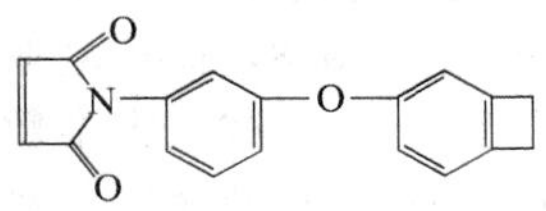 (结构式)	103	226	—	—	1.26	455
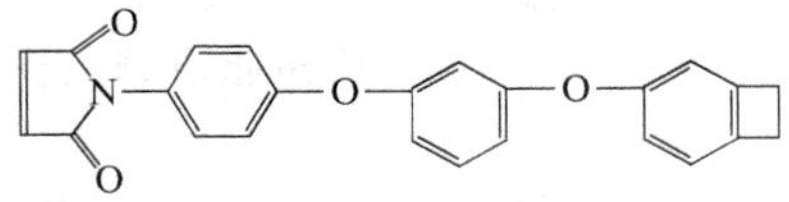 (结构式)	126	202	—	3.71	>2.75	>3000

综上所述，苯并环丁烯树脂是一类高活性的低聚物，可自固化或与亲双烯树脂发生共固化反应，形成高性能的材料。通过改变苯并环丁烯树脂结构、亲双烯树脂种类、配比等，可得到不同性能的材料，满足多种应用要求。随研究和开发工作的深入，其应用将越来越广。

10.3.3　苯并环丁烯树脂的应用

苯并环丁烯树脂具有优良的热性能及电学性能（介电常数小，介电损耗低），可用作复合材料的树脂基体或是耐高温绝缘材料，在航空航天工业及电子电气领域将获得广泛的应用。

（1）微电子工业的应用　微电子元件正趋向小型化、高速化、密集化，多芯片组件（multichip modules，MCM）的诞生和迅速发展，迫切需要新型的聚合物介电材料。MCM技术的核心是硅基板上的多层布线，其中绝缘介质十分关键，它在很大程度上决定了MCM的实用性和可靠性。理想的介电材料应具有以下性质：低介电常数、低介电损耗因子、高热稳定性、低吸水性、低膨胀系数，以及对金属及自身良好的黏结性等，苯并环丁烯树脂可以满足这些要求。苯并环丁烯类树脂具有独特的工艺特性如下。

① 固化特性　与聚酰亚胺固化需要280℃以上的高温条件相比，BCB树脂的固化温度较低，因而可相对减小应力作用，提高器件的可靠性。尤其是BCB树脂聚合过程无需使用催化剂，也不产生挥发性物质，这些特性对于基板的完整性是十分重要的。BCB类树脂提供了较宽的固化范围，其固化时间可在200℃下的数小时到300℃下的数秒钟进行选择和调整。

② 黏结性　树脂的黏结性能对多芯片组件工艺十分关键。苯并环丁烯树脂的与众不同之处在于其不但可利用通常的表面清洗与表面处理来增加黏结性，而且还可通过调整和控制固化过程来进一步提高黏结能力。由于苯并环丁烯聚合时分子稳定，其膜可附着于金属层上，且轮廓十分清晰，因而可在第一层苯并环丁烯膜固化完全之前，便涂覆第二层苯并环丁烯膜，此时在第一层苯并环丁烯膜中残留的未反应的分子，就与第二层苯并环丁烯膜产生化学键合，最终形成固化的整体。这种聚合物层间的黏结，可有效地抑制层间变形。

③ 抗吸湿性　苯并环丁烯的分子结构表明其具有憎水性。苯并环丁烯的吸水率小于0.25%，而聚酰亚胺的吸水率大约为0.5%～1.7%。采用聚酰亚胺作介质材料时，由于其分子极性较强，极易吸水，从而引起金属导体的腐蚀。若采用苯并环丁烯类树脂作介质材料，则能完全克服上述缺陷。苯并环丁烯膜固化时不用烘烤，可避免对导体的腐蚀和迁移等问题，只需用Cu作导体，而不需CrTi和Ti/W之类的载体金属作保护，大大简化了多芯片组件制作工艺，提高了器件的可靠性。

④ 热稳定性　多芯片组件制作工艺要求其介质材料在350℃下、2h内保持稳定。大多数芳香族聚酰亚胺加入抗氧剂或保护涂层后，在空气中及400℃的N_2中可以保持稳定。而苯并环丁烯树脂的热稳定性主要取决于结构中的取代基团，但它在固化中不加催化剂、也不产生挥发性物质，固化过程中重量损失很小，因此苯并环丁烯树脂的热稳定性足以满足多芯片组件加工的要求。

⑤ 膜保持性　由于苯并环丁烯树脂在固化过程中不产生挥发物，故其具有良好的膜保持性。在多芯片组件加工温度下，收缩率低于5%，而聚酰亚胺膜的收缩率大约25%。

⑥ 涂层的平整性　在多芯片组件工艺要求范围内，苯并环丁烯具有良好的平整性（80%～90%），而聚酰亚胺只有60%，故采用苯并环丁烯树脂作介质材料，可以获得理想的多层结构。

⑦ 介电性能　苯并环丁烯树脂的介电损耗在1kHz～1MHz范围内可小于0.0008，而聚酰亚胺在1kHz时的损耗为0.002。据报道，苯并环丁烯树脂在10GHz时的损耗低于0.002；大多数聚酰亚胺介电常数在3.2～3.4之间（1kHz），而苯并环丁烯树脂在1kHz～1MHz间的介电常数为2.7，且此值在25～200℃间几乎不变。当频率超过20GHz后，其室温下的介电常数为2.5。这种特性尤其适于高频电场，制作低电阻率、传输延迟小的电路。因此苯并环丁烯树脂卓越的介电性能大大地提高了线路板上信号的传播速度和传输质量。

由此可见，苯并环丁烯材料在高级微电子器件中，包括多层布线、铝及GaAs的介质内层、倒装焊的凸点及布线、CSP 封装、高频器件以及无源元件的埋置工艺等方面可以作为关键材料使用。苯并环丁烯树脂薄膜减轻了锡球连接处的机械压力并在裸片表面提供电气隔离。

在高级微电子器件中使用的苯并环丁烯树脂中，研究和应用最多的是双苯并环丁烯-二乙烯基四甲基硅氧烷（DVS-BCB）。该树脂为热固性，固化后具有高的玻璃化转变温度（＞350℃）、低介电常数（2.7，1MHz）、低损耗因子（0.0008）、低吸水性（24h 沸水中仅 0.25％）及良好的黏性。

（2）苯并环丁烯树脂在工程塑料中的应用 刚性棒状聚合物（如 PPTA，又称 Kevlar）虽然坚硬并具有高的拉伸强度，但由于其压缩强度较差，在复合材料中的粘接性也较差，并且环境对其蠕变有加速作用，故在使用上受到限制。抗压强度较差是由于缺少强的分子链间作用力。提高这种内部作用力的方法之一是在聚合物主链上引入可交联基团，但是交联基团不能影响材料原有的性质。最理想的是其交联温度高于加工温度且低于分解温度。

在 PPTA 上无规接枝上苯并环丁烯化合物，不仅交联点可以控制，而且除了引入四元环外，原有的力学性能不会受到显著影响。PPTA-COBCB 在取向及结晶度的控制方面均获得显著改善。由于苯并环丁烯在不加热时化学稳定，所以交联反应可在纤维纺丝后进行。该 BCB 聚合物材料的交联温度为 350℃，比普通 BCB 交联温度高 100℃，但高于溶液加工温度且低于降解温度（500℃），最后的交联产品不溶于浓硫酸。

（3）其他方面的应用 苯并环丁烯树脂还可在其他一些领域得到应用。例如，硅氧烷改性的双苯并环丁烯可作为粘接偶联剂；双苯并环丁烯树脂还可用作某些不饱和弹性体如 EPDM 的交联剂。此外，苯并环丁烯树脂具有生物相容性，可制得力学性能优良的医用制品如指关节、血泵等。随研究和开发工作的深入，其应用将越来越广。

10.4 聚酚酯

聚酚酯又称聚芳酯，是一类新颖的，耐高温热塑性塑料。国外于 1959 年开始有研究报道。它是以二元酚、二元羧酸为原料，经过缩聚反应而制得的。因此采用不同的二元酚和二元羧酸为原料，就可得到许多不同特点的聚酚酯。

聚酚酯中研究最多、性能优良而又较易工业化的是双酚 A 型聚酚酯，它是以双酚 A 和对苯二甲酰氯及间苯二甲酰氯为原料合成的。其结构式如图 10-7 所示。

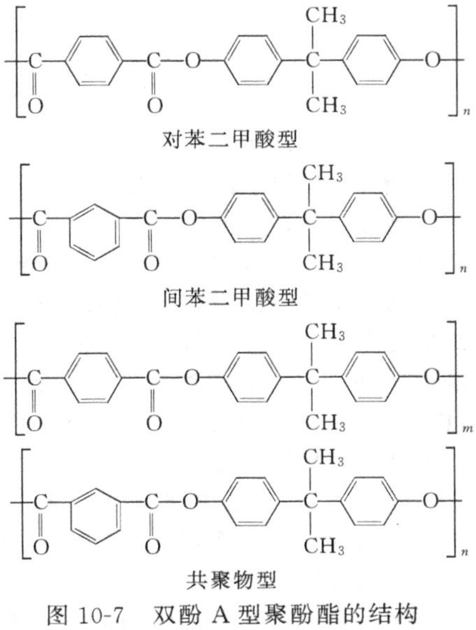

图 10-7 双酚 A 型聚酚酯的结构

双酚 A 型聚酚酯是一种性能较好的新型的热塑性工程塑料。

聚酚酯具有高的耐热性，可以在 150～180℃下长期使用，同时也有很好的耐寒性，其薄膜浸泡在液氮中（－196℃）外观无任何变化，取出后仍不脆。与聚碳酸酯薄膜比较，聚酚酯在宽广的温度范围内（－60～180℃）仍保持优良的电性能及力学性能，在 180℃高温下仍有较高的机械强度，聚碳酸酯在此温度下已不能使用。聚酚酯吸水性小，尺寸稳定、透明性高、化学稳定性好、能耐浓硝酸、盐酸、草酸、稀碱和汽油等及大多数无机、有机溶剂，但能溶于氯仿、二氯甲烷、二氯乙烷等氯代烃类。

聚酚酯的软化温度高，使用温度也高，但熔融黏稠度高，而且成型温度又往往在其分解温度附近，这给成型加工带来一定困难。但经研究认为，使聚合物长链的端基转换为较稳定的基团或加入少量添加剂可提高聚酚酯的热稳定性，这样就能较顺利地用一般注射成型法加工为膜制品。

共聚聚芳酯膜制品性能见表 10-21。

表 10-21　共聚聚芳酯膜制品性能（对/间＝50/50）

性能	单位	数值	性能	单位	数值
维卡耐热性	℃	200～210	抗拉强度	MPa	80～90
抗弯强度	MPa	100～120	断裂伸长	%	20
抗冲击强度	MPa	8	介电强度	kV/min	150～160
抗拉弹性模量	MPa	435	体积电阻率	$\Omega \cdot cm$	1.3×10^{17}

聚酚酯可根据使用的要求制成几微米到几百微米不同厚度的无色透明薄膜，也可以制成 H级耐高温绝缘薄膜、纤维。聚合物溶液可直接形成涂层用作耐高温绝缘漆、漆包线等。聚酚酯可制作成压敏胶带、磁带、仪器、容器及木材、金属与塑料的保护涂层，也可制成结构件。

10.5　聚酚氧

聚酚氧是美国 1962 年最初生产的一种热塑性塑料。

它的生产方法与合成环氧树脂的方法相似。双酚 A 和环氧氯丙烷在碱的作用下缩聚而成。

$$n HO-\!\!\!\bigcirc\!\!\!-\overset{\overset{CH_3}{|}}{\underset{\underset{CH_3}{|}}{C}}-\!\!\!\bigcirc\!\!\!-OH + nCl-CH_2-\overset{}{CH}-CH_2 + nNaOH \longrightarrow$$

$$n NaCl + n H_2O \left[O-\!\!\!\bigcirc\!\!\!-\overset{\overset{CH_3}{|}}{\underset{\underset{CH_3}{|}}{C}}-\!\!\!\bigcirc\!\!\!-OCH_2-CH-CH_2 \atop \underset{OH}{|} \right]_n$$

聚酚氧树脂的分子量约在 3 万以上，和环氧树脂的区别是大分子链末端无环氧基。但是，小于活性羟基的存在，能与多异氰酸酯类及酸酐、酚醛、脲醛、三聚氰胺、环氧树脂等交联而成热固性材料，其硬度、耐热性、耐溶剂性提高，并能大大提高它们的耐冲击性能。同时由于羟基存在，对金属及其他极性材料有很强的粘接力，并有良好的低温粘合能力。

这种树脂不仅刚性好，而且有韧性，其他各种力学性能、硬度均好，抗蠕变性好，尺寸稳定，模塑收缩率小，适合加工高精度零件。润滑性与尼龙相同，弹性与聚甲醛相当，强度与聚碳酸酯不相上下，而且还有较好的耐腐蚀性，在气体穿透率方面，对氧的穿透率是聚乙烯的 1/40，对水蒸气的穿透率与硬聚氯乙烯一样，作为被覆材料是很好的，总之聚酚氧是一种性能比较全面的工程塑料。聚酚氧耐热性不高，热变形温度仅为 80℃。

这种树脂能溶解于酮类溶剂（如甲乙酮）、乙二醇-乙醚、乙二醇-乙醚-酯的混合溶剂中，因此，在作胶黏剂和漆使用时要相应地选择合适的溶剂，并考虑干燥速度、表面质量以及价格等。它不能溶于醇类、烷基酯、氯化烃、脂肪烃等溶剂中。

使用喷涂的方法得到的聚酚氧树脂膜，有优良的耐药品性、密实性、耐冲击性、耐磨耗性，所以除了作金属底漆之外，还可作木材等多孔材料以及塑料薄膜的保护膜。

与环氧树脂、脲醛树脂、三聚氰胺树脂、酚醛树脂、苯并呋喃树脂有很好的相容性，可以共混改性而使用。

聚酚氧树脂广泛用于各工业部门中，特别是汽车工业，它可加工各种制件，吹塑成各种容器。

10.6　聚苯并咪唑

随着航天技术的发展，特别是航天器飞行速度和有效载荷与结构质量比的提高，耐高温先进复合材料正在成为最主要的航天结构新材料，尤其是耐 400℃以上高温的复合材料，其基体树脂必须具有非常优良的高温特性，而常规的耐高温树脂如双马来酰亚胺树脂、聚酰亚胺树脂已满足不了实际使用的要求，聚苯并咪唑（PBI）聚合物在 400℃以上仍然有非常优良的力学性能和电学性能，PBI 树脂玻璃纤维层压材料在 425℃具有良好的高温弯曲强度，现已成功地应用于中、高超音速飞行器的雷达天线罩、整流罩和尾翼、耐烧蚀涂层、印制线路板、宇宙飞船耐辐射材料、c 级电绝缘材料以及电子和微电子领域的 FPC 基材等。特别是在当今巡航导弹的飞行速度进一步提高（美国计划在 2010 年前后使巡航导弹的飞行速度达到 2720～3060m/s，而法国、俄罗斯和日本等国的巡航导弹速度争取达到 2040～2380m/s）的趋势下，耐高温的聚苯并咪唑复合材料将具有更为广阔的发展前景，因而在航空、航天、电子、微电子等领域具有极大广阔前景。

目前，国内陆伟峰等曾研究了高性能的聚苯并咪唑，已成功地合成出了 DAB、TADE、TADM 等重要的四胺单体，并开发出了 YXH-BF01、YXH-BI-02 等系列 PBI 树脂。

10.6.1　聚苯并咪唑树脂的合成

（1）熔融聚合方法　Vogel 和 Marvel 用熔融聚合的方法合成了一系列芳香族 PBI。首先将单体混合物加热到 250℃，反应有水和苯酚放出，黏稠的液体变成固体，然后将固体产物加热到 400℃，得到聚合物，为非晶聚合物，易溶于极性非质子溶剂。他们发现熔融聚合中只有以二酸二苯酯为反应物可得到高分子量的聚合物，但是这种聚合方法由于高温会导致单体的挥发而使得单体的配比改变，从而使得分子量分布变宽。将二酸单体直接用于聚合时易造成二酸单体的分解，因而得不到高分子量聚合物。

聚苯并咪唑的反应式示意如下：

R=—, O, CH_2　　X=H, CH_3, C_6H_5

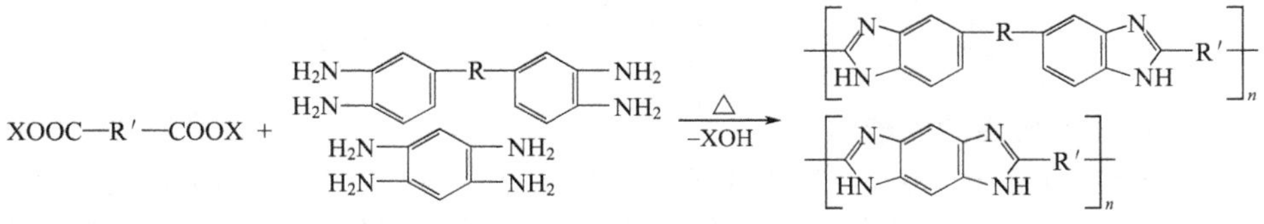

Marvel 等用芳香酸或羧酸酯来合成 PBI：

R=—, O, CH_2　　X=H, CH_3, C_6H_5

X=OH, O, OCH_3, NH_2, CN；R=H, C_6H_5

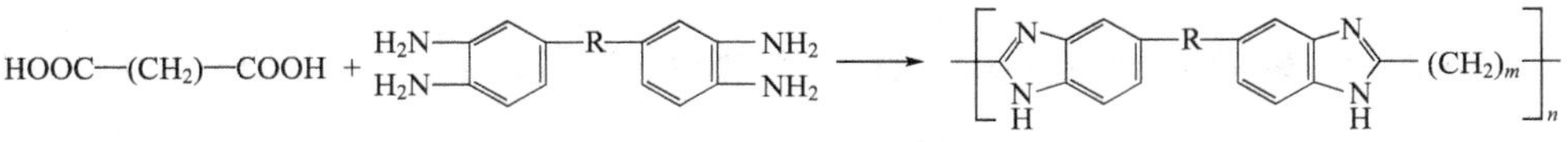

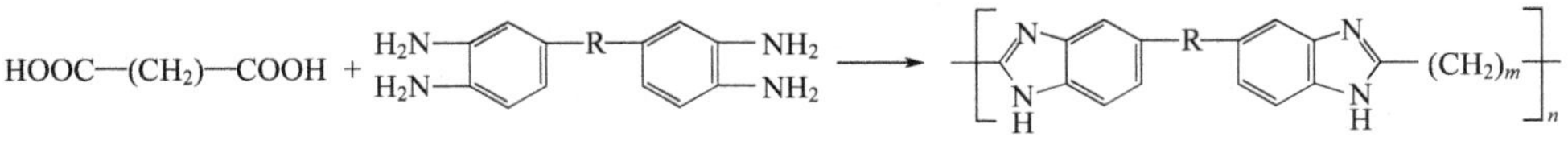

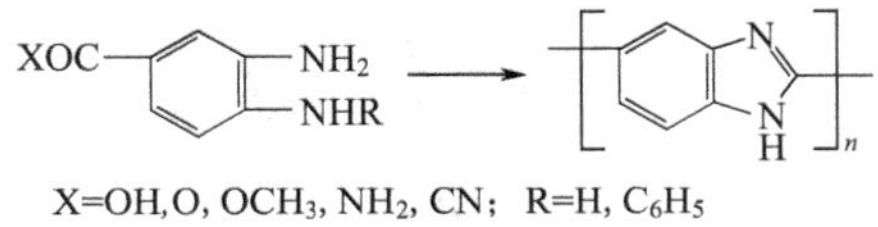

（2）溶液聚合法　Lwakura 等用间苯二甲酸单体和四氨基联苯（DBA）单体溶于多聚磷酸

（PPA），反应先在较低的温度下生成聚酰胺前驱体，然后提高反应温度到 200℃ 以上闭环，得到了高分子量的聚苯并咪唑。这种聚合方法成了最为普遍且实用的方法。商业化的聚苯并咪唑多采用这种方法聚合而成。

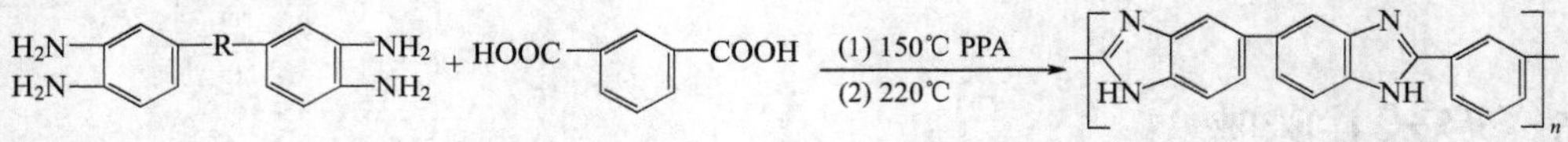

Ueda 等报道了以甲基磺酸/五氧化二磷（PPMA）为反应介质，在 140℃ 下进行聚合，得到了高分子量的聚合物。他们报道了用一系列二羧酸单体和联苯四胺在 PPMA 介质中进行聚合，得到一系列含有醚键的芳香型聚苯并咪唑。结果发现随着羧酸基酸性的增强，聚合反应活性相对降低。

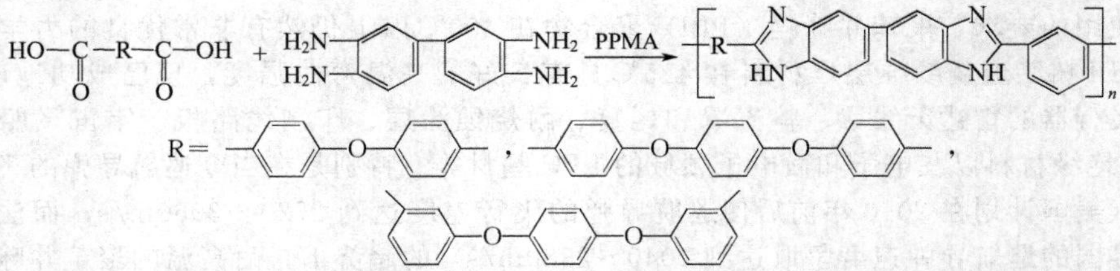

（3）反应机理　最典型的苯并咪唑由 3,3′-二氨基联苯二胺与间苯二甲酸二苯酯聚合反应合成。在反应过程中，1mol 反应物发生反应会生成 2mol 苯酚和 2mol 水。关于反应机理有两种解释。

① 最初人们认为首先是苯酯与胺进行胺解反应生成酰胺，在高温下，酰胺的羰基与邻位的氨基反应，脱去一分子水闭环形成咪唑环。

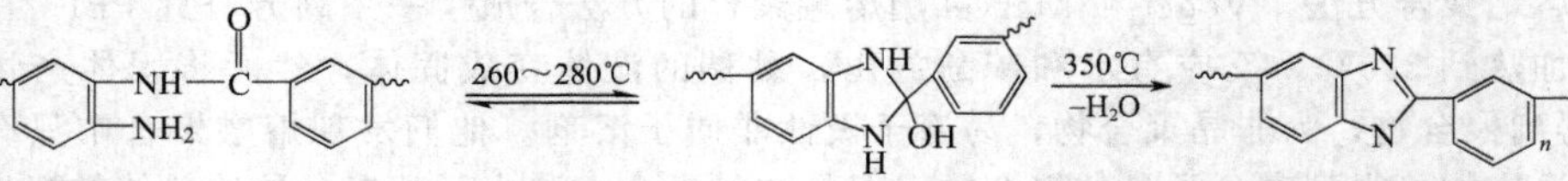

② 也有认为首先苯酯与氨基反应脱水生成 Shciff 碱结构的中间体，然后脱除苯酚闭环形成咪唑环。

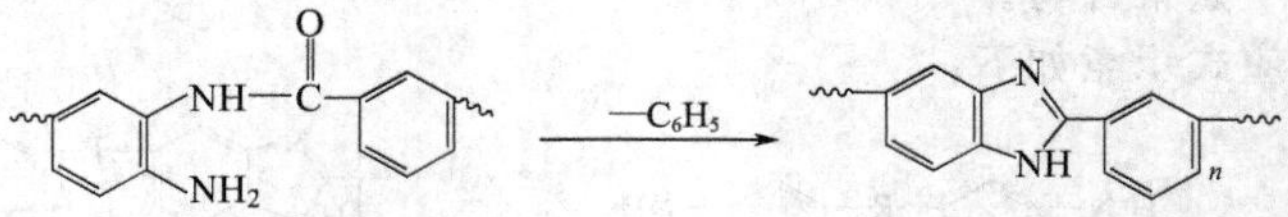

10.6.2　聚苯并咪唑树脂的性能

PBI 的热分解温度高于 600℃，而 N-取代的 PBI，热稳定性更高，图 10-8 为 N-取代的 PBI 的反应示意。但 PBI 的热氧化稳定性不及聚酰亚胺（PI），如 PBI/玻璃纤维层压板的弯曲强度是 PI/玻璃纤维的 2 倍，在 300℃ 保留 1000h 后，300℃ 下 PI 复合材料弯曲强度是 PBI 复合材料的 2 倍。

（1）耐热性能　聚苯并咪唑（PBI）树脂的耐热性能数值列于表 10-22 中。聚苯并咪唑树脂

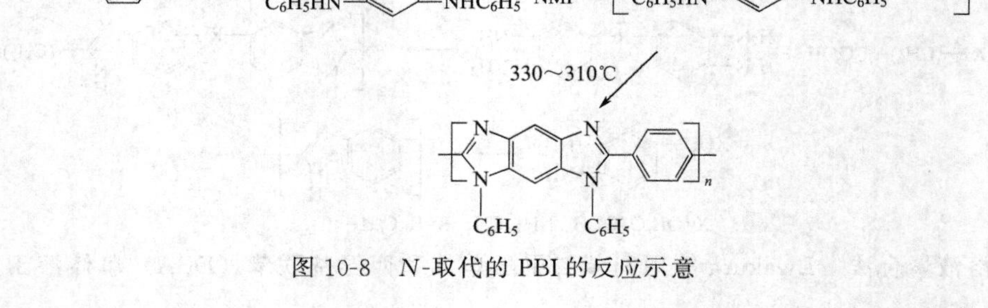

图 10-8　N-取代的 PBI 的反应示意

有极高的耐热性能，热变形温度比耐热性最高的聚酰亚胺树脂约高出 70℃，其玻璃化转变温度（T_s）和在大气中的热分解温度分别达到 427℃ 和 580℃，同时还是难燃，燃烧无烟的物质。

表 10-23 列出了一些聚合物的热稳定性，可以看出 PBI 的耐热性能较好。表 10-24 列出了一系列聚苯并咪唑树脂的结构与热稳定性的数据。

表 10-22 聚苯并咪唑（PBI）树脂耐热性能

耐热特性	测试方法	数值
热变形温度/℃	ASTM D648	435
玻璃化转变温度/℃	DMA 法	427
在大气中的热分解温度/℃	DMA 法	580
线膨胀系数(23～149℃)/[μm/(m·K)]		23
(149～299℃)/[μm/(m·K)]		33

表 10-23 聚合物的热稳定性比较

试验条件	热稳定性顺序
惰性气氛下	PBT≈PBI≥PI>PBO>PQ
氧化性气氛下	PBT>PBO>PI>PBI>PQ
等温失重(371℃,空气气氛)	PI>PBO>PQ>PBT>P-N-BI>PBI

注：PBT—聚苯并噻唑；PBI—聚苯并咪唑；PI—聚酰亚胺；PBO—聚苯并噁唑；PQ—聚苯并喹啉；P-N-BI—聚（N-苯基）苯并咪唑。

表 10-24 聚苯并咪唑树脂的结构和稳定性

四元胺结构	酸结构	熔点/℃	失重% 氮气气氛	失重% 空气气氛
3,4-二胺苯甲酸		>600	0.4	—
联苯	对苯二甲酸	>600	0	—
苯	对苯二甲酸	>600	1.0	—
联苯	间苯二甲酸	>600	0.4	5.2
苯	间苯二甲酸	>600	0.3	—
二苯醚	甲苯二甲酸	>400	—	—
联苯	苯二甲酸	>500	0.4	7.0
联苯	4,4'-氧二苯甲酸	>400	—	—
联苯	4,4'-联苯二甲酸	>600	0.8	—
联苯	2,2'-联苯二甲酸	430	8.0	—
联苯	己二酸	450	—	—
苯	己二酸	450	—	—

（2）力学性能 聚苯并咪唑树脂具有优良的力学性能，其压缩强度为 408MPa，可同大理石媲美，拉伸强度为 163MPa，与聚酰亚胺相近，弯曲强度 224MPa 也相当高。此外，聚苯并咪唑树脂又有非常高的表面硬度和较低的摩擦系数，不过其缺口冲击强度相对较低。表 10-25 列举了一个聚苯并咪唑模型化合物浇铸体的物理性能。表 10-26 列出了 PBI 树脂及其复合材料的低温力学性能。可见，PBI 树脂基复合材料具有优异的低温力学性能。

表 10-25 聚[2,2'-(m-亚苯基)-5,5'咪唑]浇铸体的物理性能

性能指标	性能数值	性能指标	性能数值
玻璃化转变温度/℃	435	抗压强度/MPa	455
拉伸强度/MPa	117～172	悬臂梁冲击强度(缺口)/(kN/m)	
拉伸模量/GPa	4.8～9.0	23℃时	0.26
压缩强度/MPa	—	160℃时	0.26
屈服强度/MPa	372	热变形温度(ASTM D64856)/℃	428～437

表 10-26　PBI 树脂及其复合材料的低温力学性能

测试温度/℃	黏结拉伸强度[①]/MPa	层压板材料		
		弯曲强度[②]/MPa	弯曲模量[②]/GPa	冲击强度(缺口)[③]/(cN/m)
23	26.2	698.5	28.3	17
−170	33.2	1248	48.3	—
−190	—	—	—	17
−252	39.2	1213.5	45.5	

① 17-7PH 不锈钢。
② AF-994 织物，HTS 处理。
③ 模压。

参　考　文　献

[1] 黄发荣. 苯并环丁烯聚合物材料. 航空材料学报，1998，18 (2)：53-62.

[2] 王靖. 苯并环丁烯及其树脂的合成及表征. 上海：华东理工大学出版社，2002.

[3] 黄发荣，沈学宁，张富新，王靖. 苯并环戊砜高温催化裂解制备苯并环丁烯的方法. 中国发明专利，CN 1470489A，2004.

[4] 王靖，沈学宁等. 苯并环丁烯及其材料. 玻璃钢/复合材料，2002，5：44-50.

[5] 丁孟贤，何天白编著. 聚酰亚胺新型材料. 北京：科学出版社，1998.

[6] 张庆余，韩孝族，纪奎江. 低聚物. 北京：科学出版社，1994.

[7] 陈祥宝等编著. 高性能树脂基体. 北京：化学工业出版社，1999.

[8] Tan L S, Arnold F E. Benzocyclobutene in polymer synthesis. Solid state Diels Alder polymerization utilizing an in situ generated diene and an alkyne EJ3-J. Polym. Sci. Part A：Polym. Chem.，19871 25：3159-3172.

[9] Kirchhoff R A, Bruza K J. Benzocyclobutenes：A new class of high performance polymers EJ J. Mac. Sci. Chem.，1991，A28 (11＋12)：1079-1113.

[10] 黄发荣，周燕. 先进树脂基复合材料. 北京：化学工业出版社，2008.

[11] 龚云表，石安富主编. 合成树脂与塑料手册. 上海：上海科学技术出版社，1993.

[12] Kroschwitz J I. High Performance and Composites, Encyclopedia Reprint Series. New York：John Wilev & Sons，1991.

[13] Sanjay K M. Composites Manufacturing：Materials, Products, and Process Engineering. Boca Raton：CRC Press，2002.

[14] 钱伯章. 特种工程塑料发展现状. 化工新型材料，2005，33 (1)：1-5.

[15] 钟道仙. 高性能工程塑料聚砜. 工程塑料应用，1996，24 (3)：55-57.

[16] 汪多仁. 聚砜的开发与市场应用前景. 塑料加工应用，1999，21 (3)：55-60.

[17] Zhao Y L, Jones W H, Monnat F, et al. Mechanisms of Thermal Decompositions of Polysulfones：A DFT and CBS-QB₃ Study. Macromolecules，2005，38 (24)：10279-10285.

[18] Schmidt W P, Wudl F A. Remarkably Thermally Stable, Polar Aliphatic Polysulfone. Macromolecules. 1998. 31 (9)：2911-2917.

第 11 章　聚合物基复合材料成型

11.1　概述

增强材料与聚合物基体材料只有通过成型工艺制成一定的复合材料，并完成产品的制造，才能反映出其真正优越的综合性能。因而，要根据产品形状和使用要求选择合适的成型方法；按照材料的力学性能和使用时允许的变形条件，决定增强纤维在基体中的排列规则和相对位置，将其合理地复合在聚合物基体中，并使之与聚合物基体保持一定的比例，然后选择基体固化的工艺参数。

聚合物基复合材料的制造大体应有如下过程：原辅材料的准备阶段，成型阶段，制件的后处理与机械加工阶段等。原辅材料是准备阶段包括：树脂、溶剂、固化剂、促进剂、填料和颜料等的配制；增强材料的处理及浸渍；模具的清理及涂覆脱模剂。成型阶段主要是采用某种成型方法而成型，并进行固化定型和脱模，得到初级制件；然后进行制件的后处理与机械加工（包括：制品热处理、加工修饰等）和检验，从而得到复合材料制品。

通过上述的过程，可以将各种组分复合转化为产品。在这个转化过程中，转化的难易程度和复合材料的质量是由材料的内在因素决定的。材料的这种内在的因素与外在的表现通常称为材料的工艺性。一般认为，在原辅材料确定后，工艺因素成为制备复合材料制品好坏的关键。

聚合物基复合材料制造方法很多，随着树脂基复合材料工业迅速发展和日渐完善。新的高效生产方法不断出现，在生产中采用的成型方法主要有：①手糊成型；②模压成型；③层压或卷制成型；④缠绕成型；⑤拉挤成型；⑥离心浇铸成型；⑦树脂传递成型；⑧夹层结构成型；⑨喷射成型；⑩真空浸胶成型；⑪挤出成型；⑫注射成型；⑬热塑性片状模塑料热冲压成型。上述⑪～⑬为热塑性树脂基复合材料成型工艺，分别适用于短纤维增强和连续纤维增强热塑性复合材料两类。

热固性树脂基复合材料的成型方法很多。但在实际生产中，各种成型方法所占的比例不同。聚合物基复合材料的制造方法很多，特别是其复合材料产品的成型方法，包含内容很广。限于篇幅本章主要介绍上述几种成型方法、工艺及设备。

11.2　手糊成型

手糊成型又称接触成型，是用纤维增强材料和树脂胶液在模具上铺敷成型，室温（或加热）、无压（或低压）条件下固化，脱模成制品的工艺方法。其工艺流程如图 11-1 所示。

手糊成型按成型固化压力可分为两类：接触压和低压（接触压以上）。前者为手糊成型、喷射成型。后者包括对模成型、真空成型、袋压成型、热压釜成型等。

手糊成型是复合材料最早的一种成型方法。虽然它在各国复合材料成型中所占比重呈下降趋势，但仍不失为主要成型方法。这是由于手糊成型具有下列优点：手糊成型不受产品尺寸和形状限制，适宜尺寸大、批量小、形状复杂产品的生产；设备简单，投资少，设备折旧费低；工艺简便；易于满足产品设计

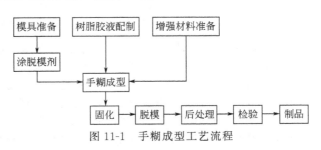

图 11-1　手糊成型工艺流程

要求，可以在产品不同部位任意增补增强材料；制品树脂含量较高，耐腐蚀性好。

手糊成型的缺点为：生产效率低，劳动强度大，劳动卫生条件差；产品质量不易控制，性能稳定性不高；产品力学性能偏低。

11.2.1 原材料选择

合理选择原材料是满足产品设计要求，保证产品质量，降低成本的重要前提。因此，必须满足下列要求：产品设计的性能要求；手糊成型工艺要求；价格便宜，材料容易取得。原材料选择一般包括：聚合物基体和增强材料的选择。

聚合物基体的选择应满足下列要求：能在室温下凝胶、固化，并在固化过程中无低分子物产生成；能配制成黏度适当的胶液，适宜手糊成型的胶液黏度为 $0.2 \sim 0.5 Pa \cdot s$；无毒或低毒；价格便宜。

手糊成型所用树脂类型不饱和聚酯树脂用量约占各类树脂的 80%，其次是环氧树脂。目前在航空结构制品上开始采用湿热性能和断裂韧性优良的双马来酰亚胺树脂，以及耐高温、耐辐射和良好电性能的聚酰亚胺等高性能树脂。它们需在较高压力和温度下固化成型。为调节树脂黏度，需加入一定量的稀释剂，同时也可增加填料用量。稀释剂分为活性稀释剂和非活性稀释剂两类。非活性稀释剂不参与固化反应，仅起降低黏度作用，一般加入量为树脂质量的 5% ～ 15%，在树脂固化时大部分逸出，从而增大了树脂固化收缩率，降低力学性能和热变形温度。活性稀释剂则参与树脂固化反应，对树脂固化后性能影响较小。活性稀释剂一般具有毒性，使用时必须慎重。有时为了降低成本改善树脂基体性能（如低收缩性、自熄性、耐磨性等），在树脂中加入一些填料，主要有黏土、碳酸钙、白云石、滑石粉、石英砂、石墨、聚氯乙烯粉等各种性能填料。在糊制垂直或倾斜面层时，为避免"流胶"，可在树脂中加入少量活性 SiO_2（称触变剂）。由于活性 SiO_2 比表面积大，树脂受到外力触动时才流动，这样在施工时既避免树脂流失，又能保证制品质量。同时，为使制品色泽美观，须在树脂中加入无机颜料。一般不使用有机颜料，因为在树脂固化过程中，有机颜料会使色泽变化。炭黑对复配树脂有阻聚作用，一般也不使用，色料一般与树脂混合制成颜料糊使用。

增强材料的选择：增强材料主要形态为纤维及其织物，它赋予复合材料以优良的力学性能。手糊成型工艺用量最多的增强材料是玻璃纤维，其次有碳纤维、芳纶纤维和其他纤维。

11.2.2 手糊成型模具与脱模剂

模具是手糊成型成型中唯一的重要设备，合理设计和制造模具是保证产品质量和降低成本的关键。

（1）模具结构与材料

① 模具结构 手糊成型模具分单模和对模两类。单模又分阳模和阴模两种，对模由阴、阳模两部分组成，如图 11-2 所示。

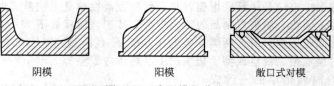

阴模　　　　　　阳模　　　　　敞口式对模

图 11-2 成型模具分类

② 模具材料 目前使用的最普遍的模具材料是玻璃钢。玻璃钢模具制造方便，精度较高，使用寿命长，制品可热压成型，尤其适用于表面质量要求高，形状复杂的玻璃钢制品。可供选用的其他模具材料有以下几类：木材，要求质地均匀不易收缩变形，常用木材有红松、杉木等。缺点是不耐久吸湿、不耐热，模具表面须进行封孔处理，适用于小批量生产的中小型制品，石膏和砂，比例一般为：砂：石膏＝1：8，加入 20% 水，混合均匀后制模。模具制造简单，造价低，但不耐用，易吸湿，模具表面也需进行封孔处理，适合量少或形状复杂制品。石蜡，浇铸成型，

可回收使用，适合形状复杂数量小的制品。可溶性盐，由磷酸铝（60％～70％）、碳酸钠（30％～40％）、偏硼酸钠（5％～8％）、石英粉（2％）等组分（质量比），加工成粉料压制烧结成型，在80℃水中能迅速溶解脱模，用于形状复杂不易脱模的制品。低熔点金属，由58％的铋与42％的锡（质量比）制成，熔点为135℃，制模周期短，可重复使用。金属，常用的有钢材、铸铝等（不能用铜），模具不变形，精度高，使用寿命在5万次以上，适用于大批量小型高精度制品，因制造周期长、成本高，应根据制品的各项成本费用以及销售量选择。

（2）脱模剂　为使制品与模具分离而附于模具成型面的物质称为脱模剂，其功用是使制品顺利地从模具上取下来、同时保证制品表现质量和模具完好无损。脱模剂的使用温度应高于固化温度。脱模剂分外脱模剂和内脱模剂两大类，外脱模利主要应用于手糊成型和冷固化系统，内脱模剂主要用于模压成型和热固化系统。此处仅介绍外脱模剂。

① 薄膜型脱模剂　主要有聚酯薄膜、聚乙烯醇薄膜、玻璃纸等，其中聚酯薄膜用量较大。应用聚酯薄膜，所得制品平整光滑，具有特别好的光洁度，缺点是价格较高，不能作曲面复杂的制品。薄膜厚度一般为0.04mm左右、普遍用来制作平板、波形瓦等形状简单、面积较大的制品，也用于储罐、容器等。聚乙烯醇薄膜柔韧、一般用于形体不规则、轮廓复杂的制品，如人体假肢制作及袋压法成型等。玻璃纸强度稍次于聚酯薄膜，能获得光洁的制品，多用于透明板材、波形瓦、袋压法生产板材的制品等。

② 混合溶液型脱模剂　此类脱模剂中聚乙烯醇溶液应用最多。聚乙烯醇溶液是采用低聚合度聚乙烯醇与水、酒精按一定比例配制的一种黏性透明液体。黏度为0.01～0.1Pa·s。干燥时间约30min，其配方见表11-1。最常用的为配方A。使用时一般需涂刷3遍。注意必须使其干燥完全，否则残存水将影响树脂固化。在100～150℃范围内脱模效果最好。聚乙烯醇溶液具有使用方便、成膜光亮、脱模件性能好，容易清洗，无腐蚀、无毒性、配制简单、价格便宜等优点。既可单独用又可和其他脱模剂复合使用。其缺点是环境湿度大时成膜周期长，影响生产周期。

表 11-1　聚乙烯醇脱模剂

原料＼配方　质量分数/％	A	B	C	D
聚乙烯醇	5～8	5	6～8	4
水	60～35	10	48	45
酒精	35～60	20	44	45
丙酮			5	
甘油		0.93		
乙酸乙酯		5		
硅消泡剂		0.07		
柏林蓝		0.015		
空气溶胶		0.035		
洗衣粉	少量			
合计	100～103	70.6	103～105	100

此外，混合溶液型脱模剂还有聚丙烯酰胺溶液（PA脱模剂）、醋酸纤维素溶液、硅油与硅橡胶脱模剂等。

③ 蜡型脱模剂　蜡型脱模剂（详见表11-2）使用方便，省工、省时、省料，脱模效果好，价格也不高，因此得到广泛的应用。

表 11-2　蜡型脱模剂

编号	名　称	产　地
1	多次脱模蜡 M-0811	美国 Megurars 公司
2	一次脱模蜡 M08811	美国 Megurars 公司
3	脱模蜡	日本竹内化成株式会社
4	多次脱模蜡	美国 Fmish Kare 公司
5	脱模蜡	常州助剂厂
6	脱模蜡	江阴第二合成化工厂

④ 脱模剂的复合使用 为了得到良好的脱模效果和理想的制品，常常同时使用几种脱模剂。这样可以发挥多种脱模剂的综合性能。例如：对于石膏模和木模，可采用漆片、过氯乙烯清漆或硝基喷漆封孔。以醋酸纤维作中间层、聚乙烯醇溶液作外层。其他如石蜡与聚酯薄膜，石蜡与聚乙烯醇溶液等也常常复合使用。

11.2.3 手糊工艺过程

（1）原材料准备

① 胶液准备 根据产品的使用要求确定树脂种类，并配制树脂胶液。胶液的工艺性是影响手糊制品质量的重要因素。胶液的工艺性主要指胶液黏度和凝胶时间。胶液黏度，表征流动特性；对手糊作业影响大，黏度过高不易涂刷和浸透增强材料；黏度过低，在树脂凝胶前发生胶液流失，使制品出现缺陷。手糊成型树脂黏度控制在 $0.2\sim0.8Pa \cdot s$ 之间为宜。黏度可通过加入稀释剂调节。凝胶时间，指在一定温度条件下，树脂中加入定量的引发剂、促进剂或固化剂，从黏流态到失去流动性变成软胶状态的凝胶所需的时间。它是一项重要指标，必须加以控制。手糊作业结束后树脂应能及时凝胶，如果凝胶时间过短，由于胶液黏度迅速增大，不仅增强材料不能被浸透，甚至发生局部固化，使手糊作业困难或无法进行。反之，如果凝胶时间过长，不仅增长了生产周期，而且导致胶液流失，交联剂挥发，造成制品局部贫胶或不能完全固化。但应注意，胶液的凝胶时间并不等于制品的凝胶时间。因为制品的凝胶时间除与引发剂、促进剂或固化剂用量有关外，还受胶液体积、环境温度与湿度、制品厚度与表面积大小、交联剂挥发损失和填料加入量等因素影响。

此外。为了使凝胶时间得到有效利用，配胶时应该将树脂与固化剂以外的组分先调好搅匀、在施工前加入固化剂中，搅匀后马上使用。

② 增强材料准备 手糊成型所用增强材料主要是布和毡。为提高它们同基体的黏结力，增强材料必须进行表面处理。例如，含石蜡乳剂浸润剂的玻璃布需进行热处理或化学处理。储运不受潮湿，不沾染油污，使用前要烘干处理。布的下料，对于结构简单的制件，可按模具型面展开固制成样板，按样板裁剪。对于结构形状复杂的制品，可将制品型面合理分割成几部分，分别制作样板，再校样板下料。

③ 胶衣糊准备 胶衣糊是用来制作表面胶衣层的。胶衣树脂种类很多，应根据使用条件进行选择。33#胶衣树脂，是有良好耐水性的间苯二甲酸型胶衣树脂。36PA 胶衣树脂，是制造不透明制品用的自熄性胶衣树脂。39#胶衣树脂，是间苯二甲酸-HKT 酸酐型耐热自熄性胶衣树脂。23#胶衣树脂，是新戊二醇型胶衣树脂。它具有耐水煮、耐热、不易污染及柔韧耐磨的特性。

（2）糊制

① 表面层 制品表面需要特制的面层，称为表面层。一般多采用加有颜料的胶衣树脂（俗称胶衣层）。也可采用加入粉末填料的普通树脂代替，或直接用玻璃纤维表面毡。表面层树脂含量高，故也称富树脂层。表面层不仅可美化制品，而且可保护制品不受周围介质侵蚀、提高其耐候、耐水、耐腐蚀性能、具有延长制品使用寿命的功能。胶衣层不宜太厚或太薄，太薄起不到保护制品作用；太厚容易引起胶衣层龟裂。胶衣层厚度控制在 $0.25\sim0.5mm$，或专用单位面积用胶量控制，即为 $300\sim500g/m^2$。胶衣层通常采用涂刷和喷涂两种方法。涂刮胶衣一般为两遍，必须待第一遍胶衣基本固化后，方能刷第二遍。两遍涂刷方向垂直为宜。待胶衣层开始凝胶时，应立即铺放一层较柔软的增强材料，最理想的为玻璃纤维表面毡。既能增强胶衣层（防止龟裂），又有利于胶衣层与结构层（玻璃布）的黏合。胶衣层全部凝胶后，即可开始手糊作业，否则易损伤胶衣层。但胶衣层完全固化后再进行手糊作业，又将影响胶衣层与制品间的黏结。涂刷胶衣的工具是毛刷，毛要短、质地柔软。注意防止漏刷和裹入空气。

② 铺层控制 对于外形要求高的受力制品，同一铺层纤维尽可能连续，切忌随意切断或拼接，否则将严重降低制品力学性能，但往往由于各种原因很难做到这一点。铺层拼接的设计原则

是：制品强度损失小，不影响外观质量和尺寸精度；施工方便。拼接的形式有搭接与对接两种，以对接为宜。对接式铺层可保持纤维的平直性，产品外形不发生畸变，并且制品外形和质量分布的重复性好。为不致将低接续区强度，各层的接缝必须错开，并在接缝区多加一层附加布，如图 11-3 所示。

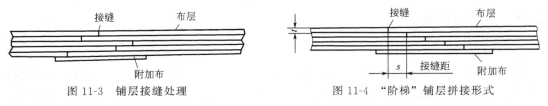

图 11-3　铺层接缝处理　　　　　　　　　图 11-4　"阶梯"铺层拼接形式

多层布铺放的接缝也可按一个方向错开，形成"阶梯"接缝连接，如图 11-4 所示。将玻璃布厚度 t 与接缝距 s 之比称为铺层锥度 z，即 $z=t/s$。铺层锥度：$t=1/100$ 时，铺层强度与模量最高，可作为施工控制参数。

由于各种原因不能一次完成铺层固化的制品、如厚度超过 7mm 的制品，若采用一次铺层固化，就会因固化发热量大，导致制品内应力增大而引起变形和分层。于是，需两次拼接铺层固化。先按一定铺层锥度铺放各层玻璃布，使其形成"阶梯"，并在"阶梯"上铺设一层无胶平纹玻璃布。固化后撕去该层玻璃布，以保证拼接面的粗糙度和清洁。然后再在"阶梯"面上对接糊制相应各层→补平阶梯面→二次成型固化，如图 11-5 所示。铺层二次固化拼接的强度和模量并不比一次铺层固化的低。此外，对于大表面制品，在铺敷最后（外）一层表面上覆

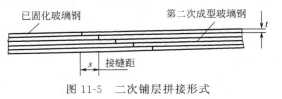

图 11-5　二次铺层拼接形式

盖玻璃纸或聚氯乙烯薄膜，使制品表面与空气隔绝，从而可避免空气中氧对不饱和聚酯胶液的阻聚作用，防止制品表面因固化不完全而出现发黏。

（3）固化　欲使树脂的线型分子与交联剂变成体型结构必须加入引发剂。引发剂是一种活性较大含有共价键的化合物，在一定条件下，它可以分解产生游离基。游离基是一种能量很高的活性物质，它能把双键打开，以游离基的聚合方式进行聚合，达到交联固化的目的。引发剂开始产生游离基的最低温度为临界温度，其临界温度大都在 60～130℃。引发剂产生游离基的能量为活化能。手糊成型大多是室温固化，因此，应选择活化能和临界温度较低的引发剂。固化过程可分为 3 个阶段：凝胶阶段、定型阶段（硬化阶段）、热化阶段（完全固化阶段）。手糊工艺过程就是宏观控制这三个阶段的微观变化使制品性能达到要求。

固化度表明热固性树脂固化反应的程度，通常用百分率表示。控制固化度是保证制品质量的重要条件之一。固化度愈大，表明树脂的固化程度愈高。一般通过调控树脂胶液中固化剂含量和固化温度来实现。对于室温固化的制品、都必须有一段适当的固化周期，才能充分发挥玻璃钢制品的应有性能。手糊制品通常采用常温固化。糊制操作的环境温度应保证在 15℃ 以上，湿度不高于 80%。低温高湿度都不利于不饱和聚酯树脂的固化。制品在凝胶后，需要固化到一定程度才可脱模。脱模后继续在高于 15℃ 的环境温度下固化或加热处理。手糊聚酯玻璃钢制品一般在成型后 24h 可达到脱模强度，脱模后再放置一周左右即可使用。但要达到高强度值，则需要较长时间，聚酯玻璃钢的强度增长，一年后方能稳定。

判断玻璃钢的固化程度，除采用丙酮萃取测定树脂不可溶部分含量方法之外，常用的简单方法是测定制品巴柯硬度值。一般巴柯硬度达到 15 时便可脱模，而尺寸精度要求高的制品，巴柯硬度达到 30 时方可脱模。

制品室温固化后，有的需再进行加热后处理。其作用：使制品充分固化，从而提高其耐化学腐蚀、耐候等性能；缩短生产周期，提高生产率。一般环氧玻璃钢的热处理温度可高些，常控制在 150℃ 以内。聚酯玻璃钢一般控制在 50～80℃ 之间。

　　玻璃钢制品从凝胶到加热后固化之间的时间间隔，对制品的耐气候性能影响很大，特别是后固化温度超过 50℃ 时更应注意。因此，在加热固化处理时应先将制品在室温下放置 24h。

　　加热处理的方式很多。一般小型制品可以在烘箱内加热处理；稍大一些的制品可在固化炉内热处理；大型制品多采用模具内加热或红外线加热等。

11.3　模压成型

11.3.1　概述

　　模压成型是将一定量的模压料放入金属对模中，在一定的温度和压力作用下固化成型制品的一种方法。在模压成型过程中需加热和加压，使模压料塑化、流动充满模腔，并使树脂固化。在模压料充满模腔的流动过程中，不仅树脂流动，增强材料也要随之流动，所以模压成型工艺的成型压力较其他方法高，属于高压成型。因此，它既需要能对压力进行控制的液压机，又需要高强度、高精度、耐高温的金属模具。

　　用模压法生产制品时，模具在模压料充满模腔之前处于非闭合状态。用模压料压制制品过程中，不仅物料的外观形态发生了变化，而且结构和性能也发生了质的变化。但增强材料基本保持不变，发生变化的主要是树脂，因此，可以说模压成型是利用树脂固化反应中各阶段的特性来实现制品成型的过程。当模压料在模具内被加热到一定温度时，其中树脂受热熔化成为黏流状态，在压力作用下，黏流树脂与增强纤维一道流动，直至填满模腔，此时称为树脂的"黏流阶段"。继续提高温度，树脂发生化学交联，分子量增大。当分子交联形成网状结构时，流动性很快降低直至表现一定弹性，称为树脂的"凝胶阶段"。再继续受热，树脂交联反应继续进行，交联密度进一步增加，最后失去流动性，树脂变为不溶不熔的体型结构，到达了"硬固阶段"。模压工艺中上述各阶段是连续出现的，其间无明显界限，并且整个反应是不可逆的。

　　模压成型优点：较高的生产效率，制品尺寸准确、表面光洁，多数结构复杂的制品可一次成型、无需有损制品性能的二次加工，制品外观及尺寸的重复性好，容易实现机械化和自动化等。模压工艺的主要缺点是模具设计制造复杂，压机及模具投资高，制品尺寸受设备限制，一般只适合制造批量大的中、小型制品。

　　由于模压成型工艺具有上述优点，已成为复合材料重要的成型方法之一。近年来由于片状模塑料（SMC）、块状模塑料（BMC）和各种模塑料的出现以及它们在汽车工业上的广泛应用，而实现了专业化、自动化和高效率生产。制品成本不断降低，其使用范围越来越广泛。模压制品主要用作结构件、连接件、防护件和电器绝缘件。广泛应用于工业、农业、交通运输、电气、化工、建筑和机械等领域。由于模压制品质量可靠，在兵器制造飞机、导弹、卫星上也都得到了应用。

　　模压成型按增强材料物态和模压料品种可分为下列几类。

　　① 纤维料模压　将预混或者预浸的纤维模压料装在金属模具中加热加压成型制品。其中强度短纤维预混料模压成型是我国广泛使用的工艺方法。

　　② 织物模压　将预先织成所需形状的两向、三向以及多向织物浸渍树脂后，在金属对模中加热加压成型。这种方法由于通过配制不同方向的纤维而使制品层间剪切强度明显提高，质量比较稳定，但成本高，此法适用于有特殊性能要求的制品。

　　③ 层压模压　将预浸胶布或毡剪成所需形状，经过叠层后放入金属对模中加热加压成型制品。它适于成型薄壁制品。

　　④ 碎布料模压　将预浸胶布剪成碎布块放入模具中加热加压成型制品。

　　⑤ 缠绕模压　将预浸渍的玻璃纤维或布带缠绕在一定模型上，再在金属对模中加热加压定型。这种方法适用于有特殊要求的制品及管材。

　　⑥ SMC模压　将 SMC 片材按制品尺寸、形状、厚度等要求裁剪下料，然后将多层片材叠合后放入模具加热加压成型制品。此法适于大面积制品成型，目前在汽车工业、浴缸制造等方面得到了迅速发展。

⑦ 预成型坯模压　先将短切纤维制成与制品形状和尺寸相似的预成型坯，然后将其放入模具中倒入树脂混合物，在一定温度压力下成型。它适用于制造大型、高强、异形、深度较大、壁厚均一的制品。

⑧ 定向铺设模压　将单向预浸料（纤维或无纬布）沿制品主应力方向取向铺设，然后模压成型。制品中纤维含量可高达 70%，适用于成型单向强度要求高的制品。

11.3.2　模压料

本节简要介绍最广泛的高强度短纤维模压料。

（1）原料　短纤维模压料的基本组分为：短纤维增强材料、树脂基体和辅助材料。

树脂整体方面应用最普遍的是各种类型的酚醛树脂相环氧树脂。酚醛树脂有氨酚醛、镁酚醛、钡酚醛、硼酚醛以及由聚乙烯醇缩丁醛改性的酚醛树脂等。环氧树脂有双酚 A 型、酚醛环氧型及其他改性型。

短纤维增强材料多为玻璃纤维、高硅氧纤维，也使用碳纤维、尼龙纤维以及两种以上纤维混杂材料。纤维长度多为 30～50mm。含量一般在 50%～60% 范围内（质量分数）。

辅助材料是为了使模压料具有良好的工艺性和满足制品的特殊性能要求。如改善流动性、尺寸稳定性、阻燃性、耐化学腐蚀性等，可分别加入一定量的辅助材料，如二硫化铜、碳酸钙、水合氧化铝、卤族元素等。

（2）短纤维模压料的制备与质量控制　短纤维模压料呈散乱状态，纤维无一定方向。模压时流动性好，适宜制造形状复杂的小型制品。它的缺点是：制备过程中纤维强度损失较大、比容大、模压时装模困难、模具需设计较大的装料室并需采用多次预压程序合模。模压料的工艺性主要为模压料的流动性、收缩率和压缩性。

11.3.3　SMC 成型

（1）成型过程　SMC 即片状模塑料（Sheet Molding Compound）。1953 年美国（Rubber 公司）首先发明不饱和聚酯树脂的化学增稠。1960 年西德（Bayer 公司）实现了 SMC 工业化生产。1970 年开始在全世界迅速发展。SMC 的发展已成为近 30 年来增强塑料（FRP）工业最显著的成就之一。

SMC 是用不饱和聚酯树脂、增稠剂、引发剂、交联剂、低收缩添加剂、填料、内脱模剂和着色剂等混合成树脂糊，浸渍短切玻璃纤维粗纱或玻璃纤维毡，并在两面用聚乙烯或聚丙烯薄膜包覆起来形成的片状模压成型材料。使用时，只需将两面的薄膜撕去，按制品的尺寸裁切、叠层、放入模具中加温加压，即得所需制品。

SMC 是干法生产 FRP 制品的一种中间材料。它与其他成型材料的根本区别在于其增稠作用。在浸渍玻璃纤维时体系黏度较低，浸透后黏度急速上升，达到并稳定在可供模压的程度。

SMC 的独具特点是重现性好。SMC 的制造不易受操作者和外界条件的影响。除此之外，SMC 还具有下列特点。①操作处理方便。由于增稠剂的化学增稠作用，使 SMC 处于不粘手状态，从而避免了一般预成型工艺那样的黏滞性所带来的麻烦。②作业环境清洁，大大改善了劳卫环境。③SMC 是一种能使玻璃纤维同树脂一起流动的材料，故可成型带有肋条和凸部的制品。④片材的质量均匀，适宜压制截面变化不大的大型薄壁制品。⑤SMC 成型品表面光洁度高。若采用低收缩树脂，则表面质量更为理想。⑥生产率高，成型周期短，成本低，易于实现机械化自动化。

（2）SMC 的种类　BMC 即块状模塑料（Bulk Molding Compound）与 SMC 的组成极为相似，是一种改良的预混块状成型材料，可用于压制和挤出成型。两者的区别仅在于材料形态和制作方法上。BMC 中纤维含量较低，纤维长度较短，填料含量较大，因而 BMC 的强度较 SMC 低。BMC 适用于制造小型制品，SMC 则用于生产大型薄壁制品。

TMC 即厚片状模塑料，其组成与制作同 SMC 类似。SMC 一般厚 0.63cm，而 TMC 厚度达 5.08cm。由于厚度增大，纤维随机分布，从而增强了物料混合效果，流动性提高了，改善了浸透性。由于聚乙烯薄膜用量的减少，从而降低了模塑料成本。自 1976 年 TMC 出现以来，已成为比 SMC 与 BMC 应用范围更广的模塑料。

结构 SMC 按纤维形态与分布不同可分为 SMC-R（纤维不规则分布）、SMC-C（连续纤维单向分布）、SMC-D（不连续纤维定向分布）以及 SMC-C/R、SMC-D/R。它们的纤维含量较高（质量含量达 30％～70％），大多在 50％以上。树脂采用高反应性的间苯二甲酸聚酯树脂，加有低收缩添加剂。由于纤维含量增加及纤维定向分布使这种 SMC 的强度得到很大提高。

SMC 分为 HMC 和 XMC 高强模塑料。HMC 是一种少加或不加填料，短切纤维含量达 60％～80％，玻璃纤维定向分布，树脂含量在 35％以下的片状模塑料。HMC 具有极好的流动性和成型表面，其制品强度是普通 SMC 制品的 3 倍。XMC 是一种含有 70％～80％定向连续玻璃纤维，20％～30％聚酯树脂，加适量或不加填料的片状模塑料。玻璃纤维以一定角度交叉布置，标准粗纱角度为 82°。XMC 的制造是在普通缠绕机上进行，达到所需厚度后，就在芯轴上切割开取下来，加上一层保护薄膜。其制品在一定方向的强度为钢材的 4 倍，而质量仅为钢材的 1/2。

LS-SMC（Lom Shrinkage-SMC）即低收缩 SMC。采用低收缩树脂或加入热塑性低收缩添加剂制造，成品收缩可趋于零，适于制造尺寸精度高和表面光洁度高的制品。

ITP-SMC（Interpeneterating Thickening Process-SMC）即渗透增稠片状模塑料。它不需要普通 SMC 所需的专门熟化室。而且，具有在室温下 24h 达到不粘手的特点。制品具有高度刚性、耐冲击性、尺寸稳定性的特点。

此外，SMC 的种类还有高弹 SMC、低密度 SMC、耐热 SMC 和耐燃 SMC 等。

SMC 由树脂糊（基体材料）和玻璃纤维（增强材料）组成。其中树脂糊由不饱和聚酯树脂及辅助剂（引发剂、交联剂及阻聚剂）、增稠剂、低收缩填充剂、填料、颜料、内脱模剂等组分构成。不饱和聚酯树脂、玻璃纤维和填料在通用 SMC 中占 95％以上。

（3）模压工艺　模压成型工艺流程因如图 11-6 所示。包括：①压制前的准备，模压料预热和预成型、装料量约估算、脱模剂的选用；②模压工艺过程，在模压过程中，油料宏观上历经黏流、凝胶和后固 3 个阶段。微观上分子链由线型变成了网状体型结构。这种变化不会自发进行，而需一定的外部条件——主要为温度、压力以及时间。将模压料高生产率压制成合格制品所需要的适宜外部工艺条件就是模压工艺参数。生产上称为压制制度，它包含温度制度和压力制度。

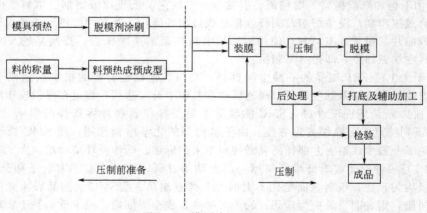

图 11-6　模压成型工艺流程

11.4　层压成型

11.4.1　概述

层压成型是指将浸有或涂有树脂的片材层组成叠合体，送入层压机，在加热和加压下，固化成型玻璃钢板材或其他形状简单的复合材料制品的一种方法。

早在 20 世纪 30 年代就开始用氨基树脂和植物纤维及矿物纤维复合，生产纸层压板、木质层压板、棉布层压板、石棉层压板和玻璃纤维层压板等制品。广泛用于各个工业技术部门。特别是电气工业、电讯器材制造业、船舶与汽车工业等部门。

随着科学技术的发展，各种高性能的增强材料与耐高温、耐腐蚀的合成树脂相继产生。加上高强度、高模量的碳纤维、硼纤维、芳纶（Kevlar）纤维和耐热性能好的聚酰亚胺和聚砜等树脂相继在层压制品中获得应用，使得纤维增强复合材料层压制品的性能得到很大的提高。其制品在汽车工业、电讯器材、船舶建筑、飞机制造和宇航等高技术领域内都获得了引人注目的应用效果。它已成为现代科学技术发展中不可缺少的一种新型的工程材料。

层压成型主要是生产各种规格、不同用途的复合材料板材。具有产品质量稳定等特点，但一次性投资较大。适用于批量生产，它具有机械化、自动化程度高的特点。

根据所用增强材料类别，层压板可分为纸层压板、木层压板、棉纤维层压板、石棉纤维层压板、玻璃纤维层压板、碳纤维层压板和 Kevlar 纤维层压板等多种。近年来还出现了用热塑性和热固性树脂复合型纤维层压板，用于组装备各类化工容器和建筑用水槽等。

纸层压板主要用于制造电绝缘部件（各种盘、接线板、绝缘线圈、垫板、盖板等）。除此之外，薄板可用于制造桌面板、装卸板、诊疗室、船舱、车厢、飞机舱、家具、收音机和电视机外壳等，由于纸层压板耐水性差，因此，不适合用于潮湿的条件，以免发生翘曲。

棉纤维层压板，也称棉布层压板。棉布层压板具有较高的物理力学性能，良好的耐油性，同时具有一定程度的耐水性。所以，在机械制造工业中多用来制造垫圈、轴瓦、轴承及皮带轮和无声齿轮等。

在相同的工作条件下，塑料齿轮较同样的钢齿轮的弹性大，抗腐性能良好，其磨损率小。棉布层压齿轮能长期用于飞机与汽车发动机的分配机构、减速器，以及功率在 100kW 以下的电动机传动装置。用棉布层压板制成的塑料轴承代替金属（巴氏合金与青铜）轴承，可节约电能 25%～30%，其本身使用寿命将增加数倍；而且能大大地降低机器轴颈的磨损。另外，棉布层压板制造的轴承也可在球磨机、离心泵、涡轮机及其他机器上使用。

玻璃纤维层压板是以玻璃纤维及其织物（玻璃布或玻璃纤维毡）为基础的层状板。玻璃纤维层压板可作为结构材料，用于飞机、汽车、船舶及电气工程与无线电工程等。

11.4.2　层压工艺

玻璃钢层压板生产的主要工序包括胶布裁剪、叠合、热压、冷却、脱模、加工和后处理等工序。层压工艺参数：热压成型时的温度、压力、时间是 3 个重要的工艺参数，三大工艺参数的选定主要取决于合成树脂的和固化特征。当然，温度、压力、和固化时间的选定，还应适当考虑制品厚度、大小及性能和设备条件等多种因素。

层压板的热压温度采用 5 个阶段的升温制度较为合理，如图 11-7 所示。

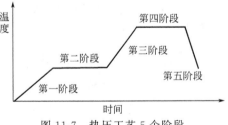

图 11-7　热压工艺 5 个阶段
的升温曲线示意

第一阶段：为预热阶段。一般从室温到开始显著反应时的温度。这一阶段称预热阶段。预热目的主要是使胶布中的树脂熔化，使挥发物跑掉。熔融树脂进一步浸渍玻璃布。此时压力一般为全压的 1/3～1/2。

第二阶段：为中间保温阶段。这一阶段的作用在于使胶布在较低的反应速度下进行固化。保温时间的长短主要取决于胶布老嫩程度以及板料的厚度。在这一阶段应密切注意树脂沿钢板边缘流出情况。当流出的树脂已经凝胶，即不能拉成细丝时，应立即加全压并随即升温。

第三阶段：为升温阶段。这一阶段的作用在于逐步提高反应温度，加快固化反应速度。一般来讲升温速度不宜过快。因为加热过快，则引起固化反应激烈，放热集中，在玻璃钢板树中容易产生缺陷，如裂缠、分层等。

第四阶段：为热压保温阶段。这一阶段的作用在于使树脂获得充分固化。所选择的温度主要取决于树脂的固化特性、时间和板材的厚度。

第五阶段：为冷却阶段。在保压的情况下，采用自然冷却或强制冷却到室温，而后去除压力取出制品。

11.4.3 层压设备

多层压机通常用于生产玻璃钢板材、片状或板状复合材料制品，为提高生产效率，一般采用

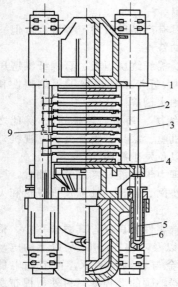

图 11-8　多层压机结构
1—上横梁；2—立柱；3—层压板；
4—工作台；5—侧工作缸；
6,8—柱塞；7—主
工作缸；9—条板

多层工作。每层间距一般在 100～300mm 之间。两动横梁与下横梁间的最大距离都很大。台面一般为 1m×2m，因而总压力都较高。

主要结构由主机、升降机、推拉机、工作台等组成。

（1）多层压机的特点

制品成型压力在 60～130MPa 范围。制品要求保压时间长，而运行速度慢。为便于操作、通常设计有装料、卸板、自动操作等辅助装置。其传动系统、一般采用下压式柱塞工作油缸，靠自重回程，以简化系统。这类液压机的各层次用加热板间隔，加热板一般采用蒸汽加热。

（2）多层压机的结构　图 11-8 为 10 层柱塞式下压式多层压机。其工作台 4 和柱塞 8 相连，工作台两侧由两个柱塞 6 支撑、它可升起工作台。主工作缸 7 和上横梁 1 用四根立柱 2 和螺母连接组成一个机架。层压机的工作压力是由主工作缸 7 中的油液借助工作柱塞 8 产生的。在上横梁和工作台之间安置多层活动条板，压制时，将坯料组成的叠合体送入条板之间即可。

11.4.4 玻璃钢卷管成型

（1）玻璃钢卷管成型过程及原理　卷管成型是使用玻璃胶布在卷管机上热卷成型玻璃钢管材的一种方法。其原理是借助卷管机上的热辊。将胶布软化，使胶布中树脂熔融。在一定张力作用下，辊筒在运转过程中，借助辊筒与芯模之间的压力，将胶布连续卷到管芯上，直到要求的厚度。经冷辊冷却定型，

从卷管机上取下送入固化炉固化。管材固化后，脱去管芯，即得到玻璃钢管材。其工作原理如图 11-9 和图 11-10 所示。

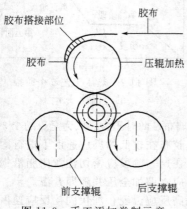

图 11-9　手工添加卷制示意

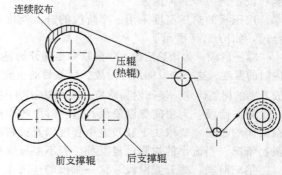

图 11-10　连续添加卷制示意

卷管分手工上布法和连续机械上布法。其基本过程是：首先清理各辊筒，然后将热辊加热到适当温度，调整好胶布张力。在不加压辊的情况下，在卷管机上将引头布先在涂有脱模剂的管子

芯模上卷制约一圈，然后放下压辊，将引头布贴在热辊上，同时再将胶布拉正，也盖贴在引头布的加热部分。与引头布搭接。引头布长度通常为 $80\sim120\mathrm{cm}$，视管材直径而定。而引头布与胶布的搭接长度，一般为 $15\sim25\mathrm{cm}$。在卷制厚壁管材时，可在卷制正常后，逐步将速度适当加快。在接近要求的壁厚时，再减慢车速，当厚度符合要求时，割断胶布。在保持压力的情况下，再空转 $1\sim2$ 圈，然后升起压辊，测量外径，合格者取出送固比炉固化成型。

（2）卷管成型设备　玻璃钢管的卷制成型常用三辊筒卷管机，其规格取决于其卷制管材的最大长度。按卷制长度，目前常用的卷管机有 1000mm、2000mm、6000mm 这 3 种规格。尽管其规格不同，但卷管机的结构和工作原理基本相同。图 11-11 为一个卷制外径 $\phi100\sim1000\mathrm{mm}$、长 2000mm 管材的卷管机结构简图。

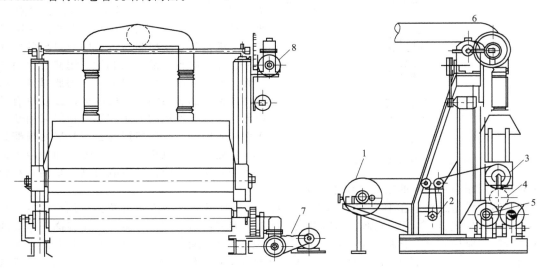

图 11-11　卷管机结构简图
1—胶布辊；2—张力控制装置；3—下压辊；4—管芯模具；5—两个托辊；
6—除尘装置；7—动力装置；8—下压辊替身电动机

11.5　缠绕成型

11.5.1　概述

将浸过树脂胶液的连续纤维或布带。按照一定规律缠绕别芯模上，然后固化脱模成为增强塑料制品的工艺过程，称缠绕成型。缠绕工艺流程如图 11-12 所示。

缠绕成型按工艺方法分类。①干法缠绕：选用预浸纱带（或预浸布带）。在缠绕机上经加热软化至黏流后缠绕到芯模上。由于预浸纱是由专用预浸设备制造的，能较严格地控制纱带的含胶量和尺寸，因此干法缠绕制品质量较稳定，并可大大提高缠绕速度，可达 $100\sim200\mathrm{m/min}$。缠绕设备清洁、卫生条件较好。但这种工艺方法必须另行配置胶纱（带）预浸设备，故设备投资较大。②湿法缠绕：将无捻粗纱（或布带）浸渍树脂胶液后直接缠绕到芯模上，无须另行配置浸渍设备，对材料要求不严，便于选材，故比较经济。但由于纱片浸胶缠绕，纱片质量不易控制和检验，同时胶液中尚存大量溶剂，固化时易产生气泡，缠绕过程中张力也不易控制。并对浸胶辊、张力辊等需要经常维护刷洗，一旦在某辊上发生纤维缠结就将影响整个缠绕过程进行。③半干法缠绕：将无捻粗纱（或布带）浸渍树脂胶液，预烘后随即缠绕到芯模上。与湿法相比，增加了烘干工序。与干法相比，无需整套的预浸设备，缩短了烘干时间，使缠绕过程可在室温下进行。这样既除去了溶剂，又减少了设备，提高了制品质量。纤维缠绕增强塑料制品的优点：比强度高；可靠性高；生产率高；材料成本低。

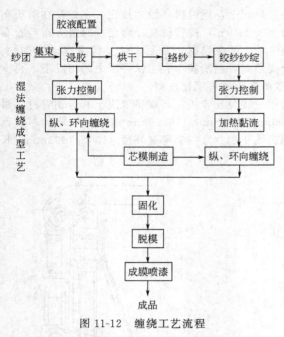

图 11-12　缠绕工艺流程

尽管如此，纤维缠绕成型也有一定的局限性。目前，缠绕成型还不能适用于任何结构形状的制品，必须借助缠绕机才能实现，而缠绕设备投资较大，只有大批量生产时，成本才能降低。

纤维缠绕所用原材料主要是纤维增强材料和树脂基体两大类。选择原则主要看缠绕制品的使用性能要求，即产品的各项设计性能指标、工艺性及经济性要求。增强材料一般是玻璃纤维，分为无碱、中碱无捻粗纱，高强纤维。此外，有碳纤维、芳纶纤维等。树脂基体，一般是指合成树脂与各种助剂组成的整体体系。复合材料制品的工艺性、耐热性、耐老化性及耐化学腐蚀性主要取决于树脂基体，而对力学性能的压缩强度、层向剪切强度也有重要影响。常温使用的内压容器，一般采用双酚A型环氧树脂；高温使用的容器则采用酚醛型环氧或脂肪族环氧树脂；一般管道和储罐多采用不饱和聚酯树脂；航空航天制品采用具有突出断裂韧性与耐湿热性能的双马来酰亚胺树脂。

纤维缠绕成型最早是在 1947 年美国开始研究的，当时用于生产 F-84 飞机的压缩空气瓶。从 20 世纪 60 年代开始，航天、导弹、军用飞机、水下装置就已提出了高强度、质量轻高压容器的要求。美国宇航局和空军材料实验室首次研制成功复合材料固体火箭发动机壳体，比普通合金属壳体轻 20％～50％。北极星 A3 导弹一、二级发动机壳体用纤维缠绕玻璃钢取代合金钢，质量减轻 45％，射程由 1600km 增至 4000km。由于制造工艺简化了，使生产周期缩短了 1/3，成本仅是金属合金的 1/10。此确立了纤维缠绕复合材料在现代武器和国防技术中的地位。美国研制的 MX 导弹发射装置中的石墨/环氧发射筒是迄今世界上制造的最大复合材料结构件（内径 4248.9cm、长 1404.6cm）、质量达 7257kg。

民用方面：主要产品是各种规格的管道和储罐。在化工、石油、环保、供热等领域获得广泛应用。

现在国际上缠绕工业明显分成两部分，即空间技术及民用部分。应用于空间技术的缠绕结构要求性能精度高，火箭发动机壳体是最具代表性的产品。例如美国 MX 导弹一、二级发动机，三叉戟导弹一、二、三级发动机，MX 导弹复合材料发射筒等。最常用的材料是 S 玻璃纤维/环氧树脂。

为满足航空航天工业发展的技术要求，高性能原材料和新工艺技术的研究开发正显露出勃勃生机。除传统采用的 S-玻璃纤维外，碳纤维、芳纶纤维开始成为主导增强材料。树脂整体方面，断裂韧性和湿热性能优异的双马来酰亚胺树脂，具有突出耐高温电气性能的聚酰亚胺树脂都已应用。耐高温（长期使用温度可达 300℃）热塑性塑料如聚醚醚酮、聚醚砜等。将碳纤维和聚醚醚酮（PEEK）纤维或者聚苯硫醚（PPS）纤维在电脑控制的缠绕机上形成缠绕结构，然后热压。热塑性的 PEEK 纤维（或 PPS 纤维）在碳纤维周围熔融成为基体。这种纤维增强热塑性复合材料的工艺过程，可使设备大大简化，而制品性能却大大提高。一种固态粉末预浸工艺，当树脂粉末颗粒在 5～10μm 时，便能确保树脂在纤维中充分分散并以最大润湿度浸润纤维表面。这样不仅使预浸渍工艺简化，更主要是大大提高预浸材料的质量和生产率。

缠绕工艺的民用部分发展也很快。其趋势是使用便宜的原材料，提高缠绕设备的效率来扩大应用范围。其主要产品是管道、储罐和压力容器。改进材料的防腐性能将扩大应用范围。近年来也出现一些新的缠绕成型方法，例如：内缠绕法、喷射缠绕法、金属钢带-树脂缠绕、现场缠绕法等。

11.5.2　芯模

为了获得一定形状和结构尺寸的纤维缠绕制品，必须采用一个外形同制品内腔形状尺寸一致的芯模。在制品固化后能把它脱下来而又不损伤缠好的制品。

（1）芯模材料　常用芯模材料石膏、钢、铝、低熔点金属和低熔点盐类（此两种材料国外较多用。制造芯模时将其熔化浇铸成壳体，脱模时加入热水搅拌溶解或用蒸气熔化）、木材、水泥、石蜡、聚乙烯醇、塑料等。

（2）芯模的结构形式

① 实心或空心整体式芯模，必须采用容易敲碎的材料；可按成易熔盐类，将其熔化用铸造法饶铸成壳体，脱模时加入热水溶解，低熔点金属，加热熔化铸造成空心壳体，脱模时采用蒸汽熔化之，由可熔或易熔黏结剂粘起来的集合体。

② 组合装配式芯模　有分瓣式、隔板式、捆扎式、框架装配式等。分瓣式如图 11-13 所示。采用弓形铝合金片构成回转体，外表面涂刮一层石膏层，并进行机械加工。

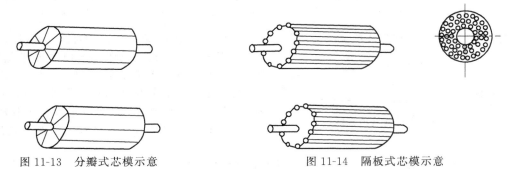

图 11-13　分瓣式芯模示意　　　　　　　图 11-14　隔板式芯模示意

隔板式如图 11-14 所示。采用石膏隔板支撑金属细管，捆扎后外表刮石膏，封头亦用石膏制作。框架装配式，全部采用金属构件装配，外表层副石膏。捆扎式如图 11-15 所示，用金属管捆扎成芯模，外表层刮石膏。

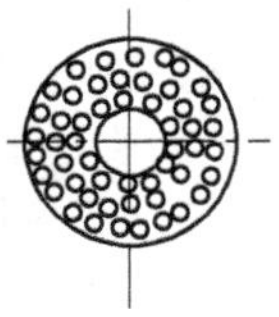

③ 石膏隔板组合式芯模　如图 11-16 所示。由芯轴、预制石膏板、铝管及石膏面层等部分构成。其特点为：成型工艺简单、成本低，适用于大型芯模，尺寸精度高。

图 11-15　捆扎式芯模示意

④ 管道芯模　通常分为整体式或开缩式两种。管径小于 800mm 管可采用整体式芯模。管径大于 800mm 的缠绕管采用整体式芯模脱模非常困难。通常采用开缩式芯模，如图 11-17 所示。芯模壳体是由经过酸洗的优质钢板卷制而成，并具有经过抛光的高精度表面。芯模有中心轴，沿轴一定距离有一组可伸缩辐条式机构支撑轮状环。用于支撑芯模外壳。脱模时，通过液压的机械装置，使芯模收缩并从固化的制品中脱下来、然后再将芯模恢复到原始位置。

⑤ 纤维缠绕定长管　由于生产过程是间歇的，为提高生产率采用了与缠绕机配套的多轴芯模。它有一个圆筒形的回转架。其上可同时装上 4-6 根相同或不同直径的芯模。回转架可使每一根芯模依次置于缠绕工位上进行缠绕、在回转架底座旁边有一个液压动力升降机、其功能机把脱模机对在正确位置上。这种多轴芯模装置可使缠绕过程的时间大大减少，从而使缠绕机生产率提高 3 倍，减少了生产占地并使产品质量稳定。

11.5.3　缠绕形式

（1）缠绕规律　所谓缠绕规律，是描述纱片均匀稳定连续排布芯模表面以及芯模与导丝头间运动关系的规律。纤维缠绕成型主要是制造压力容器和管道，虽然容器形状规格繁多，缠绕形式

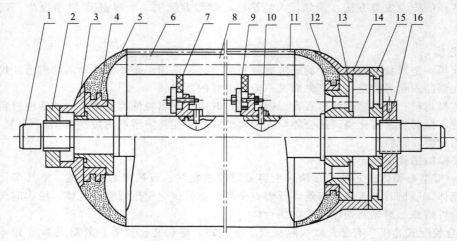

图 11-16　石膏隔板组合式芯模

1—芯轴；2,16—螺母；3—金属嘴；4—金属环；5—封头；6—圆筒（石膏）；7—隔板（GRP）；8—铝管；9—石膏板；
10—销钉；11—纸绳；12—封头（石膏）；13—轴套（不锈钢）；14—金属嘴（铝）；15—加紧盘

也千变万化。但是，任何形式的缠绕都是由导丝头（亦称绕丝嘴）和芯模的相对运动实现的。如果纤维无规则地乱缠，则势必出现或者纤维在纤维表面重叠，或者纤维滑线不稳定的现象。显然，这不能满足设计和使用要求的。因此，缠绕线型必须满足如下两点要求：纤维既不重叠又不离缝，均匀连续布满芯模表面；纤维在芯模表面位置稳定，不打滑。

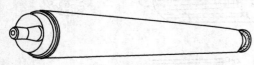

图 11-17　整体式管道芯模

（2）缠绕线型　缠绕线型的分类：可分为环向缠绕、纵向缠绕和螺旋缠绕 3 类。

① 环向缠绕　芯模绕自轴匀速转动，导丝头在筒身区间作平行于轴线方向运动。芯模转一周，导丝头移动一个纱片宽度（近似），如此循环，直至纱片均匀布满芯模筒身段表面为止。环向缠绕只能在筒身段进行，不能缠封头。

② 螺旋缠绕　芯模绕自轴匀速转动，导丝头依特定速度沿芯模轴线方向往复运动。纤维缠绕不仅在圆筒段进行，而且也在封头上进行。

③ 纵向缠绕　又称平面缠绕。导丝头在固定平面内作匀速圆周运动，芯模绕自轴慢速旋转。导丝头转一周，芯模转动一个微小角度，反映在芯模表面为近似一个纱片宽度。纱片依次连续缠绕到芯模上，各纱片均与极孔相切，相互间紧挨着而不交叉。纤维缠绕轨迹近似为一个平面单圆封闭曲线。

11.5.4　缠绕设备

（1）机械控制缠绕机　机械控制的缠绕机形式很多，而以卧式和立式应用最广。卧式（即小车环链式）的布局及运动形式与普通车床颇相似。芯模被夹持在主轴与尾座之间作旋转运动，导丝头随小车作平行于芯轴方向的往复运动。改变导丝头相对于主轴的运动速度（即速比），便可改变缠绕角和线型。而此速比的改变，是通过调节主轴至小车间的机械传动链来实现的。机械控制缠绕机的优点：制造成本低，结构简单，运行可靠，维修方便，易掌握操作。对于大批量定型民用产品的生产，仍不失为一种经济实用的设备。缺点：根据制品线型计算缠绕机传动系统的传动比较麻烦；调换齿轮和链条较费时费力；机器的灵活性差；当制品需要经常变化时，生产的准备时间过长；非线性缠绕的精度不高。

随着纤维缠绕复合材料制品应用范围的扩大，制品几何形状千变万化，设备使用灵活性渐为用户所重视。特别是应用在航空航天领域的高精度异型缠绕制品，机械控制缠绕机已不能满足生产要求。因此，出现了数字程序控制缠绕机和微机控制缠绕机。

（2）数字程序控制缠绕机　对于有封头的回转体制品，当缠绕筒身段时，芯模与小车间的速比是不变的，称为线性缠绕。而封头实现缠绕，由于缠绕角是变化的，则要求导丝头（小车）依特定规律作变速运动，这称为非线性缠绕。数字控制（缩写 NC）缠绕机，是将芯模的角位移量和导丝头（小车）的线位移量转换为电脉冲形式的数字信号进行控制。

（3）微机控制缠绕机　20 世纪 70 年代初出现用小型通用计算机控制设备的计算机数字控制（缩写 CNC）。它与数控相同，控制功能是靠事先存放在存储器里的系统程序来完成的。系统程序属于计算机软件，故而 CNC 又称为软件控制。改变软件容易，这就大大增加了设备的灵活性和适应性。廉价的微处理器与微型计算机的出现，使 CNC 迅速占领了数控领地。用微型机的CNC 又称 MNC，MNC 与缠绕机的结合使出现了微机控制缠绕机。

11.6　拉挤成型

11.6.1　概述

拉挤成型技术 1948 年起源于美国，20 世纪 50 年代末期趋于成熟。60 年代以后发展迅速，现已在美国、日本、德国、法国和瑞典等国家获得广泛应用。

进入 70 年代后，由于连续纤维毡和螺旋无捻粗纱机的出现，拉挤制品内简单的型材发展到可生产宽为 1m 以上的中空制品，由于高频加热和树脂固化体系的改进，生产速度可达 3～4m/min。传统拉挤工艺只能生产几何形状规整、大小尺寸不变的型材。而目前，美国已出现曲面型材的拉挤技术，其产品主要用于汽车制造业中。

从成型设备看，有立式拉挤成型机和卧式拉挤成型机两大类。国内拉挤成型工艺及设备研究起始于 70 年代，最初开展这项研究其设备仅能生产简单的棒材及型材。进入 80 年代，我国先后引进了国外拉挤技术及设备。目前空芯及实芯型材均可生产，制品在煤矿和石油工业等领域获得广泛的应用。

拉挤成型的优点：生产效率高，便于实现自动化；制品中增强材料的含量一般为 40％～80％，能够充分发挥增强材料作用，制品性能稳定可靠；不需要或仅需要进行少量后加工；生产过程中树脂损耗少；制品的纵向和横向强度可任意调整，以适应不同制品的使用要求；其长度可根据需要定长切割。

拉挤制品的主要应用领域如下。①耐腐蚀领域，主要用于上、下水装置。工业电水处理设备、化工挡板、管路支架以及化工、石油、造纸和冶金等工厂内的栏杆、楼梯、平台扶手等。②电工领域，主要用于高压电阻保护管、电缆架、绝缘梯、绝缘杆、电杆、灯柱、变压器和电机的零部件等。③建筑领域，主要用于门、窗结构用型材，桥梁、栏杆、帐篷支架、天花板吊架等。④运输领域，主要用于卡车构架、冷藏车厢、汽车簧板、刹车片、行李架、保险杆、船舶甲板、电气火车轨道护板等。⑤运动娱乐领域，主要用于钓鱼竿、弓箭杆、滑雪板、撑竿跳杆、曲辊球辊、活动游泳池底板等。⑥能源开发领域，主要用于太阳能收集器、支架、风力发电机叶片和抽油杆等。⑦航空航天领域，如宇宙飞船天线绝缘管、飞船用电机零部件等。

目前，随着科学和技术的不断发展，拉挤成型正向着提高生产速度、热塑性和热固性树脂同时使用的复合结构材料方向发展。生产大型制品，改进产品外观质量和提高产品的横向强度都将是拉挤成型工艺今后的发展方向。

11.6.2　拉挤成型原理及过程

拉挤是指玻璃纤维粗纱或其织物在外力牵引下，经过浸胶、挤压成型、加热固化、定长切割、连续生产玻璃钢线型制品的一种方法。它不同于其他成型工艺的地方是外力拉拔和挤压模塑，故称拉挤成型工艺。

抗挤成型工艺流程如下：

玻璃纤维粗砂排布→浸胶→预成型→挤压模塑及固化→牵引→切割→制品

图 11-18 为卧式拉挤成型工艺原理。无捻粗纱纱团被安置在纱架 1 上，然后引出通过导向辊和集纱器进入浸胶槽，浸渍树脂后的纱束通过预成型模具，它是根据制品所要求的断面形状而配置的导向装置。如成型棒材可用环形栅板；成型管可用芯轴；成型角形材可用相应导向板等。在预成型模中，排除多余的树脂，并在压实的过程中排除气泡。预成型模为冷模，有水冷却系统，产品通过预成型后进入成型模固化。成型模具一般由钢材制成，模孔的形状与制品断面形状一致。为减少制品通过时的摩擦力，模孔应抛光镀铬，如果模具较长，可采用组合模，并涂有脱模剂。成型物固化一般分两种情况：一是成型模为热模，成型物在模中固化成型；另一种是成型模不加热或给成型物以预热，而最终制品的固化是在固化炉中完成。图 11-18 所示原理是制品在成型中模塑固化，再由牵引装置拉出并切割成所要求的长度。

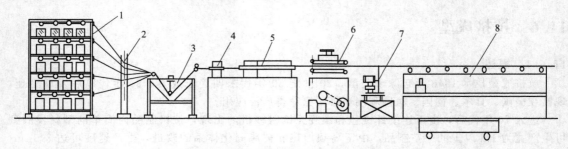

图 11-18 卧式拉挤成型工艺过程原理

1—纱架；2—排纱器；3—胶槽；4—预成型模；5—成型固化模；
6—牵引装置；7—切割装置；8—制品托架

11.6.3 拉挤成型工艺

拉挤成型工艺根据所用设备的结构形式可分为卧式和立式两大类。而卧式拉挤成型工艺由于模塑牵引方法不同，又可分为间歇式牵引和连续式牵引两种。由于卧式拉挤设备比立式拉挤设备简单，便于操作，故采用较多，现分述如下。

（1）间歇式拉挤成型工艺 所谓间歇式，就是牵引机构间断工作，浸胶的纤维在热模中固化定型。然后牵引出模。下一段浸胶纤维再进入热模中固化定型后，再牵引出模。如此间歇牵引，而制品是连续不断的，制品按要求的长度定长切割。

间歇式牵引法主要特点是：成型物在模具中加热固化，固化时间不受限制；所用树脂的范围较广。但生产效率低，制品表面易出现间断分界线。若采用整体模具时，仅适用于生产棒材和管材类制品；采用组合模具时，可配有压机同时使用。而且制品表面可以装饰，成型不同类型的花纹。但控制型材时，其形状受到限制，而且模具成本较高。

（2）连续式拉挤成型工艺 所谓连续式，就是制品在拉挤成型过程中，牵引机构连续工作。

连续式拉挤工艺的主要特点是：牵引和模塑过程是连续进行的，生产效率高。在生产过程中控制胶凝时间和固化程度、模具温度和牵引速度的调节是保证制品质量的关键。此法所生产的制品不需二次加工，表面性能良好，可生产大型构件，包括空心型等制品。

（3）立式拉挤成型工艺 此法是采用熔融或液体金属代替钢制的热成型模具。这就克服了卧式拉挤成型中钢制模具价格较贵的缺点。除此之外，其余工艺过程与卧式拉挤完全相同。立式拉挤成型主要用于生产空腹型材。因为生产空腹型材时，芯模只有一端支撑，采用此法可避免卧式拉挤芯模悬壁下垂所造成的空腹型材壁厚不均等缺陷。

值得注意的是：由于熔融金属液面与空气接触而产生氧化，并易附着在制品表面而影响制品表观质量。为此，需在槽内金属表面上浇注乙二醇等醇类有机化合物作保护层。

以上 3 种拉挤成型法以卧式连续拉挤法使用最多、应用最广。目前国内引进的拉挤成型技术及设备均属此种工艺方法。

(4) 拉挤成型用原材料

① 树脂基体　拉挤制品所用树脂主要有不饱和聚酯树脂、环氧树脂和乙烯基酯树脂等。其中不饱和聚酯树脂应用最多，大约占总用量的 90%。

热塑性的聚丙烯、ABS、尼龙、聚碳酸酯、聚砜、聚醚砜、聚亚苯基硫醚等用于拉挤成型热塑性玻璃钢可以提高制品的耐热性和韧性，降低成本。

② 增强材料　拉挤成型所用增强材料绝大部分是玻璃纤维，其次是聚酯纤维。在宇航、航空领域、造船和运动器材领域中，也使用芳纶纤维、碳纤维等高性能材料。而玻璃纤维中，应用最多的是无捻粗纱。所用玻璃纤维增强材料都采用增强型浸润剂。

11.7　离心法成型

11.7.1　概述

离心法复合材料管的生产起源于欧洲。至今已有 30 多年的历史，在瑞士、英国、意大利、日本、澳大利亚、法国和美国均有工厂生产，目前世界已有 3000 多公里离心玻璃钢管在使用。到 20 世纪 90 年末美国已安装了 250000m 离心玻璃钢管。离心法制管工艺早已在我国的钢筋混凝土管生产中得到广泛应用，但在玻璃钢管生产中应用此法，国内尚处于研究阶段。近年来很多厂家都想引进这项技术，目前尚未成功。

离心法成型是将树脂、玻璃纤维和填料按一定比例加入到旋转的模具内，依靠高速旋转产生的离心力，使物料在模内挤压密实，固化成型的一种方法。离心法成型管分为压力管（又分外压管和内压管）和非压力管两大类。离心玻璃钢管的优点很多：与普通的钢管和混凝土管相比，其强度高、质量轻、防腐、防锈、耐磨（是石棉水泥管的 5～10 倍）、使用寿命长，综合造价比钢管低（特别是大口径管）等；与缠绕玻璃钢管比，它具有强度高、刚性大、成本低（可掺加大量砂子填料），可以设计成三层结构，具有和缠绕玻璃钢管相同的防腐蚀功能。此外，离心制管工艺还具有质量稳定、原材料损凝少等优点。其综合成本低于钢管，而玻璃钢缠绕管的综合成本则比钢管高出 30%～50%。离心管的刚度大，可以埋深 15m，并可承受真空和负压。离心管的应用前景十分广阔，凡是玻璃钢缠绕管应用的地方它都可以使用，只是要充分注意到它比玻璃钢缠绕管的质量大、刚度高和成本低这几个特点。离心管的应用范围包括：污水管、下水管主干线、给水管主干线、盐水管、工业废水管线、油田注水管、灌溉、排泄、地热管线等。

11.7.2　工艺过程

离心法制造玻璃钢管的工艺过程如图 11-19 所示

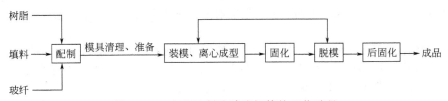

图 11-19　离心法制造玻璃钢管的工艺过程

(1) 配料　配料工序包括原料选择、称量、混合等过程。树脂和填料的混合，一般选用强制式搅拌机。

(2) 模具准备　模具准备包括清洗、涂脱模剂（可采用硅油）。特殊需要时，可在模具表面做胶衣层。

(3) 旋转模具　将准备好的模具吊到离心机上，使其按要求的转速旋转。

(4) 加料　通过灌注、喷丝、振动及伸臂等装置，将树脂、纤维和填料加入到旋转的模具内，每次厚度为 0.5～1mm、保证铺料均匀，树脂浸透纤维和使各种物料在凝胶时排除气泡，达到密实。

（5）固化　固化应在旋转的模内进行，当树脂完全凝胶后方可停止旋转。模具加热可加速固化。

（6）脱模　脱模一般要使制品达到一定强度后方可进行。脱模强度可用巴柯硬度计判断。一般巴柯硬度达到 15 时，方可脱模。离心法工艺脱模并不困难，因为制品固化收缩力足以使它离开模具。

11.7.3　模具和设备

（1）模具　模具可以是整体式，也可以做成拼装式。模具必须保证足够的强度和刚度，防止旋转过程中受力变形。模具由管、封头、托轮箍等组成，管身由钢板卷焊接而成。小于 $\phi600mm$ 的模具可直接采用无缝钢管。封头的作用是增加管模的端头强度和防止物料外流，一般设计成可装卸式。托轮箍的作用是支撑管模，传递旋转力，使模具转动。钢管内部必须抛光，并保证有足够的强度和刚度。

（2）设备　离心制管机由离心机和供料机组成。供料机为一个悬臂结构，附设有玻璃纤维切割、喷射装置，树脂、填料供应管和泵，悬臂可以沿管轴方向往复运动，使铺料均匀（如图 11-18）。离心机分轴心式离心机和托轮离心机两种；轴心式离心机是动力直接传递给固定模具的皮带轮，使模具高速旋转；托轮式离心机是动力传递支撑模具的托轮；托轮转动的摩擦力使模具转动（图 11-20）。

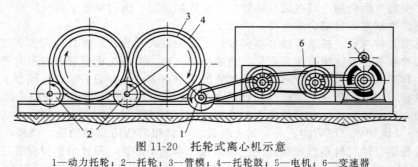

图 11-20　托轮式离心机示意

1—动力托轮；2—托轮；3—管模；4—托轮鼓；5—电机；6—变速器

11.8　树脂传递模塑成型

11.8.1　树脂传递模型

树脂传递模型（Resin Transfer Moding，简称 RTM）是一种闭模成型工艺方法，其基本工艺过程为：将液态热固性树脂（通常为不饱和聚酯）及固化剂，由计量设备分别从储桶内抽出，经静态混合器混合均匀，注入事先铺有玻璃纤维增强材料的密封模内，经固化、脱模、后加工而成制品。

随着产品复杂程度、性能、尺寸的提高，人们倾向于选择劳动密集的工艺如手糊工艺，但由于成本问题，这种工艺又不可能用来生产大量的产品。RTM 工艺可以生产高性能、结构复杂、批量大的制品。所以说 RTM 工艺是一种较好的工艺方法。

（1）RTM 成型用设备　RTM 成型用设备通常可分为三大部分：即控制树脂部分或称 RTM 成型机、压机和模具。

① RTM 成型机　RTM 成型机是 RTM 工艺中的关键工艺设备。按其结构不同可分为储施加压式和唧筒压送式两类。

② 压机　根据需要有时在 RTM 成型中需要压机。为了控制模具开闭时的平行和使模具在注射时保持关闭紧密而使用；还用在大型制品和自动化程度高的场合。RTM 所需的压力比模压要低得多，因此注射压力是决定压机规格的主要因素。

③ 模具　RTM 模具是 RTM 成型技术的关键，设计一套好的 RTM 模具，在性能上应满足：

有良好的保温性，在注入压力下不变形，树脂流失小；修正容易，价格低廉；使用寿命长，合模、启模容易等。

（2）RTM 原材料

① 树脂体系　用于 RTM 工艺的树脂系统应满足如下要求：黏度低。一般在 $250\sim300Pa\cdot s$ 为佳。超过 $500Pa\cdot s$，则需较大的泵压力。一方面，增加了模具厚度，另一方面模内玻璃纤维有被冲走或移位的可能。低至 $100Pa\cdot s$，则易夹带空气，使制品出现针孔。固化放热峰低，一般为 $80\sim140℃$。可采用复合型引发剂以降低树脂的固化放热峰。固化时间短，一般凝胶时间控制在 $5\sim30min$ 之间。固化时间为凝胶时间的 2 倍。

② 增强材料　一般以玻璃纤维为主，含量为 $25\%\sim40\%$（质量分数）。常用的有玻璃纤维毡、短切纤维毡、无论粗纱布、预成型坯和表面毡等。

③ 填料　加入填料不仅能降低成本，而且能在树脂固化放热阶段吸收热量。常用的填料有碳酸钙、氢氧化铝、云母、黏土和微玻璃珠等。填料的用量要严格控制，以与树脂混合后黏度不超过 RTM 成型机所允许的黏度范围为好，通常内树脂用量的 $20\%\sim40\%$（质量分数）。

（3）RTM 成型工艺的特点　RTM 成型工艺与其他工艺相比具有下列特点：主要设备（如模具和模压设备等）投资小，即用低吨位压机能生产较大的制品；生产的制品两面光滑、尺寸稳定、容易组合；允许制品带有加强筋、镶嵌件和附着物、可将制品制成泡沫夹层结构，设计灵活、从而获得最佳结构；制造模具时间短（一般仅需几周），可在短期内投产；对树脂和填料的适用性广泛；生产周期短，劳动强度低，原材料损耗小；产品后加工量少；RTM 是闭模成型工艺，因而单体（苯乙烯）挥发少，环境污染少。

11.8.2　反应注射模塑与增强型反应注射模塑

反应注射模塑英文名称为 Reaction Injection Molding，以下简称 RIM。增强型反应注射模塑在前面加上 Reinforced 则为 RRIM。

RIM 是利用高压冲击，混合两种单体物料。工艺过程中既控制物料的反应温度，又控制物料的注射率，是在模具内直接成型制品的较先进的注射模塑工艺。RIM 的物料里不适合增强材料或填料、如果物料里含增强材料或填料，则是增强型反应注射模塑（RRIM）。

RIM 与 RRIM 成型用设备如下所述。

① RIM 的基本原理　RIM 的基本原理如图 11-21 所示。RIM 要求精确地控制物料质量、配料的速率、各组分混合率以及注射压力。

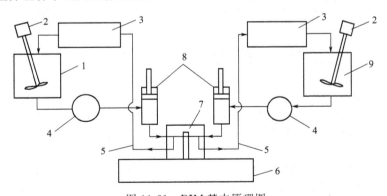

图 11-21　RIM 基本原理图

1—A 单体罐；2—搅拌器；3—热交换器；4—物料泵；5—循环回路；6—模具；
7—混合头；8—柱塞泵筒；9—B 单体罐

② RIM 成型设备的基本组成　RIM 机组大致为五部分：供料系统、注射系统、混合头、模具、运模器。供料系统有：A、B 单体物料罐、热交换器（用于控制物料的反应温度）、低压物料泵（使由物料罐流向混合头的物料流稳定）、物料管路等。注射系统。在注射系统里、利用高

压柱塞的液压作用，在控制压力以及注射率的条件下，将预配好的单体物料输入混合头、由可变置换泵所产生的高压及其变换物料流向的作用、使物料流动方向交替变化。混合头。RIM 的生产率及制品的质量。在很大程度上取决于混合头的质量、功能。混合头内有小的、通常呈圆柱体的混合室，如图 11-22。注射时物料通过精确的物料孔流入混合室，物料由于高压冲击、在混合室彻底混合。每次注射完毕时，利用柱塞将混合室清洗干净。有的混合头直接安装在模具上。

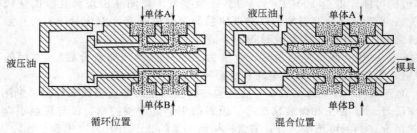

图 11-22　自清洗混合头

RIM、RRIM 模具，在设计成型模具时，应考虑以下几点：变更零件的设计，使其容易成型；尺寸的极限部位和成型收缩的允许范围；表面装饰的程度、表面花纹、模具分割线的允许部位；浇口和出气口的位置布置要最有利于树脂的注入；顶出销的位置；脱模斜度；成型数量。

在反应注射模塑成型时，成型模的材质可以是淬火的合金钢、中碳钢、软钢、铝等机械加工件；铸铁、铸钢、铝、铸铜、锌合金等铸造件；树脂浇注体镀镍件等。具体要根据制品形状的复杂程度、尺寸的精度和表面平滑性的要求，原形模用还是生产用，成型数量等进行适当的选择。

增强反应注射模塑成型时，模具的材质必须要考虑到玻璃纤维等增强材料、填料对模具的磨损。

③ RIM 与 RRIM 的原材料　原材料包括树脂系统、增强材料。用于反应注射模塑的树脂系统必须满足以下条件：必须是由两种以上的单体制成；单体应在室温下稳定；容易用泵送出；产生急速放热固化反应；在反应中不生成副产物。聚氨酯、聚酯、环氧、尼龙等基本满足上述条件，它们都可以应用。目前国外最先开发且用得较多的树脂是聚氨酯。

增强反应注射模塑用的增强材料见表 11-3 所列。

表 11-3　增强反应注射模塑用的增强材料

材料	状况	直径/μm	尺寸
磨碎纤维	长玻璃纤维经粉碎、过筛	10～17	1/4in、1/8in、1/16in、1/32in（筛孔尺寸）
短切纤维	纤维剪成一定长度	10～17	1/8in，1.5mm（一般的纤维增强材料用 6mm 以上）
玻璃微珠	玻璃粉经熔融后制成的球状物	30～100	

注：1in＝25.4mm。

④ RIM 与 RRIM 的工艺特点

a. RIM 具有以下特点：生产设备（包括模具）费用低；设计自由；模塑的压力低(0.35～0.7MPa)，制品无模压应力；制品里镶嵌件等工艺简便；模内物料流动性好；加工的能耗低；可加工大型部件。

b. RRIM 具有以下特点：模具费用低，制品的生产成本低；反应模塑时制品（在模内）内部发热量小；制品的收缩率低；制品的表面性能好，表面硬度高；耐热性好；制品的尺寸稳定性好；抗压强度高；耐化学腐蚀性好。

11.9　夹层结构成型

11.9.1　概述

夹层结构是由高强度蒙皮和轻质夹心材料所构成的一种结构形式。玻璃钢夹层结构是指铁皮为玻璃钢、芯材为玻璃布蜂窝或泡沫塑料等所组成的结构材料。

玻璃钢夹层结构自第二次世界大战产生以来，首先在航空工业中得到应用。近年来，在飞机、船舶、车辆、建筑等方面使用量逐年增加，并已成为雷达罩生产专用结构材料。以碳纤维、硼纤维复合材料做面板的铝蜂窝夹心材料已大量出现在航空、宇航工业。

在建筑工业中，玻璃钢夹层结构可用于制造墙板、层面板和隔墙板等，能大幅度改善使用功能和减轻质量。透明玻璃钢夹层结构板材已广泛用于工业厂房的屋顶和温室采光材料。目前，国内已有许多单位生产玻璃钢夹层结构门，并在建筑和交通运输部门获得应用。

在造船、交通等领域中，玻璃钢夹层结构应用也愈来愈广泛。加玻璃钢潜水艇、玻璃钢扫雷艇、玻璃钢游艇等，其中许多构件均采用玻璃钢夹层结构。我国自行设计的大型过街人行立交桥、保温的冷藏车、火车的地板及壳体等均采用夹层结构形式，既减轻了质量，又具有良好的保温效果。

玻璃钢夹层结构的成型方法有手糊法和机械法两种，操作方便，设备简单。

11.9.2　玻璃钢夹层结构类型及特点

玻璃钢夹层结构按其所用夹心材料的类别通常可分为 3 种：即泡沫夹层结构、玻板夹层结构和蜂窝夹层结构。蜂窝夹层结构的蒙皮采用玻璃钢板材，而夹心层采用蜂窝材料（如玻璃布蜂窝、纸蜂窝、棉布蜂窝等）。蜂窝夹心按其平面投影的形状，可分为正六边形、菱形、矩形和正弦曲线形等多种形式。波板夹层结构的两蒙皮采用玻璃钢板，而芯材采用波纹板（如玻璃钢波纹板，纸基波纹板和棉布基波纹板等），两者胶接在一起形成波板夹层结构。因而，蜂窝夹层结构和泡沫夹层结构在玻璃钢夹层结构中应用最多。

11.10　喷射成型

喷射成型一般是将分别混有促进剂和引发剂的不饱和聚酯树脂从喷枪两侧（或在喷枪内混合）喷出，同时将玻璃纤维无铅粗纱用切割机切断并由喷枪中心喷出，与树脂一起均匀沉积到模具上。待沉积到一定厚度，用手辊液压，使纤维浸透树脂、压实并除去气泡，最后固化成制品。工艺流程如图 11-23 所示。

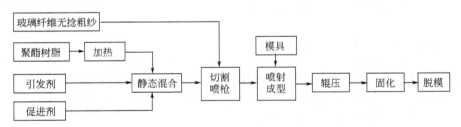

图 11-23　喷射成型工艺流程

喷射成型有各种分类方法，按胶液喷射动力可分为：气动型和液压型。气动型是空气引射喷涂系统，靠压缩空气的喷射将胶液雾化并喷涂到芯模上。由于空气污染严重，这种型式已很少使用了如图 11-24 所示。液压型是无空气的液压喷涂系统。靠液压将胶液挤成滴状并喷涂到模具上。因没有压缩空气喷射造成的扰动，所以没有烟雾、材料浪费少，如图 11-25 所示。按胶液混合形式可分为：内混合型、外混合型及先混合型。内混合型是将树脂与引发剂分别送到喷枪头部的紊流混合器充分混合，因为引发剂不与压缩空气接触，就不产生引发剂蒸气，如图 11-26 所示。但缺点是喷枪易堵，必须用溶剂及时清洗。外混合型是引发剂和树脂在喷枪外的空中相互混合。由于引发剂在同树脂混合前必须与空气接触，而引发剂又容易挥发，因此既浪费材料又引起环境污染，如图 11-27 所示。先混合型是将树脂、引发剂和促进利先分别送至静态混合器充分混合，然后再送至喷枪喷出。

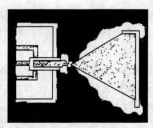

☒ 催化剂　▨ 树脂　▧ 空气

图 11-24　气动型喷射

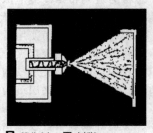

☒ 催化剂　▨ 树脂

图 11-25　液压型喷射

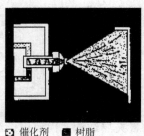

☒ 催化剂　■ 树脂

图 11-26　内混合型喷射

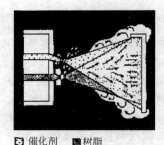

☒ 催化剂　■树脂

图 11-27　外混合型喷射

喷射成型是为改进手糊成型而创造的一种半机械化成型方法。用以制造汽车车身、船身、浴缸、异形板、机罩、容器、管道与储罐的过渡层等。喷射成型的优点：生产效率比手糊提高2～4倍，生产率可达 15kg/min；可用较少设备投资实现中批量生产；且用玻璃纤维无捻粗纱代替织物，材料成本低，产品整体性好，无接缝；可自由调变产品壁厚、纤维与树脂比例。主要缺点是：现场污染大；树脂含量高，制品强度较低。

11.11　热塑性复合材料及其成型

11.11.1　热塑性复合材料的发展概况

（1）定义、分类　热塑性复合材料（Fiber Reinforced Thermo Plastics，简称 FRTP）是指以热塑性树脂为基体，以各种纤维为增强材料而制成的复合材料。热塑性树脂的品种很多，性能各异、因此，用不同品种的树脂制造复合材料时，其工艺参数相差很大，制成的复合材料性能也有很大区别。热塑性复合材料（FRTP）的分类。

① 按树脂基体及复合后的性能分为高性能复合材料和通用型复合材料两类。高性能复合材料是指用碳纤维、芳纶纤维或高强玻璃纤维增强聚苯硫醚、聚聚醚醚酮及聚醚砜等高性能热塑性树脂，这种复合材料除具有比合金材料高的比强度和比模量外，最大的特点是能在 200℃ 以上的高温下长期使用。通用型热塑性复合材料是指以玻璃纤维及其制品增强一般通用的热塑性树脂，如聚丙烯、聚乙烯、尼龙、聚氯乙烯等。

② 按增强材料在复合材料中的形状分为：短纤维增强复合材料和连续纤维增强热塑性复合材料两类。短纤维复合材料（包括用长纤维粒料和短纤维粒料制成的复合材料）中的纤维长度一般为 $0.2\sim0.7mm$，它均匀地、无定向地分布在树脂基体中。其纤维含量一般在 30% 左右，力学性能表现为各向同性。连续纤维增强热塑性复合材料中的增强材料是连续纤维毡或布，纤维在复合材料中按铺层方向分布，属于非均质材料，一般来讲，用连续纤维增强的热塑性复合材料的力学性能优于短纤维增强复合材料。

（2）热塑性复合材料的特性　热塑性复合材料的性能特点，可概括为以下几点。①密度小、强度高，钢材的密度为 $7.88g/cm^3$，热固性复合材料的密度为 $1.7\sim2.0g/cm^3$，热塑性复合材料的密度为 $1.1\sim1.6g/cm^3$、仅为钢材的 $1/5\sim1/6$，比热固性玻璃钢的密度还要小。因此，它能够以较小的单位质量获得更高的机械强度。一般来讲，普通塑料用玻璃纤维增强后，可以代替工程塑料应用，而工程塑料增强后，则可提高档次使用。②性能可设计性，热塑性复合材料的物理性能、化学性能及力学性能都可以根据使用要求，通过合理的选择材料种类、配比、加工工艺及纤维铺设方式等进行设计。与热固性复合材料相比，热塑性树脂的种类较多，选材的自由度更大些。③耐热性，一般热塑性塑料的使用温度只能达 $50\sim100℃$ 以下，用玻璃纤维增强后可以提高到 $100℃$ 以上，有些品种甚至可以在 $150\sim200℃$ 下长期工作。例如尼龙 6，其热变形温度为 $50℃$ 左右，增强后可提高到 $190℃$ 以上，高性能热塑性复合材料的耐热性可达 $250℃$ 以上，这是热固性复合材料所不及的。热塑性复合材料的线膨胀系数比未增强塑料低 $1/4\sim1/2$。这一特点可以降低制品成型过程中的收缩率，使产品的尺寸精度提高。热塑性复合材料的热导率为 $0.3\sim0.36W/(m·K)$，与热固性复合材料相似。④耐化学腐蚀性，复合材料的耐化学腐蚀性能，一般都取决于基体材料的特性，由于热塑性树脂的耐腐蚀品种较热固性树脂多。因此，目前所遇到的化学腐蚀介质，都可以根据使用条件等要求，通过合理选择树脂基体材料来解决。耐腐蚀性好的热塑性树脂有氟塑料、聚苯硫醚、聚乙烯、聚丙烯、聚氯乙烯等。而以氟塑料耐腐蚀性最好，选材时可参照塑料防腐性能进行比较。热塑性复合材料的耐水性普遍比热固性复合材料好，如玻璃纤维增强聚丙烯的吸水率为 $0.01\%\sim0.05\%$，而聚酯玻璃钢的吸水率则为 $0.05\%\sim0.5\%$，就是耐水性好的环氧玻璃钢的吸水率（$0.04\%\sim0.2\%$）也不如热塑性复合材料。⑤电性能，复合材料的电性能取决于树脂基体和增强材料的性能，其电性能可以根据使用要求进行设计。一般来讲，热塑性复合材料都具有良好的介电性能，不受电磁作用，不反射无线电电波、透微波性良好等。由于热塑性复合材料的吸水率比热固性小。因此，其电性能比热固性复合材料优越。在需要增加复合材料的导电性能时，可加入导电填料或导电纤维，如金屑粉和碳纤维材料等。⑥加工性能，热塑性复合材料的工艺性能优于热固性复合材料。它可以多次成型，废料可回收利用等。因而，可以减少生产过程中的材料消耗和降低成本。

热塑性复合材料的加工性能与所选用的增强材料关系极大。用短切玻璃纤维增强复合材料适用于挤出和注射成型，连续玻璃纤维增强复合材料的成型工艺可选用缠绕、拉挤和模压成型工艺。热塑性片状模塑料的成型方法常采用热冲压工艺，其特点是成型周期短（$0.3\sim1.0min/$次）、易于实现快速机械化生产，而且需要的成型压力比热固性 SMC 小。此外，还有废料可回收利用，对模具要求不高等优点。

（3）热塑性复合材料的发展概况　热塑性复合材料是 20 世纪 50 年代初开始研究成功的，早在 1956 年美国首先实现短纤维增强尼龙工业化生产。进入 20 世纪 70 年代，热塑性复合材料（FRTP）得到迅速发展。除短纤维增强热塑性复合材料外，美国研究成功用连续纤维毡和聚丙烯树脂生产片状模塑料，并实现了工业化生产。法国公司在美国的技术基础上，根据造纸工艺原理用湿法生产热塑性片状模塑料（GMT）。

FRTP 的成型方法已发展了很多种，根据纤维增强材料的长短分为两大类。

① 短纤维增强 FRTP 成型方法：注射成型工艺；挤出成型工艺。

② 连续纤维及长纤维增强 FRTP 成型方法：片状模塑料冲压成型工艺；预浸料模压成型工艺；片状模塑料真空成型工艺；预浸纱缠绕成型工艺；挤拉成型工艺。

上述成型方法中，以注射、挤出、冲压 3 种应用最广。本书将重点介绍这方面内容。热塑性玻璃钢具有很多优于热固性玻璃钢的特殊性能，其应用领域十分广泛，从国外的应用情况来看，热塑性玻璃钢主要用于汽车制造工业、机电工业、化工防腐及建筑工程等。从我国的情况来看，已开发应用的产品有机械零件（罩壳、支架、滑轮、齿轮、凸轮及联轴器等）、电器零件（高低压开关、线圈骨架、插接件等）、耐腐蚀零件（化工容器、管道、管件、泵、阀门等）及电子工业中耐 $150℃$ 以上的高温零件等。随着我国汽车工业的迅速发展，用于生产汽车零件的数量将会跃居首位，与此同时，连续玻璃纤维增强热塑性片状模塑料冲压成型产品，也将会得到很快的发展。

11.11.2　热塑性复合材料成型理论基础

热塑性复合材料的工艺性能主要取决于树脂基体，因为纤维增强材料在成型过程中不发生物理和化学变化，仅使基体的黏度增大，流动性降低而已。

热塑性树脂的分子呈线型，具有长链分子结构。这些长链分子相互贯穿，彼此重叠和缠绕在一起，形成无规线团结构。长链分子之间存在着很强的分子间作用力，使聚合物表现出各种各样的力学性能，在复合材料中长链分子结构包裹于纤维增强材料周围，形成具有线型聚合物特性的树脂纤维混合体，使之在成型过程中表现出许多不同于热固性树脂纤维混合体的特征。

FRTP 的成型过程通常包括：使物料变形或流动，充满模具并取得所需要的形状，保持所取得的形状成为制品。因此，必须对成型过程中所表现的各种物理化学变化有足够的了解和认识，才能找出合理配方，制订相应的工艺路线及对成型设备提出合理的要求。

FTTP 成型的基础理论包括，树脂基体的成型性能；聚合物熔体（树脂加纤维）的流变性，成型过程中的物理变化和化学变化。热塑性树脂的成型性能表现为良好的可挤压性、可模塑性和可延展性等。可挤压性是指树脂通过挤压作用变形时获得形状并保持形状的能力。在挤出、注射、压延成型过程中，树脂基体经常受到挤压作用。因此，研究树脂基体的挤压性能，能够帮助正确选择和控制制品所用材料的成型工艺。可模塑性是指树脂在温度和压力作用下，产生变形充满模具的成型能力。它取决于树脂流变性、热性能和力学性能等。高弹态聚合物受单向或双向拉伸时的变形能力称为可延展性。线型聚合物的可延展性取决于分子长链结构和柔顺性，在 $T_g \sim T_s$（或 T_m）温度范围内聚合物受到大于屈服强度的拉力作用时，产生大的形变。

线型聚合物的黏流态可以通过加热、加入溶剂和机械作用而获得。黏流温度是高分子链开始运动的最低温度。它不仅和聚合物的结构有关，而且还与分子质量的大小有关。分子质量增加，大分子之间的相互作用随之增加，需要较高的温度才能使分子流动。因此，黏流温度随聚合物分子质量的增加而升高。如果聚合物的分解温度低于或接近黏流温度，就不会出现黏流状态。这种聚合物成型加工比较困难。例如聚四氟乙烯树脂的黏流温度高于分解温度，用一般塑料的成型方法就无法使它成型，故需采用高温烧结法制造聚四氟乙烯制品。

（1）聚合物的结晶和取向　聚合物在成型过程中受某些条件作用，能发生结晶或使结晶度改变，在外力作用下大分子会发生取向。

结晶聚合物的内部结构是很复杂的，它包含有非晶相链束、球晶、片晶等，即分为晶相区和非晶相区两部分，晶相区所占的质量百分数称为结晶度。聚合物的很多性能，如熔点、模量、抗拉强度、透气水性、低温脆折点、热膨胀系数等，都和结晶度有关。聚合物熔体在成型过程中受外力的作用，其分子链或添加物会发生沿受力方向的排列，称为取向作用，取向对聚合物的性能影响很大。

（2）成型加工过程中聚合物的降解　聚合物在热、力、氧、水、光、超声波等作用下，往往会发生降解，使其性能劣化。降解主要有：热降解、应力降解、氧降解、水降解。

11.11.3　挤出成型

挤出成型工艺是生产热塑性复合材料（FRTP）制品的主要方法之一。其工艺过程是先将树脂相增强纤维制成粒料，然后再将粒料加入挤出机内，经塑化、挤出、冷却定型而成制品。

挤出成型广泛用于生产各种增强塑料管、棒材、异形断面型材等。其优点是能加工绝大多数热塑性复合材料及部分热固性复合材料。生产过程连续，自动化程度高，工艺易掌握及产品质量稳定等。其缺点是只能生产线型制品。

（1）挤出成型工艺与设备　挤出成型工艺亦称挤压模塑或挤塑工艺，它是借挤出机的螺杆或柱塞的挤压作用，使受热熔化的塑料在压力的推动下，通过口模制成具有一定截面的连续型材的一种工艺方法。挤出成型适用于所有的热塑性塑料，也适用于某些热固性塑料。挤出成型用于热塑性玻璃钢，制造管、杆、棒和其他型材，制造粒料。热塑性玻璃钢在成型之前，常常先要将玻璃纤维混合或包覆以热塑性树脂制成粒料，再将粒料制成制品，一般采用挤出机生产这种粒料；挤出机与其他成型机组合生产连续制品，如挤出机与压缩空气机组合制造中空制品，与液压机组合以生产大型热塑性玻璃钢制品，与压延机组合生产连续板材等。

　　按照加压方式的不同，挤出成型工艺可分为连续和间歇两种。前者所用的设备为螺杆式挤出机、后者为柱塞式挤出机。螺杆式挤出机又可分为单螺杆、双螺杆和多螺杆挤出机。螺杆式挤出机的螺杆旋转时产生压力和剪切力、使物料充分塑化和均匀混合，通过口模而成型，因而使用一台挤出机能完成混合、塑化、成型等一系列工序，进行连续生产。柱塞式挤出机是借助柱塞压力，将塑化好的物料挤出口模而成型，料筒内物料挤完后往塞退回，待加入新的塑化料后再进行下一次操作，生产时间歇的，对物料的搅拌、混合不充分，一般不用此法。

　　单螺杆挤出机是塑料挤出机中最通用最基本的挤出机。其结构示意如图 11-28 所示。挤出机主要由一个加热的料筒以及一根在料筒中旋转的螺杆组成。螺杆由电动机 1 经变速箱 2、传动机构 3 驱动而旋转，一般其转速可以调节。螺杆的后端上方有加料斗 5 将塑料不断加入，塑料经螺杆转动在料筒中向前推进，由于料筒外的加热器 7（采用热水、蒸汽或电加热）的加热及塑料本身摩擦发热而塑化，并借螺杆的作用加压，螺杆前端有粗滤板及滤网 10 以去除杂质，塑化的物料最后经过装在机头的挤出模具而流出。冷却系统 6 供冷却及调节温度用。

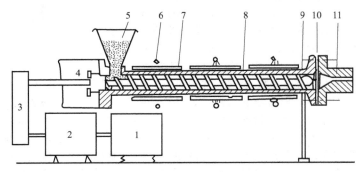

图 11-28　单螺杆挤出机的示意

1—电动机；2—变速箱；3—传动机构；4—止推轴承；5—料斗；6—冷却系统；
7—加热器；8—螺杆；9—螺筒；10—多孔板和过滤网；11—模具

　　表示挤出机性能特征的主要参数有：螺杆外圆直径 D（mm），常常以此来命名挤出机；螺杆工作部分长度 L 与螺杆外因直径 D 的比值，一般称为长径比 L/D；挤出机工作时螺杆的转速 n(r/min)；挤出机的最大生产率 Q(kg/h)；料筒外部电加热器的功率 H 和加热的分段数；驱动螺杆的电动机功率 N；挤出机的外形尺寸及中心高（指螺杆水平轴心线与机器安装地面的距离）。以上这些性能特征是选用挤出机的主要依据。

　　单螺杆挤出机的组成主要包括螺杆、料筒、传动部分、加料部分、机头和模具等。

　　① 螺杆　螺杆是挤出机中最主要的零件，挤出机的主要性能参数都是由螺杆所决定的。下面从螺杆的分段及物料在螺杆中的流动、螺杆的主要参数、螺杆与料筒的间隙、螺杆的材料等几个方面来介绍螺杆的有关情况。

　　a. 螺杆的分段　塑料沿螺杆前进时，由于温度、压力及本身摩擦力等的作用，它所表现的流动状态逐渐变化。一般把螺杆工作部分分为 3 段，即加料段、压缩段及均化段。

　　ⓐ 加料段　塑料在加料段还是固体状态并逐渐加热软化，塑料在加料段以旋转与轴向的移动结合向前推进。通常加料段的螺槽开始时未被物料完全填满，其填满程度与物料的形状、性质及加料装置有关。加料段的作用是使物料能顺利加入并推向前进，并要求塑料通过加料段逐步充满螺槽。

　　ⓑ 压缩段　压缩段也称塑化段。压缩段接受由加料段推送来的物料将它压紧、逐步塑化并排出空气（向加料段）。这一段是塑料塑化的重要部位，塑料经压缩段逐渐被加热塑化成黏流

状态。

ⓒ 均化段 均化段把压缩段推送来的物料进一步塑化均匀，最后使料流定量的均匀流至挤出模具。均化段也称计量段或压出段。

b. 物料在螺杆中的流动 以上 3 个工作段中，均化段的物料处在比较稳定而连续的流动状态，所以一般都以均化段来分析研究其结构、生产率和功率消耗等问题。图 11-29 是螺槽放大以后的局部示意图，坐标轴 z 表示与螺纹垂直的方向，y 轴为螺槽深度的方向，x 轴为螺纹线前进的方向。螺杆转动时由于螺杆和料筒对物料的摩擦作用，熔融物料被带动向前移动，共流动速度可分为垂直于螺纹线方向的和平行于螺纹线方向的两个分速。螺杆的旋转推动物料沿 z 方向前进，机头的阻力又使物料形成反压流动而且螺杆与料筒之间的间隙又使流动在一定程度上反向进行。这样一些因素综合在一起使物料在实际上是以螺旋形的轨迹在螺槽中向前移动的，在分析时把料在螺杆中的流动一般分解成 4 种运动。正流，物料沿着螺槽向机头方向的流动，即图 11-29 中 z 方向的流动。正流是螺杆转动推挤所造成的，物料的挤出主要由这种流动所产生。逆流，逆流是由机头、过滤网、模具等阻力所引起的与正流方向相反的流动。横流，沿 x 轴方向即与螺纹相垂直方向的流动，它也是螺杆旋转时推挤时所造成的流动，即分速 v 引起

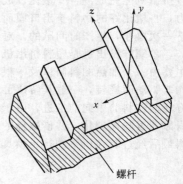

图 11-29 螺槽局部示意

的运动。物料沿 x 方向流动，到达螺纹侧壁时、料流便向 y 方向流动，以后又被机筒或螺杆阻挡，料流方向转向与 x 相反的方向，接着又被螺杆另一侧壁挡住，不得不改变流向，这样的流动对总的生产率影响不明显，但对物料的混合、热交换和塑化的影响是很大的。漏流，漏流也是由于螺杆机头、模具、过滤网等对物料的阻力造成的，不过它不是在螺槽中运动，而是产生在螺顶斜棱和料筒之间。由于螺杆与料筒间的间隙通常是很小的，其流动速率比正流及逆流小得多。

一般认为物料的实际流动是上述 4 种流动的组合。以上对螺杆 4 种流动状态的分析有助于了解螺杆的设计依据及选用，一台挤出机上装用不同参数的螺杆时即具有不同的特性，这也是我们在使用时常常碰到的事情。例如：决定均化段流量的是正流、逆流和漏流，如以 Q 表示挤出机的体积生产率。改变 Q_d、Q_p 及 Q_L 即可改变挤出机的生产率。

则
$$Q = Q_d - (Q_p + Q_L) \tag{11-1}$$

横流对物料的混合、塑化关系甚大，漏流与此亦有关系，在需要加强混合、塑化的螺杆设计中对这方面那是有所考虑的。均化段的挤出流量 Q 与加料段的远料流量及压缩段的塑化程度也应密切配合，以免造成操作不稳定状态。以上这些问题除了与螺杆参数有关外，也可以通过过滤网及螺杆与料筒间的间隙的调节来变动。

按式(11-1)，并假设塑料在均化段的流动是在一个浅而长的槽中牛顿流体的流动、流动过程中黏度不变化，根据流体力学的基本公式求得：

$$Q = \alpha n - (\beta + \gamma) \frac{\Delta p}{\eta} (\text{cm}^3/\text{s})$$

$$\alpha = \frac{\pi^2 D^2 h \sin\varphi \cos\varphi}{2}$$

$$\beta = \frac{\pi D h^3 \sin^2\varphi}{12L}$$

$$\gamma = \frac{\varepsilon \pi^2 D^2 \delta^3 \tan\varphi}{12eL} \tag{11-2}$$

式中，n 为螺杆转速，r/s；η 为熔融物料的黏度，$\text{kg} \cdot \text{s/cm}^2$；$\Delta p$ 为螺杆均化段末端与开始处的压力差，kg/cm^2；D 为螺杆直径，cm；h 为均化段螺槽深度，cm；φ 为螺纹升角，(°)；L 为螺杆均化段长度，cm；e 为螺杆轴向量得的螺纹斜棱宽度，cm；ε 为螺杆偏心距的校正系数，$\varepsilon = 1 \sim 1.2$；δ 为螺杆与料筒间的间隙，cm。

由式(11-2) 可以看出，转速的增加将使 Q 按比例增加；对某一已定的螺杆来讲 α、β、γ 都是常数，此时 Q 与 Δp 为一较简单的直线关系（当 η 恒定时），而黏度对 Q 的影响也可从式(11-2) 中看出来。螺杆的各种参数则直接影响 α、β、γ 值，升角 φ 及螺杆直径 D 对三者都有影响，螺槽深度 h 对 α、β（特别是 β）有影响，螺杆与料筒的间隙 δ 对 γ 影响很大，而均化段长度 L 对 β、γ 有影响。

　　c. 螺杆的主要参数　螺杆直径：指螺杆外径，以此命名挤出机。螺杆直径 D 愈大，推进挤出的物料流量也愈大（生产率与直径的平方成正比）。长径比：长径比表示螺杆的工作段长度与外径之比。由于物料在工作段上被压缩、加热和塑化流动，因此，增加长径比（对同一直径的螺杆来说，也就是增加工作段长度）可使物料更好塑化，并能产生较大的压力，保证制品更加紧密而提高质量。螺杆加长后，逆流和漏流也相应减小。因此，适当的提高一些长径比对生产是有利的。一般选用的长径比为 16：24。压缩比：指螺杆的螺槽容积经压缩段后逐渐变小所产生的压缩比，主要由下列方式取得：等深不等距螺杆压缩比为最大螺距与最小螺距之比；等距不等深螺杆压缩比为最大螺深与最小螺深之比（图 11-30 所示螺杆为这一种）；混合型，以上两种的综合，压缩比为以上两者之和。实际使用中以等距不等深螺杆较多。螺纹头数：多头螺纹与单头螺纹相比，螺槽容积减小，但物料与螺杆的接触面积加大。物料在多头螺纹中可由几条通道从加料处流向螺杆末端，适当提高产量。目前使用的挤出机除某些橡胶用挤出机外，一般都采用单头螺纹的。螺杆头部形状：熔融物料离开螺槽进入机头流道时，料流由旋转运动变成直线运动。料流速度沿料筒中心最快、而沿料筒壁处最慢。螺杆头部形状应合理选择，以避免堆积物料（图11-30），平头及回头螺杆由于顶端有死角，易使物料堆积而分解，圆锥形头部可避免这种现象。

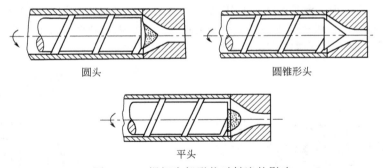

圆头　　　　　　　　　　圆锥形头

平头

图 11-30　螺杆头部形状对料流的影响

　　有的螺杆头部有一段光滑的、近似平行的杆体，形状似鱼雷头作为均化段，这种螺杆称为鱼雷头螺杆（如图 11-31）。这种螺杆有利于物料进一步均化及稳定。鱼雷头与料筒的间隙一般小于它前面的螺槽深度、长度为直径 3～4 倍，形状一般是光滑平行的，也可刻有凹槽、花纹等，以进一步加强混合和均化作用。螺杆与料筒的间隙：均化段的间隙大小对产量的影响很大（漏流的大小与间隙的 3 次方成正比）。间隙达到螺槽深度的 15% 时，涡流将达到总流量的 1/3。通常间隙位取 $0.002D$（大螺杆）到 $0.005D$（小螺杆）。实际生产中由于加工制造的困难，间隙值可能取得更大。螺杆的材料：螺杆必须具有足够的抗剪切强度、耐磨性、300℃ 温度下工作时不变形，并耐物料的腐蚀。对一般要求不高或直径较小的螺杆常用 45 号钢来制造，其耐磨及耐腐蚀性较差，使用一段时间后与料筒的间隙增大。46 号钢制造的螺杆经镀硬铬后其耐磨及耐腐蚀性大为

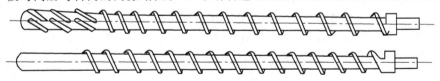

图 11-31　鱼雷头螺杆示意

改善，但在工作时的高摩擦力会使镀层结构不牢的地方脱落而使耐磨、耐腐蚀性能变坏。

② 料筒　料筒也称机筒，也是挤出机中的重要零件。塑料在料筒中受到逐渐增高的压力及逐渐升高的温度，料筒是一个受压及加热的容器，并要求耐磨及耐腐蚀。料筒的大小尺寸都是与螺杆相配合的。

较小的料筒可用无缝钢管制造，较大的采用45号钢镀铬或40Cr合金钢氮化处理。

一般料筒都是整体结构的。较长的料筒可分段，以法兰连接。大型料筒内装有衬筒，用日久磨损后可以更换。

料筒外有加热器（水、蒸汽或电加热），有的料筒处还有冷却器（水冷却）。

③ 机头和模具　机头和模具是挤出机的成型部分物料经螺杆挤压至机头，最后流出模具外，经冷却后制成一定截面形状的制品。

机头是料筒和模具间的过渡部分，主要包括连接部分、多孔板、过滤网、分流棱等。模具即与机头装在一起，模具的流出孔截面直接控制制品的截面形状和大小，这种模具一般称为"挤出模具"（简称"挤模"，有的称为"口模"），以区别于模压成型用的"压模"及注射成型用的"注模"。机头及模具这两部分在一些生产单位常常称为机头。

图11-32为挤出管材用的机头及挤模的结构，生产热塑性玻璃钢管时就可采用这样结构的机头和挤模。由图可以看出，物料从螺杆挤压出来后通过分流棱与连接部分间的间隙，然后进入模具的成型部分流出。整个机头和模具的内腔流动物料的部分，都应呈流线型，不能有凹痕、死角与物料接触部分的表面粗糙度较小。在图11-32中的进气口5是与分流棱中孔及模芯相通的，在成型时可通气使内外气压平衡，不致因压差而使管材变形，在用内气压法定型管材时，也是进入压缩空气的通道。

图11-32所示的机头、模具的结构是用来制造玻璃钢管子的，为了保证管子的壁厚及内径，有模芯、调节偏心螺钉，通气孔等装置，在制造玻璃纤维增强粒料时只要将物料挤成直径为3～6mm的实心条子，就不需要这些装置，这些在后面还要讨论。

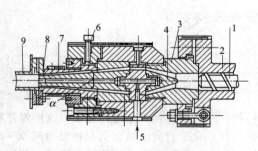 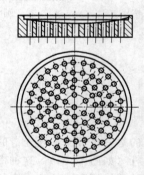

图11-32　机头及挤模结构　　　　　　　　　图11-33　多孔板
1—挤出机的螺杆；2—挤出机料筒；3—连接部分；4—分流棱；5—进气口；6—调节偏心螺钉；7—模套；8—模芯；9—定径套

多孔板和过滤网一般放在螺杆出口的部分共作用是：将物料由螺旋运动变为直线运动；过滤塑料中可能混入的杂质或未塑化好的塑料，使之不进入机头部分；增加物料阻力，进一步均匀塑化塑料，使制品更加密实；多孔板还起支撑过滤网的作用。多孔板的结构形式应尽量满足这样的要求：物料通过多孔板后流速一致对中性好，与螺杆头部形状吻合。目前使用最多的是平板状多孔板（图11-33）。为了使物料速度一致，常使孔眼的分布为中间疏、旁边密（有的将中间孔眼适当放大）。孔眼直径及多孔板的厚度随螺杆直径增加而增加。一般所用多孔板的孔眼直径0.8～6mm，孔眼总面积为多孔板面积的30%～70%。多孔板厚度一般为料筒内径的20%左右。多孔板一般用46号钢制造。多孔板与螺杆头部间保持一定距离。距离过小会使机头部分不能产生足够的压力，影响制品质量距离过大则易使物料积存，有的耐热性不高的物料会产生分解现象。通常使多孔板与螺杆头部之间的容积稍小于或等于均化段一个螺槽的容积。制造热塑性的玻璃纤维增强粒料时为了减少阻力可以不用多孔板和过滤网。

④ 传动装置　挤出机的传动装置的作用是使螺杆转动。挤出机的螺杆为了适应不同物料及制品的挤出工艺及不同的生产要求，一般都是可以变速的（如 $10\sim100\text{r/min}$），通常是无级变速。挤出机的传动装置必须满足减速和变速的要求可用下列方式实现：采用标准设计的涡轮蜗杆减速器或人字齿轮的减速箱，用整流子调速电机、电磁调速电机或可控硅调速直流电机来驱动；采用液压传动，由电动机驱动油泵供应压力油液给油马达带动螺杆转动，调节供给马达的油量，很好实现无级变速，调速范围很大，工作稳定。

螺杆旋转时产生使物料前进的推力，螺杆本身也受到物料的反作用力。反作用力的径向分力由料筒承受，而轴向分力作用于螺杆后部，这一作用力可达 100kN 以上。因此螺杆后部除了安装径向轴承外，还装置有止推轴承。常见的轴承布置是把止推轴承装在两个径向轴承中间（图11-34）。止推轴承和径向轴承都用油循环系统来冷却和润滑必须注意防止油液漏入料筒，以免污染物料。为此，油封应装在靠螺杆的一面并且尽可能使轴承箱和料斗之间有一空隙，这样不但可进一步避免物料污染还可防止塑料进入轴承箱。

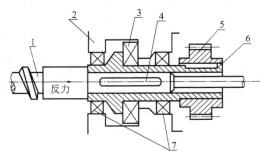

图 11-34　挤出机上的止推轴承装置

1—挤出机螺杆；2—箱体；3—止推轴承；4—键；
5—齿轮；6—传动轴承；7—径向轴承

⑤ 辅助装置　挤出成型是一个连续生产过程，一般需下列 3 种辅助装置与挤出机一起组成挤出机。

a. 前处理装置　如树脂的预热、玻璃纤维的脱蜡、浸渍偶联剂所用的加热炉、浸渍装置等。

b. 后处理装置　如冷却器、牵引机、切粒机等。

c. 控制装置　如各种指示仪表、温度控制器、电器装置等。

功率计算如下所述。

按照均化段的流动理论，可以推导出挤出机螺杆均化段所消耗的功率为：

$$N=\frac{\pi^3 D^3 n^2 \eta L}{h}+\frac{Q_\text{d}\Delta p}{\cos^2\varphi}+\frac{\pi^2 D^2 n^2 e\eta L}{\delta\tan\varphi}(\text{kg}\cdot\text{cm/s}) \tag{11-3}$$

式中符号表示的意义与式(11-1)及式(11-2)相同。式(11-3)等式右方第一项表示剪切物料所消耗的功率，它与螺杆转速平方和物料黏度成正比；第二项是克服阻力推动物料前进所需要的功率，它与正流流量和压力成正；第三项是在螺杆的料筒的间隙中，剪切物料所消耗的功，它与螺杆转数的平方和螺杆棱面宽度成正比，与间隙成反比。以上第二项一般不大于 N 的 10％，在计算时可将式(11-3)化简为：

$$N=1.1\left(\frac{\pi^3 D^3 n^2 \eta L}{h}+\frac{\pi^2 D^2 n^2 e\eta L}{\delta\tan\varphi}\right)(\text{kg}\cdot\text{cm/s}) \tag{11-4}$$

一般将均化段的功率乘一系数作为挤出机所需总功率，即：

$$V_\text{T}=KN \tag{11-5}$$

K 随塑料不同而变化，一般来讲，聚苯乙烯的 K 为 1.5，聚乙烯为 2，聚氯乙烯为 3，而对热塑性玻璃钢来讲 K 值更大。曾经试用硬聚氯乙烯挤出机来挤出玻璃纤维增强聚丙烯，其 K 值达 $4.6\sim5$。

上述功率计算是在一定假设条件下的计算，可以作为选用电动机时的参考，但在实际使用时还需根据具体情况加以修正。

（2）热塑性玻璃钢粒料的制造　对于热塑性玻璃钢粒料有如下要求：玻璃纤维与热塑性树脂及各种配合剂按比例均匀地混合在一起；玻璃纤维与热塑性树脂应尽可能包覆、黏结牢固；玻璃纤维在粒料中均匀分散并保持一定的长度，粒料的粗细及长短要一致，便于自动计量；制造过程中应尽量减少对玻璃纤维的机械损伤，尽量减少对热塑性树脂分子的降解。

热塑性玻璃钢粒料的加工方法有长纤维包覆挤出造粒法和短纤维挤出造粒法两种。长纤维包覆法是将玻璃纤维原丝多股集束在一路与熔融树脂同时从模头挤出，被树脂包覆成料条，经冷却后短切成粒料。短纤维挤出造粒是将短切玻璃纤维与热塑性树脂一起送入挤出机经熔融复合，通过模头挤出料条，冷却后切成粒料，在粒料中纤维已有一定程度的分散性，如果采用双螺杆挤出机，则亦可直接把连续无捻粗纱喂入机器，借助双螺杆的作用将纤维扯断，而不必预先切短纤维。

这两种方法各有优缺点。一般地说长纤维包覆法由于是将几十股无捻粗纱集束起来通过模头，纤维被树脂浸润的情况差，在注射成型时纤维分散得不好，从而影响制品外观质量。而且由于纤维分散不均，制品的物理力学性能重复性较差，但由于它的纤维较长，加工过程中纤维磨损小，因而制品的抗冲强度和热变形温度较高；短纤维挤出造粒法其纤维较短，虽其制品的机械强度较长纤维的要差一些，但由于它具有纤维分散性好、制品外观质量好接缝强度大、生产效率高、成本较低等优点，因此国内外都已广泛采用此法。

① 长纤维包覆挤出造粒法制造粒料　长纤维包覆挤出造粒法制造粒料工艺流程如图11-35所示。

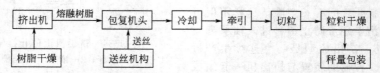

图 11-35　长纤维包覆挤出造粒法制造粒料工艺流程

上述工艺流程中设备布置有立式和卧式两种。立式布置即将挤出机置于混凝土高台上，包覆机头出口垂直向下，由牵引滚筒卷取料条，在送至切粒机切粒、因而其切粒工艺为间歇式（图11-36）卧式布置即将包覆机头出口呈水平放置、料条通过牵引辊直接喂入切粒机切粒，这是一种连续式生产工艺（图11-37）。

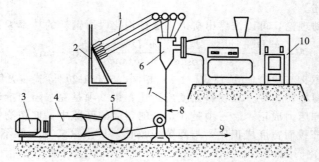

图 11-36　增强粒料设备立体图
1—玻璃纤维；2—送丝机构；3—马达；4—无级变速箱；5—牵引辊；6—机头；
7—冷却水；8—增强料条；9—送去切粒；10—挤出机

在影响长纤维增强粒料质量的多种因素中，机头结构形式是主要的。品种不同的热塑性树脂，在熔融状态下的黏度相差极大，各种树脂加工的温度范围有宽有窄，因而要根据具体的树脂来设计机头结构。典型的机头由3部分组成，即型芯、型腔和集束装置，如图11-37所示。

玻璃纤维粗纱通过型芯中的小孔进入机头型腔，与熔融树脂相互接触，通常需给以一定的压力，使纤维与树脂充分浸渍，集束装置是使熔融树脂进一步渗透到玻璃纤维粗纱之中，并使熔体料条密实。

为使玻璃纤维能很好地均匀分散在树脂中，通常在型芯上钻许多通孔，在每一通孔中穿入一根玻璃纤维粗纱。通孔一般取 $2\sim2.5\text{mm}$。集束装置根据熔融树脂黏度的不同而形式各不相同。对于机头型腔要求无死角，其容积沿出料口方向逐渐变小。机头设计的关键是保证多束纤维粗纱顺利通过，能均匀被熔融树脂浸渍而且保证多束纤维粗纱在粒料断面上分布均匀，并不露出粒料表面。

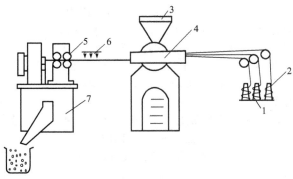

图 11-37　增强粒料设备布置

1—玻璃纤维；2—送丝机构；3—挤出机；4—机头；
5—牵引辊；6—水冷或风冷；7—切粒机

　　牵引装置是连续挤出增强料条不可缺少的辅助装置，牵引速度的快慢是决定玻璃纤维在增强料条中百分含量的因素之一。

　　经牵引的增强料条通过进料导管进入定刀刀口上，由旋转刀盘上的动刀切成一定长度的粒料，落于储料桶中。长纤维增强粒料的切粒方式以剪刀式为好。这是因为料条中的玻璃纤维用通常的滚切形式是不容易切断的，它常将玻璃纤维从粒料中拉出。

　　② 短纤维挤出造粒法制造粒料　对于如聚烯烃类、聚苯乙烯类等熔融黏度高的树脂，由于玻璃纤维在树脂中的分散性不良，长纤维增强塑料制品性能及外观皆不理想，因而需要分散型增强粒料来加工制品，这就形成了短纤维增强粒料生产工艺。

　　最理想的制造方法是采取双螺杆排气式挤出机混合法（图 11-38）。树脂计量后送入挤出机的加料口，于是开始熔化；玻璃纤维粗纱则通过下游处第二加料口进入并与熔融树脂混合。由于树脂已充分塑化，对玻璃纤维提供了润滑保护作用，大大减轻了对机件的磨损。开始时用手将粗纱引入第二加料口，以后便利用螺杆旋转的作用力将粗纱连续地拉入机内。

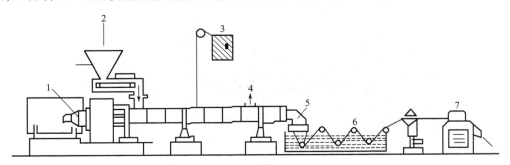

图 11-38　玻璃纤维粗纱增强热塑性塑料流程

1—计量带式给料器；2—热塑性塑料；3—玻璃纤维粗纱；4—排气孔；5—条模；6—水浴；7—料条切粒机

　　玻璃纤维的含量由送入机内的粗纱根数及螺杆转速加以控制。粗纱被左旋螺杆及捏和装置所破碎并均匀混合，然后混合料被除去挥发性物质（排气），经口模挤出、冷却、干燥、切成粒料。

　　将断切纤维与树脂粉料用单螺杆挤出机一次造粒的方法，国内也比较普遍。采用此法试制了聚碳酸酯、聚甲醛等增强塑料，而短纤维增强聚丙烯已投入工业化生产。

11.11.4　注射成型

　　(1) 概述　注射成型是树脂基复合材料生产中的一种重要成型方法，它适用于热塑性和热固性复合材料，但以热塑性复合材料应用最广。

　　注射成型是将粒状或粉状的纤维-树脂混合料从注射机的料斗送入机筒内，加热熔化后由柱塞或螺杆加压，通过喷嘴注入温度降低的闭合模内，经过冷却定型后，脱模得制品，注射成型为间歇式操作过程。短切纤维与树脂粉料一次造粒图如图 11-39 所示。

注射成型工艺在复合材料制品生产中，主要是代替模压成型工艺，生产各种电器材料、绝缘开关、汽车和火车零配件、纺织机零件、建筑配件、卫生及照明器材、家电壳体、食品周转箱、安全帽、空调机叶片等。

（2）注射成型原理　热塑性复合材料（FRTP）和热固性复合材料（FRP）的物理性能和固化原理不同，其注射成型工艺也有很大区别。

① FRTP 注射成型原理　FRTP 的注射成型过程主要产生物理变化。增强粒料在注射机的料筒内加热熔化至黏流态，以高压迅速注入温度较低的闭合模内，经过一段时间冷却，使物料在保持模腔形状的情况下恢复到玻璃态、然后开模取出制品。这一过程主要是加热、冷却过程，物料不发生化学变化。注射成型工艺如图 11-40 所

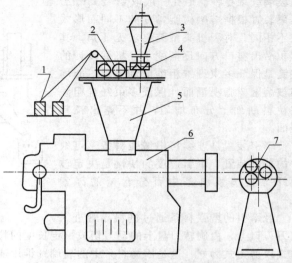

图 11-39　短切纤维与树脂粉料一次造粒料图
1—纤维纱锭；2—切割器；3—加料斗；4—计量器；
5—混合料斗；6—挤出机；7—切粒机

示，将粒料加入料斗 5 内，由注射塞 6 往复运动把粒料推入料筒 3 内，依靠外部和分流梭 4 加热塑化，分流梭是靠金属肋和料筒壁相连，加热料筒，分流梭同时受热，使物料内外加热快速熔化，通过注射柱塞向前推压，使熔态物料经过喷嘴 2 及模具的流道快速充满模腔，在模腔内当制品冷却到定型温度时，开模取出制品。从注射充模到开模取出制品为一个注射周期，其时间长短取决于产品尺寸大小和厚度。

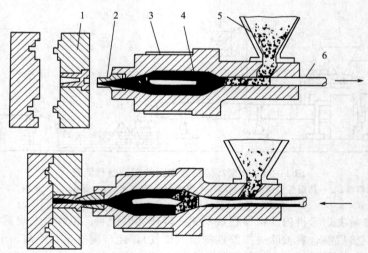

图 11-40　注射成型工艺原理示意
1—模具；2—喷嘴；3—料筒；4—分流梭；5—料斗；6—注射柱塞

② FRP 注射成型原理　FRP 的注射成型过程是一个复杂的物理和化学过程。注射料在加热过程中随温度升高，黏度下降。但随着加热时间的延长，分子间的交联反应加速，黏度又会上升，开始胶凝和固化。实际加热过程中，热固性树脂的黏度变化可设想为两种作用的综合反应。

（3）注射成型过程及条件　注射成型分为准备工作、注射工艺条件选择、制品后处理及回料利用等工序。注射成型工艺包括闭模、加料、塑化、注射、保压、固化（冷却定型）、开模出料等工序。

① 加料　正确地控制加料及剩余量对保证产品质量影响很大。一般要求定时定量地均匀供料，保证每次注射后料筒端部有一定剩料（称料垫）。剩料的作用有两点：一是传压；二是补料。如果加料量太多，剩料量大，不仅使注射压力损失增加，而且会使剩料受热时间过长而分解或固化；加料量太少时，剩料不足，缺乏传压介质、模腔内物料受压不足，收缩引起的缺料得不到补充，会使制品产生凹陷、空洞及不密实等。剩料一般控制在10～20mm。

② 成型温度　料筒、喷嘴及模具温度对复合材料注射成型质量影响很大，它关系到物料的塑化和充模工艺。在决定这些温度时，应考虑到下述各方面因素。

a. 注射机的种类　螺杆式注射机的料筒温度比柱塞式低，这是因为螺杆注射机内料筒的料层较薄，物料在推进过程中不断地受到螺杆翻转换料，热量易于传导。物料翻转运动，受剪力作用，自身摩擦能生热。

b. 产品厚度　薄壁产品要求物料有较高的流动性才能充满模腔。因此，要求料筒和喷嘴温度较高，厚壁产品的物料流量大，注模容易，硬化时间长，故料筒和喷嘴温度可稍低些。

c. 注射料的品种和性能　它是确定成型温度的决定因素，生产前必须作好所用物料的充分试验，优选出最佳条件。对于热塑性树脂来讲，料筒温度高于模具温度；对于热固性树脂来讲，料筒温度较低，模具温度高于料筒和喷嘴温度；对于增强粒料，料筒和喷嘴温度随纤维含量不同，一般比未加纤维的物料提高10～20℃。

③ 螺杆转速及背压　螺杆的转速及背压，必须根据所选用的树脂热敏程度及熔体黏度等进行调整。一般来讲，转速慢则塑化时间长，螺杆顶端的料垫在喷嘴处停留时间过长，易使物料在料筒中降解或早期固化。增加螺杆转速，能使物料在螺槽中的剪应力增大，摩擦热提高，有利于塑化。同时可缩短物料在料筒中的停留时间。但转速过快，会引起物料塑化不足，影响产品质量。

背压是指螺杆转动推进物料塑化时，传给螺杆的反向压力。对于玻璃纤维增强粒料（特别是长纤维粒料），由于纤维中包含空气，在料筒中塑化时必须调整背压，排出空气，否则会使制品产生气泡，中心发白，表面发暗。当增加背压时，能提高树脂和纤维的混炼效果、使纤维分散均匀。一般背压为注射压力的8%～18%。选择背压还应考虑到树脂的熔融温度。当熔体温度较低时，增加背压会引起玻璃纤维粉化，降低制品力学性能。

注射速度和压力对充模质量起着决定性作用。注射压力大小与注射机种类、物料流动性、模具浇口尺寸、产品厚度、模具温度及流程等因素有关。一般增强物料的注射压力比未增强物料略高。热塑性塑料的注射压力为40～130MPa，纤维增强的注射压力为50～150MPa。对黏度较高的聚砜、聚苯醚及热固性复合材料等的注射压力为80～200MPa。

保压作用是使制品在冷却收缩过程中得到补料。较高的保持压力和一定的保压时间，能使制品尺寸精确、表面光洁、消除真空气泡。反之，则易使制品表面毛糙和凹陷，内部产生缩孔及强度下降等。保压时间一般为20～120s，特别厚的制品可高达5～10min。

注射速度与注射压力相关。注射速度慢时，会因物料硬化而使黏度增加，压力传递困难、不利于充模，易出现废品。提高注射速度，对保证产品质量和提高生产率有利。但注射速度过快，消耗功率大，同时还可能混入空气，使制品表面出现气泡。

在实际生产过程中，对于注射压力和速度的选择，一般都是从低压慢速开始，然后根据产品的质量分析，酌情增大。对于热塑性树脂，注射时间一般为15～60s，热固性树脂则为5～10s。成型周期是指完成一次注射成型制品所需要的时间，称为成型周期，它包括：注射加压时间，包括注射时间、保压时间；冷却时间，模内冷却或固化时间；其他，开模、取出制品、涂脱模剂、安放嵌件、闭模等时间。

在整个过程中，注射加压和冷却时间最重要，对制品质量起决定作用，成型周期是提高生产率的关键。在保证产品质量的前提下，应尽量缩短时间。在实际生产中，应根据材料的性能和制品的特点等因素，预定工艺条件，经过实际操作进行调整，优选出最佳工艺条件。

④ 制品后处理　注射制品的后处理主要是为了提高制品的尺寸稳定性，消除内应力。后处

理主要有热处理和调温处理两种。热处理：注射物料在机筒内塑化不均匀或在模腔内冷却速度不同，都会发生不均匀结晶、取向和收缩，使制品产生内应力，发生变形。热处理是使制品在定温液体介质中或恒温烘箱内静置一段时间，然后缓慢冷却至室温，达到消除内应力的目的。一般热处理温度应控制在制品使用温度以上 10～20℃，或热变形温度以下 10～20℃ 为宜。热处理的实质是：迫使冻结的分子链松弛，凝固的大分子链段转向无规位置，从而消除部分内应力；提高结晶度，稳定结晶结构，提高弹性模量，降低断裂延伸率。调湿处理：调湿处理是将刚脱模的制品放入热水中，静置一定时间，使之隔绝空气，防止氧化，同时起到加快吸湿平衡。调湿作用对改善聚酰胺类制品性能十分明显，它能防止氧化和增加尺寸稳定。过量的水分还能提高聚胺配类制品的柔韧性，改善冲击强度和拉伸强度，调湿处理条件一般为 90～110℃，4h。

（4）注射成型设备 注射成型设备主要包括注射机和模具。与生产塑料的注射机和模具相比，生产 FRTP 制品的突出问题是玻纤对注射机和模具有较大的磨损和腐蚀，其制品的成型收缩率也较小，在设计和选择注射成型设备时，应充分考虑。

11.12 热塑性片状模塑料及其制品冲压成型

11.12.1 概述

定义和特点如下所述。

热塑性复合材料（亦称热塑性玻璃钢）近年来发展很快，特别是热塑性片状模塑料是 20 世纪 80 年代世界备先进国家竞相发展的新技术。它是以连续玻璃纤维毡、短切玻璃纤维毡、布、无捻粗纱和热塑性树脂复合而成的一种片状模塑料。与热固性片状模塑料相似，借助金属对模、压机、冲压成型各种制品。所不同的是热固性片状模塑料是热压成型，热塑性片状模塑料则采用蒸汽预热。

① 热塑性片状模型料制品的特性（与热固性片状模塑料制品相比）

a. 比强度高 热塑性复合材料的强度和手糊聚酯玻璃钢相似，其密度为 $1.1～1.8g/cm^3$，比热固性玻璃钢（$1.8～2.0g/cm^3$）小。因此，它具有比热固性玻璃钢更高的比强度。

b. 能重复加工成型 边角料可回收利用，不污染环境，减少材料消耗、降低成本。

c. 成型周期短。热固性 SMC 的成型周期一般为 6～15min，容易实现快速机械化生产。

d. 成型压力低。热塑性片状模塑料的冲压成型压力只有几兆帕，而热固性片状模塑料的成型压力为 3～15MPa，最高成型压力为 50MPa。

e. 贮存期长。热固性预浸料和片状模塑料的储存期只有 3 个月（常温储存），温度大于 25℃时更短。而热塑性模塑料则可长期储存几年以上。

f. 比热固性玻璃钢具有较高的耐化学腐蚀性、耐水性和气密性等。

g. 原料来源充足，价格便宜。

h. 成本低，某些品种热塑性玻璃钢成本比手糊聚酯玻璃钢低 20% 左右。

i. 机械化程度高，热塑性玻璃钢必须要机械化生产。产品质量稳定。但初次投资费用较高。

② 与注射成型热塑性复合材料相比

a. 具有较高的强度和刚度。

b. 抗冲击性能好。

c. 产品尺寸精度高。

d. 短纤维增强热塑性复合材料一般采用注射成型，产品尺寸较小，连续纤维增热塑性玻璃钢则可采用冲压成型，能够生产大型玻璃钢制品。

e. 成型压力小。对模具和压机的要求较注射成型工艺低。

③ 与钢材比

a. 质量轻，密度小。

b. 耐腐蚀、不生锈、使用寿命长。

c. 形状设计自由度大，能一次成型形状较复杂的制品。

d. 在破坏极限强度内不产生塑性变形，吸收撞击能高。

e. 工业化生产投资少。

11.12.2　热塑性片状模塑料的生产工艺及设备

热塑性片状模塑料的生产方法可归纳为湿法和干法两大类，如图 11-41 所示。

（1）原材料　生产热塑性片状模塑料的原材料主要是树脂和增强材料。

① 树脂　能够用于生产热塑料片状模塑料的树脂很多。如尼龙、聚乙烯、聚氯乙烯和聚丙烯等。但世界各国主要还是用聚丙烯或改性聚丙烯生产片状模塑料。因为聚丙烯的优点较多：密度小（0.9g/cm³）；抗冲击性好；可以在 −40～100℃ 温度范围使用；工艺性好（达到熔融温度后，在压力下流动性能好，容

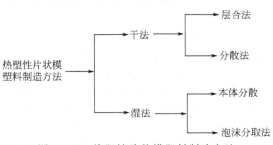

图 11-41　热塑性片状模塑料制造方法

易浸透玻璃纤维。冷却后能迅速硬化）。由它制成的片状模塑料，能够提高冲压成型制品的生产率。此外，聚丙烯还具有来源广、成本低等特点，国内价格聚丙烯比不饱和聚酯树脂便宜 1/3。

② 增强材料　生产热塑性片状模塑料的增强材料主要是玻璃纤维无捻粗纱、玻璃纤维短切毡、连续玻璃纤维毡和针状连续玻璃纤维毡等。玻璃纤维可以用无碱纤维也可以用中碱纤维或无碱纤维。在电性能要求不高的场合，选用中碱纤维，这不仅是因为中碱纤维的价格便宜，也因为用中碱纤维同样可以取得与无碱纤维相同的强度效果。生产这种片状模塑料的纤维直径一般为 13μm 左右，各种无捻粗纱和毡的规格与普通热固性玻璃钢所用的玻璃纤维产品相似，只是浸润剂和粘接剂有所区别。各种短切纤维毡及连续玻璃纤维毡中的粘接剂，要求能与聚丙烯树脂牢固地熔接为一体。

（2）干法生产工艺　干法生产热塑性片状模塑料的工艺又分为层合法和分散法两种。

① 层合法生产热塑性片状模塑料　层合法生产热塑性片状模塑料工艺，是将连续玻璃纤维毡和聚丙烯（或其他热塑性塑料）薄片叠合后，经过加热、加压、浸渍、冷却定型和切断等工序制造片状模塑料的方法，其典型实例是以美国 PPG 公司的研究成果为代表。其工艺过程和所用设备示意如图 11-42 所示。

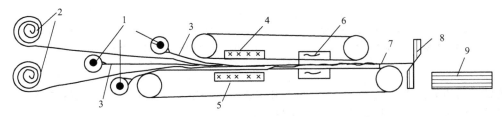

图 11-42　干法生产热塑性片状塑料工艺及设备
1—塑料挤板机；2—玻璃纤维毡；3—塑料片材；4—加压带；5—加热、加压装置；
6—冷却设施；7—复合片材；8—切断器；9—成品

这种工艺所采用的方法是将塑料挤板和铺毡同设在一条生产线上，塑料片从挤板机挤出后，不等冷却就和玻璃纤维毡叠合进入钢带加压设备，经加热、加压，使熔融树脂浸渍玻璃纤维毡，然后经冷却、定长切断，制成片状模塑料。这种工艺的优点是节省能源，但不能发挥挤板机的生产能力。另一种方案是先生产出塑料片材，然后再和纤维毡叠合成所需要的厚度，进入钢带复合机，加热、加压复合成所要求的片状模塑料；还有一种方案是把树脂制成粉末状，用它代替塑料片均匀地铺撒在各层玻璃纤维毡上，然后进入钢带复合机加热、加压，使树脂粉末在纤维毡中熔

化、浸透，再经冷却定型，定长切断制成热塑性片状模塑料。这种工艺方案的优点是不需要挤板机，粉末状树脂直接进入毡内，容易浸透纤维。

②　分散法生产片状模塑料工艺　此法为日本 NKK 公司研究成功的一种方法，它是将短切玻璃纤维与聚丙烯或尼龙等树脂粉末在特殊的搅拌机内混合均匀，然后按设计厚度铺撒均匀，再经加热、加压制成片状模塑料。目前这种片状模塑料以"STAMPEPS"的商品名称在市场试销，它具有和湿法片材相似的技术性能。

干法生产热塑性片状模塑料的优点是：可用连续纤维，连续纤维针刺毡、也可以用短切纤维毡和短切纤维；纤维含量控制在 20%～40%，产品厚度 2～4mm（连续法层合生产），用多层压机生产时厚度可达 50mm；纤维铺层方向可任意选择。干法生产的工艺参数（压力、温度、时间），应根据所选用的树脂加工性能决定。

（3）热塑性片状模塑料湿法生产工艺　湿法生产热塑性片状模塑料是将玻璃纤维无捻粗纱切成长 7～50mm（最佳长度为 13mm 左右）的短纤维，在搅拌器内与粉末状树脂（PP·PVC·PA·HDPE）加入搅拌成均匀的悬浮料浆，用泵将其输送到传送网带上。经减压脱水，形成湿毡（图 11-43）。再经干燥、切断、收卷成中间产品。这种树脂玻纤混合毡片的厚度为 1.5～4mm，最厚可达 8mm。这种毡片中，树脂和纤维混合比较均匀，生产冲压片材时，只需将毡片送入热压复合机内，加热、加压、冷却、切断制成片状模塑料。

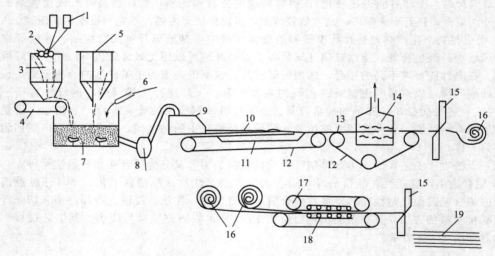

图 11-43　湿法生产热塑性片状模塑料示意

1—玻璃纤维纱；2—切断器；3—沉降室；4—输送带；5—树脂、填料；6—水；7—搅拌槽；8—泵；
9—浆槽；10—浆料；11—真空脱水；12—输送带；13—加胶黏剂；14—烘干；15—切断；
16—坯料；17—钢带；18—加热、加压区；19—成品

此法的特点是用短切纤维、粉末状树脂和水或泡沫悬浮液混合料浆生产片状模塑料，纤维含量可达 20%～70%，产品厚度为 1.27～6.35mm。

湿法生产片状模塑料的增强材料除玻璃纤维外，还可以采用碳纤维或金属纤维等。

片状模塑料的性能取决于所选用的纤维和树脂种类、含量比例、纤维铺设方向及界面结合状况等。

11.12.3　热塑性复合材料制品冲压成型

（1）冲压成型工艺　热塑性片状模塑料制品的冲压成型工艺流程如图 11-44 所示。根据坯料在模具内的成型过程及加热温度，分为固态冲压成型和流动态冲压成型两种。

①　热塑性片状模塑料的成型特点

a. 热塑性片状模塑料加工成型特点　成型周期短，生产效率高。几种复合材料的生产率比

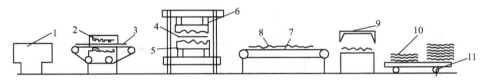

图 11-44　热塑性片状模塑料加工成型工艺流程

1—下料；2—预热；3—坯料；4—预热后坯料片；5—模具；6—压机；7—输送带；
8—半成品；9—裁边；10—成品；11—运输车

较见表 11-4 所列。

表 11-4　单腔模具生产率

项目 材料种类	成型时间/min	年产量/千件
热塑性片状模塑料	25～50	250
热塑性塑料注射成型	40～90	120
热固性 SMC	60～180	80
结构泡沫	150～180	50

　　b. 片状模塑料（AZDEL 或 GMT 片材）无储存期限制，废料可回收利用。

　　c. 收缩率低。一般为 0.3%，而塑料为 1.0%～1.5%。

　　d. 模具费用低。因成型压力较低，除大批量生产采用钢模外，小批量生产时，可采用铝合金、锌合金、玻璃钢，甚至可以使用木材。

　　e. 一次能成型形状复杂或大型制品。

　　f. 设计自由度大，可与金属等其他材料复合制成复合结构制品。

　　② 固态冲压成型　冲压成型技术是从金属冲压工艺基础上发展起来的。其工艺过程是按样板将片状模塑料剪切成坯料，然后在加热器内将料片加热到低于黏流态（熔点）温度 10～20℃，装入模内，快速合模加压，在 70℃模具内冷却脱模，再经修边成制品。固态冲压成型的特点：成型制品形状简单，周期短；成型压力小（一般为 1.0MPa 以内）。固态冲压成型示意图 11-45所示。冲压成型的 SMC，可以用连续纤维毡、布增强。

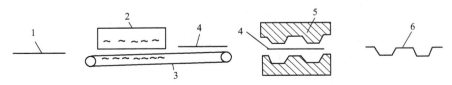

图 11-45　固态冲压成型示意

1—坯料；2—红外线加热炉；3—运输带；4—热坯料；5—冲模压机；6—成品

　　③ 流动态冲压成型　热塑性 SMC 流动冲压成型适用于成型厚度和密度变化大（0.5～1.2）、带凸台或加强肋等形状复杂的或带金属丝埋件的制品。

　　流动态冲压成型是先将裁成与制品质量相同的坯料，在加热器内加热到高于树脂熔点 10～20℃温度，放入模具内，快速加压，迫使熔融态坯料流动并填满模腔（图 11-46）。冷却定型后脱模成制品。流动态冲压成型工艺特点是：不能用连续纤维增强的 SMC；坯料按等体积制品质量下料；坯料加热到高于熔点温度；因成型过程中模压料要在模内流动，故成型压力较大（10～20MPa）。流动态冲压成型的合模压力用下式计算；

$$p = \left(F_1 + \frac{1}{3}F_2\right)K$$

　　式中，p 为成型总压力；F_1 为模具平面部分面积，cm^2；F_2 为模具侧面面积，cm^2；K 为实

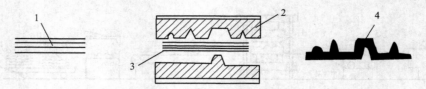

图 11-46　流动态冲压成型示意
1—坯料加热；2—流动冲压；3—熔融态坯料；4—成品

验常数，一般为 10～20MPa。

④ 两种冲压成型方法比较　固态冲压成型和流动态冲压成型各有特点：前者坯料容易铺放，自动化程度高，速度快，成型压力小，但不能压制形状复杂的制品；流动态冲压成型的优点是可以压制形状复杂和带埋设件的制品，但坯料不易铺放、成型压力较高等。

（2）冲压成型设备　冲压成型设备由剪切、加热、冲压等设备及模具组成。

① 剪切设备　坯料剪切一般选用钢板剪切机，下料时根据制品的厚度、体积和重量设计出片材的形状、层数和重量。应注意：坯料的大小应比金属模具的展开面积略小，可以取 1～5 层层合；坯料的重量应与制品重量相等；片材坯料的形状对物料流动、制品性能和生产效率都有影响，应精心设计；下料时要注意减少边角料。

② 加热炉　加热炉可以是隧道式，也可以是烘箱式。加热方式采用料片上、下两面加热，一般加热温度为 300℃，热源用红外线加热或热风加热。采用红外线加热时，注意选用的远红外线波长应适合聚合物基体的要求（一般为 1.5～3.5μm）。以求最大限度的发挥加热炉的效率。加热时间一般为 90～180s。

③ 压机　冲压成型热塑片复合材料制品的压机应具有以下功能。

a. 合模速度快、因为物料的移动应在 3s 内完成，故要求加压时台面运行速度为 50～200cm/min。

b. 压机的压力大小应根据所生产的制品尺寸而定，可根据流动态冲压工艺选型。

c. 保压时间　一般为 10～50s（3～4mm 厚制品为 30～40s）

压机可以选择液压式或机械传动式。凡能满足上述工艺条件要求的均可。

d. 模具　冲压成型用的模具材料一般为铸钢。对固态冲压成型用的模具，因为成型压力小于 1MPa，故可选用轻金属、复合材料，少数情况尚可采用木材等材料。

参 考 文 献

[1] 刘雄亚，谢怀勤. 复合材料工艺及设备. 武汉：武汉工业大学出版社，1994.
[2] 肖翠蓉，唐羽章. 复合材料工艺学. 长沙：国防科技大学出版社，1991.
[3] 温志远，王世辉. 塑料成型工艺及设备. 北京：北京理工大学出版社，2007.
[4] 欧国荣，倪礼忠. 复合材料工艺与设备. 上海：华东化工学院出版社，1991.
[5] 王震鸣等. 复合材料及其结构的力学进展（第四册）. 武汉：武汉工业大学出版社，1994.
[6] 李顺林，王兴业复合材料结构设计基础. 武汉：武汉工业大学出版社，1993.
[7] 皮亚蒂（G. Piatti）编. 复合材料进展. 赵渠森，伍临尔译. 北京：科学出版社，1984.
[8] 林启昭. 高分子复合材料及其应用. 北京：中国铁道出版社，1988.
[9] 徐桂兰. 高温用特殊复合材料. 北京：冶金工业出版社，2001.
[10] 陈祥宝等. 树脂基复合材料制造技术. 北京：化学工业出版社，2000.
[11] 张恒. 塑料及其复合材料的旋转模塑成型. 北京：科学出版社，1999.
[12] 苏玳译. 塑料与复合材料. 南京：东南大学出版社，1990.
[13] 吴培熙，沈健. 特种性能树脂基复合材料. 化学工业出版社，2003.
[14] 温志远，王世辉. 塑料成型工艺及设备. 北京：北京理工大学出版社，2007.

第12章 聚合物基复合材料的力学性能

12.1 绪论

聚合物基复合材料具有质量轻、力学性能好的优点。它的强度、刚度、抗疲劳性能优越，且由于组分和铺层结构的可设计性，使复合材料的力学性能能够在很大幅度上加以调整。复合材料力学性能的这些特点，使它在航空、航天、交通、建筑等方面的结构中得到广泛地应用。

为了解和评价真实地反映复合材料及其制品的基本性能，改性、设计复合材料以及其制品以及原材料质量、成型工艺条件等对复合材料性能的影响，必须对其进行一系列的测试和对复合材料各种基本力学性能有全面的正确的了解。为复合材料的研究、生产和使用部门提供数据，并作为评价原材料、树脂配方、成型工艺参数等及探求最佳材料组成和结构的依据。为此目的，本章介绍复合材料方面的性能测试方法。

复合材料的主要品种是纤维增强塑料，以及近年来随着碳-碳、陶瓷基、金属基复合材料、纤维多向编织物等新材料的出现，越来越展示了复合材料在高技术、高性能方面的开发前景。目前，复合材料的研究成果累累，与之息息相关的复合材料试验技术也得到了很大发展。

为了对复合材料试验测试性能的了解，限于篇目，下面只列出复合材料及其制品性能的测试项目。

复合材料的力学性能：①拉伸强度、拉伸模量、泊松比；②压缩强度、压缩模量；③弯曲强度、弯曲模量；④剪切强度、剪切模量、层间剪切强度、断纹剪切强度、纵横剪切强度；⑤冲击强度（或冲击韧性）；⑥硬度、巴氏硬度、邵氏硬度；⑦摩擦系数；⑧磨损率。

复合材料的物理性能：①线膨胀系数；②热导率；③平均比热容；④马丁耐热、热变形温度；⑤热机械曲线；⑥体积电阻系数与表面电阻系数；⑦介电系数与介质损耗角正切；⑧介电强度和耐电压；⑨耐电弧；⑩耐温指数；⑪折射率、透光率和雾度。

复合材料的稳定性：①耐燃烧性、氧指数；②热稳定性；③吸水性；④耐化学腐蚀性；⑤大气老化、加速大气老化、湿热老化、盐雾腐蚀老化；⑥霉菌腐蚀。

复合材料制品检验：①实用破坏性能检验；内压试验、静动承载试验；②无损检验：超声波检验、微波检验、贯穿辐射检验、红外线和热检验、振动弹性波和声波检验。

表征复合材料及其制品性能，形成和完善复合材料生产及应用中的质量控制体系，为复合材料的发展提供实践和理论依据。复合材料发展方兴未艾，新的复合材料不断涌现，试验方法和标准尚需继续建立和完善，同时开发新的试验方法也是迫不容待的重要任务。

12.2 复合材料力学性能测试

聚合物基复合材料力学性能包括拉伸、压缩、弯曲、剪切、冲击、硬度、疲劳等，这些性能数据的取得有赖于标准的（或共同的）试验方法的建立，因为试验方法、试验条件，诸如试样的制备、形状、尺寸，试验的温度、湿度、速度，试验机的规格种类等直接影响测试结果的可比性和重复性。

影响聚合物基复合材料力学性能的因素，不仅在于试验方法，更重要的还取决于树脂基体、增强材料及其界面的黏结状况，所以在给出其力学性能数据时，要详细说明原材料的数据和成型工艺参数，如树脂基体的结构、组成、配比以及制成树脂浇铸体的基本力学性能数据，纤维直径、捻度、支数、股数、织物厚度、经纬密度、热处理、表面化学处理前后的经纬向弧度、成型工艺方法、温湿度、树脂含量、固化条件（温度、压力、时间）、后期热处理、固化度等。应当指出，纤维增强塑料的弹性模量和强度值的计算一般仍按材料力学公式进行，它是基于对材料理想化了的假设而得出的，即材料完全均质的、各向同性的、应力应变符合虎克定律的。纤维增强塑料实际上不太符合这些假设。试验过程中不完全符合弹性虎克定律，在超过其比例极限以后，往往在纤维和树脂的黏结界面处会逐步出现微裂缝，形成一个缓慢的破坏过程。这时要记下其发出声响和试样表面出现白斑时的载荷，并绘制其破坏图案。

纤维增强材料性能试验方法总则已定为国家标准（GB 1446—83），其中就其力学和物理性能测定的试样制材、外观检查、数量、测量精度、状态调节以及试验的标准环境条件、设备、结果、报告等内容作了详细规定。其中试的标准环境条件为：温度 $23℃±2℃$，相对湿度 $45\%\sim55\%$。试样状态调节规定，试验前，试样在试验标准环境中至少放置 24h。不具备标准条件者，试样可在干燥器内至少放置 24h。试样数量，每项试验不能少于 5 个。

12.2.1 拉伸

拉伸试验是最基本的一种力学性能试验方法。它适用于测定玻璃纤维织物增强塑料板材和短切玻璃纤维增强塑料的拉伸性能，包括拉伸强度、弹性模量、泊松比、伸长率、应力-应变曲线等。

拉伸试验是指在规定的温度、湿度和试验速度下，在试样上沿纵轴方向施加拉伸载荷使其破坏，此时材料的性能指标如下：

(1) 拉伸强度为

$$\sigma_i = \frac{p}{bh} \tag{12-1}$$

式中，σ_i 为拉伸强度，MPa；p 为破坏载荷（或最大载荷），N；b 为试样宽度，cm；h 为试样厚度，cm。

(2) 拉伸断裂伸长率为

$$\varepsilon_i = \frac{\Delta L_b}{L_0} \times 100 \tag{12-2}$$

式中，ε_i 为试样拉伸断裂伸长率，%；ΔL_b 为试样断裂时标距式 L_0 内伸长量，cm；L_0 为测量的标距，cm。

(3) 拉伸弹性模量为

$$E_i = \frac{L_0 \Delta p}{bh \Delta L} \tag{12-3}$$

式中，E_i 为拉伸弹性模量，MPa；Δp 为载荷-变形曲线上初始直线段的载荷增量，N；ΔL 为与载荷增量 Δp 对应的标距 L_0 内的变形增量，cm。

(4) 泊松比为

$$\mu = -\frac{\varepsilon_2}{\varepsilon_1} \tag{12-4}$$

式中，μ 为泊松比；ε_1、ε_2 分别为载荷增量 ΔP 对应的纵向应变和横向应变。

$$\varepsilon_1 = \Delta L_1 / L_1, \ \varepsilon_2 = \Delta L_2 / L_2 \tag{12-5}$$

式中，L_1，L_2 分别为纵向和横向的测量标距，cm；ΔL_1，ΔL_2 分别为与载荷增量 ΔP 对应的标距 L_1 和 L_2 得变形增量，cm。

(5) 拉伸应力-应变曲线图　玻璃纤维增强塑料拉伸应力-应变曲线由折线组成，折线的拐点出现在强度极限的 1/3 处附近，试样拉伸过程达到此处时，可听到有开裂声，并伴随在试样表面上出现白斑。由于折线的存在，就形成了所谓第一弹性模量和第二弹性模量问题。形成第二弹性模量是复合材料的特点，这主要是由于在受力状况下树脂和纤维延伸率不同，在界面处出现开裂（热固性树脂延伸率仅1%左右，玻璃纤维延伸率：有碱纤维为2.7%，无碱纤维为3%），此时复合材料中有缺陷的纤维先行断裂，致使纤维总数少于起始状态，相应每根纤维上受力增加，形变也就增加，这是弹性模量降低的缘故。

12.2.2　压缩

聚合物基复合材料压缩试验是基于在常温下对标准试样的两端施加均匀的、连续的轴向静压缩载荷。直至破坏或达到最大载荷时，求得压缩性能参数的一种试验方法。

玻璃纤维增强塑料压缩性能试验方法 GB 1448—83 适用于测定玻璃纤维织物增强塑料板材和短切玻璃纤维增强塑料的压缩强度和压缩弹性模量。

（1）压缩强度　在压缩试验中，试样直至破坏或达到最大载荷时所受的最大压缩应力

$$\sigma_c = \frac{P}{F} \tag{12-6}$$

式中，σ_c 为压缩强变，MPa；P 为破坏或最大载荷，N；F 为试样横截面积，cm^2。

（2）压缩弹性模量　是在比例极限范围内应力和应变之比。

$$E_c = \frac{L_0 \Delta P}{bh \Delta L} \tag{12-7}$$

式中，E_c 为压缩弹性模量，MPa；ΔP 为载荷-变形曲线上初始直线段的载荷增量，N；ΔL 为与载荷增量 ΔP 对应的标距 L_0 内的变形增量，cm；L_0 为仪表的标距，cm；b，h 为试样宽度、厚度，cm。

12.2.3　弯曲试验

复合材料的弯曲试验中试样的受力状态比较复杂，有拉力、压力、剪力、挤压力等，因而对成型工艺配方、试验条件等因素的敏感性较大。用弯曲试验作为筛选试验是简单易行的，也是比较适宜的。

玻璃纤维增强塑料弯曲性能试验方法（GB 1440—83）适用于测定玻璃纤维织物增强塑料板材和短切玻璃纤维增强塑料的弯曲性能，包括弯曲强度、弯曲弹性模量、规定挠度下的弯曲应力、弯曲载荷-挠度曲线。

（1）弯曲强度　弯曲试验一般采用三点加载简支梁，即将试样放在两支点上，在两支点间的试样上施加集中载荷，使试样变形直至破坏时的强度为弯曲强度。

$$\sigma_f = \frac{3PL}{2bh^2} \tag{12-8}$$

式中，σ_f 为弯曲强度（或挠度为 1.5 倍试样厚度时的弯曲应力），MPa；P 为破坏载荷（或最大载荷，或挠度为 1.5 倍试样厚度时的载荷），N；L 为跨距，cm；b，h 为试样宽度、厚度，cm。

（2）弯曲弹性模量　是指在比例极限内应力与应变比值。

$$E_f = \frac{L^3 \Delta P}{4bh^3 \Delta f} \tag{12-9}$$

式中，E_f 为弯曲弹性模量，MPa；ΔP 为载荷-挠度曲线上初始直线段的载荷增量，N；Δf 为与载荷增量 ΔP 对应的跨距中点处的挠度增量，cm。

（3）某些试验由于特殊要求，可测定表观弯曲强度，即超过规定挠度时（如超过跨距的 10%）载荷达到最大值时的弯曲应力。在此大挠度试验时，弯曲应力最好用下面的修正公式：

$$\sigma_f = \frac{3PL}{2bh^2} \left[1 + 4 \left(\frac{f}{L} \right)^2 \right] \tag{12-10}$$

式中，f 为试样跨距中点处的挠度，cm。

12.2.4　剪切

剪切试验（参阅 GB 1450.1—83）对于复合材料特别重要。复合材料的特点之一是层间剪切

强度低，并且层间剪切形式复杂，有单面剪切、双面剪切、拉伸剪切、压缩剪切、弯曲剪切等。在受剪面上，往往受的不是一个单纯的剪力而是复合力。除了层间剪切之外，还有断纹剪切、纵横剪切等。

(1) 剪切强度　试样在剪切力作用下破坏时单位面积上所能承受的载荷值。

单面剪切强度：

$$\tau_d = \frac{P_b}{bh} \tag{12-11}$$

双面剪切强度：

$$\tau_i = \frac{P_b}{2bh} \tag{12-12}$$

式中，P_b 为破坏载荷，N；b、h 为试样受剪面宽度、高度，cm；τ_s 为层间剪切强度，MPa。

(2) 层间剪切强度　在层压材料中，沿层间单位面积上所能承受的最大剪切载荷，MPa。

(3) 断纹剪切强度　沿垂直于板面的方向剪断的剪切强度，MPa；

(4) 纵横剪切强度　沿着单向或正交纤维增强塑料平板的纵轴和横轴平行的剪切应力，MPa。

(5) 剪切弹性模量　指材料在比例极限内剪应力与剪应变之比。当剪应力沿单向纤维增强塑料的纤维方向和垂直于纤维方向作用时，测得的面内剪切弹性模量称为纵横剪切模量 MPa。

12.2.5　冲击

冲击试验是用来衡量复合材料在经受高速冲击状态下的韧性或对断裂的抵抗能力的试验方法。对于研究各向异性复合材料在经受冲击载荷时的力学行为有一定的实际意义。

一般冲击试验分以下 3 种：摆锤式冲击试验（包括简支梁型和悬臂梁型）；落球式冲击试验；高速拉伸冲击试验。

简支梁型冲击试验是摆锤打击简文梁试样的中央；悬臂梁法则是用摆锤打击有缺口的悬臂梁试样的自由端。摆锤式冲击试验试样破坏所需的能量实际上无法测定，试验所测得的除了产生裂缝所需的能量及使裂缝扩展到整个试样所需的能量以外，还要加上材料发生永久变形的能量和把断裂的试样碎片抛出去的能量。把断裂试样碎片抛出的能量与材料的韧性完全无关，但它却占据了所测总能量中的一部分。试验证明，对同一跨度的试验试样越厚消耗在碎片抛出的能量越大。所以不同尺寸试样的试验结果不好相互比较。但由于摆锤式试验方法简单方便，所以在材料质量控制、筛选等方面使用较多。

落球式冲击试验是把球、标准的重锤或投掷枪由已知高度落在试棒或试片上，测定使试棒或试片刚刚够破裂所需能量的一种方法。这种方法与摆锤式试验相比表现出与实地试验有很好的相关性。但缺点是如果想把某种材料与其他材料进行比较，或者需改变重球质量，或者改变落下高度，十分不方便。

评价材料的冲击强度最好的试验方法是高速应力-应变试验。应力-应变曲线下方的面积与使材料破坏所需的能量成正比。如果试验是以相当高的速度进行，这个面积就变成与冲击强度相等。

玻璃纤维增强塑料简支梁冲击韧性试验方法（GB 1451—83），适用于测定玻璃纤维织物增强塑料板材和短切玻璃纤维增强塑料的冲击韧性。试样为矩形杆，并在表面开有 V 形缺口，使试样受冲击时产生应力集中面呈现脆性断裂。

冲击韧性 a_i 值对于复合材料的品质、宏观缺陷和显微组织的差异十分敏感，因而 a_i 值可用来控制加工成型工艺、半成品或成品质量；不同温度下作冲击试验可得到 a_i 值与温度的关系曲线；在脆性状况下，a_i 值可间接反映材料脆性的大小。

冲击韧性按式(12-13) 计算：

$$a_i = \frac{A}{bh} \tag{12-13}$$

式中，a_i 为冲击韧性，J/cm^2；A 为冲断试样消耗的功，J；b 为试样缺口处的宽度，cm；h 为试样缺口下的厚度，cm。

12.2.6　硬度

　　材料硬度是表示抵抗其他较硬物体的压入性能，是材料软硬程度的有条件性的定量反映。通过硬度的测量还可间接了解其他力学性能，如磨耗、拉伸强度等。对于纤维增强塑料，可用硬度估计热固性树脂基体的固化程度，完全固化的比不完全固化的硬度高。硬度测试操作简单、迅速、不损坏试样，有的可在施工现场进行，所以硬度可作为质量检验和工艺指标而获得广泛应用。

　　复合材料硬度试验方法有些是根据金属硬度测试方法发展而来的，如布氏硬度、洛氏硬度，有些是复合材料独有的测试方法，如巴氏硬度、邵氏硬度等。布氏硬度、洛氏硬度试验方法都是将具有一定直径的钢球，在一定的载荷作用下压入材料表面，用读数显微镜读出试样表面的压痕直径，即可计算材料的硬度值，这种硬度值的影响因素很多，试验值难以真正反映材料性能。巴氏硬度、邵氏硬度试验是用具有一定载荷的标准压印器，以压入表面的深度衡量试样的硬度值。

　　（1）巴氏硬度（参阅 GB 3854—83）　Barcol（巴柯尔）硬度简称巴氏硬度是一种压痕硬度，它以特定压头在标准弹簧的压力作用下压入试样，以压痕的深浅来表征试样的硬度。它适用于测定纤维增强塑料及其制品的硬度，也可用于非增强硬塑料。

　　巴氏硬度是一种十分简便而有效的材料制品硬度测量方法，适用于硬质塑料和增强塑料制品的质量鉴定、生产过程中对半成品进行现场质量监控、合理选择达到最低合格固化度所需的时间等。英国、美国、日本等国已将巴氏硬度作为玻璃纤维增强塑料制品的主要质量指标或列为测试标准，是一种很值得推广的硬度试验方法。

　　巴氏硬度计有 3 种型号 GYZ934-1 和 HBa-1 用于测量软金属及较硬的塑料和复合材料；GYZJ35 用于测量较软的金属和较软的塑料；GYZJ936 用于测量非常软的软塑料和其他材料。

　　纤维增强塑料巴氏硬度试验仪器为 GYZ934-1 型，它的结构较简单，主要部件是一淬火钢压头。压头为 26° 的截头圆锥体，其顶端平面直径为 0.157mm，配合在一个满度调整螺丝孔内，并被一个内弹簧加载的主轴压住。硬度计的指示仪表度盘有 100 分度，每一分度相当于压入 0.0076mm 的深度。压痕深度为 0.76mm 时，表头读数为零；压痕深度为零时，表头读数为 100。表头读数越高，表示材料越硬。

　　（2）邵氏硬度（参阅 GB 2412—83）　邵氏硬度分为邵氏 A 和邵氏 D 两种。邵氏 A 硬度适用于较软的塑料，用 H$_A$ 表示；邵氏 D 硬度适用于较硬的塑料，用 H$_D$ 表示（图 12-1，表 12-1）。

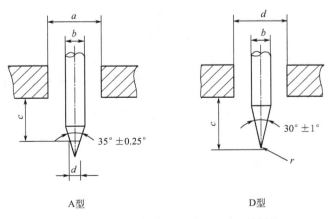

A 型　　　　　　　　　　　D 型

图 12-1　邵氏硬度计（A 型、D 型）的压针

表 12-1　邵氏硬度计的压针参数

a	$\phi 3.00 \pm 0.50$	d	$\phi 0.79 \pm 0.03$
b	$\phi 1.25 \pm 0.15$	r	$R0.1 \pm 0.012$
c	2.50 ± 0.04		

使用邵氏硬度计将规定形状的压针，在标准的弹簧力下压入试样，把压针压入试样的深度转换为硬度值。

12.2.7　摩擦

摩擦是普遍存在的一种自然现象。根据摩擦现象发生的场合和条件，摩擦可分为静摩擦和动摩擦、滚动摩擦和滑动摩擦、内摩擦和外摩擦等。

（1）静摩擦和动摩擦　当相互接触的两个物体在外力作用下有滑动倾向时，彼此保持相对静止时的摩擦叫做静摩擦。处于静摩擦状态下的摩接力称为静摩擦力。当外力增大到物体开始运动时，静摩擦达最大值称为最大静摩擦力（或称启动摩擦力）。实验证明：最大静摩擦力 F_{max} 和一个物体对另一个物体的正压力（垂直于接触面的相互压紧的力）N 成正比，即

$$F_{max} = \mu_s N \tag{12-14}$$

式中，μ_s 为静摩擦系数。

当一个物体在另一个物体上相对滑动时所产生阻碍滑动的摩擦力称为滑动摩擦力，这种现象称为动摩擦擦或滑动摩擦。实验证明：滑动摩擦力 F 与正压力 N 成正比，即

$$F = \mu N \tag{12-15}$$

式中，μ 为滑动摩擦系数，通称摩擦系数。

μ_s 和 μ 均与材料的性质、表面情况有关，通常与接触面的大小无关。根据实验，滑动摩擦力比同一物体的最大静摩擦力小。

（2）滑动摩擦和滚动摩擦　根据物体相互间在接触面上运动形式的不同，动摩擦可分为滑动摩擦和滚动摩擦。两个物体有相对运动，而在接触面上又有相对运动，物体作相对滑动，此时接触面上的摩擦称为滑动摩擦。若两个物体虽有相对运动，但在接触面上物体相互之间没有相对位移发生，此时在接触面上产生的摩接称为滚动摩擦。

（3）摩擦系数的测定原理　在试样物体上施加一正压力，测定使物体刚要运动瞬间的力和匀速滑动时的力，即可计算出两物体间的静摩擦系数和动摩擦系数。

（4）摩擦系数试验方法　测定摩擦系数的试验方法和设备种类较多，这里仅介绍两个国外标准试验方法。测定塑料薄膜和薄片的静态和动态摩擦系数的标准试验方法（参阅 ASTM D1894—78）。

（5）计算　塑料薄膜静摩擦系数和动摩接系数按式（12-16）式（12-17）计算：

$$\mu_s = \frac{A_s}{mg} \tag{12-16}$$

$$\mu = \frac{A_k}{mg} \tag{12-17}$$

式中，μ_s 为静摩擦系数；μ 为动摩擦系数；A_s 为滑块与平板间产生相对滑动时的起始负荷，N；A_k 为滑块与平板间产生均匀滑动期间的平均负荷，N；m 为滑块的质量，g；g 为重力加速度，m/s^2。

块状和片状塑料动摩擦系数的标准试验方法参阅 ASTM D3028—72

用式（12-18）计算

$$\mu = M \sin\theta / 0.05n \tag{12-18}$$

式中，μ 为摩擦系数；M 为仪器最大摆距，N·m；n 为正压力，N；θ 为摆的唯一角度，（°）。

12.2.8　磨耗

两个物体发生接触而摩擦的结果会产生各种各样的效应，加热效应、振动效应、磨损效应

等。磨耗（亦称磨损、磨蚀）是摩擦的必然结果。尽管对各种磨耗机理的认识正在不断深化，但到目前为止要给磨耗下一个确切完整的定义是不容易的。按摩擦表面发生的现象，磨耗可分为氧化磨耗、热磨耗（包括热分解磨耗）、研磨磨耗（也称机械磨耗）及点蚀磨耗。按摩擦表面破坏的原因分为粘着磨耗、磨粒磨耗、腐蚀磨耗及表面疲劳磨耗等。

磨耗是一种复杂的材料破坏现象，影响磨耗的基本参数是压力、滑动速度、摩擦系数、表面结构粗糙度、表面膜、材料弹性模量、强度和弹性体的抗疲劳性及温度等。虽然按不同的磨耗类型来分析这些因素，但它们往往是互相影响的，很难一一分开。如表面高温可由重载和高速所引起，温度影响表面膜的形成，并会引起表面结构和粗糙度的变化等。在摩擦过程中磨耗所产生的磨屑可以用质量损失、一二个滑动体的体积或尺寸变化来测定。已经提出并采用了下列 6 种磨耗规范。

（1）线性磨耗率

$$K_L = \frac{h}{L} \tag{12-19}$$

式中，h 为分离层厚度；L 为滑动距离。

（2）体积磨耗率

$$K_v = \frac{\Delta V}{L A_a} \tag{12-20}$$

式中，ΔV 为分离层体积；A_a 为表观面积。

（3）能量磨耗率（磨耗能量指数）

$$K_E = \frac{\Delta V}{F L} \tag{12-21}$$

式中，F 为摩擦力。

（4）质量磨耗率

$$K_w = \frac{\Delta W}{L A_s} \tag{12-22}$$

式中，ΔW 为分离层质量；A_s 为面积。

（5）磨耗度

$$r = \frac{A'}{\mu} \tag{12-23}$$

式中，μ 为滑动摩擦系数；A' 为磨粒磨耗因数。

（6）抗磨粒磨耗系数：

$$\beta = \frac{\mu}{A'} \tag{12-24}$$

上述能量磨耗率和磨耗度是相同的，都等于抗磨粒磨耗系数的倒数。另外 $K_w = P K_v$，其中 P 是磨耗材料的密度。

实验室的磨耗试验分两大类，第一类是使简单几何形状的试样作相对运动，逐一改变影响磨耗的参数，然后建立磨耗率与各参数之间的关系。这类试验的结果与实践中遇到的复杂磨耗情况没有直接关系。第二类是模拟实际情况，往往是实践中最恶劣的磨耗条件，有时为了缩短试验时间，大大加重了这种条件，这类试验的结果只有有限的适用范围。磨耗试验是通过摩擦磨耗试验机来进行的，试验机的类型很多，有四球式、圆销-圆盘式、圆销-圆柱式、交叉圆柱式试验机等。

12.3　聚合物基复合材料物理性能测试

复合材料较传统单一均质材料具有很多优点，纤维增强塑料热导率低，在超高温的作用下能吸收大量的热量；增强材料与基体树脂的热膨胀系数不同，不同的复合方式其热性能有明显的差别；复合材料又是电性能多样化的材料，有电绝缘体，有高介电损耗，又有低介电损耗体，有微波吸收体，又有微波透过体。总之，复合材料物理性能决定于原材料选择、材料的性能设计、成型工艺方法和工艺条件。因此，复合材料的物理性能的优劣是复合材料研究和应用工作者普遍关注的问题。这些性能的获得有赖于测试技术的建立和掌握。

复合材料物理性能测试技术是以材料的实用性为着眼点，它包括线膨胀系数、热导率、平均比热、热变形温度、马丁耐热、温度形变曲线（热机械曲线）、电阻系数、电击穿、折射率、透射率等试验方法。

12.3.1 线膨胀系数

自然界中大多数固体物质都会随着温度的变化而发生长度和体积的变化，这一现象叫做热膨胀。一般物质大都遵循着热胀冷缩的规律。复合材料的热膨胀主要取决于纤维和树脂的线膨胀系数以及它们所占的体积百分比，所以往往也出现各向异性甚至出现负膨胀的情况。复合材料的热膨胀较各向同性材料要复杂一些。

设固体在温度为 $0℃$ 时的长度为 L_0，当温度升高到 $t℃$ 时，固体的伸长量 ΔL 与原长 L_0 及温度的升高 t 成正比，即：

$$\Delta L = aL_0 t, \text{ 或 } \Delta L/L_0 = at \tag{12-25}$$

α 称为固体的线膨胀系数，线膨胀系数可以定义为温度升高 $1℃$ 时固体的相对伸长，固体在温度 $t℃$ 时的长度 $L_t = L_0(1+at)$ 随温度线性地增长。实际上，α 随温度的变化稍有变化，即随温度的升高而加大，所以上式的线性关系并不严格，但对大多数固体在不太大的温度范围内可以近似地把 α 看作是常数。固体的 α 数量级为 $(10^{-5} \sim 10^{-8})/℃$，聚合物基复合材料为 $10^{-8}/℃$。在通常情况下 $\alpha > 0$，但也有 $\alpha < 0$ 的，如碳纤维在沿纤维方向由 $-200 \sim 100℃$ 时，$\alpha = -(0.5 \sim 1.45) \times 10^{-8}/℃$，纤维的 $\alpha < 0$，相应的复合材料 $\alpha < 0$。固体体积随温度升高而增大：

$$V_t = V_0(1+\beta t) \tag{12-26}$$

式中，V_t 为 $t(℃)$ 时固体的体积；V_0 为 $0℃$ 时固体的体积；β 为体膨胀系数，温度升高 $1℃$ 时体积相对增大。

如果线膨胀性能是各向同性的，当固体为立方体，温度为 $0℃$ 时每边长为 t_0，则：

$$V_t = l^3 = l_0^3(1+at)^3 = V_0(1+at)^3 \tag{12-27}$$

由于 α 很小，可略去 a^2、a^3 项得：

$$V_t = V_0(1+3at) \tag{12-28}$$

所以体膨胀系数 β 近似等于线膨胀系数 α 的 3 倍。

对于各向异性材料，沿不同方向上有不同的相对伸长，固体的形状有了改变。各向异性固体中的一条任意直线，当温度升高时，就不一定能保持为一直线。所以对各向异性材料可近似地认为体膨胀系数等于主线膨胀系数之和。

如果固体在受热时不能自由膨胀，就会在体内产生很大的应力，这个应力的大小相当于将固体压缩到原长 L_0 所需的压缩应力：

$$\Delta L = aL_0 t \tag{12-29}$$

$$\sigma_m = E \frac{\Delta L}{L_0} \tag{12-30}$$

$$\sigma_m = aEt \tag{12-31}$$

对于碳纤维/环氧复合材料，在 $0°$ 方向上 $\alpha = -2 \times 10^{-8}/℃$，碳纤维的杨氏模量 $E_{ef} = 3 \times 10^8$ MPa，可以算出当温度升高 $1℃$，如不能自由膨胀时在纤维内产生的应力为：

$$\sigma_m = -2 \times 10^{-8} \times 3 \times 10^5 \times 1 = -6 \times 10^{-3} [\text{MPa(收缩)}]$$

精确地测定复合材料的平均线膨胀系数对于确定复合材料制品成型前后的体积收缩比，保证制品尺寸，防止制品变形，减小内应力，保证精密的装配都是很重要的。

复合材料的线膨胀性能强烈地依赖于树脂、纤维及它们的组成和铺层方向，并随温度变化。

树脂浇铸体在热变形温度范围内线膨胀是线性的，超过这温度以后就会出现不膨胀甚至负膨胀现象，这时树脂软化，甚至不能承受其本身的重力。玻璃钢线膨胀性能强烈依赖于温度，即膨胀非线性，这是由于玻璃纤维的膨胀系数在 250℃ 以下时随温度的升高而升高，超过 250℃ 则随温度升高而有所下降的缘故。

影响线膨胀系数的因素很多，如原材料种类、规格、型号、加工方法、工艺条件、铺层方向以及测试条件、仪器设备等均会影响数据的重复性。因此对于重要装置上使用的复合材料，要以从实际选用材料上取样测定的数据为准。

随着宇航工业的发展，测定各种新型材料的低温、超低温线膨胀系数已成为材料研究和制品设计中不可缺少的重要技术指标。测试方法要点（参阅 GB 2572—81）

12.3.2　热导率

热传导又称导热，是热量传递的一种基本方式。温度较高的物体，由于其分子的热运动比较剧烈，通过碰撞将能量传给相邻分子的方式称为热传导。它是固体中热传递的主要方式。

根据导热时温度变化的情况可分为稳定导热和不稳定导热两类。在传热过程中，沿热流方向上各点的温度因位置不同而异，但不随时间而变化的属于稳定过程；若各点的温度不但因位置而异且随时间而变化，则属于不稳定过程。这里仅讨论稳定导热情况。如图 12-2 所示，在一个均匀（各部分化学组成、物理状态相同）的物体内，热量以传导方式沿着单方向 n（单向导热）透过物体。此时，在沿 n 长度上各点温度是不同的。现取微分长度 dn，在 $d\zeta$ 瞬间内的传热量为 dQ。单位时间传热量 $dQ/d\zeta$ 与导热面积 F、温度梯度 dt/dn 成正比，即：

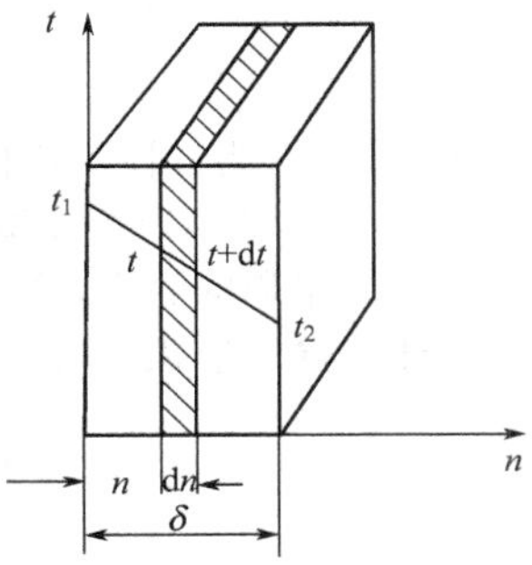

图 12-2　平板的热传导

$$\frac{dQ}{d\tau} = -\lambda F \frac{dt}{dn} \qquad (12\text{-}32)$$

式（12-32）称为导热基本方程式（或称傅里叶定律）。此式对于稳定或不稳定导热均能适用。在稳定导热时因导热量 Q 和温度都不随时间变化，故式（12-32）可写为：

$$q = \frac{Q}{\tau} = -\lambda F \frac{dt}{dn} \qquad (12\text{-}33)$$

式中，q 为导热速率，W；F 为导热面积，m²；λ 为热导率，W/(m·K)；$\dfrac{dt}{dn}$ 为温度梯度，K。

在式（12-32）、式（12-33）中，温度梯度越大，单位长度上的温控亦大。式中等号右侧为"—"，说明热流方向与温度梯度呈相反方向。

对于单层平板的热传导：设平板厚度 σ 和热导率 λ 为常数，平板的温度只沿着 n 方间变化，在距离壁 n 处取 dn，按式（12-33）分离变量并积分得：

$$\int_{t_1}^{t_2} dt = -\frac{q}{\lambda F} \int_0^\delta dn \qquad (12\text{-}34)$$

$$t_2 - t_1 = -\frac{q}{\lambda F}\delta$$

$$q = \frac{\lambda F}{\delta}(t_1 - t_2)$$

$$\lambda = \frac{q\delta}{F\Delta t} \qquad (12\text{-}35)$$

式中，$\Delta t = t_1 - t_2$，为平板壁厚两面的温差，K。

热导系数是物质导热能力的标志。热导系数愈大，物质的导热能力愈强，反之亦然。热导率的大小与物质的化学组成、物理状态、内部结构、物质所处的温度、湿度、压力等因素有关。影响复合材料导热性的因素很复杂，如不同的树脂基体有不同的热导率；同一种树脂由于密度不同，其热导率亦不同，其增强材料与导热性关系不仅与纤维性能有关，而且与导热方向有关，因为纤维的纵向、横向导热性质不同。碳纤维复合材料中，纤维含量增加其导热性提高；连续纤维复合材料比不连续纤维复合材料导热性好。玻璃钢导热性的基本规律与碳纤维复合材料类似，而 Kevlar 纤维复合材料的热导率比碳纤维复合材料的低。

12.3.3　平均比热容

1g 物质升高 1℃ 所吸收的热量称为比热容。各种物质的比热容不同，同一物质比热容的大小与加热时的条件（如温度、压强、体积）有关，同一物质在不同物态下的比热容也不同。玻璃钢平均比热容是采用铜块量热计混合法测定的。试样在加热炉内恒温加热一段时间，达到一定温度后降至紫铜块量热计内，试样释放的热量被量热计完全吸收，测量试样和紫铜块量热计的温度变化值，即可求出试样的平均比热容。

试样的平均比热容：

$$C_p = \frac{H(t_m - t_\delta - t_0)}{M(t - t_m - t_\delta)} \tag{12-36}$$

式中，C_p 为试样平均比热容，J/(g·℃)；H 为凉热计热值，J/℃；t_0 为落样时量热计温度，℃；t_m 为量热计最高温度，℃；M 为试验后的试样重量，g；t_δ 为量热计温度修正值，℃；t 为试样在保温期的温度，℃。

量热计温度修正值 t_δ 为：

$$t_\delta = \frac{V_3 - V_1}{\bar{t}_3 - \bar{t}_1}\left[\frac{t_0 + t_m}{2} + \sum_{i=1}^{n-1} t_i - n\bar{t}_1\right] + nV_1$$

或

$$t_\delta = \frac{V_3 - V_1}{\bar{t}_3 - \bar{t}_1}\left[\frac{t_0 + t_m}{2} + \sum_{i=1}^{n-1} t_i - n\bar{t}_3\right] + nV_3 \tag{12-37}$$

式中，V_1、V_3 分别表示第一、第三阶段量热计温度之变化速率；$\bar{t}_1$、$\bar{t}_3$ 分别表示第一、第三阶段量热计之温度平均值；n 为第二阶段量热计温度记录次数；t_i 为第二阶段量热计温度记录值。

12.3.4　马丁耐热与热变形温度

在工业上，往往采用马丁耐热或热变形温度判断复合材料的耐热性，它们都是使试样在规定的外力作用下，置于箱内或槽内。按规定的等速升温加热，以达到规定变形量的温度指标来表示其耐热性能。

马丁耐热试验方法是 1924 年由马丁氏提出的，1928 年被德国采用为酚醛塑料耐热标准方法，后来前苏联国家标准也采用此法，我国于 1970 年也正式颁布了国家标准"材料耐热性（马丁）试验方法"（GB 1035—70）。

热变形温度试验方法首先由英国提出，以后又被日本 JIS、美国 ASTM、国际标准 ISO 等采用，我国于 1979 年也将此法列为国家标准"塑料弯曲负载热变形温度（简称热变形温度）试验方法"（GB 1634—79）。

（1）马丁耐热（参阅 GB 2035—70）　马丁耐热法规定试样在 (10±2)℃/12min 等速升温环境中，在一定的静弯曲力矩的作用下使试样承受 (5±0.02)MPa 弯曲应力，以弯曲变形达 6mm 时的温度表示耐热性。该方法不适用于耐热性低于 60℃ 的塑料或纤维增强塑料。

（2）热变形强度参阅（GB 1984—76）　热变形温度试验方法的基本原理与马丁耐热试验方法相类似，将试样浸在等速升温的硅油介质中，在简支梁式的静弯曲载荷作用下，试样弯曲变形达到规定值时的温度称之为热变形温度。它适用于控制质量和作为鉴定新品种热性能的一个指标，并不代表其使用温度。

12.3.5　温度形变曲线（热机械曲线）

马丁耐热试验和热变形温度试验是指试样在外力作用下，由于温度升高而产生变形达某一点的温度值，它们具有工程性质。温度形变曲线亦称热机械曲线或热机械分析（Thermo mechnical analysis，简写 TMA），是在程序温度控制下（等速升温、降温、恒温或循环温度）测量试样在受非振荡性负荷（如恒定负荷）时所产生的形变随温度变化的曲线，它在一定的温度范围内反映试样在外力作用下形变的全过程，这比指定某一变形量的温度值更合理更全面，所以 TMA 被广泛应用于科学研究部门。

12.3.6 电阻系数（电阻率或比电阻）

两个电极与试样接触或嵌入试样内，加于两电极上的直流电压和流经电极间的全部电流之比称为绝缘电阻。绝缘电阻是由试样的体积电阻和表面电阻两部分组成的。

图 12-3 为板状试样电极配置图，在两电极间嵌入一试样使其很好接触。施于两电极上的直流电压与流过它们之间试样体积内的电流之比称为体积电阻 R_v。由 R_v 及电极和试样尺寸算出的电阻系数称为体积电阻系数 ρ_v（$\Omega \cdot cm$）

$$\rho_v = R_v \frac{S}{d} \tag{12-38}$$

式中，S 为测量电极面积，cm^3；d 为试样厚度，cm；R_v 为体积电阻，Ω。

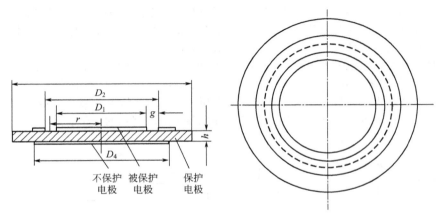

图 12-3 板状试样电极配置图

在试样的一个面上放置两电极，施于两电极间的直流电压与沿两电极间试样表面层上的电流之比称为表面电阻 R_s。由 R_s 及表面上电极尺寸算出的电阻系数称为表面电阻系数 ρ_s（Ω）：

$$\rho_s = R_s \frac{2\pi}{\ln \dfrac{D_2}{D_1}} \tag{12-39}$$

式中，D_1 为被保护电极直径，cm；D_2 为保护电极内径，cm；R_s 为表面电阻，Ω。

测试方法有直接法测量绝缘电阻和比较法测量绝缘电阻。直接测量法即直接测量施加于试样的直流 V 和流过试样的电流 I，通过欧姆定律计算出电阻 $R=U/I$，或者使流过试样的电流通过一个已知的标准电阻 R_s，测量 R_s 两端的电压而求得通过的电流 I。$R_x=U \times R_s/U_s$。包括欧姆表法、检流计法、高阻计法。而比较法是与已知标准电阻相比较来测定绝缘电阻值的方法。常用的比较法有两种：电桥法和电流比较法。其具体的测试方法参照《电气绝缘测试技术》（机械工业出版社）。

12.3.7 介电常数和介质损耗角正切

① 相对介电常数 相对介电常数 ε_r 是在同一电极结构中，电极周围充满介质时的电容 C_x 与周围是真空时的电容 C_0 之比

$$\varepsilon_r = \frac{C_x}{C_0}$$

对平板电极，有：

$$C_0 = \frac{\varepsilon_0 A}{d}$$

式中，A 为极板面积，m^2；d 为电极间距离，m；ε_0 为真空介电常数，$8.854E10^{-12}F/m$。C_0 的计算，根据试样的几何尺寸计算以空气为介质时的电容：

$$C_0 = \frac{\varepsilon_0 A}{t} \tag{12-40}$$

式中，A 为试样面积（电极面积），m^2；t 为试样厚度或平板电极距离，m；ε_0 为真空介电系数。

$$\varepsilon_0 = \frac{1}{36\pi} \times 10^{-9} F/m = 8.854 \times 10^{-12} F/m$$

ε_r 的计算：

测得试样的 C_x，按式（12-40）计算出 C_0，再计算出平板试样的 ε_r

$$\varepsilon_r = \frac{0.036\pi t C}{A} \tag{12-41}$$

式中，C 为平板试样的电容 C_x，pF。

② 介质损耗角正切　电介质材料在交变电场作用下的能量损耗称为介质损耗。这种损耗一是通过介质的漏导电流（它与电压为同相）引起的漏导电流损耗；二是由吸收电流中的一部分与电压同相的有功电流引起的吸收损耗。试验方法参阅 GB 1400—79。

电介质材料在交流电压 U 作用下，介质中的总电流 I 由漏导电流 I_R 电容电流 I_C 及吸收电流 I_a 所组成，它们的矢量和为 I，如图 12-4 所示。通常情况下，I 与 U 夹角 φ 的余角 δ 反映电介质材料介质损耗的大小。对电介质施以正弦波电压时，外施交流电压与相同频率的电流之间的相角的余角的正切值 $\tan\delta$，是表示该电介质在交流电压下能量损耗的一个参数。

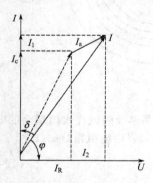

图 12-4　电流-电压矢量

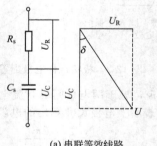

(a) 串联等效线路

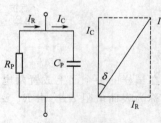

(b) 并联等效线路

图 12-5　等效线路图

为了计算各种频率的交流电压作用下电介质的介质损耗，可利用并联等效线路或串联等效线路，如图 12-5 所示。

在并联等效电路中：

$$\tan\delta = \frac{1}{\omega C_P R_P} \tag{12-42}$$

在串联等效电路中：

$$\tan\delta = \omega R_S C_S \tag{12-43}$$

式中，ω 为角频率；R_S、R_P 分别为串、并联等效电阻，Ω；C_S、C_P 分别为串、并联等效电容，F。

12.3.8　击穿强度

置于电场中的任何介质，当电场强度超过某一临界值时就会丧失绝缘性能，这种现象称为电击穿，介质发生击穿时的电压称为击穿电压（介电强度）。击穿电压与击穿处介质厚度之比称为击穿强度。固体介质的击穿可为纯粹的电击穿过程亦可为热击穿过程。电击穿系由于电荷在外加电场的影响下发生位移，使电荷间的弹性键遭受破坏所致。热击穿为介质在电场中的温度达到了相当于其熔化、焦化、氧化或其他因漏导或介质损耗的过分增加所引起的热破坏的结果。图 12-6 所示为高压西林电桥原理简图。图 12-7 所示为在固体介质中施加电压和电流的关系。在曲线 oa 段内，介质的电阻系数与施加电压无关，此时介质的有效电流随电压的增加按一定比例增加。当电压增至一定值时，电阻系数逐渐降低，从 b 点起电阻迅速下降，过 c 点后介质的绝缘能力已被破坏，若电压维持不变或再加较低的电压，电流均将无限增加。

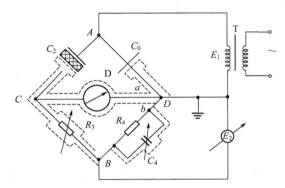

图 12-6　高压西林电桥原理简图
T—试验变压器；C_2—试样；C_0—标准电容
器；R_3—可变电阻；R_4—标准电阻；
C_4—可变电容；D—平衡指示器；
E_1—高压电源；E_2—辅助电源

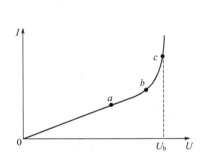

图 12-7　固体电介质的
电流-电压特性曲线图

　　电绝缘材料厚度越大，击穿电压就会越大。因此，增加绝缘材料的厚度或选择优质电绝缘材料都能提高绝缘体的击穿电压。试验方法要点（参阅 GB 1408—78）。

　　试验在工频下用最高额定试验电压为 50kV 或 100kV 的交流变压器。击穿试验时采用连续均匀升压法或 1min 逐级升压法。

　　耐压试验是在试样上连续均匀地升压到一定的试验电压后保持一定的时间，试验电压和时间由产品标准规定。

　　试验结果按式（12-44）计算：

$$E_b = U_b / d \tag{12-44}$$

　　式中，E_b 为击穿强度，kV/mm；U_b 为击穿电压，kV；d 为试样厚度，mm。

12.3.9　耐电弧

　　耐电弧试验（参阅 GB 1411—78）是采用交流高压小电流耐电弧试验方法，借高压在两电极间产生的电弧作用，使绝缘材料表面形成导电层所需的时间来判断绝缘材料的耐电弧性。

12.3.10　温度指数

　　快速评定电气绝缘浸渍漆和漆布热老化性能的试验方法——热重点斜法，是基于电气绝缘热寿命试验理论 $\lg \tau = a + b/T$，即绝缘热寿命 τ 的对数与绝对温度 T 的倒数呈线性关系，将恒温下功能性试验和匀速升温下热失重试验结合起来，即由常规热老化试验方法作一恒温点功能性试验，求得该温度下的热寿命值，由热重曲线求得热寿命线的斜率，借以评定材料的热老化性能。

　　从热失重曲线上取失重 5%～50%（间隔 5%）所对应的 10 个温度值，按下面经验公式计算该材料的表观热裂解活化能 E_p。

$$E_p = E_0 + RC_0 \sum_{n-1}^{10} \frac{t_n}{\left(\dfrac{\Delta W}{W_a}\right)_n^{\frac{1}{2}}} \tag{12-45}$$

式中，W_a 为试样总失重，mg；ΔW 为试样的失重，mg；$\dfrac{\Delta W}{W_a}$ 为失重百分数；t_n 为对应于每一个 $\dfrac{\Delta W}{W_a}$ 的温度值，℃；R 为气体常数 $8.314\mathrm{J/(mol \cdot K)}$；$C_0$ 为系数；E_0 为常数，J/mol。

热寿命线的斜率：

$$b = \frac{E_p}{2.303R} = \frac{E_r}{19.147} \tag{12-46}$$

取两次试验的平均值作为结果，两次试验的相对误差不大于 2%。

由 t、τ、b，按式 $\alpha = \lg\tau - \dfrac{b}{273+t}$ 计算得 α；

按下式计算材料的温度指数 t_d：

$$\frac{1}{273+t_d} = \frac{\lg\tau_0 - \lg\tau}{b} + \frac{1}{273+t} \tag{12-47}$$

式中，τ_0 为寿命界限值，取 $30000\mathrm{h}$。

12.4　耐燃烧性

随着聚合物基复合材料用途的日益扩大，对其耐燃烧性要求显得更加重要，人们通过改变结构、改性、共混、复合等手段改善和提高复合材料的耐燃烧性。测试纤维增强塑料的耐燃烧性有间接火焰法、直接火焰法、氧指数法等。这些方法可用于产品质量控制和评价，但不适用于实际使用时评定潜在着火危险性。

间接火焰法一般用于硬质塑料、纤维增强塑料的试验。引燃源采用由电加热的灼烧硅碳棒（GB 2407—80）。

直接火焰法一般适用于软质塑料（泡沫塑料、塑料薄片薄膜），这类方法中又可根据试样放置位置不同分为水平法、垂直法和 45°法等。这类方法的引燃源均采用明火，因此点燃温度要比间接火焰法低一些（GB 2408—80，GB 4609—84）。

氧指数法是测定塑料、增强塑料材料试样在氧气和氮气比例受控的气氛环境中能被点燃的最低氧气比例浓度（GB 3406—80）。

12.5　热稳定性

热稳定性是聚合物基复合材料的重要性能。复合材料的热稳定性主要取决于聚合体基体的热稳定性。当基体受热分解破坏后，其复合材料也失去物理力学性能，一般采用热分解温度来衡量其热稳定性。测定高分子材料和聚合物基复合材料的热分解温度可用热重法（TG）、差热分析法（DTA）和示差扫描量热法（DSC）等。

12.5.1　热重法

热重法（TG）是在程序控制温度下，测量物质质量与温度关系的一种技术。热重法试验得到的曲线称为热重曲线（TG 曲线），其纵坐标为质量，横坐标为温度（或时间）。从热重法可派生出微商热重法（DTG），即 TG 曲线对温度（或时间）的一阶导数。热重法的主要特点是定量性强，能准确地测量物质的质量变化及变化速率。然而其试验结果与试验条件有关，只要选用相同的试验条件，对于商品化的热天平其试验结果有可比性。

12.5.2　差热分析法和差示扫描量热法

（1）差热分析法（DTA）　差热分析是在程序温度控制下测量试样与参比物之间的温度差，即在程序温度控制下研究物质性质和温度间函数关系的一种方法，它是研究物质物理化性质的一种重要方法。

其原理：差热分析仪的炉子由电热丝加热，电热丝电压受程序温度控制器控制使炉子温度能随时间呈线性上升，在炉子中放着被测试样和参比物，在试样池和参比物的底部分别装有热电偶，将这两个池下的热电偶反向串接送至放大器，经放大后送至记录仪，同时炉子中热电偶或参比物池下的热电偶送出的 U_T 也送至记录仪，由此记录 ΔT 和 T。

差热分析虽能定量，但对试样池的材料和形状等要求都很高，且当等速升温时试样发生约热效应和仪器上显示图形面积之比往往不是常数，致使定量计算发生一定困难。为克服这一缺点，故进一步发展了差示扫描量热法（DSC）。

（2）差示扫描量热法（DSC）　差示扫描量热法是 20 世纪 60 年代以后研制的一种热分析方法，它是在程序控制温度下，测量输入到试样和参比物的功率益与温度的关系的一种技术。根据测量方法的不同可分为 3 种类型：功率补偿型 DSC、热流型 DSC 热通量型 DSC。差示扫描量热法其主要特点是使用温度范围较宽（−200～80℃）、试样用量少、分辨能力高、灵敏度高、能直接从 DSC 曲线上的峰形面积得到试样的放热或吸热量、能定量测定各种热力学参数和动力学参数，故获得广泛应用。

12.6　吸水性

复合材料功吸水性（参阅 GB 1463—78）大小不仅与选用的原材料（树脂、纤维及表面处理剂等）有为而且吸水时间、浸泡温度、试样厚度、试样表面积和试样中纤维的排列方向等对复合材料的吸水性都有重要的影响。

复合材料吸水后的含水量对其绝缘电阻、介质损耗、力学性能、外观和尺寸等有较大的影响，通过吸水性约测定可了解水分对上述性能的影响程度，从而为生产和使用复合材料提供参考依据。其计算如下：

吸水性可采用吸水质量、单位面积吸水量以及吸水率表示：

$$W = G_1 - G_2$$

$$W_S = \frac{G_1 - G_2}{S}$$

$$W_{V \cdot G} = \frac{G_1 - G_2}{G_2} \times 100 \tag{12-48}$$

式中，W 为吸水质量，g；G_1 为试样浸水后的质量，g；G_2 为试样浸水后第二次干燥后的质量，g；W_S 为单位面积吸水量，g/m^2；S 为试样整个表面积，m^2；$W_{V \cdot G}$ 为吸水率，％。

12.7　耐化学腐蚀性

复合材料的耐化学腐蚀性是指其在酸、碱、盐以及有机溶剂等化学介质中的长期工作性能。由于玻璃钢具有成型方便、耐腐蚀性能好的特点而被广泛应用于石油、化工、纺织、冶金、机械等工业部门。玻璃钢的耐腐蚀性能与树脂的含量、品种规格、结构类型有密切关系，与玻璃布的性质有关，与成型工艺条件、固化度、表面微裂纹有关，与试验介质、温度、试样内应力、浸泡时间以及试样尺寸规格也有关。因此统一确定耐化学腐蚀试验方法是十分必要的。我国制订的国家标准是通过定期静态浸泡试验测定玻璃钢的耐腐蚀性，但对于耐腐蚀级别的评定标准至今尚无统一规定。试验方法参阅 GB 3857—87。

12.8　老化

12.8.1　概述

复合材料老化性能是指其在加工、使用、储存过程中受到光、热、氧、潮湿、水分、机械应力和生物等因素作用，引起微观结构的破坏，失去原有的物理力学性能，最终丧失使用价值，这种现象通称为老化。

按规范要求，使复合材料经受上述单一或综合环境诸因素的作用，定期检测这些因素对材料宏观性能和微观结构的影响，研究材料的老化特征，评价材料的耐老化能力，从而延长材料的使用期和储存期，这是研究复合材料老化的重要的任务和目的之一。

老化试验方法分两大类：一类是自然老化试验方法，包括大气暴露、加速大气暴露、仓库储存试验方法；另一类是人工老化试验方法，包括人工气候老化、热老化、湿热老化、霉菌、盐雾试验方法等。

大气暴露试验比较接近材料的实际使用环境，特别对于材料的耐气候性，能得到较可靠的数据，因而受到重视并被普遍采用。世界各发达国家都建立了大规模的暴露试验网和试验场，开展了大量试验工作，并制订了相应的国家标准。我国于 50 年代至 60 年代也开展了大气老化试验的研究工作，并相应地建立了国家标准。

大气老化试验得到的数据是其他各种人工老化试验数据的对比基础。大气老化试验数据可靠真实、试验设备较简单、试验操作较容易、试样数量较多、场地要求很大、试验周期长，随着材料的发展，老化试验周期会更长，因此需要促使人工加速气候老化实验方法的快速发展。

12.8.2　大气老化试验方法要点

（1）试验地点　大气老化试验在我国要考虑 6 种不同气候区域。

湿热带：南海诸岛和台湾省南部；亚湿热带：两广、滇、闽及台湾省北部；温带：黄河流域及东北南部；寒温带：黑龙江及内蒙古、新疆北部；沙漠：新疆南部，气候特别干燥，风沙大，温差大，太阳辐射量大；高原：青海、西藏，海拔 3000m 以上，日温差达 20℃，太阳辐射和紫外光都比其他气候区强烈。

对于聚合物基复合材料，不同气候区其破坏速度不同，一般均以湿热带、亚湿热带气候区的老化速度最快，长霉的机会最多。我国曾用同一通用型聚酯玻璃钢在哈尔滨、兰州、上海、广州四地做暴露老化试验，经 3 年后，所得数据证明，玻璃钢在上海和广州两地的老化现象比在哈尔滨和兰州的严重，其强度保留率要低 15% 左右。

暴露场地应选择在一个清洁且能代表被测材料在不同使用条件下的不同气候的地点，要求暴露场地的气候环境应与当地区气候环境相一致。暴露场地应保持当地自然环境植被状态，以草地面为主，草高不宜超过 30cm，如有积雪现象不要加以破坏。暴露场允许设在建筑物屋顶平台上，但必须在报告中说明平台所用的材料。

（2）暴露架　暴露架亦称老化架，一般可用玻璃钢材料加工制成，结构简单，牢固耐用，能经受当地最大风力作用，用地脚螺钉与地面相连接。表面用耐候性较好的中灰色油漆刷两遍。

置于显露架面上的试样最低边离地面距离：草地面暴露场为 0.5m，屋面暴露场为 0.8m。暴露架面朝正南方，按当地纬度角暴露，也允许采用 45° 的暴露角。暴露架行距在北纬 35° 以南取 1.5m 以上，以北取 2.0m 以上，以不互相遮蔽为宜。试样固定暴露面，不翻转向阳面和背面。试样上下两行之间一般要留 15mm±5mm 距离，以利排水和通风。

（3）试样　试样以板材为主，也可加工定型的试样条、块和管材，或直接从产品中取得。试样用的各种原材料必须取自同一批号，并在相同条件下同时加工制备，并详细记录原材料的规格、批号、生产单位、成型工艺配方、成型温度、固化时间、环境温湿度等。

（4）试验方法　选择当地每年温湿度同时出现较高的季节作为试样暴露季节。试样随机分成两组，一组作室外暴露用，另一组作室内存放，一周后同时进行性能测试。试样暴露一定周期后，须取下作外观检查和性能测试。用毛刷或软纱团轻擦表面，再详细记录外观变化情况，测量尺寸，然后放在室温 20℃±5℃，相对湿度 65%±5% 的环境中 24h，最后进行性能测试。试样从取样到试验完不超过 5 昼夜。测定弯曲或冲击强度的试样要将暴露面作为受压面或受冲面。

试样暴露晃的检测周期一般不少于 5 年。一般取样的周期为 0.5 年、1 年、2 年、3 年、5

年、7 年、10 年。参加暴露和检测试验人员应相对稳定，每次要有两人共同负责，试验报告必须包括上述各项有关要求以及试验条件、所用仪器、暴露场的大气气象资料等。

12.8.3　加速大气暴露试验方法要点

上述自然大气暴露试验方法要经过几年的漫长时间才能得到结果，往往不能满足材料迅速发展的要求。为了克服这一缺点，出现了加速大气暴露试验方法。这种方法是采用具有特殊结构的暴露架代替普通暴露架。由于这类试验是在自然环境中进行的，试样接受到的光就是太阳发出的光，因而试验结果与自然大气暴露试验结果有较好的相关性；又由于试样是放置在具有特殊结构的暴露架上，因面又能达到加速老化的目的。

加速大气暴露试验所用的暴露架有：跟踪太阳暴露架、带反射镜的跟踪太阳暴露架、有喷雨的带反射镜的跟踪太阳暴露架及对试样施加应力的暴露架等。

跟踪太阳暴露架的试样框架由电机带动，从日出到日落始终跟踪太阳旋转，使阳光始终垂直照射试样，以更多接受太阳的辐照能量，加速试样老化速度。带反射镜的跟踪太阳暴露架是在框架上装有数面反射镜，它们将阳光反射聚集到装在框架顶部的试样上，使试样受到比普通暴露架强烈得多的阳光辐射，加速老化效果较明显。加装有鼓风和喷水装置的暴露架，以对试样降温增加湿度，使试验条件更接近于强化的湿热气候条件，具有更明显的加速效果。

加速大气暴露试验由于同大气暴露试验的因素基本相同，致使它的模拟性十分近似于大气暴露试验的结果，同时改善了常规老化周期长的缺点。但加速大气暴露试验设备投资高，由于集光后照射面积较小，所以试样投试量不大，设备装置长期暴露在户外容易损坏失灵。

12.8.4　人工加速老化试验方法要点

人工加速老化试验方法是在实验室内用各种老化箱进行老化的一类试验方法。老化箱可以模拟并强化自然环境条件的某些老化因素，加速老化进程，较快获得试验结果。

（1）沸水泡煎方法　此方法出发点基于复合材料在户外老化试验时导致性能下降主要因素是由潮湿所引起，所以有人经实验后认为，如在 96.5～98.5℃下将试样水煮 8h，于 80℃干燥 1h，可相当于印度半岛南端进行户外暴晒 6 个月的结果。此方法由于考虑了湿度和温度的影响，忽视了日光紫外线等重要因素，而且如果复合材料的基体是耐热不良或遇水易水解的树脂便不能采用，有较大局限性，但对耐湿方面的老化试验仍是一种简便易行快速的测试方法，它对具有空隙和界面的非均相材料有一定的适用性。

（2）人工气候试验　人工气候试验是在人工气候箱或人工气候室内进行。人工气候箱也称万能老化试验箱，一般依其光源的光谱特性分为三种类型：紫外碳弧灯型（天津 LH-1 型，广州 LY-2 型，日本东洋理化 WE-SE-2C、WE-T-2NH）；阳光碳弧灯型（天津 LH-2，广州 LY-1，日本东洋理化 WE-Sun-TC、WE-Sun-DC、WE-Sun-HC）；氙灯型（天淖 Snd-1，重庆 CS-801，美国 60-WR，德国 Xenotest-1200，日本 XW-20）。

人工气候箱中模拟大气环境的因素是光、热、氧、湿度和降雨等，其中光是最重要的因素，所以人工气候试验所用的光源力求靠近紫外光并具有与太阳能谱曲线相平行的特性。人工气候箱通常分 5 个组成部分：样品试验室、光源系统装置、调温调湿装置、人工降雨装置、其他辅助设备。

人工气候试验是以模拟大气环境中的各种影响因素为主要对象，所以选择的试验条件应尽量接近于大气老化的实际条件，以期获得与大气老化试验结果相似的试验结果。同时在模拟的基础上要强化其因素力作用以缩短试验时间。许多研究者认为：用人工气候试验方法对于聚合物基复合材料配方的筛选，评价新材料、新品种的性能和适用性是一种比较有效的手段。

（3）湿度老化试验　由于不少聚合物基复合材料对湿热因素比较敏感，在湿热作用下容易生霉或老化变质。如聚酯玻璃钢 15 天后抗弯强度下降 30％以上。对以往试验结果分析表明，高分子材料、复合材料在室内使用或储存时，除了受温度和氧的影响外，相对湿度亦有影响，而且对某些材料的老化，湿度具有显著的加速作用。

湿老化的主要表象：一是水分子对材料具有一定的渗透能力，尤其在热的作用下，加速了渗透，是水分子逐步渗入到材料内部并积聚起来形成水泡；同时水与材料发生某些化学作用或物理作用加速材料的老化。另一种表现是热使材料膨胀，分子间空隙增加有利于水分子进入，更加速了老化。

试验条件：一般试验温度为 40~60℃，最高为 70℃，相对湿度为 95% 左右。

试验时首先要严格控制相对湿度，因老化速度对湿度的敏感性较强。其次，试样放置位置应周期性地、有秩序地进行倒换，否则会因箱内湿度不均匀而影响试验结果。

(4) 盐雾腐蚀试验　主要是模拟海洋大气或海边大气中的盐雾及其他因素对材料的老化，试验在盐雾箱内进行，主要因素是盐雾、温度和相对湿度。

试验条件：温度 40℃±2℃，相对湿度 90% 以上，盐水浓度 3.5%，喷雾周期为每隔 45min 连续喷雾 15min，试验周期为 24h。

(5) 霉菌试验　霉菌是生物因素对聚合物基复合材料老化破坏的主要现象之一。霉菌试验是用人工加速的方法考核高分子材料、复合材料，包括涂料、橡胶、纤维、塑料等抵抗霉菌能力的试验。试验方法以恒温恒湿应用最广，用于霉菌试验的菌种有黑曲霉、萨氏曲霉等 10 种。试验箱内保持 30℃±2℃，相对湿度 96%±2%，时间 28~42 天，有时需延长至 3 个月以上。试验结果用肉眼或在 10~50 倍放大镜下观察。评定等级分四级：一级不长霉，二级轻微长霉，三级中量长霉，四级严重长霉。

12.9　复合材料制品检验技术

12.9.1　概述

复合材料总是以制品的具体形式应用于各个领域。制品的用途不同，对其要求也不同。为了明确认识复合材料制品的质量和使用性能，必须对制品进行检验。认识制品的性能是为了达到如下目的：保证制品的使用安全可靠；预测制品的使用寿命；提高制品的设计水平；指导和改进制品的生产工艺。

由于制品检验的重要性，目前各国政府都对复合材料制品，用标准的形式规定了专门的检验方法，既便于生产部门监督，又可以作为使用部门和质量管理部门检验或仲裁的依据。

复合材料制品检验有两个明显的特点。

第一，每种复合材料制品对复合材料的性能（如树脂含量、固化度、强度等）都有具体的要求。其原因是复合材料的指定性能往往与制品同时形成，对材料性能提出要求也是保证制品质量的一种方式。

第二，制品检验与其使用要求紧密相关，所以又称为实用性能试验。例如，在我国国家标准 GB 7191 中对玻璃纤维增强塑料浴缸规定的满水挠度试验、耐落球冲击试验、耐砂袋冲击试验等都是仿照使用条件制订的检验方法。在日本，对复合材料汽车零部件要进行实车试验，如日本汽车标准化组织的 JASOC402 "汽车常用制动器实车试验方法" 就是针对复合材料制动摩擦片制订的。

随着复合材料应用的发展，制品品种越来越多，制品检验逐渐受到重视，研究并发展了很多新的、切实可行的制品检验方法（如无损检测方法）。

制品检验方法从对制品造成的损伤情况可分成两类：一类是破坏性检验，即制品通过检验后质量有明显的损害，甚至完全破坏，已降低使用价值或失去使用价值。这一类检验不能对每个制品进行，必须按照一定的抽样规则进行抽样检验。通过对被抽检制品的质量检验，依照数理统计原理推断总体制品的质量状态。另一类是无损检验，即制品通过检验后，不产生任何质量变化或变化甚微，因而可以适用于每一个制品。从检验的成本考虑，由于无损检验不改变制品的使用价值，所以是一类受重视并有发展前途的检验方法。

制品检验从其性质和内容又可分为常规检验和性能检验。一般说来，常规检验都采用无损检验的方法，性能检验可采用破坏性检验和无损检验方法。常规检验的主要项目有：目测产品外观，包括检验外伤、气泡、缺胶露丝、裂纹、污垢、平整光滑、颜色均匀等项目；几何尺寸检验，包括外形尺寸、厚度、安装孔位置、附件连接位置等；质量检验，考察所用原材料是否符合规定，制品质量是否超出规定范围；水密性检验，凡要求不漏水的容器类制品都要检验其水密性，漏水者不合格，修补后还要检验；规定载荷下变形检验，如水槽、浴盆等均应在装满水的情况下观察变形情况；其他方面的检验，例如手感、防滑等项目。

目前，对于制品检验还有不同意见，一种意见认为制品实际使用情况很复杂，检验不可能完全与实用相符，要模拟实用环境试验经历时间长，成本高；制品检验只要与材料性能检验紧密结合，不一定要以制品直接试验。另一种意见认为，既然制品是商品，制品检验就一定要进行。但是检验方法要设计得合理，要考虑到应用了新的复合材料代替传统材料的特点，不应沿用传统材料的制品检验方法。

12.9.2　制品的破坏性检验

制品的破坏件检验应严格按照制品标准规范要求进行。目前我国这项工作的开展还比较薄弱，现已批量生产的复合材料制品已有一千多个品种，而有关复合材料制品的国家标准仅有五项，这远不能满足复合材料制品检验的需要。为此，对一些复合材料制品各企业不得不自行确立制品检验标准，设计或选择试验方法。

正确分析制品使用条件，是设计制品检验项目和选择试验方法的基础。例如复合材料渔船，其使用条件是海水环境，不仅要求制造该船的复合材料耐海水腐蚀，而且要检测船的耐水渗漏性等。其中材料性能须按第 6～8 章中所述方法检验，其他性能则要另行设计检验方法。

有了切实可行的检验方法，还有一个试样来源问题。

(1) 试样来源及特点　复合材料制品检验所用试样来源概括起来有如下 3 种。

① 在制作制品的同时，在相同条件下制作试样，然后加工成标准试样，按标准方法测试材料性能，以评价制品的材质是否符合制品规范要求。

严格地讲这并不是直接检验制品，而是一种间接的近似模拟方法。特别是对于手糊成型制品，由于人为的因素，性能的分散性很大，由单独制作的试样测得的性能数据，往往高出制品实际状况。但是，由于此法简单易行，特别是在经济性上有很大优势，所以在一些显得不太重要的场合，往往被采用。

② 在制品上直接切取试样，进行材质检验。该法所测得的数据能够可靠地反映制品的真实情况，目前已被广泛采用。

由于试样的切取破坏了被检制品的完整性，虽然有时允许修补，但在大多数情况下是不允许或不便于修补的。并且从制品上切取的试样，由于制品几何形状和尺寸的限制，并不是都能够方便地加工成标准试样，这就使得试样形状和尺寸对测试结果的影响显得很突出。

③ 以制品整体作为试件，模拟使用条件，作结构强度和功能性检验，这是制品检验的主要内容。它是评价制品性能是否符合设计规范要求和满足使用要求的最可靠方法，但通常是不容易或不方便的，它需要专门的试验装置，特别是对于大型制品检验费用较高。

(2) 实用性能检验举例　如上所述，实用性能的检测方法很多，不可能一一罗列在此，这里仅介绍一些典型的实用性能检验实例。

① 压力容器或管的内压检验　图 12-8 是内压破坏试验主要装置。它可测定破坏压力和权限应变值，并可得到内压-应变曲线。注意加压介质不宜采用空气。图 12-9 是利用外压进行静水压试验的装置。它可测定复合材料管件的耐外压性能。

有时埋没地下，需具备一定的承受外压的能力。该试验就是为检查外压性能而设计的。

② 制品承静载检验　制品承载的形式很多，尤以承载检验易于施行。例如玻璃钢波形瓦受三点弯曲的挠度值检验。用挠度值控制波形瓦的产品质量。载荷总量为 600N，要求挠度值：当厚度为 0.8mm 时，挠度小于 24mm；当厚度为 1.2mm，挠度小于 16mm；当厚度为 1.6mm 时，

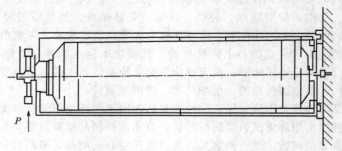

图 12-8　内压破坏实验主要装置

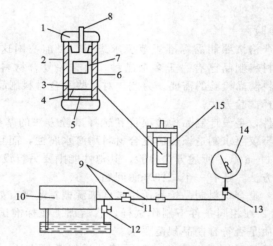

图 12-9　外压静水压试验装置

1—端面板；2—外压；3—硅橡胶；4—密封胶；5—端部插子；6—外压；7—试件；8—通气孔（直径 6.3mm）；
9—标准不锈钢管（能耐 210MPa 压力，外径 6.3mm）；10—泵（210MPa）；11—控制阀（210MPa）；
12—盲管；13—缓冲器；14—压力表（0～210MPa）；15—容器（最小内径 114mm，轴长 254mm）

挠度值小于 12mm。图 12-10 是玻璃钢波形瓦弯曲试验装置，用它来测定跨度中点处的挠度值。图 12-11 是艇体静弯曲试验装置，它适合长度小于 15m 的小型船艇的纵弯曲试验。在艇体上贴应变片，可测得艇体各部位的挠度及应力分布。增加压块量，直至艇体断裂。

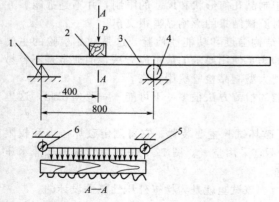

图 12-10　波形瓦弯曲实验装置

1,4—支座；2—加载木块（75mm×75mm 支点×750mm）；3—试件；5,6—百分表

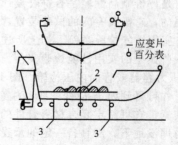

图 12-11　艇体静载试验

1—发动机；2—压块；3—支点

图 12-12 是对玻璃浴缸进行耐载荷试验装置。施加 1600N 载荷下保持 3min，不应有明显变形。

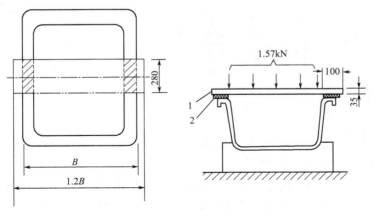

图 12-12　浴缸耐载荷试验
1—木板；2—橡胶板

玻璃钢撑竿（JC-317—82）规定，撑竿的规格与临界负荷紧密相连，其中长 4m 的竿临界负荷不能小于 500N，表示为规格 4050。例如撑竿 4368 则表示竿长 4.3m，临界负荷为 680N。

试验在弯管机上进行，如图 12-13 所示。记录载荷 p 和挠度 Δ，记录 p-Δ 曲线的斜率，斜率的倒数定义为临界负荷。同时用声发射监听试验时声发射谱，将竿弯曲到规定的水平位移（如 4.0m 长竿弯曲的水平位移为 0.50m；5.0m 长竿弯曲的水平位移为 0.95m）。每根竿要弯曲两次，第二次声发射信号应不再增加。

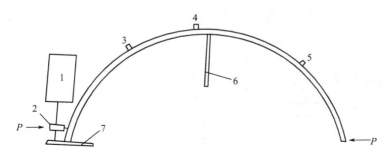

图 12-13　弯管试验示意
1—x-y 记录仪；2—测力传感器；3～5—声发射换能器；6—挠度测定仪；7—水平尾翼测定仪

目前所使用的复合材料滑雪板除进行弹性、变形、振动试验外，还必须进行断裂试验。ISO TC83、DIS6265 和 JIS S-7007 评价滑雪板的永久变形和断裂强度试验装置如图 12-14 所示。对滑雪板前方弯曲弹性常数为 306N/mm 处，支点间隔 250mm 作负荷试验。为避免压力头损伤滑雪板，应加一垫压板（邵氏程度为 95 的硬橡胶板），以 25mm/min 速度加载，测量负荷-挠曲度曲线，并从横坐标轴上 ±0.1cm 挠度点划一条直线平行于曲线的直线段，交曲线点对应的负荷值为形变负荷 F_D，加载直到滑雪板断裂。图 12-15 是求 F_D 和 F_m 的曲线。

③ 制品承动载荷试验

a. 落锤式撞击试验　这一类试验比较容易进行，例如玻璃浴缸的耐落球和落砂袋冲击试验。在浴缸上方 2m 高度，让 112g$\pm$1g 的钢球自由下落，以浴缸表面不产生裂纹为合格。在浴缸上方 1m 高度，以质量为 7kg 的砂袋自由落下，检查缸底有无裂纹和有碍使用的伤痕。

在检验安全帽时，需要有一个固定夹具，否则，球形帽将会被落球撞击弹跑，由于转化为动能部分无法准确测定，所以不能算经受了真正的撞击试验。

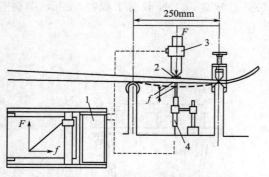

图 12-14　滑雪板永久变形与断裂强度试验装置
1—记录仪；2—压板；3—负荷检测器；4—形变仪

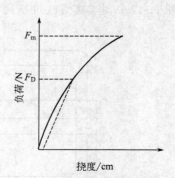

图 12-15　滑雪板变形曲线

b. 跌落试验　艇体跌落试验是将试验艇悬吊到规定高度（长度小于 15m 时，艇底离水面高 2.5m）后，在艇内装载相当于满载量砂袋情况下自由下跌到水面上，观察艇体各部位的破损状况，这对于可在短时间内发现强度低的部位非常有效。

按图 12-16 所示进行悬吊。艇内装砂袋是为了使艇在受水冲击时不会产生剧烈跳动而二次破损。试验时通常取下发动机，安装相同质量的模型。为准确测定跌落高度，可在悬吊艇上系一根有长度标记的绳子，绳子带一小重锤，可以绷直。船体跌落于水面上产生很高加速度。捞起后用布擦干可易于发现损伤裂纹。

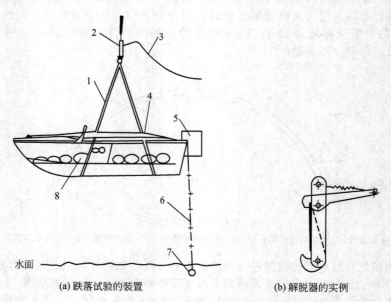

(a) 跌落试验的装置　　　　　(b) 解脱器的实例

图 12-16　船体跌落试验示意
1—皮带；2—解脱器；3—解脱绳；4—防滑绳；5—模型发动机；
6—攻读测定绳；7—重锤；8—砂袋

c. 动摩擦、磨耗试验　铁路车辆的合成闸瓦必须进行瞬时高速制动试验，试验按图 12-17 进行。试验条件规定：

飞轮惯性矩	1200N·m
闸瓦与车轮接触面	≥70%
开始车轮温度约	60℃
止推力	1500N 或 3500N（带 E 者）

制动条件（初速度 km/h）65→35→95→125E→65→125→35E→95→125E→35→125→95E→65→65→125E→95→15→125→65E→35→35→125E→65

磨耗量 ρ(mm) 按式(12-49) 计算：

$$\rho = \frac{\Delta W}{S\delta} \qquad (12\text{-}49)$$

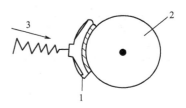

图 12-17　合成闸瓦试验
1—闸瓦；2—飞轮；3—止推力

式中，ΔW 为磨耗质量，g；S 为闸瓦摩擦面积，cm^2；δ 为闸瓦本体的密度，g/cm^3。

d. 防卫器材耐射击性试验　日本防卫厅制订购用于铁盔、个人防弹用具等的耐射击性试验标准，是以手枪枪弹、手榴弹或榴弹弹片等为主要对象的耐射击性试验方法。该方法规定试验用枪口径为 12.2mm，枪身长为 500mm 的无沟槽滑膛枪。采用单发式。在枪口前方 7.5m 处，子弹的平均速度为 282m/s，最高与最低速度之差约 20m/s。由于使用的枪弹是黑色火药，容易沾污枪身，使弹速减慢。试验要求，每试验一次都要擦拭枪身，最好在有测速条件下射击。

美国军事标准（MIL STD662A—64）规定的个人用装甲材料射击试验方法，适用于测试以手榴弹和榴弹片为对象的防弹材料性能。所用枪口径为 5.56mm，枪身长 500mm，设有六条沟槽，亦是单发式。平均弹速约为 400m/s，最高和最低速度之差为 48m/s。在本例中黑色火药污染枪身的现象较少，但每次试验仍要求测子弹速度装置。

试样的大小以 300mm×300mm 为标准，不得小于 100mm×100mm。将试样置于枪口前 2～4m 处，以垂直命中方式射击。弹着点离边缘小于 50mm 者算无效。在试样后放置一块铝板以检验是否被击穿。不计试样厚度，在上述规定射击速度下不允许被击穿，否则该试样不合格。

12.9.3　制品的无损检验

制品的无损检验又称非破坏检验（Non Destructive Inspection），其目的是在没有任何降低制品质量和破坏制品完整性的前提下，鉴别或测试制品内的反常情况，特别是缺陷。无损检验作为一种不从制品上切取试样的检验方法，具有重要意义。特别是对于大型制品和构件更为重要。

复合材料是非均质材料，它所包含的缺陷非常多，要定量地测试这些缺陷是困难的，所以对复合材料制品进行无损检验要比金属材料制品的无损检验困难得多。目前，无损检验方法在复合材料制品中的应用还不普遍、不完善。下面就无损检验方法的概况及要点加以介绍。

（1）各种无损检验方法的要点　这里所介绍的无损检验不包括一般的目测方法，而是利用射线、热线、电磁波、超声波等仪器为检验手段的方法。各种波的种类、频率、波长与无损检验的关系如图 12-18 所示。由此可见，无损检验所涉及的项目很多。这是一类有发展前途、需要认真研究的试验方法。它们的测试原理是利用材料中的缺陷（如空隙、裂纹、固化不良等）与正常部位传递波和能量的差异而判断缺陷的位置、形式和性质。显然，它们有各自不同的适应性，采用这类检验方法时，需要经过适当的选择。

（2）超声波无损检验　超声波是指 20kHz 以上频率的声波，它们的波长与材料内部缺陷的尺寸相匹配。利用超声波在材料内部的反射、衰减和共振，对缺陷和正常情况产生不同的效用而确定缺陷位置与大小。按测定方法分类，主要有穿透法、脉冲反射法、共振法和多次反射法。它们各有特点，应根据被检缺陷的种类选择。

① 脉冲反射法　该方法是通过接收由缺陷造成的不连续处所反射回来的声能大小或时间长短来判断缺陷存在的位置和形状。其原理是超声波在制品中声阻不同的异质界面上发生反射，有一部分能量返回探头。如果内部没有缺陷，超声波就不会改变方向，而继续向前传播，直到后表面。如在此中间有一个界面将超声波反射回来，则说明有缺陷存在，就可以像雷达一样在记录仪上看到初始峰和后面反射脉冲岭之间出现一个小峰，根据峰的相对位置和相对强弱可以估计缺陷的位置和大小。

② 穿透法　超声波在复合材料中传播时，会产生波的扩散、散射、绕射、吸收等现象，造

成能量损失，这是正常现象。当超声波遇到缺陷时，就会使反射增加，这样透过的能量就会比正常情况少，从而判断是否有缺陷存在。用穿透法测量必须在制品的两个表面分别安装发射与接收转能器。通常该方法对较厚壁的制品更适宜。

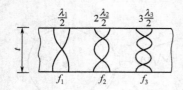

图 12-18　板中的共振波模型

③ 共振法（阻抗法）　当超声波连续射入平板中，在入射被与反射波之间产生干涉现象。当波长 λ 与反射波回程的厚度 t 有 $t/\lambda = \frac{n}{2}$ 关系时（n 为正整数）。就形成如图 12-18 所示的驻波共振，利用这一点就能知道反射波的行程，与板厚比较，可知其中是否有缺陷存在。由于共振时声阻抗随 t 或 λ 周期性的变化，因此又称为阻抗法。

④ 多次反射法　多次反射法是通过观察多次反射的变化规律来判断制品内部是否有缺陷。图 12-19 是钢与有机玻璃胶接的缺陷探伤情况。

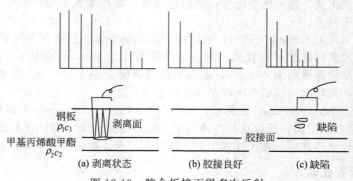

图 12-19　胶合板接面得多次反射

总之，超声波探伤的探头测制品的所有部位。穿透法更难以做到使两探头的位置正好对准，需要一定的夹具。

（3）微波无损检验　微波是频率在 0.5～1000GHz 的高频电磁波。微波辐射到试样上，产生反射、透射、散射等现象，与超声波一样，这种波遇到了材料内部的缺陷，就会反映出反射、透射和散射的变异情况，从而探测到缺陷的位置和形状。它对复合材料中树脂的固化程度和其他物理缺陷的探测是有效的。微波穿透法可以反映材料内部介电系数和介质损耗角正切的变化。散射法的接收喇叭与发射喇叭互成 90°装好，接收散射的异常区即为缺陷所在。大型或复杂形状的构件不易使用散射法。用散射法能检出的最小缺陷直径 d 与波长 λ 的关系为：

$$2\pi d/\lambda \approx 1 \tag{12-50}$$

若使用 10GHz 的微波，$\lambda = 30mm$，则 $d = 5mm$。

（4）贯穿辐射——射线（X、γ 和中子射线）照相法　当在制品一边放置辐射源时，在另一边放置感光底片就能记录制品内部的影像。从感光底片的感光强弱就能判断射线贯穿材料内部的异常情况和缺陷的轮廓。X 射线探伤是用得最为普遍的一种，射线通路上的材料厚度与密度变化可以使底片感光度变化，从而判断缺陷位置与形状大小。射线的产生方法随射线种类不同而异，X 射线用 X 射线管，γ 射线采用同位素^{60}Co、^{137}Cs 等。影响射线照相质量的因素很多，其中由于不了解缺陷所在位置，调焦不准产生照片不清晰，散射线的屏蔽欠佳等起着主要作用。射线照相法可以探测复合材料中的大孔隙、分层和裂缝，但不能够探测垂直纤维方向上微小尺寸的缺陷。射线照相法的分辨度决定于底片感光粒子的大小和曝光时间。

放射源为^{100}Cd 同位素，检测器采用闪烁计数管。这类检测器已应用于探测固体火箭复合材料燃烧室外壳的缺陷等。

热无损检验（TNDT）采用非接触法对试样注入热流，由于材料各处热传导不一致使材料正表面温度也产生差别，此时采用热像仪即可测出有缺陷处温度较高，用板式热源以运动速度 V

在试样表面注入热流，热流向试样内部传导，此时正对热像仪的材料表面由于有缺陷面而产生温差 ΔT，调节热像仪焦距可清晰成像在监视器上。热像仪的分辨率可达 $0.1℃$，可以检测出 $1mm$ 以上的缺陷和脱层现象。该方法成功的关键是热源移动速度，它决定注入热流的多少和延滞时间长短。

通常，温度上升几度，有无缺陷部分的温差仅在 $1℃$ 以下，为此必须要有 $0.1℃$ 以下的灵敏度才能感知这样的温差。除热示涂料和热像仪外，辐射计也可用来在表面上扫描。红外探伤装置已应用于检验航空航天复合材料及粘接部位的状态。它能用记录仪绘制表面温度分布图和缺陷位置。

（5）振动法无损检验　物体的声响反应除与物体的大小、形状、密度、质量有关外，还与材料的弹性模量和强度有关，利用这一点能够评价材料的力学性能。该方法与其他检验方法不同，是以测定制品的力学性能为目的，而不是探伤。

通过振动被检试样，测出材料中弹性波的传播速度、振动周期、频率等即可求出弹性模量。试验加载的方式有力学冲击或摆锤，有压电式振动，有磁致伸缩式振子接触起振。波的直线传播速度 V 与 $(E/\rho)^{\frac{1}{2}}$ 成正比，测出弹性波传播速度与密度 ρ，即可求出复合材料的弹性模量 E。试验证明，采用此方法测试金属、玻璃等均质材料效果很好，对于复合材料试棒，驻波的波腹和波节不很明显，往往还受试样棒横截面的影响。另一方面材料的弹性模量用其他方法比较易于测定，所以此方法在复合材料中的应用受到限制。

（6）声波无损检验　声波是指频率为 $20Hz\sim 20kHz$ 的可闻声波，当制品受到机械冲击后，分析所发声音的频谱，可检验制品内部有无缺陷、裂纹的一种简易方法。其原理如图 9-19 所示。火车安全员就是利用敲击车上的金属构件所发出的声音来判断该构件是否正常，它是最简单的一种检验方法。也有采用自动化仪器记录的，它可以控制敲击力和接触时间，并装有扩音拾音器，将收到的声音送入示波器显示出来。可以明显看出脱粘的部位声波消失，频率下降。这类检测方法适宜于检测有较大缺陷的构件或产品。

综上所述，复合材料制品检验与复合材料性能测试有较大区别。由于两者检测对象不同，所以检测方法也不同。性能测试方法趋于标准化、通用化，制品检验方法重在实用性、灵活性与合理性。复合材料制品检验比复合材料性能测试复杂。制品的技术要求中往往含有必要的材料性能，但对性能测试方法不作过多描述，仅引用相应的标准号；而对制品检验方法却作详细叙述，否则，对制品性能的某些检验会无从下手；或由于检验的条件掌握不准，使制品质量无法正确表示。目前，我国国家标准中有关复合材料制品的标准只有 5 个，这反映复合材料的应用还不够普及。为了普遍地开发和应用复合材料制品，必须同时研究和建立复合材料制品检验标准。

参 考 文 献

[1]　［英］里德（Read，B.E.），［英］迪安（Dean，G.D.）著. 聚合物和复合材料的动态性能测试. 过梅丽，刘士昕译. 上海：上海科学技术文献出版社，1986.
[2]　欧阳国恩，欧国荣. 复合材料试验技术. 武汉：武汉工业大学出版社，1993
[3]　乔生儒. 复合材料细观力学性能. 西安：西北工业大学出版社，1997.
[4]　曾竟成等. 复合材料理化性能. 长沙：国防科技大学出版社，1998.
[5]　胡宏玖，谢苏红，刘美红. 非石棉垫片复合材料设计与性能. 上海：上海大学出版社，2006.
[6]　中国航空研究院. 复合材料结构稳定性分析指南. 北京：航空工业出版社，2002.
[7]　杜善义. 复合材料及其结构的力学、设计、应用和评价. 第 3 册. 哈尔滨：哈尔滨工业大学出版社，2000.
[8]　王震鸣等. 复合材料及其结构的力学进展. 第三册. 武汉：武汉工业大学出版社，1992.
[9]　王震鸣等. 复合材料及其结构的力学进展. 第四册. 武汉：武汉工业大学出版社，1994.
[10]　汤佩钊. 复合材料及其应用技术. 重庆：重庆大学出版社，1998.
[11]　李顺林，王兴业. 复合材料结构设计基础. 武汉：武汉工业大学出版社，1993.

第 13 章　聚合物基纳米复合材料的发展

13.1　概论

纳米技术是在 0.1～100nm 尺度范围内，研究电子、原子和分子运动规律与特征的一门新兴学科，其研究目的是按人的意志，直接操纵电子、原子或分子，研制出人们所希望的、具有特定功能特性的材料与制品。纳米技术涵盖纳米材料、纳米电子和纳米机械等技术。目前可以实现的技术是纳米材料技术。

纳米材料是指颗粒尺寸在纳米量级（0.1～100nm）的超细材料，它的尺寸大于原子簇而小于通常的微粉，处在原子簇和宏观物体交界的过渡区域。纳米材料科学是凝聚态物理、胶体化学、配位化学、化学反应动力学、表面、界面等学科的交叉学科，是现代材料科学的重要组成部分。纳米材料在结构、光电和化学性质等方面的诱人特征，引起材料学家的浓厚兴趣，使之成为材料科学领域研究的热点。纳米材料对新材料的设计与发展以及对固体材料本质结构性能的认识都具有十分重要的价值。

13.1.1　纳米材料的结构

纳米粒子按成分分可以是金属，也可以是非金属，包括无机物和有机高分子等；按相结构分可以是单相，也可以是多相；根据原子排列的对称性和有序程序，有晶态、非晶态、准晶态。纳米粒子的形状及其表面形貌也多种多样，纳米级材料（粒子）尺寸小，比表面积大，位于表面上的原子占相当大的比例。因此一方面纳米级材料表现为具有壳层结构，其表面层结构不同于内部完整的结构（包括键态、电子态、配位数等）；另一方面纳米级材料（粒子）的体相结构也受到尺寸制约，而不同于常规材料的结构，且其结构还与制备方法有关。从原子间相互作用来考虑，构成材料的化学结合力主要有 4 种：范德瓦耳斯力、共价键、金属键和离子键。由于材料的结合力与原子间距有关，而纳米级材料（粒子）内部的原子间距与相应的常规材料不同，其结合力性质也就相应地发生变化，表现出尺寸依赖性。因此，几乎所有的纳米材料（粒子）都部分地失去了其常规的化学结合力性质，表现出混杂性，这已经被许多理论和实验所证实。

13.1.2　纳米材料的特性

（1）体积效应　体积效应又称小尺寸效应。当纳米粒子的尺寸与传导电子的德布罗意波长以及超导态的相干波长等物理尺寸相当或更小时，其周期性的边界条件将被破坏，光吸收、电磁、化学活性、催化等性质和普通材料相比发生很大变化，这就是纳米粒子的体积效应。纳米粒子的体积效应不仅大大扩充了材料的物理、化学特性范围，而且为实用化拓宽了新的领域。例如纳米尺度的强磁性颗粒可制成磁性信用卡；纳米材料的熔点远低于其原先材料的熔点，这为粉末冶金提供了新工艺；利用等离子共振频率随颗粒尺寸变化的性质，制造具有一定频宽的微波吸收纳米材料，用于电磁波的屏蔽等。

（2）表面（或界面）效应　表面（或界面）效应是指纳米粒子表面原子与总原子数之比，随粒径的变小而急剧增大后所引起性质上的变化。表 13-1 给出了纳米粒子尺寸与表面原子数的关系。

从表 13-1 可以看出，随着粒子半径的减小，表面原子数迅速增加。这是由于粒径减少，表面积急剧变大所致。由于表面原子数的增加，表面原子周围缺少相邻的原子，具有不饱和性质，大大增强了纳米粒子的化学活性，使其在催化、吸附等方面具有常规材料无法比拟的优越性。纳米粒子优异的催化性能已在光催化降解污染物、光催化有机合成等方面进行了有实际应用价值的探索。

表 13-1　纳米粒子尺寸与表面原子数的关系

粒子半径/nm	原子数/个	表面原子所占比例/%
20	$2.5×10^5$	10
10	$3.0×10^4$	20
2	$2.5×10^2$	80
1	30	90

（3）宏观量子隧道效应　微观粒子具有贯穿势垒的能力称为隧道效应。纳米粒子的磁化强度等也具有隧道效应，它们可以穿越宏观系统的势垒而产生变化，这被称为纳米粒子的宏观量子隧道效应。它的研究对基础研究及实际应用都具有重要意义。它限定了磁盘等对信息存储的极限，确定了现代微电子器件进一步微型化的极限。

13.1.3　纳米复合材料的分类

根据国际标准化组织（International Organization for Standardization，ISO）给复合材料所下的定义，复合材料就是由两种或两种以上物理和化学性质不同的物质组合而成的一种多相固体材料。在复合材料中，通常有一相为连续相，称为基体；另一相为分散相，称为增强材料。分散相是以独立的相态分布在整个连续相中，两相之间存在着相界面。分散相可以是纤维状、颗粒状或是弥散的填料。复合材料中各个组分虽然保持其相对独立性，但复合材料的性质却不是各个组分性能的简单加和，而是在保持各个组分材料的某些特点基础上，具有组分间协同作用所产生的综合性能。

纳米复合材料（nanocomposites）概念是 Roy R 于 20 世纪 80 年代中期提出的，指的是分散相尺度至少有一维小于 100nm 的复合材料。由于纳米粒子具有大的比表面积，表面原子数、表面能和表面张力随粒径下降急剧上升，使其与基体有强烈的界面相互作用，其性能显著优于相同组分常规复合材料的物理力学性能，纳米粒子还可赋予复合材料热、磁、光特性和尺寸稳定性。因此，制备纳米复合材料是获得高性能材料的重要方法之一。纳米复合材料可以按表 13-2 进行分类。

表 13-2　纳米复合材料分类

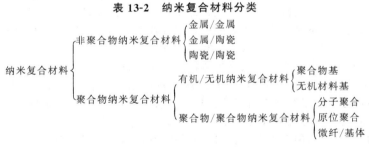

纳米复合材料与常规的无机填料/聚合物复合体系不同，不是有机相与无机相简单的混合，而是两相在纳米尺寸范围内复合而成。由于分散相与连续相之间界面积非常大，界面间具有很强的相互作用，产生理想的粘接性能，使界面模糊。作为分散相的有机聚合物通常是刚性棒状高分子，包括溶致液晶聚合物、热致液晶聚合物和其他刚性高分子，它们以分子水平分散在柔性聚合物基体中，构成有机聚合物/有机聚合物纳米复合材料。作为连续相的有机聚合物可以是热塑性聚合物、热固性聚合物。聚合物基无机纳米复合材料不仅具有纳米材料的表面效应、量子尺寸效应等性质，而且将无机物的刚性、尺寸稳定性和热稳定性与聚合物的韧性、加工性及介电性能结合在一起，从而产生很多特异的性能。在电子学、光学、机械学、生物学等领域展现出广阔的应用前景。无机纳米复合材料广泛存在于自然界的生物体（如植物和动物的骨质）中，人工合成的无机纳米复合材料目前成倍增长，不仅有合成的纳米材料为分散相（如纳米金属、纳米氧化物、纳米陶瓷、纳米无机含氧酸盐等）构成的有机基纳米复合材料，而且还有如石墨层间化合物、黏土矿物-有机复合材料和沸石有机复合材料等。

纳米复合材料的构成形式，概括起来有以下几种类型：0-0 型，0-1 型，0-2 型，0-3 型，1-3 型，2-3 型等主要形式。

① 0-0 复合，即不同成分、不同相或不同种类的纳米微粒复合而成的纳米固体或液体，通常采用原位压块、原位聚合、相转变、组合等方法实现，具有纳米构造非均匀性，也称聚集型，在一维方向排列称纳米丝，在二维方向排列成纳米薄膜，在三维方向排列成纳米块体材料。目前聚合物基纳米复合材料的 0-0 复合主要体现在纳米微粒填充聚合物原位形成的纳米复合材料。

② 0-1 复合，即把纳米微粒分散到一维的纳米线或纳米棒中所形成的复合材料。

③ 0-2 复合，即把纳米微粒分散到二维的纳米薄膜中，得到纳米复合薄膜材料。它又可分为均匀弥散和非均匀弥散两类。有时也把不同材质构成的多层膜称为纳米复合薄膜材料。

④ 0-3 复合，即纳米微粒分散在常规固体粉体中，这是聚合物基无机纳米复合材料合成的主要方法之一，填充纳米复合材料的合成从加工工艺的角度来讲，主要是采用 0-3 复合形式。

⑤ 1-3 复合，主要是纳米碳管、纳米晶须与常规聚合物粉体的复合，对聚合物的增强有特别明显的作用。

⑥ 2-3 复合，从无机纳米片体与聚合物粉体或聚合物前驱体的发展状况看，2-3 复合是发展非常强劲的一种复合形式。

13.2　纳米颗粒的制备方法

除了单分散的纳米级粒子的制备方法有特殊要求以外，大部分纳米颗粒的制备方法都可归结如下：①液相法，如溶胶-凝胶法、乳液法和 CVD 法等；②固相干法，如研磨法、烧结法、气流撞击法等；③气相法，如激光气相沉积法等；④其他特殊方法，如重力分选法等。但无论采用何种方法，制备纳米粒子都有如下要求：①表面光洁；②粒子的形状及粒径、粒度分布可控，粒子不易团聚；③易于收集；④热稳定性优良；⑤产率高。

（1）固相法　固相法是将金属盐或金属氧化物按一定的比例充分混合，研磨后进行煅烧，发生固相反应后，直接或再研磨得到超微粒子的一种制备方法；也可将草酸盐、碳酸盐通过热分解反应，再经研磨，从而得到无机非金属氧化物纳米粒子。此法设备和工艺简单，在满足产品质量的前提下，采用此法的产量高，成本大大降低，但其耗能大而不够纯。主要用于粉体的纯度和粒度要求不高的情况。例如采用此法合成了单相 $Ba_2Ti_9O_{20}$ 粉体。

（2）液相法　液相法是生产各种氧化物微粒的最主要方法。它的基本原理是：选择一种或多种合适的可溶性金属盐类，按所制备的材料组成计量配制成溶液，使各元素呈离子态（或分子态），再选择一种合适的沉淀剂（或用蒸发、升华、水解等方法），使金属离子均匀沉淀（或结晶出来），最后将沉淀或结晶物脱水（或加热）得到超微粉末。此法的一个主要优点是：对于很复杂的材料也可以获得化学均匀性很高的粉末。液相法有很多，本书现介绍几种常用的方法。

① 溶胶-凝胶法　溶胶-凝胶法（sol-gel）又称胶体化学法，是 20 世纪 60 年代发展起来的一种制备玻璃、陶瓷等无机材料的新工艺。基本原理是：将金属醇盐或无机盐经水解直接形成溶胶或经解凝形成溶胶，然后使溶质聚合凝胶化，再将凝胶干燥、烧结去除有机成分，最后得到无机材料。概括起来，包括溶胶的制备、溶胶-凝胶转化、凝胶干燥几个过程。此方法的优点是：粒度小、制品纯、温度低，可比传统方法约低 400～500℃；从同一原料开始，改变工艺过程可获得不同的制品。用此法制备的粉体粒径小、颗粒分布均匀、团聚少、烧结度较高、介电性能较好。

② 水解法　它是将金属盐溶液在高温下水解生成氢氧化物或水合氧化物沉淀制备纳米粒子的一种方法。水解法包括的方法有无机盐水解法、金属醇盐水解法、喷雾水解法等，其中尤以金属醇盐水解法最为常用。

醇盐水解法通过金属盐的水解制备超微粒子。由于金属醇盐仅与水反应，得到的物质纯度高，杂质被引入的可能性很小。醇盐水解法最大的特点是从物质的溶液中直接分离出所需的超微、粒径细、粒度分布范围窄的超微粉末。该法具有制备工艺简单、化学组成可以精确控制、粉体的性能重复性好以及产率高（约 100％）的特点。目前已合成出 Ti_2O、ZrO_2（<10nm）、高热稳定性锐钛矿型 Ti_2O 纳米粉。但本法的主要问题是原料成本高，如能降低成本，则此法将具有极强竞争力。

③ 微乳液法（或反相胶束法）　本法利用两种互不相溶的溶剂在表面活性剂的作用下形成一种均匀的乳液，剂量小的溶剂被包裹在剂量大的溶剂中形成一个个微泡，微泡的表面是由表面活性剂组成，从微泡中生成固相可使成核、生长、凝结、团聚等过程局限在一个微小的球形液滴内，从而形成球形颗粒，又避免了颗粒之间的进一步团聚。此法制备的纳米粒子粒径小，单分散性好，实验装置简单、易操作。已合成的有 $CaCO_3$，氧化物（Fe_3O_4、TiO_2、SiO_2）以及半导体纳米粒子 CdSe、PbS、CdS 等。

（3）气相法　气相法是直接利用气体或通过各种手段将物质变为气体，使之在气态下发生物理变化或化学反应，最后在冷却过程中凝聚长大形成纳米粒子的方法。气相法的特点是粉末纯度高，颗粒尺寸小，颗粒团聚少，组分更易控制，且非常适于非氧化物粉末的生产。气相法又可以分为以下几种方法。

① 气相蒸发法　在惰性气体（或活性气体）中使金属、合金或陶瓷蒸发汽化，然后与惰性气体冲撞、冷却和凝结（或与活泼性气体反应后再冷却凝结）而形成超微粒子。其中惰性气体冷凝技术又称为蒸发-凝结技术，是最先发展的制备方法。它是通过适当的热源使可凝性物质在高温下蒸发，然后在惰性气体下骤冷形成纳米粒子。由于颗粒的形成是在很高的温度梯度下完成的，因此制得的颗粒很细（<10nm），且颗粒的团聚、凝聚等形态特征可以得到良好的控制。但此法不适合金属氧化物、氮化物等高熔点物质。据报道科研工作者将加热源发展为电弧法加热、电子束加热、等离子体加热、激光束加热，成功地制备了 MgO、Al_2O_3、ZrO_2 和 Y_2O_3 等多种高熔点纳米颗粒。同时还通过引入其他反应性气体，使其在高温下与蒸发的蒸汽发生化学反应来合成新物质（如 TiN、AlN）。

② 化学气相沉积法（CVD）　此法是让一种或数种气体在高温下发生热分解或者其他化学反应，从气相中析出超微粒子。此法作为超微粒子的合成具有多功能、产率高、产品纯、工艺可控性和过程连续性等优点。由于 CVD 可以在远低于材料熔点温度下进行纳米材料的合成。利用此法可以合成得到 TiO_2、ZrO_2、Al_2O_3、ZnO、SiO_2 等氧化物。但采用电炉加热的 CVD 法的最大局限是反应气体内温度梯度小，合成的粒子不但粒度大，且易团聚和烧结。为此，又开发了多种制备技术，其中较普遍的是等离子体 CVD、激光 CVD 技术等。

等离子体 CVD 是利用等离子体产生的超高温激发气体发生反应，同时利用等离子体高温区与周围环境形成巨大的温度梯度，通过急冷作用得到纳米颗粒。由于该法易控制，可以得到很高纯度的纳米颗粒，它也特别适合制备多组分、高熔点的化合物（$TiN+TiB_2$）等。

激光 CVD 是由美国 Haggery 等首先于 20 世纪 80 年代初提出的，目前该法已合成出一批具有颗粒粒径小、不团聚、粒径分布窄等优点的超细粉，产率高，是一种可行的方法。激光能量密度对纳米粒子制备影响的研究表明，在大气中用激光束直接加热 Zn 靶制备 ZnO 纳米粉，不同的激光能量密度可制备出形状结构不同的纳米粉。通常情况下，颗粒相互粘连为链状，条件合适时可得弥散状粉粒，而高能量密度激光加热可获得晶须结构粉粒。激光气相合成超细粉已成为世界各国关注的高新技术领域。

13.3　纳米热固性塑料

13.3.1　简介

热固性塑料包括环氧、不饱和聚酯、酚醛树脂、脲醛、三聚氰胺甲醛等，是最早实现工程化应用的塑料品种之一，以其优良的力学特性、尺寸稳定性、良好的耐热、耐老化性，广泛地应用于机械、电气电子、石油化工、汽车和航天、航空、武器装备等结构部件。然而，热固性塑料的韧性和加工性能相对较差，影响了这类塑料应用范围的扩大。纳米材料技术的出现及其在塑料改性中的研究与应用，给热固性塑料综合性能上档次上水平提供了良好的机遇。采用共混法将纳米 SiO_2 添加到不饱和聚酯中，当纳米 SiO_2 含量为 3%～5% 时，其试样的耐磨性提高 1～2 倍，莫氏强度由 0.13MPa 提高到 0.27MPa，提高一倍以上，冲击强度也有明显提高。采用可聚合季铵盐-蒙脱土复合物与不饱和聚酯共固化，发现少量的蒙脱土能使不饱和聚酯固化物的拉伸强度和冲击强度同时得到提高，为热固性聚合物的增强增韧改性开拓了一条新途径。用超声波对纳米 SiO_2 进行处理，通过溶液共混法制备了纳米 SiO_2/E-44 环氧树脂塑料，并对其结构和力学性能进行了研究，采用的固化剂为甲基四氢苯酐，其数据见表 13-3。

表 13-3 纳米 SiO_2/E-44 环氧树脂塑料的力学性能

纳米 SiO_2/E-44 环氧树脂(质量份)	冲击强度/(kJ/m^2)	拉伸强度/MPa	断裂伸长率/%
0/100	8.52	38.95	21.7
1/100	9.52	39.56	21.8
2/100	15.28	40.70	22.0
3/100	19.04	50.78	25.6
4/100	16.08	44.01	23.6
5/100	10.15	38.65	21.0

从表 13-3 可看出，在一定范围内，随着纳米 SiO_2 用量的增加，所得塑料的冲击强度、拉伸强度和断裂伸长率逐渐增加，当纳米 SiO_2/E-44 环氧树脂为 3/100 时，各种性能均达到最大值。纳米 SiO_2/E-44 环氧树脂塑料比纯 E-44 环氧树脂的冲击强度提高了 124%，拉伸强度提高了30%，断裂伸长率提高了 18%。但是，如果纳米 SiO_2 在 E-44 环氧树脂中分散不均，发生聚集，形成块状物，则易在环氧树脂基体内形成缺陷，使之失去应有的增强增韧效果。

13.3.2 纳米环氧

（1）纳米黏土/环氧塑料 环氧树脂作为热固性树脂的典型代表，具有优良的综合性能和颇为广泛的应用领域。环氧树脂最大的不足就是其固化物脆性较大。传统的增韧材料以弹性体为主，不尽如人意的是：弹性体在增韧的同时却牺牲了环氧树脂的强度、刚性和耐热性等宝贵物理性能。后来，人们探讨用有机刚性材料改性环氧树脂，取得了既增韧又增强的令人瞩目的效果。

纳米级无机粒子的出现为高分子材料的改性提供了新的方法和途径。纳米无机粒子以其独特的表面效应和量子效应而明显区别于常规的粉末填料（微米级无机粒子）。已有的研究表明，纳米级无机粒子对聚合物增韧改性效果好、效率高，并且也表现出增韧与增强良好的同步效应。

纳米级无机粒子表面能大，极易凝聚，用通常的共混法几乎得不到纳米结构的聚合物，有必要加入分散处理剂来促进纳米粒子的分散，以使其达到对聚合物的改性效果。利用纳米 SiO_2 对环氧树脂进行增强增韧改性。借助偶联剂的作用，采用原位分散聚合法制得了纳米 SiO_2/环氧树脂。其制备方法是将厚仅 0.96nm、宽厚比 100～1000 的硅酸盐薄片均匀分散于树脂中，可使环氧树脂的力学性能、热性能及耐湿热性能得到进一步提高，还可得到一些新工艺性能，从而拓宽环氧树脂应用领域。

（2）纳米 SiO_2/环氧塑料 采用原位分散聚合法并用偶联剂处理纳米 SiO_2 粒子制得纳米 SiO_2/环氧塑料。同时偶联剂的用量对材料性能具有一定的影响，应选择最佳用量范围。利用拉伸试验、冲击试验、扫描电子显微镜、热失重分析等方法对添加和不加偶联剂的复合材料的结构和性能进行测定。研究结果表明，在偶联剂的作用下，纳米 SiO_2 较均匀地分散在环氧树脂基体中，有效地增加了环氧树脂的强度及韧性，并提高了环氧树脂的耐热性，是一种值得推广应用的纳米塑料制造方法。

① 偶联剂作用及其用量 常用的偶联剂为长碳链型改性氨基硅烷偶联剂，其中的烷氧硅团易与纳米 SiO_2 表面的羟基发生化学反应，氨基则易与环氧基反应。因此它能使纳米 SiO_2 与环

氧树脂很好地偶联起来，即形成环氧树脂 - 偶联剂 - 纳米 SiO_2 的结合层，从而增强纳米 SiO_2 与环氧树脂的界面黏结。

偶联剂用量对环氧塑料性能的影响如图 13-1 所示。从图中可知，随着偶联剂用量的增加，材料的冲击强度、拉伸强度都逐渐增加，达到极大值后均转为下降。极大值时偶联剂用量为纳米 SiO_2 质量的 5%。

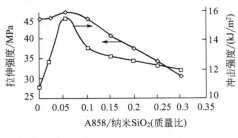

图 13-1　纳米 SiO_2/A858 环氧力学
性能随偶联剂用量的变化

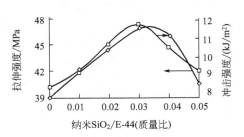

图 13-2　纳米 SiO_2/E-44-MeTHPA
体系的力学性能

② 纳米 SiO_2/环氧树脂的力学性能　图 13-2 是未加偶联剂体系的力学性能。从图中可看出，材料的力学性能随纳米 SiO_2 添加量的增多先变优后变劣。当纳米 SiO_2/A858 为 3/100（质量比）时，材料冲击强度、拉伸强度的极大值分别为 $11.8kJ/m^2$、$47.1MPa$，与基体相比，复合体系冲击强度提高了 39%，拉伸强度提高了 21%。

从纳米 SiO_2/环氧树脂冲击试样断面的 SEM 照片可看出，环氧树脂为连续相，纳米 SiO_2 为分散相，纳米 SiO_2 的第二聚集态的形式（平均粒径为 200nm）能较均匀地分散在环氧树脂基体中。相比之下，纳米 SiO_2 的聚集态较大，体系受力后产生的微裂纹和微孔穴较少，也说明了偶联剂可促使纳米 SiO_2 与环氧树脂之间的界面结合，有利于纳米 SiO_2 在环氧树脂中的分散，提高了它对环氧树脂的改性效果。

大量研究表明纳米体系在偶联剂的作用下与环氧树脂存在着强的相互作用，使链段运动受到束缚，从而提高了复合体系发生热分解所需的能量，即材料的耐热性得到了提高。由此可得出如下结论：

氨基硅烷偶联剂能促使纳米 SiO_2 在环氧树脂中均匀分散，使其对环氧树脂起到较好的增强增韧作用，并提高环氧树脂的耐热性；纳米 SiO_2/环氧树脂在较均匀分散的前提下，偶联剂与纳米 SiO_2 的最佳用量比为 5/100（质量比），纳米 SiO_2 与环氧树脂的最佳用量比为 3/100（质量比）；改性的纳米 SiO_2/环氧树脂还可用纤维增强材料增强制成复合材料，还会进一步提高制品的综合性能。

（3）纳米 TiO_2/环氧塑料　以纳米 TiO_2 为填料制备了纳米 TiO_2/环氧树脂塑料，同时研究了纳米 TiO_2 对材料性能的影响。研究结果表明，纳米 TiO_2 经表面处理后，可对环氧树脂实现增强、增韧，当填充质量分数为 3% 时，材料的拉伸弹性模量较纯环氧塑料提高 370%，拉伸强度提高 44%，冲击强度提高 878%，其他性能也有明显提高。

影响复合材料的冲击强度主要有两个因素，一是基体对冲击能量的分散能力；二是纳米 TiO_2 对冲击能量的吸收能力。一方面，3% 纳米 TiO_2 填充环氧有一定程度的相分离，基体对冲击能量的分散能力增强；另一方面，纳米 TiO_2 造成界面应力集中，容易引发周围的基体树脂产生微开裂，吸收一定的变形功。两方面的综合作用，使 3% 处理的纳米 TiO_2/环氧塑料的冲击强度提高。

13.3.3　纳米不饱和聚酯

不饱和聚酯树脂是制备树脂基复合材料（又称玻璃钢）的主要原材料之一。由于它具有轻质、高强、耐腐蚀、电绝缘、可设计性等特点，所以广泛用于军工产品、交通运输、电器、石油化工、医药、染料、轻工、民用产品和装饰材料等行业。

不饱和聚酯树脂基复合材料虽然有轻质、高强、耐腐蚀等优点，但也有其不足的方面，如树脂基体本身硬度较低，莫氏硬度一般只有 2 级左右（相当于石膏的硬度）；耐磨性也较差，如平时使用的玻璃钢浴缸经常会很快被磨毛，玻璃钢管道的耐磨性更加需要提高，人造大理石也因耐磨性和硬度较差，不能与天然大理石竞争而失去其应有的生命力。

为了提高树脂的耐磨性、硬度、强度、耐热、耐水等性能，提高树脂基复合产品的质量，利用纳米 SiO_2 的特殊性能，将其填充到不饱和聚酯树脂中去，以期改进材料的各项性能，使其耐磨、硬度、强度、耐热、耐水及加工特性都得到大幅度的提高。

纳米 SiO_2 改性不饱和聚酯机理：①由于纳米 SiO_2 颗粒尺寸小、比表面面积大、表面原子数多、表面能高、表面严重配位不足，因此表面活性极强，容易与树脂中的氧起键合作用，提高分子间的键力。同时因为纳米 SiO_2 颗粒分布在高分子键的空隙中，故使添加纳米 SiO_2 的树脂材料强度、韧性、延展性均大大提高，即表现在拉伸强度、冲击性能等方面的提高。②由于纳米 SiO_2 其分子状态是三维链状结构，且表面存在不饱和键及不同键合状态的羟基，与树脂中氧键结合或嵌在树脂键中，可增强树脂的硬度。由于纳米 SiO_2 的小尺寸效应，使材料表面细洁度大大改善，摩擦因数减小，加之纳米颗粒的高强性，因此使材料耐磨性大大提高，且表面光洁程度好。③由于纳米 SiO_2 颗粒小，在高温下仍具有高强、高韧、稳定性好等特点，可使材料的表面细洁度增加，使材料更加致密，同时也增加材料的耐水性和热稳定性。

由此可见，将纳米 SiO_2 添加到树脂中，能使玻璃钢产品的耐磨、硬度、强度、耐热等一系列性能均有大幅度提高，且喷涂施工时容易喷涂，无异常现象。这对提高产品质量并使其升级换代具有极其重大的意义。

13.3.4　纳米炭粉改性酚醛

（1）简介　炭粉/酚醛复合材料一直作为固体火箭发动机喷管烧蚀防热材料。主要是其抗烧蚀性能适中、成本低、工艺性能好、质量稳定性高、周期短等优异性能所决定的。但酚醛复合材料所用的基体树脂仅一两个品种，如 F01-36 氨酚醛及低压钡酚醛，这两种树脂抗烧蚀性能并不十分理想，一方面树脂成碳率低（小于 54%），布带制品烧蚀分层是关键技术难题；另一方面树脂碳化后高温下结构强度偏低，导致扩张段整体热结构下降，降低了发动机工作可靠性。20 世纪 70 年代初，酚醛树脂性能改性研究中相继出现重金属改性酚醛（铝酚醛、钨酚醛）、杂元素改性酚醛（如硼酚醛）、苯基结构改性酚醛（9403-1），以及提高酚醛树脂纯度如高纯氨酚醛树脂、开环聚合酚醛等众多酚醛树脂体系，但树脂成碳率均不超过 60%。聚苯并咪唑、聚喹噁唑、聚苯并噁唑、聚苯并噻唑、聚酰亚胺树脂、聚芳基乙炔等成碳率高于钡酚醛，但作为喷管抗烧蚀材料基体树脂，存在问题更多，如成型工艺、价格、原料供应等。由于酚醛树脂成碳率低，成碳结构差，限制了其应用范围。国内外先后开展了炭粉及石墨改进酚醛体系，如 CTL、91LD、SC1008 酚醛树脂中添加 F-1069、P-33 炭粉，由于其粒径在 100nm 以上，所以没有改变材料根本性能。只有当填料粒子减小至纳米级的某一尺寸，则材料的物性才发生突变，与同组分的常规材料性能完全不同。但由于同种材料的不同性能对纳米填料而言具有不同的临界尺寸，而且对同一性能的不同材料体系相应的临界尺寸也有差异，因此纳米级材料表现出强烈的尺寸依赖性，因此选择合适的纳米级炭粉尤为重要。而纳米炭粉粒子所具有的粒径小、比表面面积大、界面原子数多，存在大量的不饱和键及悬键，化学活性高，极易形成尺寸较大的团聚体，在树脂体系中分散时，由于分散方法及分散剂不合适，会出现纳米粒子异常长大情况，难以发挥纳米增强相的独特作用。通过对纳米炭粉种类筛选、粒子尺寸、分散方法及分散剂选择等工艺实验，可制备表观质量均匀的含纳米炭粉酚醛树脂溶液。这种酚醛溶液能长期保持稳定，采用布带浸胶机进行浸胶，制备了质量均匀的碳/酚醛胶带。采用不同的试验方法研究了纳米炭粉对树脂体系热解性能的影响，纳米炭粉对碳/酚醛材料力学性能、烧蚀性能及热性能的影响，并且为提高碳/酚醛材料性能提供了技术基础。

（2）制备工艺　纳米炭粉改性酚醛制品的制备工艺与普通的酚醛复合材料制备工艺基本相同，其工艺流程为：炭粉＋树脂$\xrightarrow{\text{分散}}$均匀分散体系→布带浸胶→压制层压板。

在制备过程中要注意：纳米炭粉含量、分散方法对材料的烧蚀性能影响很大，在相同条件下测试的纳米炭粉材料的烧蚀性能，其结果列于表 13-4。由表可知，当炭粉含量增加时，材料层间剪切强度增加、线烧蚀率下降，质量烧蚀率变化规律不明显。从工艺性能及材料性能综合考虑，炭粉含量选择在 25％～30％，所得的材料综合性能较好。

表 13-4　炭粉含量对碳/酚醛材料性能的影响

树脂中炭粉含量/％	纬向剪切强度/MPa	经向剪切强度/MPa	氧乙炔线蚀率/(mm/s)	氧乙烯质量烧蚀率/(g/s)
9.5	9.5	19.8	0.021	0.0396
14.6	14.6	24.9	0.028	0.0397
16.7	16.7	31.1	0.025	0.0475
26.4	26.4	29.3	0.014	0.0416

（3）纳米炭粉对碳/酚醛材料力学性能的影响　对纳米炭粉高碳酚醛、钡酚醛及高碳酚醛材料在常温下综合力学性能及高温炭化后的材料层间剪切强度进行了测试，试验结果表明，纳米炭粉改进后的酚醛材料综合性能得到大幅度提高。表 13-5、表 13-6 说明纳米炭粉能大幅度提高材料高温下层间性能，特别是在 900℃条件下，层间剪切强度达到 C/PAA 常温下的力学性能，炭纳米粒子的增强效应得到了充分发挥；而不含炭粉材料体系的层间性能随温度提高大幅度下降。因此纳米炭粉对材料常温、高温下力学性能均有贡献。

表 13-5　纳米炭粉对酚醛树脂常温下力学性能的影响

弯曲强度/MPa		拉伸强度/MPa		拉伸模量/GPa		压缩强度/MPa		压缩模量/GPa		剪切强度/MPa	
经向	纬向	经向	纬向	经向	纬向	经向	纬向	经向	纬向	经向	纬向
147	229	120	259	34.7	48.5	60.5	74.2	36.8	36.8	21.5	21.5
	268		325		45.0		101	43.3		25～27	25～27
257	336	172	338	41.1	55.2	120	186.8	24.2	40.9	21.6	24.5

表 13-6　纳米炭粉对酚醛树脂炭化后层间剪切强度的影响

碳化温度/℃	钡酚醛			高碳酚醛			含纳米碳粉高碳酚醛		
	$\overline{X}$	S	C_v/%	$\overline{X}$	S	C_v/%	$\overline{X}$	S	C_v/%
室温	18.4			20.9			26.5		
300	17.7	0.91	5.2	18.1	1.8	10	23.1	0.11	1.8
400	12.3	1.9	15	13.4	2.2	17	19.3	1.7	8.7
500	10.1	0.46	4.6	10.5	2.0	19	18.1	1.6	8.8
700	1.43	0.21	11	2.3	0.45	19	7.5	1.5	21
900	2.18	0.49	22	1.73	0.33	19	5.38	0.37	6.9

13.4　聚合物-纳米复合材料的应用

（1）先进储氢材料在汽车中的应用　氢气是人类最理想的燃料，氢气燃烧提供动力的同时又还原成水，水既无污染，又是制氢的原料，如此循环往复，经久不竭。氢气作为汽车的新燃料有一个重要问题，就是氢气的储存问题。氢气的密度最小，为 0.09g/L，只有空气质量的 1/5，很容易飞散。氢气与空气的混合比达到 1:34.2 时又容易点燃爆炸。所以在使用氢气时，既要使氢气的储存量达到所要求的行驶里程，又要注意安全。目前最先进的储氢材料是碳纳米管，随着各国科学家对碳纳米管结构、性质研究的不断深入，碳纳米管必将以其独特的空隙结构、大的长径比、高的比表面积和量子尺寸效应服务于人类。

　　储氢碳纳米管复合材料在开发燃料电池上大有应用空间，未来的汽车必以氢能作为动力，传统的金属或合金储氢远不能满足这一要求，一辆能跑动 500km 的汽车，储氢量需为 6%（质量分数），如今的金属储氢只能达到 1%～2%，但碳纳米管却可能达到 10% 以上。氢燃料储存在碳纳米管中既方便又安全，而且这种储氢方式是可逆的，氢气用完了可以再"充气"，把常温下体积很大的氢气储存在体积不大的碳纳米管中，用之作为氢燃料驱动汽车，是未来汽车实现绿色燃料驱动的主要发展方向。

　　氢的燃烧有两种方式：热化学方式和电化学方式。尽管产物都是水，但因前者是在高温下释放能量，有可能伴随少量氮氧化物；后者是在常温下释放能量，产物只有水，因此是对环境没有任何污染的零排放（zero emission）过程。氢能的电化学释放过程是在氢电池中完成的。以氢燃料电池驱动电动机的氢能汽车是真正的无污染的绿色汽车（ZEV）。

　　1997 年，美国国立可再生资源实验室的 Dillon 等采用低温吸氢、室温放氢的方法研究了电弧法制备未经提纯处理的单壁碳纳米管（单壁碳纳米管的质量分数仅为 0.1%～0.2%）的储氢性能，从相关结果推测出纯净单壁碳纳米管的质量储氢能力可达 5%～10%，一台氢燃料电池驱动的电动汽车在 500km 的行程中需要消耗 3.1kg 氢气，根据普通小汽车油箱的容量推算，储氢材料的质量储氢能力必须达到 6.5% 以上才能满足要求。Dillon 等在研究各种储氢方法后指出，单壁碳纳米管是目前唯一可能达到这一指标的储氢材料，从而受到广泛的关注。

　　（2）纳米吸波复合材料的发展趋势　　目前吸波复合材料还存在频带窄、效率低、密度大等诸多缺点，因而应用范围受到一定限制。发展多波段兼容型吸波材料，即能兼容雷达波、红外和激光等波段的吸波复合材料，拓宽吸波波段，是今后研究的方向之一。

　　涂覆型吸波复合材料在吸波复合材料的研究中一直占据重要地位，而且在不断研究之中。现代武器装备对吸波复合涂层提出了更苛刻的要求，促使人们不断探索吸波的新原理与新途径。在先进复合材料基础上发展起来的既能隐身又能承载的结构型吸波复合材料，具有涂敷型吸波复合材料无可比拟的优点，是当今吸波复合材料的主要发展方向。其研制的关键是复合材料层板的研制、其介电性能的设计匹配、有"吸、透、散"功能的夹心材料的研制与设计及诸因素的优化组合匹配等。原材料的筛选、材料力学性能、电磁特性的选择和协调、吸波结构的设计和制作工艺、结构型吸波材料的力学性能和吸波性能的优化也是结构型吸波复合材料研究的重要内容。应用计算机辅助优化设计在有限的条件约束下为结构型吸波复合材料的研究提供了方便，有力地促进了结构型吸波复合材料的发展。

　　纳米材料的特殊结构引起的量子尺寸效应和隧道效应等，导致它产生许多不同于常规材料的特殊性能。一方面，纳米微粒尺寸为 1～100nm，远小于雷达发射的电磁波波长，因此纳米微粒材料对这种波的透过率比常规材料要强得多，这就大大减少了波的反射率，使得雷达接受到的反射信号变得很微弱，从而达到隐身的作用；另一方面，纳米微粒材料的比表面积比常规微粒大 3～4 个数量级，对电磁波和红外光波的吸收率也比常规材料大得多，被探测物发射的红外光和雷达发射的电磁波被纳米粒子吸收，使得红外探测器和雷达很难探测到被探测目标。此外，随着颗粒的细化，颗粒的表面效应和量子尺寸效应变得突出，颗粒的界面极化和多重散射可成为重要的吸波机制，量子尺寸效应使纳米颗粒的电子能级发生分裂，其间隔正处于微波能量范围（10^{-2}～10^{-5} eV），从而形成新的吸波通道。纳米技术的迅速发展和纳米微粉优良的电磁吸波性能，使得纳米吸波复合材料成为国内外吸波复合材料研究的热点，纳米吸波复合材料已成为吸波复合材料研究发展中的一个重要新领域。

　　此外，智能吸波复合材料因具有感知功能、信号处理功能、自己指令并对信号做出最佳响应的功能而成为吸波复合材料研究的一个热点，最理想的吸波涂层是其化学成分能使电磁波在其内的波长不因入射波的频率变化而变化，但目前国内外研究尚不成熟。

　　（3）在分离中的应用

　　① 化工分离　　磁性离子交换树脂具有许多一般的离子交换树脂所不具备的优点，具有可以

用于大面积动态交换与吸附的优点，因而大量用于化工分离过程。只要在流体出口处设置适当的磁场，树脂即可被收集，以便再生并循环使用，因此可以用来处理各种含有固态物质的液体，使矿场废水中微量贵金属的富集，生活和工业污水的无分离净化等应用得以实现。如果使磁性树脂带永磁，则它会在湍流的剪切力下分散，在平流的状态下凝聚，精确设计管道的形状和尺寸，便可达到回收和循环使用磁性树脂的目的。华南理工大学的吴雪辉等在这方面做了大量的研究，制备了磁性阳离子交换树脂和磁性阴离子交换树脂。张梅等利用化学转化法制得了磁性毫米级和微米级粒径的强酸性、弱酸性阳离子交换树脂，并研究了强酸性和弱酸性阳离子交换树脂的磁转化条件对相应所得树脂的磁性的影响。所制得的磁性树脂的磁性强，磁性物质分布均匀而且稳定，并保持树脂的原有特性。

②　催化剂分离　将纳米级催化剂固载于磁性微球上，可以利用磁分离方便地解决纳米催化剂难以分离和回收的问题。而且如果在反应器外加旋转磁场，可以使磁性催化剂在磁场的作用下进行旋转，避免了具有高比表面能的纳米粒子间的团聚。同时，每个具有磁性的催化剂颗粒在磁场的作用下可在反应体系中进行旋转，起到搅拌作用，这样可以增大反应中催化剂间的接触面积，提高催化效率。如以戊二醛交联法将转化醇素固定于磁性聚乙烯醇微球上，可用于蔗糖的水解；以磁性微球和煤胞制备的某种新型玻璃态催化剂，可用于甲烷的氧化。另外，磁微球还可作为基质与氧化锆、镁铝水滑石等进行自组装，制备如磁性固体酸等固体催化剂。

③　矿物分离　应用密度的不同进行矿物分离。磁性液体被磁化后相当于增加磁压力，在磁性液体中的物体将会浮起，好像磁性液体的表现密度随着磁场增加而增大。利用此原理可以设计出磁性液体比重计。磁性液体对不同密度的物体进行分离，控制合适的磁场强度可以使低于某密度值的物体上浮，高于此密度的物体下沉，原则上可用来进行矿物分离。例如，可利用磁性液体使高密度的金与低密度的砂石分离开，亦可利用其使城市废料中的金属与非金属分离开。由于电磁铁所产生的磁场可通过改变它的电流大小而改变，因而在一次操作中可连续分选出矿物中的各成分，大大简化了选矿的工序。目前已能做到任何密度的物体都可用磁性流体分选出来。

参 考 文 献

[1]　张玉龙，李长德.纳米与纳米塑料.北京：中国轻工业出版社，2002.

[2]　柯扬船，[美]皮特·斯壮.聚合物-无机纳米复合材料.北京：化学工业出版社，2003.

[3]　徐国财，张立德.纳米复合材料.北京：化学工业出版社，2002.

[4]　黄家康，岳红军，董永祺.复合材料成型技术.北京：化学工业出版社，2000.

[5]　李凤生，杨毅，马振叶.纳米功能复合材料及应用.北京：国防工业出版社，2003.

[6]　丁孟贤，何天白.聚酰亚胺新型材料.北京：科学出版社，1998.

[7]　黄锐，王旭，李忠明.纳米塑料-聚合物/纳米无机物复合材料研制、应用与进展.北京：中国轻工业出版社，2002.

[8]　张立德，牟季美.纳米材料和纳米结构.北京：科学出版社，2001.

[9]　张晓峰，马世宁，朱乃姝等.纳米微波吸收剂对改性环氧胶粘剂微波固化性能的影响.郑州大学学报，2008，29（4）：14-16.

[10]　李艳，付绍云，林大杰等.二氧化硅/聚酰亚胺纳米杂化薄膜室温及低温力学性能.复合材料学报，2005，22（2）：11-15.

[11]　禹坤，于先进.纳米 SiO_2-Al_2O_3 聚酰亚胺杂化薄膜的制备及表征.山东理工大学学报，2006，20（4）：74-80.

[12]　殷景华，范勇，雷清泉.无机纳米杂化聚酰亚胺薄膜纳米颗粒特性研究.四川大学学报，2005，42（2）：200-202。

[13]　Xiong Mingna，You Bo，Zhou Shuxue. Polymer，2004，45（9）：2967-2976.

[14]　Mascial L，Kioul A. Journal of Materials Science Letters，1994，13：641-643.

[15]　冯端，师昌绪，刘治国.材料科学导论——融贯的论述.北京：化学工业出版社，2002，143.

[16]　Yano S，Iwata K，Kurita K. Materials Science and Engineering C，1998，6（223）：75-90.

[17]　We Jianye，Wilkes G L. Organic/Inorganic Hybrid Network Materials by Sol-gel Approach. Chem Mater.，1998，8：1672-1681.

[18]　Zhu Zr-kang，Yang Yong，Yin Jie，et al. Preparation and properties of organosoluble polyimide/silica hybrid materials by sol-gel process. J. Appl. Polym Sci，1999，73：2977-2984.

[19]　Xia H S，Wang Q. Ultrasonic irradiation：a novel approach to prepare conductive polyaniline/nanocrystalline titanium

oxide composites. Chem. Mater. ，2002；14（5）：2 158-2165.

[20] Draper R E，Jones G P，Rehder R H，et al. Sandwich insulation for increased corona resistance. US Pat. 5 989 702，1999，11，23：7.

[21] Morton Katz，Richard J. New high temperature polyimide insulation for partial discharge resistance in harsh environments. IEEE Electrical Insulation Magazine，1997，13（4）：24-30.

[22] 徐一琨，詹茂盛. 纳米二氧化硅目标杂化聚酰亚胺复合材料膜的制备与性能表征. 航空材料学报，2003，23（2）：33-38.

[23] 马青松，简科，陈朝辉. 溶胶-凝胶法合成氧化铝-氧化硅纳米粉. 国防科技大学学报，2002，24（4）：25-28.

[24] 李鸿岩，郭磊，刘斌等. 聚酰亚胺/纳米 Al_2O_3 复合薄膜的介电性能. 中国电机工程学报，2006，26（20）：166-170.

[25] 马寒冰，施利毅，沈嘉年等. 新型耐变频纳米绝缘漆的研制. 绝缘材料，2003，36（1）：30-35.